1	
2	3
4	

1. 变形图像——制作汽车贴图
2. 置入图像文件——为图像添加文字素材
3. 移动与变换选区——制作洗发水主图
4. 排列、分布与对齐图层——制作商品陈列图

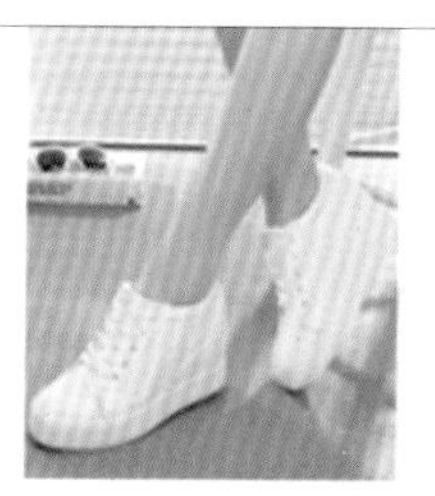

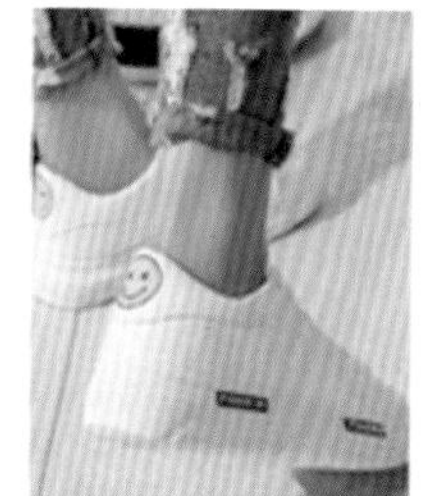

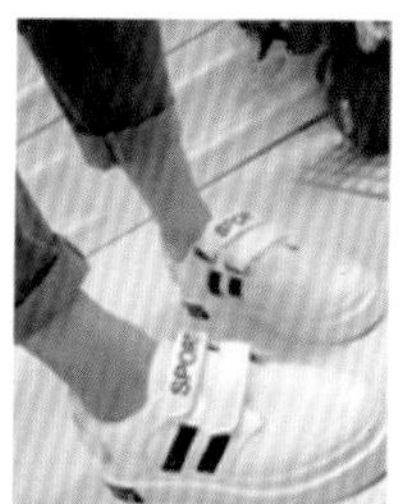

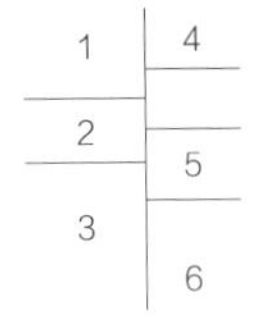

1. 综合案例——制作火中恶魔
2. 创建路径抠图——制作灯箱海报
3. 使用亮度对比度调色——调整图像全局色调
4. 综合案例——制作玻璃文字
5. 使用色彩平衡调色——制作冷色调图像
6. 使用颜色替换工具——为衣服换色

1	5
2	6
3	7
4	

1. 使用橡皮擦工具——制作摄像包焦点图
2. 创建图层蒙版——合成金鱼灯特效
3. 综合案例——合成童话天空城堡场景
4. 制作诱人的大长腿
5. 综合案例——制作水墨画风格照片
6. 从图层中新建 3D 对象——创建 3D 文字
7. 精修化妆品

1. 打造魅力彩妆
2. 调出照片漂白效果
3. 综合案例——制作 3D 环保海报
4. 多肉微观世界“关于我们”页面
5. 婚纱海报

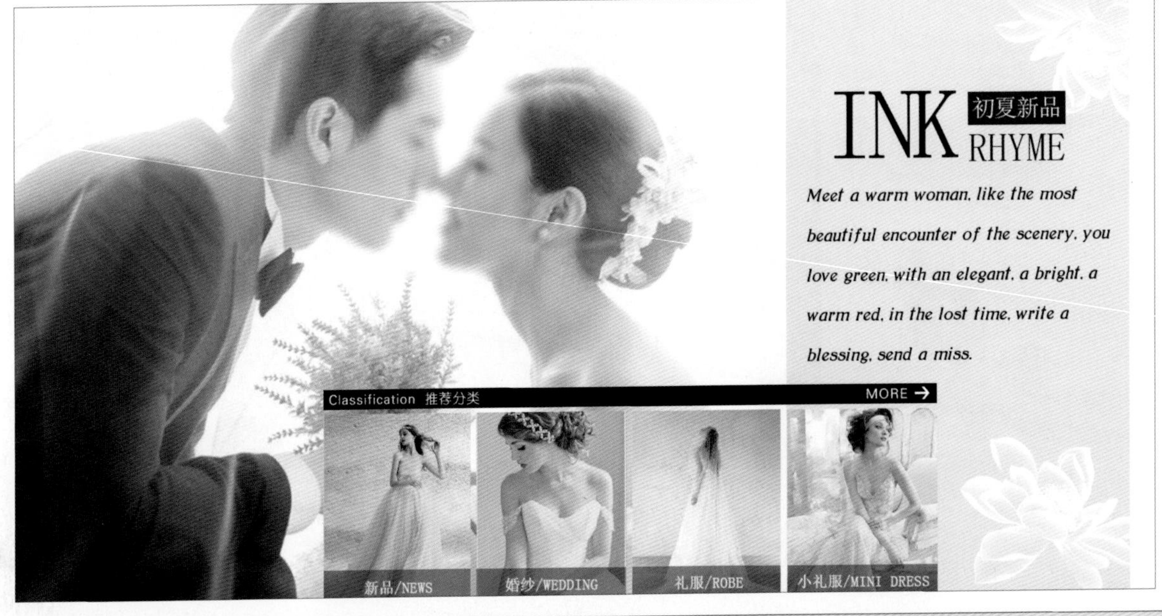

中文版 Photoshop CS6 全能修炼圣经 移动学习版

互联网 + 数字艺术研究院◎编著

人 民 邮 电 出 版 社
北 京

图书在版编目（CIP）数据

中文版Photoshop CS6全能修炼圣经 : 移动学习版 / 互联网+数字艺术研究院编著. -- 北京 : 人民邮电出版社, 2017.7（2022.7重印）
ISBN 978-7-115-45780-6

Ⅰ. ①中… Ⅱ. ①互… Ⅲ. ①图象处理软件 Ⅳ. ①TP391.413

中国版本图书馆CIP数据核字(2017)第112751号

内 容 提 要

本书主要讲解 Photoshop CS6 的相关知识，包括进入 Photoshop CS6 的全新世界、Photoshop 系统预设与优化调整、图像处理的基本操作、选区的创建与编辑、图层的初级应用、图层的高级应用、绘制图形、调整图像色彩、修饰图像、添加和编辑文字、蒙版与通道、认识并使用滤镜、3D 视觉设计、视频与动画，以及图像的输出管理等知识。讲解完基础知识之后，本书后续章节安排了数码相片的精修、网页设计应用、淘宝美工应用、 UI 界面与 App 设计、平面设计 5 个 Photoshop 常用领域的内容，以进一步提高读者在不同环境中应用 Photoshop 的能力。

本书适合 Photoshop 初学者、图像处理爱好者、网店美工从业者、UI/App 设计者等，也可作为各院校平面设计相关专业的教材。

◆ 编　　著　互联网 + 数字艺术研究院
责任编辑　税梦玲
责任印制　彭志环

◆ 人民邮电出版社出版发行　　北京市丰台区成寿寺路 11 号
邮编　100164　　电子邮件　315@ptpress.com.cn
网址　https://www.ptpress.com.cn
涿州市京南印刷厂印刷

◆ 开本：880×1092　1/16　　彩插：2
印张：31.5　　2017 年 7 月第 1 版
字数：1 049 千字　　2022 年 7 月河北第 3 次印刷

定价：108.00 元（附光盘）

读者服务热线：(010) 81055256　印装质量热线：(010) 81055316
反盗版热线：(010) 81055315

前言

PREFACE

Photoshop 是一款功能强大的图像处理软件，它能够满足平面设计师、插画师、图像处理爱好者和淘宝美工等不同用户对图像处理的需求。Photoshop CS6 是 Adobe 公司推出的第 13 代 Photoshop 软件，它在之前版本的基础上进行了较大的更新，增加了内容填充等新特性，加强了 3D 图像编辑，并采用了暗色调的用户界面，该版本也是目前应用较为广泛的一个版本。

■ 内容特点

本书采用知识点讲解加案例操作的方式来讲解 Photoshop CS6 在实际工作中的应用：每小节均设置了行业案例，强调相关知识点在实际工作中的具体操作，实用性强；每个操作步骤均进行了配图讲解，且操作与图中标注一一对应，条理清晰；每章均设有“高手竞技场”板块，给出相关操作要求和效果，用以锻炼读者的实际动手能力。

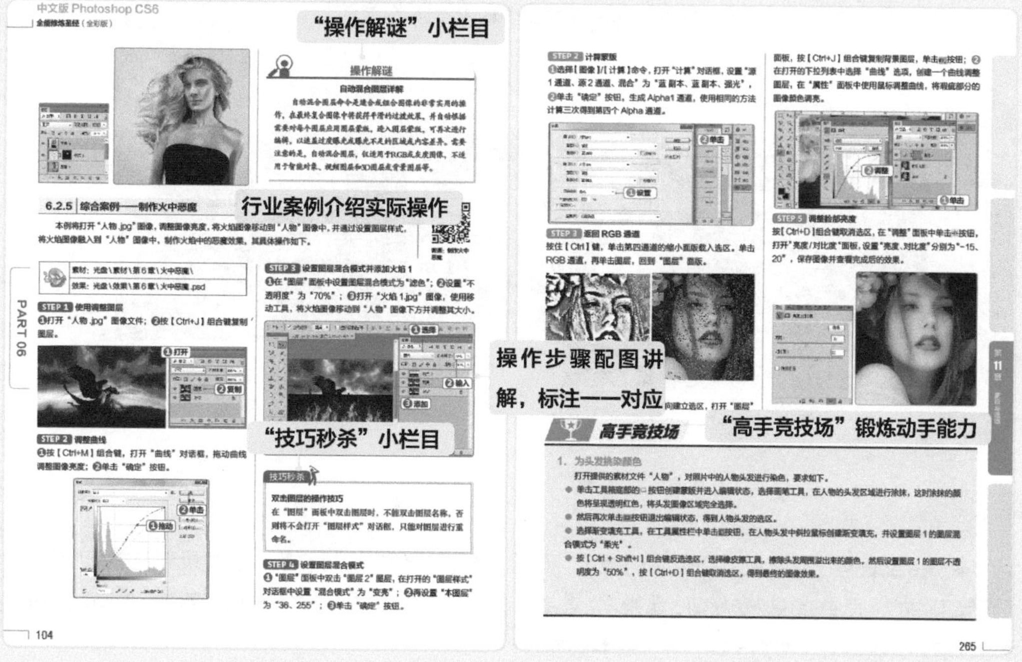

■ 配套资源

本书配有丰富的学习资源，以使读者学习更加方便、快捷，配套资源具体内容如下。

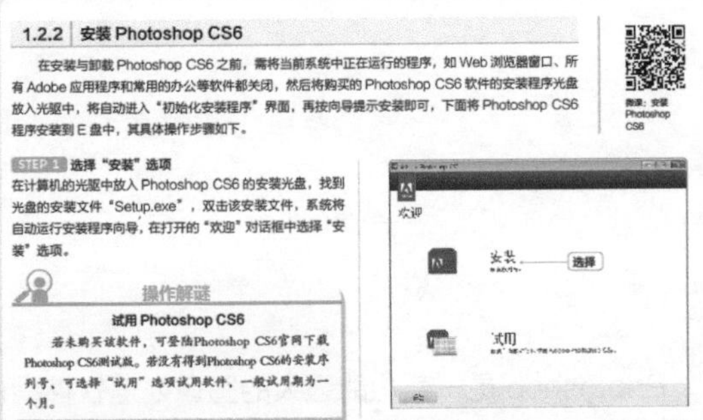

1.2.2 安装 Photoshop CS6

在安装与卸载 Photoshop CS6 之前，需将当前系统中正在运行的程序，如 Web 浏览器窗口、所有 Adobe 应用程序和常用的办公等软件都关闭，然后将购买的 Photoshop CS6 软件的安装程序光盘放入光驱中，将自动进入“初始化安装程序”界面，再按向导提示安装即可，下面将 Photoshop CS6 程序安装到 E 盘中，其具体操作步骤如下。

微课：安装 Photoshop CS6

STEP 1 选择“安装”选项

在计算机的光驱中放入 Photoshop CS6 的安装光盘，找到光盘的安装文件“Setup.exe”，双击该安装文件，系统将自动运行安装程序向导，在打开的“欢迎”对话框中选择“安装”选项。

操作解谜

试用 Photoshop CS6

若未购买该软件，可登陆Photoshop CS6官网下载Photoshop CS6测试版。若没有得到Photoshop CS6的安装序列号，可选择“试用”选项试用软件，一般试用期为一个月。

视频演示： 本书所有的实例操作均提供了教学微视频，读者可通过扫描二维码进行在线学习，也可通过光盘进行本地学习。此外，读者在使用光盘学习时可选择交互模式，也就是说光盘不仅可以“看”，还提供实时操作的功能。

素材和效果： 本书提供了所有实例需要的素材和效果文件，例如，如果读者需要使用第 3 章 3.2.5 节中的制作足球海报案例的素材文件，按“光盘 \ 素材 \ 第 3 章 \ 球场 \”路径打开光盘文件夹，即可找到该案例对应的素材文件。

海量相关资料： 本书还提供了图片设计素材、笔刷素材、形状样式素材和 Photoshop 图像处理技巧等资料，供读者练习使用，以进一步提高读者对 Photoshop 图像设计的应用水平。

为了更好地使用上述资源，并保证学习过程中不丢失，建议读者将光盘中的内容复制到本地计算机硬盘中。另外，读者还可从 http://www.ryjiaoyu.com 人邮教育社区下载后续更新的补充资料。

■ 鸣谢

本书由互联网＋数字艺术研究院何晓琴、蔡雪梅编著，参与资料收集、视频录制及书稿校对、排版等工作的人员有肖庆、李秋菊、黄晓宇、赵莉、蔡长兵、牟春花、熊春、李凤、蔡飓、曾勤、廖宵、李星、罗勤、张程程、李巧英等，在此一并致谢！

编者

2017 年 4 月

目录

CONTENTS

第8章

第9章

第 12 章

第 13 章

第 14 章

第 15 章

第 16 章

第 17 章

01 Chapter 第1章

进入 Photoshop CS6 的全新世界

/ 本章导读

Photoshop CS6 是一款图形图像处理软件，是设计行业中必不可少的工具。要想使用 Photoshop CS6 对图形图像进行处理，首先需要掌握 Photoshop CS6 一些基础知识，如 Photoshop CS6 的应用领域、PhotoshopCS6 的安装与卸载、Photoshop CS6 的启动与退出、Photoshop CS6 的相关术语等，以此奠定平面设计的入门基础。

1.1 认识 Photoshop 的应用领域

Photoshop 是当今处理图像最为强大的软件之一，在学习该软件的操作方法前，需要对其应用领域有一定的认识和了解。下面将对 Photoshop 的应用领域进行详细的介绍。

1.1.1 在平面视觉中的应用

平面设计是一种集创意、构图和色彩为一体的艺术表达形式，它不仅注重表面的视觉美观，还要传达出要表达的具体信息。通过 Photoshop 完全可以满足平面设计的各种要求，制作出内容丰富的平面印刷品，如招贴式宣传的促销传单、POP 海报、公益广告、企业手册式宣传广告、书籍封面设计、企业标志设计、VI 设计、产品包装设计和字体设计等。下面分别对 Photoshop 在海报与包装领域的应用进行介绍。

1. 海报设计欣赏

海报具有很强的宣传性，优秀的海报设计能够很好的迎合顾客的需求体验，因此在实际应用中比较普遍。Photoshop 可以处理海报中的图片、文本和图形等元素，形成具有视觉美感的特殊画面。下图所示为具有玄幻色彩的电影海报效果。

2. 包装设计欣赏

包装的功能有保护商品、方便使用、传达商品信息、方便运输、促进销售和提高产品附加值等，一款好的包装不仅可以充分的展示品牌理念、产品特性和消费心理，更能从视觉上勾起消费者的购买欲。利用 Photoshop 可以很方便地设计包装的造型，展现包装的结构，显示产品的信息。下图所示为精美的包装设计效果。

1.1.2 在插画设计中的应用

视觉文化是当今时代的主流，由于插画具有绚丽多彩、视觉冲击力强的特点，因此成为视觉传达中不可或缺的表达手段，其广泛性和大众性在很大程度上影响着大众的审美取向。除了手绘插画外，也可以利用 Photoshop 中提供的色彩、画笔和滤镜等可以在计算机中模拟画笔绘制的效果绘制出各种美观、逼真的插画，如书籍内页的插图、动画插画和小说绘图等。如下图所示分别为人物插画和动画插画。

1.1.3 在网页设计中的应用

网页是使用多媒体技术在计算机网络与人们之间建立的一组具有展示和交互功能的虚拟界面。利用 Photoshop 可以先设计出网页的版面，规划好每一部分的内容和作用，然后再通过它自带的切片功能对页面进行处理，最后将其导出为网页格式或将其导入到相应的网页制作软件中进行处理。如下图所示即为某网站的首页。

1.1.4 在界面设计中的应用

随着计算机、网络和智能电子产品的发展，为了呈现更好的用户界面给用户，各行各业也逐渐追求更为美观的界面设计，如企业软件界面、游戏界面和电子商品界面（如 MP3、MP4、智能手机、智能电器）等，以达到吸引用户购买产品的目的。使用 Photoshop 的渐变、图层样式和滤镜等功能可轻松制作具有真实质感和特效的用户界面。下图所示即为智能手机的界面设计和游戏的得分界面设计。

1.1.5 在数码照片后期处理中的应用

数码照片是广大用户日常工作和生活中最为常用的一种照片，通过 Photoshop 提供的图像调整、修饰和修复等功能，能对拍摄的数码照片进行后期处理，使其效果更加美观和更具有个性化，满足使用者的需求。同时它也为广大的数码爱好者提供了更大的想象空间来进行自由设计，使用户能够获得更多别具创意的图像效果。如下图所示即是对数码照片进行后期处理后的效果。

1.1.6 在效果图后期处理中的应用

在 Photoshop 中可以对制作的建筑、人物、景观、场景和其他装饰品进行渲染和调整，如增加色彩的丰富程度、使光线明暗强度更加突出或调整效果图的整体色调等，以增强画面的美感。如下图所示即为对图片进行后期处理后的效果。

1.1.7 在淘宝美工中的应用

淘宝美工是淘宝店铺的装饰者，可以从视觉角度上快速提高店铺的形象，树立网店品牌，吸引更多顾客进店浏览。使用 Photoshop 可以快速修复商品图片的拍摄缺陷，并制作出店铺需要的店招、主图和海报等内容，增强店铺的页面效果。下图所示分别为淘宝主图、页面以及淘宝海报的效果。

1.2 Photoshop CS6 的安装与卸载

要使用 Photoshop CS6 处理图像，必须先安装 Photoshop CS6 到计算机中才能够运用它进行各项操作。当软件出现问题需要重新安装或不需要软件时可将其从计算机中卸载，下面将分别介绍安装与卸载 Photoshop CS6 的方法。

1.2.1 安装 Photoshop CS6 的系统要求

要在计算机中安装 Photoshop CS6，首先需要知道它对电脑的安装配置要求。安装 Photoshop 对电脑的配置要求包括软件和硬件两部分。

1. 软件

Windows XP 或 Windows XP 以上的操作系统。需要注意的是 Windows XP 系统不支持 3D 功能和某些 CPU 启动功能。

2. 硬件

处理器的性能在 Intel Pentium 4 以上；内存 1GB 或 1GB 以上；硬盘可用空间 5GB 以上；显示器具有 1024×768 以上分辨率（推荐显示器分辨率为 1280x800）；支持 OpenGL 硬件加速、16 位、256MB 显存或更高性能的显卡；DVD-ROM 驱动器。

操作解谜

Mac Os（苹果机）操作系统中的安装要求

若是Mac Os（苹果机）操作系统，安装的要求是：Intel 多核处理器；Mac Os X 10.68 或10.7；内存1GB；硬盘可用空间2GB，安装时需额外的可用空间（无法安装在使用区分大小写的文件系统的卷或基于闪存的可移动存储设备上）；显示器具有1024×768以上分辨率（推荐显示器分辨率为1280×800）；支持OpenGL 2.0系统；DVD-ROM驱动器。

1.2.2 安装 Photoshop CS6

在安装与卸载 Photoshop CS6 之前，需将当前系统中正在运行的程序，如 Web 浏览器窗口、所有 Adobe 应用程序和常用的办公等软件关闭，然后将购买的 Photoshop CS6 软件安装程序光盘放入光驱中，将自动进入“初始化安装程序”界面，再按向导提示安装即可，下面介绍将 Photoshop CS6 程序安装到 E 盘中，具体操作步骤如下。

微课：安装 Photoshop CS6

STEP 1 选择“安装”选项

在计算机的光驱中放入 Photoshop CS6 的安装光盘，找到光盘的安装文件“Setup.exe”，双击该安装文件，系统将自动运行安装程序向导，在打开的“欢迎”对话框中选择“安装”选项。

操作解谜

试用 Photoshop CS6

若未购买该软件，可登录Photoshop CS6官网下载Photoshop CS6测试版。若没有得到Photoshop CS6的安装序列号，可选择“试用”选项试用软件，一般试用期为1个月。

STEP 2 接受 Adobe 软件许可协议

在打开的“Adobe 软件许可协议”对话框中阅读 Adobe 软件许可协议，确认后单击“接受”按钮继续安装。

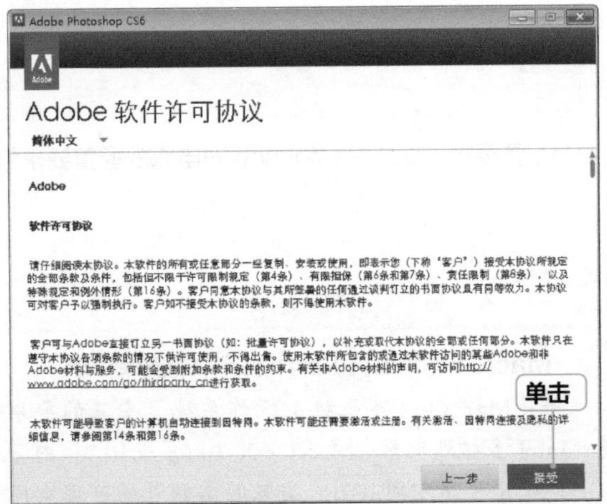

STEP 3 输入相应的序列号

①打开“序列号”对话框，在“提供序列号”下方的文本框中输入相应的序列号；②然后单击“下一步”按钮。

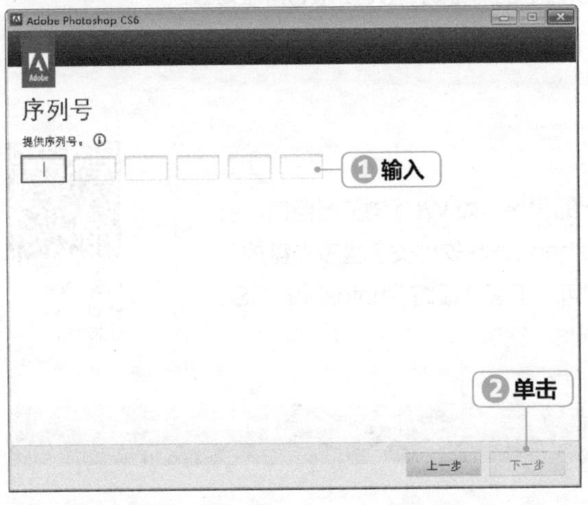

STEP 4 选择安装的路径

①打开“选项”对话框，单击“位置”右侧的下拉按钮，在打开的下拉列表中选择安装的路径，这里选择“E: \Program Files\Adobe”；②单击“安装”按钮。

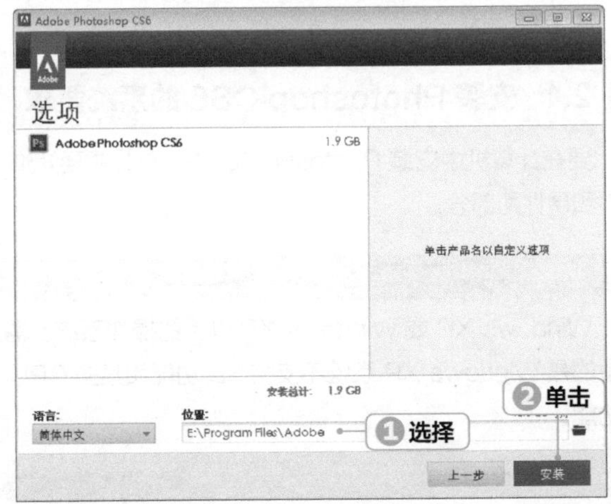

STEP 5 完成安装

系统将会打开“安装”对话框，并显示安装进度，安装完成后系统将打开提示对话框提示已安装完成，单击“关闭”按钮即可。

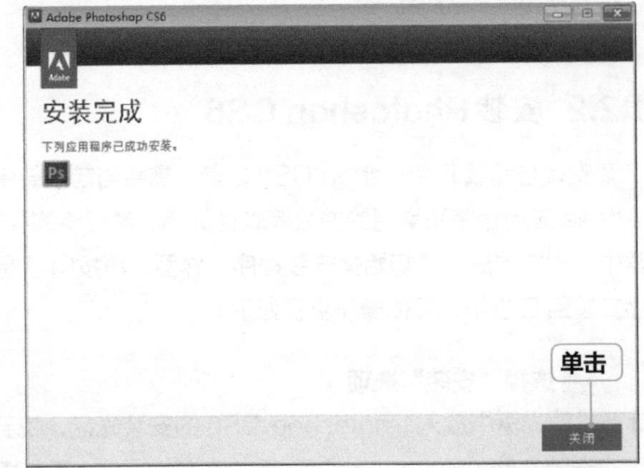

1.2.3 卸载 Photoshop CS6

卸载 Photoshop CS6 需使用 Windows 的卸载程序，下面将介绍怎么卸载已安装的 Photoshop CS6 组件，其具体操作步骤如下。

微课：卸载 Photoshop CS6

STEP 1 打开“程序和功能”窗口

在系统桌面上选择【开始】/【控制面板】命令，打开“控制面板”窗口，单击“程序和功能”超链接，打开“程序和功能”窗口。

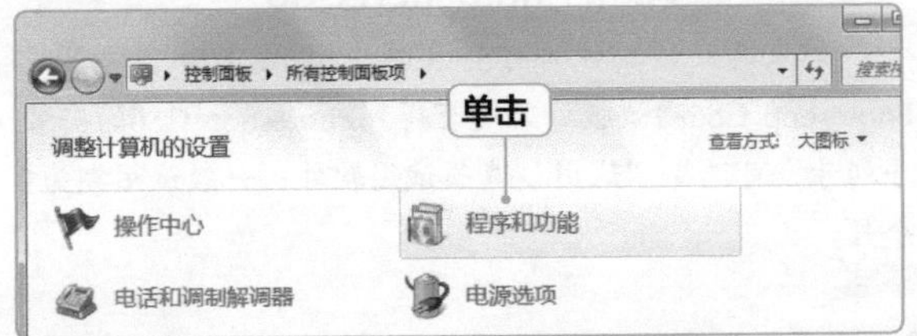

STEP 2 选择卸载的 Adobe Photoshop CS6 程序

①在“卸载或更改程序”列表框中选择“Adobe Photoshop CS6”选项；②单击“卸载”按钮。

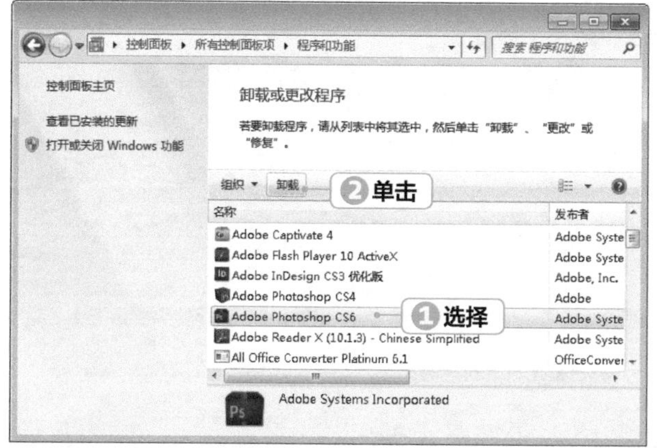

STEP 3 确认卸载程序

系统将自动打开“卸载选项”对话框，在该对话框中单击“卸载”按钮。

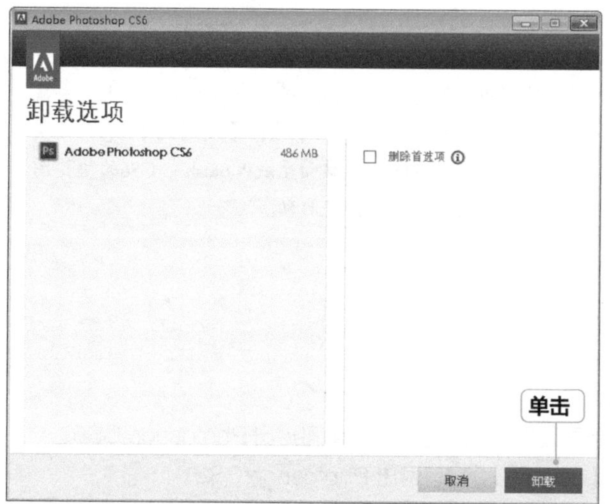

STEP 4 查看卸载进度

系统将会打开“卸载进度”对话框，并显示卸载进度。

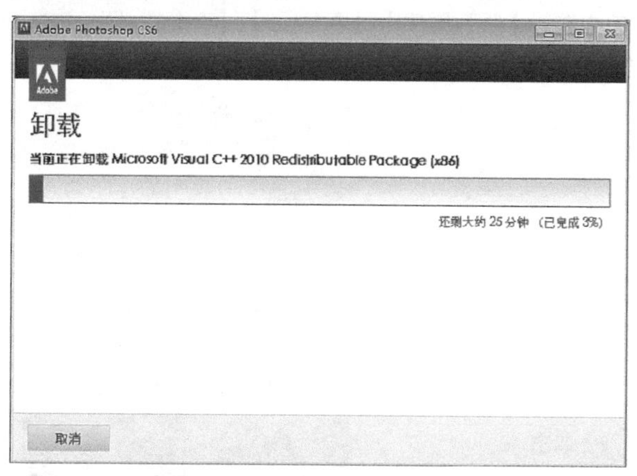

STEP 5 完成卸载

卸载完成后，系统将打开“卸载完成”对话框提示已卸载完成，单击“关闭”按钮。

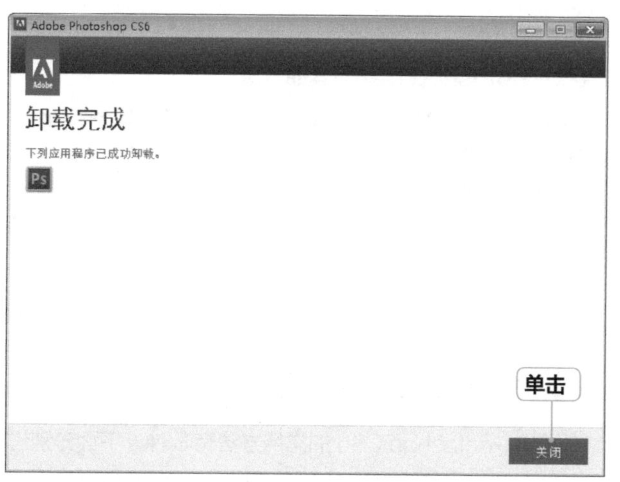

1.3 Photoshop CS6 的启动与退出

安装好 Photoshop CS6 之后就可以开始使用了，但要使用它编辑图像，首先需了解其启动与退出的方法，下面分别进行讲解。

1.3.1 启动 Photoshop CS6

启动 Photoshop CS6 的方法有多种，一般是通过“开始”菜单启动，这是启动 Photoshop CS6 最常用的方法。下面讲解使用“开始”菜单启动 Photoshop CS6 的方法，其具体操作如下。

微课：启动 Photoshop CS6

STEP 1 启动 Photoshop CS6

❶在操作系统桌面上单击“开始”按钮；❷在打开的“开始”菜单中选择【所有程序】/【Adobe】/【Adobe Photoshop CS6】命令，即可启动 Photoshop CS6。

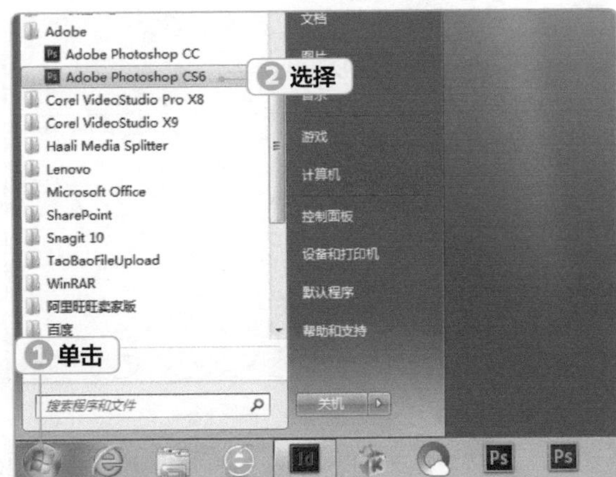

技巧秒杀

启动Photoshop CS6的其他方法

启动Photoshop CS6的方法还包括：双击桌面上的Photoshop CS6快捷方式图标启动；双击计算机中已经保存的任意一个后缀名为.psd的文件也可启动。

STEP 2 打开 Photoshop CS6 工作界面

稍等片刻，计算机将自动打开 Photoshop CS6 的操作界面，如下图所示。

操作解谜

添加快捷方式启动 Photoshop CS6

在“开始”菜单的Adobe Photoshop CS6命令上单击鼠标右键，在弹出的快捷菜单中选择【发送到】/【桌面快捷方式】命令，系统将在桌面生成Photoshop CS6的快捷图标，双击该图标即可快速启动。

1.3.2 退出 Photoshop CS6

退出 Photoshop CS6 的常用方法有 3 种，下面分别进行介绍。

- 单击 × 按钮退出：启动 Photoshop CS6 后，单击其工作界面右上角的 × 按钮即可退出 Photoshop CS6。
- 通过命令退出：启动 Photoshop CS6 后，选择【文件】/【退出】命令即可退出 Photoshop CS6。
- 通过快捷键退出：启动 Photoshop CS6 后，按【Ctrl+Q】组合键即可退出 Photoshop CS6。

1.4 Photoshop CS6 中图像相关术语介绍

在使用 Photoshop CS6 处理图像前，为了更好地处理图像，了解图像的基础知识尤为必要，如识别矢量图与位图、认识像素与色彩模式等。下面对常用的图像术语进行介绍。

1.4.1 位图和矢量图

位图和矢量图是图像的两种类型，是进行图形图像设计与处理时所必须了解和掌握的，理解这两种类型以及两种类型之间的区别有助于用户更好地学习和使用 Photoshop CS6。

1. 位图

位图也称点阵图或像素图，它由多个像素点构成，能够将灯光、透明度和深度等逼真地表现出来，将位图放大到一定程度后，即可看到位图是由一个个小方块组成，这些小方块就是像素。位图图像质量由分辨率决定，单位面积内的像素越多，分辨率越高，图像效果也就越好。但当位图缩放到一定比例时，图像会变模糊。常见的位图格式有 JPEG、PCX、BMP、PSD、PIC、GIF 和 TIFF 等。下图为位图原图和放大 800% 的对比效果。

在将灰度颜色模式的图像转换为位图模式时，选择【图像】/【模式】/【位图】命令，打开“位图”对话框，在“使用”下拉列表中有 5 种方法供用户选择，如右上角图所示，下面分别进行介绍。

- 50% 阈值：将灰色值高于中间灰阶的像素转换为白色，将低于中间灰阶的像素转换为黑色。结果将是高对比度的黑白图像。
- 图案仿色：通过将灰阶组织成白色和黑色网点的几何配置来转换图像。
- 扩散仿色：通过使用从图像左上角的像素开始的误差扩散过程来转换图像。若像素值高于中间灰阶，则像素将更改为白色；若像素低于中间灰阶，则更改为黑色。因为原像素很少是纯白或纯黑，因此会产生误差，该误差传递到周围的像素并在整个图像中扩散，从而形成粒状、胶片状的纹理。
- 半调网屏：在转换后的图像中模拟半调网点的外观。
- 自定图案：在转换后的图像中模拟所选图案，自定半调网屏的外观。

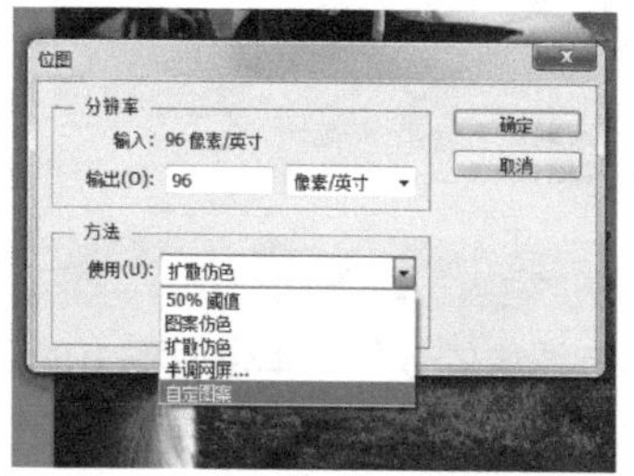

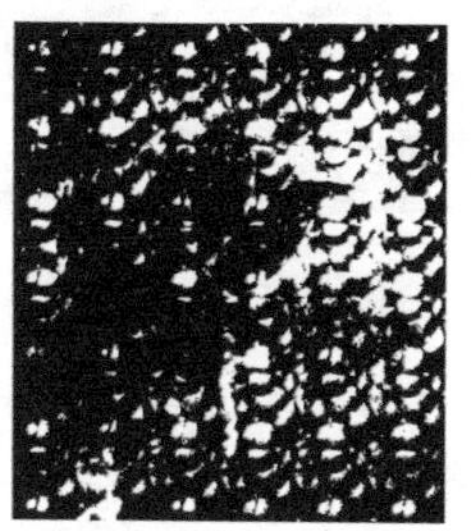

2. 矢量图

矢量图是用一系列计算机指令来描述和记录的图像，它由点、线、面等元素组成，所记录的对象主要包括几何形状、线条粗细和色彩等，矢量图常用于制作企业标志或插画，还可用于商业信纸或招贴广告，可随意缩放的特点使其可在任何打印设备上以高分辨率进行输出。与位图不同的是，其清晰度和光滑度不受图像缩放的影响。常见的矢量图格式有 CDR、AI、WMF 和 EPS 等。下图为矢量图原图和放大 300% 的对比效果。

1.4.2 像素和分辨率

像素是构成位图图像的最小单位，是位图中的一个小方格。分辨率指单位面积上的像素数量，单位通常为“像素 / 英寸”和“像素 / 厘米”，它们的组成方式决定了图像的数据量。

1. 像素

像素是组成位图图像最基本的元素，每个像素在图像中都有自己的位置，并且包含了一定的颜色信息，单位面积上的像素越多，颜色信息越丰富，图像效果就越好，文件也会越大。放大位图图像后即可看见小方格，显示的每一个小方格就代表一个像素，如下图所示。

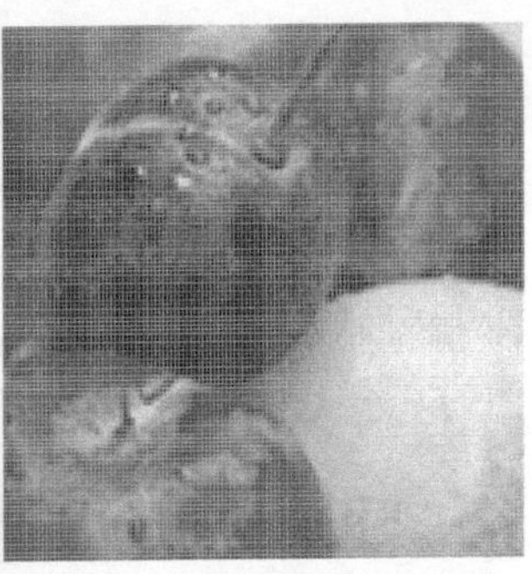

2. 分辨率

分辨率的高低直接影响图像的效果，单位面积上的像素越多，分辨率越高，图像就越清晰，但所需的存储空间也就越大。用于屏幕显示或网络的图像，可设置分辨率为 72 像素 / 英寸。用于喷墨打印机打印的图像，可设置分辨率为 100~150 像素 / 英寸。用于印刷的图像，则需要设置为 300 像素 / 英寸。常见的分辨率有图像分辨率、扫描分辨率、打印分辨率和显示分辨率，下面对其含义进行详细介绍。

- 图像分辨率：图像分辨率用于确定图像的像素数目。下图为分辨率为 72 像素和 300 像素的显示效果。

- 扫描分辨率：扫描分辨率是指多功能一体机在实现扫描功能时，通过扫描元件将扫描对象每英寸的表现形式表示成点数。单位是 dpi，该值越大，扫描的效果也就越好。
- 打印分辨率：打印分辨率指绘图仪、激光打印机等输出设备在输出图像时每英寸所产生的油墨点数。若使用与打印机输出分辨率成正比的图像分辨率，便可产生很好的输出效果。
- 显示分辨率：显示分辨率指显示器上每单位长度显示的像素点的数目，单位为“点 / 英寸”。如 80 点 / 英寸表示显示器上每英寸包含 80 个点。普通显示器的典型分辨率约为 96 点 / 英寸，苹果机显示器的典型分辨率约为 72 点 / 英寸。

1.4.3 图像的色彩模式

在 Photoshop CS6 中，色彩模式决定着一幅电子图像以什么样的方式在计算机中显示或是打印输出。常用的色彩模式包括位图模式、灰度模式、双色调模式、索引模式、RGB 模式、CMYK 模式、Lab 模式和多通道模式等。打开图像文件，选择【图像】/【模式】命令，在打开的子菜单中选择对应的命令即可完成图像色彩模式的转换。下面将对不同色彩模式的含义进行介绍。

1. 位图模式

位图模式是由黑白两种颜色来表示图像的颜色模式，适合制作艺术样式或用于创作单色图形。彩色图像模式转换为该模式后，颜色信息将会丢失，只保留亮度信息。只有处于灰度模式下的图像才能转换为位图模式。下图即为位图模式下图像的显示效果。

2. 灰度模式

在灰度模式图像中每个像素都有一个 0（黑色）~ 255（白色）之间的亮度值。当彩色图像转换为灰度模式时，将删除图像中的色相及饱和度，只保留亮度与暗度，得到纯正的黑白影调。下图即为将图像转换为灰度模式前后的显示效果。

3. 双色调模式

双色调模式是用灰度油墨或彩色油墨来渲染灰度图像的模式。双色调模式采用两种彩色油墨来创建由双色调、三色调、四色调混合色阶组成的图像。在此模式中，最多可向灰度图像中添加四种颜色。下图即为双色调和三色调效果。

4. 索引模式

索引模式指系统预先定义好一个含有256种典型颜色的颜色对照表，当图像转换为索引模式时，系统会将图像的所有色彩映射到颜色对照表中。图像的所有颜色都将在它的图像文件中定义。当打开该文件时，构成该图像的具体颜色的索引值都将被装载，然后根据颜色对照表找到最终的颜色值。下图即为索引模式下图像的显示效果。

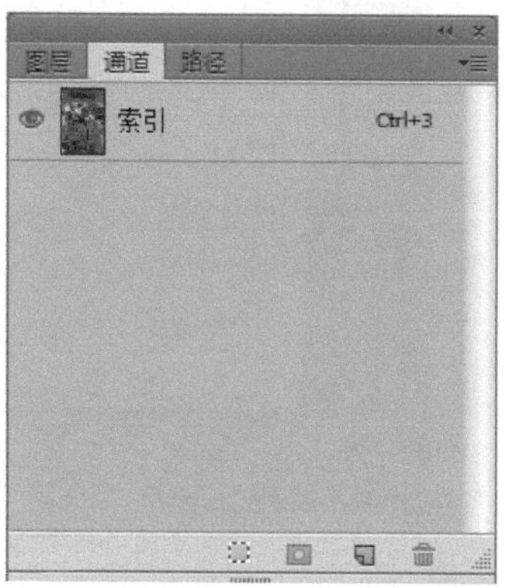

5. RGB模式

RGB模式是红、绿、蓝3种颜色按不同的比例混合而成，也称真彩色模式，是Photoshop默认的模式，也是最为常见的一种色彩模式。在Photoshop中，除非有特殊要求会使用某种色彩模式，一般情况下都采用RGB模式，这种模式下可使用Photoshop中的所有工具和命令，其他模式则会受到相应的限制。下图即为RGB模式下图像的显示效果。

6. CMYK模式

CMYK模式是印刷时使用的一种颜色模式，主要由Cyan（青）、Magenta（洋红）、Yellow（黄）和Black（黑）4种颜色组成。为了避免和RGB三基色中的Blue（蓝色）混淆，其中的黑色用K表示。若在RGB模式下制作的图像需要印刷，则必须将其转换为CMYK模式。下图即为CMYK模式下图像的显示效果。

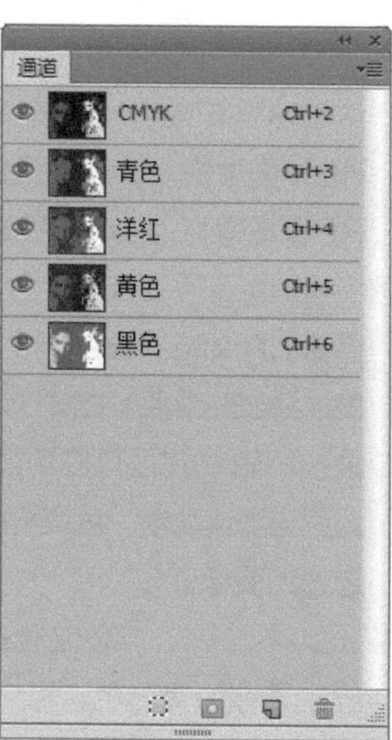

7. Lab模式

Lab模式由RGB三基色转换而来，Lab模式将明暗和颜色数据信息分别存储在不同位置，修改图像的亮度并不会影响图像的颜色，调整图像的颜色同样也不会破坏图像的亮度，这是Lab模式在调色中的优势。在Lab模式中，L指明度，表示图像的亮度，如果只调整明暗、清晰度，可只调整 L 通道；a 表示由绿色到红色的光谱变化；b 表示由蓝色到黄色的光谱变化。下图即为 Lab 模式下图像的显示效果。

8. 多通道模式

在多通道模式下图像包含了多种灰阶通道。将图像转换为多通道模式后，系统将根据原图像产生一定数目的新通道，每个通道均由 256 级灰阶组成。在进行特殊打印时，多通道模式作用尤为显著。下图即为多通道模式下图像的显示效果。

1.4.4 图像的位深度

位深度是指图像中的每个像素可以使用的颜色信息数量，每个像素使用的信息越多，可用颜色就越多，也就越能表现更为逼真的图像颜色。打开图像后，选择【图像】/【模式】命令，在打开的子菜单中可选择 8 位、16 位和 32 位位深度，各位深度的特征如下。

- 8 位/通道：位深度为 8 位，每个通道支持 256 个可能的值，这意味着该图像可以有 1600 万以上可能的颜色值。由于 RGB 图像由 3 个颜色通道组成，因此将带有 8 位/通道的 RGB 图像称为 24 位图像。
- 16 位/通道：位深度为 16 位，图像颜色较 8 位图像更加逼真。Photoshop CS6 支持 16 位模式的图像，可以在灰度、RGB 颜色、CMYK 颜色、Lab 颜色和多通道模式中进行编辑，并且可应用部分调色与滤镜功能。要利用其他调色与滤镜功能，就需要将 16 位/通道的图像转换为 8 位/通道的图像。
- 32 位/通道：32 位色是在 24 位色上发展起来的，24 位色又称为真彩色，可以达到人眼分辨的极限，发色数是 1677 万多色，而 32 位色是在 1677 万多色的基础上增加了 256 阶颜色的灰度。

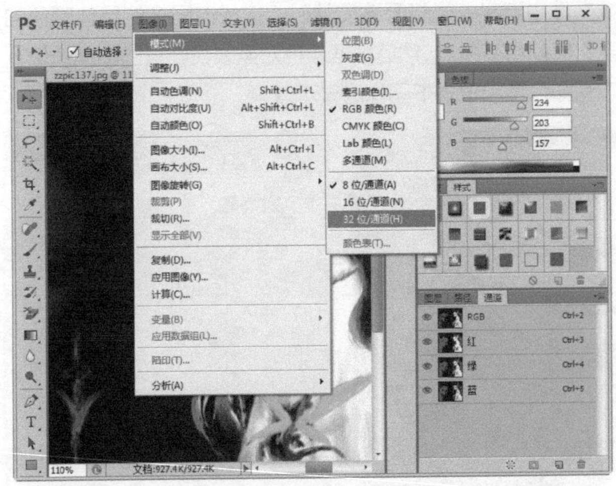

1.4.5 色域与溢色

色域是指各种屏幕显示设备、打印机或印刷设备等所能表达的颜色数量所构成的范围区域；溢色是指显示的颜色超出了

CMYK 模式的色域范围，在计算机的显示器上可以显示，但在 CMYK 模式下是无法印刷出来的现象。

1. 色域的表示

在 RGB 色彩模型中，色域包括 Adobe RGB、ProPhoto RGB 和 sRGB 等。自然界中可见光谱的颜色组成了最大的色域空间，该色域空间包含了肉眼所能看见的所有颜色。为了更加直观的表现色域的概念，国际照明协会（CIE）制定了 CIE 色域图，用于描述色域。在该图中，各种现实设备能显示的色域范围用 RGB 三点线连成的三角形区域表示，三角形面积越大，表现该显示设备所表现的色域越广。

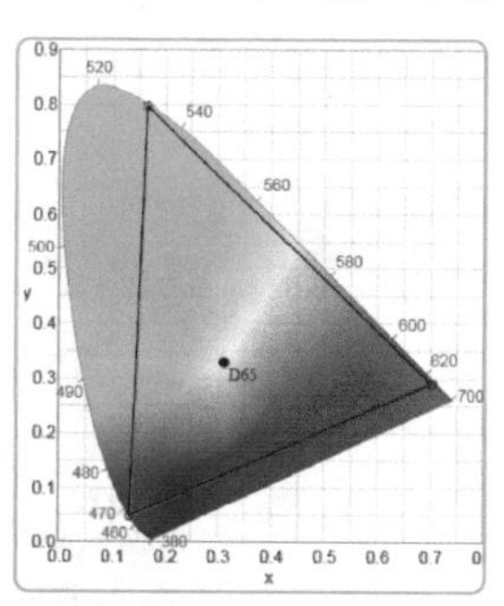

2. 查找溢色

选择【视图】/【色域警告】命令，图像中的溢色将被高亮显示出来，在 RGB 颜色模式下，将光标放置到溢色上，“信息”面板中的 CMYK 值旁边会出现感叹号，同时色块中将显示与该颜色最相近的颜色，如下图所示。同样当用户选择溢色后，在拾色器对话框和颜色面板都将出现溢色警告。

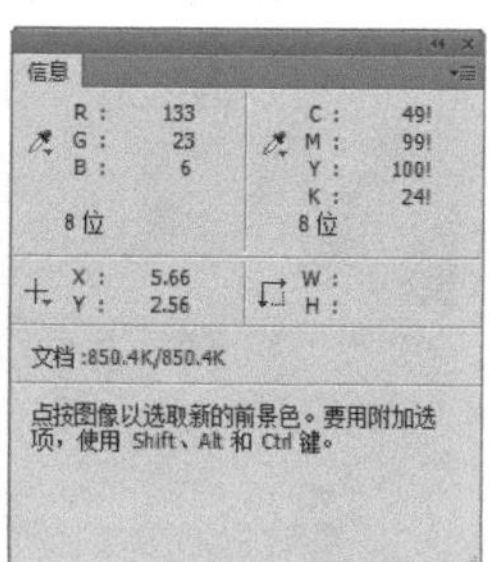

1.4.6 图像文件格式

在 Photoshop 中存储作品时，应根据需要选择合适的文件格式进行保存。Photoshop 支持多种文件格式，下面介绍一些常见的文件格式。

- PSD（*.PSD）格式：它是 Photoshop 软件默认生成的文件格式，是唯一能支持全部图像色彩模式的格式。以 PSD 格式保存的图像可以包含图层、通道、色彩模式等图像信息。
- TIFF（*.TIF；*.TIFF）格式：支持 RGB、CMYK、Lab、位图和灰度等色彩模式，而且在 RGB、CMYK 和灰度等色彩模式中支持 Alpha 通道的使用。
- BMP（*.BMP；*.RLE；*.DIB）格式：是标准的位图文件格式，支持 RGB、索引颜色、灰度和位图色彩模式，但不支持 Alpha 通道。
- GIF（*.GIF）格式：是 CompuServe 提供的一种格式，此格式可以进行 LZW 压缩，从而使图像文件占用较少的磁盘空间。
- EPS（*.EPS）格式：是一种 PostScript 格式，常用于绘图和排版。最显著的优点是在排版软件中能以较低的分辨率预览，在打印时则以较高的分辨率输出。它支持 Photoshop 中所有的色彩模式，但不支持 Alpha 通道。
- JPEG（*.JPG；*.JPEG；*.JPE）格式：主要用于图像预览和网页，该格式支持 RGB、CMYK 和灰度等色彩模式。使用 JPEG 格式保存的图像会被压缩，图像文件会变小，但会丢失掉部分不易察觉的色彩。
- PDF（*.PDF；*.PDP）格式：是 Adobe 公司用于 Windows、Mac OS、UNIX 和 DOS 系统的一种电子出版格式，包含矢量图和位图，还包含电子文档查找和导航功能。
- PNG（*.PNG）格式：用于在互联网上无损压缩和显示图像。与 GIF 格式不同的是 PNG 支持 24 位图像，产生的透明背景没有锯齿边缘。PNG 格式支持带一个 Alpha 通道的 RGB 和 Grayscale（灰度）模式，用 Alpha 通道来定义文件中的透明区域。

高手竞技场

1. 打开 Photoshop CS6 工作界面

将 Photoshop CS6 安装到计算机的 E 盘中，然后启动 Photoshop CS6，打开 Photoshop CS6 工作界面。

2. 制作黑白照片

打开提供的素材文件“拼图 .jpg”，转换为灰度模式，调整图像，要求如下。

- 启动 Photoshop CS6，选择【文件】/【打开】命令打开提供的素材文件“拼图 .jpg”。
- 选择【图像】/【模式】/【灰度】命令转换为黑白图像。
- 选择【文件】/【保存】命令保存文件。

02 Chapter 第 2 章

Photoshop 系统预设与优化调整

/ 本章导读

在使用 Photoshop 处理图像前，需要先了解 Photoshop 的工作界面，并对窗口与面板的管理、界面的设置、辅助工具的应用，以及自定工具等进行优化调整，为图像处理创建舒适合理的使用环境。

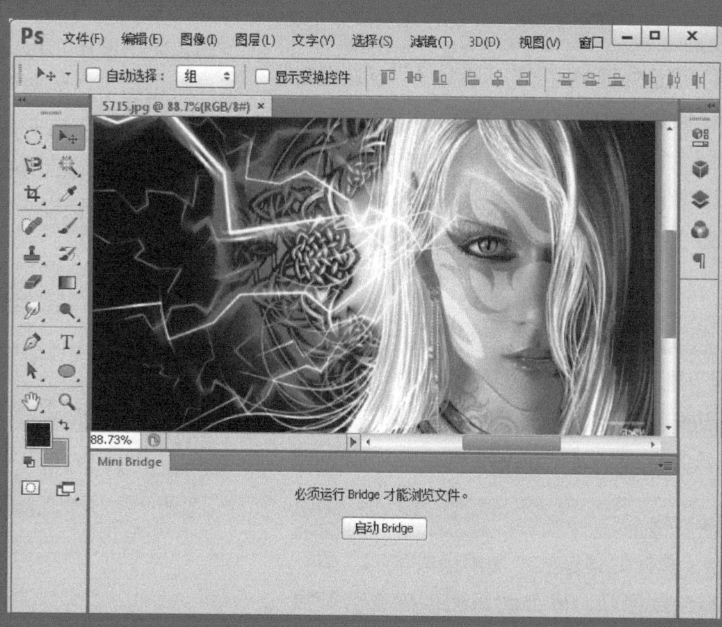

2.1 熟悉 Photoshop CS6 的工作界面

启动 Photoshop CS6 即可打开工作界面，该工作界面主要由菜单栏、工具选项栏、控制面板组、工具箱、图像窗口、状态栏和控制面板等组成。只有理解了工作界面中各功能模块的作用，才能更好地学习 Photoshop CS6 的相关知识。

2.1.1 Photoshop CS6 工作区概述

启动 Photoshop CS6 后打开任意一个图像，其工作界面如下图所示。

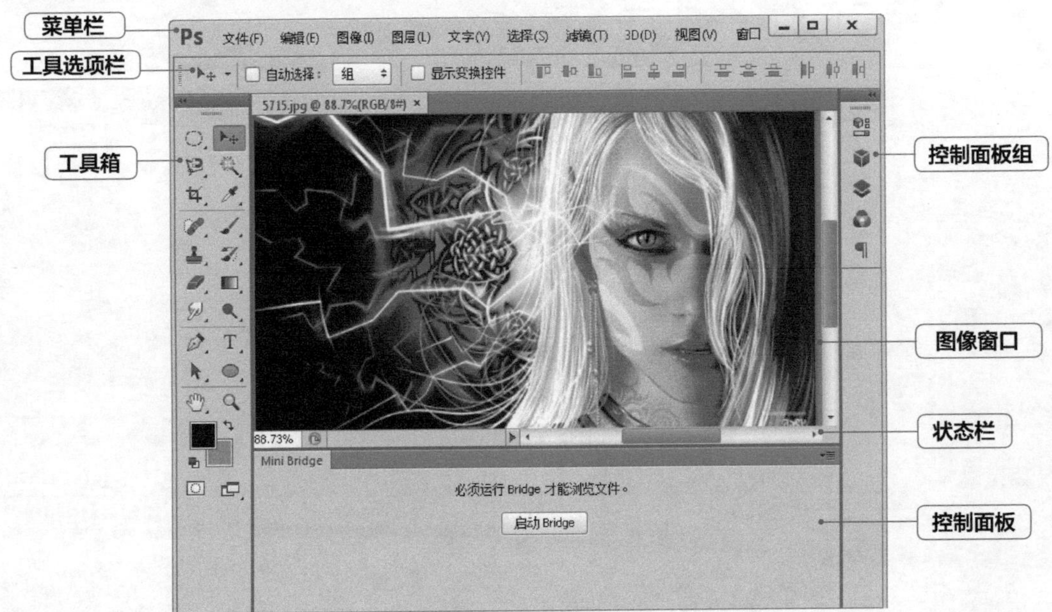

1. 菜单栏

菜单栏中包含了图像处理中用到的所有命令，从左至右依次为文件、编辑、图像、图层、文字、选择、滤镜、3D、视图、窗口和帮助 11 个菜单项。每个菜单项下包含了多个命令，可以直接通过相应的菜单选择要执行的命令；在菜单栏的右侧还包括了最小化、最大化和关闭按钮，用于控制窗口大小。

2. 工具选项栏

工具属性栏用于显示当前使用工具箱中工具的属性，还可以对其参数进行进一步的调整。选择不同的工具后，属性栏就会随着当前工具的改变而发生相应的变化。

3. 工具箱

工具箱中集合了图像处理过程中使用最频繁的工具，使用它们可以进行绘制图像、修饰图像和创建选区等操作。它的默认位置在工作界面左侧，通过拖曳其顶部可以将其拖曳到工作界面的任意位置。工具箱顶部有一个按钮，单击该按钮可以将工具箱中的工具以紧凑型排列。工具按钮右下角的黑色小三角标记表示该工具位于一个工具组中，其中还有一些隐藏的工具，在该工具按钮上按住鼠标左键不放或使用右键单击，可显示该工具组中隐藏的工具，如下图所示。

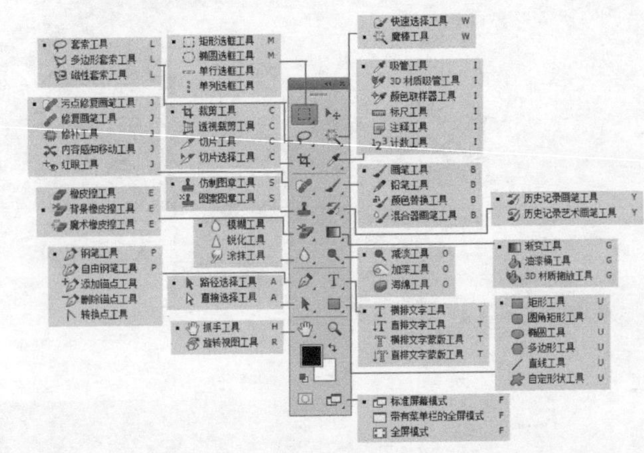

工具箱中各工具的作用介绍如下。

- 移动工具：用于移动图层、参考线、形状或选区中的像素。
- 矩形选框工具：用于创建矩形选区和正方形选区。
- 椭圆选框工具：用于创建椭圆选区和正圆选区。
- 单行选框工具：用于创建高度为 1 像素的选区，一般用于制作网格效果。
- 单列选框工具：用于创建宽度为 1 像素的选区，一般用于制作网格效果。
- 套索工具：自由地绘制不规则形状的选区。
- 多边形套索工具：用于创建转角比较强烈的选区。
- 磁性套索工具：能够通过颜色上的差异自动识别对象的边界。
- 快速选择工具：用于快速绘制的选区。
- 魔棒工具：使用该工具在图像中单击可快速选择颜色范围内的区域。
- 裁剪工具：以任意尺寸裁剪图像。
- 透视裁剪工具：使用该工具可以在需要裁剪的图像上制作出带有透视感的裁剪框。
- 切片工具：用于为图像绘制切片。
- 切片选择工具：用于编辑、调整切片。
- 吸管工具：用于吸取图像中任意颜色作为前景色，按住 Alt 键进行吸取时，可将吸取颜色设置为背景色。
- 3D 材质吸管工具：该工具用于快速吸取 3D 模型中各部分的材质。
- 颜色取样器工具：在"信息"面板中显示取样的RGB值。
- 标尺工具：在"信息"面板中显示拖动对角线的距离和角度。
- 注释工具：用于在图像中添加注释。
- 计数工具：用于计算图像中元素的个数，也可自动对图像中的多个选区进行计数。
- 污点修复画笔工具：不需要设置取样点，自动对所修饰区域的周围进行取样，消除图像中的污点和某个对象。
- 修复画笔工具：用于对图像中的像素作为样本进行绘制。
- 修补工具：利用样本或图案来修复所选图像区域中不理想的部分。
- 内容感知移动工具：用于移动选区中的图像时，智能填充物体原来的位置。
- 红眼工具：用于去除闪光灯导致的瞳孔红色反光。
- 画笔工具：使用该工具可通过前景色绘制出各种线条，也可使用它快速修改通道和蒙版。
- 铅笔工具：使用模糊效果的画笔来进行绘制。
- 颜色替换工具：用于将选定的颜色替换为其他颜色。
- 混合器画笔工具：使用该工具可以像传统绘制过程中混合颜料一样混合像素。
- 仿制图章工具：用于将图像上的一部分绘制到统一图像的另一个位置上，或绘制到具有相同颜色模式的任何打开文档的另一部分，也可以将一个图层的一个位置绘制到另一个图层上。
- 图案图章工具：使用预设图案或载入的图案进行绘画。
- 历史记录画笔工具：将标记的历史记录状态或快照用作源数据对图像进行修改。
- 历史记录艺术画笔工具：将标记的历史记录状态或快照用作源数据，并以风格化的画笔进行绘制。
- 橡皮擦工具：使用类似画笔描绘的方式将像素更改为背景色或透明。
- 背景橡皮擦工具：是基于色彩差异的智能化擦除工具。
- 魔术橡皮擦工具：用于清除与取样区域类似的像素范围。
- 渐变工具：以渐变的方式填充指定范围，在其渐变编辑器内可设置渐变模式。
- 油漆桶工具：可以在图像中填充前景色或图案。
- 3D 材质拖放工具：在选项栏中选择一种材质，在选择模型上单击可为其填充材质。
- 模糊工具：用于柔化图像边缘或减少图像中的细节。
- 锐化工具：增强图像中相邻像素之间的对比，以提高图像的清晰度。
- 涂抹工具：模拟手指划过湿油漆时所产生的效果。可以拾取鼠标单击处的颜色，并沿着拖动方向展开这种颜色。
- 减淡工具：用于对图像进行减淡处理。
- 加深工具：用于对图像进行加深处理。
- 海绵工具：用于增加或降低图像中某个区域的饱和度。如果是灰度图像，该工具将通过灰阶远离或靠近中间灰色来增强或降低对比度。
- 钢笔工具：以锚点方式创建区域路径，常用于绘制矢量图像或选区对象。
- 自由钢笔工具：用于绘制比较随意的图像。
- 添加描点工具：将鼠标光标移动到路径上，单击即可添加一个锚点。
- 删除锚点工具：将鼠标光标移动到路径上的锚点，单击即可删除该锚点。

- 转换点工具：用于转换锚点的类型。
- 横排文字工具：用于创建水平文字图层。
- 直排文字工具：用于创建垂直文字图层。
- 横排文字蒙版工具：用于创建水平文字形状的选区。
- 直排文字蒙版工具：用于创建垂直文字形状的选区。
- 路径选择工具：用于在“路径”面板中选择路径，显示出锚点。
- 直接选择工具：用于移动两个锚点之间的路径。
- 矩形工具：用于创建长方形路径、形状图层或填充像素区域。
- 圆角矩形工具：用于创建圆角矩形路径、形状图层或者填充像素区域。
- 椭圆工具：用于创建正圆或椭圆形路径、形状图层或填充像素区域。
- 多边形工具：用于创建多边形路径、形状图层或填充像素区域。
- 直线工具：用于创建直线路径、形状图层或填充像素区域。
- 自定形状工具：用于创建预设的形状路径、形状图层或填充像素区域。
- 抓手工具：用于移动图像显示区域。
- 旋转视图工具：用于移动或旋转视图。
- 缩放工具：用于放大、缩小显示的图像。
- 前景色/背景色：单击色块，可设置前景色/背景色。
- 切换前景色和背景色：单击该按钮可置换前景色和背景色。
- 默认前景色和背景色：用于恢复默认的前景色和背景色。
- 以快速蒙版模式编辑：切换快速蒙版模式和标准模式。
- 标准屏幕模式：用于显示菜单栏、标题栏、滚动条和其他屏幕元素。
- 带有菜单栏的全屏模式：用于显示菜单栏、50% 的灰色背景、无标题栏和滚动条的全屏窗口。
- 全屏模式：只显示黑色背景和图像窗口，如果要退出全屏模式，可按【Esc】键。按【Tab】键，可以切换到带有面板的全屏模式。

4. 图像窗口

图像窗口是对图像进行浏览和编辑操作的主要场所，图像窗口标题栏主要显示当前图像文件的文件名、显示比例及图像色彩模式等信息，在窗口的右上角也包含了用于调节工作区大小的一组按钮，其功能和作用与菜单栏的 3 个按钮一样。

当在 Photoshop CS6 中打开一个图像时，即会创建一个图像窗口；打开多个图像时，则会依次停放到选项卡中，选择其中某一个图像标题栏，即可将其切换为当前操作窗口。在打开多个图像窗口时，可单击标题栏并利用鼠标拖动将其从选项卡中移出，该窗口将成为一个浮动窗口，并可任意移动（将浮动窗口标题栏拖曳至选项卡中，出现蓝色横线时释放鼠标，可将窗口还原停放至选项卡中），此时，拖动浮动窗口任意一角，可调整窗口大小，如下图所示。

5. 控制面板组和控制面板

在 Photoshop CS6 中用户可以通过控制面板进行选择颜色、编辑图层、新建通道、编辑路径和撤销编辑等操作。它是工作界面中非常重要的一个组成部分。Photoshop CS6 中除了默认显示在工具界面中的控制面板外，还可以通过“窗口”菜单打开所需的各种控制面板。单击控制面板区左上角的扩展按钮，可打开隐藏的控制面板组；再次单击可还原为最简洁的方式显示，如下图所示。

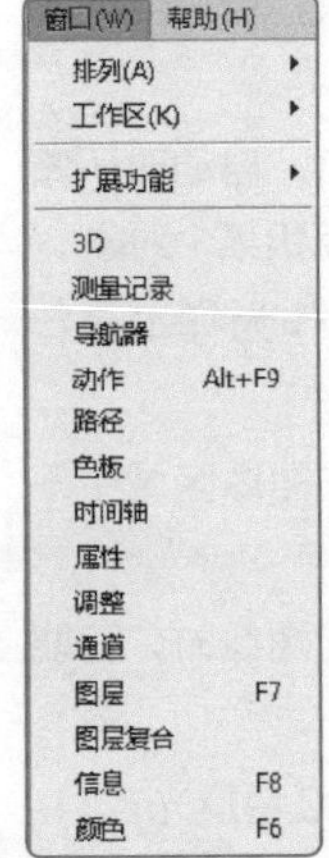

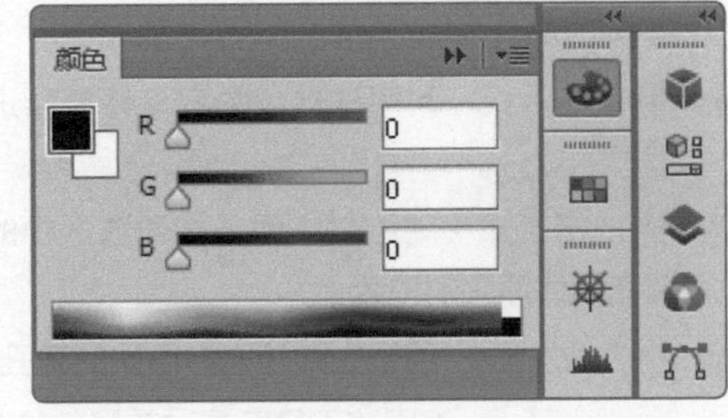

Photoshop CS6 中的控制面板有很多，常用的控制面板作用如下。

- “颜色”面板：用于调整混色色调。在其中通过拖动滑块或者设置颜色值，就可设置前景色和背景色。
- “色板”面板：该面板中的所有颜色都是预设好的，在其中单击颜色即可选择该颜色。
- “样式”面板：在其中显示各种各样预设的图层样式。

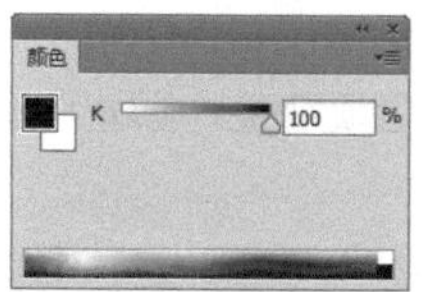

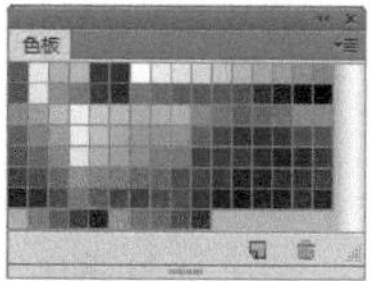

- “字符”面板：用于对文字的字体、大小和颜色等属性进行设置。
- “段落”面板：用于设置文字的段落、位置、缩排、版面，以及避头尾法则和字间距组合。
- “字符样式”面板：用于创建、设置字符样式，并可将字符属性存储在“字符样式”面板中。
- “段落样式”面板：用于创建段落样式，并可将段落属性存储在“段落样式”面板中。

- “图层”面板：用于创建、编辑和管理图层。在该面板中将列出所有的图层、图层组和图层效果。
- “路径”面板：用于保存和管理路径，面板中显示了每条存储的路径、当前工作路径、当前矢量名称和缩览图。
- “通道”面板：用于创建、保存和管理通道。

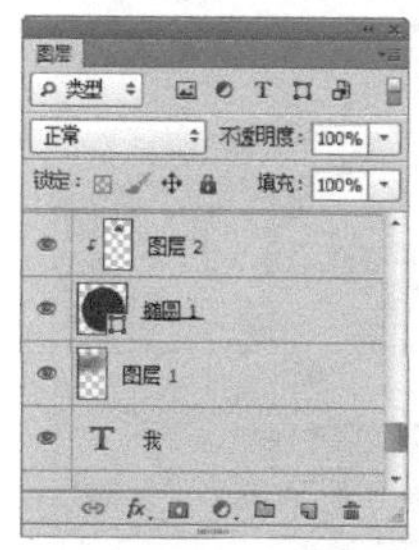

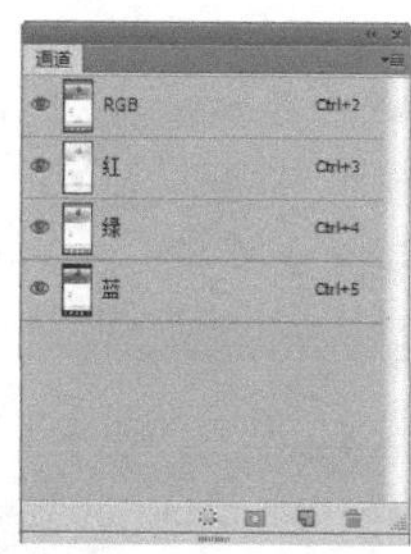

- “调整”面板：通过单击对应调色命令的按钮，可调整颜色和色调。
- “信息”面板：用于显示和图像有关的信息，如光标位置、光标位置的颜色、选区大小等。
- “属性”面板：用于调整多选择的图层蒙版属性和矢量蒙版属性、光照效果滤镜和图层参数等。如图所示为椭圆图层的“属性”面板。

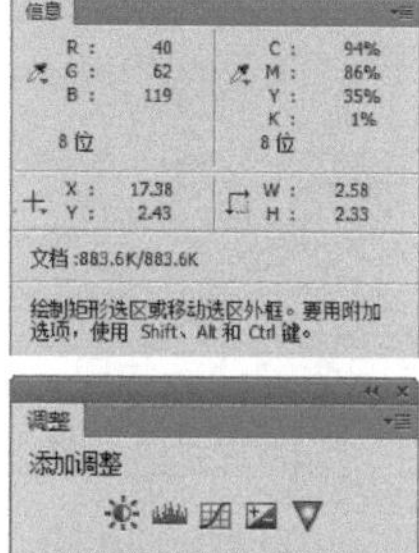

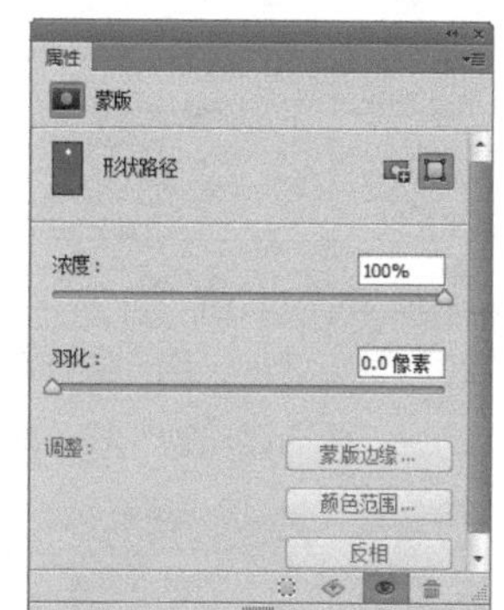

- “画笔”面板：用于设置绘制工具以及修饰工具的笔尖种类、画笔大小和硬度，还可以创建自己需要的特殊画笔。
- “画笔预设”面板：用于显示提供的各种预设的画笔。

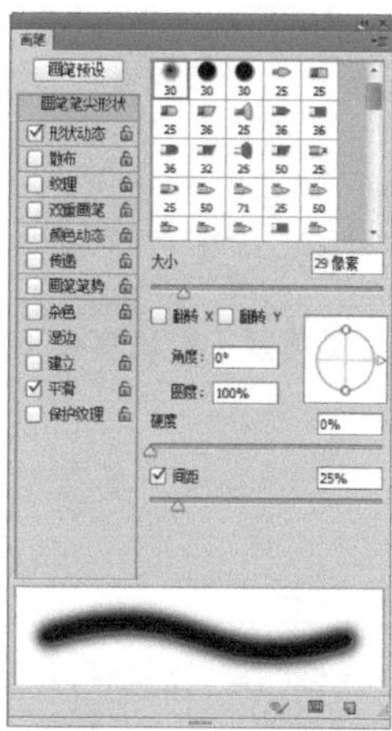

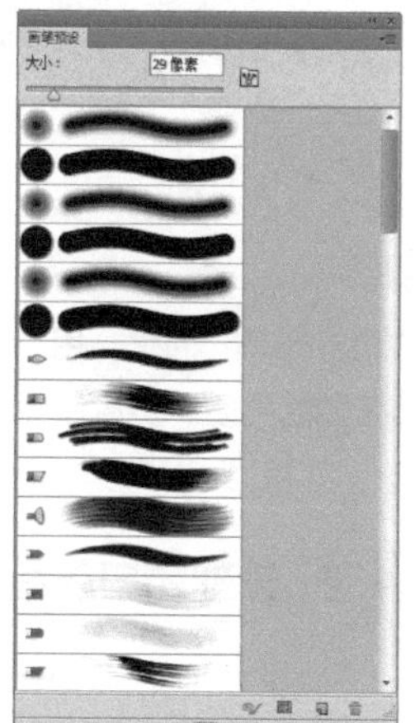

- “导航器”面板：用于显示图像的缩览图和各种窗口缩放工具。
- “直方图”面板：用于显示图像中每个亮度级别的像素数量，以展示像素在图像中的分布情况。
- “注释”面板：用于在静止的图像上新建、存储注释文字。

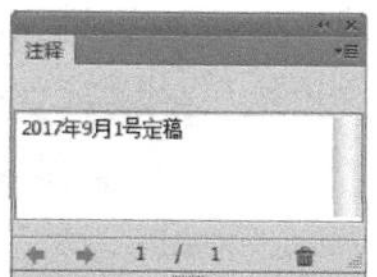

- “仿制源”面板：在使用修复工具，如仿制图章工具和修复画笔工具时，可通过该面板设置不同的样本源。
- “3D”面板：选择 3D 图层后，3D 面板中会显示与之关联的 3D 文件组件和相关的选项。

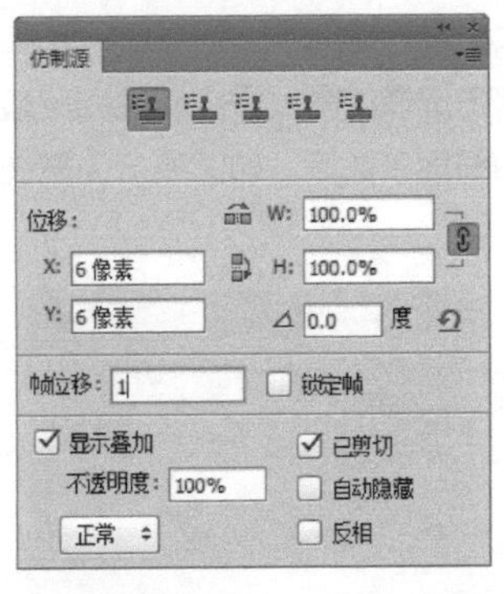

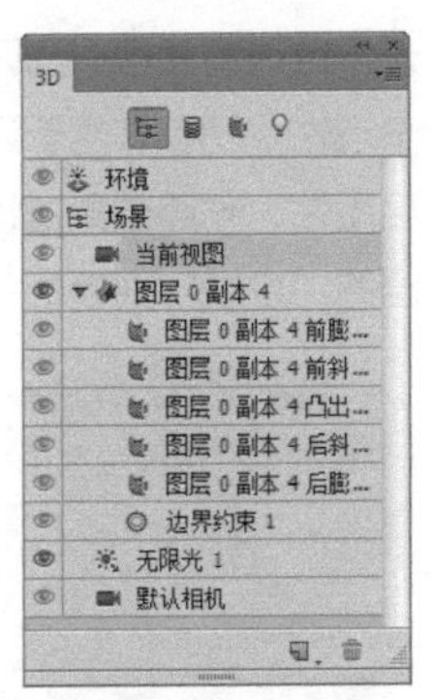

- “时间轴”面板：用于制作和编辑图像的动态效果，制作动画后，可通过“帧”和“时间轴”两种方式进行查看。

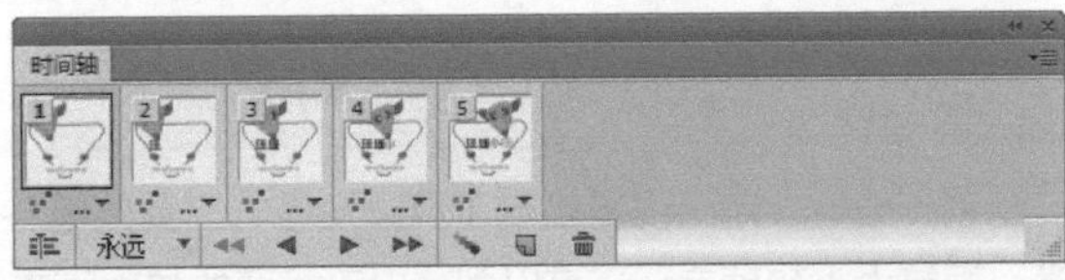

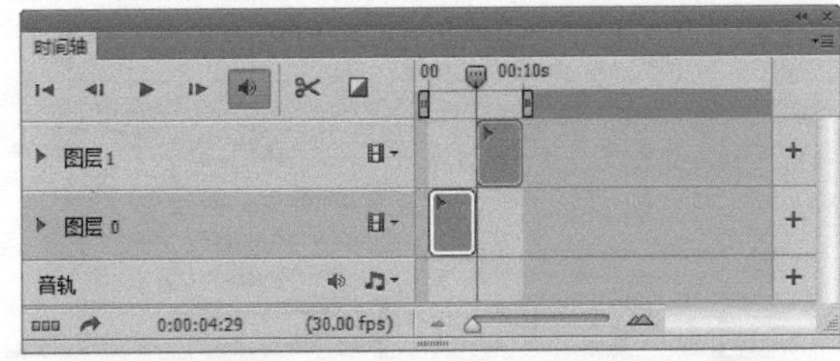

- “测量记录”面板：用于显示使用套索工具和魔棒工具定义区域的高度、宽度和面积等。

- “历史记录”面板：当编辑图像时，Photoshop CS6 会将每步操作都记录在“历史记录”面板中。通过该面板用户可将操作恢复到之前的某一步。
- “工具预设”面板：用于存储工具的各项设置或创建工具预设库。
- “图层复合”面板：用于保存图层状态，在该面板中可对图层复合进行新建、编辑、显示等。

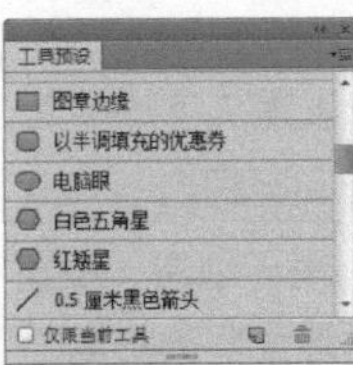

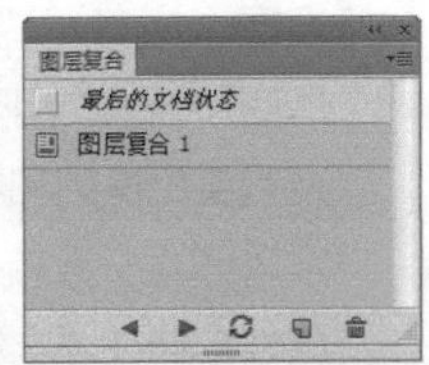

6. 状态栏

位于图像窗口的底部，状态栏最左侧显示当前图像窗口的显示比例，在其中输入数值后按【Enter】键可改变图像的显示比例；单击最右侧的▶按钮，在弹出的下拉菜单中选择任意命令，即可在该按钮的左侧显示相应的信息。

2.1.2 管理窗口与面板

在 Photoshop CS6 中，处理图像时常常需要打开多个文档进行操作，并且涉及多个面板的使用，为了保持界面的整洁性，提高软件使用的舒适度与便捷度，就要学会合理的管理窗口与面板，如排列多个文档窗口、隐藏不需要的面板和将面板添加到面板组中等。

1. 调整文档窗口的排列形式

在 Photoshop CS6 中打开多个文档时，将默认以选项卡的形式显示，此时选择【窗口】/【排列】命令中对应的子命令，可以选择文档窗口的其他排列方式，如图所示为“三联堆积”的排列文档效果。

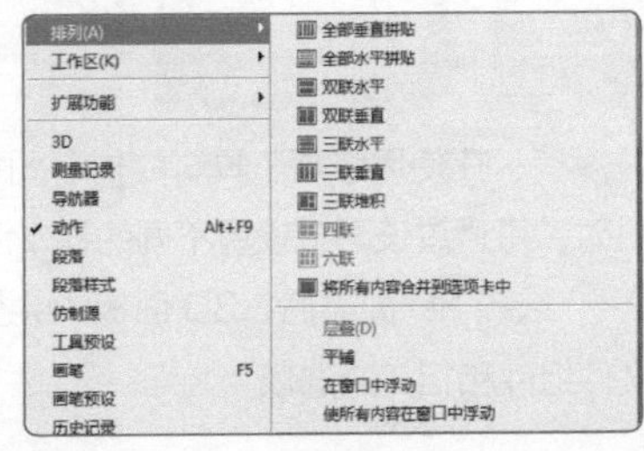

2. 移动与关闭窗口或面板

在 Photoshop CS6 中，窗口和面板都是可以灵活移动的，用户只需在窗口或面板的标题栏空白处按住鼠标左键不放拖动到目标位置即可。当拖动面板到面板组时，将出现蓝色的横条，释放鼠标可将面板放入该面板组中，直接拖动到图像窗口右上角，出现蓝色横条时可将浮动的面板嵌入到工作界面。当拖动文档窗口到工具选项栏下方时可将浮动的窗口嵌入到工作界面中。单击窗口或面板右上角 × 按钮可关闭对应的文档或面板。

技巧秒杀

扩展与收缩面板

在处理图像过程中，用户可通过单击面板右上角的◀◀按钮与▶▶按钮来扩展与收缩面板，以达到面板的充分使用与界面整洁的需要。

2.1.3 储存与切换工作区——创建自定义工作区

微课：创建自定义工作区

随着 Photoshop 不断发展和升级，其功能日益强大，应用范围也随之越来越广泛，目前已经可以满足动画、摄影、绘画和排版等方面的需要。为了更好地方便用户使用软件，满足用户的不同需求，Photoshop CS6 在【窗口】/【工作区】命令中也提供了不同的工作区供用户选择。此外，用户还可根据自身需要打造个性的专属工作区，其具体操作步骤如下。

STEP 1 管理工作区中的面板

打开 Photoshop CS6 工作界面，关闭不需要的面板，打开需要使用的面板，再将打开的面板进行分类组合，移动工具箱的位置到图像窗口右侧，如下图所示。

STEP 2 新建并储存工作区

❶选择【窗口】/【工作区】/【新建工作区】命令，在打开的对话框中输入工作区的名称“图形绘制”；❷单击选中“键盘快捷键”复选框；❸单击选中“菜单”复选框，将菜单当前状态保存到新建的工作区中；❹单击“储存”按钮。

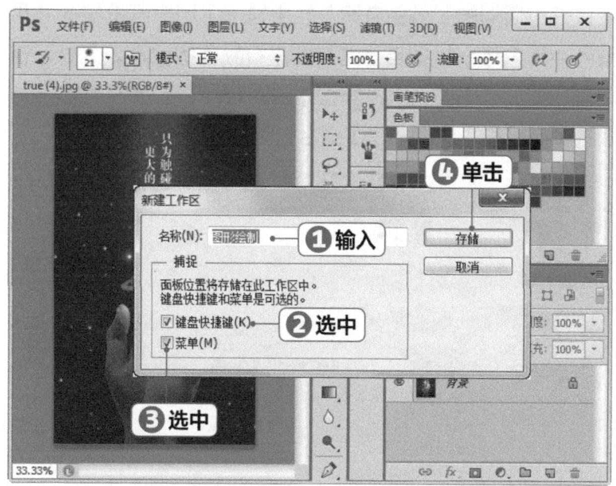

STEP 3 查看与切换工作区

选择【窗口】/【工作区】命令，在弹出的子菜单中查看新建的名为“图形绘制”的工作区，当要使用该工作区时直接选择该命令即可切换到对应的工作区。

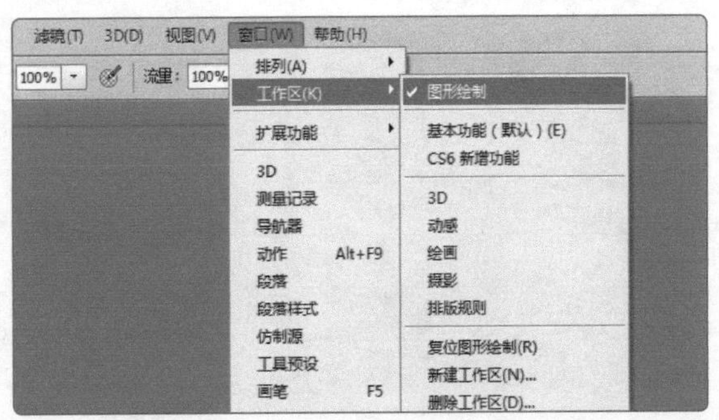

操作解谜

工作区的删除与复位

删除工作区：系统提供的工作区是无法删除的，用户只能删除自定义工作区，其方法为：切换到自定义工作区，选择【窗口】/【工作区】/【删除工作区】命令，可删除自定义的工作区。

复位工作区：在编辑图像过程中，难免会更改工作区，编辑完成后，可选择【窗口】/【工作区】/【复位基本功能】命令即可恢复工作区。

2.2 Photoshop CS6 常用设置

Photoshop CS6 不仅可以自定义工作区的面板，还可以对界面颜色、工具提示、菜单命令快捷键、命令颜色，以及文件处理和性能等进行自定义设置，下面将详细进行介绍。

2.2.1 工作界面与快捷键设置

用户可以根据图像对工作界面的颜色进行设置，为了熟悉工具与方便命令的使用，可显示工具提示，并为常用命令设置快捷键。

1. 设置界面颜色

Photoshop CS6 工作界面的默认状态为黑色，使用黑色界面可以更加直观地观察到被处理的图像效果。但在处理一些黑色图像时，使用黑色界面并不能很好地对图像进行观察，此时，可对 Photoshop CS6 的工作界面颜色进行调整。其方法为：选择【编辑】/【首选项】/【界面】命令，在打开对话框的“颜色方案”栏中显示了用户可设置的 4 种颜色，用户可以根据自己的需要进行颜色的设置。此外，在 Photoshop CS6 工作界面按【Shift+F1】组合键可加深界面的颜色；按【Shift+F2】组合键可减淡界面的颜色。

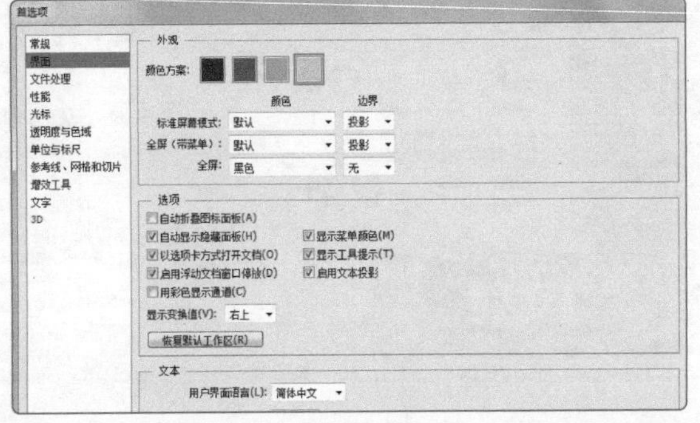

2. 设置命令快捷键

Photoshop CS6 中有很多命令，如果每次都通过菜单命令打开，会浪费不少的时间。用户可以对自己常用的命令设置快捷键，以快速启动命令。此外，对于用户已经设置了快捷键的命令，若不习惯也可以重新设置快捷键。选择【编辑】/【键盘快捷键】命令，打开“键盘快捷键和菜单”对话框，在其中的下拉列表框中找到需要的命令，当其后方出现文本框后，按住想定义的快捷键，快捷键将自动介入文本框中，单击“确定”按钮，完成命令快捷键的设置。

3. 显示或隐藏工具提示

工具提示是指将鼠标光标移动到工具箱的工具上时，自动显示该工具的名称与快捷键，对于软件初学者熟悉与记忆工具十分适用。若界面中未显示工具提示，可将其显示出来，其方法是：选择【编辑】/【首选项】/【界面】命令，在打开对话框的“选项”栏中单击选中“显示工具提示”复选框，单击“确定”按钮即可。当需要隐藏工具提示时可撤销选中该复选框。

2.2.2 菜单命令颜色设置——将“曝光度”命令显示为橙色

微课：将“曝光度”命令显示为橙色

当用户经常使用一些命令时，除可通过设置快捷键加快设置速度外，还可为命令设置颜色，使命令在菜单中变得醒目。下面将在 Photoshop CS6 中将“曝光度”命令显示为橙色，其具体操作如下。

STEP 1 为“曝光度”命令添加橙色

❶选择【编辑】/【菜单】命令，打开“键盘快捷键和菜单”对话框，在“应用程序菜单命令”列表框中选择“调整”选项，在展开的子列表中选择“曝光度”选项；❷单击“图像”栏下方的“无”选项，在打开的列表中选择“橙色”选项，为命令设置颜色；❸单击“确定”按钮。

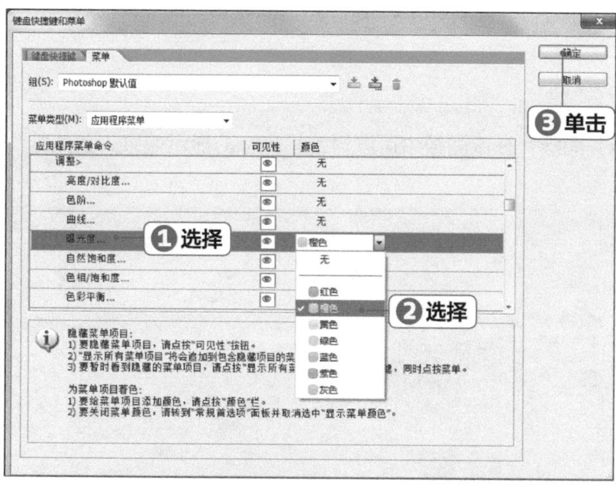

STEP 2 查看设置命令颜色后的效果

选择【图像】/【调整】命令，在弹出的子菜单中即可看到“曝光度”命令已经变成了橙色。

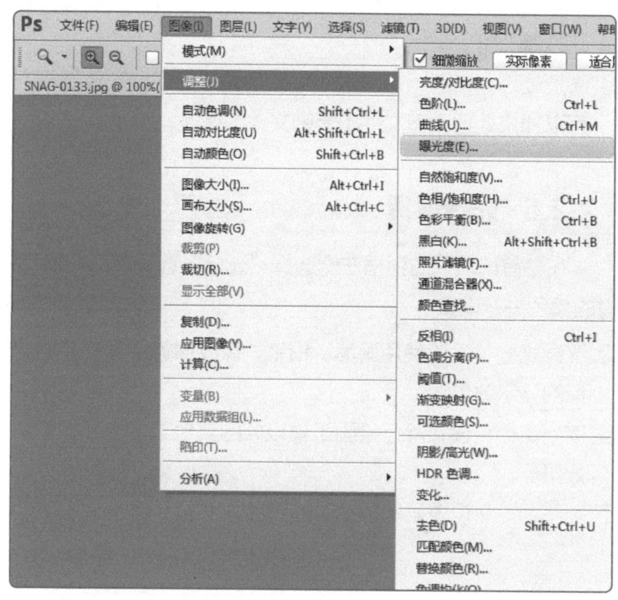

2.2.3 文件处理设置

在“首选项”对话框左侧选择“文件处理”选项，可切换到“文件处理”面板，在该面板中可以对文件储存选项、文件兼容性和 Adobe Drive 进行设置。

- 文件储存选项：用于设置图像在预览时文件的储存方法以及文件扩展名的写法。单击选中“自动储存恢复信息时间间隔”复选框，在其后输入自动保存文件的时间间隔，可减少软件卡死或断电等意外情况造成的丢失。
- 文件兼容性：用于设置 Camera Raw 的首选项，以及文件兼容性的相关选项。
- Adobe Drive：用于简化工作组文件管理。单击选中“启用 Adobe Drive”复选框，可以改善上传/下载文件的效果。在其下方可设置最近打开文件的文件个数。

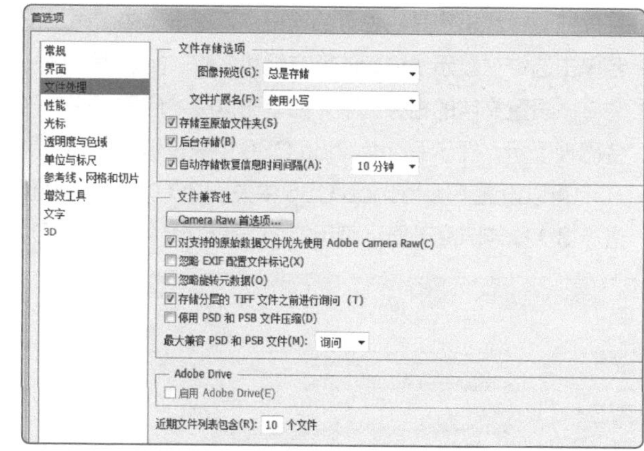

2.2.4 性能设置

在“首选项”对话框左侧选择“性能”选项，可切换到“性能”面板，在该面板中可以对内存使用状况、暂存盘、历史记录和高速缓存、图形处理器进行设置。

- 内存使用情况：用于设置使用内存的大小，内存过小可能导致软件运行不畅。
- 暂存盘：用于设置当前运行 Photoshop CS6 时，文件暂存的空间。选择的暂存空间越大，可以打开与处理的文件也就越大，因此可将系统中储存空间较大的盘作为暂存盘。
- 历史记录与高速缓存：用于设置历史记录的次数，概述缓存的级别。“历史记录状态”和“高速缓存级别”的数值不宜设置的过大，否则会减慢计算机的运行，一般保持默认设置即可。
- 图形处理器设置：单击选中“使用图形处理器”复选框，可以加快处理大型文件和复杂文件的速度。

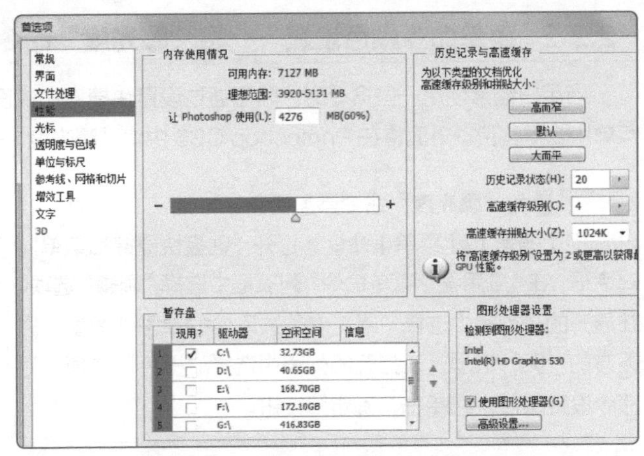

2.2.5 光标设置

在“首选项”对话框左侧选择“光标”选项，可切换到“光标”面板，在该面板中可以对绘画光标的显示效果、预览画笔时的颜色进行设置。

- 绘画光标：设置使用画笔、铅笔、橡皮擦等绘画工具时光标的显示效果。
- 其他光标：设置除了绘画工具以外的其他工具的光标显示效果。
- 画笔预览：设置画笔预览时的颜色。

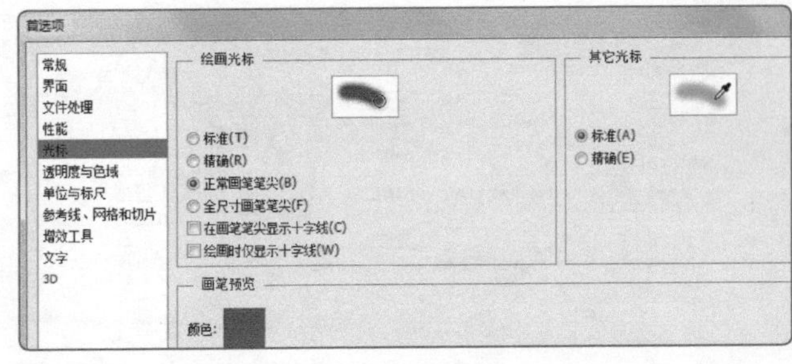

Chapter 02

2.2.6 增效工具、文字与 3D 设置

在“首选项”对话框除了进行常规设置、界面设置、文件处理等设置外，还可以对增效工具、文字与 3D 进行设置。

- 增效工具：设置增效工具的文件夹以及选择扩展面板。Photoshop CS6 自带的滤镜保存在 Plug-Ins 文件夹中，如果要安装外挂滤镜或指定其他位置的滤镜，可单击选中“附加的增效工具文件夹”复选框，设置安装的文件夹，并重启软件即可；若单击选中“显示滤镜库的所有组和名称”复选框，Photoshop CS6 中所有的滤镜将会全部显示在“滤镜”菜单中。
- 文字：设置文字的相关选项，如单击选中“启用丢失字形保护”复选框，如果文档使用了系统未安装的字体，在打开文档时会出现提示，提示 Photoshop CS6 中缺少哪些字体，并且可以使用可用的匹配字体替换缺少的字体。
- 3D：可以设置 Photoshop CS6 中关于 3D 功能的一些优化选项，如 3D 引擎可以使用的显存（VRAM）量、参考线的颜色、进行 3D 操作时高亮显示可用的 3D 常见组件、进行 3D 操作时可用的地面参考线参数等。

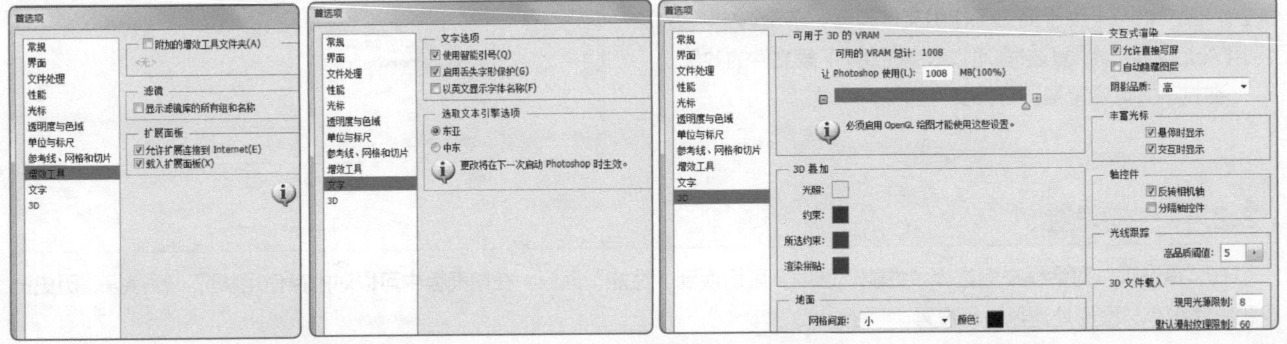

2.3 应用图像辅助工具

在编辑一些规则图形时，为了使制作出的图像更加符合要求，用户可使用标尺、参考线、网格等辅助工具来协助编辑图像。

2.3.1 标尺

标尺可以帮助用户固定图像或元素的位置，选择【视图】/【标尺】命令，或按【Ctrl+R】组合键，可在图像窗口顶部和左侧分别显示水平和垂直标尺，再次按【Ctrl+R】组合键可隐藏标尺。在"首选项"对话框左侧选择"单位与标尺"选项，可切换到"单位与标尺"面板，其中可设置标尺的单位与列尺寸。

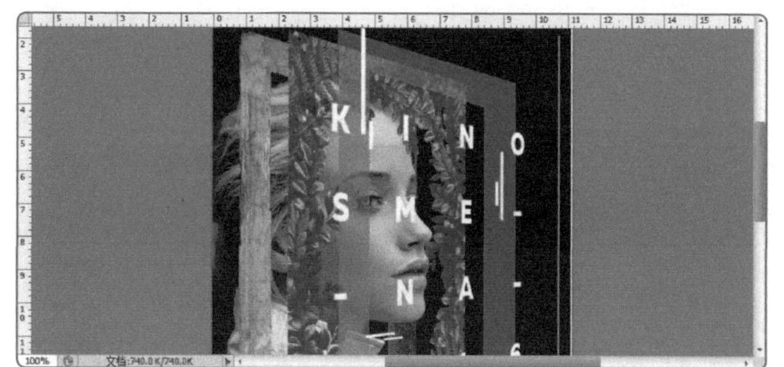

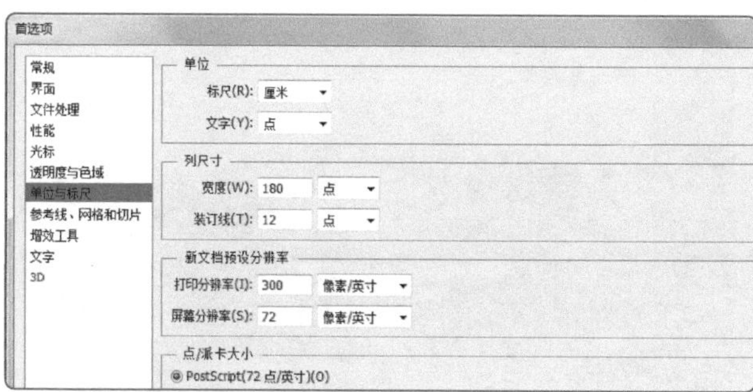

2.3.2 参考线

在图像处理过程中，为了让制作的图像更加精确，可以使用参考线辅助工具来实现。需要注意的是参考线在输出时，并不会和图像一起输出。下面对操作参考线的常用方法进行介绍。

- 创建参考线：显示标尺后，将鼠标移动到水平标尺上，向下拖动即可绘制一条绿色的水平参考线，若将鼠标移动到垂直标尺上，向右拖动即可绘制一条垂直参考线。若用户想要创建比较精确的图像，可选择【视图】/【新建参考线】命令，打开"新建参考线"对话框，在"取向"栏中选择创建水平或垂直参考线，在"位置"数值框中设置参考线的位置。
- 隐藏或显示参考线：按【Ctrl+；】组合键可隐藏或显示添加的参考线。
- 删除参考线：若要删除参考线，可使用移动工具拖动参考线到标尺上；若要删除所有参考线，可选择【视图】/【清除参考线】命令。
- 设置参考线颜色与样式：在"首选项"对话框左侧选择"参考线、网格和切片"选项，可切换到"参考线、网格和切片"面板，在"参考线"栏中可设置参考线的颜色与样式，如下侧右图所示。

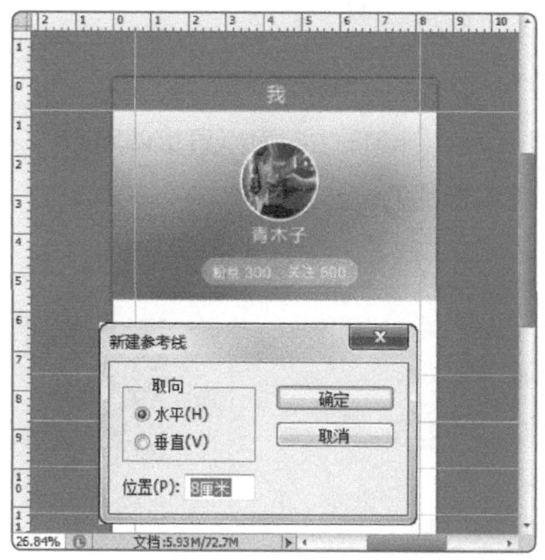

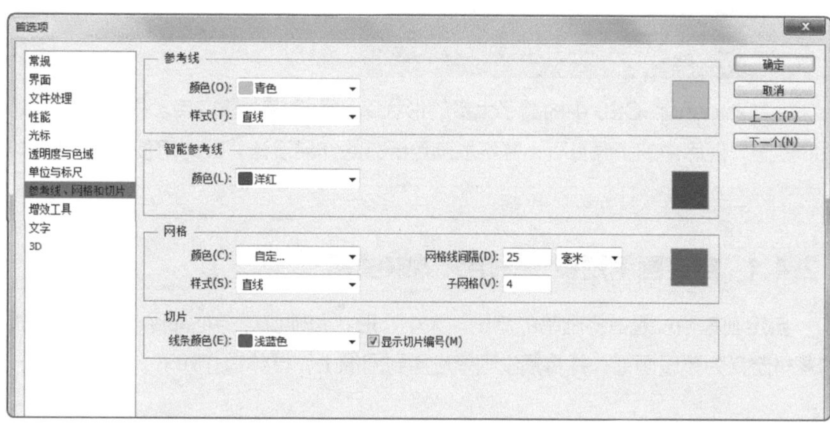

2.3.3 网格

网格主要是用来查看图像，并辅助其他操作来纠正错误的透视关系。选择【视图】/【显示】/【网格】命令，即可在图像窗口中显示出网格。网格在输出时，也不会和图像一起输出。选择【视图】/【对齐到】/【网格】命令，移动对象时将自动对齐网格或者在选取区域时自动沿网格位置进行定位选取，被移动的图像将被吸附到附近的网格上。在“参考线、网格和切片”面板中可设置网格的颜色、网格线间隔、网格线样式和子网格的数量，下图即为设置网格前后的对比效果。

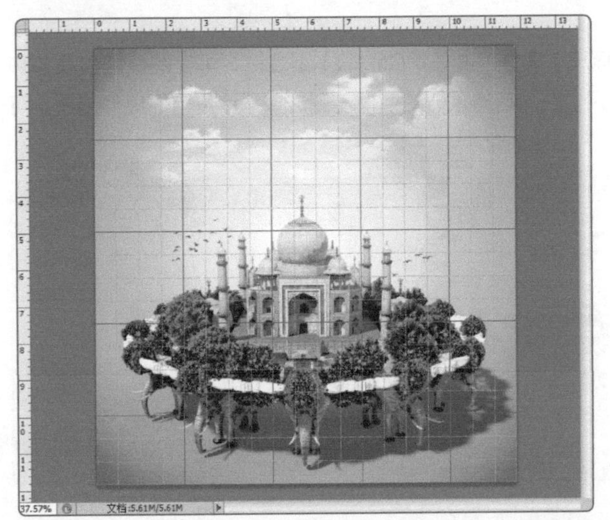

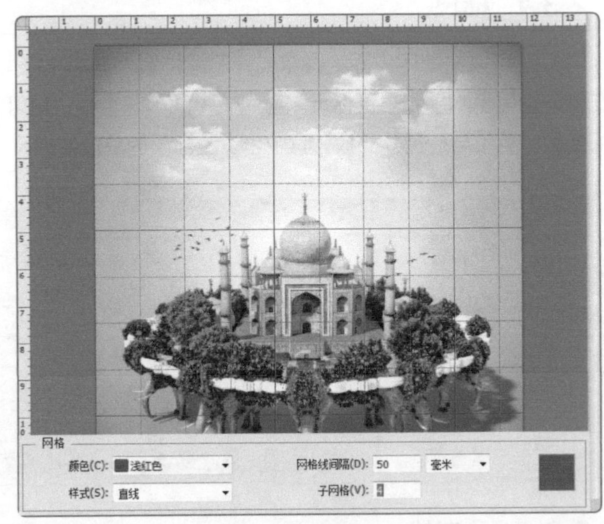

2.3.4 注释

使用注释工具能在图像中的任意区域添加注释，通过注释可以标记制作说明和有用的信息。选择注释工具，在属性栏中可设置作者名字，然后在需要调整的图像位置单击鼠标，在打开的“注释”面板中可输入注释内容。

2.4 自定义工具预设

Photoshop CS6 中内置了大量的形状库、画笔库、渐变库、样式库、图案库等资源，制作图像时可以直接调用库中的资源，但库中的资源有限，并不能满足所有的作品设计，此时可使用相应的样式来完成作品的设计。

2.4.1 自定画笔预设——定义蝴蝶画笔

自定画笔预设是指将画笔的笔刷、大小、形状和硬度等特征都保存于画笔样式库中，下面介绍将提供的素材定义为预设画笔，并将预设画笔应用到图像上，具体操作如下。

微课：定义蝴蝶画笔

素材：光盘\素材\第 2 章\蝴蝶 .psd、预设画笔 .jpg
效果：光盘\效果\第 2 章\定义画笔 .psd

STEP 1 打开素材

❶打开“蝴蝶 .psd”文件；❷选择“图层 1”图层。

STEP 2 定义画笔

❶选择【编辑】/【定义画笔预设】命令，打开“画笔名称”对话框，设置画笔名称为“蝴蝶”；❷单击“确定”按钮。

STEP 3 打开图像并设置画笔

❶打开“预设画笔 .jpg”图像；❷在工具箱中选择画笔工具；❸将前景色和背景色分别设置为“#ff00ea”和“#9c09d3”。

STEP 4 选择定义的画笔并设置形状动态

❶选择【窗口】/【画笔】命令，在打开的“画笔”面板的列表中选择定义的蝴蝶画笔；❷单击选中“形状动态”复选框；❸设置“大小抖动”为“100%”；❹设置“角度抖动”为“100%”。

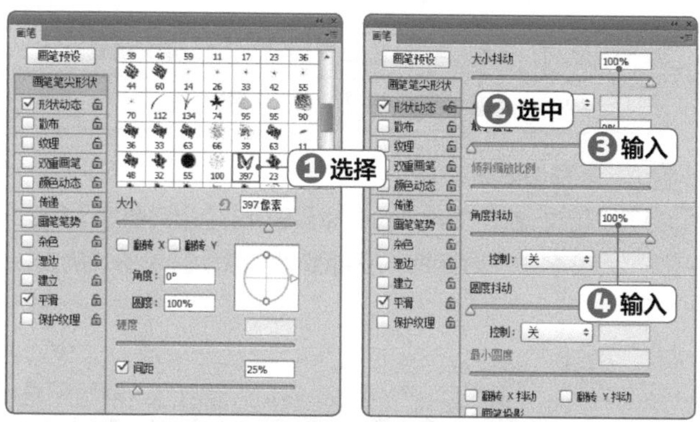

STEP 5 设置散布与颜色动态

❶单击选中“散布”复选框；❷设置“散布”为“1000%”；❸单击选中“颜色动态”复选框；❹设置“前景 / 背景抖动”为“100%”。

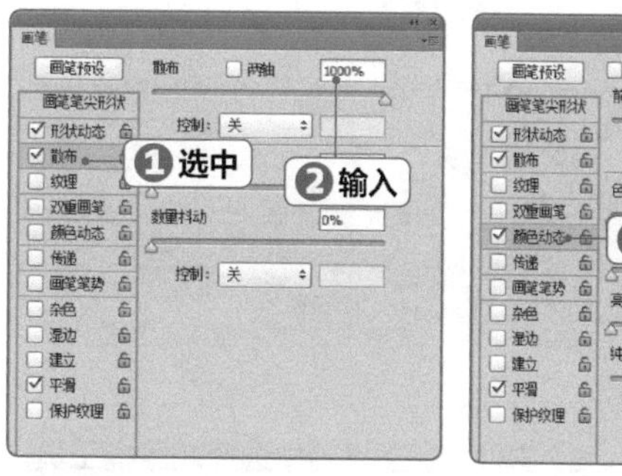

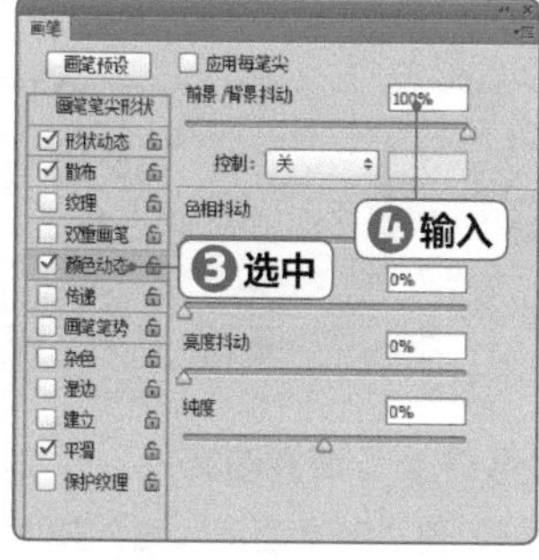

STEP 6 设置传递并查看画笔绘制效果

❶单击选中“传递”复选框；❷设置“不透明度抖动”为“100%”；❸设置“流量抖动”为“100%”；❹在属性栏调整画笔大小，在图像上绘制蝴蝶，最后保存文件完成本例的操作。

2.4.2 自定图案预设——定义衣服图案

微课：定义衣服图案

用户可以将图片定义为图案，下面介绍将提供的图片素材定义为预设图案，并将预设图案填充到衣服的袖子部分，具体操作如下。

素材：光盘 \ 素材 \ 第 2 章 \ 花纹 .jpg、定义图案 .jpg
效果：光盘 \ 效果 \ 第 2 章 \ 定义图案 .psd

STEP 1 预设图案

❶打开“花纹 .jpg”文件；❷选择【编辑】/【定义图案】命令，打开“图案名称”对话框，设置图案名称；❸单击“确定”按钮。

STEP 2 填充图案

❶打开“定义图案 .jpg”文件，在工具箱中选择油漆桶工具；❷在工具属性栏中设置“填充区域的源”为“图案”；❸在其后的列表框中选择预设的图案 ❹设置模式为“正片叠底”；❺设置不透明度为“100%”；❻设置“容差”为“32”。

技巧秒杀

使用“填充”对话框填充预设图案

定义图案后，创建填充选区，选择【编辑】/【填充】命令，在打开的对话框中设置使用为“图案”，也可填充自定义的图案。

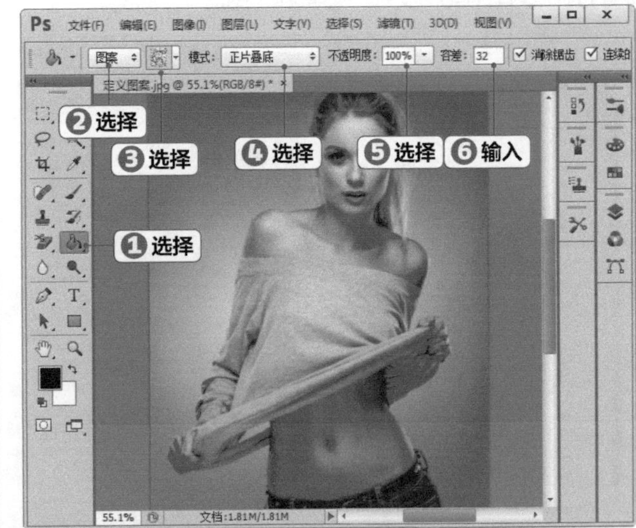

STEP 3 查看添加图案效果

在人物左侧的袖子上单击添加图案，为了使添加的图案更加精确，可对左侧的袖子创建选区，再在选区上添加图案，继续为右侧的袖子添加图案，保存文件完成本例的操作。

2.4.3 自定形状预设——定义人物剪影形状

微课：定义人物剪影形状

在制作海报、宣传单等作品时，往往会涉及很多形状，用户可将制作常用的形状添加到自定形状中，方便直接调用。下面将创建人物头像形状，将其保存为自定形状，然后绘制头像形状，添加花纹，制作唯美的人物剪影效果，具体操作如下。

素材：光盘\素材\第 2 章\彩色花纹 .psd、头像 .jpg
效果：光盘\效果\第 2 章\剪影头像 .psd

STEP 1 创建选区

❶打开"头像 .jpg"文件；❷选择快速选择工具；❸拖动鼠标为人物头像创建选区。

STEP 2 生成路径并定义预设形状

❶选择【窗口】/【路径】命令，打开"路径"面板，单击面板底部的按钮，创建路径；❷选择钢笔工具，按【Alt】键拖动节点调整路径；❸选择【编辑】/【定义自定形状】命令，打开"形状名称"对话框，输入名称"头像"；❹单击"确定"按钮。

STEP 3 绘制自定形状

❶新建"剪影头像"文件；❷按【Ctrl+Delete】组合键将背景填充为白色；❸选择自定形状工具；❹在工具属性栏中单击形状右侧的下拉按钮，在打开的"自定形状"列表框右上角单击按钮，在打开的列表中选择"全部"选项，然后在列表框中选择自定的头像形状；❺按【Shift】键拖动鼠标绘制头像。

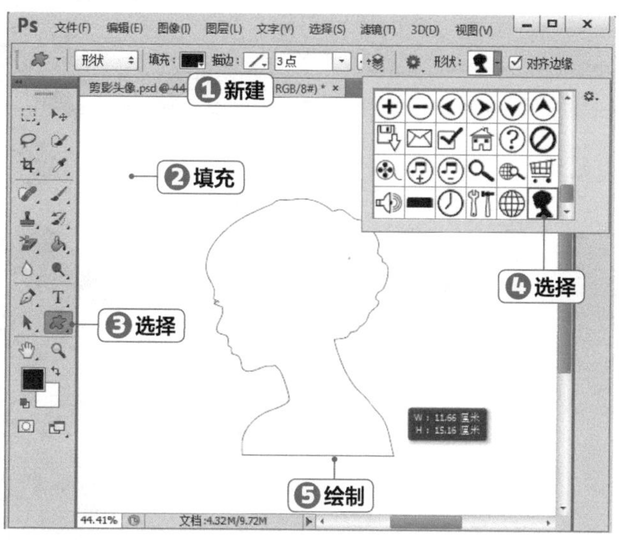

STEP 4 添加花纹

打开"彩色花纹 .psd"文件，使用移动工具将其拖动到"剪影头像"窗口中，按【Ctrl+T】组合键进入自由变换状态，拖动控制点调整图案的大小和位置，保存文件，完成本例的操作。

技巧秒杀

删除预设形状

定义自定形状后，在"自定形状"列表框中选择自定的头像形状，单击鼠标，在弹出的快捷菜单中选择"删除形状"命令可将自定的形状删除。

高手竞技场

1. 设置并创建工作区

打开图像文档，调整工作区的显示，主要涉及了显示标尺、关闭面板、打开面板、合并面板以及新建工作区等操作。

2. 制作爱心宣传单

下面使用自定形状工具制作爱心宣传单，要求如下。

- 绘制心形形状，将其添加到自定形状列表框中。
- 使用自定形状绘制爱心宣传单中的心形，为爱心图层添加投影样式，最后添加文本完成本例的制作。

03 Chapter 第3章

图像处理的基本操作

/ 本章导读

为了更好地处理图像，需要掌握图像处理的一些基本操作，如新建文件、打开文件、置入图像、调整画布、图像缩放、图像旋转与变形等。通过这些知识的学习，用户能更好地知道如何使用Photoshop CS6进行图像处理。

3.1 图像的基本管理

在计算机中的图像都是以文件的形式存在的，编辑图像其实就是编辑文件。在学习编辑图像前，用户还需要学习一些简单的文件管理方法，如新建图像文件、打开图像文件、保存与关闭图像文件等。

3.1.1 新建与打开图像

设计一幅作品前，首先需要新建图像文件或打开计算机中已有的图像文件，下面对新建与打开图像文件的具体方法分别进行介绍。

1. 新建图像文件

新建图像文件是使用 Photoshop CS6 制作时经常会使用到的操作，新建图像文件后用户即可使用新建的空白文档进行编辑。其方法是：选择【文件】/【新建】命令，打开“新建”对话框，在其中设置名称、宽度、高度和分辨率等信息，单击“确定”按钮即可。

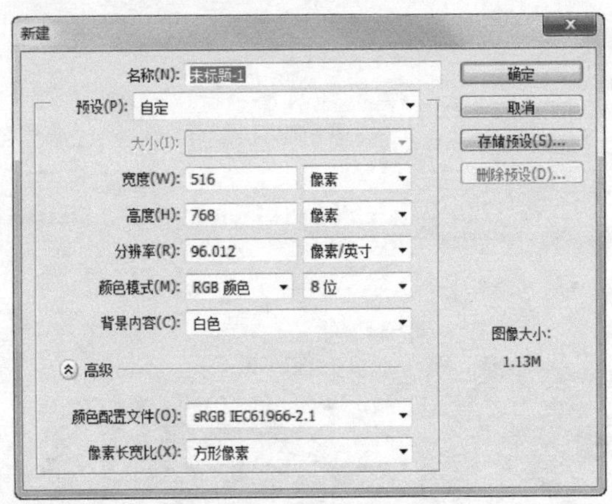

“新建”对话框中各选项作用如下。

- 名称：用于设置新建图像文件的名称。在保存文件时，文件名将会自动显示在存储对话框中。
- 预设 / 大小：预设中包含了常用的文件类型，而大小则为该文档的预设尺寸。在进行设置时，可先在“预设”下拉列表框中选择需要预设的文档类型，再在“大小”下拉列表框中选择预设尺寸。
- 宽度 / 高度：用于设置图像的具体宽度和高度，在其右边的下拉列表框中可选择图像宽度和高度的单位。
- 分辨率：用于设置新建图像文件的分辨率，在右边的下拉列表框中可选择分辨率的单位。
- 颜色模式：用于设置图像的颜色模式，包括位图、灰度、RGB 颜色、CMYK 颜色和 Lab 颜色。
- 背景内容：可以选择文件背景的内容，包括白色、背景色和透明。如图所示分别为设置背景为白色、蓝绿色和透明色的效果。

- 高级：单击 按钮，显示隐藏的选项。在“颜色配置文件”下拉列表框中可为文件选择一个颜色配置文件；在“像素长宽比”下拉列表框中可以选择像素的长宽比，该选项一般在制作视频时才会使用。
- “存储预设”按钮：单击该按钮，将打开“新建文档预设”对话框，在其中新建预设的名称，将按照当前设置的文件大小、分辨率、颜色模式等创建一个新的预设。存储的预设将自动保存在“预设”下拉列表中。
- 删除预设：选择自定义的预设后，单击该按钮可将当前预设删除。

2. 打开图像文件

要对保存在计算机中的图像文件进行处理，首先需要打开图像文件，在 Photoshop CS6 中打开图像的方法有很多。根据不同的情况，需要使用不同的打开方法，下面分别进行介绍。

- 通过“打开”命令打开：在 Photoshop CS6 工作界面中选择【文件】/【打开】命令，或按【Ctrl+O】组合键打开下图所示的“打开”对话框，在其中选择需要打开的图像文件，单击“打开”按钮即可。

- 通过“打开为”命令打开：若图像文件的扩展名与其实际格式不匹配，就无法直接使用“打开”命令打开这类文件，此时可选择【文件】/【打开为】命令，打开“打开为”对话框，再在“打开为”下拉列表中选择正确的扩展名，然后单击“打开”按钮。
- 通过“在 Bridge 中浏览”命令打开：一些 PSD 文件不能在“打开”对话框中正常显示，此时就可使用 Bridge 打开。其方法是：选择【文件】/【在 Bridge 中浏览】命令，启动 Bridge，在 Bridge 中选择一个文件，并对其进行双击即可打开。
- 通过“最近打开文件”命令打开：Photoshop CS6 默认可记录最近打开过的 10 个文件，选择【文件】/【最近打开文件】命令，在打开的列表中选择文件名即可将其在 Photoshop CS6 中打开。

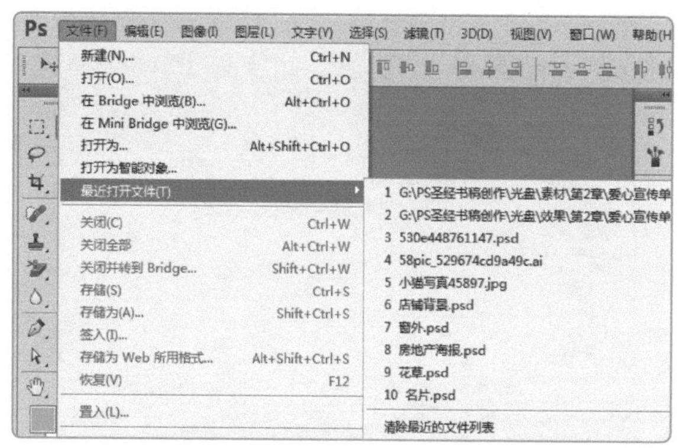

- 通过“打开为智能对象”命令打开：智能对象是一个嵌入到当前文档的文件，对它进行任何编辑都不会对原始数据有任何的影响。选择【文件】/【打开为智能对象】命令，打开“打开为智能对象”对话框，此时图像将以智能对象打开。此外，将图像文件从计算机的文件窗口中直接拖曳到 Photoshop CS6 已经打开的图像中，该图像文件上将出现交叉方框，按【Enter】键即可取消方框，并将其转化为智能对象，如下图所示，智能对象图层右下角有图标。

3.1.2 保存与关闭图像文件

对于刚创建的或进行编辑后的图像文件，完成操作后都应该对图像文件进行保存，这样可避免因断电或程序出错带来的损失。如果不需要查看和编辑图像，可以将其关闭，以节约计算机内存，提高计算机运行速度。下面对保存和关闭图像文件的方法进行详细介绍。

1. 直接保存图像文件

在 Photoshop CS6 中选择【文件】/【存储】命令或按【Ctrl+S】组合键即可对正在编辑的图像进行保存。如果是第一次对文件进行保存，在选择【文件】/【存储】命令后将会打开“存储为”对话框，在其中对保存位置、文件名称和保存类型等进行设置即可。

2. 另存为图像文件

在 Photoshop CS6 中选择【文件】/【存储为】命令或按【Ctrl+Shift+S】组合键，打开“存储为”对话框，如下图所示，在其中进行存储操作即可。

"存储为"对话框中各选项的作用如下。

- 文件名：设置保存的文件名。
- 格式：用于设置保存的文件格式。
- 作为副本：单击选中该复选框，将为图像另外保存一个附件图像。
- 注释 /Alpha 通道 / 专色 / 图层：单击选中这些复选框，与之对应的对象将被保存。
- 使用校样设置：单击选中该复选框后，可以保存打印用的校样设置。但只有将文件的保存格式设置为 EPS 或是 PDF 时，该选项才可用。
- ICC 配置文件：单击选中该复选框，可以保存嵌入到文件中的 ICC 配置文件。
- 缩览图：单击选中该复选框，将为图像创建并显示缩览图。

3. 关闭图像文件

在编辑完成图像后，就需要关闭图像。在 Photoshop CS6 中提供了多种关闭图像的方法，下面将详细进行讲解。

- 通过"关闭"命令关闭：选择【文件】/【关闭】命令，或按【Ctrl+W】组合键关闭。需要注意的是：使用这两种方法只会关闭当前的图像，不会对其他图像有影响。
- 通过"关闭全部"命令关闭：选择【文件】/【关闭全部】命令，或按【Ctrl+Alt+W】组合键，将关闭所有的文件。

3.1.3 置入图像文件——为图像添加文字素材

置入文件是指将图片或其他 Photoshop CS6 所能识别的图像文件添加到当前图像中。被置入的图像将会自动放置在图像中间，并自动调整它的位置使其与当前文件大小相同。下面将打开"Tree.jpg"图像，再使用"置入"命令，为图像添加文字素材以美化图像效果，其具体操作如下。

微课：为图像添加文字素材

素材：光盘 \ 素材 \ 第 3 章 \Tree

效果：光盘 \ 效果 \ 第 3 章 \Tree.psd

STEP 1 选择置入文件

❶打开"Tree.jpg"图像，选择【文件】/【置入】命令，打开"置入"对话框，选择"文字.pdf"图像；❷单击"置入"按钮。

STEP 2 置入图像

置入的图像将自动被放置到当前图像中间，按住【Alt】键不放，使用鼠标拖动置入图像四周出现的实心点，将置入图像放大到和当前图像相同的大小。

STEP 3 查看效果

按【Enter】键确定放大，查看添加文本效果，保存文件完成本例的操作。

技巧秒杀

确认置入方法

调整置入图像的大小后，在工具箱中选择移动工具，在打开的提示对话框中单击“置入”按钮，也可确认置入。

3.1.4 导入与导出文件

在 Photoshop CS6 中不仅可以置入图像文件，对于一些特殊的对象和文件还可将其导入到 Photoshop CS6 中或导出到计算机中。

1. 导入文件

Photoshop CS6 除编辑图像外还可以编辑视频，但编辑视频时使用Photoshop CS6并不能直接打开视频文件，此时，用户可以将视频帧导入到 Photoshop CS6 中的图层中。除此之外用户还可以导入注释、WIA 支持等内容。其方法是：选择【文件】/【导入】命令，在打开的子菜单中选择所需选项即可进行导入。

2. 导出文件

在实际工作中人们往往会同时使用多个图像处理软件来对图像进行编辑，这时就需要使用到 Photoshop CS6 自带的导出功能。选择【文件】/【导出】命令，在弹出的子菜单中可以完成多种导出任务，导出子菜单中各选项作用如下。

- 数据组作为文件：可以按批处理的方法将图像输出为 PDF 文件。
- Zoomify：可以将高分辨率的图像上传到 Web 上，利用播放器用户可以平移或缩放图像。导出时将生成 JPG 和 HTML 文件。
- 路径到 Illustrator：将路径导出为 AI 格式，以便用户在 Illustrator 继续编辑。
- 渲染视频：将视频导入为 Quick Time 影片。

3.1.5 查看与缩放图像文件

在图像编辑过程中，有时需要对编辑的图像进行放大或缩小显示，以利于图像的编辑。缩放图像可以通过快捷键、状态栏、缩放工具、“导航器”面板和抓图工具来实现，下面将分别进行讲解。

1. 通过快捷键缩放图像

在任意工具下，按住【Alt】键不放，向前或向后滑动鼠标滚轮可以以鼠标光标为中心放大或缩小当前图像。此外，按【Alt+Space】组合键并单击鼠标，可实现图像的缩小显示；按【Ctrl+Space】组合键并单击鼠标，可实现图像的放大显示。

2. 通过状态栏缩放图像

当新建或打开一个图像时，在图像窗口底部状态栏的左侧数值框中便会显示当前图像的显示百分比，修改该数值就可以实现图像的缩放。

3. 通过缩放工具缩放图像

缩放工具可以对图像在显示比例上进行缩放。选择缩放工具，将鼠标光标移动到图像上，当鼠标光标变为🔍形状时，按住鼠标即可放大图像，如下图所示。

选择缩放工具后，将显示下图所示的工具属性栏。通过该属性栏可切换缩放模式，调整窗口大小。

该属性栏中各选项作用如下。

- "放大 / 缩小"按钮：用于切换缩放方式。单击🔍按钮，将切换为放大模式，单击🔍按钮，将切换为缩小模式。
- "调整窗口大小以满屏显示"复选框：单击选中该复选框，在缩放窗口的同时自动调整窗口的大小。
- "缩放所有窗口"复选框：单击选中该复选框，可以同时对所有打开的图像进行缩放。
- "细微缩放"复选框：单击选中该复选框，在图像中单击并向左侧或右侧拖动鼠标，可以慢慢地缩放图像。
- "适合屏幕"按钮：单击该按钮，可在窗口中最大化显示完整的图像。
- "填充屏幕"按钮：单击该按钮，可在整个屏幕范围内最大化显示完整的图像。

4. 通过"导航器"面板缩放图像

当前文件过大，不易查看时，可通过"导航器"面板来缩放图像大小。其方法是：拖动"导航器"面板底部滑条上的滑块或在"导航器"左下侧的数值框中进行设置，都可实现图像的缩放显示，移动"导航器"上的红色方框，可设置图像的显示位置，图像的缩放比例越大，红色方框越小，如下图所示。

5. 使用抓手工具查看图像

如果用户觉得使用"导航器"面板也不能很好地对图像进行显示，此时可使用抓手工具。选择抓手工具，使用鼠标在图像中进行拖动即可移动图像的显示区域。下图所示为向左拖动画布的效果。

3.2 图像的简单修改

新建或是打开图像文件后，可以快速对图像进行一些基本的修改，如修改图像大小、画布大小以及复制、移动、旋转与排列图像等操作，下面进行详细介绍。

3.2.1 修改图像大小——制作单张寸照

微课：制作单张寸照

自己拍摄的照片或网上下载的图像，由于用途不同，往往尺寸也不相同，为了方便二次使用，用户时常需要对这些图像的尺寸进行编辑。本例中的单张寸照广泛用于各种证件照片，下面通过修改图像大小制作寸照，以此讲解修改图像大小的方法，具体操作如下。

	素材：光盘\素材\第 3 章\照片 .jpg
	效果：光盘\效果\第 3 章\照片 .psd

STEP 1 裁剪照片

❶打开“照片 .jpg”文件；❷选择裁剪工具；❸在工具属性栏的“宽度”数值框中输入“2.5”；❹在“高度”数值框中输入“3.5”；❺移动照片到适合位置后按【Enter】键进行裁剪。

STEP 2 修改图像大小

❶选择【图像】/【图像大小】命令，打开“图像大小”对话框，单击选中“约束比例”复选框；❷将宽度设为“2.5cm”，确定后高度自动更改为“3.5cm”；❸将分辨率设置为“300 像素”；❹单击“确定”按钮。

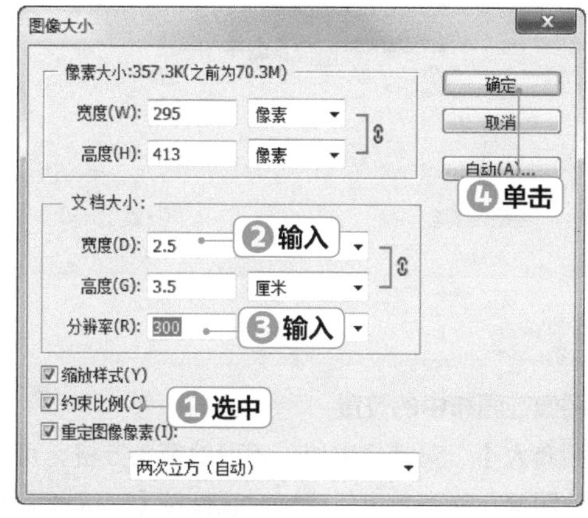

STEP 3 查看寸照效果

返回图像窗口即可查看制作的寸照效果，保存文件完成本例的操作。

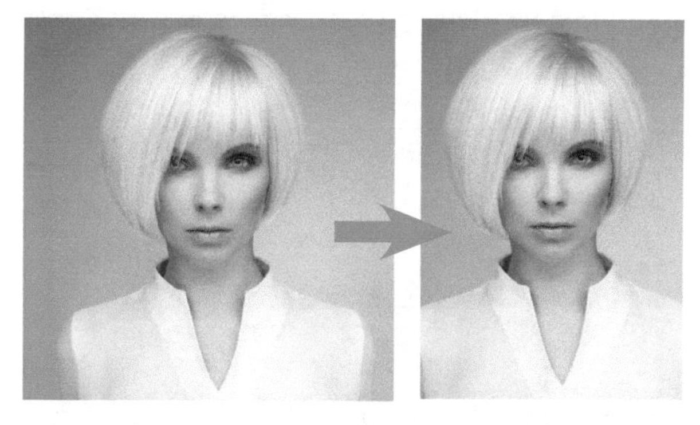

3.2.2 修改画布大小——制作一版寸照

微课：制作一版寸照

画布是指整个图像的工作区域，在编辑图像的过程中有时会发现画布不能满足制图的需要，此时便可以对画布的大小进行修改。下面修改“寸照 .psd”图像的画布，添加白色边框，然后将寸照保存为自定义图案，最后新建空白文件，并填充寸照，制作 8 张的一版寸照，其具体操作如下。

	素材：光盘\素材\第 2 章\寸照 .psd
	效果：光盘\效果\第 2 章\寸照 .psd

STEP 1 更改画布大小

❶打开“寸照 .psd”文件，选择【图像】/【画布大小】命令，打开“画布大小”对话框，单击选中“相对”复选框；❷在“宽度”数值框中输入“0.4”，在其后选择单位为“厘米”；❸在“高度”数值框中输入“0.4”，在其后选择单位为“厘米”；❹设置“画布扩展颜色”为“背景（白色）”；❺单击“确定”按钮。

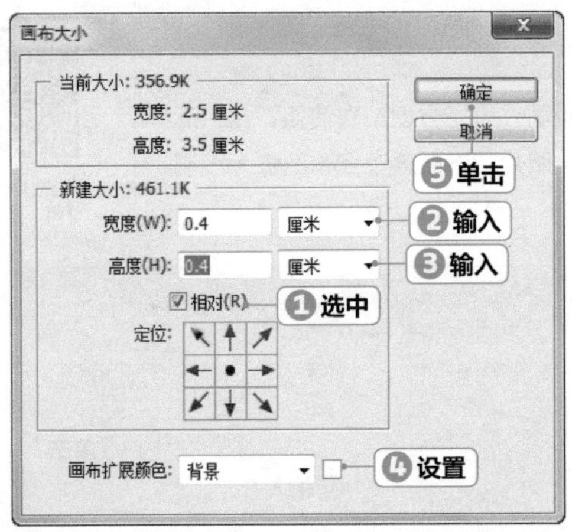

技巧秒杀

调整图像在画布中的位置

在“画布大小”对话框中单击不同的箭头方格，可以调整当前图像在新画布中的位置。直接按【Shift+C】组合键，拖动图像边框也可调整画布大小。

STEP 2 保存图案

❶选择【编辑】/【定义图案】命令，打开“图案名称”对话框，输入图案名称；❷单击“确定”按钮。

STEP 3 新建空白文件

❶打开“寸照.psd”文件，选择【文件】/【新建】命令，打开“新建”对话框，设置名称为“寸照”；❷在“宽度”数值框中输入“11.6”，在其后选择单位为“厘米”；❸在“高度”数值框中输入“7.8”，在其后选择单位为“厘米”；❹更改分辨率为“300 像素”；❺单击“确定”按钮。

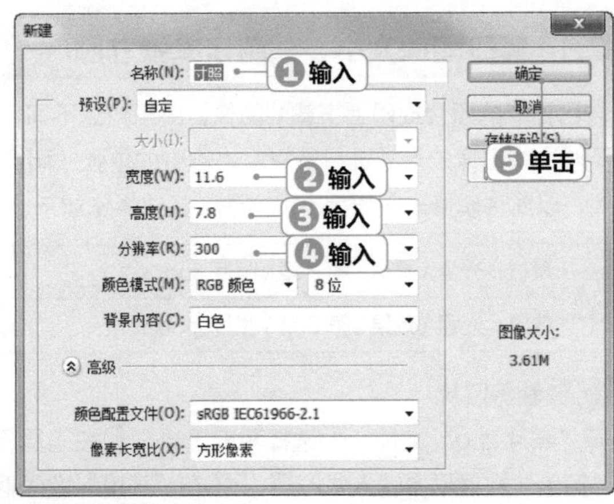

STEP 4 填充图案

❶选择【编辑】/【填充】命令，打开“填充”对话框，设置“使用”为“图案”；❷在“自定图案”列表框中选择寸照图案；❸单击“确定”按钮。

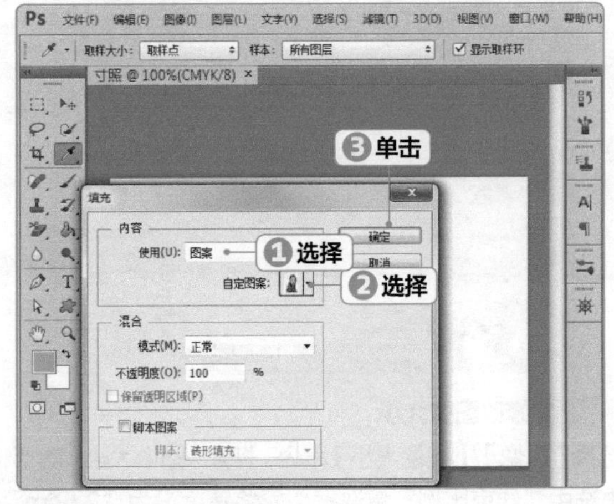

STEP 5 查看一版寸照效果

返回图像窗口即可查看制作的一版寸照效果，保存文件完成本例的操作。为了方便后期打印与查看，可将文件保存为 JPG 格式。

3.2.3 旋转画布——制作双胞胎图像

拍摄照片时，由于拍摄角度的问题可能导致照片失真，此时可通过旋转图像矫正数码照片的方向。本例将复制照片，再进行水平翻转，制作双胞胎图像，具体操作如下。

微课：制作双胞胎图像

素材：光盘\素材\第 3 章\双胞胎 .jpg
效果：光盘\效果\第 3 章\双胞胎 .psd

STEP 1 打开素材

打开“双胞胎 .jpg”素材文件。

STEP 2 水平旋转画布

选择【图像】/【图像旋转】/【水平翻转画布】命令，得到方向相反的图像。

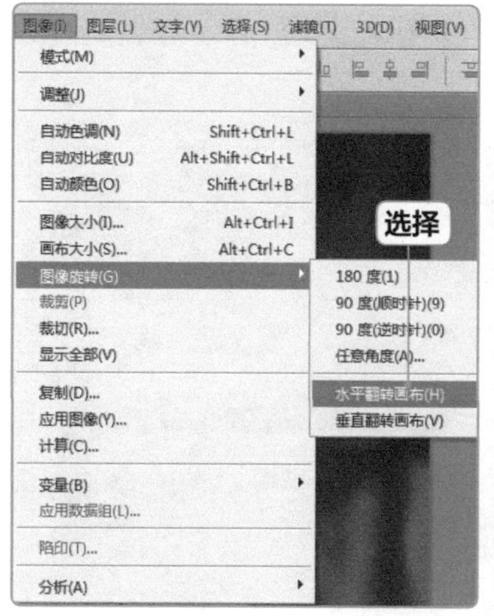

技巧秒杀

旋转画布

在“图像旋转”子菜单中还提供了“旋转180度”“旋转90度(顺时针)”“旋转90度(逆时针)”等旋转命令，用户可以根据需要选择需要的旋转角度，对画布进行旋转。需要注意的是：“图像旋转”命令只能旋转整个文件图像，并不能单独对某个图层或图层中某个对象进行旋转。

STEP 3 向左扩展画布

❶选择【图像】/【画布大小】命令，打开“画布大小”对话框，单击选中“相对”复选框；❷单击→箭头，向左扩展画布；❸在“宽度”数值框中输入“8.84 厘米”；❹单击“确定”按钮。

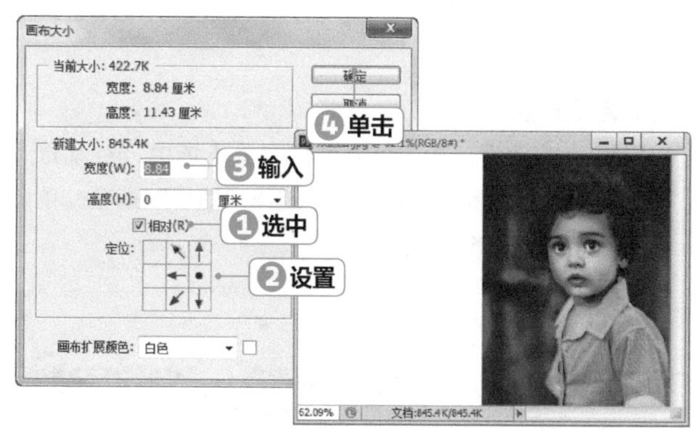

STEP 4 查看双胞胎效果

保存“双胞胎 .psd”文件，继续打开“双胞胎 .jpg”文件，使用移动工具将图像拖动到左侧的空白处，查看制作的双胞胎效果，保存文件完成本例的操作。

3.2.4 移动图像

移动图像是处理图像时使用非常频繁的操作，移动图像都是通过移动工具实现的，只有选择图像后用户才能对其进行移动。移动图像包括在同一图像文件中移动图像和在不同的图像文件中移动图像两种方式。

1. 在同一图像文件移动图像

在“图层”面板中单击选择要移动的对象所在的图层，在工具箱中选择移动工具，使用鼠标拖动即可移动该图层中的图像。

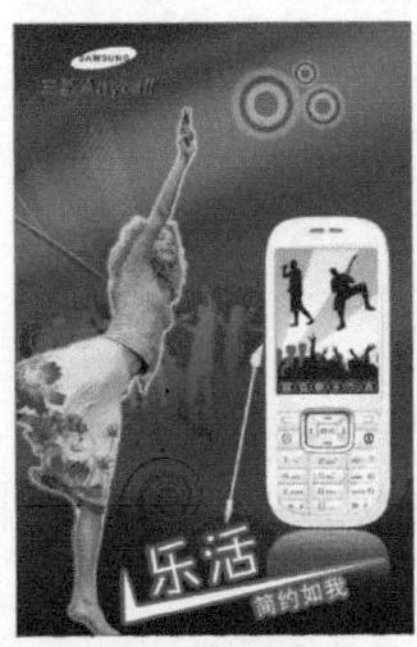

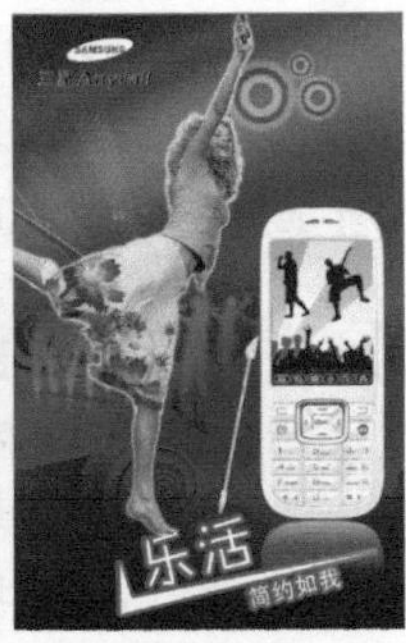

技巧秒杀

自动选择图层

选择移动工具后，在工具属性栏中单击选中“自动选择”复选框，在其后的列表框中选择“图层”选项，单击图形可自动选择图形所在的图层。

2. 在不同的图像文件中移动图像

在处理图像时，时常需要在一个图像文件中添加别的图像，此时就需要将其他图像移动到正在编辑的图像中。在不同图像文件中移动图像的方法是：打开两个或两个以上的图像文件，选择移动工具，使用鼠标选择需要移动的图像图层，按住鼠标将其拖动到目标图像中即可。

3.2.5 复制、剪切与粘贴图像——制作足球海报

微课：制作足球海报

在 Photoshop CS6 中，使用复制、剪切与粘贴操作可以为图像添加图像元素，从而使图像看起来更加多元化。下面将打开“足球 .jpg”图像，使用磁性套索工具为该图像中的足球图像建立选区，使用剪切命令剪切足球图像，然后粘贴到“球场 .jpg”图像中，使用复制与粘贴命令，对足球图像进行复制，具体操作如下。

	素材：光盘 \ 素材 \ 第 3 章 \ 球场
	效果：光盘 \ 效果 \ 第 3 章 \ 球场 .psd

STEP 1 为图像创建选区

❶打开“足球 .jpg”图像；❷在工具箱中选择磁性套索工具；❸使用鼠标在足球图像边缘拖动鼠标创建一个选区。

STEP 2 剪切与粘贴图像

①选择【编辑】/【剪切】命令，剪切图像，打开“球场 .jpg”图像；②选择【编辑】/【粘贴】命令粘贴图像。

技巧秒杀

通过快捷键复制、剪切或粘贴图像

按【Ctrl+X】组合键剪切图像；按【Ctrl+C】组合键复制图像；按【Ctrl+V】组合键粘贴图像。

STEP 3 复制与粘贴图像

①按【Ctrl+T】组合键进入变换状态，拖动控制点缩小足球，并移动到交点处，按住【Ctrl】键单击图层 1 缩略图，载入足球选区；②选择【编辑】/【拷贝】命令复制图像，选择【编辑】/【粘贴】命令粘贴图像，使用移动工具将足球移动到左侧。

STEP 4 复制图像

使用相同的方法复制多个足球，调整足球的大小和位置，沿着白色线条排列，保存文件完成本例的制作。

3.2.6 缩放与扭曲图像——制作显示器贴图

缩放图像是指相对于变换对象的中心点对图像进行缩放，扭曲图像是指任意更改图像四角的位置，对图像进行扭曲变形。缩放与扭曲图像可以通过“自由变换”或“变换”命令实现。下面将“显示器图片 .jpg”图像移动到“显示器 .psd”图像中，再分别缩放与扭曲显示器图片，使其贴合到显示器的屏幕上，具体操作如下。

微课：制作显示器贴图

	素材：光盘\素材\第 3 章\显示器 .psd、显示器图片 .jpg
	效果：光盘\效果\第 3 章\显示器 .psd

STEP 1 打开素材

打开“显示器 .psd”图像，再打开“显示器图片 .jpg”图像，使用移动工具将“图片”图像移动到“显示器”图像中。

STEP 2 缩小图像

选择【编辑】/【自由变换】命令，当图像周围出现变形框后，按住【Shift】键不放拖动四角的控制点将图像缩小，然后将其放置在电脑屏幕边缘。

STEP 3 扭曲图像

选择【编辑】/【变换】/【扭曲】命令，或直接按住【Ctrl】键的同时，使用鼠标拖动图像右下角的控制点，将其移动到显示器的右下角，使用相同的方法拖动图像右上角的控制点到显示器的右上角，完成后按【Enter】键完成图像的变换，保存文件完成本例的操作。

技巧秒杀

旋转图像

在调整图像过程中，当鼠标光标停留在控制点外侧时，将出现↺图标，拖动鼠标可旋转图像。

3.2.7 旋转、斜切与透视图像

在 Photoshop CS6 中，除了可以调整图像的大小，扭曲图像，还可以旋转、斜切与透视图像，这些操作主要通过“变换”命令中的子命令完成，下面进行详细介绍。

1. 旋转图像

旋转图像是指以围绕中心点对图像进行转动。其方法是：选择需要进行旋转的图像所在的图层，再选择【编辑】/【变换】/【旋转】命令，此时，图像周围出现一个矩形框，然后将鼠标光标移动到矩形框的控制点上，当鼠标光标变成↺形状时拖动鼠标即可旋转图像，下图所示为旋转汽车的效果。此外，在“变换”子菜单中还提供了“旋转 180 度”“旋转 90 度（顺时针）”“旋转 90 度（逆时针）”“水平翻转”“垂直翻转”等旋转命令，用户可以选择需要的旋转命令快速对图像进行旋转。

技巧秒杀

选择变换角度

在旋转图像的过程中，如果按住【Shift】键，可以15° 为单位旋转图像。

2. 斜切图像

斜切图像是指对图像进行倾斜操作。其方法是：选择需要进行斜切的图像所在的图层，再选择【编辑】/【变换】/【斜切】命令，此时，图像周围出现一个矩形框，将鼠标光标移动到矩形框上下左右中心控制点上，然后拖动鼠标即可自由倾斜图像，下图所示为斜切图像前后的效果。

3. 透视图像

透视图像可以让图像或整幅画面更加协调，整体的前后关系更加明显。其方法是：选择需要进行透视的图像所在的图层，再选择【编辑】/【变换】/【透视】命令，此时，图像周围出现一个矩形框，将鼠标光标移动到矩形框的控制点上，然后拖动鼠标即可对图像进行透视操作，右图所示为透视大树图像的效果。

3.2.8 变形图像——制作汽车贴图

微课：制作汽车贴图

在编辑图像的过程中，如果需要对图像中的某部分内容进行扭曲，可以使用“变形”命令来实现。下面介绍使用变形命令来制作汽车贴图，打开“汽车.jpg”图像，使用“置入”命令将“卡通.jpg”图像导入到汽车图像中，并使用变形命令，将卡通图像贴合到汽车上，其具体操作步骤如下。

素材：光盘\素材\第3章\汽车.jpg、卡通.jpg

效果：光盘\效果\第3章\汽车.psd

STEP 1 打开素材

打开“汽车.jpg”图像，查看汽车原图效果。

STEP 2 置入卡通画

❶选择【文件】/【置入】命令，打开“置入”对话框，在其中选择“卡通.jpg”图像；❷单击“置入”按钮。

STEP 3 缩放图像

选中置入的图片，选择【编辑】/【变换】/【缩放】命令，拖动四角的控制点将卡通图像缩小，将其移动到汽车侧边。

STEP 4 调整图像变形

选择【编辑】/【变换】/【变形】命令，将鼠标移动到图像左下方的控制点，使用鼠标向右上方拖动，调整图像的位置，再使用相同的方法拖动变形控制点，使图像与车身外侧完全贴合，按【Enter】键确认变形。

STEP 5 更改图层混合模式

在"图层"面板的"图层混合模式"下拉列表框中选择"正片叠底"选项，使卡通图像与车身完全贴合。

STEP 6 查看效果

查看汽车贴图效果，保存文件完成本例的操作。

3.2.9 操控变形——为人物换动作

微课：为人物换动作

操控变形是 Photoshop CS6 中的一项变形工具，通过该工具，可以通过添加并移动图钉来更改人物的动作，从而解决因为人物动作不合适而出现图像效果不佳的情况。下面将打开"背景.jpg"图像，将"火焰"图像移动到"背景.jpg"图像中，并将火焰图像融入背景图像中，最后将跳芭蕾舞的人物添加到背景，使用操控变形命令为人物变换动作，从而制作出芭蕾舞者在火焰中跳舞的效果，其具体操作步骤如下。

素材：光盘\素材\第 3 章\芭蕾
效果：光盘\效果\第 3 章\芭蕾.psd

STEP 1 添加素材并设置图层样式

❶打开"背景.jpg"图像和"火焰.jpg"图像，使用移动工具将"火焰"图像移动到"背景"图像中；❷在"图层"面板中设置图层混合模式为"滤色"。

STEP 2 添加图层蒙版

❶按【Ctrl+T】组合键变换图像大小，按【Enter】键确定变换；❷在"图层"面板下方单击◘按钮，为图层添加图层蒙版。

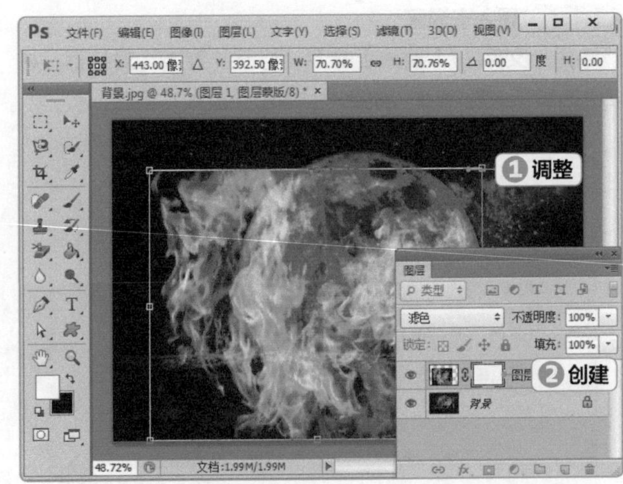

STEP 3 擦除火焰边缘并设置不透明度

❶按【D】键复位前景色、背景色，在工具箱中选择画笔工具，使用鼠标在火焰边缘涂抹，擦除火焰边缘；❷在“图层”面板中设置“不透明度”为“80%”。

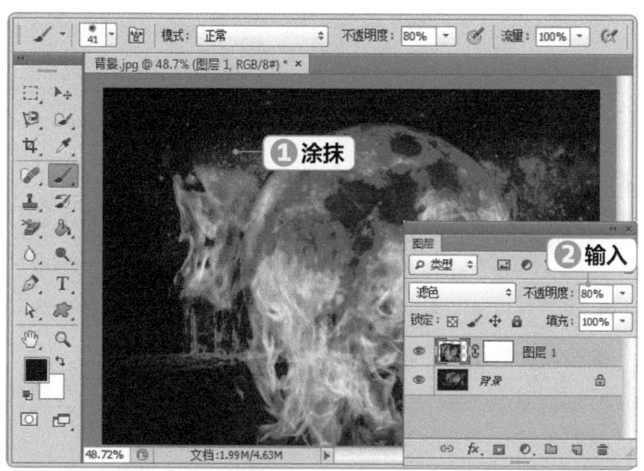

STEP 4 移动并缩小图像

❶打开“舞者.psd”图像；❷使用移动工具将舞者图像移动到“背景”图像中，并按【Ctrl+T】组合键，缩小图像，按【Enter】键确定变换。

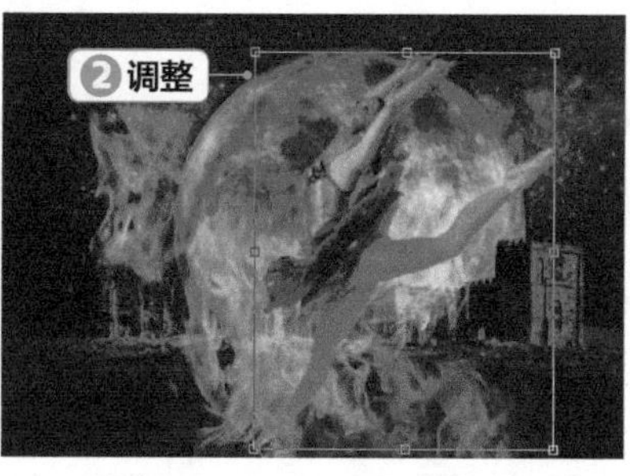

STEP 5 添加图钉

选择【编辑】/【操控变形】命令，此时舞者图像中会出现变形网格，使用鼠标在图像的头部、腰部、左腿尖、右腿尖、左膝、右膝上单击添加图钉，固定不动的身体区域和可以活动的关节。

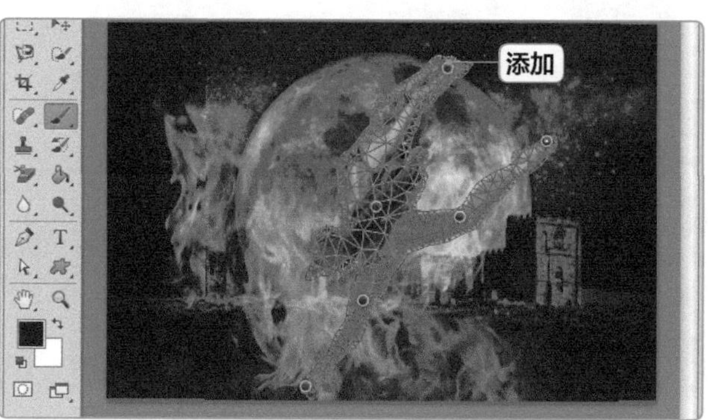

STEP 6 移动图钉调整左腿动作

使用鼠标拖动左腿尖上的图钉，将其向上移动，调整左腿动作。

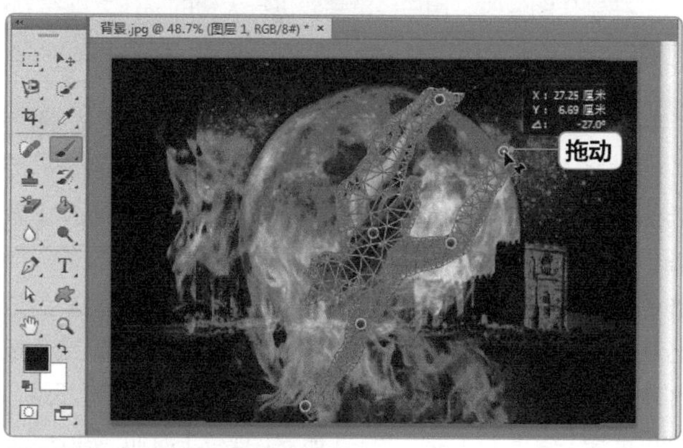

STEP 7 移动图钉调整右腿动作

使用鼠标拖动右腿尖上的图钉，将其向右移动，调整舞者右腿动作，调整时可通过工具属性栏设置模式、浓度、扩展等参数。

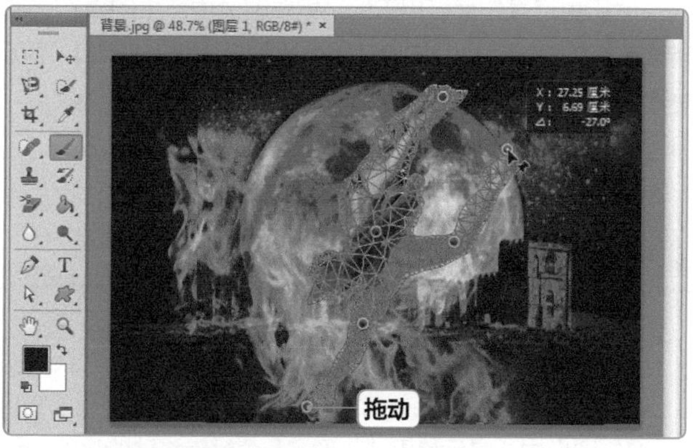

STEP 8 添加眩光与文字

按【Enter】键，确定变换，打开“眩光.psd”图像，使用移动工具将其移动到“背景”图像中，按【Ctrl+T】组合键变换图像大小，按【Enter】键确定变换，添加“文字.psd”文件中的文本，保存文件完成本例的制作。

3.2.10 撤销和恢复图像操作

在制作图像时，用户经常需要进行大量的操作才能得到精致的图像效果。如果操作完成后发现进行的操作并不合适，用户可通过撤销和恢复操作对图像效果进行恢复。在 Photoshop CS6 中撤销和恢复是需要经常使用的操作。

1. 使用命令快捷键

选择【编辑】/【还原】命令或按【Ctrl+Z】组合键，可还原到上一步的操作，如果需要取消还原操作，可选择【编辑】/【重做】命令。需要注意的是：“还原”和“重做”操作都只针对一步操作，在实际编辑过程中经常需要对多步进行还原，此时就可选择【编辑】/【后退一步】命令，或【按Alt+Ctrl+Z】组合键来逐一进行还原操作。若想取消还原，则可选择【编辑】/【前进一步】命令，或按【Shift+Ctrl+Z】组合键来逐一进行取消还原操作。

2. 使用“历史记录”面板

“历史记录”面板用于记录编辑图像中产生的操作，使用该面板可以快速进行还原和重做操作，选择【窗口】/【历史记录】面板，即可打开右图所示的“历史记录”面板。

“历史记录”面板中各部分的作用如下。

- 快照缩览图：用于显示被记录为快照的图像状态。
- 历史记录状态：用于记录 Photoshop CS6 的每步操作，单击某个记录即可将操作状态返回到所选操作记录。
- 从当前状态创建新建文档：单击按钮，可以从当前操作状态创建一个新的文档。
- 创建新快照：单击按钮，将以从当前状态创建一个新快照。
- 删除当前状态：单击按钮，可将选择的某个记录以及之后的记录删除。

高手竞技场

1. 制作飞鸟效果

本例将打开“鸟类.jpg”图像，对图像中的鸟的图像建立选区。打开“背景.jpg”图像，再将鸟的图像移动到“背景”图像中。最后使用“变形”命令编辑移动的鸟，制作鸟在图像中飞行的效果。制作后的效果如左下图所示。

2. 制作移轴效果

本例将打开“移轴.jpg”图像，使用滤镜制作移轴效果，再通过扩展画布大小，增强视觉感，制作后的效果如右下图所示。

04 Chapter

第 4 章

选区的创建与编辑

/ 本章导读

在 Photoshop CS6 中处理图像时，经常会遇到只需处理部分图像效果的情况，为了避免图像中其他部分的效果也发生变化，需要为处理的部分创建选区，创建选区后，可以根据需要对其进行编辑，使其更加符合需要。本章将通过不同的工具创建选区，以此讲解创建选区的常见方法，并介绍编辑选区的相关操作，提高选取图像的精确性。

4.1 认识选区

选区是编辑图像中经常用到的功能，要通过选区对图像进行编辑，首先需要掌握选区的一些基础知识，这样才能更好地使用选区对图像进行处理。下面对选区的概念、作用和常用的创建方法进行讲解。

4.1.1 选区的概念与作用

选区是指被选择的区域，在编辑图形的过程中，它能够保护选区外的图像不受编辑的影响。图像是由像素组成的，故选区也是由像素组成的。在 Photoshop CS6 中，选区常用于以下两个方面。

1. 局部填色或调色

当需要在图形中的某区域填充一种颜色，或将局部颜色更改成其他颜色时，可先使用钢笔工具或磁性套索工具等为需要填色或调色的区域创建选区，然后单独编辑该区域。下图所示为为人物的头发建立选区，将黑发的颜色处理成渐变印染的效果。

2. 局部的抠图

当需要将图像中的某部分移动到其他图像中时，可先使用钢笔工具或磁性套索工具等为该区域创建选区，然后将其复制并粘贴到其他背景文件中。下图所示为为气球建立选区，调整选区颜色，再将其添加到风景图中的效果。

Chapter 04

4.1.2 创建选区的常用方法

若想对图像中的局部进行调整以及编辑，就需要使用选区来指定可编辑的图像区域。由于图像具有差异性以及制作要求不同，用户需要使用不同的方法对选区进行创建。下面介绍 6 种常用创建图像选区的方法。

1. 基本形状创建法

在选择一些简单的几何图形如圆形、矩形时，用户可直接使用 Photoshop CS6 工具箱中的矩形选框工具或椭圆选框工具来实现。右图所示为使用椭圆选框工具在图像中创建一个椭圆选区，选择图像中的气球区域；当选择一些形状不太规则，转折比较明显的图形时，则可使用多边形套索工具来创建选区，右图所示为使用多边形套索工具对图像中的天空部分进行选择。

2. 色调对比创建法

当需要选择的对象形状较复杂，且图像的颜色对比强烈时，用户可尝试使用快速选择工具、魔棒工具、磁性套索工具和“色彩范围”对话框来对需要的图像区域进行选择。下图为使用“色彩范围”对话框，选择土黄色的背景并将其删除的效果。

3. 快速蒙版创建法

使用快速蒙版可以通过更多的画笔工具以及路径对选区进行更加细致的处理。此外，用户还可以将普通选区转换为快速蒙版，方便添加滤镜效果，下图所示为普通选区与使用快速蒙版处理后的对比效果。

4. 通道创建法

通道创建法即为通道抠图，使用通道可以对图像中复杂且细节较多的图像区域进行选择。这种抠图方法常用于头发丝、婚纱、烟雾、玻璃等抠图对象。下图所示为使用通道创建选区并为图像更换背景的效果。

5. 钢笔创建法

当需要选择陶瓷器皿、塑料公仔、花朵等富有曲线边缘的对象时，使用钢笔工具建立选区无疑是最明智的选择。下图所示为使用钢笔工具为陶瓷器皿创建选区并将其添加到右侧的南瓜图像中的效果。

6. 简单选区细化创建法

当创建的选区不够精确时，可通过“调整边缘”命令对其进行调整，该命令可以轻松地选择毛发等细微的图像，还能消除选区边缘的背景色。下图所示为通过“调整边缘”命令为人物创建选区的效果。

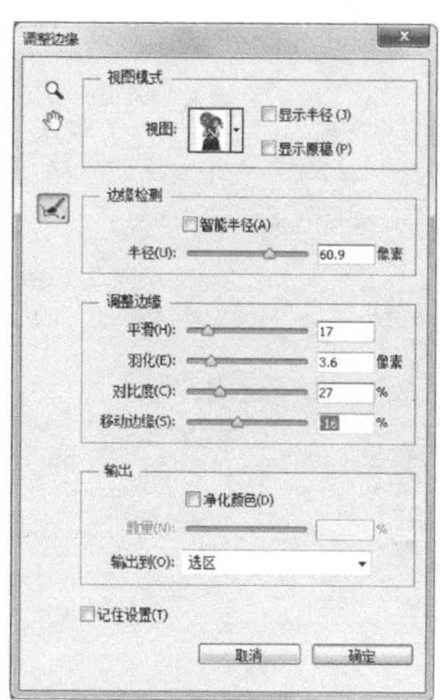

技巧秒杀

应用抠图插件

除了上述几种选区创建方法外，很多软件公司开发了用于抠图的插件程序，如“抽出”滤镜、Mask Pro、Knockout等，将这些插件安装到程序中使用，同样可以实现选区的创建操作。

4.2 创建几何选区

选框工具组中提供了矩形选框工具、椭圆选框工具、单行选框工具和单列选框工具 4 种，使用这些工具可创建出有规则的几何选区。下面分别对这几种选区创建工具进行介绍。

4.2.1 创建矩形选区——制作女装海报

微课：制作女装海报

使用矩形选框工具可以在图像上创建矩形选区，使用时用户只需在工具箱中选择矩形选框工具，使用鼠标在需要创建选区的位置拖动鼠标即可创建。在拖动鼠标时，按【Shift】键可创建正方形选区。下面将新建名为“女装海报”的图像文件，并在绘图区的中间位置使用矩形选框工具绘制颜色块，具体操作步骤如下。

素材：光盘 \ 素材 \ 第 4 章 \ 人物 .psd、文字排版 .psd
效果：光盘 \ 效果 \ 第 4 章 \ 女装海报 .psd

STEP 1 绘制固定大小的矩形选区

❶新建大小为 1920 像素 ×700 像素，名称为“女装海报”的图像文件，按【Alt+Delete】组合键将前景填充为“黑色”；❷选择矩形选框工具；❸在工具属性栏中设置样式为“固定大小”；❹设置宽度为“1320 像素”；❺设置高度为“470 像素”；❻在图像编辑区中拖动鼠标绘制固定大小的选区，然后使用移动工具拖动选区到画布中心位置。

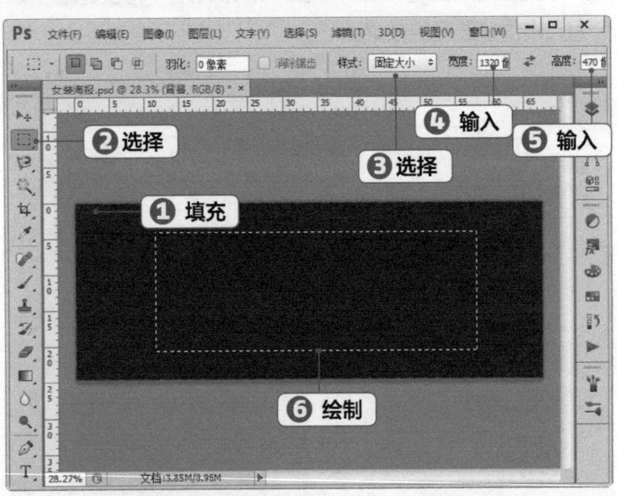

技巧秒杀

自由绘制与固定比例绘制矩形选区

当设置样式为“正常”选项时，用户可随意控制创建选区的大小；选择“固定比例”选项时，在右侧的“宽度”和“高度”文本框中可设置比例来创建固定比例的选区。

STEP 2 从选区减去

❶在工具属性栏中单击按钮；❷设置宽度为“800 像素”；❸高度为“430 像素”；❹将鼠标光标移动到已有选区内的左上角单击，创建的区域将从选区中减去。

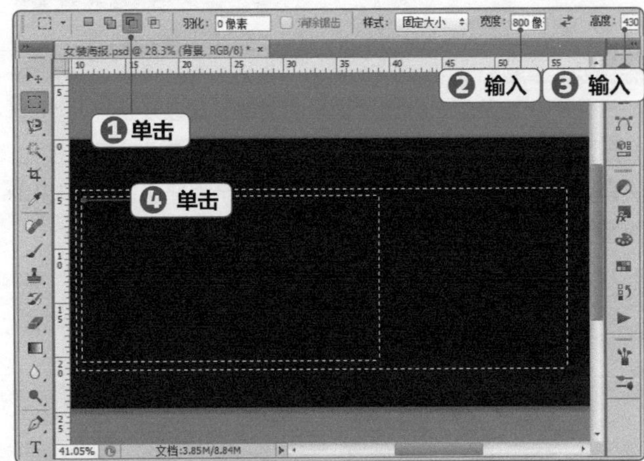

STEP 3 填充选区并添加素材

❶将前景色设置为“#da0312”，按【Alt+Delete】组合键将选区填充为“红色”；❷将“人物 .psd”素材文件中的人物图像添加到“女装海报”文件中；❸将“文字排版 .psd”文件中的促销文本添加到文件中，完成后保存即完成本例的制作。

4.2.2 创建椭圆选区——制作 CD 光盘

使用椭圆选框工具可以在图像上创建圆形和椭圆选区，其创建方法和矩形选框工具基本相同。同样在拖动鼠标绘制椭圆时，按【Shift】键可创建正圆选区。下面将新建名为“CD 光盘设计”的图像文件，并在绘图区的中间位置使用椭圆选框工具绘制 CD 光盘的形状，然后添加光盘图像和背景素材，具体操作步骤如下。

微课：制作 CD 光盘

素材：光盘 \ 素材 \ 第 4 章 \CD 封面 .jpg、光盘背景 .jpg

效果：光盘 \ 效果 \ 第 4 章 \CD 光盘设计 .psd

STEP 1 创建椭圆选区

❶新建大小为 1500 像素 ×825 像素，名称为“CD 光盘设计”的图像文件，选择椭圆选框工具；❷按住【Shift】键不放，拖动鼠标绘制圆形选区，拖动选区到画布左侧的中心位置。

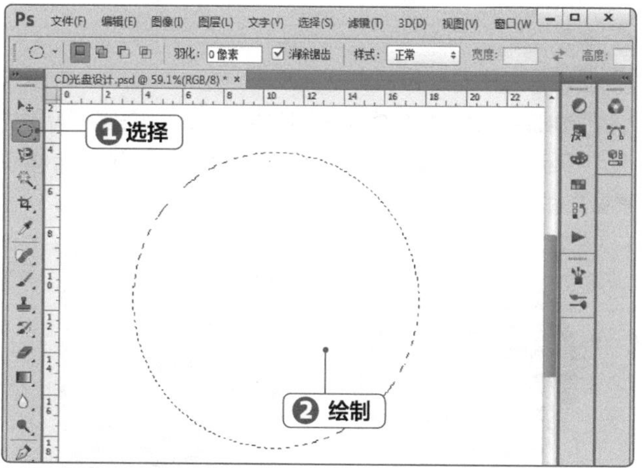

STEP 2 填充与描边选区

❶将前景色设置为“#f2f2f2”，按【Alt+Delete】组合键将选区填充为灰色；❷选择【编辑】/【描边】命令，打开“描边”对话框，设置描边宽度为“1 像素”；❸设置描边颜色为“#bebdbd”；❹单击“确定”按钮。

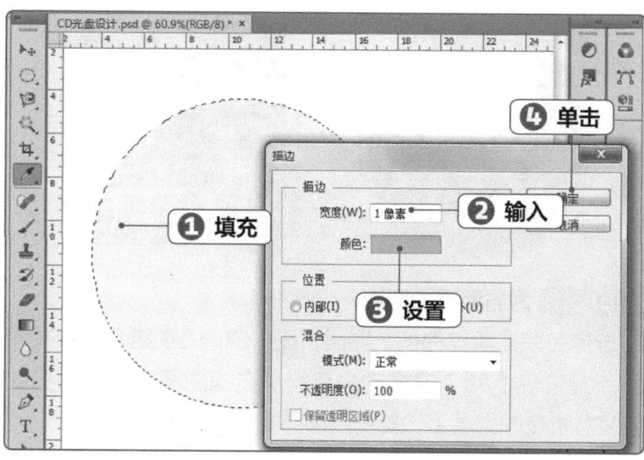

STEP 3 变换选区

选择【选择】/【变换选区】命令，按住【Shift+Alt】组合键，保持中心点不变，向中心拖动选区，等比例缩小选区，按【Enter】键确认变换。

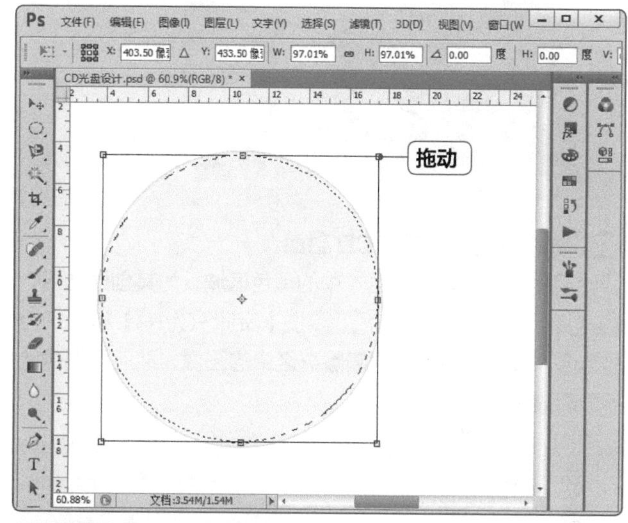

STEP 4 制作光盘其他圆

❶单击按钮，新建“图层 1”图层；❷将选区填充为黑色；❸继续变换选区，填充或描边选区，得到光盘图像中的多个同心圆；❹按【Ctrl+J】组合键复制背景图层，使用魔棒工具单击白色区域，将其删除；❺隐藏背景图层，按【Ctrl+Alt+Shift+E】组合键盖印可见图层；❻选择盖印后的图层 4，使用魔棒工具单击中心的小圆，为其创建选区，按【Delete】键删除，显示背景图层，查看光盘效果。

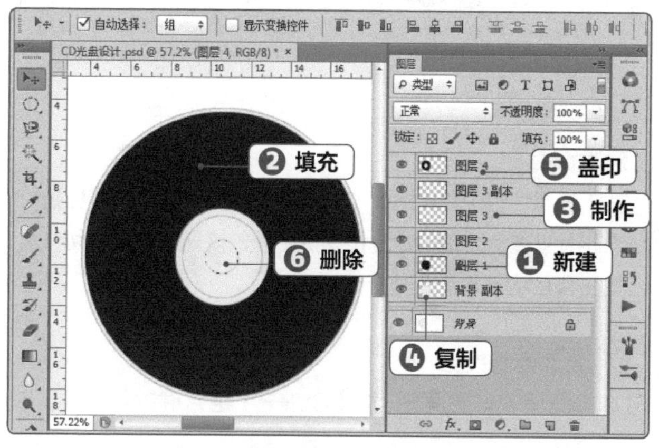

STEP 5 **添加 CD 封面**

❶打开"CD封面.jpg"素材文件，将其拖动到CD封面图像中；❷在"图层"面板中将不透明度设置为"50%"；❸按【Ctrl+T】组合键，拖动四周的控制点调整图像大小，使其适应光盘大小。

STEP 6 **使用选区裁剪 CD 封面**

❶使用魔棒工具单击图层 4 中的黑色区域，为其创建选区；❷选择封面图像所在图层；❸按【Shift+Ctrl+I】组合键反选选区，按【Delete】键删除选区中的图像，然后将图像的不透明度设置为"100%"。

技巧秒杀

消除锯齿

在工具属性栏中单击选中"消除锯齿"复选框后，选区边缘和背景像素之间的过渡将变得平滑，该复选框在剪切、复制和粘贴时非常有用。

STEP 7 **添加投影**

❶选择图层 4 与图层 5，按【Ctrl+E】组合键进行合并，双击合并后的图层，打开"图层样式"对话框，单击选中"投影"复选框；❷设置投影距离为"7 像素"；❸设置投影扩展为"2%"；❹设置投影大小为"10 像素"；❺单击"确定"按钮。

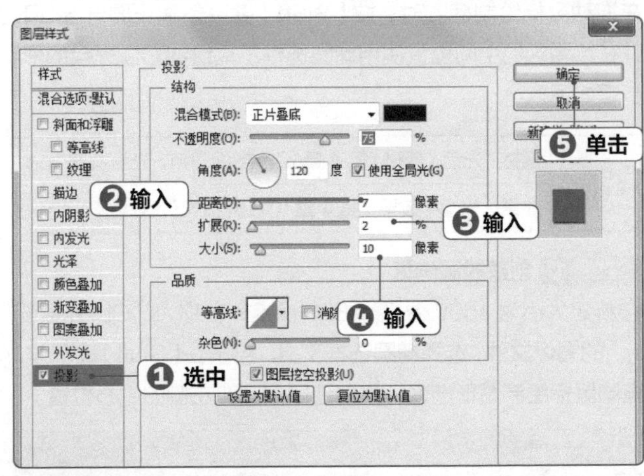

STEP 8 **制作 CD 包装盒**

❶新建图层，绘制两个相同高度的矩形选区，分别填充颜色为"#929090""#e0e0e0"；❷添加"CD 封面 .jpg"素材文件中的 CD 封面图像，调整大小，并对齐矩形选区。

STEP 9 **透视封面**

❶选择 CD 封面图像，按【Ctrl+T】组合键；❷在其上单击鼠标右键，在弹出的快捷菜单中选择"透视"命令，拖动右侧的控制点，进行透视变形。

STEP 10 **为封面添加阴影**

❶选择包装盒所在的多个图层，按【Ctrl+E】组合键合并图层；❷按住【Alt】键拖动光盘图层右侧的图层样式图标到包装盒所在的图层上，复制图层样式到包装盒。

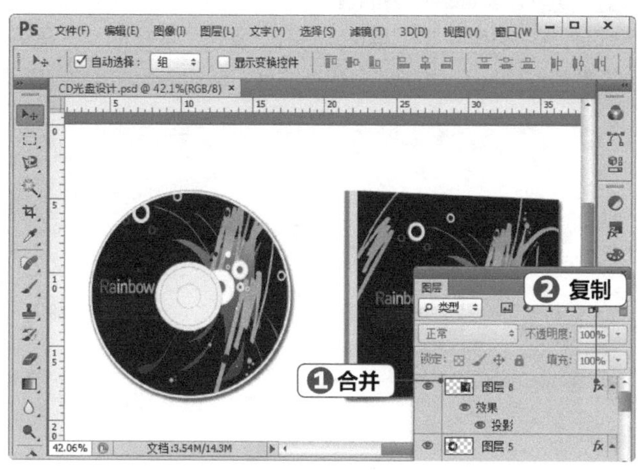

STEP 11 添加背景并查看文件效果

添加“光盘背景.jpg”素材文件中的图像，在“图层”面板中移动该图层到背景图层上方和光盘图层下方，按【Ctrl+T】组合键，拖动图像控制点，调整图像大小和位置，完成后保存文件，完成本例的制作。

4.2.3 创建单行/单列选区——制作抽线效果

单行/单列选区是指在图像上建立高度或宽度为1像素的选区，它们在平面设计和网页制作时经常被用于制作分割线。选择单行选框工具或单列选框工具后，使用鼠标在需要的位置单击即可完成单行/单列选区的创建。下面将打开素材文件，通过创建单行选区为图像制作抽丝效果，其具体操作步骤如下。

微课：制作抽线效果

素材：光盘\素材\第4章\抽丝素材.jpg
效果：光盘\效果\第4章\抽丝效果.psd

STEP 1 创建单行选区

❶打开“抽丝素材.jpg”文件，在“图层”面板中新建“图层1”图层；❷选择单行选框工具；❸选择新建的图层，在画布左上角单击，创建单行选区。

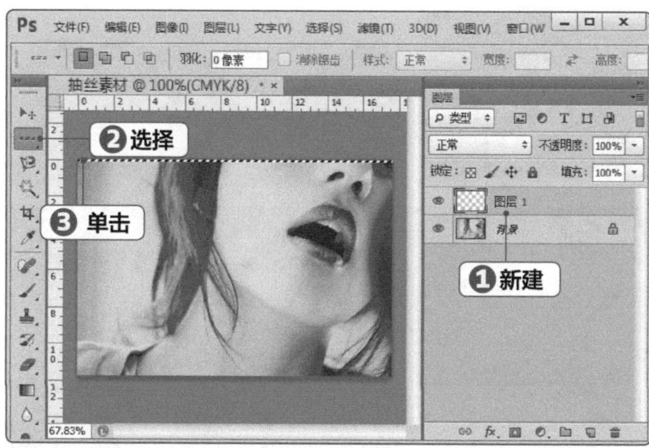

STEP 2 复制与变换选区

❶将选区填充为黑色，按【Ctrl+J】组合复制图层1，得到图层2；❷按住【Ctrl】键不放，单击图层2的缩略图将其载入选区。❸按【Ctrl+T】组合键进入自由变换状态，按两次【↓】键，将选区向下移动，按【Enter】键确认变换。

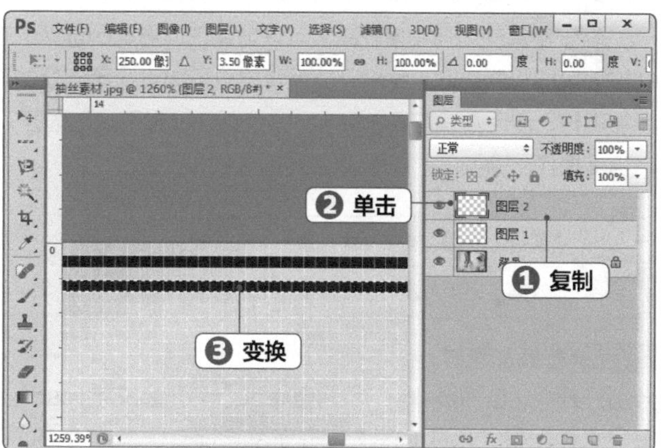

操作解谜

间距的控制

像素大小不同的图像，在此处向下移动所按【↓】键的次数也有所不同，一般情况下，两条横线的距离保持在1~1.5倍行距即可。

STEP 3 多次复制选区

保持选区的选择状态，按住【Shift+Ctrl+Alt】组合键不放，多次按【T】键复制选区，直到选区布满整个画面。

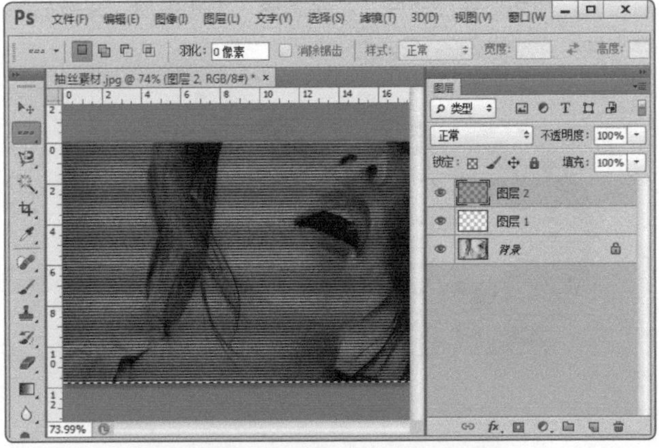

STEP 4 设置图层不透明度

❶同时选中图层 1 与图层 2；❷在“图层”面板的“不透明度”数值框中输入“10%”，保存文件，完成抽丝效果的制作。

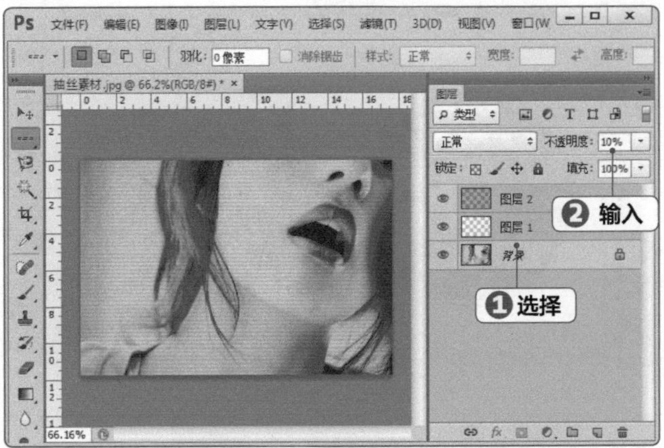

4.3 创建不规则选区

使用套索工具、多边形套索工具以及磁性套索工具能快速为形状不规则的对象创建选区，从而加快图像的编辑速度，下面分别介绍使用这几个工具创建不规则选区的方法。

4.3.1 使用套索工具——制作儿童海报

套索工具使用自由度较高，可以创建任何形状的选区。在工具箱中选择套索工具，然后在画布中单击并拖动鼠标绘制选区，绘制完成后释放鼠标即可显示创建的选区。下面将在“儿童海报 .jpg”图像文件中添加素材，使用套索工具在文字下方绘制并填充不规则选区，并设置选区的模糊程度，最后更改图层样式，其具体操作步骤如下。

微课：制作儿童海报

	素材：光盘 \ 素材 \ 第 4 章 \ 儿童海报
	效果：光盘 \ 效果 \ 第 4 章 \ 儿童海报 .psd

STEP 1 添加素材

分别打开“儿童海报 .jpg”“儿童 .png”“儿童文字 .psd”素材文件，将“儿童 .png”“儿童文字 .psd”文件中的素材拖动到“儿童海报 .jpg”图像文件中。

技巧秒杀

套索工具与多边形套索工具的切换

在使用套索工具绘制选区时，按【Alt】键并释放鼠标，Photoshop CS6 将会自动切换到多边形套索工具。

STEP 2 创建不规则选区

选择套索工具，在文字边缘的任意一点，按住鼠标左键不放，沿着文字边缘绘制选区，当回到绘制的起点时释放鼠标，完成不规则选区的创建。

操作解谜

套索工具的自动闭合选区功能

使用套索工具创建选区时，如果释放鼠标时，起点和终点没有重合，那么将会自动在起点和终点之间创建一条直线，使创建的选区闭合。

STEP 3 填充选区

❶新建“图层 3”图层，将其拖动到图层 1 下方；❷将前景色设置为“#f46c93”，按【Alt+Delete】组合键将选区填充为粉红色，按【Ctrl+D】组合键取消选区。

STEP 4 模糊图层

❶选择“图层 3”图层，选择【滤镜】/【模糊】/【方框模糊】命令；❷打开“方框模糊”对话框，设置半径为“15 像素”；❸单击“确定”按钮。

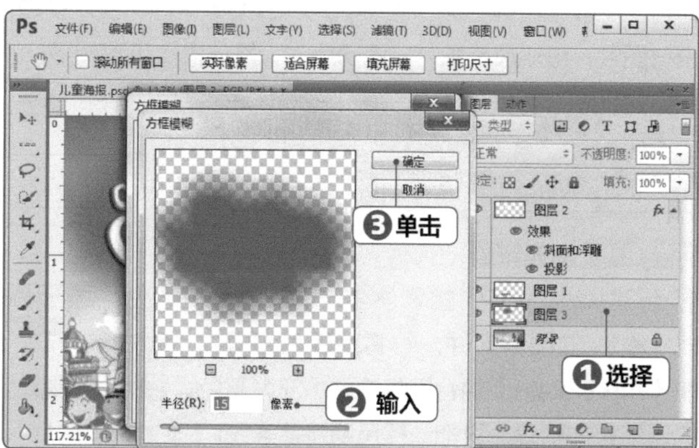

STEP 5 设置图层混合模式

❶选择“图层 3”图层；❷在“图层”面板的“图层混合模式”下拉列表框中选择“颜色加深”选项。

STEP 6 查看海报效果

查看设置混合模式后的效果，发现图层与背景融合在一起，画面更加美观，保存文件即可完成儿童海报的制作。

4.3.2 使用多边形套索工具——设计画册版式

微课：设计画册版式

多边形套索工具适用于创建一些由直线构成的选区。使用时可在工具箱中选择多边形套索工具，然后在画布中单击鼠标创建选区起点，再在其他位置处单击，继续绘制选区，绘制完成后在起点位置单击鼠标即可。下面将新建名为“画册版式”的图像文件，使用多边形套索工具创建不规则的几何选区，以此裁剪素材图片，形成风格独特的画册版式，具体操作步骤如下。

素材：光盘\素材\第 4 章\画册风景
效果：光盘\效果\第 4 章\画册版式 .psd

STEP 1 填充背景

❶新建大小为 794 像素 ×1077 像素，名称为“画册版式 .psd”的图像文件；❷将前景色设置为“#dedace”，按【Alt+Delete】组合键将选区填充为黄色；❸为了使绘制的选区更加精确，可拖动标尺创建参考线。

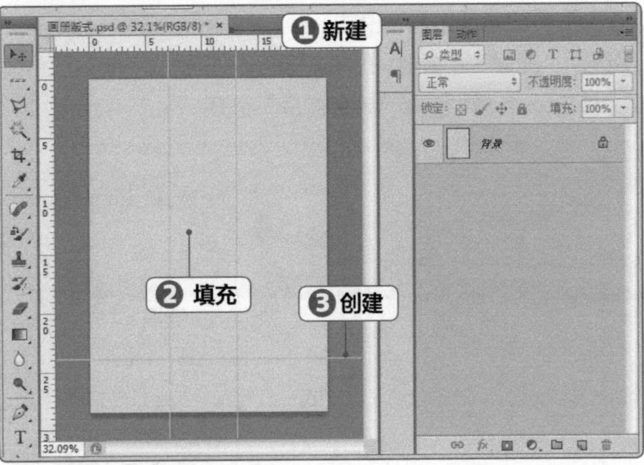

STEP 2 创建不规则选区

❶在文件中添加“秋景 1.jpg”素材文件，调整素材的大小与位置；❷选择多边形套索工具；❸在素材所在图层上单击鼠标绘制选区，当单击起点时，即可完成不规则选区的绘制。

操作解谜

使用多边形套索工具绘制直线的技巧

在使用多边形套索工具创建选区时，按【Shift】键可以在水平方向、垂直方向或45° 方向上绘制直线。

STEP 3 反选选区并删除选区中的内容

保持选区的选择状态，按【Shift+Ctrl+I】组合键反选选区，按【Delete】键删除选区中的图像。

STEP 4 使用多边形套索工具裁剪其他素材图片

添加“秋景 2~4.jpg”素材文件，然后使用多边形套索工具创建选区，并使用相同的方法裁剪其他素材图片。

操作解谜

一次性绘制多个选区技巧

默认情况下，使用选区工具绘制选区，一次只能绘制一个选区，若在工具属性栏中单击按钮，可一次性在图像上绘制多个选区。

STEP 5 添加文本

添加“文字 .psd”素材文件中的文本，调整位置与大小，保存文件后完成画册版式效果的制作。

4.3.3 使用磁性套索工具——制作简单海报

微课：制作简单海报

磁性套索工具具有自动识别绘制图像边缘的功能，如果图像的边缘比较清晰，且与背景对比明显，使用该工具可以快速创建选区。本例将打开“简单海报 .jpg”图像，使用磁性套索工具为素材中的人像创建选区，然后反选选区，对背景进行去色操作，最后打开“文字 .psd”图像，将其移动到“简单海报”图像中，添加文字修饰图像，其具体操作步骤如下。

素材：光盘 \ 素材 \ 第 4 章 \ 简单海报
效果：光盘 \ 效果 \ 第 4 章 \ 简单海报 .psd

STEP 1 打开素材

❶打开“简单海报 .jpg”图片，在工具箱中选择磁性套索工具；❷将鼠标移动到笔记本电脑上并单击创建锚点。

STEP 2 创建选区

使用鼠标沿着人像边缘拖动，Photoshop CS6 将自动添加磁性锚点，当锚点添加的位置不对时，可按【Delete】键删除当前锚点。沿着人像拖动一周后，此时鼠标光标将变为形状，单击鼠标闭合选区，选区将以蚂蚁线显示，如右图所示。

技巧秒杀

怎么让磁性套索工具建立的选区更加准确

若想使磁性套索工具选择的位置更加精确，可直接在工具属性栏上设置“频率”的参数，其中数值越大，使用磁性套索工具时，产生的锚点越多，也更占用系统资源。

STEP 3 反选并去色

❶按【Shift+Ctrl+I】组合键，反选选区；❷再按【Shift+Ctrl+U】组合键，将选区中的图像去色，最后按【Ctrl+D】组合键，取消选区。

STEP 4 添加文本

打开“文字.psd”图像文件，使用移动工具将其拖动到“简单海报.jpg”图像的左下角，保存文件完成本例的制作。

4.4 创建颜色选区

在 Photoshop CS6 中，使用魔棒工具与快速选择工具可以快速、高效地创建颜色选区，因此设计师在广告设计前期喜欢将人物、产品等素材放在比较单一的背景色中，以方便后期对素材进行抠取和编辑。下面介绍通过魔棒工具和快速选择工具创建颜色选区的方法。

4.4.1 使用魔棒工具——更换蓝天背景

魔棒工具可以快速选择颜色类似的图像区域，在抠取图像时，魔棒工具使用非常频繁。下面打开“天空.jpg”图像并将其移动到“人像.jpg”图像中天空的位置，其具体操作步骤如下。

微课：更换蓝天背景

素材：光盘\素材\第 4 章\人物.jpg、天空.jpg
效果：光盘\效果\第 4 章\蓝天.psd

STEP 1 设置容差

❶打开“人物.jpg”图像；❷在工具箱中选择魔棒工具；❸在工具属性栏中设置“容差”为“20”。

STEP 2 建立颜色选区

❶按【Ctrl+J】组合键，复制图层；❷使用鼠标单击建筑物上方较白色的天空图像，建立选区。

STEP 3 扩大颜色选区

按住【Shift】键不放，继续使用鼠标单击剩下的没有选择的天空图像，扩大选区的面积。

STEP 4 删除图像并打开素材

❶按【Delete】键，删除选区中的图像，按【Ctrl+D】组合键，取消选区；❷打开“天空.jpg”图像。

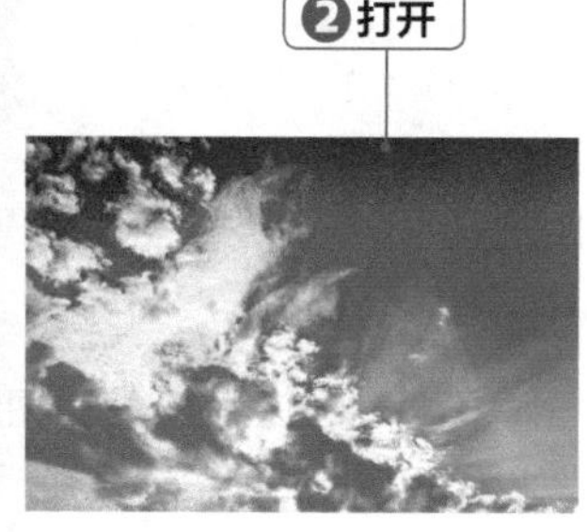

STEP 5 调整素材位置与叠放顺序

❶使用移动工具将“天空”图像移动到“人物”图像中的天空位置；❷在“图层”面板中，将“天空”图像移动到抠取了天空区域的图像下方，保存文件完成本例的制作。

操作解谜

设置取样大小、容差与对所有图层取样

- 取样大小：用于控制建立选区的取样点大小，取样点越大，创建的颜色选区也会越大。
- 容差：用于确定将被选择的颜色区域与已选择的颜色区域的颜色差异度。数值越低，颜色差异度越小，所建立的选区也会越精确。
- “对所有图层取样”复选框：当编辑的图像包含多个图层时，单击选中“对所有图层取样”复选框，将在所有可见图层上建立颜色选区。

4.4.2 使用快速选择工具——合成唯美艺术照

微课：合成唯美艺术照

使用快速选择工具可以快速创建选区。选择快速选择工具后，鼠标将变为一个可调整大小的圆形笔尖，拖动鼠标就可以通过鼠标的移动轨迹自动确定图像的边缘，从而创建选区。下面打开“艺术照.jpg”图像，使用快速选择工具快速为背景创建选区，然后添加唯美背景，其具体操作步骤如下。

素材：光盘\素材\第4章\蝴蝶美女.jpg、梦幻背景.jpg
效果：光盘\效果\第4章\唯美艺术照.psd

STEP 1 加选选区

❶打开“蝴蝶美女.jpg”图像，按【Ctrl+J】组合键，复制图层，在工具箱中选择快速选择工具；❷在工具属性栏中单击按钮；❸使用鼠标从图像的左下方，向上方拖动，然后从右上方拖动到右下方，为背景创建选区。

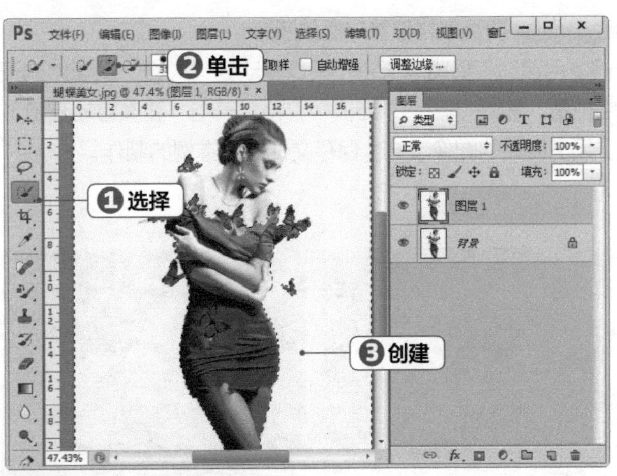

STEP 2 减选选区

❶此时发现人物的头部与肩部颜色较浅的区域也被选中，在工具属性栏中单击 按钮；❷按住【Alt】键滚动鼠标滚轮，放大显示图像；❸在工具属性栏中设置画笔大小为“7”；❹拖动或单击不需要的区域。

操作解谜

快速选择工具的属性设置

- “画笔”选择器：可设置画笔的大小、硬度、间距等。
- “自动增强”复选框：单击选中该复选框，将增加选取范围边界的细腻感。

STEP 3 羽化选区并删除选区背景

❶按【Shift+F6】组合键打开“羽化选区”对话框，设置羽化半径为“0.5 像素”；❷单击“确定”按钮；❸按【Delete】键删除选区中的背景。

STEP 4 添加梦幻背景

❶使用移动工具将“梦幻背景.jpg”图像移动到“人物”图像中，调整大小与位置，移动图层到人物图层的下方；❷选择裁剪工具，拖动两边，并使其适合背景图像大小，按【Enter】键完成裁剪。

STEP 5 设置外发光效果

❶双击人物所在图层，打开“图层样式”对话框，单击选中“外发光”复选框；❷设置发光颜色为“#f742ff”；❸设置混合模式为“柔光”；❹设置不透明度为“100%”；❺在“图素”栏中设置大小为“85 像素”；❻单击“确定”按钮。

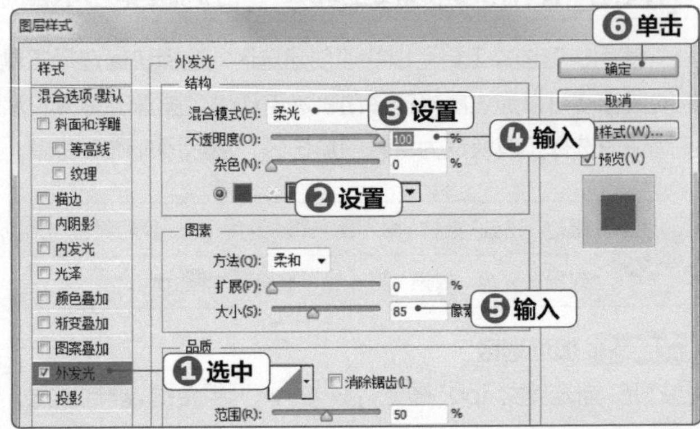

STEP 6 增加图像的鲜艳度

❶按【Ctrl+M】组合键打开"曲线"对话框，在曲线左下方，添加一个控制点，向下拖动控制点，调整图像颜色的浓度；❷单击"确定"按钮。

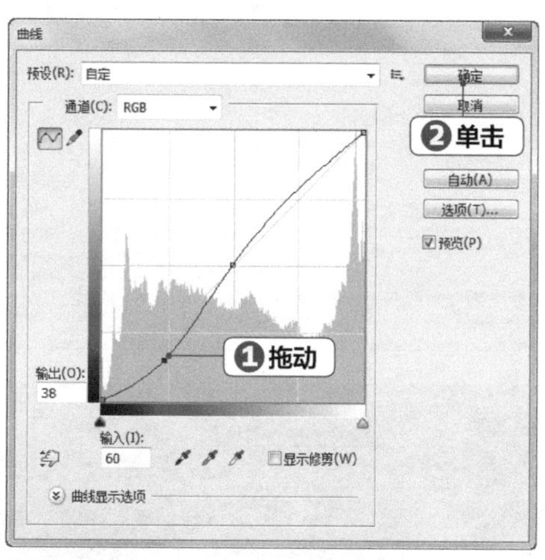

STEP 7 查看效果

返回工作界面查看图像合成效果，保存文件完成本例的制作。

4.5 创建随意选区

使用"色彩范围"命令可以为任意色彩范围创建选区；快速蒙版则是用于编辑选区，通过它用户可以使用画笔工具、滤镜、钢笔工具对选区进行编辑，让编辑后的选区变得更加自由，制作出的图像效果也更加有创意。下面将分别介绍"色彩范围"命令和快速蒙版的使用方法。

4.5.1 使用"色彩范围"命令——更改苹果色彩

微课：更改苹果色彩

"色彩范围"命令用于选择整个图像内指定的颜色，它与使用魔棒工具创建选区的原理相似。如果已经使用其他工具在图像中创建了选区，那么使用该命令将作用于图像中的选区。下面将为"红苹果.jpg"图像文件中的红色区域创建选区，然后设置选区的色相，更改苹果的颜色为青色，其具体操作步骤如下。

素材：光盘\素材\第4章\红苹果.jpg
效果：光盘\效果\第4章\青苹果.psd

STEP 1 复制图层

打开"红苹果.jpg"素材文件，按【Ctrl+J】组合键，复制图层。

STEP 2 设置颜色范围

❶选中复制的图层，选择【选择】/【色彩范围】命令，打开"色彩范围"对话框，单击图像窗口中的红色区域取样；❷设置颜色容差为"200"；❸单击"确定"按钮。

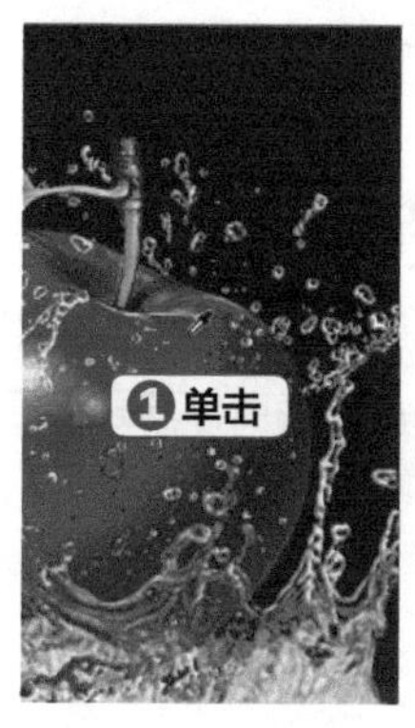

操作解谜

颜色范围参数相关含义

- 选择：用于设置选区的创建方式。
- “本地化颜色簇”复选框：单击选中该复选框，通过“范围”滑块可控制要包含在蒙版中颜色与取样点的最大和最小距离。
- 颜色容差：用于控制颜色的选择范围，设置的值越高，包含的颜色范围也就越广。
- 按钮：单击该按钮，在预览区域或图像上单击，可添加颜色。
- 按钮：单击该按钮，在预览区域或图像上单击，可减去颜色。

STEP 3 查看颜色范围选区效果

返回图像窗口即可查看到创建的颜色选区效果。

STEP 4 调整色相

❶保持选区的选择状态，选择【图像】/【调整】/【色相/饱和度】命令，打开“色相/饱和度”对话框，设置色相为“+103”；❷单击“确定”按钮，保存文件查看完成后的效果。

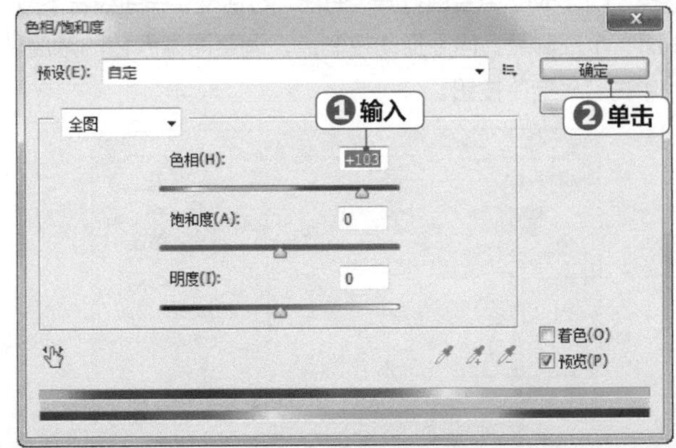

技巧秒杀

选区预览

在设置颜色选区时，可设置“选区预览”方式，主要方式包括“无”“灰度”“黑色杂边”“白色杂边”和“快速蒙版”5种，用户可根据需要选择需要的方式，方便在图像窗口中预览选区。

Chapter 04

4.5.2 使用快速蒙版——制作旅游画册标题页

快速蒙版是一种用于创建和编辑选区的工具，在快速蒙版下，可以使用 Photoshop CS6 的工具或滤镜修改蒙版，具有可调性强、实用性高的优点。下面将打开“威尼斯 .jpg”图像，进入快速蒙版，使用画笔工具绘制蒙版，并使用滤镜编辑蒙版，最后填充图像，其具体操作步骤如下。

微课：制作旅游画册标题页

	素材：光盘 \ 素材 \ 第 4 章 \ 威尼斯 .jpg
	效果：光盘 \ 效果 \ 第 4 章 \ 画册标题页 .psd

STEP 1 在快速蒙版下涂抹图像

打开“威尼斯 .jpg”图像，按【Ctrl+J】组合键复制图层。选择画笔工具，再选择一种圆形的柔角画笔，按【Q】键或在工具箱下方单击◙按钮，进入快速蒙版编辑状态，将前景色设置为黑色，使用画笔工具在图像上进行涂抹。

STEP 2 应用喷色描边滤镜

❶选择【滤镜】/【滤镜库】命令，打开“滤镜库”对话框，在中间的选项栏中选择“画笔描边”选项下的“喷色描边”选项；❷设置“描边长度”“喷色半径”分别为“12、19”，单击“确定”按钮。

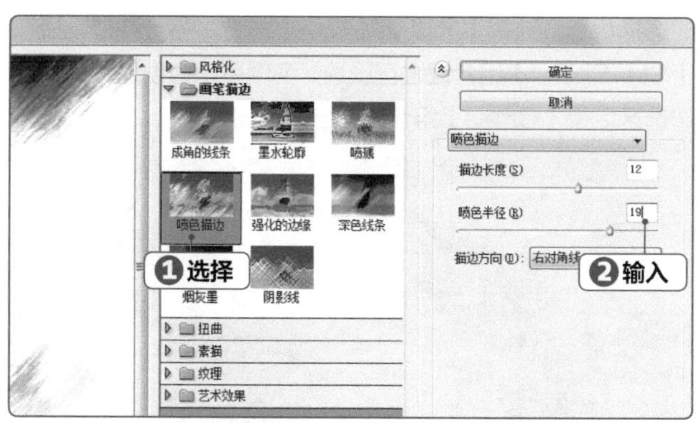

STEP 3 应用龟裂缝滤镜

❶在“滤镜库”对话框中间的选项栏中选择“纹理”选项下的“龟裂缝”选项；❷设置“裂缝间距”“裂缝深度”“裂缝亮度”分别为“15、7、9”；❸单击“确定”按钮。

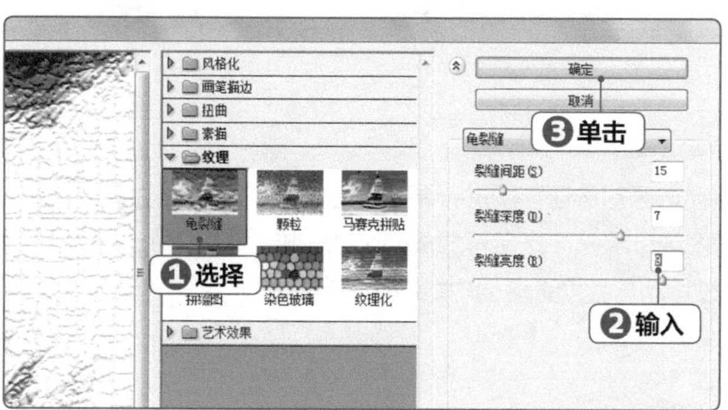

STEP 4 退出快速蒙版

按【Q】键或再次单击◙按钮退出快速蒙版编辑状态，涂抹外的区域将被选中。

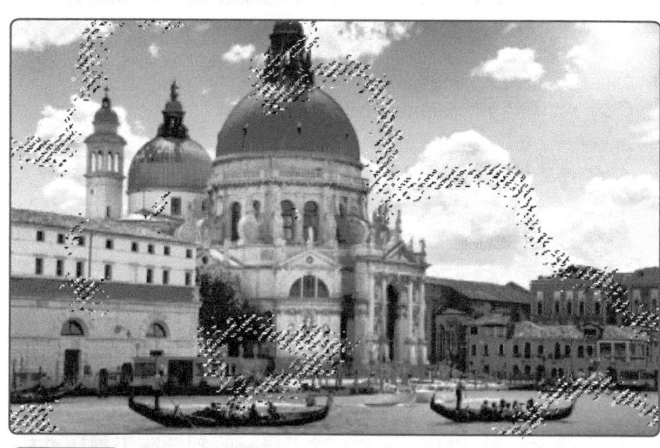

STEP 5 填充并取消选区

按【Ctrl+Delete】组合键将选区填充为白色，再按【Ctrl+D】组合键取消选区，使用白色画笔涂抹白色区域，取消龟裂纹显示。

STEP 6 添加图形与文字

使用矩形选框工具在图像右上角绘制两个选区，并使用黑色进行填充，将“文字 .psd”文件中的文本添加到图像中，保存文件，完成画册首页的制作。

4.6 编辑选区

创建选区后，为了制作出精美的效果，用户还要对选区进行编辑，使选区范围更加准确。常用的编辑选区方法有增减与反选选区、移动与变换选区、存储与载入选区、平滑和羽化选区、扩展与收缩选区、选区边缘的调整等。下面将对编辑选区的方法进行讲解。

4.6.1 增减与反选选区

在 Photoshop CS6 中，创建选区后，可根据需要对选区进行增减与反向选择操作，下面分别进行介绍。

1. 增减选区

创建选区后，若发现有多选或漏选的选区，可使用以下两种方法进行调整。

- 设置选区运算方式：选区创建工具一般都会在工具属性栏中设置选区运算按钮，单击按钮，可在已有的选区上继续添加选区；单击按钮，可在创建的选区中单击，取消部分选区。
- 通过快捷键增减选区：在使用选区创建工具创建选区时，按【Shift】键不放，可切换到添加选区模式，继续创建选区，在已有的选区上添加选区；若按【Alt】键不放，可切换到减去选区模式，可在选区中取消选择的选区。下图所示为添加瓶子选区。

技巧秒杀

选区交叉

部分选区创建工具的工具属性栏中提供了按钮，创建选区后，单击该按钮，继续绘制与原选区交叉的选区，将得到交叉部分的选区。

2. 反选选区

反选选区是指为选区外的部分创建选区，常用于抠图操作。创建反选选区的常用方法有两种，一种是保持当前选区的选择状态，选择【选择】/【反向】命令；另一种是直接按【Ctrl+Shift+I】组合键进行反选。下图所示为创建选区并反选选区后按【Ctrl+J】组合键得到的抠图效果。

4.6.2 移动与变换选区——制作洗发水主图

微课：制作洗发水主图

移动与变换选区是对选区进行编辑的基本操作，用户可通过移动选区对选区范围进行调整，也可通过变换选区对选区的形状进行调整。移动与变换选区可用于产品促销图中，将一个产品摆放成两个或一排，可以丰富画面，增加视觉冲击。下面将打开“洗发水 .jpg”图像，通过移动与变换选区的功能制作淘宝主图，其具体操作步骤如下。

素材：光盘 \ 素材 \ 第 4 章 \ 洗发水 .jpg、头像 .jpg
效果：光盘 \ 效果 \ 第 4 章 \ 洗发水主图 .psd

STEP 1 制作背景

❶新建大小为 800 像素 ×800 像素，名称为“洗发水主图”的文件，按【Alt+Delete】组合键将选区填充为黑色；❷新建“图层 1”图层，使用画笔工具绘制页面大小的白色柔边圆；❸在“图层”面板中设置图层填充为“35%”；❹新建“图层 2”图层，使用矩形框选工具在页面下方绘制矩形，按【Alt+Delete】组合键将选区填充为黑色。

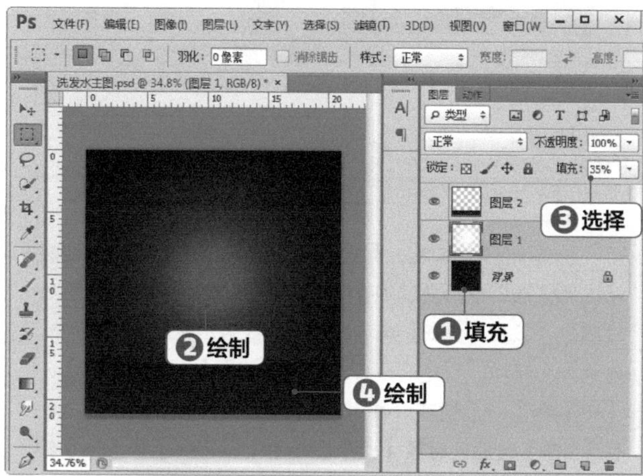

STEP 2 抠取素材

❶打开“洗发水 .jpg”图像文件，拖动文件到窗口外，创建单独的窗口，使用魔棒工具单击选择白色背景，按【Ctrl+Shift+I】组合键反选洗发水瓶子；❷选择【选择】/【修改】/【收缩】命令，在打开的对话框中设置收缩量为“1 像素”；❸单击“确定”按钮。

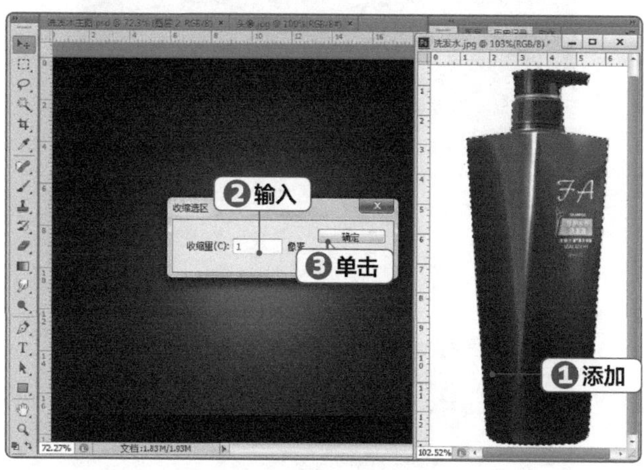

STEP 3 移动选区图像

使用移动工具将选区直接拖动到“洗发水主图”图像窗口中。

STEP 4 旋转头像角度

使用相同的方法添加“头像 .jpg”图像中的美女头像，按【Ctrl+T】组合键进入变换状态，在其上单击鼠标右键，在弹出的快捷菜单中选择“水平翻转”命令，旋转头像的角度。

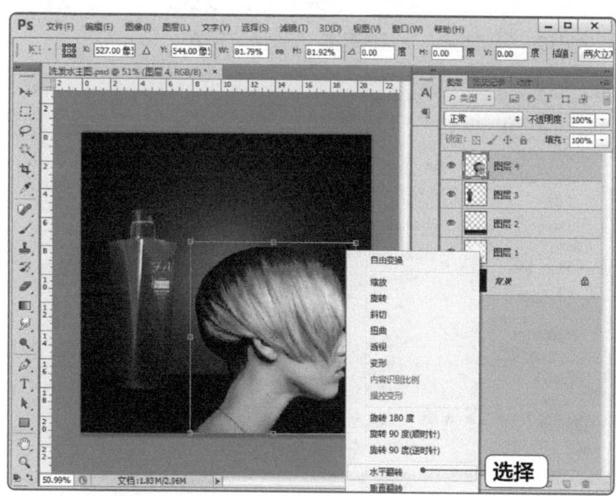

技巧秒杀

变换选区

变换选区的方法与变换图形的操作方法相似，都是进入变换状态，然后在右键快捷菜单中选择相应命令即可。

STEP 5 调整瓶子色彩

❶选择洗发水瓶子，按【Ctrl+M】组合键打开“曲线”对话框，在曲线左下部分添加一个控制点，向下拖动控制点，调整图像的暗部；❷在曲线上部分添加一个控制点，向上拖动控制点，调整图像的亮部；❸单击“确定”按钮。

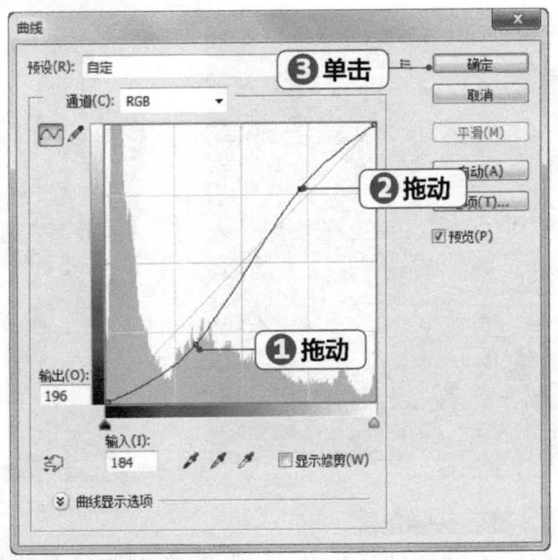

STEP 6 添加投影

❶双击瓶子所在图层，打开“图层样式”对话框，单击选中“投影”复选框；❷设置投影距离为“5 像素”；❸设置投影大小为“5 像素”；❹单击“确定”按钮。

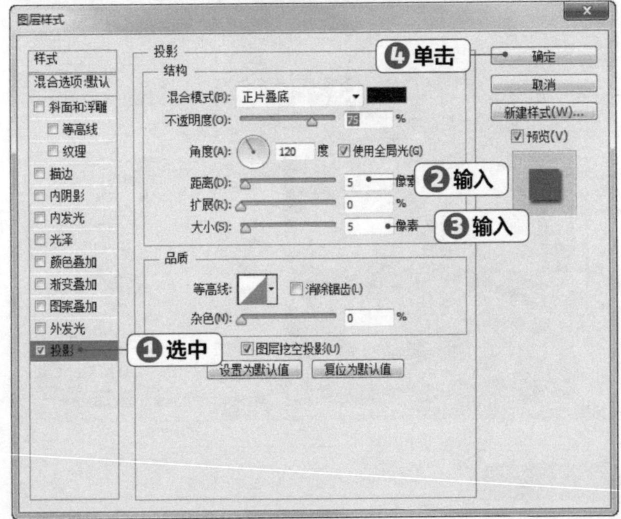

STEP 7 复制并移动选区图像

❶按【Ctrl】键单击瓶子所在图层的缩略图，将其载入选区；❷按【Alt】键移动并复制选区到左下角，得到两个洗发水瓶子的效果。

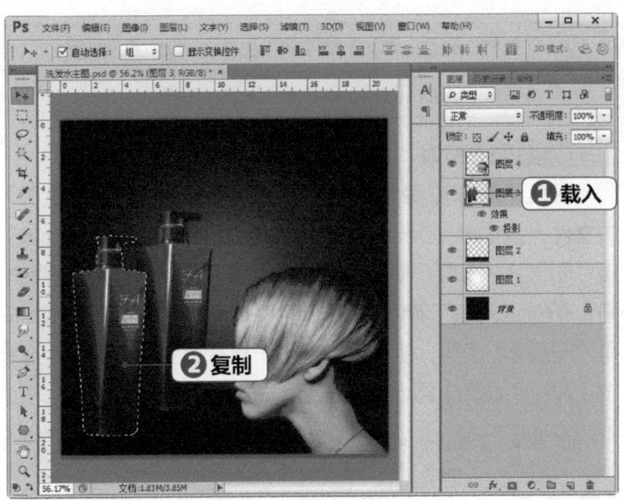

操作解谜

移动选区

若不用移动工具，创建选区后直接拖动选区将只能移动选区，选区中的内容不会随着移动。使用鼠标移动选区的过程中，按住【Shift】键不放可使选区沿水平、垂直或45°斜线方向移动。创建选区后，在键盘上按【↑】、【↓】、【←】和【→】键可以每次以1像素为单位移动选区，若按住【Shift】键的同时按【↑】、【↓】、【←】和【→】键可以每次以10像素为单位移动选区。

STEP 8 缩小选区图像

按【Ctrl+T】组合键进入变换状态，选择右上角的控制点向左下方拖动，缩小选区图像，完成后按【Enter】键完成选区的变换。

Chapter 04

技巧秒杀

变换选区与变换选区内容的区别

选择【选择】/【变换选区】命令后，拖动控制点只会变换选区的角度和大小，不能对选区中的内容进行对应的操作，按【Ctrl+T】组合键可以变换选区中的内容。

STEP 9 使用蒙版创建选区

❶选择头像所在图层，按【Q】键进入快速蒙版编辑状态；❷在画笔工具中选择一种圆形的柔角画笔；❸将前景色设置为黑色，使用画笔工具在脸部和颈部上进行涂抹。

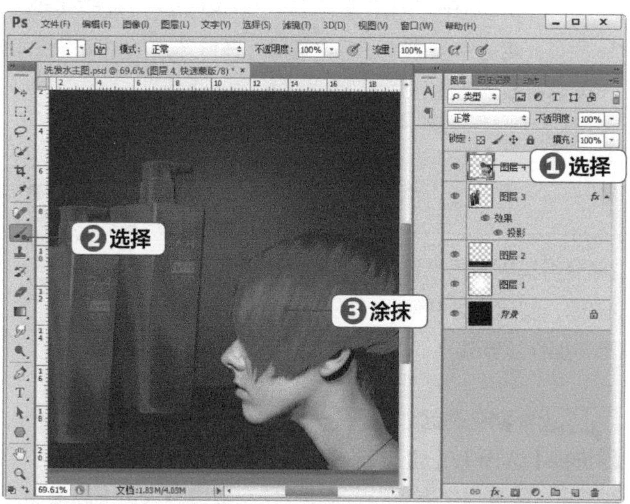

STEP 10 查看选区效果

按【Ctrl】+【Shift】+【I】组合键反选选区，再按【Ctrl】+【Shift】+【U】组合键将选区中的图像去色。

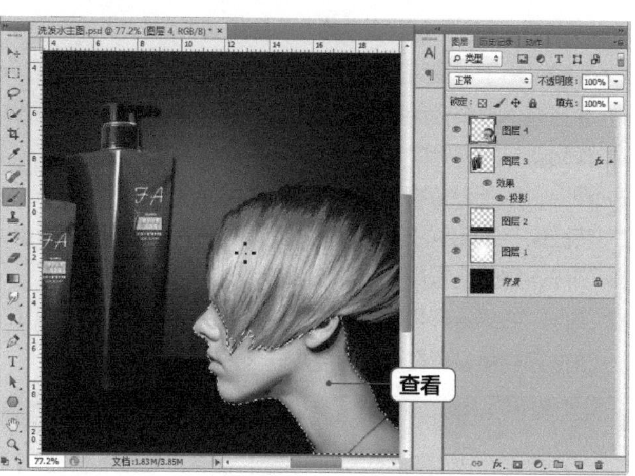

STEP 11 添加文本与标签

打开“主图文本 .psd”图像，将文本与标签内容拖动到图像窗口中，调整各元素的位置与大小，保存图像文件并查看完成后的效果。

4.6.3 存储与载入选区

在编辑一些复杂的选区时需要花费大量的精力，而一些意外可能会让用户之前的操作付诸流水，为了避免这种情况的出现，用户可对编辑的选区进行存储，需要时再将其载入。

1. 存储选区

只有对选区进行存储后才能对选区进行载入操作。存储选区的方法很简单，创建选区后，选择【选择】/【存储选区】命令，打开“存储选区”对话框，在其中对需要存储的选区进行设置，如右图所示。

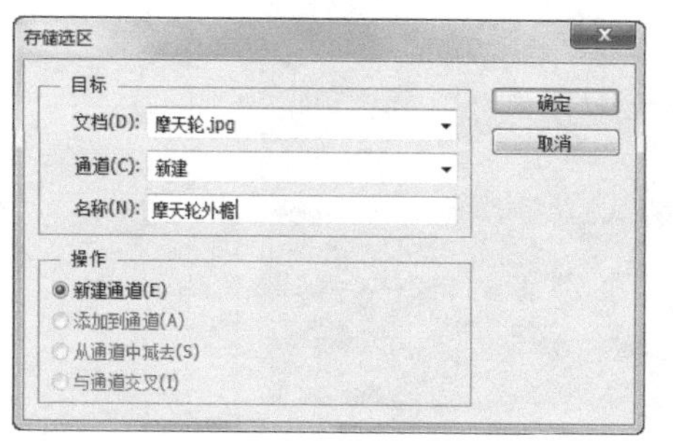

“存储选区”对话框中各选项作用如下。

- 文档：用于设置将存储选区保存到的文档，默认情况下选区将被保存在当前的图像中，若有需要用户也可将选区保存到新建的文档中。
- 通道：用于设置将存储选区保存到通道，默认情况下选区将被保存到新建的通道，也可将其保存在其中的Alpha通道。
- 名称：用于设置存储选区的名称。
- 操作：如果选择存储选区的图像中已经有了选区，则可在该选项栏中设置在通道中合并选区。

2. 载入选区

若需要对已经存储的选区再次进行使用，可选择【选择】/【载入选区】命令，打开“载入选区”对话框，在该对话框中进行设置可将已存储的选区载入图像中。

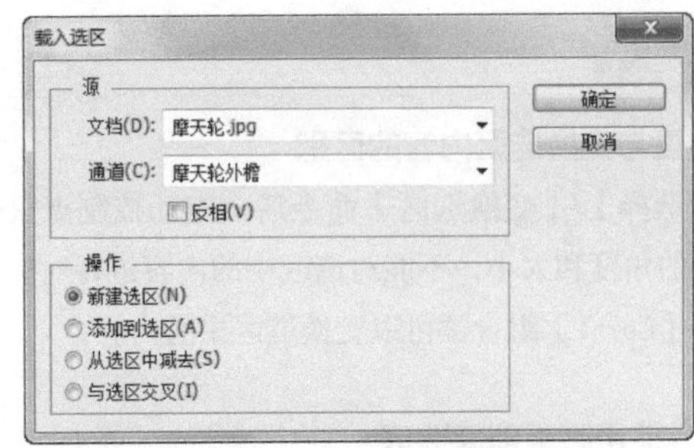

“载入选区”对话框中各选项作用如下。

- 文档：用于选择载入已存储的选区图像。
- 通道：用于选择已存储的选区通道。
- 反相：单击选中“反相”复选框，可以反向选择存储的选区。
- 操作：若当前图像中已包含选区，在该选项栏中可设置如何合并载入的选区。

4.6.4 羽化选区——羽化照片背景

使用羽化命令可以对用户建立的选区进行羽化处理，使选区边缘变得模糊，虽然这种命令能让图像变得柔和，但会丢掉图像边缘的细节。下面将打开“玫瑰花园.jpg”图像，创建选区并使用“羽化”命令羽化选区，删除部分图像，最后添加素材，合成特殊效果的图片，其具体操作步骤如下。

微课：羽化照片背景

	素材：光盘\素材\第4章\玫瑰花园.jpg、背景.jpg
	效果：光盘\效果\第4章\玫瑰花园.psd

STEP 1 绘制椭圆选区

❶打开“玫瑰花园.jpg”文件，选择椭圆选框工具；❷在人物外圈拖动鼠标绘制椭圆选区。

STEP 2 羽化选区

❶选择【选择】/【修改】/【羽化】命令，打开“羽化选区”对话框，设置羽化半径为“30像素”，数值越大边缘越模糊；❷单击“确定”按钮。

STEP 3 反选选区

❶选择【选择】/【反向】命令，反向选择选区；❷双击"背景"图层；❸打开"新建图层"对话框，保持默认设置，单击"确定"按钮。

STEP 4 查看羽化效果并添加背景

❶按【Delete】键删除不需要的部分；❷添加"背景.jpg"文件到图像文件中，并将对应的图层拖动到"图层0"的下方，按【Ctrl+T】组合键，拖动图像控制点调整背景大小，使其适应画布大小，保存文件，查看完成后的效果。

4.6.5 收缩与扩展选区——制作"微笑猫"图标

微课：制作"微笑猫"图标

在建立选区后若是对选区的大小不满意，可以通过扩展和收缩选区的方法来进行调整，而不需要再次建立选区。下面将打开"微笑猫.jpg"图像，绘制猫图标并建立选区，再使用"收缩"命令，将图标选区一步一步缩小，并为其填充不同的颜色，其具体操作步骤如下。

	素材：光盘\素材\第4章\微笑猫.jpg、文字.psd
	效果：光盘\效果\第4章\微笑猫.psd

STEP 1 新建图层

❶打开"微笑猫.jpg"图像；❷在"图层"面板中单击按钮，新建"图层1"；❸设置图层"不透明度"为"50%"。

STEP 2 绘制图形

❶在工具箱中选择自定义形状工具；❷在工具属性栏中设置工具模式为"像素"；❸单击"形状"右侧的下拉按钮，在打开的列表框中选择选项。拖动鼠标绘制自定义形状。

STEP 3 创建并收缩选区

❶使用魔棒工具，单击之前绘制的猫标志，建立选区；❷选择【选择】/【修改】/【收缩】命令，打开“收缩选区”对话框，设置“收缩量”为“5 像素”；❸单击“确定”按钮，返回图像窗口查看收缩选区后的效果。

技巧秒杀

扩展选区

扩展选区的操作和收缩选区的操作方法基本相同，只是效果相反。

STEP 4 收缩并填充选区

填充选区的颜色为“#04fffd”，使用相同的方法继续重复收缩选区并填充为对应的颜色，按【Ctrl+D】组合键取消选区。

STEP 5 添加文本

按【Ctrl+T】组合键将猫标志缩小并移动到图像右下方，将“文字.psd”文件中的文本添加到图像中，保存文件，查看完成后的效果。

Chapter 04

4.6.6 修改选区边界——制作光晕效果

微课：制作光晕效果

使用修改边界来对选区进行编辑，可将选区的边界向里或向外同时扩展，得到类似描边的效果。下面将打开“人物.jpg”图像，为背景创建选区，然后使用“边界”命令编辑选区，储存并载入选区，最后设置图层混合模式，并删除背景素材中多余的部分，从而制作人物边缘的光晕效果，其具体操作步骤如下。

	素材：光盘\素材\第 4 章\光晕效果
	效果：光盘\效果\第 4 章\光晕效果.psd

STEP 1 创建选区并修改边界

❶打开“人物.jpg”图像；使用快速选择工具，选择图像背景；❷选择【选择】/【修改】/【边界】命令，打开“边界选区”对话框，在其中设置“宽度”为“30 像素”；❸单击“确定”按钮。

技巧秒杀

修改边界的注意事项

修改边界必须是在已经有选区存在的情况下进行，如果没有选区存在，那么修改边界命令将呈灰色状。

STEP 2 储存选区

❶选择【选择】/【存储选区】命令，打开"存储选区"对话框，设置"名称"为"人物"；❷单击"确定"按钮。

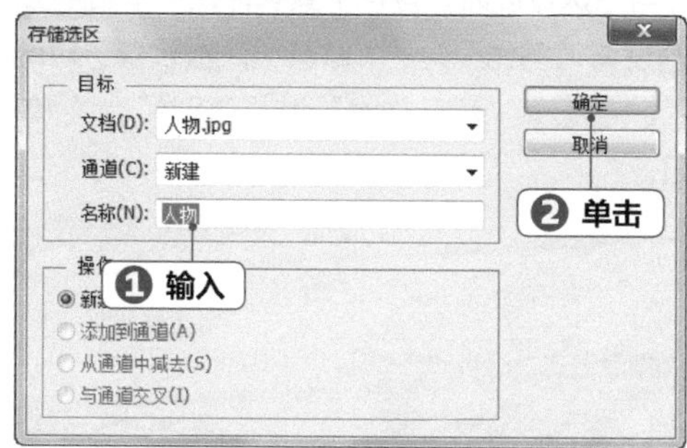

STEP 3 混合图层

❶取消选区，打开"背景.jpg"图像，使用移动工具，将其移动到"人物"图像中；❷按【Ctrl+T】组合键调整图像大小，使其与"人物"图像重合；❸在"图层"面板中设置"图层混合模式"为"滤色"。

STEP 4 载入选区

❶选择"图层1"图层，选择【选择】/【载入选区】命令，打开"载入选区"对话框，选择通道为"人物"；❷单击"确定"按钮载入选区。

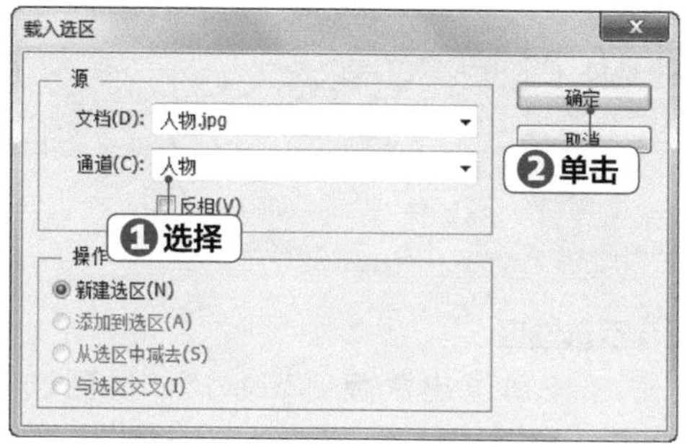

STEP 5 添加文本

选择【选择】/【反向】命令，反向创建选区，按【Delete】键，删除选区中的图像，将"文字.psd"图像文件中的文本添加到图像中，保存文件，查看完成后的效果。

4.6.7 调整边缘——抠取毛发

逐一使用如平滑、羽化、收缩、扩展等命令将相当耗时，而且不能第一时间查看到最终效果，因此用户需要对选区一次进行多种操作，此时用户可使用"调整边缘"命令对选区进行编辑。下面将打开"泰迪犬.jpg"图像，使用蒙版快速为头部创建选区，然后使用"调整边缘"命令对毛发边缘进行处理，其具体操作步骤如下。

微课：抠取毛发

	素材：光盘\素材\第4章\泰迪犬.jpg
	效果：光盘\效果\第4章\泰迪犬.psd

STEP 1 使用蒙版创建选区

❶打开"泰迪犬.jpg"图像，单击按钮，进入快速蒙版编辑状态，选择画笔工具；❷设置画笔流量和不透明度均为"100%"；❸涂抹脑袋，创建蒙版。

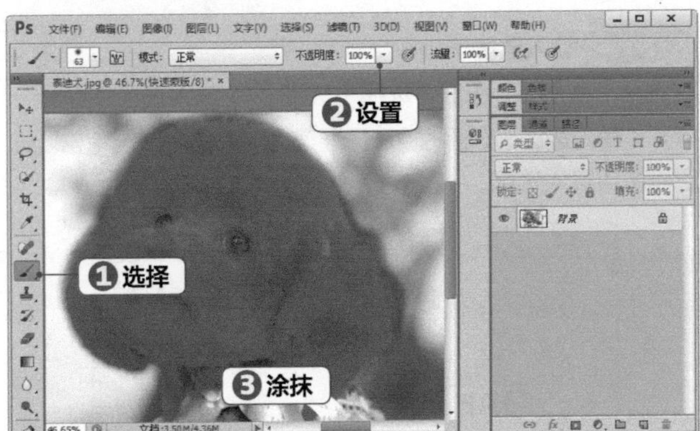

STEP 2 反选选区

再次单击按钮退出蒙版编辑状态，得到选区，按【Ctrl+Shift+I】组合键反选，为脑袋创建选区。

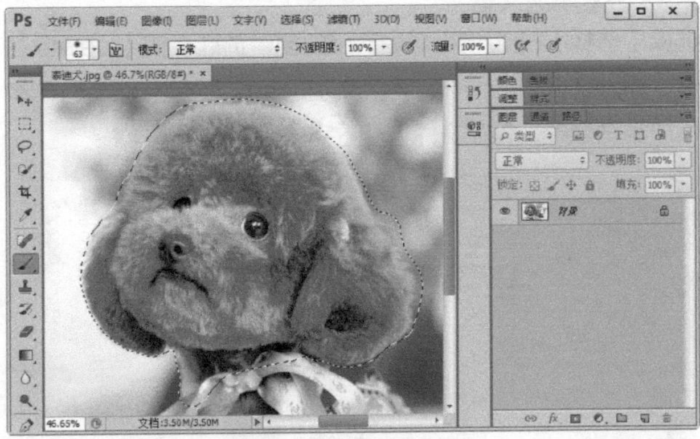

STEP 3 设置视图模式

①选择【选择】/【调整边缘】命令，打开“调整边缘”对话框，设置“视图模式”为“黑白视图”；②设置“输出到”为“新建带有图层蒙版的图层”；③勾选“记住设置”复选框；④单击按钮。

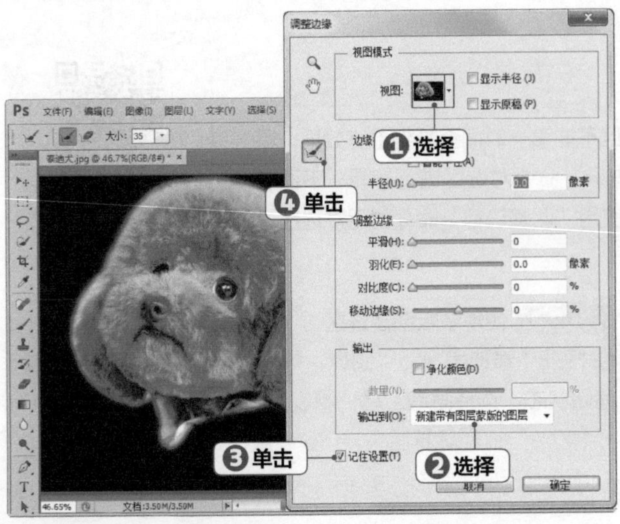

STEP 4 调整边缘

①在工具属性栏中设置笔触大小，涂抹毛发与背景的交界处，然后去除背景，可发现在去除背景的同时，边缘的毛发会自动保留，当涂抹过度时，可在工具属性栏中单击按钮进行还原；②设置“羽化”为“1 像素”；③设置“对比度”为“10%”；④设置“移动边缘”为“-15%”；⑤单击“确定”按钮。

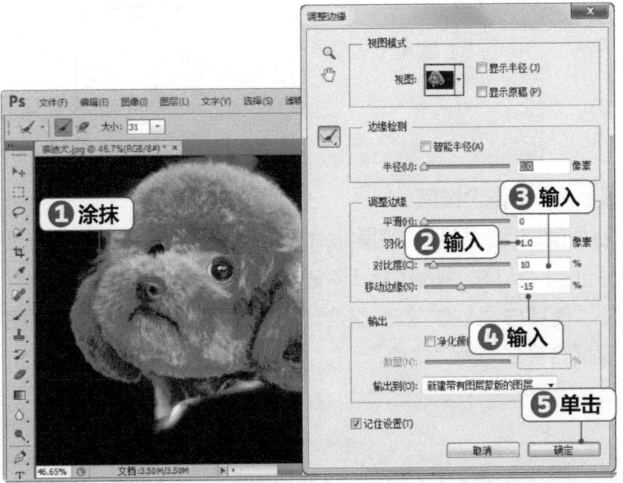

技巧秒杀

清除边缘的杂物

调整完边缘后，可看见毛发边缘仍然残留着杂物，此时可再次返回图像窗口后，为杂物上创建选区，羽化选区后按【Delete】键删除即可。

STEP 5 创建并羽化选区

①选择背景图层，使用钢笔工具绘制泰迪熊的其他部分，按【Ctrl+Shift+Enter】组合键将其转换为选区；②按【Shift+F6】组合键打开“羽化选区”对话框，在其中设置“羽化值”为“1 像素”；③单击“确定”按钮。

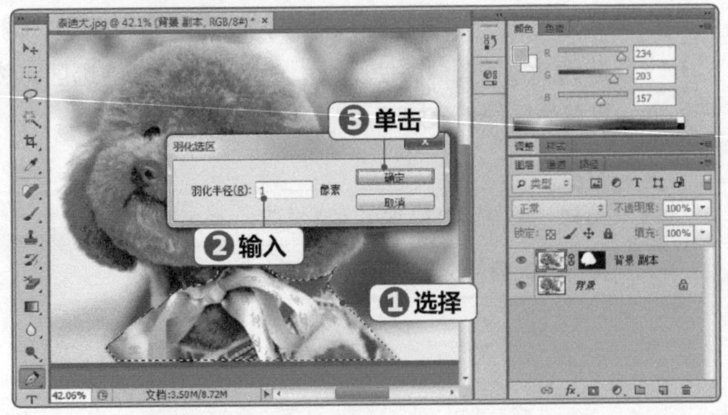

Chapter 04

> **技巧秒杀**
>
> **打开“调整边缘”对话框的快捷方法**
>
> 在工具属性栏中单击“调整边缘”按钮或按【Alt+Ctrl+R】组合键，也可快速打开“调整边缘”对话框。

STEP 6 新建并调整图层堆叠顺序

❶按【Ctrl+J】组合键将选区的图像放置到新建图层上，移动新图层到头部图层下方；❷在背景图层上方新建并填充为“白色”的图层，方便查看抠图效果，完成泰迪熊毛发的抠图。

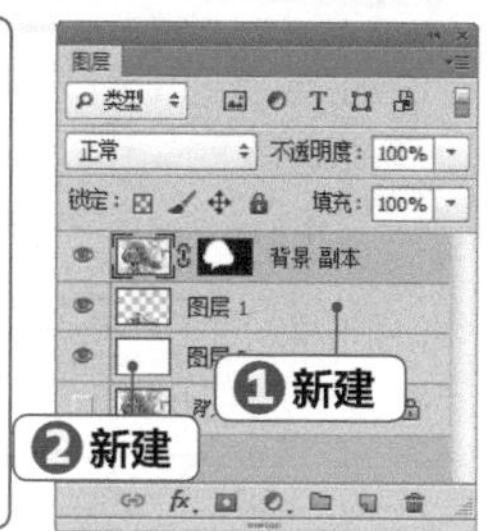

4.6.8 平滑选区、扩大选区与选取相似

Photoshop CS6 中还提供了平滑选区、扩大选取与选取相似功能，方便用户更精确、更美观、更快速地获得需要的选区，下面分别进行介绍。

1. 平滑选区

当使用魔棒、快速选择工具建立选区时，选区边缘往往很粗糙，不够柔和，此时，用户就可以使用“平滑”命令，来对选区进行平滑处理。其方法是：创建选区后，选择【选择】/【修改】/【平滑】命令，打开“平滑选区”对话框，在“取样半径”数值框中输入选区的平滑范围大小，如输入“35”，单击“确定”按钮，即可查看平滑选区后的效果。

2. 扩大选区

扩大选区的作用与魔棒工具属性栏中的“容差”文本框相同，可以扩大选择相似颜色，扩大选区通过选择【选择】/【扩大选取】命令来实现，但它只针对当前图像中连续的选区。其方法是：在图像中创建选区后，选择【选择】/【扩大选取】命令即可，下图所示分别为扩大选区前后的对比。

3. 选取相似

“选取相似”命令的作用和“扩大选取”命令作用基本相同，其使用方法也类似，在图像中创建选区后，选择【选择】/【选取相似】命令，Photoshop CS6 将会把图像上所有和选区相似的颜色像素选中。下图所示分别为使用“选取相似”命令前后的效果。

高手竞技场

1. 制作巧克力广告

打开“红裙子.jpg”“巧克力.jpg”图像文件，将“红裙子.jpg”中的图像抠取后拖动到“巧克力.jpg”中，要求如下。

- 打开图像文档。
- 使用魔棒工具选择“人物”图像。
- 将选区内的图像移动到另一图像中。
- 变换选区旋转图像，并调整图像大小。

2. 更换乐器背景

打开“背景.jpg”“乐器.jpg”图像文件，将“乐器.jpg”添加到“背景.jpg”中，要求如下。

- 利用魔棒工具选择乐器图像，并调整选择的区域。
- 将抠取的图像拖动到“背景.jpg”图像窗口中，并调整乐器的位置。

05 Chapter 第 5 章

图层的初级应用

/ 本章导读

图层是 Photoshop CS6 中组成图像最基本的单位之一，一个图像中可以包含一个或多个图层，单独编辑其中的一个图层，不会影响其他图层的效果，这些图层组合在一起就是一张完整的图像。本章将对图层的一些基本知识进行介绍，帮助用户掌握图层的编辑和使用。

5.1 认识图层

图层就如同含有多层透明文字或图形等元素的图片，将它们按某种顺序叠放在一起，组合起来形成图像最终效果。图层的出现使用户不需要在同一个平面中编辑图像，从而使图像的编辑变得更加有趣，同时使制作出的图像元素变得更加丰富。

5.1.1 图层的作用

使用图层的优势在于可以对每个图层对象单独进行处理，并且可以透过上方图层的透明区域看到下方图层中的图像。图层的作用一般表现在以下 3 个方面。

1. 调整图像元素的位置与叠放层次

用户可通过移动图层和调整图层顺序等方法让图像产生更多的效果。下图所示为更改草莓、飞鸟以及城堡装饰元素的排列顺序与位置，得到草莓城堡的效果。

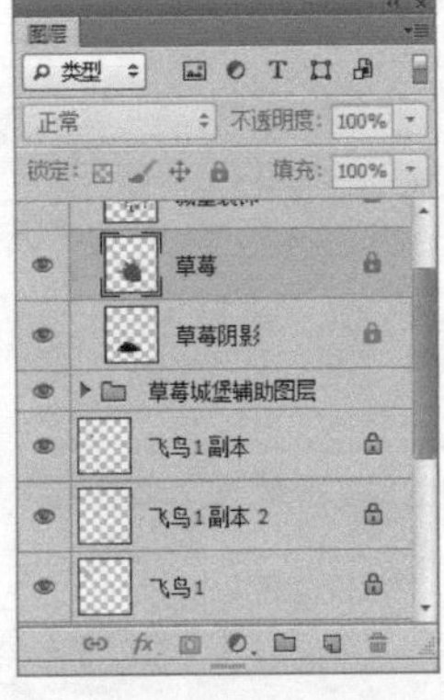

2. 图像合成

除“背景”图层外，用户还可以对其他图层的不透明度和图层混合模式进行设置，便于将多张图片合成为特殊的效果。下图所示为将“图层 1”图层混合模式设置为“叠加”后的图层混合效果。

3. 图像单独元素的效果处理

选择对应的图层，可使用滤镜功能、画笔工具或设置图层样式等方法对图层进行处理，制作多种多样的效果。下图所示为为文本图层添加斜面和浮雕、内阴影等图层样式后的效果。

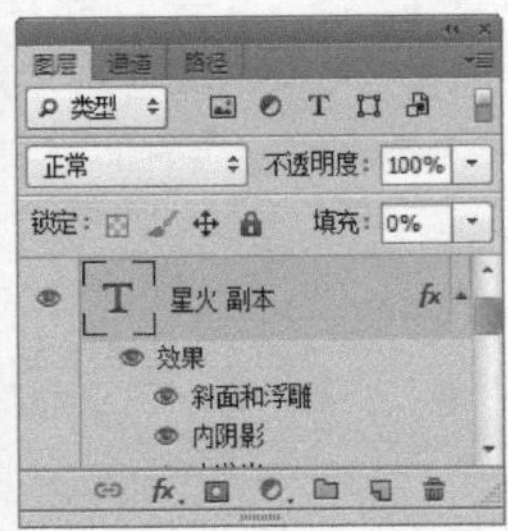

5.1.2 图层的类型

图层中可以包含的元素非常多，其对应的图层类型也很多，增加或删除任意图层都可能影响到整个图像效果，下面分别对常见的图层类型进行介绍。

- 填充图层：可填充纯色、渐变和图案来创建具有特殊效果的图层。
- 剪贴蒙版图层：用于使下方一个图层中的图像控制其上方的多个图层的显示区域。
- 智能对象图层：在其中包含智能对象的图层。
- 调整图层：用于调整图像的颜色和色调等，但并不会对图层中的像素有实际影响，且可以反复调整。
- 图层蒙版图层：用于为图层添加蒙版，可控制图像在图层中的显示区域。
- 矢量蒙版图层：可创建带矢量形状的蒙版图层。
- 形状图层：使用形状或钢笔工具绘制形状后产生的图层。将会自动使用前景色进行填充。

- 中性色图层：填充了中性色的图层，结合使用一些图层混合模式可以为叠加出特殊的图像效果。
- 图层样式图层：添加了图层样式的图层，可快速创建特殊效果。
- 文字变形图层：为文字设置了变形效果的文字图层。
- 文字图层：输入文字后，自动生成的图层。
- 背景图层：新建图像时，产生的图层。始终位于面板底层，且使用斜体显示图层名称。

5.1.3 认识“图层”面板

“图层”面板是用于创建、编辑与管理图层的主要场所。选择【窗口】/【图层】命令，可打开“图层”面板。

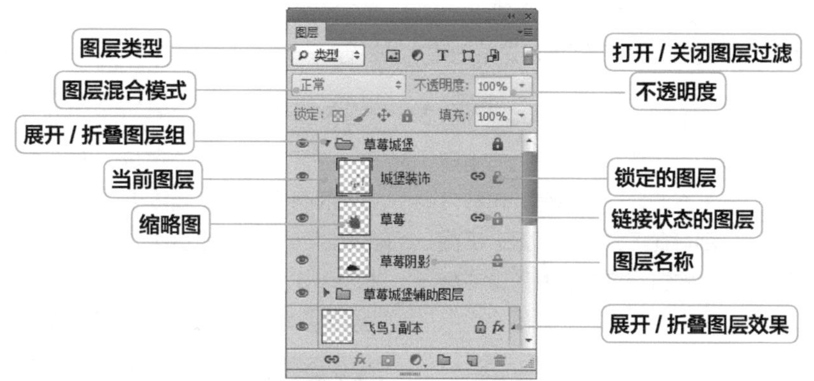

“图层”面板中各选项作用如下。

- 图层类型：当图像中图层过多时，在该下拉列表框中选择一种图层类型，选择后，“图层”面板中将只显示该类型的图层。
- 打开/关闭图层过滤：单击该按钮，可将图层的过滤功能打开或关闭。
- 图层混合模式：用于为当前图层设置图层混合模式，使图层与下层图像产生混合效果。
- 不透明度：用于设置当前图层的不透明度。
- 填充：用于设置当前图层的填充不透明度。调整填充不透明度，图层样式不会受到影响。
- 锁定透明像素：单击按钮，将只能对图层的不透明区域进行编辑。
- 锁定图像像素：单击按钮，将不能使用绘图工具对图层像素进行修改。
- 锁定位置：单击按钮，图层中的像素将不能被移动。
- 锁定全部：单击按钮，将不能对处于这种情况下的图层进行任何操作。
- 显示/隐藏图层：当图层缩略图前出现图标时，表示该图层为可见图层；当图层缩略图前出现图标时，表示该图层为不可见图层。单击或图标可显示或隐藏图层。
- 链接状态的图层：可对两个或两个以上的图层进行链接，链接后的图层可以一起进行移动。此外，图层上也会出现图标。
- 展开/折叠图层效果：单击按钮，可展开图层效果，并显示当前图层添加的效果名称。再次单击将折叠图层效果。
- 展开/折叠图层组：单击按钮，可展开图层组中包含的图层。
- 当前图层：当前所选择的图层，成蓝底显示，用户可对其进行任何操作。
- 图层名称：用于显示该图层的名称，当“图层”面板中显示的图层很多时，使用图层命名可快速找到图层。
- 缩略图：用于显示图层中包含的图像内容。其中，棋格区域为图像中的透明区域。
- 链接图层：选择两个或两个以上的图层，单击按钮，可将所选的图层链接起来。
- 添加图层样式：单击按钮，在弹出的快捷菜单中罗列了图层样式中对应的命令，可为图层添加一种图层样式。
- 添加图层蒙版：单击按钮，可为当前图层添加图层蒙版。
- 创建新的填充或调整图层：单击按钮，可在弹出的快捷菜单中选择相应的命令，创建对应的填充图层或调整图层。
- 创建新组：单击按钮。可创建一个图层组。
- 创建新图层：单击按钮，可在当前图层上方，新建一个图层。
- 删除图层：单击按钮，可将当前的图层或图层组删除。选中图层或图层组，按【Delete】键也可删除图层或图层组。

5.2 创建与编辑图层

新建或打开一个图像文档后，用户即可根据需要在其中创建新的图层，当在图像中创建了多个图层后，用户就可以对这些图层进行编辑，从而更快地完成图像的编辑。

5.2.1 创建图层

图层的创建方法有很多种，如通过“图层”面板创建、通过“新建”命令创建、通过“通过拷贝的图层”命令创建、通过“剪切的图层”命令创建、通过“新建填充图层”命令创建、通过“新建调整图层”命令创建、通过“创建新的填充或调整图层”按钮创建、通过“图层背景”命令创建等，下面就对这些创建方法进行一一讲解。

1. 通过“图层”面板创建

在“图层”面板中单击按钮，将在当前图层上方新建一个图层，若用户想在当前图层下方新建一个图层，可按住【Alt】键的同时，单击按钮，即可在下方新建图层。下图所示为选中“喇叭”图层，单击按钮，将在该图层上方新建透明图层。

2. 通过“新建”命令创建

如果用户想创建已经编辑好名称、混合模式和不透明度等参数的图层时，可以选择【图层】/【新建】/【图层】命令或按【Shift+Ctrl+N】组合键，打开“新建图层”对话框，设置名称、模式、不透明度等参数后，创建图层。下图所示为创建颜色为紫色的图层效果。

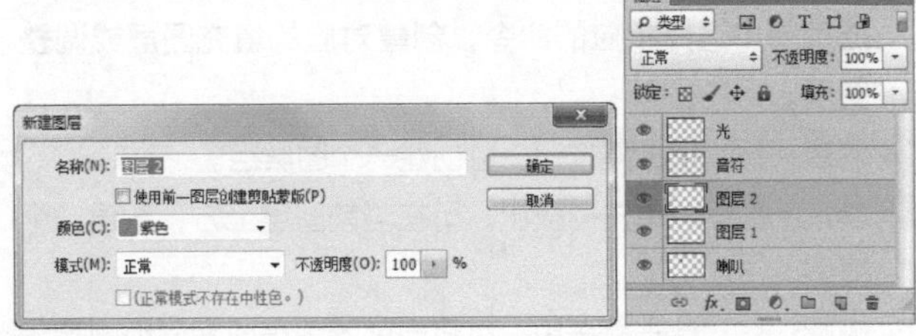

3. 通过“通过拷贝的图层”命令创建

在图像中创建选区后，选择【图层】/【新建】/【通过拷贝的图层】命令或按【Ctrl+J】组合键，可将选区中的图像复制到一个新的图层中，如果没有在图像中建立选区，按【Ctrl+J】组合键将实现复制整个图层的操作。下图所示为为苹果与罐子创建选区，并将其复制到创建的新图层上。

4. 通过“剪切的图层”命令创建

在图像中创建选区后，选择【图层】/【新建】/【通过剪切的图层】命令或按【Ctrl+Shift+J】组合键，可将选区中的图像剪切到一个新的图层中。下图所示为苹果与罐子创建选区，并即将其复制到创建的新图层上。

5. 通过“新建填充图层”命令创建

选择【图层】/【新建填充图层】命令，在打开的子菜单中可创建纯色、渐变和图案填充图层，下图所示为创建渐变填充图层，作为气球屋背景的效果。

6. 通过“新建调整图层”命令创建

选择【图层】/【新建调整图层】命令，在打开的子菜单中创建可调整图像颜色、色调的图层，下图所示为创建调整色相 / 饱和度的图层，查看调整前后的对比效果。

7. 通过“创建新的填充或调整图层”按钮创建

在“图层”面板中单击按钮，在打开的下拉列表中可选择创建新的填充或调整图层，如下图所示为创建冷色调的照片滤镜图层效果。

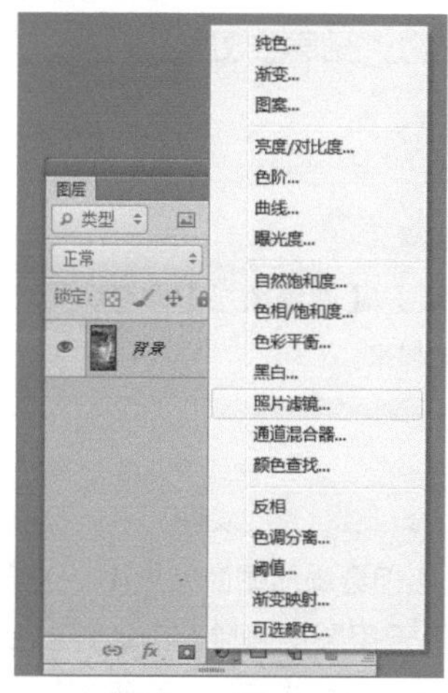

8. 通过“图层背景”命令创建

文件中只能允许存在一个背景图层，背景图层不能进行命名、移动等操作，在“图层”面板中双击最下方的“背景”图层，打开“新建图层”对话框，保持其他不变单击“确定”按钮即可将背景图层转化为普通图层。当文件中没有“背景”图层时，可选择一个图层，选择【图层】/【新建】/【图层背景】命令，即可将当前图层转换为背景图层。

5.2.2 选择 / 取消图层

进行移动图层、删除图层、变换图像等操作前，必须先选择对应的图层。在 Photoshop CS6 中，用户既可选择单个图层，也可以选择多个连续或不连续的图层，下面分别进行介绍。

1. 选择单个图层

选择单个图层，用户只需在“图层”面板中单击需要选择的图层即可，此时所选的图层将以蓝底显示。

2. 选择多个图层

在“图层”面板中用户既可以选择多个连续的图层，也可选择多个不连续的图层，它们的具体操作方法如下。

- 选择连续的图层：选择最上方的图层，按住【Shift】键不放，再单击连续图层尾端的图层，即可将中间连续的图层选中。
- 选择不连续的图层：按住【Ctrl】键的同时，使用鼠标依次单击需要选择的图层，即可选择不连续的图层。
- 选择所有图层：选择【选择】/【所有图层】命令或按【Ctrl+Alt+A】组合键，可选择除“背景”图层以外的所有图层。

5.2.3 重命名图层

默认情况下，新建图层的命名方式是图层 1、图层 2、图层 3……，这种图层的命名方式不利于查找图层，为更好地区分图层，可对图层进行重命名操作。在需要重命名的图层上，双击图层名称，当图层变为白框蓝底的编辑状态时，在其中输入新图层的名称，完成后按【Enter】键即可。

5.2.4 显示 / 隐藏图层

当不需要显示图层中的图像时，可以隐藏图层。当图层前方出现👁图标时，该图层为可见图层，单击该图标，此时该图标将变为□状态，表示该图层不可见，再次单击□按钮，可显示图层，如右图所示为隐藏小牛图层的效果。

技巧秒杀

隐藏全部图层

选择多个图层后，选择【图层】/【隐藏图层】命令，可将所选的所有图层一次性隐藏起来。

5.2.5 删除图层

当图像中的图层过多时，不但会增加图像的大小，还会影响用户选择图层，所以可将无用图层删除。Photoshop CS6 提供了多种删除图层的方法，下面进行一一介绍。

- 通过“删除”命令删除：选择需要删除的图层，再选择【图层】/【删除】/【图层】命令，将选择的图层删除。
- 通过按钮删除：选择需要删除的图层，使用鼠标将它们拖动到🗑按钮上，释放鼠标即可将拖动的图层删除，也可选择需要删除的图层，单击🗑按钮，将所选的图层删除。

5.2.6 锁定与链接图层

为了方便对图层中的对象进行管理，用户可以对图层进行锁定，以限制图层的操作。如果用户想对多个图层进行相同的操作，如移动和缩放等，可以对图层进行链接后再进行操作。

1. 锁定图层

Photoshop CS6 提供的锁定图层方式有锁定透明度、锁定图像像素、锁定位置、锁定全部等。当需要锁定时只需在“图层”面板中单击需要锁定的图层选项即可。

- 锁定透明像素：单击⊠按钮，用户只能对图层的图像区域进行编辑，而不能对透明区域进行编辑。
- 锁定图像像素：单击🖌按钮，用户只能对图像进行移动、变形等操作，而不能对图层使用画笔、橡皮擦、滤镜等工具。
- 锁定位置：单击✥按钮，图层将不能被移动。将图像移动到指定位置后锁定图层位置，可不用担心图像的位置发生改变。
- 锁定全部：单击🔒按钮，该图层的透明像素、图像像素、位置都将被锁定。

2. 链接图层

选择两个或两个以上的图层，在“图层”面板上单击🔗按钮或选择【图层】/【链接图层】命令，即可将所选的图层链接起来，下图所示为链接相机图标与文字图层，并移动图层的位置。

5.2.7 排列、分布与对齐图层——制作商品陈列图

微课：制作商品陈列图

“图层”面板中排列着很多图层，排列位置靠前的图片将遮挡排列靠后的图片，此时就需要调整图层的顺序。在进行网页、杂志等排版时，要求图像排列整齐有序，此时就需要按一定要求准确排列图层，或按某种方式在水平或垂直方向上进行等距分布图层。下面将对“鞋店”中的小白鞋进行陈列设计，将部分商品图片以相同大小进行排列，并统一图片之间的间距，其具体操作如下。

素材：光盘 \ 素材 \ 第 5 章 \ 鞋店

效果：光盘 \ 效果 \ 第 5 章 \ 商品陈列 .psd

STEP 1 创建参考线

①新建大小为 750 像素 ×400 像素，分辨率为 72 像素，名为“商品陈列”的图像文件；②选择【视图】/【新建参考线】命令，打开“新建参考线”对话框，设置位置为“20 像素”；③单击“确定”按钮，使用相同方法打开“新建参考线”对话框，单击选中“垂直”单选项，创建垂直参考线，留出页边距。

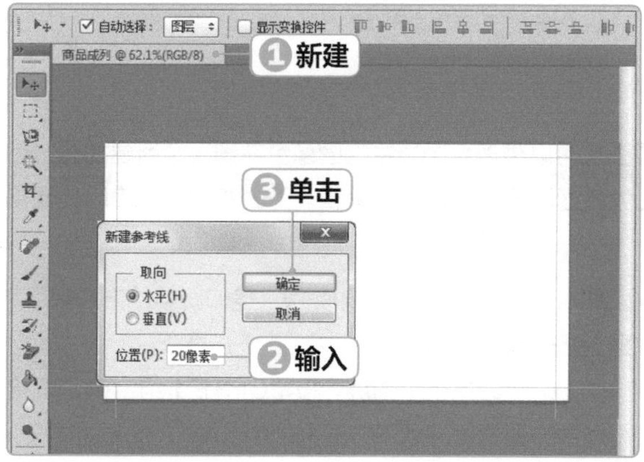

STEP 2 修改图像大小

继续创建其他参考线，打开“鞋子 1.jpg”素材文件，双击解锁图层，将其拖动到“商品陈列”窗口，按【Ctrl+T】组合键进入变换状态，移动图片，使左上角与参考线对齐，按住【Shift】键在不改变图片比例的情况下拖动右下角，对齐上下参考线。

STEP 3 修改图像大小

使用相同的方法添加“鞋子 2~ 鞋子 5.jpg”图像文件，双击解锁图层，将素材拖动到“商品陈列”窗口，按【Shift】键同时选择“鞋子 2~ 鞋子 5.jpg”素材文件所在的图层，按【Ctrl+T】键统一变换大小。

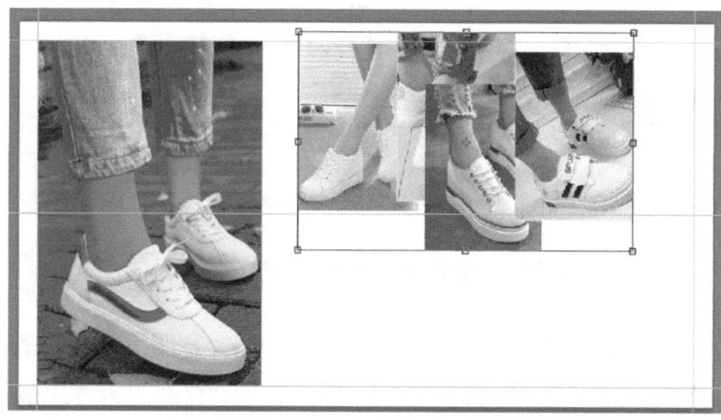

STEP 4 底边对齐图层

①移动“鞋子 2”到右上角与辅助线对齐，移动“鞋子 4”对齐右侧辅助线；②选择鞋子 1、鞋子 3、鞋子 4、鞋子 5 所在图层，选择【图层】/【对齐】/【底边】命令，将以鞋子 1 的底边与下方的参考线对齐。

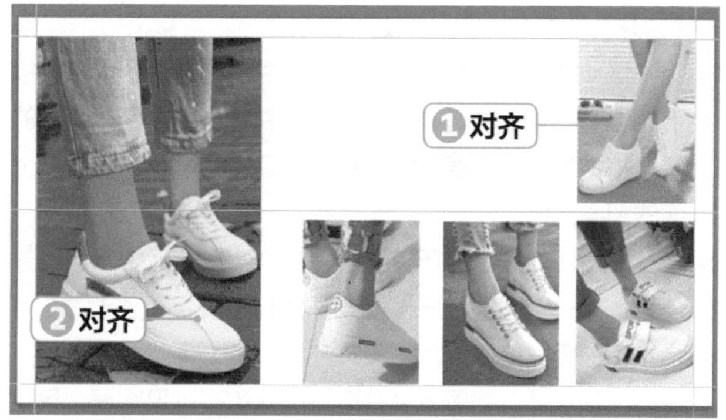

STEP 5 右边分布图层

选择【图层】/【分布】/【右边】命令，将以右边的鞋子以第 5 张图为基础，均匀分布鞋子。

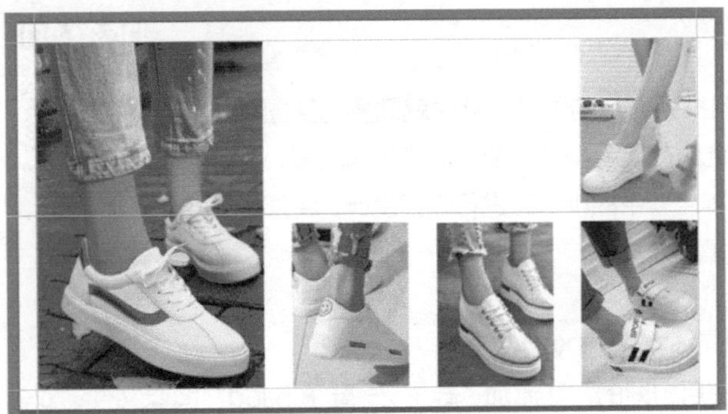

操作解谜

通过移动工具的工具属性栏对齐与分布图层

选择移动工具和需要进行对齐和分布的多个图层后，也可单击工具栏中的按钮或按钮进行图层的对齐和分布。

STEP 6 添加文本

添加“文字.psd”文件中的文本，保存文件查看完成后的效果。

技巧秒杀

排列图层

选择图层，使用鼠标将所选的图层向上或向下拖动即可排列图层顺序。

5.2.8 合并、盖印与栅格化图层

合并图层是指将多个图层合并到一起，方便用户进行使用；盖印图层可以将多个图层中的图像合并到一个新建的图层中；栅格化图层是指将文字、形状、矢量蒙版、智能对象等矢量图层转化为普通图层，方便进行编辑。下面对合并、盖印与栅格化图层的方法分别进行介绍。

1. 合并图层

当图像中的图层、图层组或图层样式过多时，会影响到电脑的运行速度。所以当图像中有大量重复，且重要程度不高的图层时，可对图层进行合并。Photoshop CS6 提供了多种合并图层的方法供用户使用。

- 合并选择的图层：在“图层”面板中，选择两个或两个以上的图层，再选择【图层】/【合并图层】命令，选择的图层将被合并。需要注意的是合并后的图层名称将以最上面的图层命名。
- 拼合图层：如果想将所有图层合并到背景图层中，可首先任意选择一个图层，再选择【图层】/【拼合图层】命令。合并后的图层将以背景图层命名。
- 合并可见图层：当图像中有可见图层和不可见图层，且仅仅只想合并可见图层时，可选择【图层】/【合并可见图层】命令，将“图层”面板的所有可见图层都合并到所选择的图层中。

2. 盖印图层

盖印图层可以将多个图层中的图像合并到一个新建的图层中，且不会影响原始的图像效果。在制作中需要精致的调整图像时，经常会使用到盖印图层。盖印图层的方法有 3 种，下面分别进行介绍。

- 向下盖印：选择一个图层，按【Ctrl+E】组合键，可将该图层中的图像盖印到下方的图层中。
- 盖印多个图层：选择两个或两个以上的图层，按【Ctrl+Alt+E】组合键，可将选择的图层中的图像都盖印合并到一个新图层中。
- 盖印可见图层：按【Shift+Ctrl+Alt+E】组合键，可将所有的可见图层中的图像盖印到一个新建的图层中。

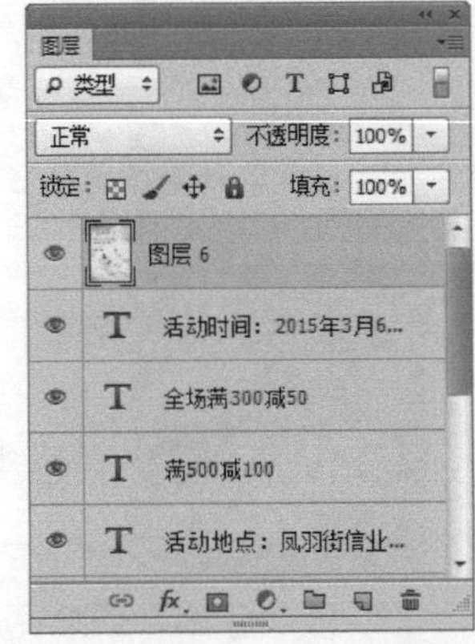

3. 栅格化图层对象

Photoshop CS6 中包含了矢量数据的文字、形状、矢量蒙版、智能对象等图层样式，这些图层样式是无法直接进行编辑的，需要先对其进行栅格化操作。其方法是：选择需要栅格化的图层，选择【图层】/【栅格化】命令，在弹出的子菜单中选择栅格化的图层类型即可，也可选择图层，在其上单击鼠标右键，在弹出的快捷菜单中选择需栅格化的图层类型。下图所示为将“就爱文艺范”的文本图层转换普通图层，转换后将不再提示字体缺失，并且文字外观不会受到影响。

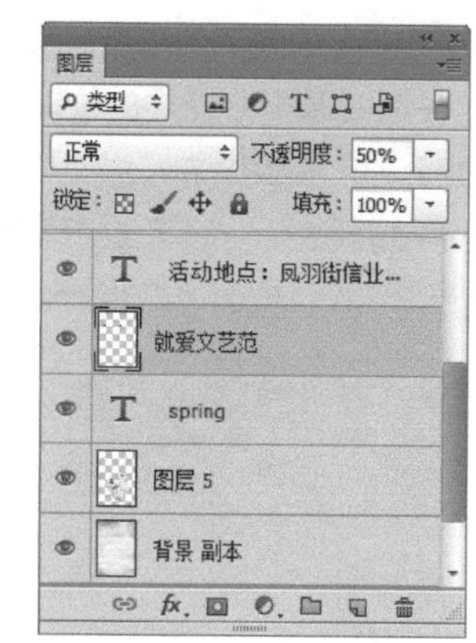

5.2.9 综合案例——制作草莓城堡

微课：制作草莓城堡

为了练习本节中编辑图层的常用操作，本例将利用白云、草莓、飞鸟和城堡等不同的场景合成“草莓城堡”，主要涉及图层的创建、图层顺序的更改、图层的链接等操作，其具体操作如下。

素材：光盘 \ 素材 \ 第 3 章 \ 草莓城堡
效果：光盘 \ 效果 \ 第 3 章 \ 草莓城堡 .psd

STEP 1 打开素材文件

打开“白云 .jpg”素材文件，然后将其存储为“草莓城堡 .psd”文件。

STEP 2 新建图层

❶在“图层”面板底部单击按钮；❷新建“图层 1”；❸在工具箱中选择渐变工具；❹在工具属性栏中单击“渐变编辑器”按钮，打开“渐变编辑器”对话框。

STEP 3 设置渐变颜色

❶在渐变条左下侧单击滑块；❷然后在“色标”栏的“颜色”色块上单击；❸打开“拾色器（色标颜色）”对话框，设置颜色为深绿色（#478211）；❹单击“确定”按钮。

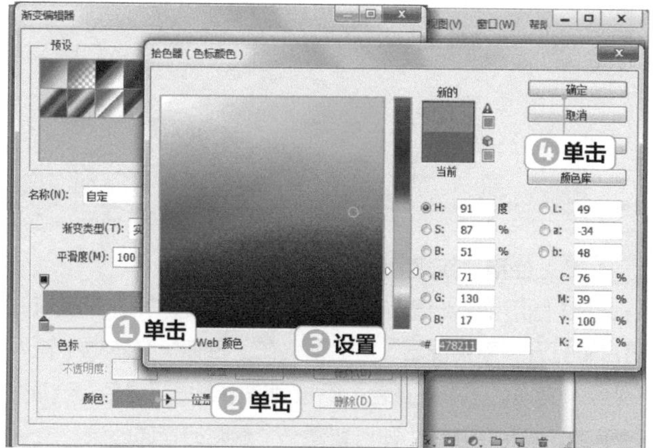

STEP 4 设置其他渐变颜色

❶在渐变条下方需要的位置单击，添加色块；❷利用相同的方法设置颜色为“#f5f9b5”，设置右侧的色块颜色为“#4d95ba”；❸单击“确定”按钮。

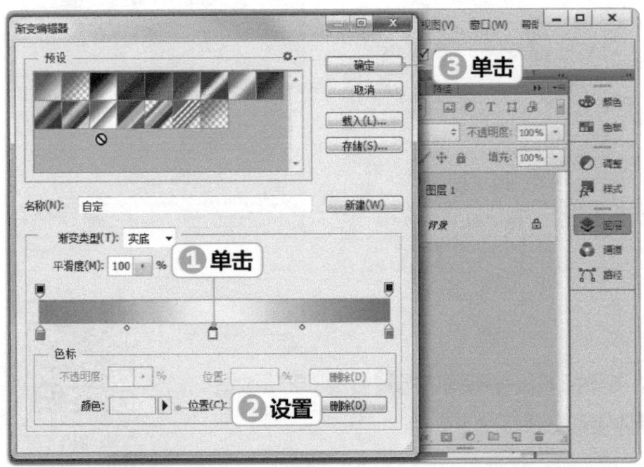

技巧秒杀

设置填充的不透明度

在“渐变编辑器”对话框中，渐变条上方的滑块用于设置颜色的不透明度。

STEP 5 填充渐变色

❶在新建的图层上由上向下拖动鼠标渐变填充“图层 1”，在“混合模式”下拉列表框中选择“强光”选项；❷返回图像编辑窗口查看添加混合模式后的渐变效果。

STEP 6 使用“新建图层”对话框新建图层

❶选择【图层】/【新建】/【图层】命令，或按【Ctrl+Shift+N】组合键打开“新建图层”对话框，在“名称”文本框中输入“深绿”文本；❷在“颜色”下拉列表中选择“绿色”选项；❸单击“确定”按钮，即可新建一个透明的普通图层。

STEP 7 继续添加叠加效果

❶再次选择渐变工具；❷设置渐变样式为“由黑色到透明”样式；❸在图像中从右下向左上拖动鼠标渐变填充图层，并设置图层混合模式为“叠加”；❹查看添加样式后的效果。

STEP 8 抠取“草莓”图像

❶打开“草莓.jpg”素材文件，选择魔棒工具；❷选取草莓的背景图像，并按【Ctrl+Shift+I】组合键反选“草莓”图像。

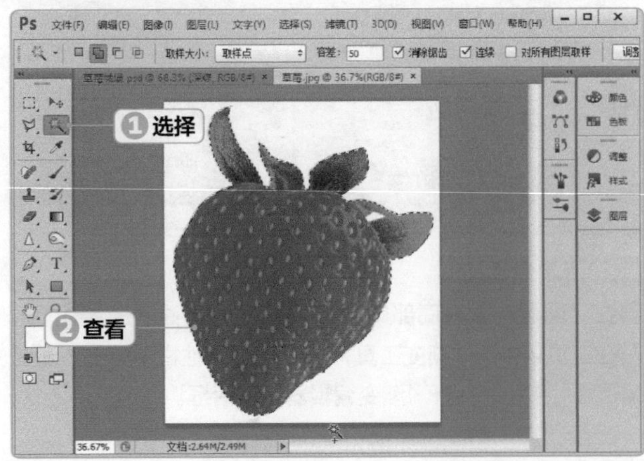

STEP 9 调整草莓图像大小

使用移动工具将"草莓"选区拖动到"草莓城堡.psd"图像中，按【Ctrl+T】组合键进入变换状态，按住【Shift】键调整图像大小，然后调整图像的方向，并放置到合适的位置。

STEP 10 调整草莓阴影大小

打开"草莓阴影.psd"素材文件，使用移动工具将其拖动到"草莓城堡.psd"图像中，按【Ctrl+T】组合键进入变换状态，按住【Shift】键调整图像大小，并放置到合适的位置。

STEP 11 选择图层调整阴影位置

在"图层"面板中选择"草莓阴影"图层，按住鼠标左键不放，将其拖动到"图层2"的下方，并调整图层位置，此时可发现草莓阴影已在草莓的下方。

STEP 12 添加"石板"素材文件

❶打开"石板.jpg"素材文件，选择矩形选框工具；❷在工具属性栏中设置"羽化"为"20像素"；❸在石板的小石子区域绘制矩形选框。

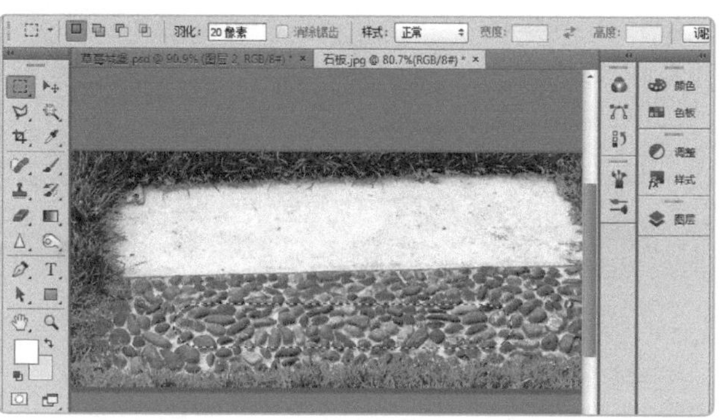

STEP 13 调整石板位置

选择移动工具将石板移动到草莓城堡中，按【Ctrl+T】组合键，调整图像到合适位置。

STEP 14 重命名图层

❶在打开的"图层"面板中选择"图层2"，选择【图层】/【重命名图层】命令；❷此时所选图层将呈可编辑状态，在其中输入"草莓"。

STEP 15 双击重命名图层

在打开的“图层”面板中选择“图层 3”，在图层名称上双击鼠标左键，此时图层名称将变为可编辑状态，在其中输入新名称，这里输入“石子路”。

STEP 16 添加“城堡”素材文件

打开“城堡 .psd”素材文件，使用移动工具将其拖曳到“草莓城堡 .psd”图像中，按【Ctrl+T】组合键调整图像大小，并放置到合适的位置。

STEP 17 添加其他素材文件

使用相同的方法，打开“飞鸟 .psd”“飞鸟 1.psd”“叶子 .psd”素材文件，使用移动工具分别将对应的图像拖到“草莓城堡 .psd”图像中，按【Ctrl+T】组合键调整图像大小，并放置到合适的位置。

STEP 18 为图层命名

选择“飞鸟 .psd”所在的图层，在图层名称上双击鼠标左键，此时图层名称将变为可编辑状态，在其中输入新名称，这里输入“飞鸟 1”。使用相同的方法，将其他图层分别命名为“飞鸟 2”“绿草”“城堡装饰”。

STEP 19 使用命令移动图层

①在“图层”面板中选择“石子路”图层，选择【图层】/【排列】/【后移一层】命令，或按【Ctrl+[】组合键将其向下移动两个图层，使其位于草莓阴影的下方；②返回图像编辑窗口即可发现“石子路”在草莓的下方显示。

Chapter 05

STEP 20 使用拖动鼠标的方法移动图层

选择"飞鸟 1"图层，按住鼠标左键不放，将其拖动到"草莓阴影"图层的下方，调整图层位置。使用相同的方法，将"飞鸟 2"和"绿草"图层拖动到"飞鸟 1"和"石子路"图层下方。

STEP 21 使用命令新建组

①选择【图层】/【新建】/【组】命令；②打开"新建组"对话框，在"名称"文本框中输入组名称"草莓城堡"，其他保持默认；③单击"确定"按钮，完成新建组操作。

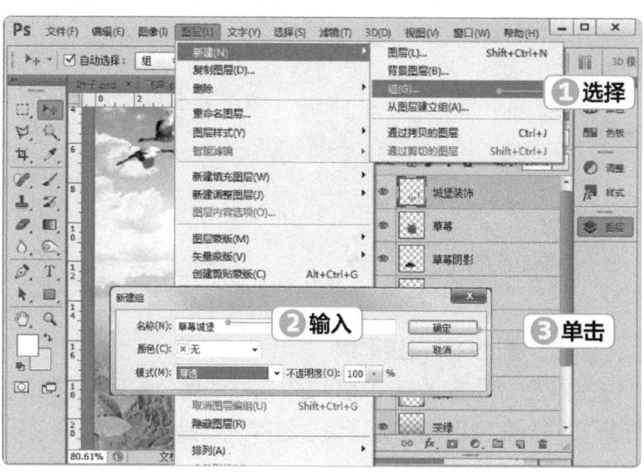

技巧秒杀

隐藏和显示所有图层

按住【Alt】键单击某个图层的眼睛图标，可将该图层外的所有图层隐藏，再次执行相同的操作，则可显示所有图层。

STEP 22 将图层拖动到新建组中

①按住【Shift】不放，分别选择"城堡装饰""草莓""草莓阴影"图层；②按住鼠标左键不放，向上拖动到"草莓城堡"文件夹上，将图层添加到新组中，此时会发现所选图层在"草莓城堡"文件夹的下方显示。

STEP 23 使用按钮新建文件夹

①在"图层"面板下方单击按钮，新建文件夹"组 1"；②双击文件夹名称，使其呈可编辑状态，在其中输入"草莓城堡辅助图层"；③选择需要移动到该文件中的图层，这里选择"石子路""绿草"，按住鼠标左键不放，将其拖动到"草莓城堡辅助图层"文件夹中。

STEP 24 通过命令复制图层

①在"图层"面板中选择"飞鸟 1"图层，选择【图层】/【复制图层】命令；②打开"复制图层"对话框，单击"确定"按钮。

STEP 25 调整复制图层的位置

❶在工具箱中选择移动工具；❷将鼠标指针移动到图像编辑窗口的“飞鸟 1 副本”上，按住鼠标左键不放进行拖动，即可看到复制的图层与原图层分离，按【Ctrl+T】组合键调整复制图层的大小和旋转角度。

STEP 26 通过按钮复制图层

继续选择“飞鸟 1”图层，在其上按住鼠标左键不放，向下拖动到面板底部的“创建新图层”按钮上，释放鼠标即可新建一个图层，其默认名称为所选图层的副本图层。

技巧秒杀

快速复制图层

按住【Alt】键，使用移动工具直接拖动飞鸟图像，也可快速复制飞鸟图层。

STEP 27 调整复制图层的位置

❶通过自由变换，调整复制图层的大小和位置；❷将鼠标指针移动到图像编辑窗口的“飞鸟 2”上，按住【Alt】键不放，拖动鼠标复制“飞鸟 2”，再次通过自由变换调整复制图像的大小和位置，完成复制操作。

STEP 28 通过按钮链接图层

❶按住【Shift】键选择“飞鸟 1”所在的 3 个图层；❷在“图层”面板底部单击“链接图层”按钮，即可将所选图层链接。

STEP 29 通过命令链接图层

❶按住【Shift】键选择“飞鸟 2”所在的两个图层；❷单击鼠标右键，在弹出的快捷菜单中选择“链接图层”命令，即可对选择的图层进行链接。

STEP 30 锁定图层组

❶在“图层”面板中选择“草莓城堡”图层组；❷在其上单击🔒按钮，图层将被全部锁定，不能再对其进行任何操作，展开图层组，可发现图层组中的图层也全部被锁定。

STEP 31 锁定位置

❶按住【Shift】键选择“飞鸟 1”所在的 3 个图层；❷在其上单击✥按钮，此时，将不能对图层位置进行移动。

STEP 32 合并图层

❶按住【Ctrl】键分别选择“深绿”和“背景”图层；❷在其上单击鼠标右键，在弹出的快捷菜单中选择“合并图层”命令。

STEP 33 查看合并后的效果

返回“图层”面板，可发现“深绿”图层已被合并，而对应的“背景”图层颜色变深。按【Ctrl+S】组合键对图像进行保存操作，查看完成后的效果，如下图所示。

5.3 使用图层组管理图层

在进行一些比较复杂的图像合成时，图层的数目往往很多，为了能够快速找到或修改相应的图层，可分门别类的将图层放置到不同的图层组中，并重命名图层组的名称，使图层管理更加有条不紊。

5.3.1 创建图层组

在 Photoshop CS6 中创建图层组的方法很多，下面对常用的两种方法进行介绍。

1. 通过“新建”命令创建

选择【图层】/【新建】/【组】命令，打开“新建组”对话框，在其中可以对组的名称、颜色、模式和不透明度进行设置，如下图所示为创建“人物”图层组。选择多个图层后，选择【图层】/【图层编组】命令或按【Ctrl+G】组合键也可快速实现图层编组。

2. 通过“图层”面板创建

在“图层”面板中，选择需要添加到组中的图层。使用鼠标将它们拖动到▭按钮上，释放鼠标，即可看到所选的图层都被存放在了新建的组中，如下图所示为将文本图层添加到新建的“组 1”图层组中。

5.3.2 将图层移入或移出图层组

创建图层组后，用户可在“图层”面板中直接将图层拖入到图层组的名称上，释放鼠标即可将该图层放置到图层组中，一般先拖入的图层的位置会比较靠前，此时可拖动图层调整其堆叠顺序，选择多个图层，可一次性拖动多个图层到图层组中。若需要将图层移除图层组，可先展开图层组，将图层拖动到图层组外即可。

5.3.3 取消图层编组

创建图层组后，选择需要删除的图层，再选择【图层】/【删除】/【组】命令，或使用鼠标将组拖动到🗑按钮上，可删除图层组以及图层组中的所有图层。若需要在删除图层组的同时保留图层组中的图层，可取消图层编组，其方法是：选择图层组，选择【图层】/【取消图层编组】命令，或按【Ctrl+Shift+G】组合键即可。

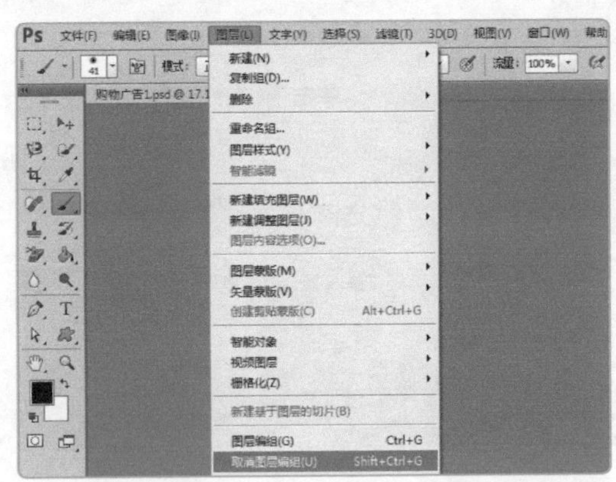

5.4 图层复合与导出

图层复合是“图层”面板的快照，它记录了当前文件中的图层的透明度、位置和图层样式等特征，通过图层复合可以快速的在文档中切换不同版面的显示状态，该功能常用于向客户展示不同的方案，通过“图层复合”面板可完成复合图层的创建与编辑。而导出图层可将单个图层保存为一个文件，下面分别进行介绍。

5.4.1 认识“图层复合”面板

选择【窗口】/【图层复合】命令，即可打开“图层复合”面板，如下图所示。

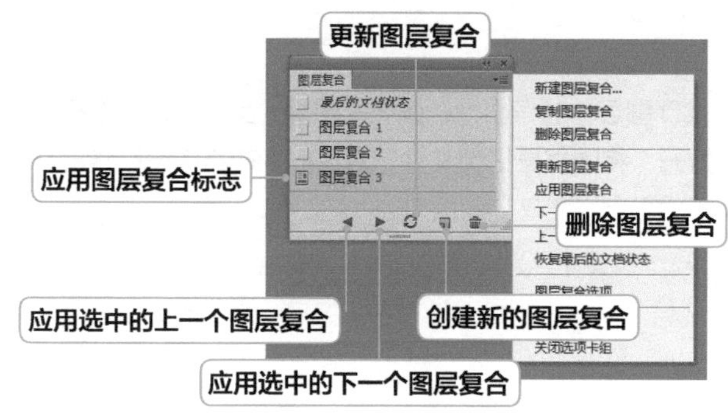

“图层复合”面板中主要选项的作用如下。

- 应用图层复合标志：表示当前使用的图层复合。
- 应用选中的上一个图层复合：单击该按钮，可切换到上一个图层复合。
- 应用选中的下一个图层复合：单击该按钮，可切换到下一个图层复合。
- 更新图层复合：当重新编辑图层复合后，需要单击该按钮进行更新。
- 创建新的图层复合：单击该按钮，或将图层复合拖动到该按钮可新建一个图层复合。调整填充不透明度，图层样式不会受到影响。
- 删除图层复合：单击该按钮，或将图层复合拖动到该按钮可删除选择的图层复合。

5.4.2 创建、应用并查看图层复合

创建好一个图像后，可为其创建图层复合，当需要查看该图像此时的状态时，可应用创建的图层复合，查看图层复合效果，下面对创建、应用并查看图层复合的具体方法进行介绍。

1. 创建图层复合

在“图层复合”面板底部单击按钮，或将图层复合拖动到该按钮上，将打开“新建图层复合”对话框，在该对话框中可以选择用于图层的选项，包括“可见性”“位置”“外观”，同时可以为图层复合添加文本注释，如下图所示。

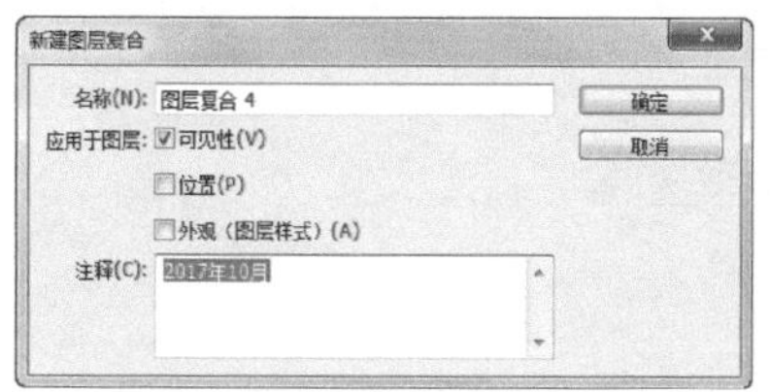

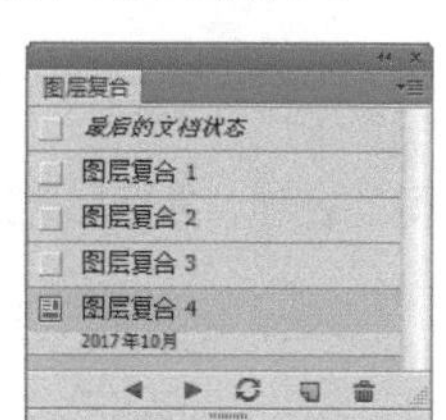

2. 应用并查看图层复合

选择某个图层复合，在前面单击图标，当该图标变为状态时，即可将当前文档应用图层复合。如果需要查看多个图层复合的图像效果，可以在“图层复合”面板底部单击◀按钮和▶按钮，下图所示为应用“图层复合 1”以及查看下一个图层复合的效果。

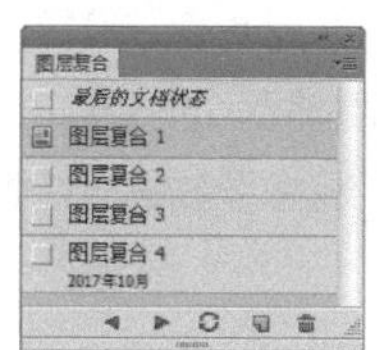

5.4.3 更改、更新与删除图层复合

创建图层复合后，还可对图层复合进行编辑，如更改图层复合的状态、更新修改后的图层复合，也可根据需要删除多余的图层复合，下面对更改、更新与删除图层复合的具体方法进行介绍。

1. 更改与更新图层复合

查看图层复合时，若发现该图层复合的某些状态需要调整，可单击“图层复合”面板右上角的按钮，在打开的列表中选择“图层复合选项”选项，打开“图层复合选项”对话框，在其中重新设置图层复合的位置、可见性与外观，单击“确定”按钮完成修改，然后在“图层复合”面板底部单击按钮更新图层复合。

2. 删除图层复合

若确认创建的图层复合无用，可将其删除，保持“图层复合”面板的整洁，并节约系统资源的占用。其方法是：选择需要删除的图层复合，单击按钮，或将要删除的图层复合拖动到该按钮进行删除。

5.4.4 导出图层

在处理图像过程中，用户既可以将图片导入到图层中，也可将 PSD 图层单独导出为一张张的图片。其方法是：选择需要导出的图层，选择【文件】/【脚本】/【将图层导出到文件】命令，打开“将图层导出到文件”对话框，在其中设置导出文件的存放位置、格式、文件名等参数后单击“运行”按钮即可，下图所示为导出“飞鸟”图层为 JPG 文件的效果。

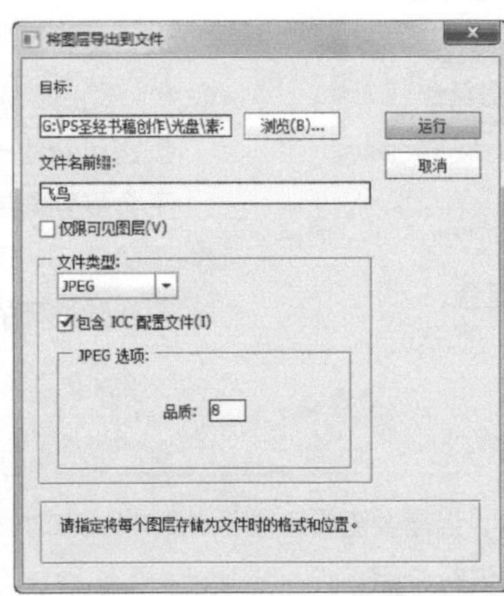

高手竞技场

通过对“童话书籍封面.psd”图像文件中的图层进行新建、移动、重命名和合并图层等操作，进一步巩固图层的基本操作方法，要求如下。

- 打开“童话书籍封面.psd”图像文件，新建纯色图层。
- 打开“拾色器（纯色）”对话框，设置图层的填充颜色为白色。
- 使用鼠标拖动的方法调整图层的位置，为各个图层应用不同的名称，并添加阴影效果。
- 对图层进行合并操作，将图像效果合并到一个图层中。

06 Chapter 第 6 章

图层的高级应用

/ 本章导读

前面学习了图层的初级应用，相信读者已经认识和掌握了图层的一些基本操作。本章将在前面的基础上讲解设置与编辑图层的方法，包括设置图层不透明度、设置图层混合模式、添加图层样式、图层混合的应用等，掌握这些图层的高级应用将有利于对图像进行更复杂的特殊处理，从而制作出更加丰富的图像效果。

6.1 设置图层与图层填充的不透明度

如果要降低图层在图像中的影响，可设置图层的不透明度。而设置填充的不透明度则可以减少颜色的不透明值，下面分别进行介绍。

6.1.1 调整图层不透明度——制作 CD 海报

微课：制作 CD 海报

设置图层的不透明度可淡化图层中的图像，从而使下方的图像显示出来形成一种朦胧的效果。下面将为图像添加色块，并为色块设置不透明度，形成图像分割的效果，最后添加文本，制作 CD 海报，其具体操作如下。

素材：光盘 \ 素材 \ 第 6 章 \CD 海报 .jpg

效果：光盘 \ 效果 \ 第 6 章 \CD 海报 .psd

STEP 1 新建图层

❶打开“CD 海报 .jpg”文件；❷在“图层”面板中单击按钮，新建“图层 1”。

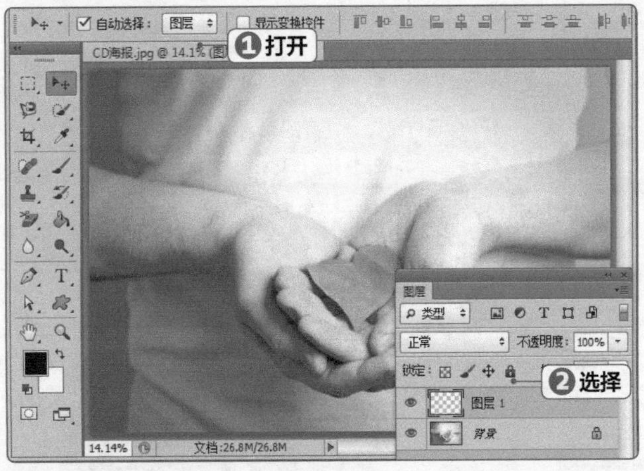

STEP 2 设置网格显示

❶选择【编辑】/【首选项】/【参考线、网格和切片】命令，在打开的对话框中设置网格间距为“89 毫米”；❷设置子网格个数为“1”，单击“确定”按钮。

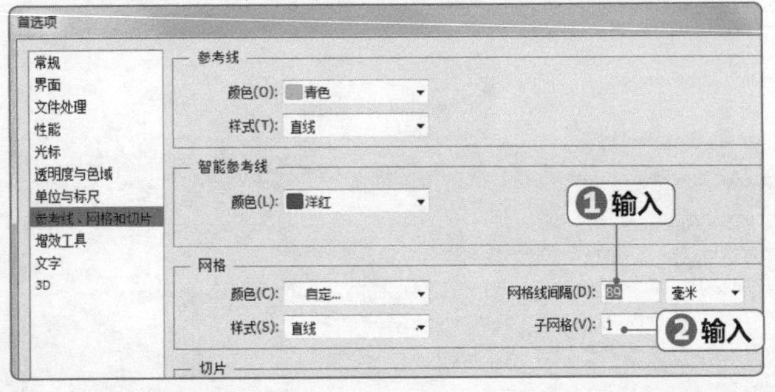

STEP 3 显示网格并填充选区

❶按【Ctrl+'】组合键显示网格，选择矩形选框工具；❷选择“图层 1”图层，沿着第一排第二个网格绘制选区；❸设置前景色为“#baf2ff”，按【Alt+Delete】组合键填充前景色。

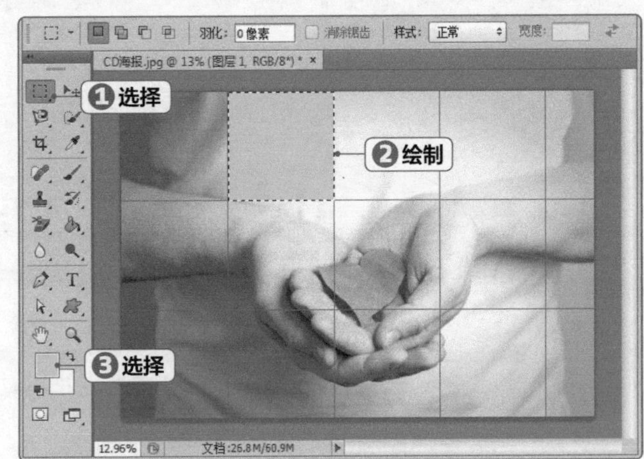

STEP 4 填充图层

使用相同的方法在图层 1 上沿着网格绘制矩形选区，并分别填充颜色为“#ffb070”“#969696”“白色”，向左移动图层 1，使色块在图像上居中显示。

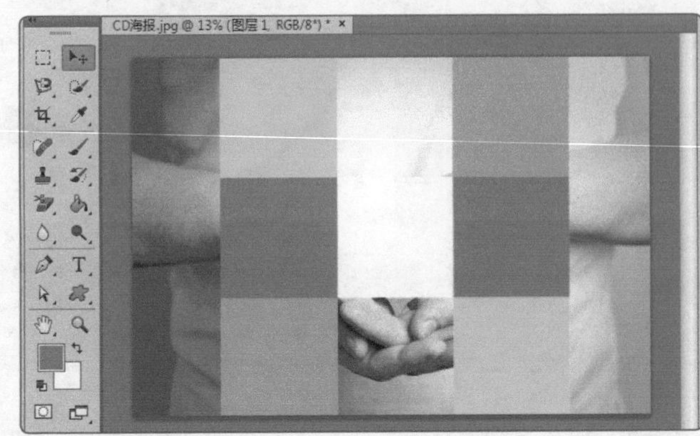

STEP 5 设置图层不透明度

❶选择“图层 1”图层；❷设置“不透明度”为“50%”，降低色块的不透明度。

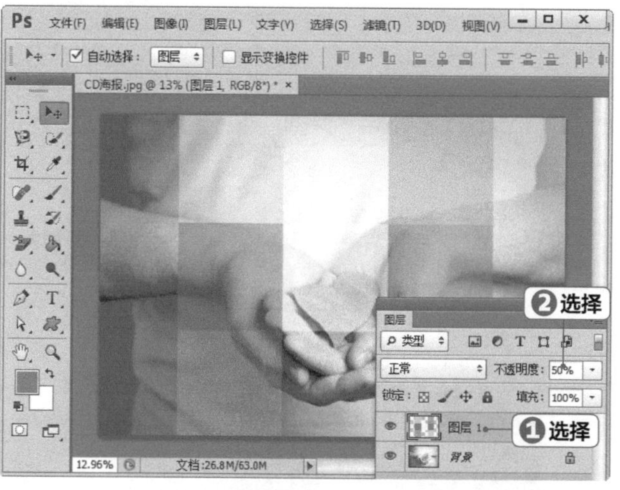

STEP 6 添加文本

❶选择横排文字工具；❷在工具属性栏中设置字体为“条幅黑体”、颜色为“#baf2ff”，字号为“60 点”；❸输入“我最爱的人”，继续输入第二行文本，并设置字体为“Arial”，调整字体大小，保存文件，查看完成后的效果，如下图所示。

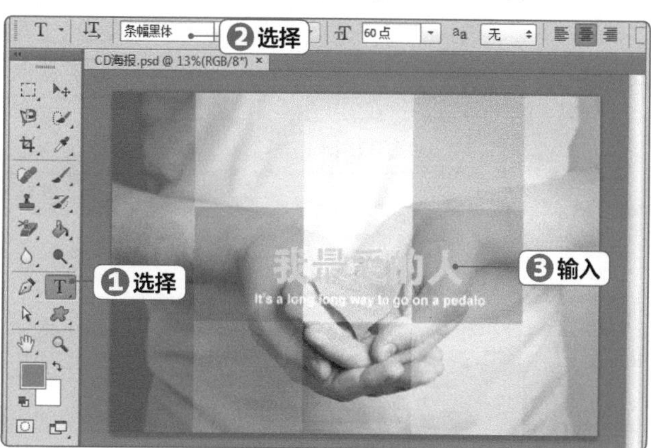

6.1.2 调整图层填充的不透明度——制作空心字

微课：制作空心字

在“图层”面板中，“填充”选项只会影响图层中绘制的像素和形状的不透明度，不会对添加的投影、描边、发光等图层样式产生影响。下面将为创建的文本添加渐变叠加和外发光的图层样式，并通过设置图层填充的不透明度，制作杂志风格的空心字，其具体操作如下。

素材：光盘 \ 素材 \ 第 6 章 \ 侦探小说封面 .jpg
效果：光盘 \ 效果 \ 第 6 章 \ 侦探小说封面 .psd

STEP 1 输入文本

❶打开“侦探小说封面 .jpg”图像文件；❷选择横排文字工具；❸在工具属性栏中设置字体为“黑体”；❹输入文本“福尔摩斯”。

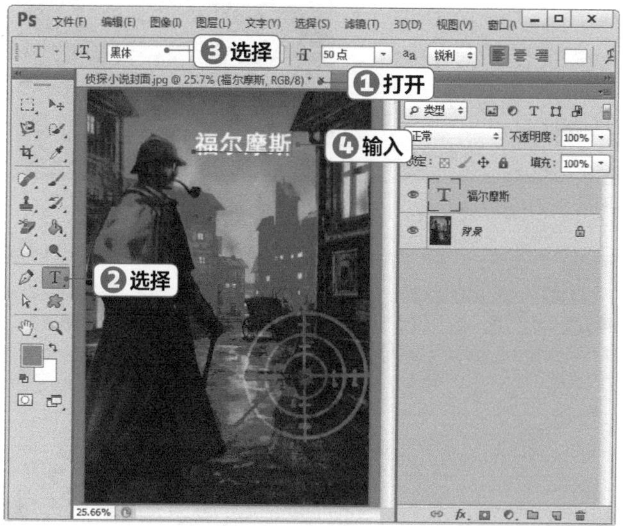

STEP 2 放大并旋转文本

按【Ctrl+T】组合键，拖动控制点调整文本大小，在控制点外拖动鼠标旋转文本。

STEP 3 设置外发光

❶双击文本图层缩略图，打开“图层样式”对话框，单击选中“外发光”复选框；❷在右侧的面板中设置混合模式为“滤色”；❸不透明度为“75%”；❹颜色为“#ffffbe”。

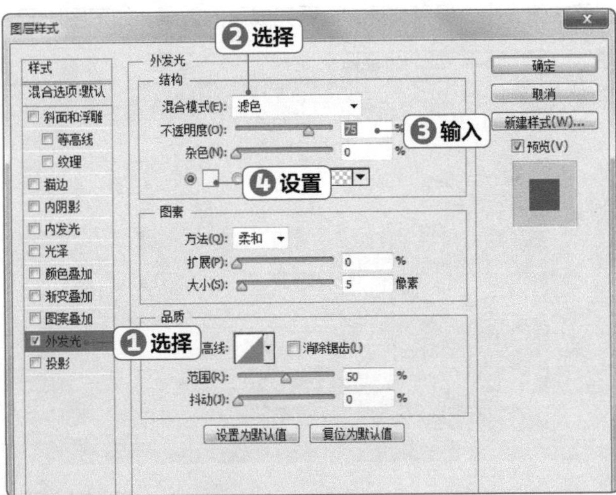

STEP 4 设置渐变叠加

❶单击选中“渐变叠加”复选框；❷在右侧设置不透明度为“10%”；❸设置渐变为“蓝，红，黄渐变”；❹设置角度为“-11 度”；❺单击“确定”按钮。

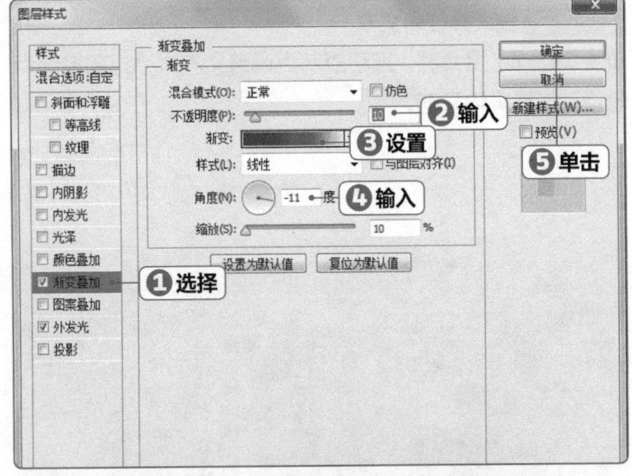

STEP 5 设置图层填充透明度

❶选择文本图层；❷在“图层”面板中的“填充”数值框中输入“0”，得到镂空文字的效果。

STEP 6 复制图层并添加文本

❶选择文本图层，按【Ctrl+J】组合键复制图层，可看见图层的显示效果；❷继续输入其他文本，保存文件，查看完成后的效果。

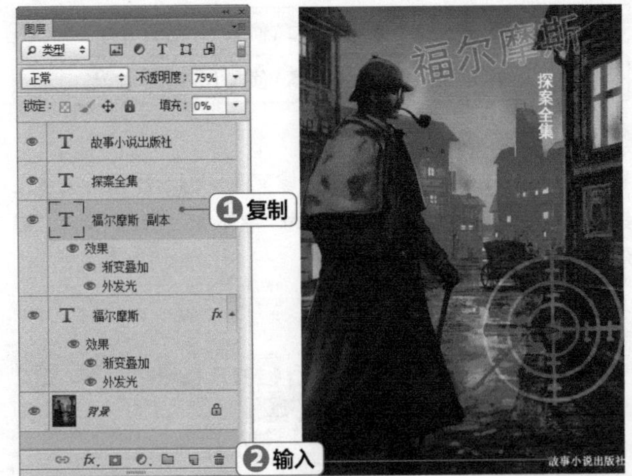

6.2 应用图层混合模式

图层混合模式是调整图层之间的一种混合方式，灵活使用图层混合模式，可以制作出很多奇异的图像效果。下面将对图层混合模式的类型、设置图层混合模式等分别进行介绍。

6.2.1 了解混合模式的类型

Photoshop CS6 中的图层混合模式分为6组，共有20多种，每组中的混合模式都可产生相似或相近的效果和用途。打开“图层”面板，在“混合”列表中即可查看所有的图层混合模式。

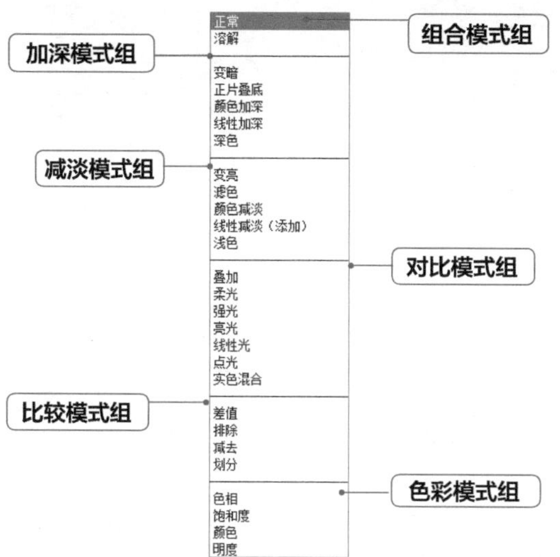

Photoshop CS6 预设的图层混合模式其效果各有不同，为熟练使用它们制作图像，用户需要了解它们的显示效果。下面将打开下图所示的图像文件，分组讲解各图层混合模式产生的效果。

1. 组合模式组

该模式只有降低图层的不透明度才能产生不同效果。

- 正常模式：Photoshop 默认的混合模式，图层不透明度为 100% 时，上方的图层可完全遮盖住下方的图层，左下图显示为将图层不透明度设置为 70% 时的效果。
- 溶解模式：当选择该混合模式，并将图层的不透明度降低时，半透明区域中的像素将会出现颗粒化的效果。

2. 加深模式组

该模式可使图像变暗，在混合时当前图层的白色将被较深的颜色所代替。

- 变暗模式：将上层图层和下层图层比较，上层图层中较亮的像素将会被下层较暗的像素替换，而亮度值比下层像素低的像素将保持不变。
- 正片叠底模式：上层图层图像中的像素与下层图像中白色的重合区域颜色保持不变。与下层图像中黑色的重合区域颜色替换，使图像变暗。

- 颜色加深模式：加深深色图像区域的对比度，下面图层中的白色不会发生变化。
- 线性加深模式：通过减小亮度的方法来使像素变暗，但其颜色会比“正片叠底”模式丰富。
- 深色模式：将比较上下两个图层所有颜色通道值的总和，然后显示颜色值较低的部分。

3. 减淡模式组

该模式可使图像变亮，在混合时当前图层的黑色将被较浅的颜色所代替。

- 变亮模式：其效果与“变暗”模式正好相反，上层图层中较亮的像素将替换下层图层中较暗的像素，而较暗的像素则会被下层图层中较亮的像素代替。

- 滤色模式：其效果与“正片叠底”模式正好相反，可产生图像变白的图像效果。
- 颜色减淡模式：其效果与“颜色加深”模式正好相反，它通过降低对比度的方法来提升下层图层的图像亮度，使图像颜色更加饱和，颜色更艳丽。

- 线性减淡（添加）模式：其效果与“线性加深”模式效果正好相反，它通过增加亮度的方法来减淡图像颜色。
- 浅色模式：将比较上下两个图层中所有颜色通道值的总和，然后显示颜色值较高的部分。

4. 对比模式组

该模式可增强图像的反差，在混合时 50% 的灰度将会消失，亮度高于 50% 的灰色像素可加亮图层颜色，亮度低于 50% 的灰色图像可降低图层颜色。

- 叠加模式：在增强图像颜色的同时，保存底层图层的高光与暗调图像效果。
- 柔光模式：通过上层图层决定图像变亮或变暗。当上层图层中的像素比 50% 灰色亮，图像将变亮；当上层图层中的像素比 50% 灰色暗，图像将变暗。

- 强光模式：上层图层中比 50% 灰色亮的像素将变亮；比 50% 灰色暗的像素将变暗。
- 亮光模式：上层图层中颜色像素比 50% 灰度亮，将会通过增加对比度的方法使图像变亮；上层图层中颜色像素比 50% 灰度暗，将会通过增加对比度的方法使图像变暗，混合后的图像颜色会变饱和。

- 线性光模式：上层图层中颜色像素比 50% 灰度亮，将会通过增加亮度的方法使图像变亮；上层图层中颜色像素比 50% 灰度暗，将会通过增加亮度的方法使图像变暗。
- 点光模式：上层图层中颜色像素比 50% 灰度亮，则替换暗像素；上层图层中颜色像素比 50% 灰度暗，则替换亮像素。
- 实色混合模式：上层图层中颜色像素比 50% 灰度亮，下层图层将变亮；上层图层中颜色像素比 50% 灰度暗，下层图层将变暗。

5. 比较模式组

该模式可比较当前图层和下方图层，若有相同的区域，该区域将变为黑色；不同的区域则会显示为灰色或彩色。若图像中出现了白色，则白色区域将会显示下方图层的反相色，但黑色区域不会发生变化。

- 差值模式：上层图层中白色颜色区域会让下层图层颜色区域产生反相效果，但黑色颜色区域将不会发生变化。
- 排除模式：混合原理与“差值”模式基本相同，但该混合模式可创建对比度更低的混合效果。

- 减去模式：在目标通道中应用的像素基础上减去源通道中的像素值。
- 划分模式：查看每个通道中的颜色信息，再从基色中划分混合色。

6. 彩色模式组

该模式可将色彩分为色相、饱和度和亮度这 3 种成分，然后将其中的一种或两种成分互相混合。

- 色相模式：上层图层的色相将被应用到下层图层的亮度和饱和度中，可改变下层图层图像的色相，但并不对其亮度和饱和度进行修改。此外，图像中的黑、白、灰区域也不会受到影响。
- 饱和度模式：将上层图层的饱和度应用到下层图层的亮度和色相中，并改变下层图层的饱和度。但不会对下层图层的亮度和色相产生影响。

- 颜色模式：将上层图层的色相和饱和度应用到下层图层中，但不会影响下层图层的亮度。
- 明度模式：将上层图层中的亮度应用到下层图层的颜色中，并改变下层图层的亮度，但不会改变下层图层的色相和饱和度。

技巧秒杀

混合模式

设置混合模式时，为了得到更好的混合效果，可尝试使用多种混合模式，然后对比进行选择。

6.2.2 设置图层混合模式——制作颓废风格图像

微课：制作颓废风格图像

Photoshop CS6 虽然预设了多个图层混合模式，但它们的使用方法都是相似的，需要先调整图层的顺序，然后选择上一层的图层，再设置混合模式。下面将创建"调整图层"图层，调整"世界末日 .jpg"图像的颜色，然后使用"正片叠底"图层混合模式将其与"漏网 .jpg"图像混合，以此制作颓废风格的图像，其具体操作步骤如下。

素材：光盘 \ 素材 \ 第 6 章 \ 世界末日 .jpg、漏网 .jpg
效果：光盘 \ 效果 \ 第 6 章 \ 世界末日 .psd

STEP 1 创建"色彩平衡"调整图层

❶打开"世界末日 .jpg"图像文件；❷选择【窗口】/【调整】命令，打开"调整"面板，单击"创建新的色彩调整图层"按钮，创建"色彩平衡"调整图层。

STEP 2 设置色彩平衡参数

在打开的面板中设置"青色，洋红，黄色"分别为"25，21，-44"。

STEP 3 添加并调整素材大小

❶打开"漏网 .jpg"图像文件，将图像拖动至"世界末日"图像中；❷选择"图层 1"图层，按【Ctrl+T】组合键，拖动四角调整图像大小，使其覆盖整个"世界末日"图像。

STEP 4 设置图层混合模式

在"图层"面板的"混合"下拉列表框中选择"正片叠底"选项，完成后保存文件，查看完成后的效果。

6.2.3 高级混合与混合色带

在 Photoshop CS6 中，用户不但可以使用图层混合模式来对图层与图层的混合方式进行调整，还可以通过“图层样式”对话框对混合的选项进行高级混合与混合色带的调整，如通道混合、挖空和混合颜色等。下面分别讲解使用高级混合与混合色带处理图像的方法。

1. 通道混合设置

用户可以根据设置对图像的某个颜色通道设置混合效果。其设置方法是：选择混合的图层，选择【图层】/【图层样式】/【混合选项】命令，打开“图层样式”对话框，在“高级混合”栏中可对通道混合进行设置，其中，“通道”选项中的 R、G、B 分别对应红（R）、绿（G）、蓝（B）通道。若取消选中其中某个通道复选框，则对应的颜色通道将从复合通道中排除，下图所示为在差值混合模式下，取消选中“红色”与“蓝色”通道前后的对比效果。

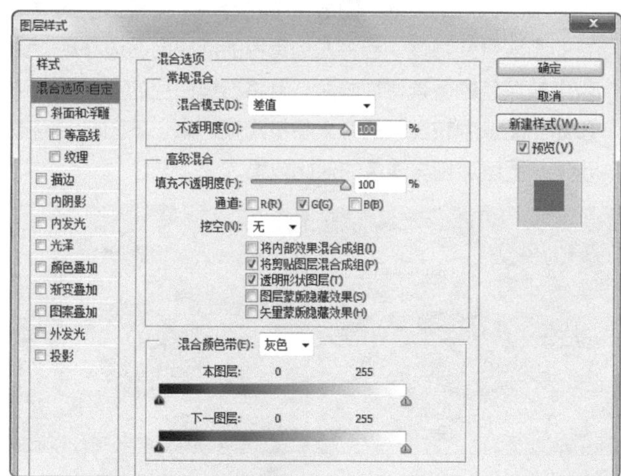

技巧秒杀

混合选项

“常规混合”栏中的“混合模式”和“不透明度”以及“高级混合”栏中的“填充不透明度”与“图层”面板中的选项是对应的。

2. 设置挖空效果

“挖空”栏可将上层图层与下层图层的全部或部分重叠的图层区域显示出来。在“图层样式”对话框的“高级混合”选项栏中即可对挖空效果进行设置。需要注意的是创建挖空需要3个图层，包括要挖空的图层、穿透的图层、显示的图层，如下图所示。

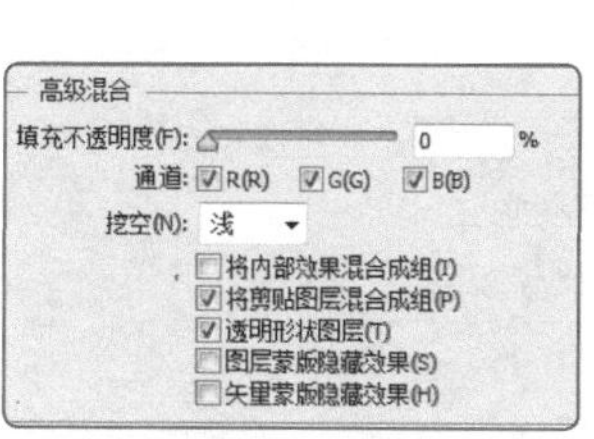

“挖空”栏的各选项作用如下。

- 挖空：用于设置挖空的程度。其中选择“无”选项，将不挖空；选择“浅”选项，将挖空到第一个可能的停止点，如图层组下方的第一个图层或剪贴蒙版的基底图层；选择“深”选项，将挖空到背景图层，若图像中没有背景图层，将显示透明效果。下图所示分别为挖空到背景图层，以及挖空到透明效果。

- 将内部效果混合成组：单击选中该复选框后，添加了“内发光”“颜色叠加”“渐变叠加”和“图案叠加”效果的图层将不显示添加效果。
- 将剪贴图层混合成组：单击选中该复选框，底部图层的混合模式将对内容图层产生作用。撤销该复选框，则底部图层的混合模式将只对自身有影响，而不会对内容图层有影响。
- 透明形状图层：单击选中该复选框，此时图层样式或挖空范围将被限制在图层的不透明区域。
- 图层蒙版隐藏效果：单击选中该复选框后，将不会显示图层蒙版中的效果。

- 矢量蒙版隐藏效果：单击选中该复选框，矢量蒙版中的效果将不会显示。

3. 设置混合颜色带

“混合颜色带”可将图像本身的灰度映射为图像的透明度，它是一种高级的蒙版，用于混合上下两个图层的内容。混合图层颜色常用于制作云彩、火焰、闪电、烟花、光效等半透明素材，如下图所示。

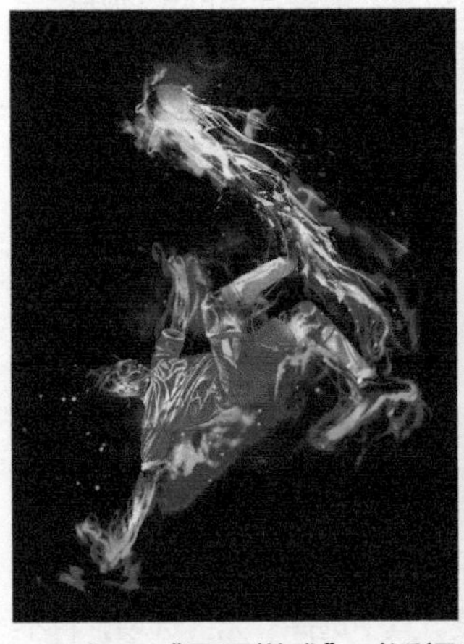

打开“图层样式”对话框后，在“混合颜色带”选项栏中设置需要隐藏的颜色，以及本图层和下一图层的颜色阈值，单击“确定”按钮即可设置混合颜色带，如下图所示。

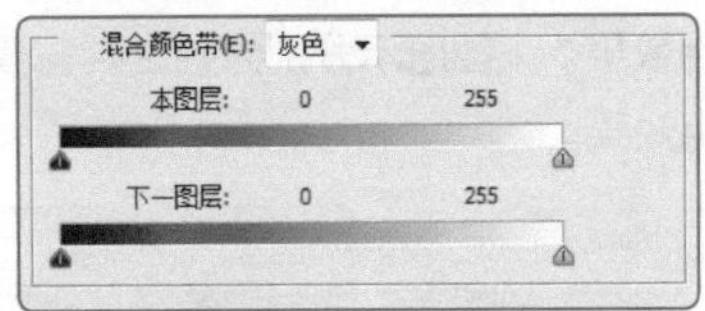

“混合颜色带”选项栏中各选项作用如下。

- 颜色混合带：用于设置控制混合效果的颜色通道，若用户选择“灰色”选项，则表示所有颜色通道都将参加混合。
- 本图层：拖动“本图层”中的滑块，可隐藏本层图像像素，显示下层图像像素。若将左边黑色的滑块向右边移动，图像中较深色的像素将被隐藏；若将右边白色的滑块向左边移动，图像中较浅色的像素将被隐藏起来，如下图所示为隐藏深色与隐藏浅色的对比效果。

- 下一图层：拖动“下一图层”中的滑块，可将当前图层下方的图层像素隐藏。若将左边黑色的滑块向右边移动，图像中较深色的像素将被隐藏。若将右边白色的滑块向左边移动，图像中较浅色的像素将被隐藏起来。下图所示为显示下一图层深色与浅色的对比效果。

6.2.4 自动混合图层——人物换脸

微课：人物换脸

使用“自动混合图层”命令可以自动调整图层的混合模式，快速缝合或组合图像。下面将使用“自动混合图层”命令快速为人物换脸，其具体操作如下。

	素材：光盘\素材\第6章\换脸.jpg、男模特.jpg
	效果：光盘\效果\第6章\换脸.psd

STEP 1 打开素材

❶打开“换脸.jpg”图像，按【Ctrl+J】组合键，复制图层；❷打开“男模特.jpg”图像，将其移动到“换脸.jpg”图像中。

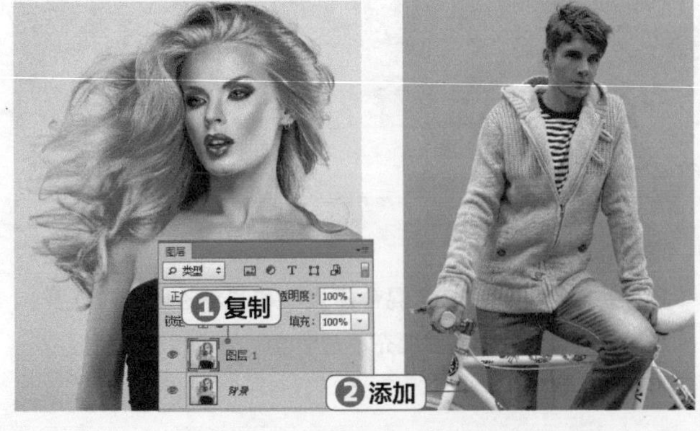

STEP 2 大致对齐图像的脸部

❶在“图层”面板中设置图层的不透明度为“89%”；❷按【Ctrl+T】组合键变换图像，首先水平翻转图像，然后调整图像大小并旋转图像，使两个人物的脸部大致对齐。

STEP 3 扣取人物脸部

❶在“图层”面板中更改图层的不透明度为“100%”；❷使用套索工具在人物脸部绘制选区，需要包括人物的五官；❸按【Ctrl+J】组合键，复制绘制的五官。

STEP 4 删除素材人物脸部

❶按【Ctrl】键单击新建的脸部图层缩略图标，将其载入选区，选中图层 1，选择【选择】/【修改】/【收缩】命令，在打开的对话框中将收缩量设置为“4 像素”；❷单击“确定”按钮；❸按【Delete】键删除图层 1 中的脸部图像，隐藏图层 1 和图层 3 以外的图层。

STEP 5 设置自动混合图层

❶选择“图层 1”和“图层 3”图层；❷选择【编辑】/【自动混合图层】命令，打开“自动混和图层”对话框，单击选中“全景图”单选项；❸单击“确定”按钮得到混合效果。

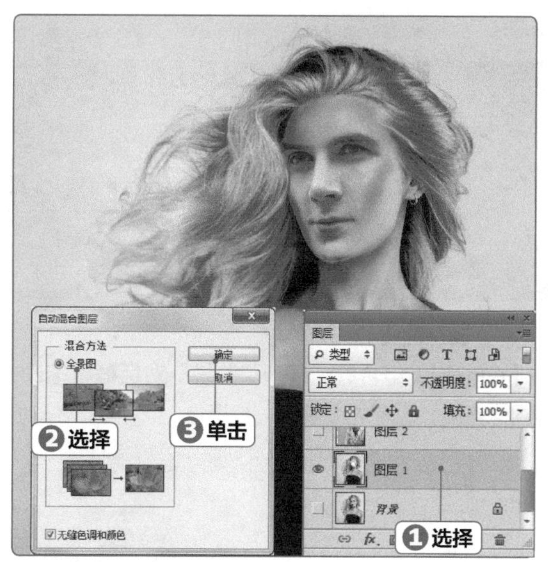

STEP 6 盖印并涂抹图像

此时男模特的脸部比较粗糙，按【Ctrl+Shift+Alt+E】组合键将图层 1 和图层 3 合成到图层 4 上，使用涂抹工具涂抹接缝处以及粗糙的皮肤，完成后保存文件，查看完成后的效果。

操作解谜

自动混合图层详解

自动混合图层命令是缝合或组合图像的非常实用的操作，在最终复合图像中将获得平滑的过渡效果，并自动根据需要对每个图层应用图层蒙版，进入图层蒙版，可再次进行编辑，以遮盖过度曝光或曝光不足的区域或内容差异。需要注意的是自动混合图层仅适用于RGB或灰度图像，不适用于智能对象、视频图层和3D图层或背景图层等。

6.2.5 综合案例——制作火中恶魔

本例将打开“人物.jpg”图像，调整图像亮度，将火焰图像移动到“人物”图像中，并通过设置图层样式，将火焰图像融入到“人物”图像中，制作火焰中的恶魔效果，其具体操作如下。

微课：制作火中恶魔

素材：光盘\素材\第6章\火中恶魔

效果：光盘\效果\第6章\火中恶魔.psd

STEP 1 复制图层

❶打开“人物.jpg”图像文件；❷按【Ctrl+J】组合键复制图层。

STEP 2 调整曲线

❶按【Ctrl+M】组合键，打开“曲线”对话框，拖动曲线调整图像亮度；❷单击“确定”按钮。

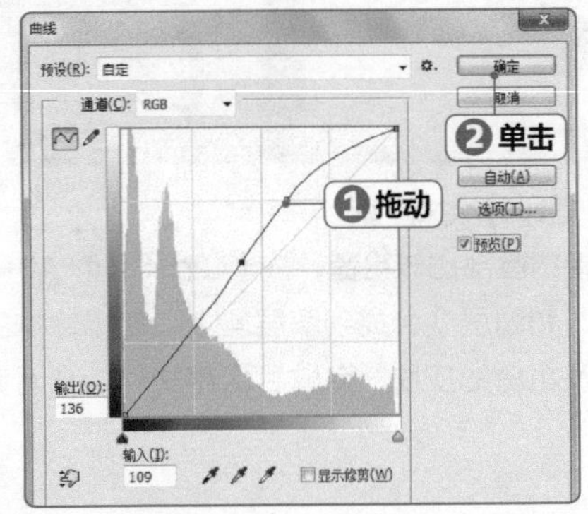

STEP 3 设置图层混合模式并添加火焰 1

❶在“图层”面板中设置图层混合模式为“滤色”；❷设置“不透明度”为“70%”；❸打开“火焰 1.jpg”图像，使用移动工具，将火焰图像移动到“人物”图像下方并调整其大小。

技巧秒杀

双击图层的操作技巧

在“图层”面板中双击图层时，不能双击图层名称，否则将不会打开“图层样式”对话框，只能对图层进行重命名。

STEP 4 设置图层混合模式

❶“图层”面板中双击“图层 2”图层，在打开的“图层样式”对话框中设置“混合模式”为“变亮”；❷再设置“本图层”为“36、255”；❸单击“确定”按钮。

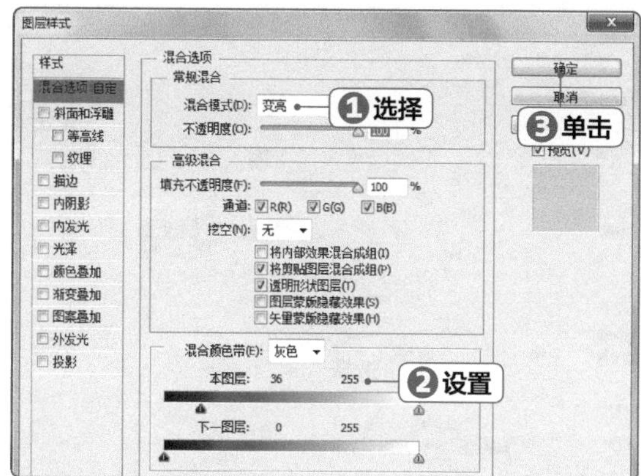

STEP 5 添加火焰 2

❶打开并添加“火焰 2.jpg”图像文件；❷使用移动工具将火焰图像移动到“人物”图像上方并缩放旋转。

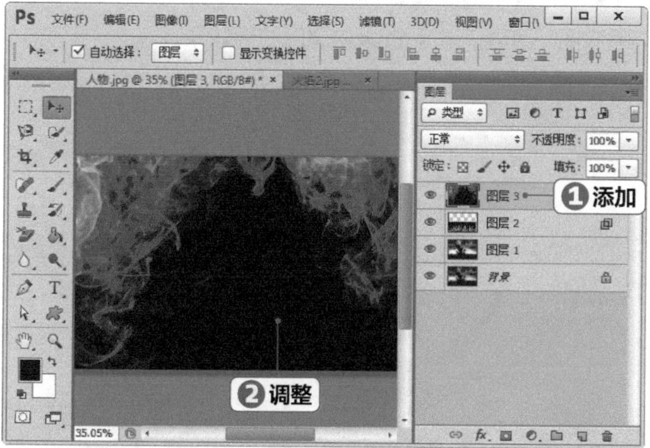

STEP 6 设置图层混合模式

❶在“图层”面板中双击“图层 3”图层，在打开的“图层样式”对话框中设置“混合模式”为“线性减淡（添加）”；❷撤销选中“B”复选框；❸单击“确定”按钮。

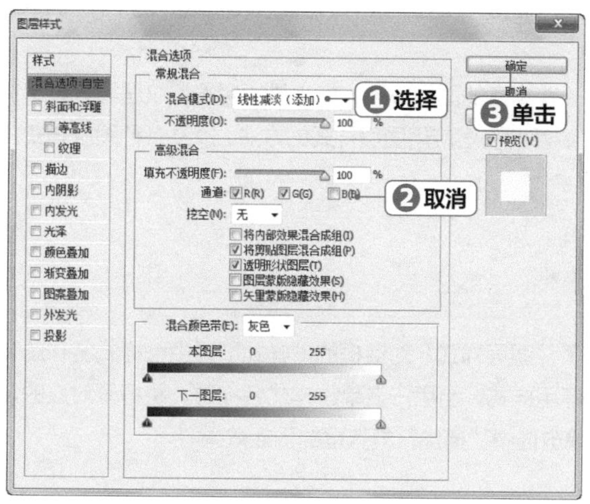

STEP 7 添加火焰 3

❶打开“火焰 3”图像；❷使用移动工具，将火焰图像移动到“人物”图像的人物帽子上，缩小并旋转。

STEP 8 设置混合模式并添加火焰

❶在“图层”面板中的混合模式下拉列表框中选择“变亮”选项；❷按【Ctrl+J】组合键，复制图层，将其缩放后移动到人物的左边翅膀上，使用相同的方法，为图像的其他部分添加火焰图像。

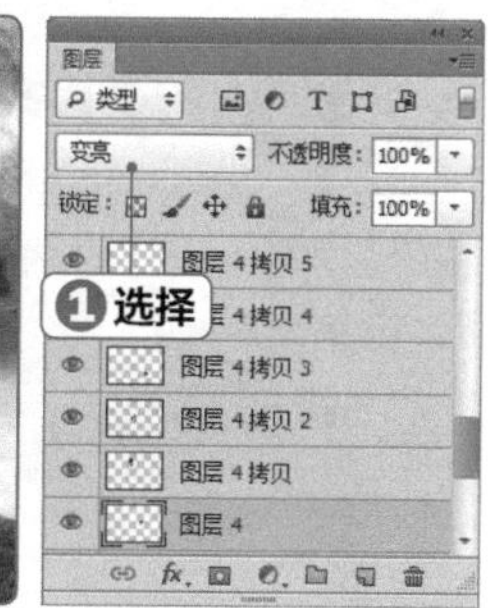

STEP 9 添加火焰 4

❶打开“火焰 4”图像文件；❷，使用移动工具，将火焰图像移动到“人物”图像的上方，缩小并旋转。

STEP 10 设置图层混合模式

❶在“图层”面板中的混合模式下拉列表框中选择“滤色”选项；❷按【Ctrl+J】组合键，复制图层，将其缩放后移动到人物的左边翅膀上，使用相同的方法，为图像的其他部分添加火焰图像。

STEP 11 输入文本

❶将前景色设置为白色，选择文字工具；❷在工具属性栏中设置字体为“Arail”；❸在图像上方输入文字；❹在“图层”面板中双击文字图层。

STEP 12 设置图层混合模式

❶在打开的“图层样式”对话框中设置“填充不透明度”为“0%”；❷设置“挖空”为“深”；❸撤销选中“B”复选框；❹单击“确定”按钮。

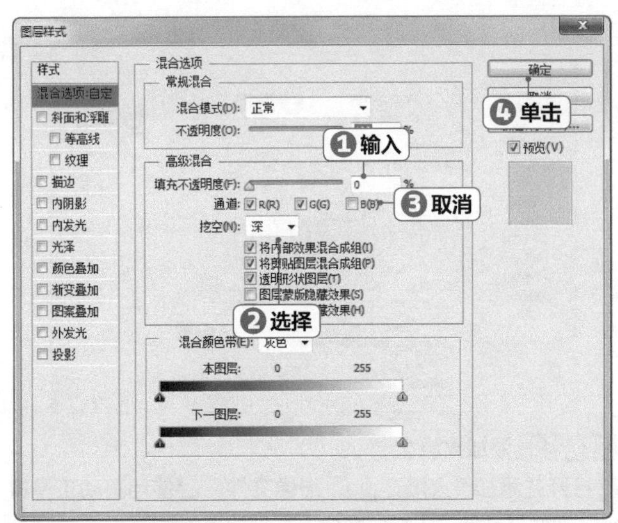

STEP 13 查看图像效果

保存文件，查看完成后的火中恶魔图像效果。

6.3 应用图层样式

在 Photoshop CS6 中，通过为图层应用图层样式，可以制作一些丰富的图像效果，如水晶、金属和纹理等效果，都可以通过为图层设置投影、发光和浮雕等图层样式来实现。下面就将讲解对图层应用图层样式的方法，以及各种图层样式的特点。

6.3.1 添加图层样式

Potoshop CS6 提供了 10 种图层样式效果，它们全都被列举在了“图层样式”对话框的“样式”栏中，样式名称前有个复选框，当成选中状态时表示该图层应用了该样式，而撤销选中表示停用样式，当用户在单击样式名称时，将打开对应的设置面板，最后单击“确定”按钮即可完成图层样式的添加。下图所示为单击选中“描边”复选框的面板效果。

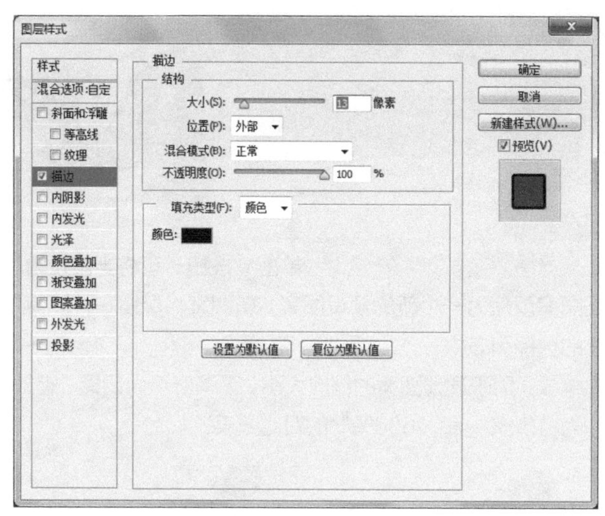

要添加图层样式，就需要先打开“图层样式”对话框，Photoshop CS6 为用户提供了多种打开“图层样式”对话框的方法，其具体介绍如下。

- 通过命令打开：选择【图层】/【图层样式】命令，在弹出的子菜单中选择一种图像样式命令，将打开“图层样式”对话框，并展开对应的设置面板。
- 通过按钮打开：在“图层”面板底部单击 fx 按钮，在打开的列表中选择需要创建的样式选项，即可打开“图层样式”对话框，并展开对应的设置面板。
- 通过双击图层打开：在需要添加图层样式的图层上双击，将打开“图层样式”对话框。

技巧秒杀

查看、展开或折叠图层样式

在“图层”面板中，被设置了图层样式的图层将会显示一个 fx 图标，单击该图层右边的下拉按钮，可将图层样式的列表展开或折叠。

6.3.2 认识图层样式

图层样式具有制作各种效果的强大功能，利用图层样式可以简单快捷地制作出具有各种立体投影、各种质感以及光景效果的图像特效，下面将对 Photoshop CS6 的各图层样式的特点分别介绍。

1. 斜面和浮雕

使用“斜面和浮雕”效果可以为图层添加高光和阴影的效果，让图像看起来更加立体生动，下图所示为“斜面和浮雕”设置面板，右图为雨伞图层添加“斜面和浮雕”样式后的效果。

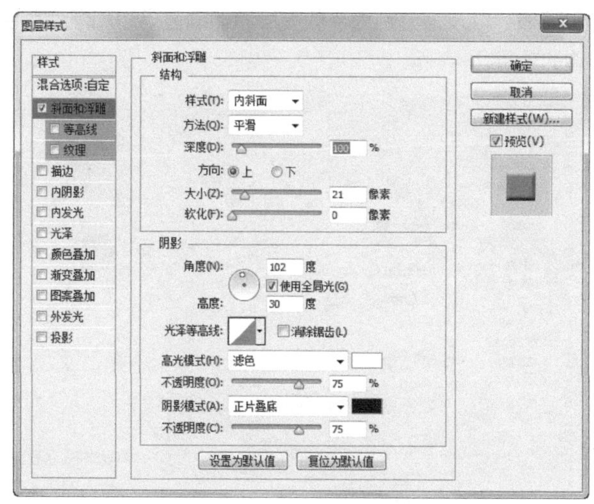

“斜面和浮雕”设置面板中各选项作用如下。

- 样式：用于设置斜面和浮雕的样式，包括“外斜面”“内斜面”“浮雕效果”“枕状浮雕”“描边浮雕”等。
- 方法：用于设置创建浮雕的方法，包括“平滑”“雕刻清晰”“雕刻柔和”。
- 深度：用于设置浮雕斜面的深度，其中数值越大，图像立体感越强。
- 方向：用于设置光照方向，以确定高光和阴影的位置。
- 大小：用于设置斜面和浮雕中阴影面积的大小。
- 软化：用于设置斜面和浮雕的柔和程度，数值越小图像越硬。
- 角度：用于设置光源的照射角度。
- 高度：用于设置光源的高度。在设置高度和角度时，用户可直接在数值框中输入数值，也可使用鼠标拖动圆形中的空白点直观的对角度和高度进行设置。

- 使用全局光：单击选中“使用全局光”复选框，可以让所有的浮雕样式的光照角度保持一致。
- 光泽等高线：单击旁边的下拉按钮，在打开的下拉列表中可为斜面和浮雕效果添加光泽。在创建金属质感的物体时，经常会使用该下拉列表。
- 消除锯齿：单击选中“消除锯齿”复选框，可消除设置光泽等高线出现的锯齿效果。
- 高光模式：用于设置高光部分的混合模式、颜色以及不透明度。
- 阴影模式：用于设置阴影部分的混合模式、颜色以及不透明度。

（1）设置等高线

通过单击选中“等高线”复选框可以为图层添加凹凸、起伏的效果。“等高线”效果是在设置斜面和浮雕的基础上进行的，在“图层样式”的“样式”选项栏中单击选中“等高线”复选框，打开“等高线”面板，选择等高线的类型，设置等高线的范围即可，如下图所示。

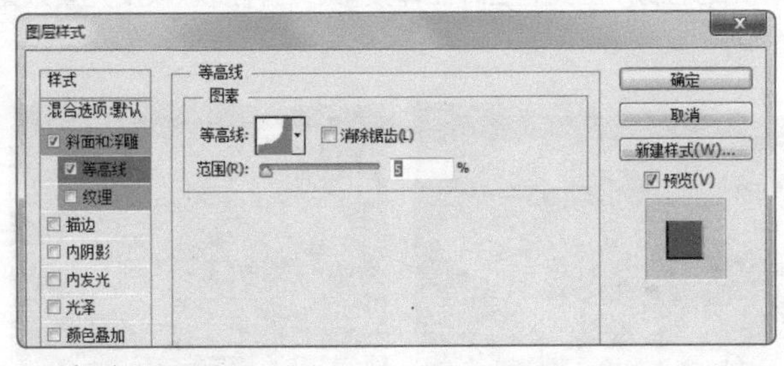

（2）设置纹理

通过“纹理”效果可以在图层的斜面和浮雕效果中添加纹理效果，在“图层样式”的“样式”选项栏中单击选中“纹理”复选框，打开“纹理”面板，设置纹理、缩放、深度等参数，如下图所示。

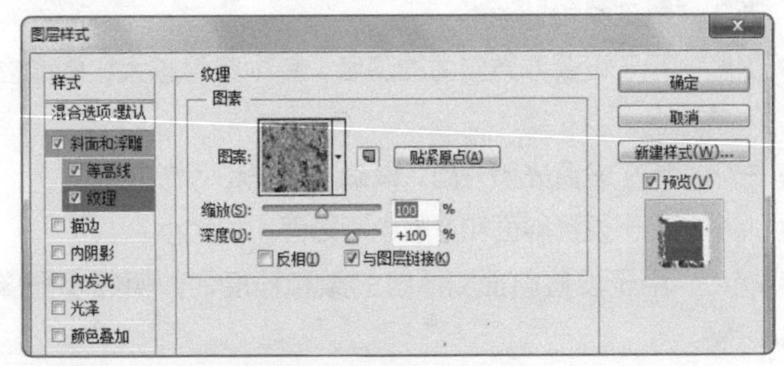

“纹理”面板中各选项作用如下。

- 图案：单击其右侧的下拉按钮，可在下拉列表中选择一个图案，并将其应用于斜面和浮雕的效果中。

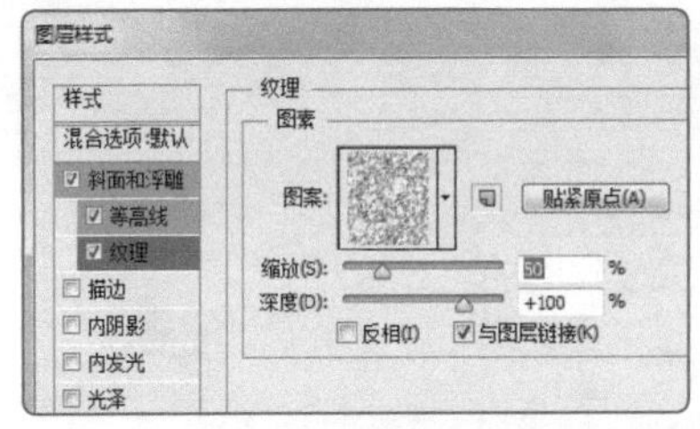

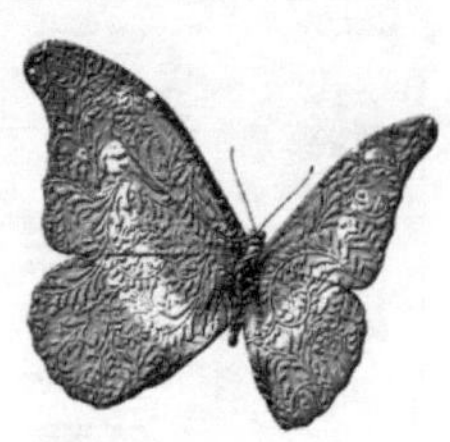

- 从当前图案创建新的预设：单击按钮，可将当前设置的图案创建为一个新的预设图案，新图案将保留在“图案”的选择列表中。
- 缩放：用于调整图案的缩放大小。下图所示为设置“缩放”为“50%”和“500%”的对比效果。

- 深度：用于设置图案纹理的应用程度。
- 反相：单击选中“反相”复选框，可反转图案纹理的凹凸方向。
- 与图层链接：单击选中“与图层链接”复选框，将图案与图层链接在一起，对图层进行操作时，图案也会跟着变化。单击“贴紧原点”按钮，可将图案的原点与图像的原点对齐。

2. 描边

使用“描边”效果可以使用颜色、渐变或图案等对图层边缘进行描边，其效果与“描边”命令类似。下图所示为“描边”面板，以及为分别为吉他图层添加颜色描边和渐变颜色描边的效果。

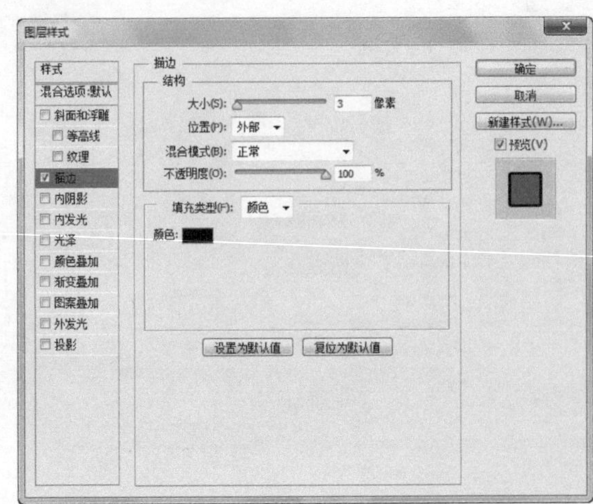

3. 内阴影

使用“内阴影”效果可以在图层内容的边缘内侧添加阴影效果，制作陷入的效果。下图所示为“内阴影”面板。

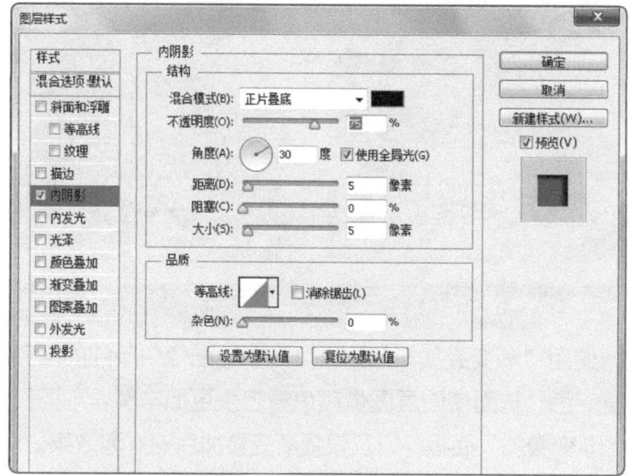

“内阴影”面板中各选项作用如下。

- 混合模式：用于设置内阴影与图层混合模式，单击右侧颜色块，可设置内阴影的颜色。
- 角度：用于设置内阴影的光照角度。指针方向为光源方向，反向则表示投影方向。
- 使用全局光：单击选中该复选框，可保持所有光照角度一致，取消选中该复选框，则可为不同图层应用不同光照角度。
- 距离：用于设置内阴影偏移图层内容的距离。
- 阻塞：用于控制阴影边缘的渐变程度。下图所示阻塞为“0%”和阻塞为“100%”的对比效果。

- 大小：用于设置投影的模糊范围，值越大范围越大。
- 等高线：在其中可设置阴影的轮廓形状。
- 杂色：在其中可设置是否使用杂色点来对阴影进行填充。

4. 内发光

使用“内发光”效果可沿着图层内容的边缘内侧添加发光效果。下图所示为“内发光”面板，以及设置内发光前后的效果。

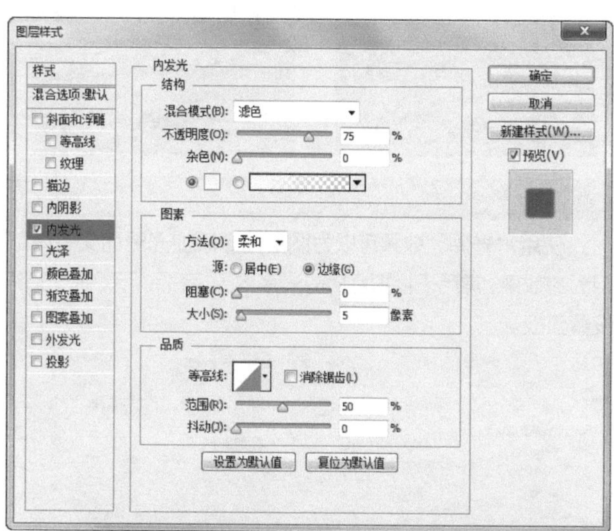

“内发光”面板中各选项作用如下。

- 源：用于控制发光光源的位置。其中单击选中“居中”单选项，将从图层内容中间发光；单击选中“边缘”单选项，将从图层内容边缘发光，如下图所示分别为中间发光和边缘发光的效果。

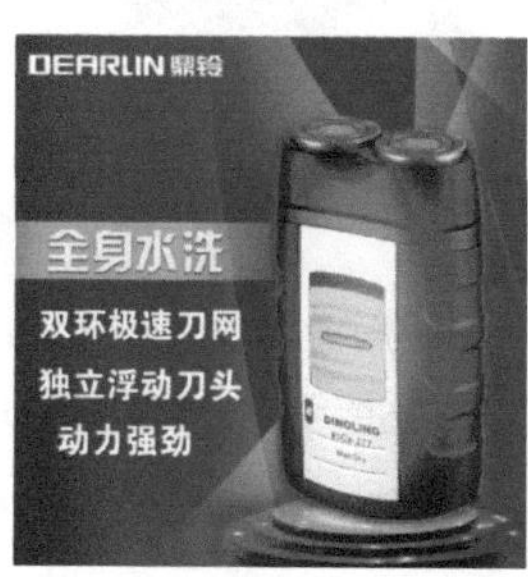

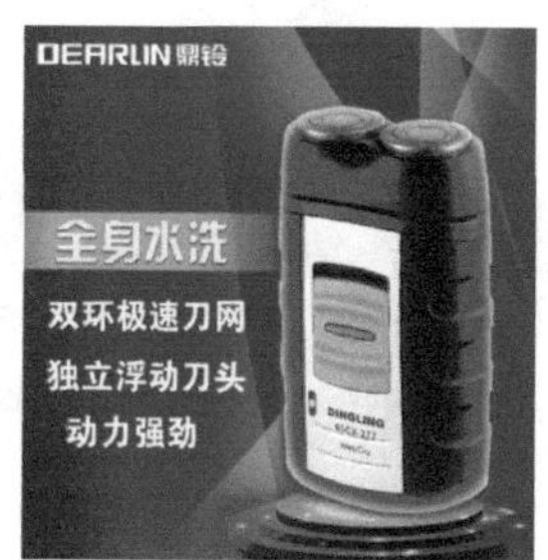

- 阻塞：用于设置内发光的范围大小。下图所示为分别设置灯泡居中内发光图层样式中的“阻塞”为“5%”和“50%”的对比效果。

5. 光泽

使用“光泽”效果可以为图层图像添加光滑而又有内部阴影的效果，常用于模拟金属的光泽效果。下图所示为“光泽”设置面板。

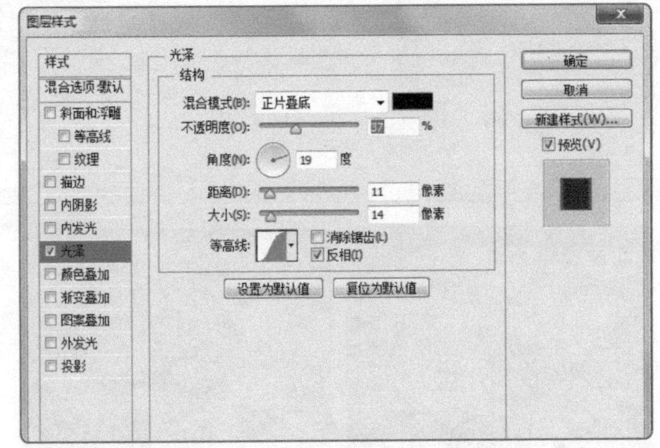

在“光泽”面板中可通过设置“等高线”选项来控制光泽的样式，下图所示为“锥心”和“环形－双”的等高线样式的光泽效果。

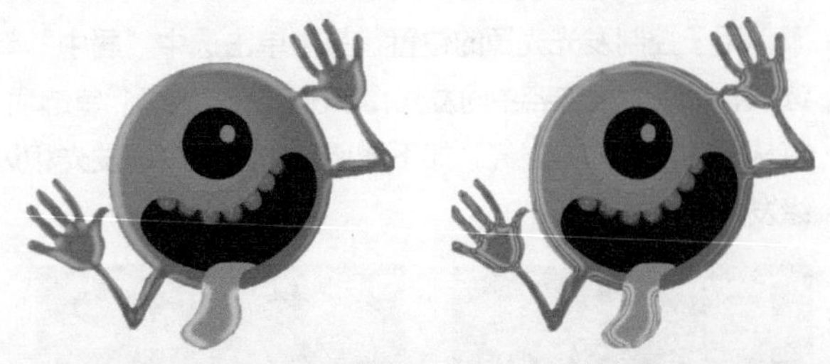

6. 颜色叠加

使用“颜色叠加”效果可以为图层图像叠加自定的颜色，常用于更改图像的部分色彩。下图所示为“颜色叠加”面板。

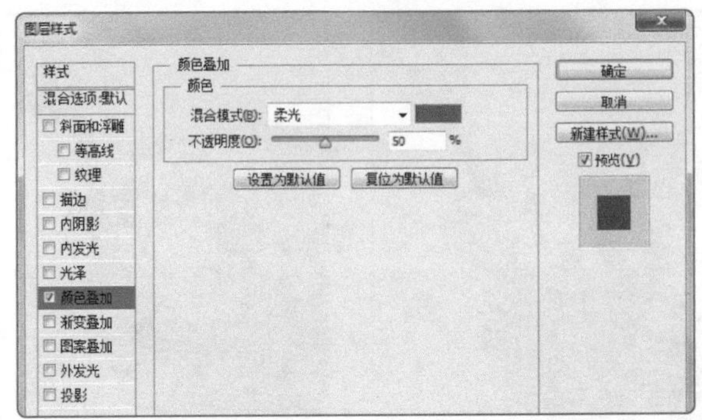

在“颜色叠加”面板中用户可以通过设置颜色、混合模式以及不透明度，来对叠加效果进行设置，下图所示为通过颜色叠加更改唇色的效果。

7. 渐变叠加

使用“渐变叠加”效果，可为图层图像中单纯的颜色添加渐变色，从而使图层图像颜色看起来更加丰富，下图所示为“渐变叠加”面板，以及设置渐变叠加后的灯泡效果。

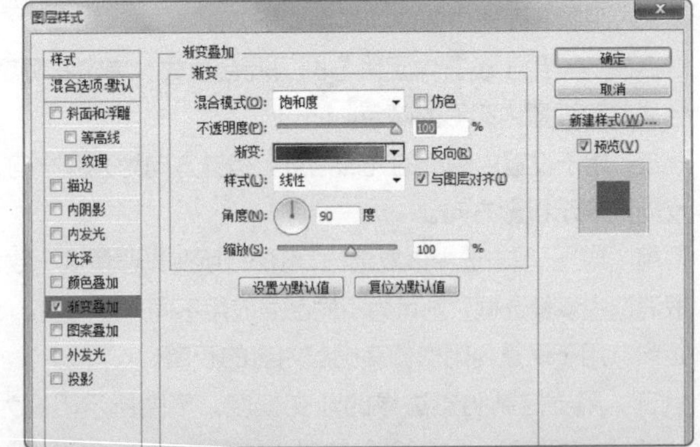

8. 图案叠加

使用"图案叠加"效果，可以为图层图像添加指定的图案，下图所示为"图案叠加"面板，以及为衬衣设置图案叠加前后的效果。

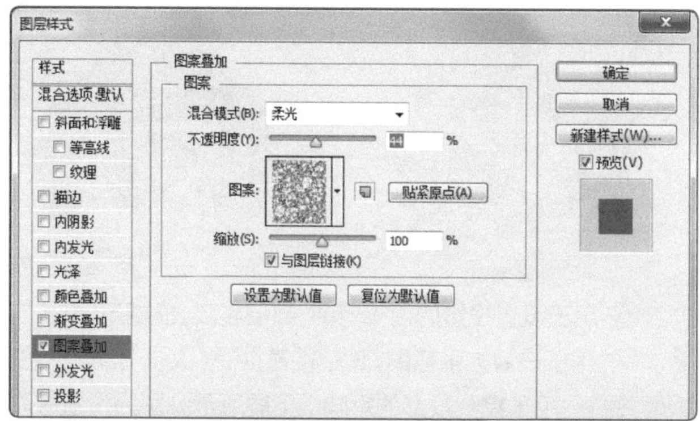

9. 外发光

使用"外发光"效果，可以沿图层图像边缘向外创建发光效果，下图所示为"外发光"面板。

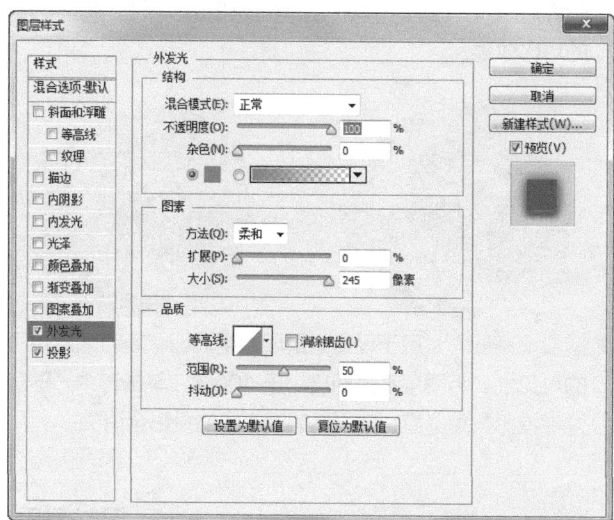

设置"外发光"后，可调整发光范围的大小、发光颜色以及混合方式等参数，下图所示为为商品添加外发光图层样式的前后对比效果。

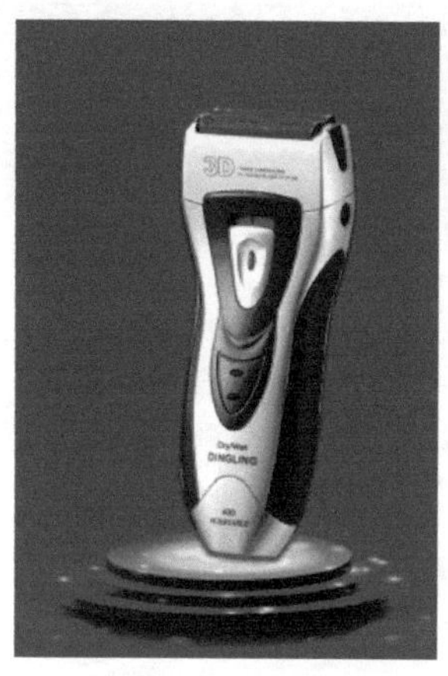

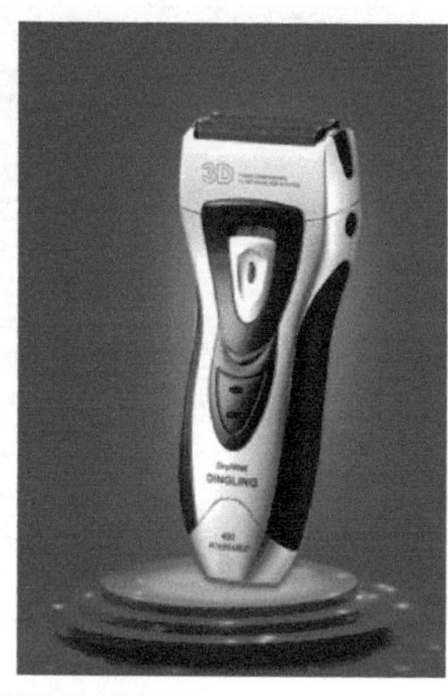

"外发光"面板中常用选项的作用如下。

- 混合模式：设置发光效果与下面图层的混合方式。
- 不透明度：用于设置发光效果的不透明度，数值越高，发光效果越明显。
- 杂色：设置发光效果在图像中产生的随机杂点。
- 发光颜色：用于设置发光效果的颜色。单击左侧的色块，在打开的"拾色器"对话框中可设置单色的发光颜色；单击右边的渐变条，在打开的"渐变编辑器"对话框中可设置渐变发光的效果，如下图所示。

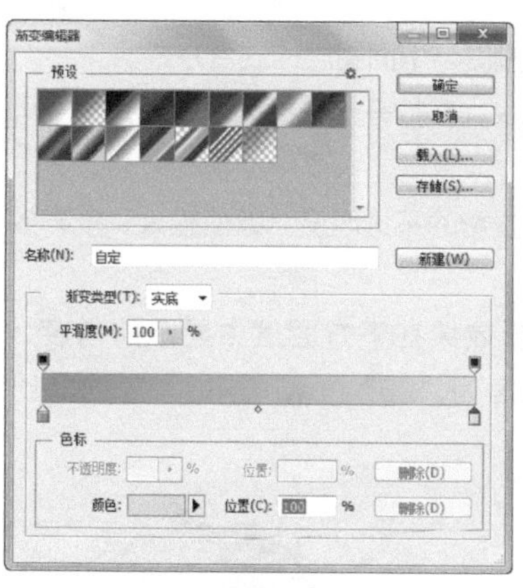

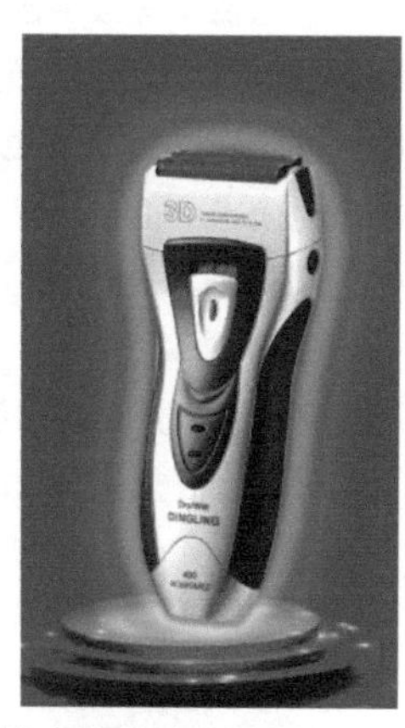

- 方法：用于设置发光的方式，控制发光的准确程度。
- 扩展：用于设置发光范围的大小。
- 大小：用于设置发光效果产生的光晕大小。

10. 投影

使用"投影"效果可以为图像添加投影效果，常用于增加图像的立体感，下图所示为"投影"面板，在该面板中可设置投影的颜色、大小、角度等参数，设置完成后单击"确定"按钮可查看设置投影后的效果。

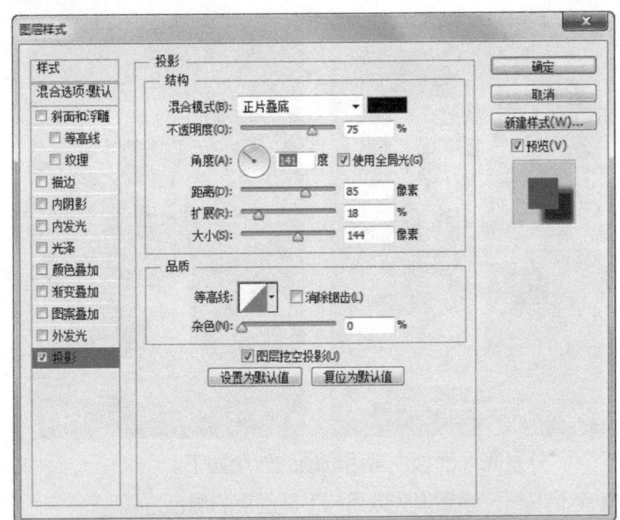

“投影”面板中各选项作用如下。

- 混合模式：用于设置投影与下面图层的混合方式。
- 投影颜色：单击颜色块，在打开的“拾色器”对话框中可设置投影颜色。
- 不透明度：用于设置投影的不透明度，数值越大，投影效果越明显。
- 角度：用于设置投影效果在下方图层中显示的角度。下图所示分别为角度为“30°”和“180°”的对比效果。

- 使用全局光：单击选中“使用全局光”复选框，可保证所有图层中的光照角度相同。
- 距离：用于设置投影偏离图层内容的距离，数值越大，偏离的越远。下图所示分别为距离为“10 像素”“50 像素”的对比效果。

- 大小：用于设置投影的模糊范围，数值越高，模糊范围越广。
- 扩展：用于设置扩张范围，该范围直接受“大小”选项影响。
- 等高线：用于控制投影的影响。下图所示分别为设置等高线为“内凹—深”和“锯齿 1”的对比效果。

- 消除锯齿：可混合等高线边缘的像素，平滑像素渐变。
- 杂色：用于控制在投影中添加杂色点的数量。数值越高，杂色点越多，下图所示分别为设置杂色为“15%”和“75%”的对比效果。

- 图层挖空投影：用于设置当图层为半透明状态时图层投影的可见性。若图层不透明度小于 100%，单击选中“图层挖空投影”复选框，则半透明图层中的投影会消失。

Chapter 06

6.3.3 综合案例——制作彩条心

本例将打开“彩条心.jpg”图像，为图像中的心形建立选区；然后复制图像，为复制的图像设置图层样式，再绘制图像，编辑图层混合模式，制作彩条心效果，其具体操作如下。

微课：制作彩条心

	素材：光盘 \ 素材 \ 第 6 章 \ 彩条心 .jpg
	效果：光盘 \ 效果 \ 第 6 章 \ 彩条心 .psd

STEP 1 设置内阴影

❶打开“彩条心 .jpg”图像文件，使用磁性套索工具在图像上沿着心形绘制选区；❷按【Ctrl+J】组合键，复制图层，选择【图层】/【图层样式】/【内阴影】命令，打开“图层样式”对话框，设置“混合模式、不透明度、距离、阻塞、大小”分别为“柔光、100%、44 像素、30%、131 像素”。

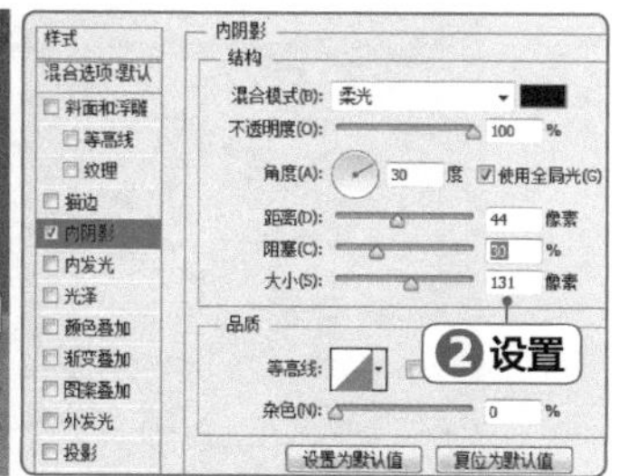

STEP 2 设置外发光参数

❶单击选中“外发光”复选框；❷设置“混合模式、不透明度、颜色、扩展、大小”分别为“叠加、32%、黑色、9%、57 像素”。

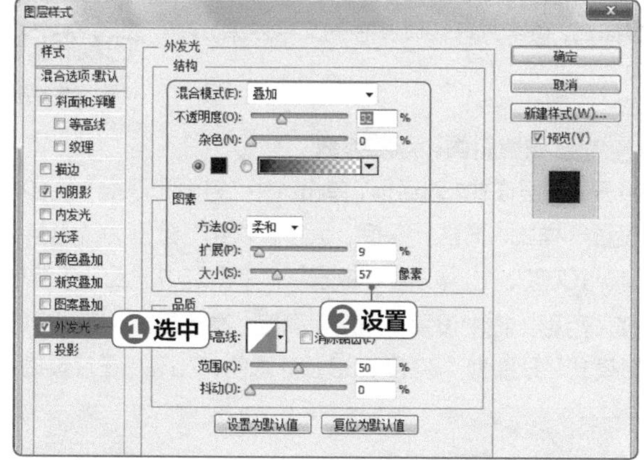

技巧秒杀

复位为默认值

在“图层样式”对话框中已经设置好图层样式后，若想重置图层样式，可在选项面板下方单击“复位为默认值”按钮。

STEP 3 设置内发光参数

❶单击选中“内发光”复选框；❷在右侧设置“混合模式、不透明度、颜色、大小、范围”分别为“滤色、78%、#ffa0bf 到透明渐变、76 像素、60%”。

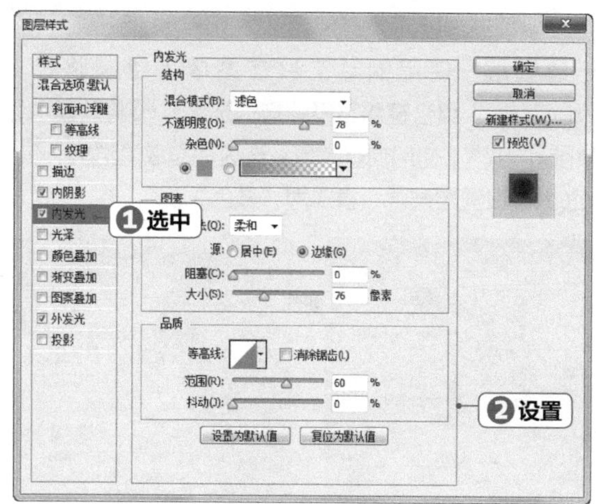

STEP 4 设置斜面与浮雕参数

❶单击选中“斜面与浮雕”复选框；❷设置“样式、方法、深度、大小、软化”分别为“内斜面、平滑、480%、100 像素、11 像素”。

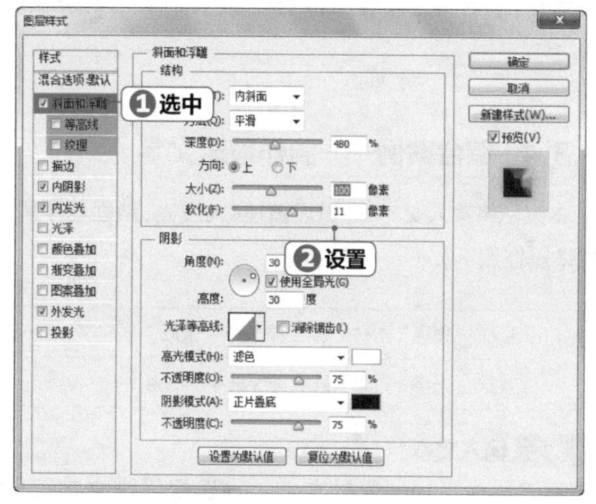

STEP 5 设置光泽参数

❶单击选中“光泽”复选框；❷设置“混合模式、颜色、不透明度、角度、距离、大小、等高线”分别为“颜色减淡、#a29fa0、30%、-122 度、250 像素、136 像素、高斯”；❸单击“确定”按钮。

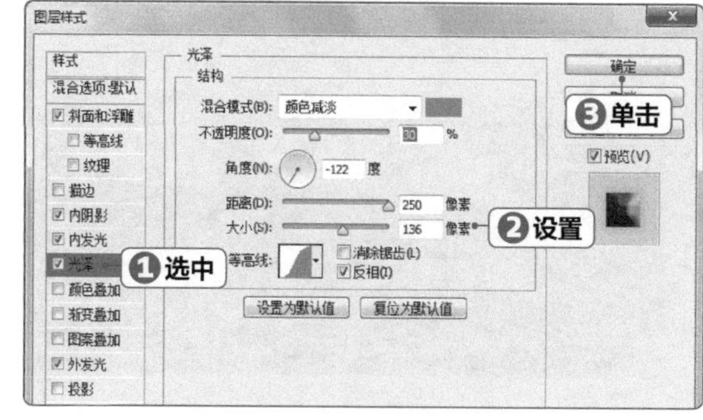

STEP 6 填充选区

❶新建图层，使用钢笔工具在图像上绘制路径，按【Ctrl+Enter】组合键将路径转换为选区；❷将前景色设置为“#ebd467”，使用前景色填充选区；❸取消选区，在“图层”面板中设置图层混合模式为“颜色”。

STEP 7 填充选区

❶使用相同的方法，在心形上绘制彩条；❷选择“背景”图层，再选择【图像】/【调整】/【自然饱和度】命令，在打开的“自然饱和度”对话框中设置“饱和度”为“+80”；❸单击“确定”按钮。

STEP 8 查看效果

查看制作的彩条心效果，保存文件，完成本例的制作。

6.3.4 综合案例——制作玻璃文字

微课：制作玻璃文字

本案例将输入文本，通过设置投影、发光、斜面与浮雕、光泽等图层样式，制作具有玻璃质感的文字效果，其具体操作如下。

素材：光盘\素材\第6章\蜗牛.jpg

效果：光盘\效果\第6章\蜗牛字.psd

STEP 1 输入文本

❶打开“蜗牛.jpg”素材文件；❷选择横排文字工具；❸在工具属性栏中设置文本的字体格式为“华文琥珀、90点、浑厚、#6dfa48”；❹在蜗牛上方输入文本。

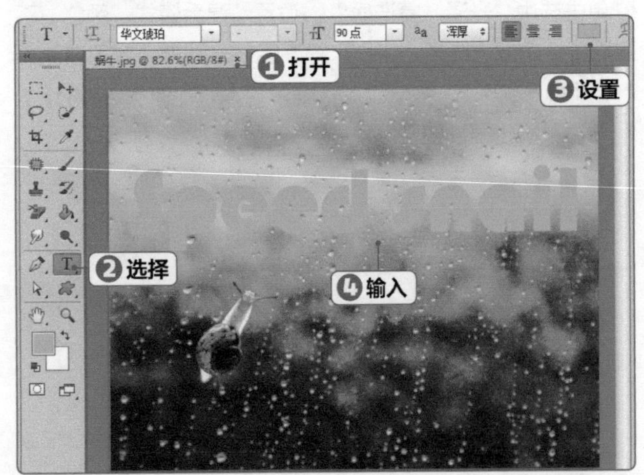

STEP 2 设置斜面和浮雕参数

❶打开“图层样式”对话框，单击选中“斜面和浮雕”复选框；❷设置“样式、方法、深度、大小、软化”分别为“内斜面、平滑、100%、16像素、0像素”，单击选中“上”单选项；❸在“阴影”栏中设置“角度、高度、高光模式、不透明度、阴影模式”分别为“30度、30度、滤色、75%、正片叠底”。

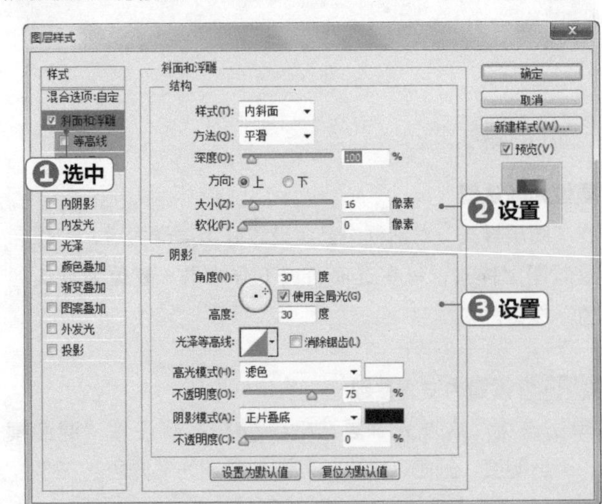

STEP 3 设置等高线参数

❶单击选中“等高线”复选框；❷在右侧的面板中单击“等高线”下拉列表框右侧的下拉按钮，在打开的下拉列表中选择“半圆”选项，设置范围为“50%”。

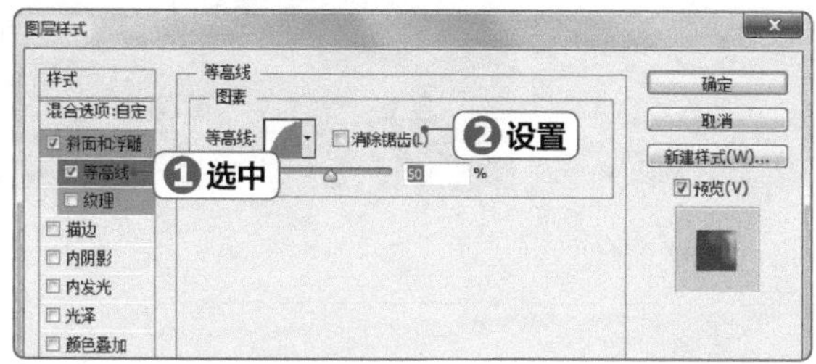

STEP 4 设置内阴影参数

❶单击选中“内阴影”复选框；❷设置“混合模式、颜色、不透明度、角度、距离、阻塞、大小”分别为“正片叠底、#61b065、75%、30 度、5 像素、0%、16 像素”，单击选中“使用全局光”复选框。

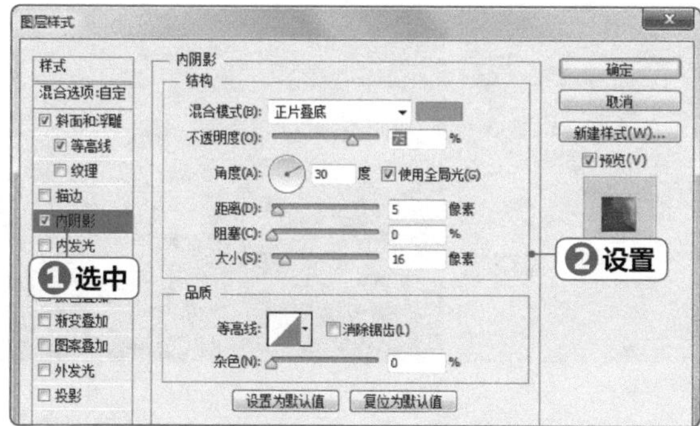

STEP 5 设置内发光参数

❶单击选中“内发光”复选框；❷设置“混合模式、不透明度、杂色、颜色、阻塞、大小、范围、抖动”分别为“正片叠底、50%、0%、#6ba668、10%、13 像素、50%、0%”，单击选中“边缘”单选项。

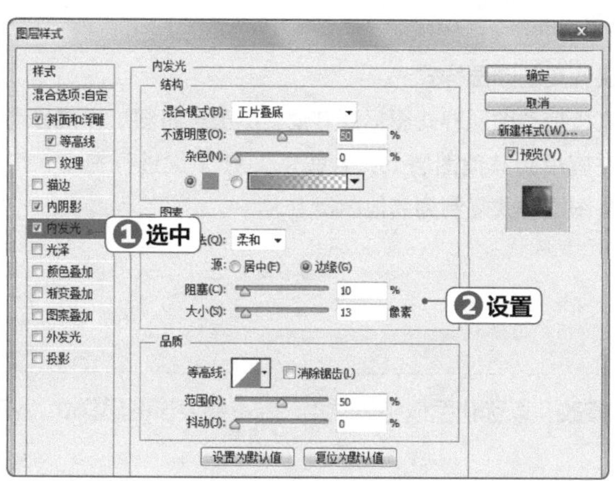

STEP 6 设置光泽参数

❶单击选中“光泽”复选框；❷设置“混合模式、颜色、不透明度、角度、距离、大小”分别为“正片叠底、#63955f、50%、75 度、43 像素、50 像素”。

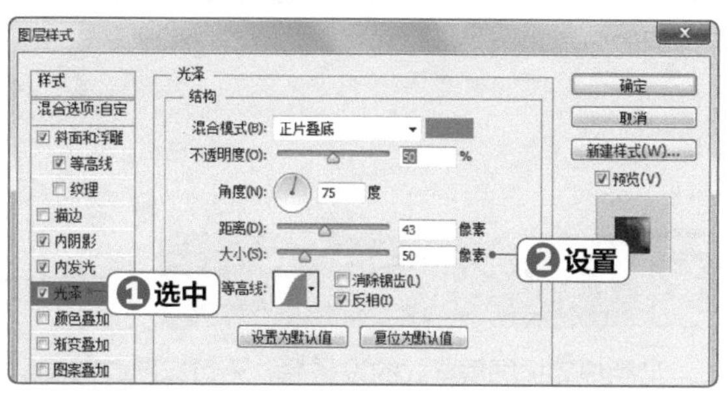

STEP 7 设置外发光参数

❶单击选中“外发光”复选框；❷单击选中“纯色”单选项，设置“混合模式、不透明度、杂色、颜色、方法、扩展、大小、范围、抖动”分别为“滤色、50%、0%、#caeecc、柔和、15%、10 像素、50%、0%”。

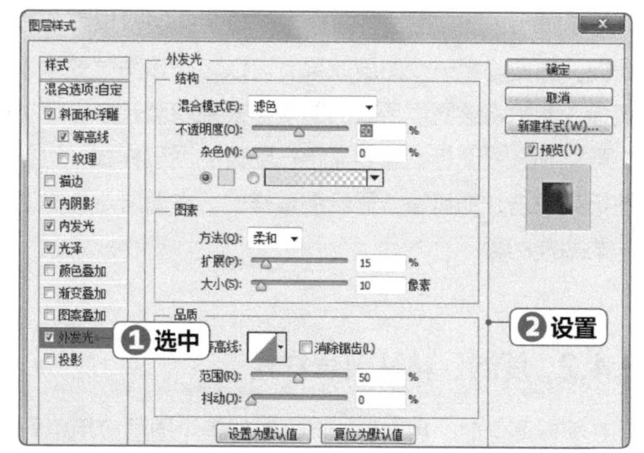

STEP 8 设置投影参数

❶单击选中“投影”复选框；❷单击选中“使用全局光”复选框，设置“混合模式、颜色、不透明度、角度、距离、扩展、大小”分别为“正片叠底、#509b4c、75%、30 度、5 像素、0%、5 像素”；❸单击“确定”按钮。

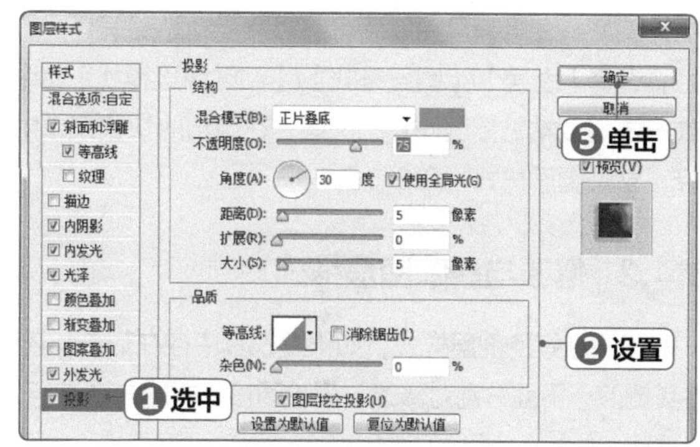

STEP 9 查看完成后的效果

❶在“图层”面板中选择文字图层，可查看添加的图层样式；❷在“混合模式”下拉列表中选择“正片叠底”选项，将背景图片与文本融合，使水珠显示在文字上面，保存文件，查看完成后的效果。

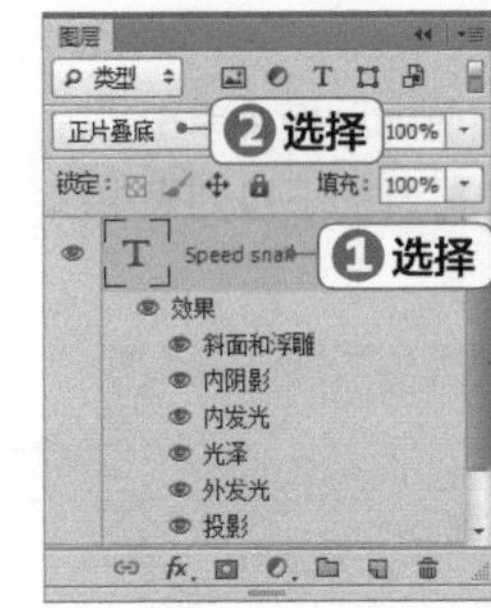

6.4 编辑图层样式

当用户完成图层样式的设置后，还可以随时对图层样式进行编辑。灵活地应用图层样式不但不会对图层中的像素有所影响，还能提升图像效果。下面分别对编辑图层样式的常见方法进行介绍。

6.4.1 显示隐藏图层样式

有时为了测试单个图层样式的效果可将其他图层样式效果隐藏或显示。在“图层”面板中，每个图层效果前都有个👁图标，想要隐藏一个图层效果，可以单击该图层效果前的👁图标，若想将该图层所有的图层样式都隐藏起来，可单击“效果”前的👁图标。想要显示已隐藏的图层样式，可在原👁图标处单击，即可重新显示图层样式。右图所示为隐藏外发光样式的效果。

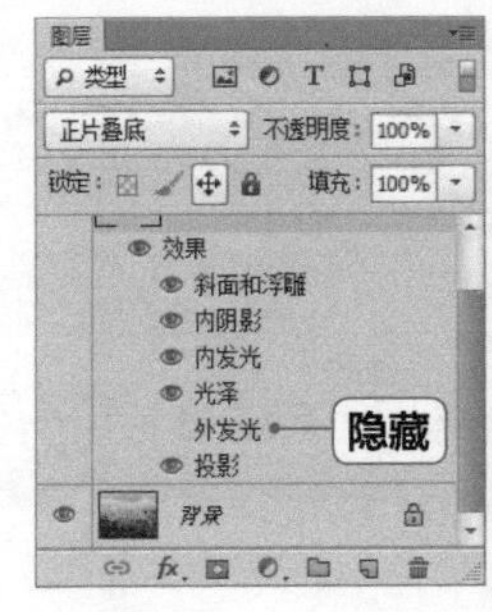

6.4.2 复制、粘贴图层样式

在编辑图像时，用户可能会同时对多个图层应用相同的图层样式，此时，若一个个对图层样式进行设置，不但可能因为一些参数设置的细微差别而影响图层样式的一致性，而且会浪费时间，使用复制、粘贴图层样式的功能就可以快速、轻松地解决这类问题。

- 复制图层样式：选择【图层】/【图层样式】/【拷贝图层样式】命令，或右击已添加图层样式的图层，在弹出的快捷菜单中选择“拷贝图层样式”命令。
- 粘贴图层样式：拷贝完成后，选择需要粘贴图层样式的图层，选择【图层】/【图层样式】/【粘贴图层样式】命令，或右击需要粘贴图层样式的图层，在弹出的快捷菜单中选择“粘贴图层样式”命令。

技巧秒杀

快速复制图层样式

直接拖动图层样式图标到其他图层上可将图层样式移动并应用到其他图层上，若按住【Alt】键进行拖动，可将图层样式复制到其他图层上。

6.4.3 修改与删除图层样式

对于设置好的图层样式，如果发现其中存在瑕疵，还可随时进行修改，以优化图像整体效果，若不需要该图层样式，还可以将其删除，下面分别对修改与删除图层样式的方法进行介绍。

- 修改图层样式：在"图层"面板中，双击需修改的效果名称，在打开的对话框中修改效果，单击"确定"按钮即可。
- 删除图层样式：选择要删除的效果，将其拖动到"图层"面板下方的按钮上；若想将一个图层的所有图层效果删除，可选中该效果将其拖动到"图层"面板下方的按钮上。

技巧秒杀

使用命令清除所有图层样式

选择需删除图层样式的图层，选择【图层】/【图层样式】/【清除图层样式】命令，也可将所有图层样式删除。

6.4.4 应用全局光与缩放效果

应用全局光与缩放效果可以对整个图层样式的光线角度与效果强弱进行调整，下面分别进行介绍。

1. 应用全局光

全局光是指调整其中一个图层投影光线的角度时，所有图层的光线角度都随之变化，"投影"和"内阴影"图层样式中都包含"使用全局光"复选框，单击选中即可设置全局光。当完成图层样式设置后，还可选择【图层】/【图层样式】/【全局光】命令，打开"全局光"对话框，设置光线角度与高度，单击"确定"按钮即可，下图所示为不同角度的全局光效果。

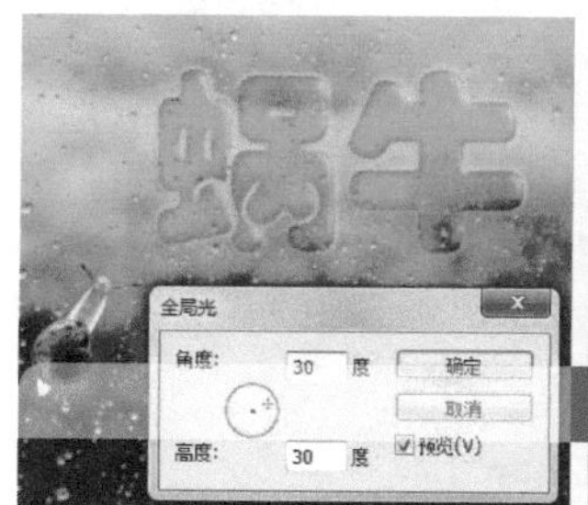

2. 应用缩放效果

在设置了图层样式后，若发现当前图层样式效果太强烈或太微弱，可以通过"缩放效果"功能对图层样式效果的强弱程度进行调整。其方法是：选择图层，选择【图层】/【图层样式】/【缩放效果】命令，打开"缩放图层效果"对话框，在"缩放"数值框中输入缩放数值，即可调整图层样式的效果，如下图所示为不同缩放效果值的对比效果。

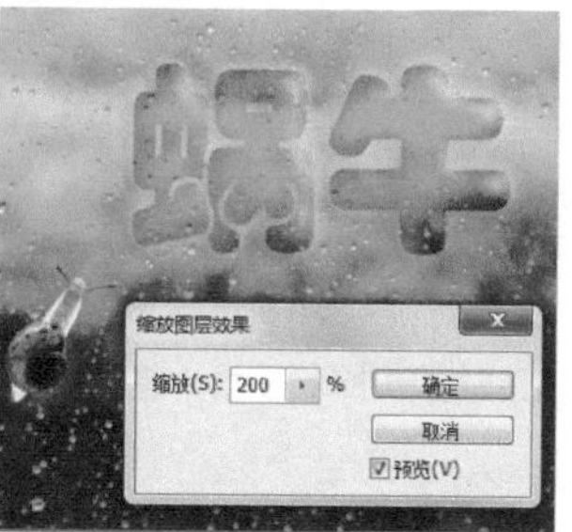

操作解谜

如何保留合并图层的图层样式

图像中的图层过多，用户需要对图层进行合并时，对设置了图层样式的图层进行合并，有时会影响到已经设置了的图层样式效果，此时用户可先对图层进行栅格化，将图层样式转换为图层像素，再对图层进行合并。具体操作为选择需要栅格化的图层，右击鼠标，在弹出的快捷菜单中选择"栅格化图层样式"命令。

6.5 使用"样式"面板

在 Photoshop CS6 中还提供了多种预设样式，这些样式都保存在"样式"面板中，用户可以直接为图层应用预设样式，也可以保存或载入外部图层样式到该面板中。下面将分别介绍在"样式"面板中应用、保存和管理图层样式的方法。

6.5.1 应用预设样式

选择需要应用预设样式的图层，选择【窗口】/【样式】命令，打开"样式"面板，选择面板中的任一样式，即可为图层添加该样式，下图所示为应用预设样式前后的效果。

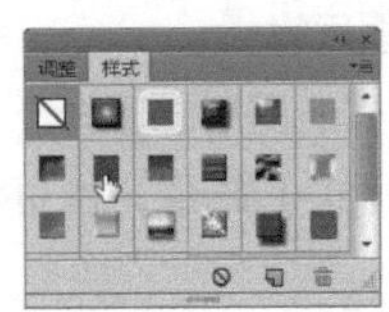

技巧秒杀

删除样式面板中的样式

如果要删除样式面板中的样式，将其拖动到样式面板底部的删除按钮上即可删除该样式，也可按住【Alt】键单击需删除的样式来删除。

6.5.2 创建样式——制作并储存水珠样式

微课：制作并储存水 珠样式

在“图层样式”对话框中为图层添加图层样式后，若想以后还能使用相同的效果，可将该样式保存到“样式”面板中并创建为样式。下面创建水珠的样式，并将其添加到“样式”面板中，最后将储存的水珠样式添加到其他图像上，其具体操作如下。

素材：光盘\素材\第 6 章\绿叶.jpg、水果.jpg

效果：光盘\效果\第 6 章\水珠.psd

STEP 1 创建并填充选区

❶打开“绿叶.jpg”素材文件；❷新建图层 1；❸使用套索工具绘制水珠形状，将选区填充为白色。

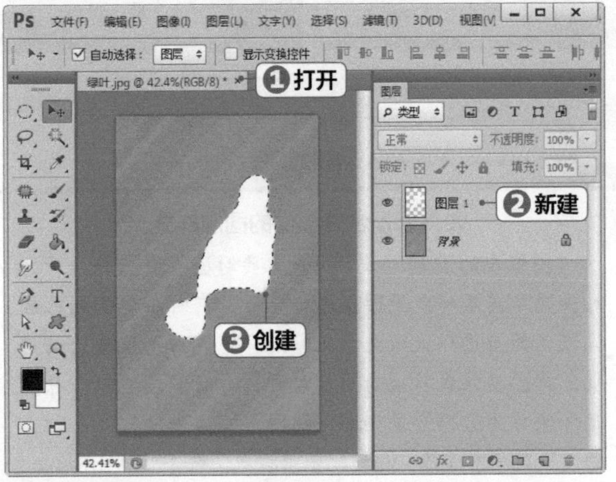

技巧秒杀

绘制露珠形状

除了使用套索工具绘制露珠形外，还可使用钢笔工具进行绘制。

STEP 2 设置斜面和浮雕参数

❶打开“图层样式”对话框，单击选中“斜面和浮雕”复选框；❷设置“样式、方法、深度、大小、软化”分别为“内斜面、平滑、350%、7 像素、5 像素”，单击选中“下”单选项；❸在“阴影”栏中设置“角度、高度、光泽等高线、高光模式、不透明度、阴影模式”分别为“120 度、30 度、内凹－深、颜色减淡、80%、正片叠底”。

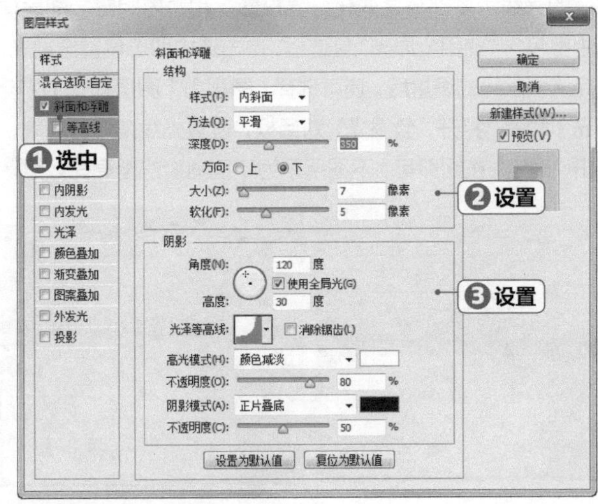

STEP 3 设置内阴影参数

❶单击选中“内阴影”复选框；❷设置“混合模式、颜色、不透明度、角度、距离、阻塞、大小”分别为“线性减淡(添加)、白色、50%、120 度、3 像素、0%、5 像素”，单击选中“使用全局光”复选框。

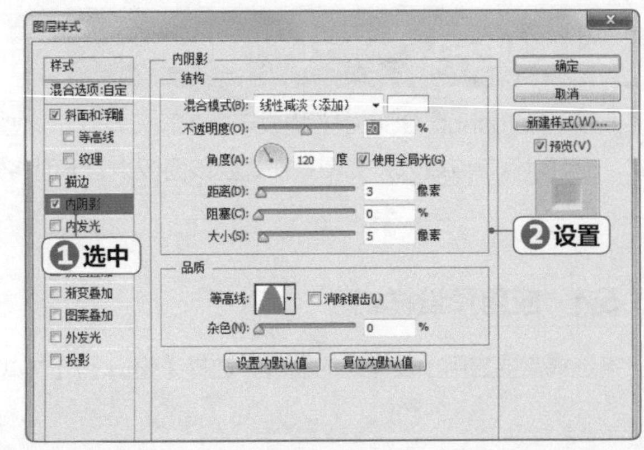

STEP 4 设置内发光参数

❶单击选中“内发光”复选框；❷设置“混合模式、不透明度、杂色、颜色、阻塞、大小、范围、抖动”分别为“变暗、40%、0%、黑色、0%、25像素、50%、0%”，单击选中“边缘”单选项。

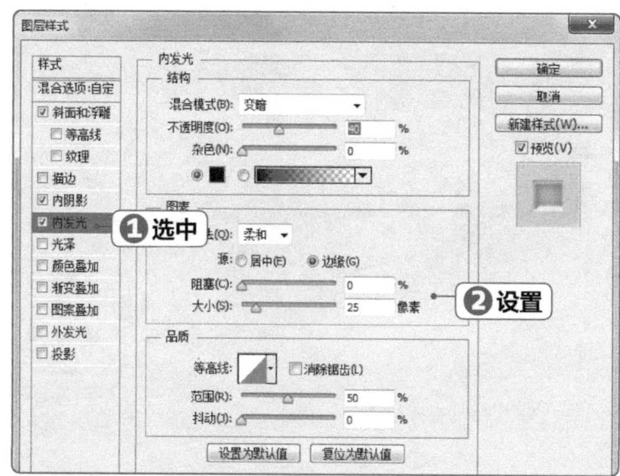

STEP 5 设置颜色叠加参数

❶单击选中“颜色叠加”复选框；❷设置“混合模式、颜色、不透明度”分别为“颜色减淡、#a89688、45%”。

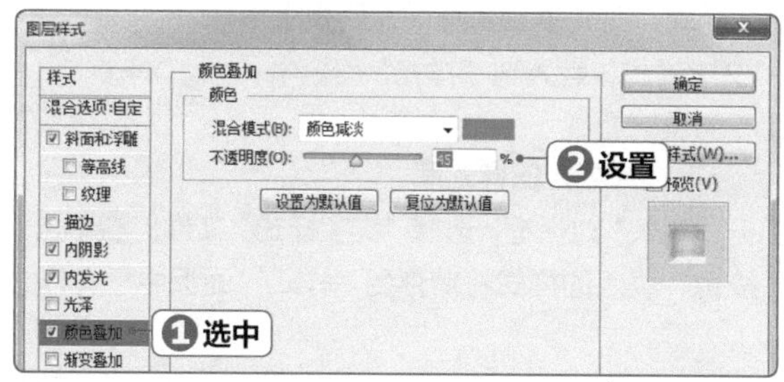

STEP 6 设置投影参数

❶单击选中“投影”复选框；❷单击选中“使用全局光”复选框，设置“混合模式、颜色、不透明度、角度、距离、扩展、大小”分别为“正片叠底、黑色、20%、120度、9像素、5%、10像素”；❸单击“确定”按钮。

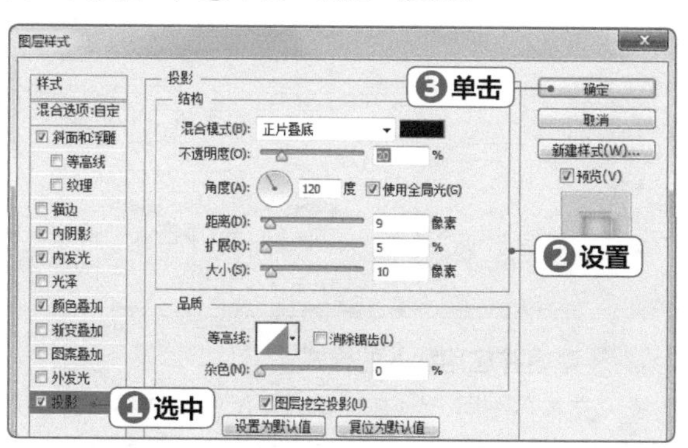

STEP 7 新建样式

❶选择“图层1”图层；❷选择【窗口】/【样式】命令，打开“样式”面板，单击面板底部的按钮；❸在打开的“新建样式”对话框中输入样式名称“水珠”；❹单击“确定”按钮。

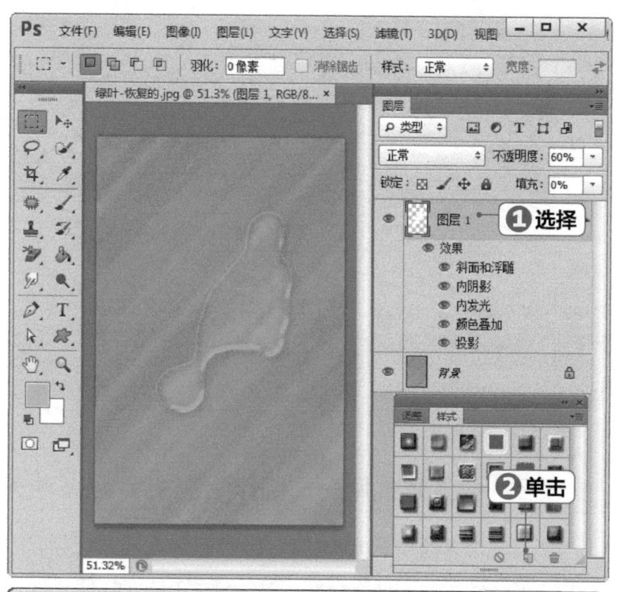

STEP 8 高斯模糊

❶打开“水果.jpg”素材文件，按【Ctrl+J】组合键复制背景图层；❷选择副本图层，选择【滤镜】/【模糊】/【高斯模糊】命令，打开“高斯模糊”对话框，输入半径为“10”；❸单击“确定”按钮。

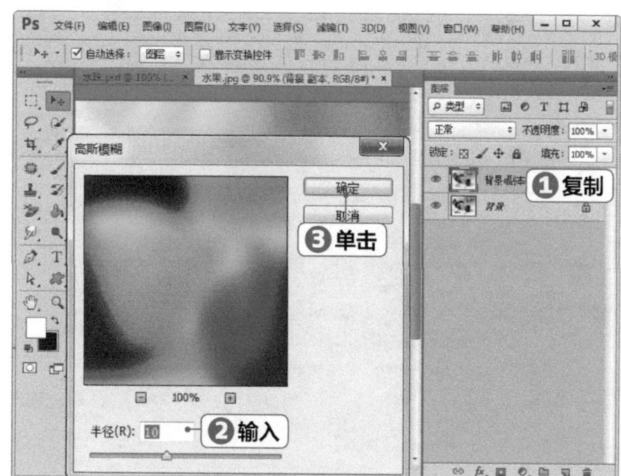

第6章 图层的高级应用

STEP 9 绘制水珠

❶新建“水珠”图层；❷使用钢笔工具绘制多个形状各异的白色水珠。

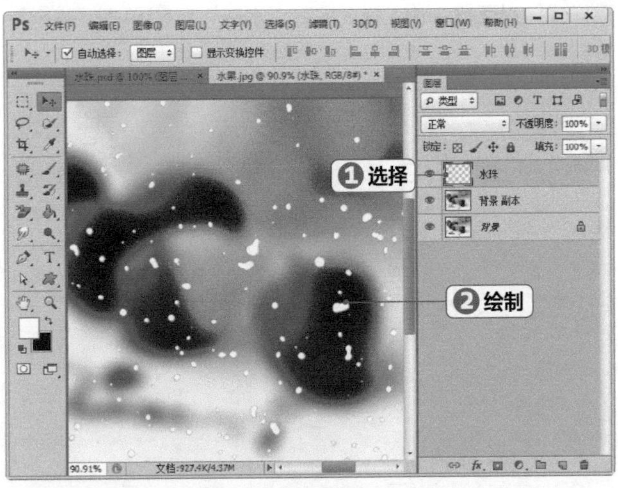

STEP 10 查看并应用样式

❶选择“水珠”图层；❷在“样式”面板中单击创建的“水珠”样式，即可为绘制的水珠添加水珠样式，保存文件为“水珠.jpg”，完成本例的操作。

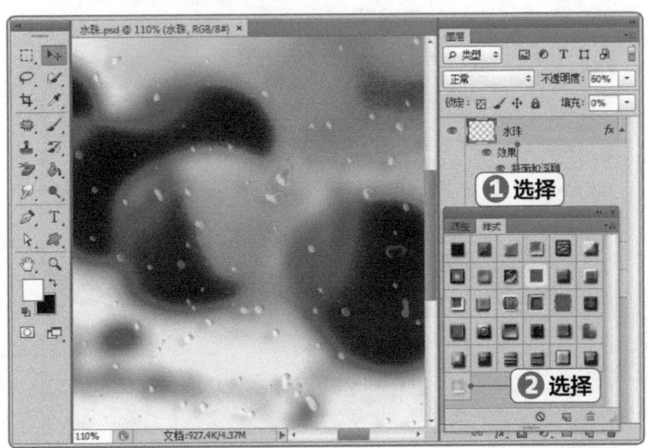

6.5.3 载入样式库——制作渐变文字

微课：制作渐变文字

除了样式面板中 Photoshop 自带的预设样式和手动创建新的样式外，一些设计网站提供了丰富的 Photoshop 样式，如抽象样式、文字效果和 Web 样式等，要使用这些样式，首先需要将样式从网页上下载到计算机中，然后将其载入到“样式”面板中。下面将计算机中的“文字样式”载入到“样式”面板中，并将其应用到素材上，具体操作如下。

	素材：光盘\素材\第 6 章\文字.psd
	效果：光盘\效果\第 6 章\文字.psd

STEP 1 选择“载入样式”选项

❶打开“文字.psd”素材文件；❷打开“样式”面板，单击样式面板右上角的按钮，在打开的列表中选择“载入样式”选项。

STEP 2 选择载入的样式库

❶打开“载入”对话框，选择“文字样式”文件；❷单击“载入”按钮，载入的样式将储存到“样式”面板中已有样式的后方。

STEP 3 查看并应用载入的样式

❶选择“文本”图层；❷在“样式”面板中选择一种载入的样式，即可为文本应用样式，保存文件，查看完成后的效果。

操作解谜

切换样式库

打开“样式”面板，单击“样式”面板右上角的按钮，在打开的列表中可选择需要切换的样式库类型，在打开的提示对话框单击“确定”按钮即可将样式替换为选择的类型，若单击“追加”按钮，可在当前样式的基础上继续添加其他类型的样式。为了方便管理载入的样式，可先切换到对应类型的样式库中。

6.6 应用中性色图层

中性色图层是一种填充了中性色的特殊图层，编辑该图层不会破坏其他图层上的像素。中性色图层通过混合模式对下面的图层产生影响，常用于修饰图像以及添加滤镜。

6.6.1 了解中性色

在 Photoshop 中，中性色是指黑色、白色，以及黑色到白色之间的所有灰色。在 RGB 色彩模式下，中性色是指 R:G:B=1:1:1，即红绿蓝三色数值相等，绝对的中性色为“R:128、G:128、B:128”。创建中性色图层时，Photoshop 会用黑、白、灰中的一种颜色来填充图层，并为其设置特殊的混合模式，在混合模式下，图层中的中性色是不可见的，如右图所示。

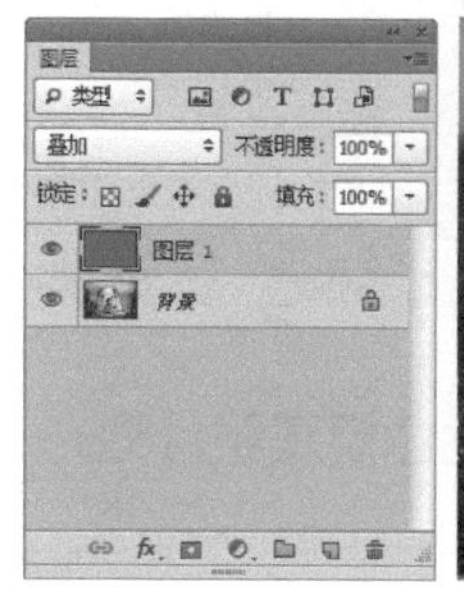

6.6.2 综合案例——使用中性色矫正偏色

微课：使用中性色矫正偏色

大部分拍摄的照片都会出现偏色问题，如阴天拍摄的照片会偏淡蓝色、荧光灯下拍摄的照片会偏绿色此时就需要对偏色的图片进行矫正。除了调整色彩平衡、可选颜色外，还可使用中性色矫正偏色，下面将矫正“矫色 .jpg”图像文件，使偏绿色的照片恢复正常，其具体操作如下。

素材：光盘 \ 素材 \ 第 6 章 \ 矫色 .jpg
效果：光盘 \ 效果 \ 第 6 章 \ 矫色 .psd

STEP 1 分析偏色

❶打开“矫色 .jpg”素材文件；❷在工具箱中选择吸管工具；❸选择【窗口】/【信息】命令，打开“信息”面板，将鼠标光标移动到在胸口的白色花朵上，在“信息”面板中将显示该处的颜色值，可发现 G、B 值高于 R 值，由于中性色的三个值应该是相等的，若 R 值高于其他值则偏红；若 G 值高于其他值则偏绿；若 B 值高于其他值则偏蓝，因此判定照片偏绿蓝色。

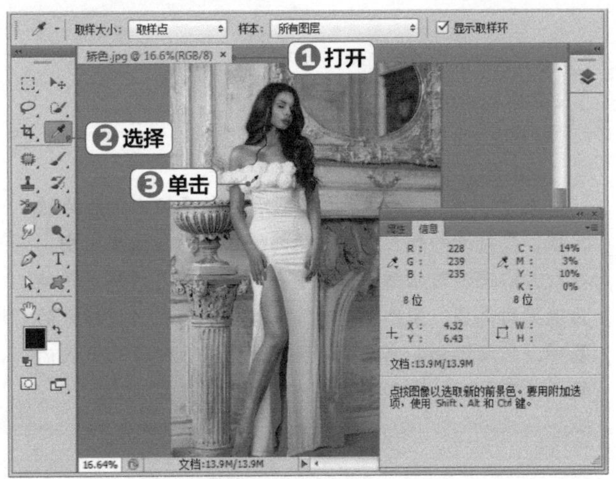

STEP 2 新建色阶调整图层

①在“图层”面板底部单击 按钮；②在打开的列表中选择“色阶”选项。

STEP 3 调整中性色

①在打开的“色阶”面板中单击 按钮；②继续在衣服的白色花朵上单击，平均该处的RGB值，使其转化为中性色，调整照片的其他颜色，此时可看见图像的偏绿与偏蓝色部分恢复了正常，保存文件完成本例的制作。

技巧秒杀

取色的注意事项

在吸取黑色、白色或灰色时，要尽量选择RGB值中差值较小的颜色，否则会造成更大的色偏。

6.6.3 综合案例——使用中性色矫正照片曝光

曝光量取决于光线进入相机的多少，照片曝光不足或曝光过渡都会影响其质量，使用中性色图层可以快速的矫正照片曝光，下面通过调整中性色图层，调整图片的曝光度，其具体操作如下。

微课：使用中性色矫正照片曝光

<table>
<tr><td rowspan="2"></td><td>素材：光盘\素材\第6章\曝光度调整.jpg</td></tr>
<tr><td>效果：光盘\效果\第6章\曝光度调整.psd</td></tr>
</table>

STEP 1 新建中性色图层

①打开“曝光度调整.jpg”素材文件；②选择【图层】/【新建】/【图层】命令，打开“新建图层”对话框，设置图层模式为“柔光”；③单击选中“填充柔光中性色”复选框；④单击“确定”按钮。

STEP 2 **调整曝光度**

❶选择【图像】/【调整】/【曝光度】命令，打开“曝光度”对话框，设置曝光度为“-1.2”，减少图像的曝光度；❷单击“确定”按钮。

STEP 3 **查看调整曝光度效果**

返回图像编辑区，隐藏和显示中性色调整图层，可查看调整曝光度前后的效果，完成后保存文件，完成本例的制作。

6.6.4 综合案例——使用中性色制作绚丽灯光

微课：使用中性色制作绚丽灯光

绚丽灯光常用作渲染舞台背景，营造绚丽迷人的意境，在色彩单调的图像中添加绚丽灯光效果，是修饰图像常见的手段之一。下面通过新建中性色图层，添加 RGB 三色光效果，制作绚丽灯光，其具体操作如下。

	素材：光盘 \ 素材 \ 第 6 章 \ 灯光渲染 .jpg
	效果：光盘 \ 效果 \ 第 6 章 \ 灯光渲染 .psd

STEP 1 **新建中性色图层**

❶打开“灯光渲染 .jpg”素材文件；❷选择【图层】/【新建】/【新建】命令，打开“新建图层”对话框，设置模式为“叠加”；❸单击选中“填充叠加中性色”复选框；❹单击“确定”按钮。

STEP 2 **添加 RGB 三色光**

选择【滤镜】/【渲染】/【光照效果】命令，在打开窗口中将光照设置为“RGB 光”，拖动各光源四角的控制点，调整光照位置与大小。

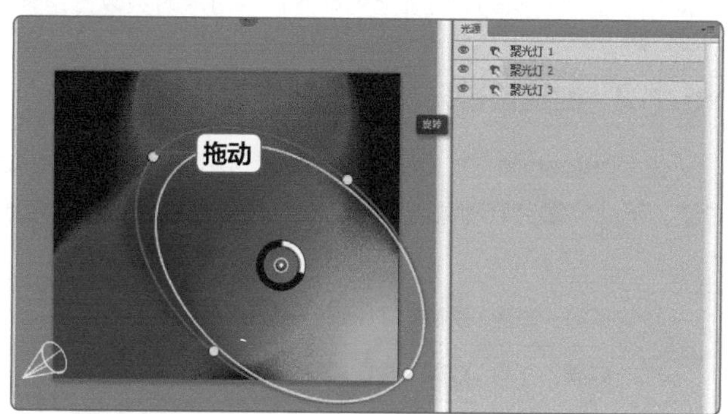

技巧秒杀

调整光源

在调整光源时，需要先单击黄色的锥形图标选择光源，将鼠标光标移至白色点周围，当出现调整提示后即可调整光源。

STEP 3 查看 RGB 光渲染效果

返回图像窗口，隐藏和显示中性色调整图层，可查看 RGB 光渲染效前后的效果，完成后保存文件，完成本例的制作。

6.7 智能对象

智能对象是一个嵌入在当前文件中的文件，它可以是来自图像或图层的内容，还可以在 Photoshop 程序之外编辑，它可以是位图，也可以是用 Illustrator 软件编辑的矢量图，下面进行详细的讲解。

6.7.1 智能对象的优势

当我们在 Photoshop 中对智能对象进行处理时，不会直接应用到对象的原数据，因此，不会给原始数据造成任何影响，这是一种非破坏性的编辑功能。与图层相比，智能对象有以下 3 个优势。

- 将多个图层内容创建为一个智能对象后，可减少在“图层”面板中的图层结构。也可将智能对象创建为多个副本，对原内容进行编辑后，所有与这些链接的副本都会自动更新。
- 智能对象可进行非破坏性变换，如旋转、比例缩放对象等。也可保留非 Photoshop 本地方式处理的数据，如在嵌入 Illustrator 中的矢量图形时，Photoshop 会自动将它转换为可识别内容。
- 应用于智能对象的滤镜都是智能滤镜，可随时更改滤镜参数，且不会对图像造成任何破坏。

6.7.2 创建智能对象——制作旋转特效

微课：制作旋转特效

在 Photoshop 中，可以将文件、图层中的对象、Illustrator 创建的矢量图形或文件等对象创建为智能对象。下面将银杏叶对象创建为智能对象，并为其添加旋转效果，制作螺旋形的图案，其具体操作如下。

素材：光盘 \ 素材 \ 第 6 章 \ 银杏叶 .psd

效果：光盘 \ 效果 \ 第 6 章 \ 银杏叶 .psd

STEP 1 添加投影效果

❶打开“银杏叶 .psd”文件；❷双击“图层 2”图层，打开“图层样式”对话框，单击选中“投影”复选框，设置投影距离和大小均为“3”，为银杏叶添加投影效果。

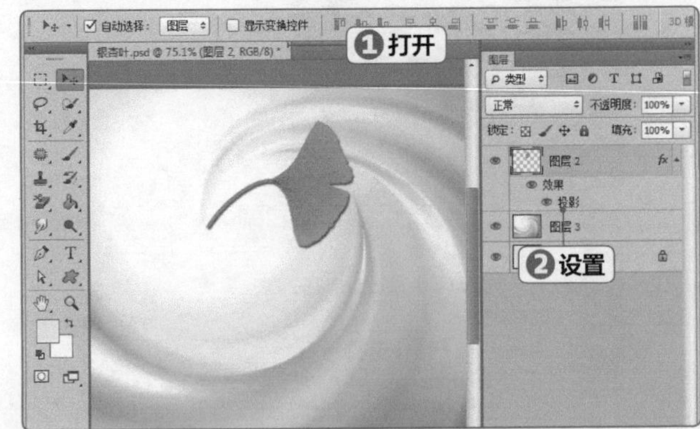

STEP 2 变换图形

❶按【Ctrl+T】组合键进入变换状态，将中心点移动到框外，此处移动到左下角，作为变换的中心点；❷在工具属性栏中输入变换的角度为“20 度”；❸设置缩放比例为“95%”。

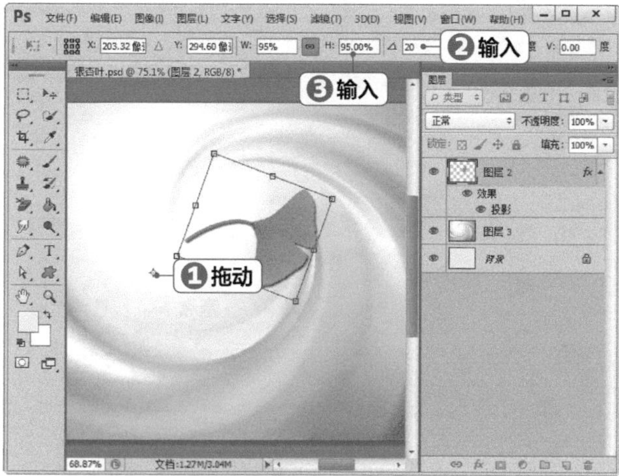

STEP 3 转换为智能对象

在树叶图层的名字上单击右键，在弹出的快捷菜单中选择“转换为智能对象”命令，把树叶图层转化为智能对象，此时可以看到这个图层的缩略图右下角出现了智能对象的图标。

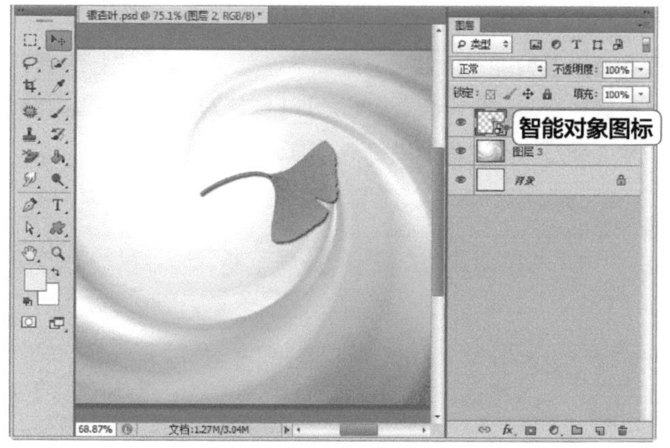

STEP 4 执行再次变换图形并复制图层

按【Shift+Ctrl+Alt+T】组合键，树叶图层被复制了一个副本，并按照设置的变换方式进行缩小与旋转，继续按该组合键，树叶可以被一直复制下去，最后形成一个螺旋形的图案，保存文件完成本例的操作。

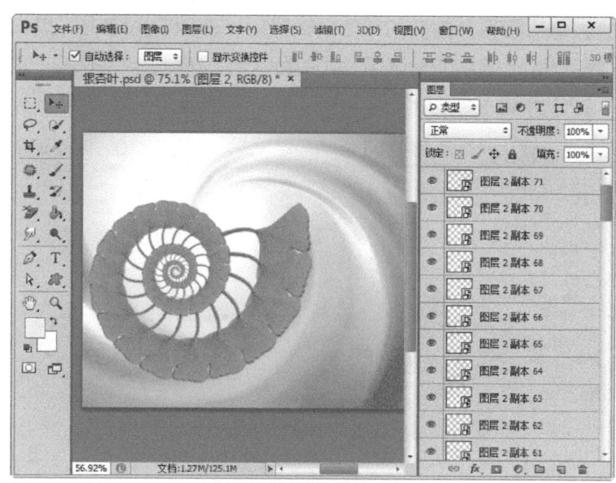

操作解谜

创建智能对象的其他方法

- 转换为智能对象：选择【图层】/【智能对象】/【转换为智能对象】命令，可将选择的图层创建为智能对象。
- 打开为智能对象：选择【文件】/【打开为智能对象】命令，可选择一个文件作为智能对象打开。
- 使用置入文件创建：选择【文件】/【置入】命令，可选择一个文件置入到图像中。
- 使用其他格式文件创建：将Illustrator创建的矢量图形或PDF文件拖动到Photoshop文件中，在打开的“置入PDF”对话框中单击“确定”按钮，也可将其创建为智能对象。

6.7.3 编辑智能对象

创建智能对象后，可根据需要修改原对象内容。若源内容是位图，则可以在 Photoshop 中打开；若是矢量的 PDF 或 EPS 图像，则会在 Illustrator 中打开。下面打开上面制作的“银杏叶 .psd”文件，通过编辑树叶智能对象，为图案添加新的装饰元素，其具体操作如下。

微课：编辑智能对象

素材：光盘 \ 素材 \ 第 6 章 \ 银杏叶 .psd
效果：光盘 \ 效果 \ 第 6 章 \ 银杏叶 1.psd

STEP 1 编辑内容

打开“银杏叶 .psd”文件，在第一个树叶图层的智能对象，选择【图层】/【智能对象】/【编辑内容】命令，在打开的对话框中单击“确定”按钮。

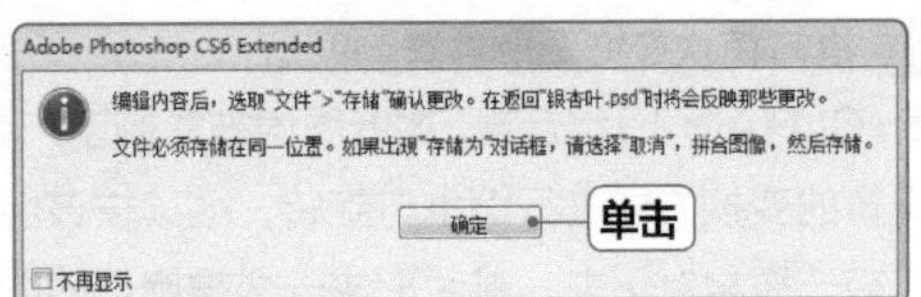

STEP 2 编辑智能对象

❶系统自动打开智能对象的编辑窗口，选择椭圆选框工具；❷在树叶上绘制圆形选区，填充颜色为“#fffc00”，选择【文件】/【存储】命令。

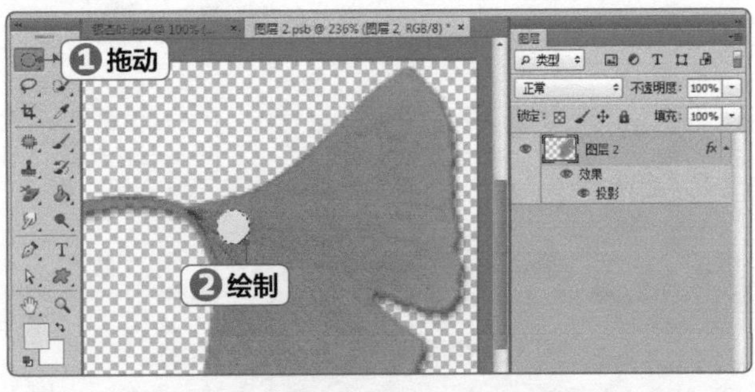

STEP 3 查看编辑智能对象的效果

切换到“银杏叶”编辑窗口，可发现所有智能对象上都添加了黄色椭圆的修饰图案，另存文件为“银杏叶 1.psd”，完成本例的制作。

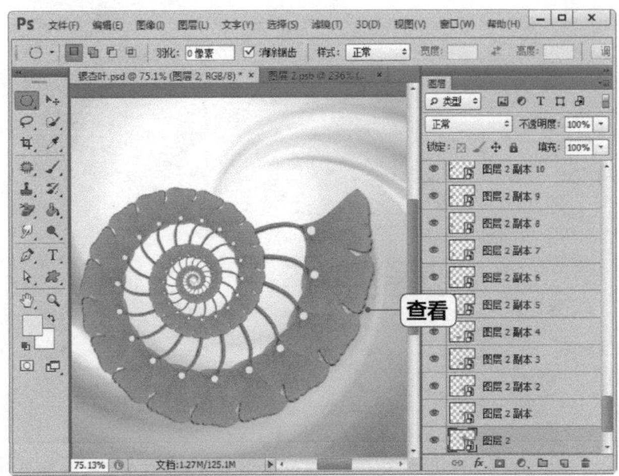

6.7.4 替换智能对象

微课：替换智能对象

创建智能对象后，若发现智能对象不能满足要求，除了可以对其进行编辑外，还可将其更换为其他智能对象。下面打开上面制作的“银杏叶 1.psd”图像文件，将树叶更换为气泡图形，其具体操作如下。

	素材：光盘 \ 素材 \ 第 6 章 \ 银杏叶 1.psd、气泡 .png
	效果：光盘 \ 效果 \ 第 6 章 \ 气泡 .psd

STEP 1 选择替换的智能对象

❶打开“银杏叶 1.psd”图像文件，选择智能对象图层，选择【图层】/【智能对象】/【替换内容】命令，在打开的对话框中选择“气泡 .png”文件；❷单击“置入”按钮。

STEP 2 编辑智能对象

查看替换的智能对象效果，发现不够美观，需要进行编辑，此时选中智能对象，选择【图层】/【智能对象】/【编辑内容】命令，在打开的对话框中单击“确定”按钮。

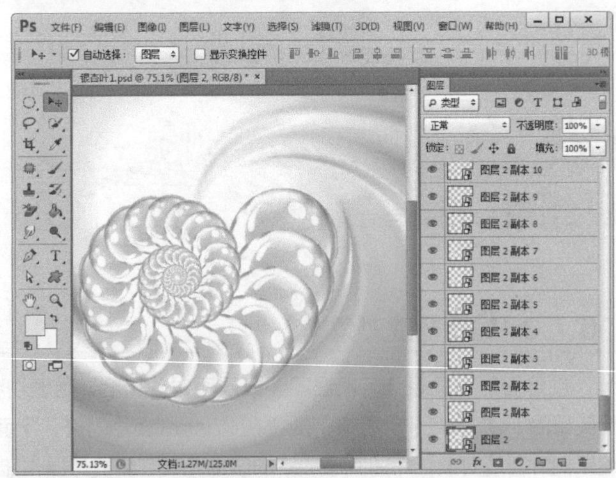

STEP 3 缩小智能对象

切换到“气泡”编辑窗口，按【Ctrl+T】组合键进入变换状态，在工具属性栏中将缩放比例更改为“20%”。

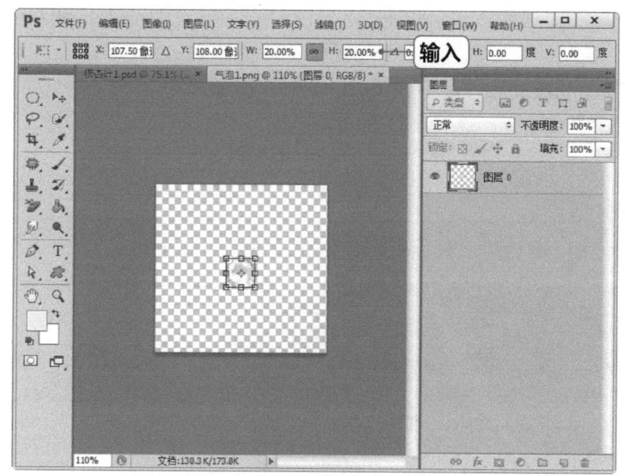

STEP 4 查看编辑智能对象的效果

切换到“银杏叶 1”编辑窗口，可发现气泡已经缩小，另存文件为“气泡 .psd”，完成本例的制作。

6.7.5 导出智能对象

Photoshop CS6 中，不仅可以将智能对象添加到文件中，还能将文件中的智能对象作为文件导出，方便进行其他作品的编辑与使用。导出智能对象的方法是：在“图层”面板中选择智能对象，选择【图层】/【智能对象】/【导出内容】命令，即可将智能对象以原始置入格式导出。若智能对象是利用图层来创建的，那么默认将导出为 psd 文件。

操作解谜

将智能对象转换为普通图层

智能对象上可以添加滤镜效果，但不能使用画笔工具进行绘制，需要先将其转换为普通图层，此时，在“图层”面板中选择智能对象后，选择【图层】/【智能对象】/【栅格化】命令即可。

高手竞技场

1. 制作天上城堡图像

打开“背景 .jpg”图像，再打开“城堡 .jpg”图像，为城堡图像建立选区，再使用移动工具将城堡移动到“背景”图像中。设置图层混合模式和颜色，使城堡融入到天空的云层中，再添加一些云朵素材，调整云朵颜色，制作城堡漂浮在云层中的效果。

2. 制作浮雕炫彩花纹字

“浮雕炫彩花纹字”属于文字特效中的一种，它通过对文字添加纹理和浮雕等效果，从而制作出逼真的浮雕纹理。下面将主要应用图层样式制作浮雕炫彩花纹字，要求如下。

- 打开“古典花纹.jpg”图像文件，并将其自定义为图案。
- 添加斜面与浮雕、外发光、渐变叠加、图案叠加等图层样式效果。
- 保存设置的图层样式，并应用到其他文字上，调整图像的色相/饱和度，最后保存文件完成本例的操作。

3. 合成“音乐海报”图像

“音乐海报”是海报中的一种，常用于演唱类节目的宣传，下面将制作对学校音乐节进行宣传的音乐海报，要求如下。

- 打开“音乐节海报”的各种素材，设置混合模式，制作海报背景。
- 为图层添加各种图层样式，如“投影”“内阴影”“外发光”“内发光”等，通过为图层应用图层样式，丰富图像效果。
- 绘制图形，并设置图层的不透明度，最后保存文件完成本例的操作。

07 Chapter 第 7 章

绘制图形

/ 本章导读

Photoshop CS6 提供了丰富的绘图工具，包括填充工具、渐变工具、画笔工具、形状工具和钢笔工具等，灵活运用这些绘图工具，能够让画面展现出不一样的美。本章将通过对各种绘图工具的讲解，介绍图形的绘制方法以及矢量图的编辑操作，从而全方位提升读者的绘图功底。

7.1 绘图准备

在绘制图形前，需要对绘制的图形颜色进行设置，常见的设置方法包括设置前景色和背景色、使用拾色器设置颜色、使用吸管工具拾取颜色等。颜色设置完成后，还需要对绘图模式进行了解，并对路径和锚点的特征进行掌握，这样在绘制图像时才会更加流畅。

7.1.1 前景色和背景色

要在 Photoshop CS6 中绘制图形，需先设置前景色和背景色。前景色可用于显示当前绘制图像的颜色，背景色则用于显示图像的底色，也就是画布的颜色。下面对修改前景色和背景色、切换前景色和背景色，以及恢复默认的前景色和背景色的方法分别进行介绍。

1. 设置前景色和背景色

在 Photoshop 工具箱底部有前景色、背景色按钮。默认情况下前景色为黑色、背景色为白色。

前景色　置换前景色和背景色
还原前景色和背景色　背景色

下面分别对前景色和背景色的使用和设置方法进行介绍。

- 前景色：单击“设置前景色”按钮，将打开“拾色器（前景色）”对话框，在该对话框中单击选择一种颜色即可将其设置为前景色。
- 背景色：单击“设置背景色”按钮，将打开“拾色器（背景色）”对话框，在该对话框中单击选择一种颜色即可将其设置为背景色。

2. 切换前景色和背景色

在工具箱中单击置换前景色和背景色按钮，Photoshop CS6 将置换前景色与背景色。下图为置换前景色和背景色后的效果。

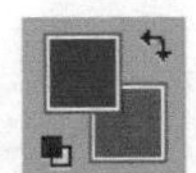

3. 恢复默认的前景色和背景色

单击“还原前景色和背景色”按钮，前景色和背景色将还原为默认状态。下图为将设置的前景色和背景色还原为默认状态的黑白色。

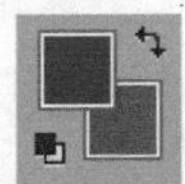

技巧秒杀

使用快捷键设置前景色和背景色

按【D】键可还原前景色和背景色，按【X】键可置换前景色和背景色。需注意的是，在使用快捷键置换前景色和背景色时，输入法必须为英文输入状态。

7.1.2 使用拾色器设置颜色——为卡通图像填充颜色

微课：为卡通图像填充颜色

拾色器就是拾取颜色的工具，在 Photoshop CS6 中可基于 RGB（红色、绿色、蓝色）、HSB（色相、饱和度、亮度）、Lab（亮度分量、绿色 - 红色轴、蓝色 - 黄色轴）和 CMYK（青色、洋红、黄色、黑色）颜色模型进行颜色的设置，或者根据颜色的十六进制值来指定需要的颜色。下面将在“向日葵.jpg”图像中通过使用拾色器来为向日葵上色，以掌握前景色与背景色的设置方法。

	素材：光盘 \ 素材 \ 第 7 章 \ 向日葵 .jpg
	效果：光盘 \ 效果 \ 第 7 章 \ 向日葵 .jpg

STEP 1 选择魔棒工具

❶打开“向日葵.jpg”图像，在工具箱中选择魔棒工具；❷在图像编辑区中的向日葵花朵上单击鼠标，创建选区；❸单击工具箱中的“设置前景色”按钮。

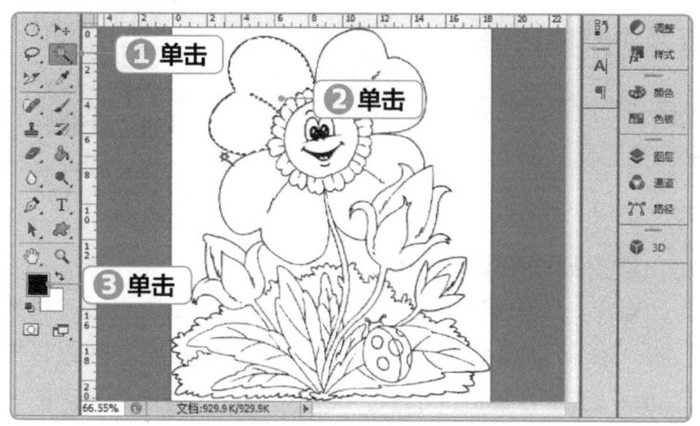

STEP 2 设置前景色颜色

①打开“拾色器（前景色）”对话框，在“#”文本框中输入“#ffe506”；②单击“确定”按钮。

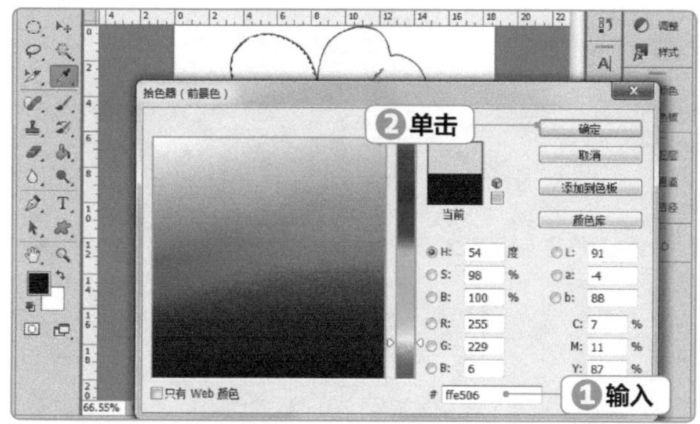

STEP 3 填充花瓣颜色

①返回图像窗口中按【Alt+BackSpace】组合键，填充前景色，然后按【Ctrl+D】组合键取消选区，并查看填充后的效果；②使用相同的方法，继续在工具箱中选择魔棒工具，对其他花瓣创建选区，并填充与前面相同的花瓣颜色。

STEP 4 填充花心

①设置前景色为“#e09305”；②并在上方的工具属性栏中设置容差为“20”；③再在工具箱中选择魔棒工具；④在图像编辑区的花心处，创建选区，并填充前景色。

STEP 5 填充其他部分

设置前景色为“#973707”，在花盘上单击鼠标创建选区，按【Alt+BackSpace】组合键填充颜色；设置前景色为“#b8ce24”，填充叶子的颜色；设置前景色为“#0a8a1f”，填充树丛的颜色；设置前景色为“#ff005a”，填充瓢虫的颜色；设置前景色为“#eb2c47”，填充花骨朵儿的颜色。

STEP 6 填充背景

设置背景色为“#d8e1e3”，使用魔棒工具在向日葵的背景处添加选区，并按【Ctrl+BackSpace】组合键填充背景色，查看填充后的效果。

7.1.3 使用吸管工具拾取颜色——吸取人物脸部颜色并应用到背景

微课：吸取人物脸部颜色并应用到背景

使用吸管工具可以将图像中的任意颜色设置为前景色。下面将在“彩妆美女图片.jpg”图像中使用吸管工具吸取美女脸部的彩妆颜色并应用到图像背景中，从而掌握吸管工具的使用方法，其具体操作步骤如下。

素材：光盘\素材\第7章\彩妆美女图片.jpg
效果：光盘\效果\第7章\彩妆美女图片.jpg

STEP 1 吸取颜色

❶打开“彩妆美女图片.jpg”图像，在工具箱中选择吸管工具；❷将鼠标光标移动到图像所需要颜色处单击，这里单击人物的眼影处，此时工具箱中前景色就会变成鼠标单击处的颜色。

STEP 2 应用吸取的颜色

在工具箱中选择魔棒工具，在背景处单击，建立选区，并按【Alt+BackSpace】组合键，填充吸取后的颜色效果，按【Ctrl+D】组合键取消选区，完成后保存，替换背景后的效果如下图所示。

7.1.4 认识绘图模式

绘图模式是指绘制图形后图像形状所呈现的状态，包括路径、形状和像素3种模式。用户在选择矢量工具后，在其工具属性栏中即可对不同的模式进行选择。下面就对这3种绘图模式的作用和特点进行讲解。

- 形状模式：形状模式指绘制的图形将位于一个单独的形状图层中，并在“路径”面板中显示路径。它由形状和填充区域两部分组成，是一个矢量的图形。用户可以根据需要对形状的描边颜色、样式以及填充区域的颜色等进行设置。

- 路径模式：选择路径模式后，用户可创建形状路径，此时绘制的形状将会出现在“路径”面板中。此外，路径还可转换为选区和矢量蒙版，它在 Photoshop CS6 中处理图像时经常使用。

- 像素模式：选择像素模式后，在图层上绘制的图形将自动被栅格化，由于图像绘制出来后就被自动栅格化，所以在"路径"面板中并不会出现路径。

7.1.5 了解路径与锚点

路径是一种不包含像素的轮廓形式，在使用路径的过程中可以使用颜色填充路径，或是使用描边工具描边路径。路径由一个或多个直线段或曲线段组成，而锚点就是线段两头的端点。路径是由锚点来连接的，通过它可以对路径的形状、长度等进行调整。下面分别对路径和锚点进行介绍。

1. 认识路径

路径作为一种轮廓形式，可作为矢量蒙板控制图层的显示区域。路径既可以根据起点与终点的情况分为闭合路径和开放式路径，也可以根据线条的类型分为直线路径和曲线路径，下面分别对其进行介绍。

- 闭合路径和开放式：闭合路径是指路径线段为一个封闭的图形，起点和终点完全重合（即无起点和终点）；开放路径是指路径线段既有起点，又有终点，是没有封闭的图形。

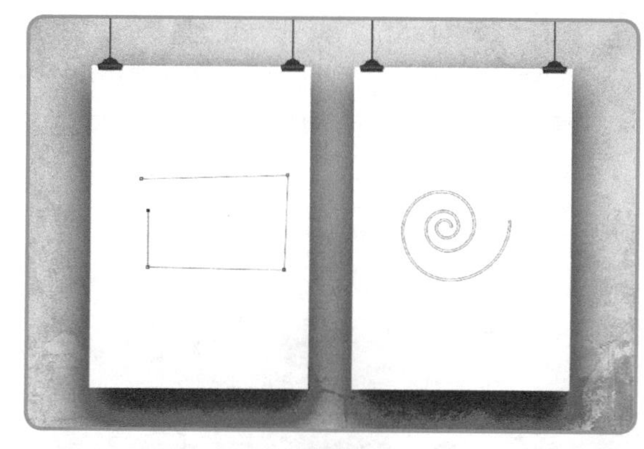

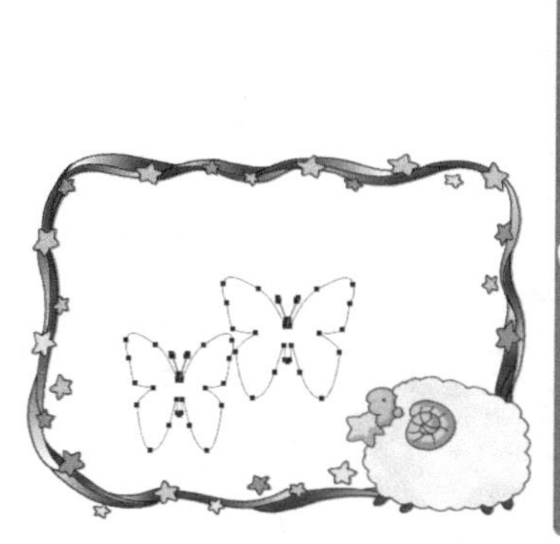

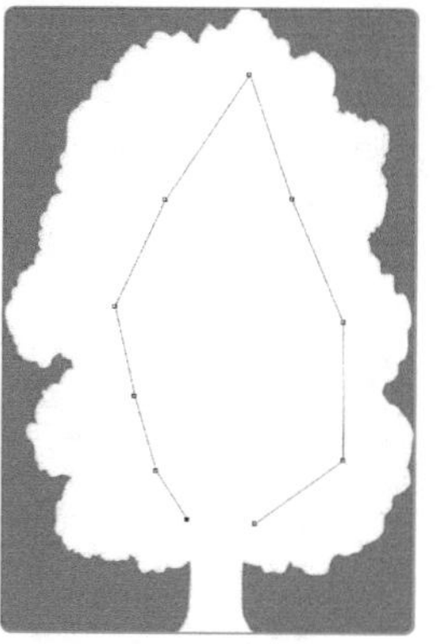

- 直线路径和曲线路径：直线路径是指线条笔直，没有弧度的路径，可以是水平、垂直或斜线路径，曲线路径是指线条有弧度的路径，可以是圆、弧线等，曲线路径能组合成为复杂的图形。

技巧秒杀

使用快捷键删除多余路径

使用路径选择工具选择需要删除的多余路径，按【Delete】键，可将选中的路径删除。

2. 认识锚点

锚点是路径的主体，没有锚点路径不能以线段的形式进行体现。在路径中锚点的类型主要有两种：一种是平滑点，另一种是角点。其中平滑点可以组成圆滑的形状，角点则可以形成直线或转折曲线。

7.2 填充与描边

在编辑一些颜色单调的图像时，用户经常需要通过填充颜色或者描边的方式对图像进行美化，这样绘制的图像才更具有质感和美观度。下面讲解填充颜色以及描边的方法，使用户在编辑图像时更加得心应手。

7.2.1 使用“填充”命令——制作女鞋海报

微课：制作女鞋海报

使用填充命令可快速将图案或颜色填充到指定的位置，使画面变得更加美观。本例将打开“女鞋海报背景.jpg”图像，为其创建选区，再使用“填充”命令，为其中的白色和黑色矩形填充不一样的颜色，使其与背景更加匹配，完成后添加文字素材，使海报更加完整，其具体操作步骤如下。

素材：光盘\素材\第7章\女鞋海报

效果：光盘\效果\第7章\女鞋海报.psd

STEP 1 创建矩形选区

❶打开“女鞋海报背景.jpg”图像文件，在工具箱中选择快速选择工具；❷使用鼠标在图黑色矩形区域拖动创建选区。

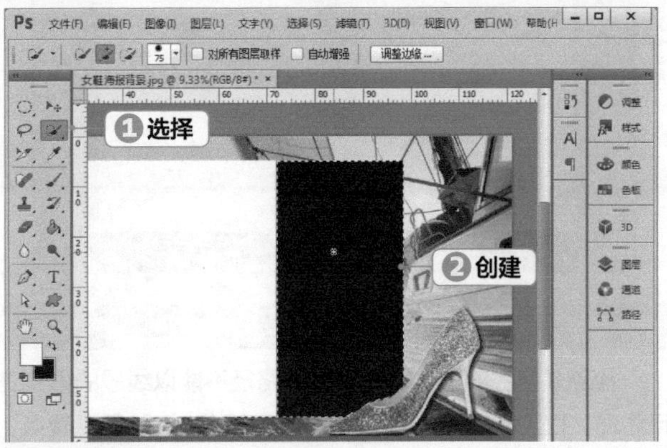

STEP 2 选择“填充”命令

❶在“图层”面板中单击 按钮，新建图层；❷选择【编辑】/【填充】命令，打开“填充”对话框。

技巧秒杀

“填充”对话框中各选项作用

“使用”下拉列表用于设置使用什么填充对象，如前景色、背景色、颜色和图像等；“自定图案”下拉列表框会在使用图案填充时被激活，在打开的下拉列表框中可选择需要填充的图案；“不透明度”用于设置填充后的不透明度；单击选中“保留透明区域”复选框后，将不会对透明区域有所影响。

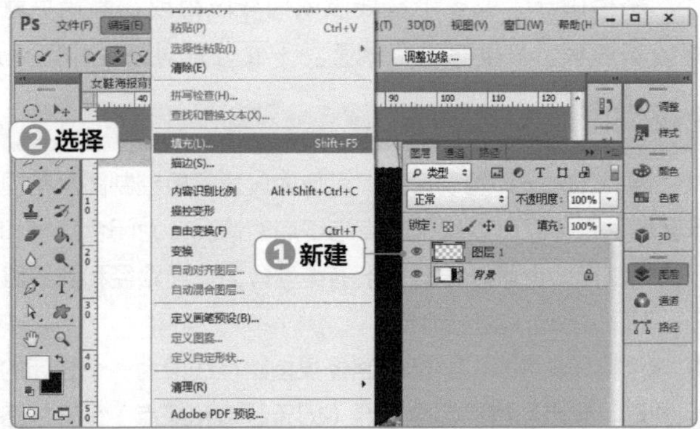

STEP 3 设置填充方式

❶在“使用”栏右侧的下拉列表中选择“前景色”选项；❷在“模式”下拉列表中选择“柔光”选项；❸单击“确定”按钮；❹返回图像编辑区，查看填充后的效果。

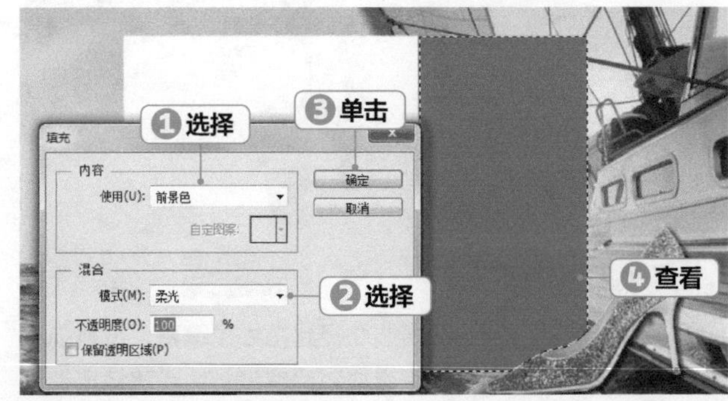

STEP 4 填充其他矩形颜色

❶在工具箱中选择魔棒工具，为白色矩形区域创建选区，并新建“图层 2”，选择【编辑】/【填充】命令，打开“填充”对话框，在“使用”栏右侧的下拉列表中选择“颜色”选项，打开“拾色器(填充颜色)”对话框；❷设置颜色为“#f3be30”；❸单击“确定”按钮；❹在“模式”下拉列表中，选择“滤色”选项。

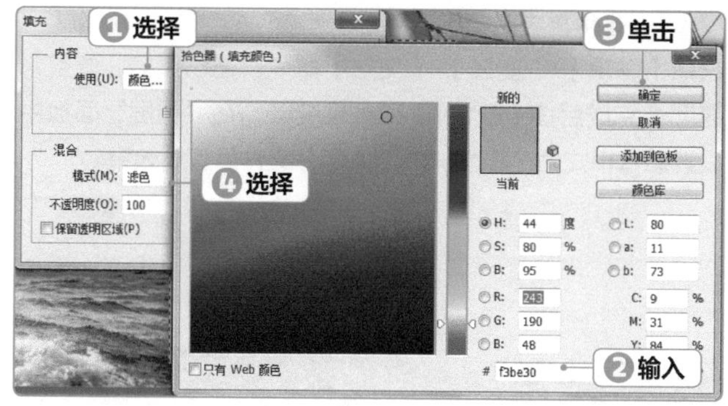

技巧秒杀

使用“填充”命令的注意事项

使用“填充”命令不能对文字图层和隐藏的图层进行填充。

STEP 5 查看完成后的效果

单击“确定”按钮，返回图像编辑区，查看填充后的图像效果。打开“女鞋文字素材.psd”图像文件，将其中的文字和图形移动到填充后的海报中，调整图像和文字的位置，保存文件查看完成后的海报效果。

7.2.2 使用油漆桶工具——为手机壳图案填充颜色

微课：为手机壳图案填充颜色

油漆桶工具可以在图像中填充颜色或图案，在制作背景以及对选区填充颜色时经常被使用到。本例将打开“图样.jpg”图像，为图样的不同部分填充不同的纯色，最后打开“手机壳促销页面.jpg”图像，将“图样”图像移动到手机壳图像中，在手机壳上添加图案，其具体操作步骤如下。

素材：光盘\素材\第7章\手机壳促销页面
效果：光盘\效果\第7章\手机壳促销页面.psd

STEP 1 设置颜色参数

❶打开“图样.jpg”图像，在工具箱中选择油漆桶工具；❷在其工具属性栏中设置填充模式为“前景”；❸选择【窗口】/【颜色】命令，打开“颜色”面板，在其中设置前景色为“#80c269”。

STEP 2 填充颜色并设置前景色

❶使用鼠标在卡通驴、G、A上单击，为它们填充绿色；❷打开“颜色”面板，在R、G、B数值框中分别输入“255、241、0”。

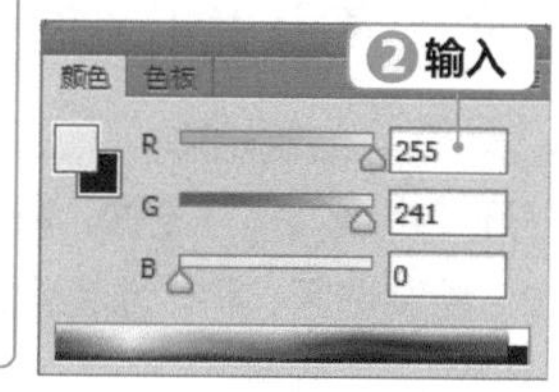

STEP 3 填充其他字母颜色

使用鼠标在卡通驴和I上单击，为它们填充黄色；打开“颜色”面板，在R、G、B数值框中分别输入“196、99、255”。

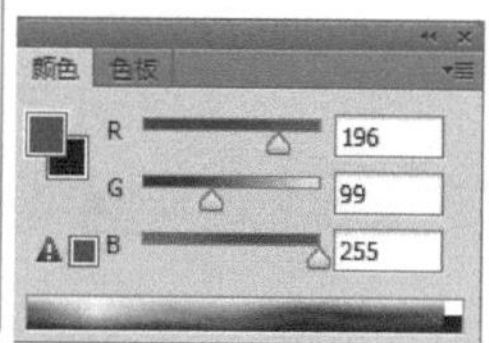

STEP 4 建立矩形选区

使用鼠标在卡通驴左眼和E上单击，为其填充紫色，打开“手机壳促销页面.jpg”图像，使用移动工具将“图样”图像移动到新打开的图像中，并将其缩小。

STEP 5 将其应用到手机壳上

选择【编辑】/【变换】/【变形】命令，拖动鼠标，调整卡通图像完成后按【Enter】键确认变形；在“图层”面板中设置混合模式为“线性加深”，保存文件后查看效果。

Chapter 07

7.2.3 使用渐变工具——制作水晶图标

在为图像填充颜色时，纯色较单一简洁，不能让整个画面丰富起来，通过使用渐变颜色可以让图像看起来更加的自然、柔和。本例将打开“夜景.jpg”图像，在图像上绘制斜纹以编辑背景，然后使用自定形状工具在编辑好的背景上绘制形状，通过渐变工具将形状编辑为水晶图标，其具体操作步骤如下。

微课：制作水晶图标

素材：光盘\素材\第7章\水晶图标
效果：光盘\效果\第7章\水晶图标.psd

STEP 1 绘制矩形

打开“夜景.jpg”图像，新建图层，使用矩形选框工具在图像上绘制选区，将前景色设置为“白色”，按【Alt+Delete】组合键填充颜色。

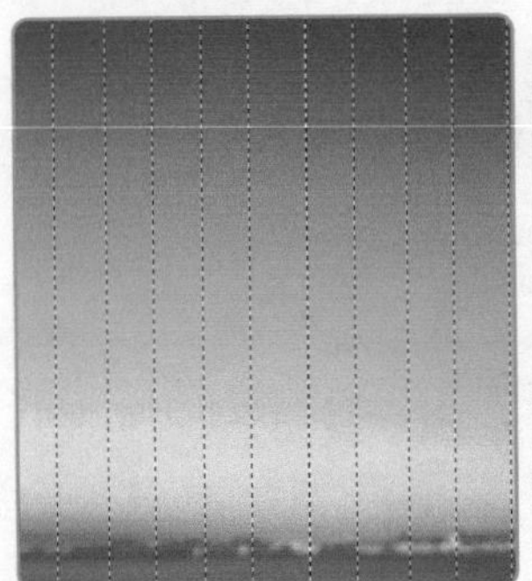

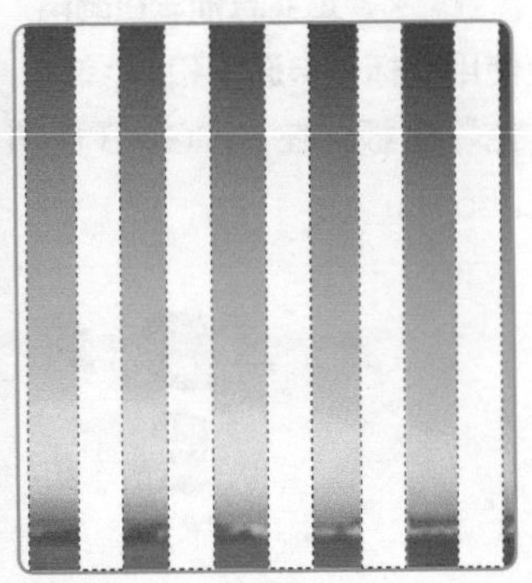

STEP 2 设置不透明度并旋转矩形

❶在“图层”面板中设置不透明度为“32%”；❷按【Ctrl+T】组合键，旋转图像，然后按【Enter】键确定变换，其中若是绘制的矩形不能满足旋转后的图像需要，可将矩形等比例放大。

STEP 3 绘制图标

❶新建图层，在工具箱中选择自定形状工具；❷在其工具属性栏中设置绘制模式为“像素”；❸单击“形状”右侧的下拉按钮，在打开的下拉列表选择“dog”选项；❹拖动鼠标在图像中间绘制形状。

STEP 4 设置渐变选项

❶在“图层”面板中按住【Ctrl】键同时使用鼠标单击“图层2”的图层缩略图，为图层中的对象创建选区；❷在工具箱中选择渐变工具；❸在工具属性栏的渐变颜色条上单击鼠标，打开“渐变编辑器”对话框，在“预设”栏中选择“铜色渐变”选项；❹单击起始滑块，再单击“颜色”色块。

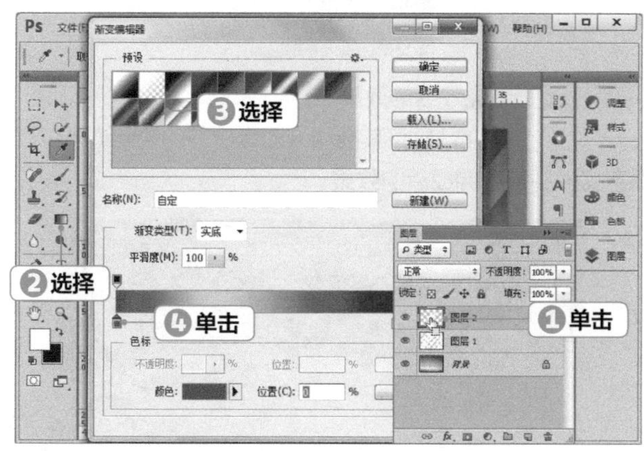

STEP 5 设置颜色参数

❶打开“拾色器（色标颜色）”对话框，设置颜色为“#797979”，❷单击“确定”按钮；❸将中间两个滑块的颜色设置为白色；❹再次单击最左侧的色块，设置颜色为“#666666”，依次单击“确定”按钮。

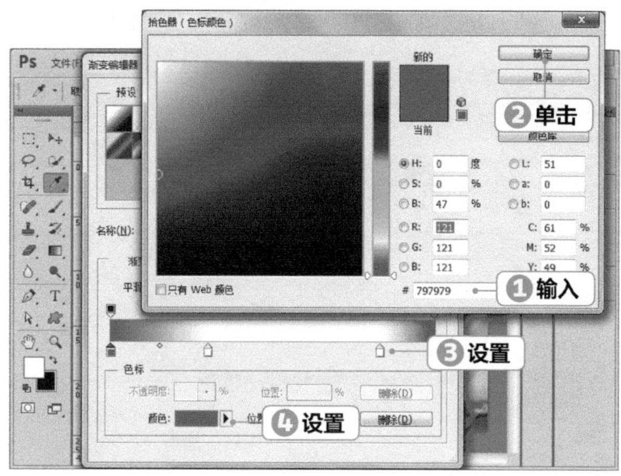

STEP 6 绘制渐变

在渐变工具的工具属性栏中单击■按钮，使用鼠标从狗图像的左上角向右下角拖动，创建渐变填充。

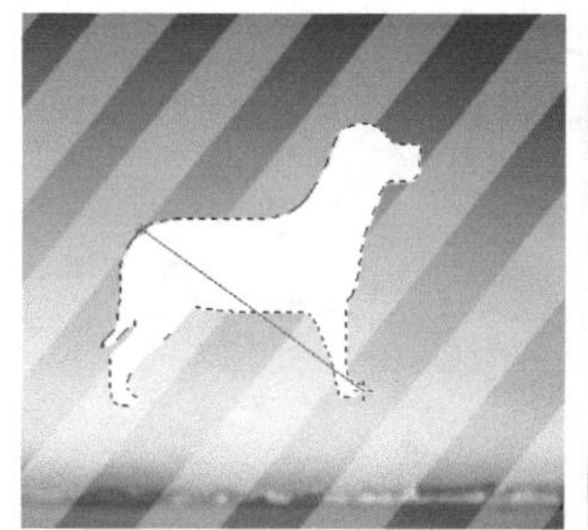

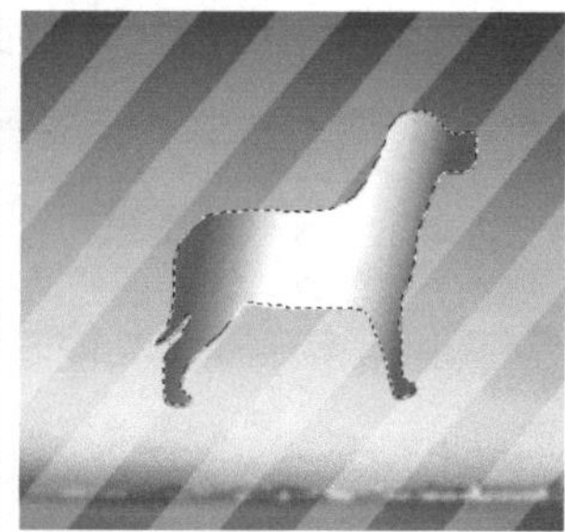

STEP 7 收缩渐变轮廓

❶新建图层，选择【选择】/【修改】/【收缩】命令；❷打开“收缩选区”对话框，在其中设置收缩量为“5像素”；❸单击“确定”按钮。

STEP 8 设置颜色参数

❶在“渐变工具”工具属性栏中单击颜色渐变条，打开“渐变编辑器”对话框，在“预设”栏中选择“黄，紫，橙，蓝”渐变选项，使用前面的方法为渐变颜色条设置白色到深黄色

渐变“#d7cb2e、#9f9620、#423e0b”；❷单击“确定”按钮。

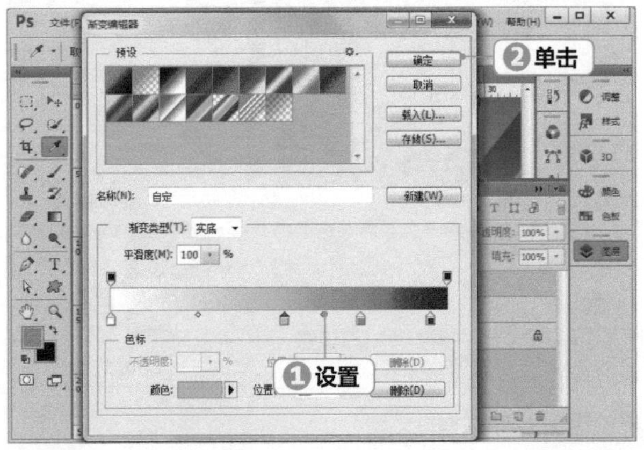

STEP 9 填充径向渐变

在渐变工具属性栏中单击■按钮，将鼠标移动到狗图像中间，按住鼠标向右下角拖动，创建径向渐变。

STEP 10 绘制路径

新建图层，在工具箱中选择钢笔工具，使用鼠标在狗图像上方单击绘制狗的背部路径，按【Ctrl+Enter】组合键将路径转换为选区。

STEP 11 填充路径

❶使用白色填充选区，然后取消选区；❷在“图层”面板中设置不透明度为“25%”。

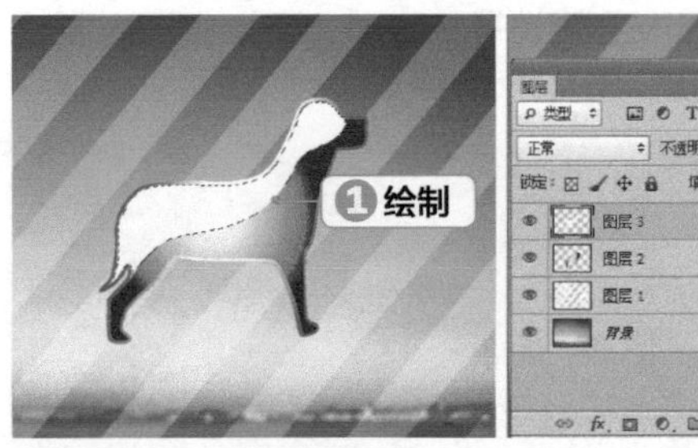

STEP 12 填充径向渐变

❶在“图层”面板中选择“图层3”，选择【图层】/【图层样式】/【投影】命令，打开“图层样式”对话框，设置“不透明度、距离、扩展、大小”分别为“60%、10像素、30%、40像素”；❷单击“确定”按钮。

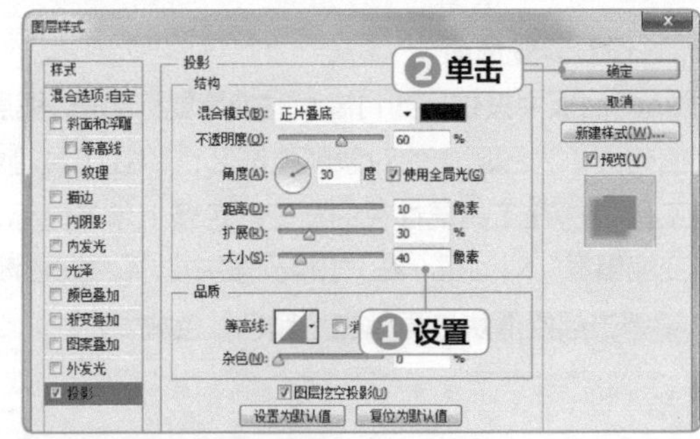

STEP 13 查看完成后的效果

打开“文字.psd”素材，将其拖动到图像中并调整到适当位置，保存文件并查看完成后的效果。

7.2.4 使用描边工具——制作音乐招贴

使用描边工具能让画面变得更有轮廓感，让效果展现得更加完美。本例将打开“音乐招贴.jpg”图像，为人物创建选区，并使用“描边”命令对其进行描边，然后绘制矢量图像，并置入“涂鸦.tif”图像，为其描边，完成招贴的制作，其具体操作步骤如下。

微课：制作音乐招贴

	素材：光盘\素材\第 7 章\音乐招贴
	效果：光盘\效果\第 7 章\音乐招贴 .psd

STEP 1 复制图层并创建选区

❶打开“音乐招贴 .jpg”图像，使用磁性套索工具选取人物图像，为图像中的人像建立选区；❷按【Ctrl+J】组合键复制图层。

STEP 2 描边图像

❶选择【编辑】/【描边】命令，打开“描边”对话框，设置“宽度、颜色”分别为“15 像素、#00fafa”；❷单击选中“居中”单选项；❸设置“不透明度”为“60%”；❹单击“确定”按钮，查看描边后的效果。

STEP 3 载入线条图像

❶打开“线条 .psd”图像，将其中的黄色线条拖动到图像中，并应用到描边人物的下方，制作海报流动线条；❷选择【文件】/【置入】命令，打开“置入”对话框。

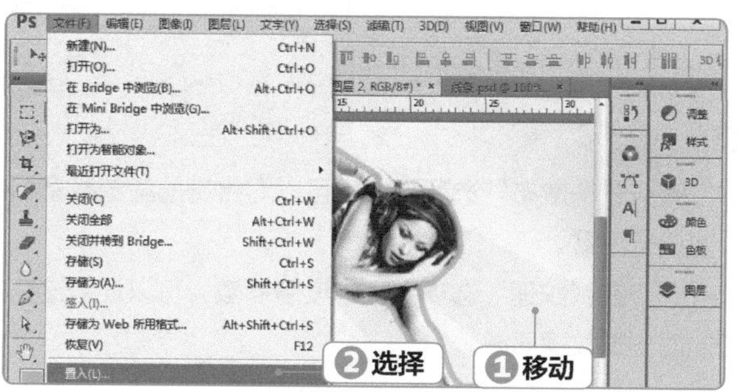

STEP 4 载入涂鸦并栅格化图层

❶在其中选择“涂鸦 .tif”图像，并将其放大、旋转后放置在图像右上方；❷在“图层”面板中的“涂鸦”图层上单击鼠标右键，在弹出的快捷菜单中选择“栅格化图层”命令。

STEP 5 描边涂鸦文字

❶将“涂鸦”图层移动的描边图层下方，选择【编辑】/【描边】命令，打开“描边”对话框，设置宽度、颜色为“8 像素、#00ff06”；❷设置不透明度为“80%”，❸单击“确定”按钮，查看描边后的效果。

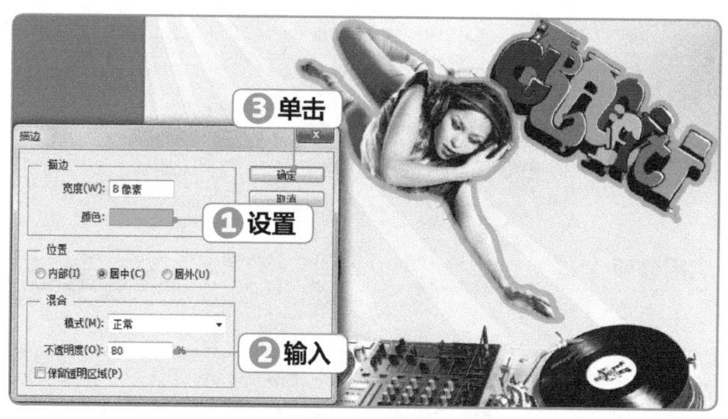

STEP 6 查看完成后的效果

再次打开“线条 .psd”图像，将其中的文字拖动到涂鸦的下方，保存文件后查看效果。

7.3 应用画笔

在 Photoshop 中很多效果都需要用户手动绘制，而绘制图像可以通过“画笔”面板和画笔工具来完成。下面将对画笔工具、铅笔工具、颜色替换工具、混合画笔、设置画笔笔触、载入画笔以及画笔的设置方法分别进行介绍。

7.3.1 认识画笔

在学习使用画笔工具前，用户需要掌握使用“画笔”面板设置画笔样式的方法，以保证用户能绘制出需要的图像样式。下面分别对“画笔”面板和画笔选项进行介绍。

1. 认识“画笔”面板

“画笔”面板对使用 Photoshop 绘制图像而言非常重要，通过它用户可以对画笔的画笔大小、硬度、边缘、距离等进行设置。通过不同的设置组合就能产生很多奇妙的画笔样式。选择【窗口】/【画笔】命令或按【F5】键，都可打开“画笔”面板。

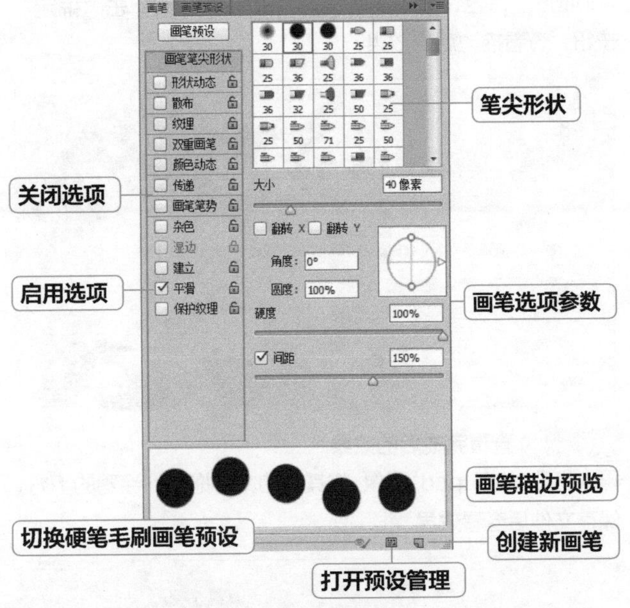

“画笔”面板中各选项的作用如下。

- 启用 / 关闭选项：用于设置画笔的选项。选中状态的选项表示该选项已启用，未选中状态的选项表示该选项未启用。
- 锁定 / 未锁定：出现图标时表示该选项已被锁定，出现图标时表示该选项未被锁定。单击图标可在锁定状态和未锁定状态之前切换。
- 笔尖形状：用于显示预设的笔尖形状。
- 画笔选项参数：用于设置画笔的相关参数。
- 画笔描边预览：用于显示设置各参数后，绘制画笔时将出现的画笔形状。
- 切换硬毛刷画笔预设：单击按钮，在使用笔刷笔尖时，在画布中将出现笔尖的形状。
- 打开预设管理：单击按钮，可打开“预设管理器”对话框。
- 创建新画笔：单击按钮，可将当前设置的画笔保存为一个新的预设画笔。

2. 认识画笔选项

在使用画笔过程中，可单击选中不同的复选框，设置不同的画笔样式，主要包括画笔笔尖样式、形状动态、散布、纹理、双重画笔、颜色动态、传递、画笔笔势、杂色和湿边等，下面分别进行介绍。

- 画笔笔尖形状：在“画笔笔尖样式”选项面板中可对画笔的形状、大小、硬度等进行设置。
- 形状动态：形状动态用于设置绘制时画笔笔迹的变化，可设置绘制画笔的大小、圆角等产生的随机效果。

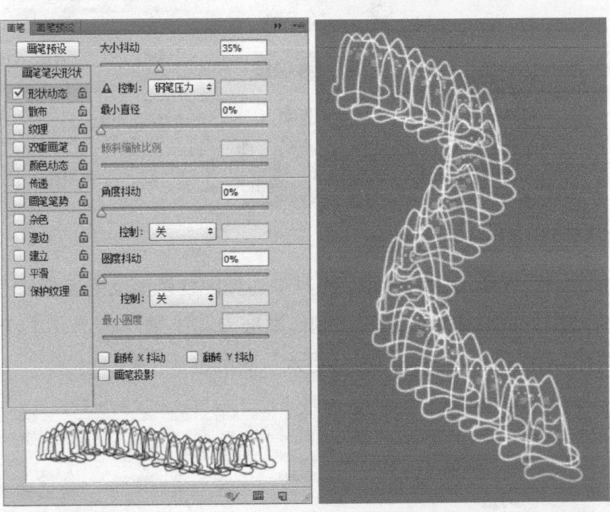

- 散布：在“散布”选项面板中可以对绘制的笔迹数量和位置进行设置。
- 纹理：在“纹理”选项面板中设置参数，可以让笔迹在绘制时出现纹理质感。

- 双重笔刷：在"双重笔刷"选项面板中可以为画笔添加两种画笔效果，这使画笔的编辑变得更加自由。
- 颜色动态：在"颜色动态"选项面板中可为笔迹设置颜色的变化效果。

- **传递**：在"传递"选项面板中可对笔迹的不透明度、流量、湿度、混合等抖动参数进行设置。
- 杂色：用于为一些特殊的画笔增加随机效果。
- 湿边：用于在使用画笔绘制笔迹时增大油彩量，从而产生水彩效果。
- 建立：用于模拟喷枪效果，使用时根据鼠标的单击程度来确定画笔线条的填充量。
- 平滑：在使用画笔绘制笔迹时产生平滑的曲线，若是使用压感笔绘画，该选项效果最为明显。
- 保护纹理：用于将相同图案和缩放应用到具有纹理的所有画笔预设中。启用该选项，在使用多种纹理画笔时，可绘制出统一的纹理效果。

7.3.2 使用画笔工具——制作水墨梅花

画笔工具是绘制图像时首选的工具，使用它可以使用前景色绘制各种线条。本例将打开"梅花简笔画.jpg"图像，使用画笔工具，为梅花的花瓣填充不同的粉红色，完成后再次使用画笔工具，为树干绘制深浅过渡，最后添加文字，其具体操作步骤如下。

微课：制作水墨梅花

素材：光盘\素材\第7章\梅花简笔画.jpg、文字.psd

效果：光盘\效果\第7章\水墨梅花.psd

STEP 1 选择画笔样式

①新建图层，设置前景色为"#f40b57"；②在工具箱中选择画笔工具，在工具属性栏中，单击画笔右侧的下拉按钮，在打开的下拉列表中设置大小为"10 像素"；③设置画笔样式为"硬边圆"。

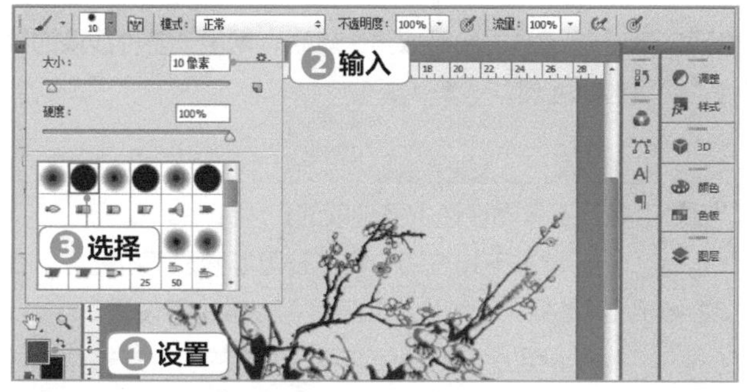

STEP 2 填充梅花花瓣

返回绘图区，选择一朵梅花花瓣，在其上单击鼠标，为花瓣填充颜色。根据花瓣的大小，可按住【[】键或是【]】键对画笔的大小进行调整后再进行填充，使用相同的方法填充图像中的梅花。

技巧秒杀

填充花瓣颜色的注意事项

本例中的树枝是通过载入的树枝画笔完成的，其树枝的形状和花瓣的位置是固定，若要使画面更加美观，可直接使用画笔工具在枝干的其他部分添加画笔样式，让红色的花瓣不单单只显示在固定位置。

STEP 3 为梅花花瓣填充其他颜色

使用相同的方法，新建图层，将前景色设置为"#febad1"，设置大小为"10 像素"，不透明度为"80%"，在红色花瓣上方绘制花瓣的过渡色，新建图层，再次将前景色设置为"#f41313"，不透明度设置为"50%"，为花瓣添加过渡色。

STEP 4 绘制树干的立体效果

新建图层，使用相同的方法将前景色设置为“#361212”，为树干添加深色区域，再将前景色设置为“#997f7f”，为树干添加浅色部分，使其更具有立体感。

STEP 5 添加文字并查看添加后的效果

打开“文字.psd”图像将其中的文字拖动到绘制的图像中，并放于梅花的上方，保存文件查看效果。

技巧秒杀

设置画笔透明度的技巧

使用画笔绘制图像时，按数字键【1】可调整画笔不透明度为“10%”，按【0】键则可将不透明度恢复到“100%”。

7.3.3 使用铅笔工具

铅笔工具与画笔工具作用都是用于图像的绘制，其使用方法也相同。但铅笔工具的绘制效果比较硬，常用于各种线条的绘制，使用铅笔工具可绘制像素画和像素游戏，绘制的效果不但质感强，而且对比强烈。

在工具箱中选择铅笔工具，其工具属性栏如下图所示。

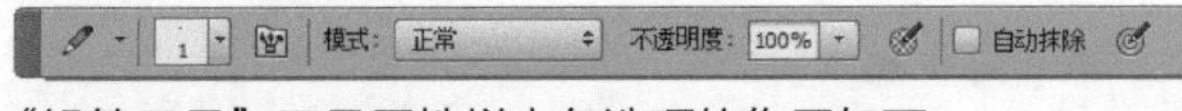

“铅笔工具”工具属性栏中各选项的作用如下。

- 画笔预设：单击下拉按钮，将打开画笔预设下拉列表，在其中可以对笔尖、画笔大小和硬度等参数进行设置。
- 模式：用于设置绘制的颜色与下方像素的混合方式。
- 不透明度：用于设置绘制时颜色的不透明度。数值越大，绘制出的笔迹越不透明；数值越小，绘制出的笔迹越透明。下图分别为不透明度为100%和不透明度为70%的效果。

 **自动抹除：**单击选中“自动抹除”复选框后，将光标的中心放在包含前景色的区域上，可将该区域涂抹为背景色。如果鼠标光标放置的区域不包括前景色区域，则将该区域涂抹成前景色。

7.3.4 使用颜色替换工具——为衣服换色

微课：为衣服换色

颜色替换工具可以将指定的颜色替换为另一种颜色。本例将打开“海边美女.jpg”图像，通过“颜色替换工具”将人物的裙子替换为阳光的橙色，让画面变得更加鲜亮，完成后保存替换后的图像，其具体操作步骤如下。

素材：光盘\素材\第7章\海边美女.jpg
效果：光盘\效果\第7章\海边美女.psd

STEP 1 选择颜色替换工具

①打开“海边美女.jpg”图像，按【Ctrl+J】组合键复制图层，在工具箱中选择颜色替换工具；②在工具属性栏中设置“画笔大小、模式、限制”分别为“60、颜色、不连续”；③单击按钮；④并单击选中“消除锯齿”复选框。

技巧秒杀

容差的作用

容差用于设置替换工具的影响范围，当数值越高时，绘制时的影响范围越大。

STEP 2 涂抹需要替换的颜色

将前景色设置为“#f0551d”，使用鼠标在人物下方的裙子上进行涂抹。

技巧秒杀

限制的作用

限制用于限制替换的条件。选择“连续”选项时，将只替换与光标下颜色接近的区域；选择“不连续”选项时，将替换出现在光标下任何位置的样本颜色；选择“查找边缘”选项时，将替换包括样本颜色的连续区域，但同时会保留形状边缘的细节。

创建蒙版擦除多余部分

在“图层”面板中，单击按钮。为“图层 1”添加图层蒙版，将前景色设置为黑色，在工具箱中选择画笔工具，使用鼠标对除衣服以外变黄的图像区域进行涂抹，保存文件后查看完成后的效果。

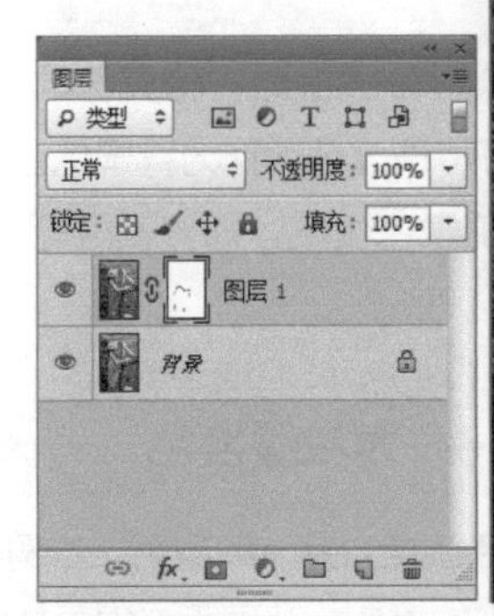

操作解谜

添加蒙版的原因

为图像添加蒙版，是为了使用画笔工具删除图像中的橘色时，只是对图像的蒙版进行编辑，而不是对图层进行编辑，这样如果绘制错误还可以再次对蒙版进行编辑。

7.3.5 使用混合器画笔——制作抽象水粉画

微课：制作抽象水粉画

混合器画笔工具常用于制作传统绘图效果，通过它可制作出混合颜料的效果，如油画效果或是水粉画。本例将打开“抽象插画 .jpg”图像，通过“混合器画笔工具”将图像转换水粉画效果，其具体操作步骤如下。

素材：光盘 \ 素材 \ 第 7 章 \ 抽象插画 .jpg
效果：光盘 \ 效果 \ 第 7 章 \ 抽象水粉画 .psd

选择混合器画笔工具

❶打开“抽象插画 .jpg”图像，按【Ctrl+J】组合键复制图层，在工具箱中选择混合器画笔工具；❷工具属性栏中设置画笔大小、画笔为“30 像素、平扇形多毛硬毛刷”；❸单击按钮，设置潮湿为“30%”；❹载入为“10%”。

STEP 2 对天空制作水粉画效果

使用鼠标在图像的天空处，向右进行拖动，制作水粉画笔触。使用相同的方法，对整个天空分别进行拖动，完成天空的水粉画制作。

STEP 3 为其他地方制作水粉画效果

使用相同的方法，沿着插画的轮廓拖动鼠标，绘制水粉画，在绘制过程中，可根据部分图像的大小调整画笔的大小，保存文件查看完成后的效果。

7.3.6 载入画笔——载入呆萌猫咪制作店标

微课：载入呆萌猫咪制作店标

在 Photoshop CS6 中，除了使用“画笔”面板对图像进行绘制外，用户还可根据需要对一些特殊的画笔样式进行载入，使画笔的表现多样化。本例将载入呆萌猫咪画笔，并将载入的画笔应用到图像编辑区中，完成后添加文字，即可完成店标的制作，其具体操作步骤如下。

素材：光盘 \ 素材 \ 第 7 章 \ 猫咪店标

效果：光盘 \ 效果 \ 第 7 章 \ 猫咪店标 .psd

STEP 1 新建文件并设置颜色

❶新建大小为 80 像素 ×80 像素，分辨率为 72 像素 / 英寸，名为“猫咪店标”的文件；❷将前景色设置为“#fffbe9”，并按【Alt+Delete】组合键，填充前景色。

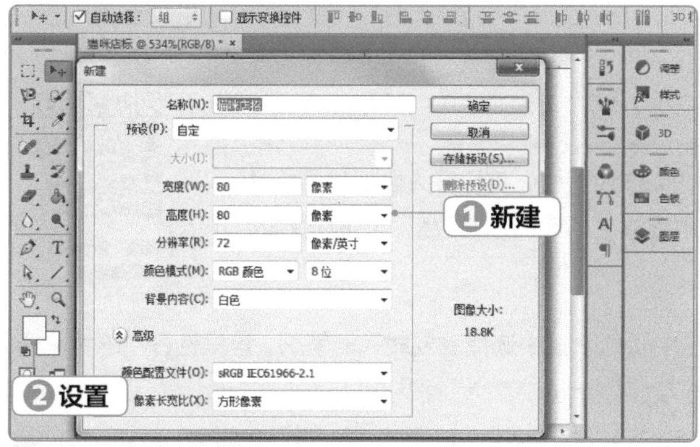

STEP 2 选择“预设管理器”选项

❶新建图层，选择【窗口】/【画笔预设】命令，打开“画笔预设”面板，在其右侧单击按钮；❷在打开的下拉列表中选择“预设管理器”选项，打开“预设管理器”对话框，单击“载入”按钮。

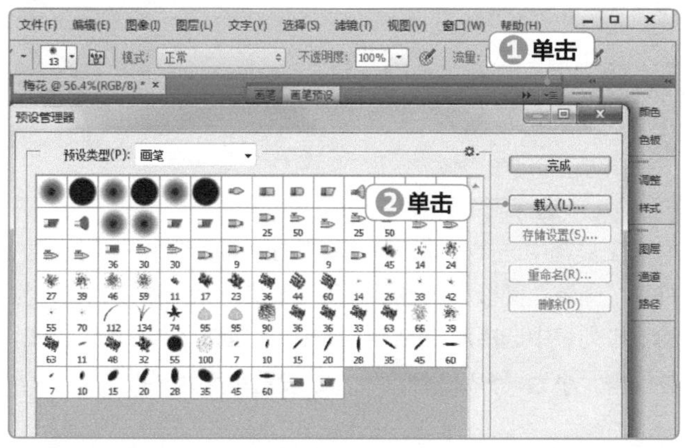

STEP 3 选择载入的笔刷样式

❶打开“载入”对话框，在“查找范围”下拉列表中选择笔刷的位置；❷在中间列表框中选择需要载入的笔刷，这里选择“呆萌猫咪”选项；❸单击“载入”按钮。

STEP 4 载入其他样式

❶返回“预设管理器”对话框，在“预设类型”栏下的列表框中可查看载入的画笔样式；❷单击“完成”按钮，完成载入操作。

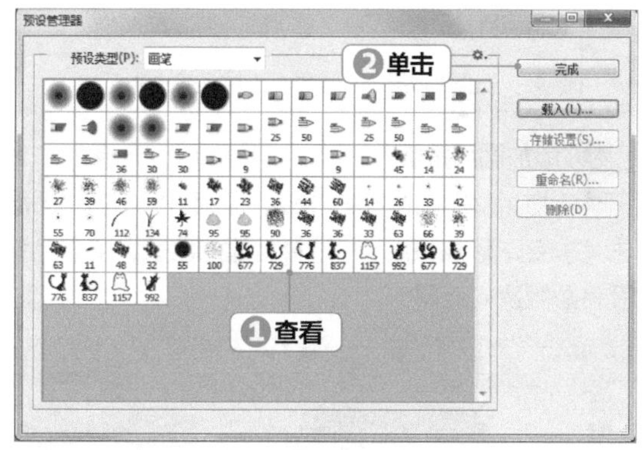

技巧秒杀

载入画笔库中的画笔

在“画笔预设”面板右侧单击按钮，在打开的下拉列表中罗列了系统自带的画笔样式，选择需要载入的画笔样式选项，可载入画笔库中的画笔。

STEP 5 选择需要的猫咪画笔

❶在工具箱中选择画笔工具，单击右侧面板组中的按钮，打开“画笔”面板；❷选择“画笔笔尖形状”选项，在右侧的下拉列表中选择需要的猫咪样式，这里选择“776”样式，并设置大小为“38 像素”；❸此时将鼠标光标移动到左侧绘图区，即可查看选择样式的预览效果。

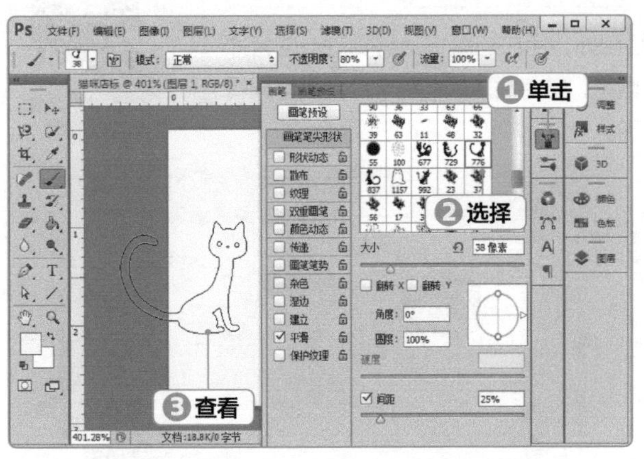

STEP 6 绘制图像并查看完成后的效果

将前景色设置为黑色，鼠标光标移动到绘图区，在中间左侧单击，完成猫咪的绘制，打开“文字.psd”图像，将其中的文字拖动到绘制的猫咪图像中，即可完成猫咪店标的制作。

7.3.7 综合案例——制作碎片人像效果

微课：制作碎片人像效果

碎片人像是特效的一种，本例将使用画笔工具制作碎片人像，在制作过程中，将打开人像素材，并对液化的图像添加蒙版，然后载入笔刷绘制碎片效果，完成后再次使用画笔工具添加疤痕效果，完成本例的制作，其具体操作步骤如下。

素材：光盘\素材\第7章\碎片人像
效果：光盘\效果\第7章\碎片人像.psd

STEP 1 添加图层蒙版

❶打开“人物.psd”图像，在“图层”面板中，选择“图层1”并单击按钮，添加蒙版；❷选择新建的蒙版，按【Ctrl+I】组合键将蒙版反向纯黑。

STEP 2 载入画笔

❶选择“图层1”副本并单击按钮，添加蒙版，选择【窗口】/【画笔预设】命令，打开“画笔预设”面板，在其右侧单击按钮，在打开的列表中选择“载入画笔”选项；❷打开“载入”对话框，在“查找范围”下拉列表中选择笔刷的位置；❸在中间列表框中选择需要载入的笔刷，这里选择“碎片笔刷”选项；❹单击“载入”按钮。

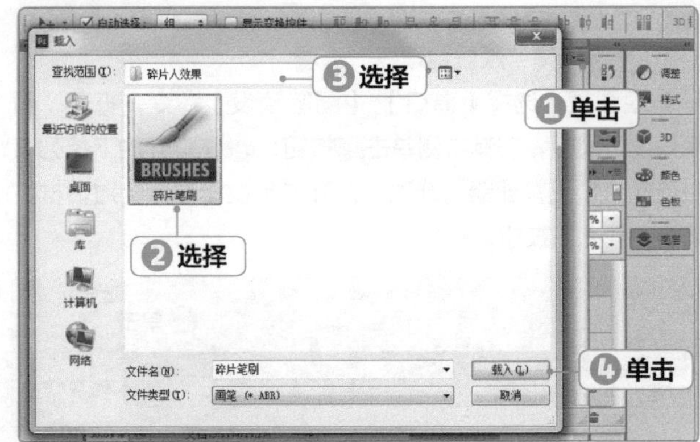

STEP 3 选择画笔样式

❶在工具箱中选择画笔工具，单击右侧面板组中的按钮，打开“画笔”面板；❷选择“画笔笔尖形状”选项，在右侧的下拉列表中选择需要的碎片样式，这里选择“2287”样式，并设置大小为“1200像素”；❸设置角度为“45”。

技巧秒杀

碎片画笔的选择方法

这里的画笔样式不是固定的，可根据图像的需要选择不同的碎片画笔，让绘制的碎片更加随机。

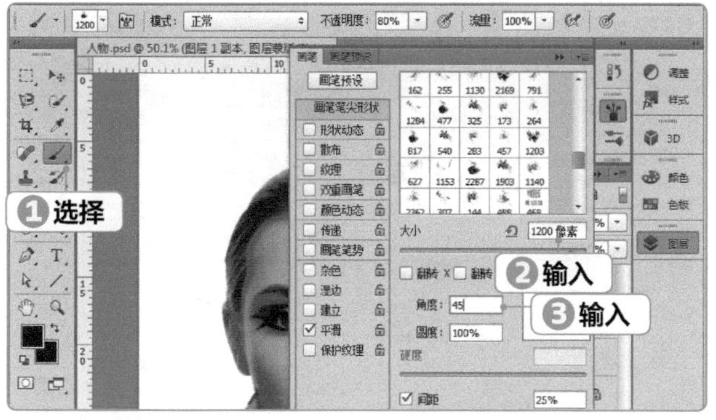

STEP 4 绘制碎片

将前景色设置为"黑色",使用设置的画笔在脸部的右侧单击,绘制碎片,使用相同的方法继续选择画笔,对脸部的碎片进行补充,让画面感变得更加完整。

STEP 5 制作碎片效果

选择"图层 1",将前景色设置为"白色",使用相同的方法设置画笔样式,并在绘制的碎片区域处进行涂抹,使其出现碎片的效果。在涂抹时,需留出脸部区域,体现的碎片不宜过多,这样制作的碎片效果才更加自然。

STEP 6 置入纹理

❶选择【文件】/【置入】命令,打开"置入"对话框,在"查找范围"下拉列表中选择纹理位置;❷在中间列表框中选择"纹理"选项;❸单击"置入"按钮将纹理置入到图像编辑区中;❹并将置入的图层拖动到图层的上方。

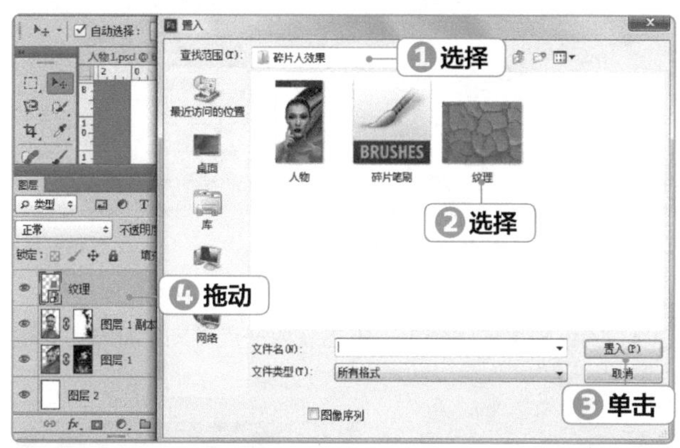

STEP 7 调整纹理形状

将纹理图像拖动到人物脸部的右侧,按【Ctrl+T】组合键,使其呈可编辑状态,单击鼠标右键,在弹出的快捷菜单中选择"变形"命令,拖动出现的矩形框,将纹理图像变形为脸部轮廓形状。

STEP 8 擦除纹理边缘

❶选择"纹理"图层,设置图层样式为"叠加",再设置不透明度为"45%";❷在工具箱中选择橡皮擦工具;❸在工具属性栏中设置画笔大小、样式分别为"152、柔边圆";❹在图像编辑区中拖动擦除纹理与未添加纹理的中间区域,使其过渡自然。

STEP 9 使用曲线调整亮度

❶在“调整”面板中单击按钮；❷打开“曲线”属性面板，在中间的编辑区的线条上，单击获取一点并向上拖动，调整图像的亮度。

STEP 10 调整色相 / 饱和度

❶在“调整”面板中单击按钮；❷打开“色相 / 饱和度”属性面板，设置色相、饱和度和明度分别为“-30、-13、0”。

STEP 11 输入文本

在工具箱中选择横排文字工具，在图像编辑区中输入“fashion”，设置字体为“Cambria Math”，字号为“250点”，不透明度为“30%”，旋转文字，完成后保存文件查看效果。

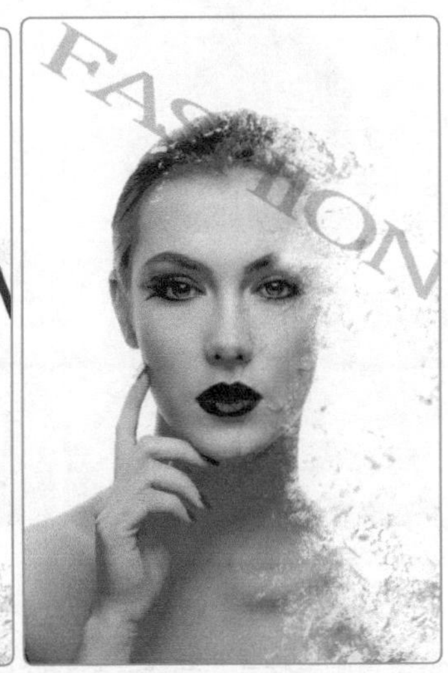

7.4 使用形状工具组

使用Photoshop制作矢量图像时，用户并不需要所有形状都自己绘制，可以使用形状工具绘制一些常见形状，不仅精确，而且迅速。在 Photoshop CS6 中包含了多种形状工具，如矩形工具、圆角矩形工具、椭圆工具、多边形工具、直线工具和自定形状工具等。

7.4.1 使用矩形工具——制作网页登录界面

微课：制作网页登录页面

矩形工具用于绘制矩形或正方形形状，其使用方法和矩形选框工具相同。本例将打开“网页 .jpg”图像，使用矩形工具和圆角矩形工具，在图像上绘制矩形和圆角矩形，制作按钮和登录框，并输入文字，制作网页登录界面，其具体操作步骤如下。

Chapter 07

素材：光盘\素材\第7章\网页.jpg

效果：光盘\效果\第7章\登录页面.psd

STEP 1 绘制矩形

❶打开“网页.jpg”图像，设置前景色为“白色”，在工具箱中选择矩形工具；❷在工具属性栏中设置绘制模式为“形状”；❸设置矩形的宽为“1000像素”，高为“650像素”，❹在图像的中间区域绘制矩形。

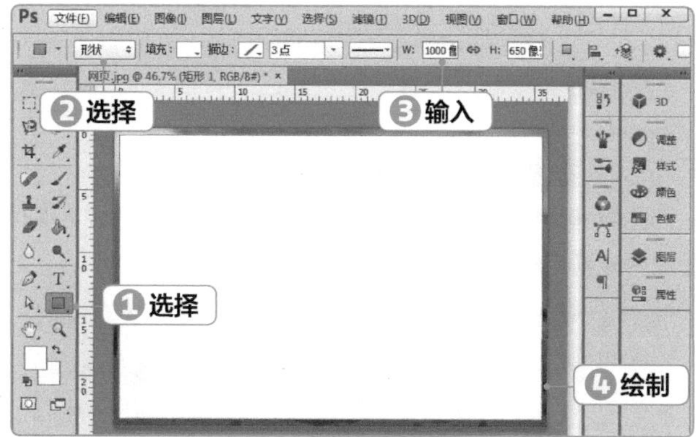

STEP 2 设置不透明度并添加参考线

❶在“图层”面板中设置矩形的不透明度为“40%”；❷按【Ctrl+R】组合键，显示标尺，在图像上添加几条参考线。

STEP 3 绘制账号与密码框

❶在工具箱中选择矩形工具；❷在其工具属性栏中设置“绘图模式、填充、描边、描边宽度”分别为“形状、白色、灰色(15%灰)、3点”；❸使用鼠标在图像上绘制两个矩形形状。

技巧秒杀

如何绘制固定大小的矩形

单击选中“固定大小”单选项，在其后的文本框中可设置宽度（W）和高度（H），再使用鼠标在图像中单击即可完成固定大小矩形的绘制。

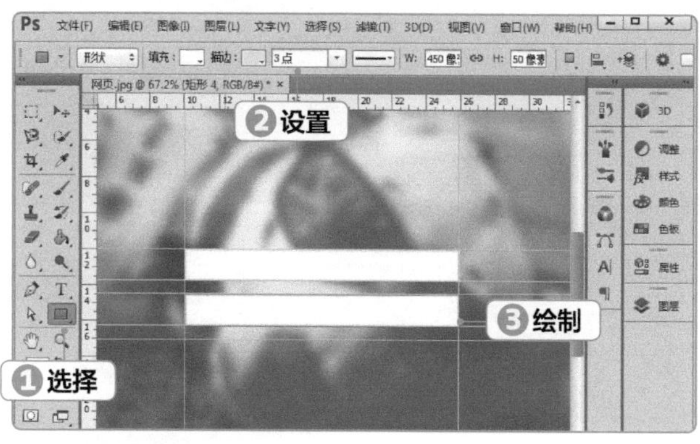

STEP 4 绘制登录按钮

❶设置前景色为“#90081c”，再次在工具箱中选择矩形工具；❷设置矩形的宽为“160像素”，高为“50像素”；❸使用鼠标在图像上绘制一个深红色的矩形。

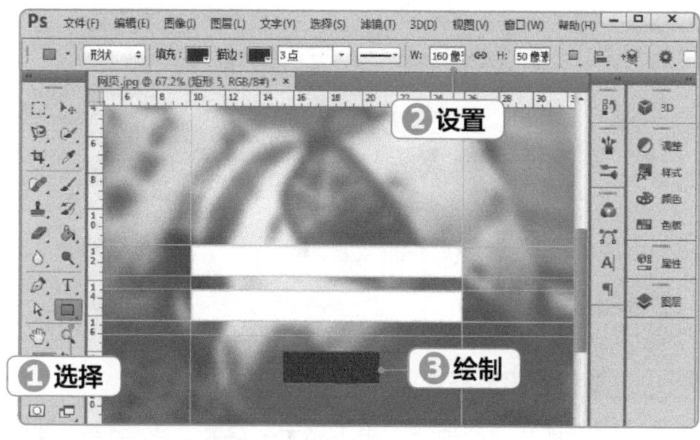

STEP 5 输入登录文字

❶在“图层”面板中设置不透明度为“80%”；❷使用文字工具在图像中输入文字，并设置文字的字体为“黑体”，大小为“40点”。

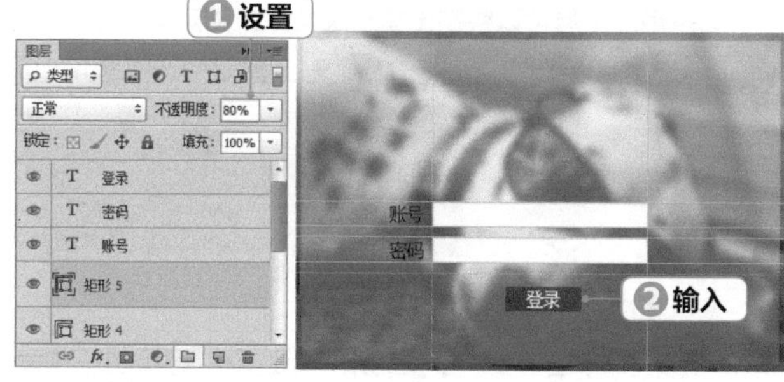

STEP 6 输入网站标志

❶继续使用文字工具在图像中输入文字制作网站标志，这里输入“WEBPAGE”；❷设置字体为“Algerian”，大小为“75点”，字距为“0”；❸选择【图层】/【图层样式】/【斜面和浮雕】命令，打开“图层样式”对话框。

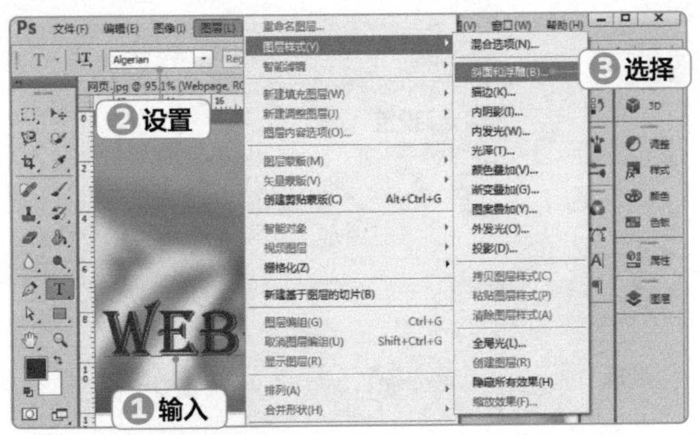

STEP 7 设置图案叠加

①单击选中“图案叠加”复选框；②设置混合模式、图案、缩放分别为“明度、气泡、450%”。

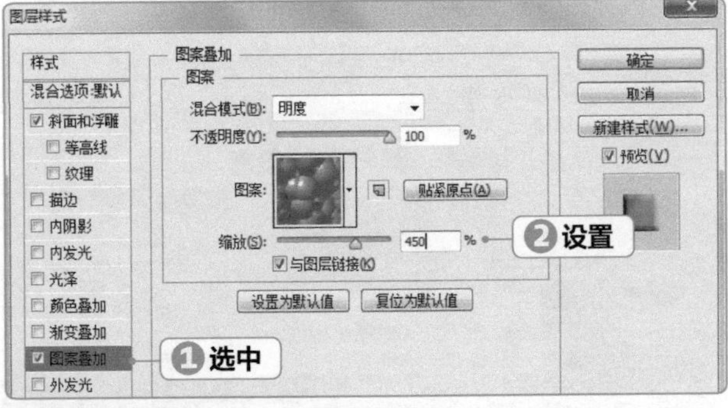

STEP 8 设置投影样式

①在“图层样式”对话框中单击选中“投影”复选框；②设置“混合模式、距离、扩展、大小”分别为“划分、27 像素、2%、32 像素”；③单击“确定”按钮。

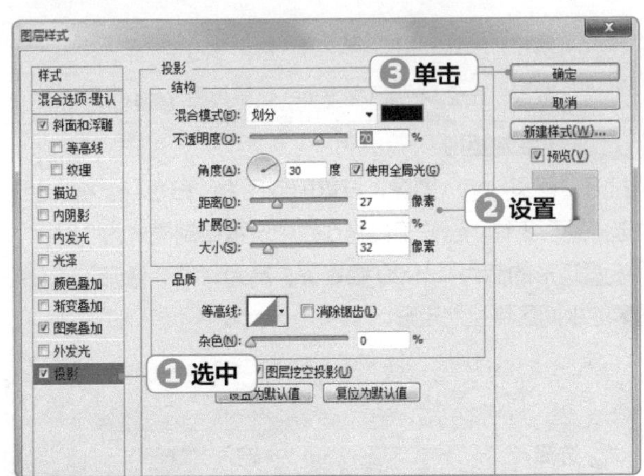

STEP 9 查看完成后的效果

返回图像编辑区，并按【Ctrl+H】组合键隐藏参考线，保存图像并查看完成后的效果。

7.4.2 使用圆角矩形工具

圆角矩形工具可以绘制出具有圆角效果的矩形，常用于按钮、复选框的绘制，其绘制方法与“矩形工具”相同。下面分别对工具属性栏和绘制方法进行介绍。在工具箱中选择圆角矩形工具之后在其上方将显示对应的工具属性栏。

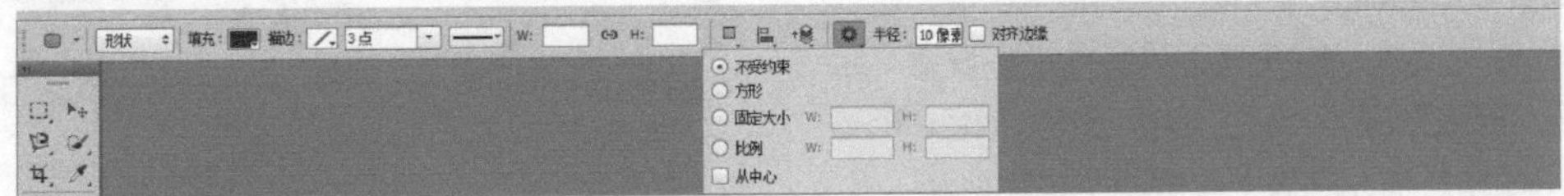

工具属性栏中的相关选项作用如下。

- 不受约束：单击选中“不受约束”单选项，可绘制任意大小的圆角矩形。
- 方形：单击选中“方形”单选项，可绘制任意大小的圆角正方形。
- 固定大小：单击选中“固定大小”单选项，在其后的文本框中可设置宽度（W）和高度（H），再使用鼠标在图像中单击即可完成固定大小的圆角矩形绘制。
- 比例：单击选中“比例”单选项，在其后的文本框输入宽度（W）和高度（H）之后绘制的矩形将一直按该比例进行绘制。
- 从中心：单击选中“从中心”单选项，鼠标单击绘制的地方将为矩形的中心。
- 对齐边缘：单击选中“对齐边缘”复选框，可使绘制的图像不出现锯齿效果。

7.4.3 使用直线工具

直线工具可绘制直线或带箭头的线段，只需在工具箱中选择直线工具，在其工具属性栏中单击⚙按钮，在打开的选项栏中可设置直线工具的属性栏参数。

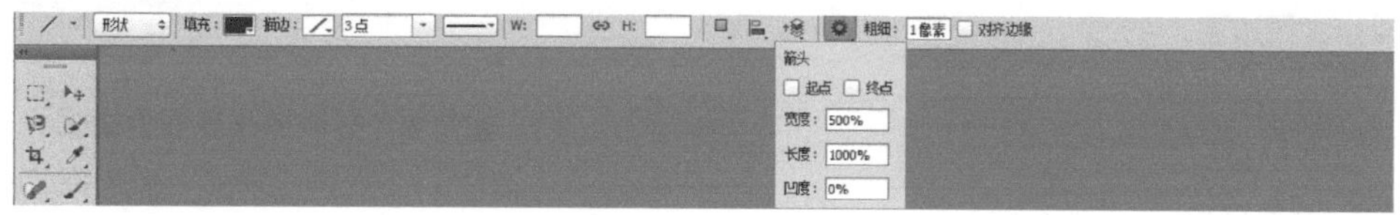

下面分别对常用选项进行介绍。

- 起点：单击选中“起点”复选框，可为绘制的直线起点添加箭头。
- 终点：单击选中“终点”复选框，可为绘制的直线终点添加箭头。
- 宽度：用于设置箭头宽度与直线宽度的百分比。下图为宽度分别为 500% 和 1000%。

- 长度：用于设置箭头长度与直线宽度的百分比。右图为长度为“200%”和“500%”的对比效果。

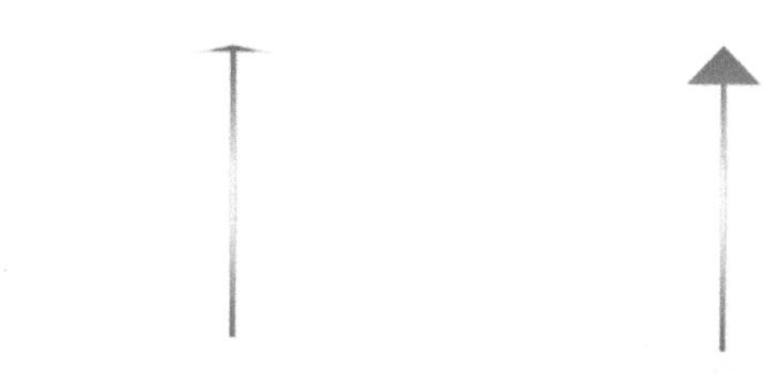

- 凹度：用于设置箭头的凹陷程度。当数值为 0% 时，箭头尾部平齐；当数值大于 0% 时，箭头尾部将向内凹陷；当数值小于 0% 时，箭头尾部将向外凹陷。

7.4.4 使用多边形工具

多边形工具可以创建正多边形和星形，在工具箱中选择多边形工具，在其工具属性栏中单击⚙按钮，在打开的面板中可设置多边形工具的参数。

下面分别对常用选项进行介绍。

- 边：用于设置绘制出的形状的边数。输入 3 时，可绘制三角形；输入 6，可绘制六边形。
- 半径：用于设置多边形或星形的半径长度，数值越小，绘制出的图形越小。
- 平滑拐点：单击选中“平滑拐点”复选框，将创建有平滑拐角效果的多边形或星形。
- 星形：单击选中“星形”复选框，可绘制星形。其下方的“缩进边依据”数值框用于设置星形边缘向中心缩进的百分比，数值越大，星形角越尖。

- 平滑缩进：单击选中“平滑缩进”复选框，绘制的星形每条边将向中心缩进。

7.4.5 使用椭圆工具——制作相册效果

椭圆工具可绘制椭圆或正圆。本例将打开“相册.jpg”图像，在其中新建图层，使用星形工具绘制选区，制作特殊效果，再使用历史记录画笔工具还原部分图像效果；最后使用椭圆工具在图像中绘制圆形以修饰图像，其具体操作步骤如下。

微课：制作相册效果

素材：光盘\素材\第7章\相册.jpg

效果：光盘\效果\第7章\相册.psd

STEP 1 设置工具属性

❶打开“相册.jpg”图像，按【Ctrl+J】组合键复制图层；❷在工具箱中选择多边形工具，在其工具属性栏中设置绘图模式为“路径”；❸再设置边为“6”；❹单击⚙按钮，在打开的选项栏中单击选中“星形”和“平滑缩进”复选框，设置缩进边依据为“60%”。

STEP 2 绘制路径并将路径转换为选区

❶使用鼠标在图像上拖动，绘制一个路径；❷选择【窗口】/【路径】命令，打开“路径”面板，在面板下方单击按钮，将路径转换为选区。

STEP 3 填充颜色并设置图像混合模式

❶选择【选择】/【反向】命令，反向建立选区，将前景色设置为“#00fcff”；❷按【Alt+Delete】组合键使用前景色填充选区；❸取消选区，返回“图层”面板，设置图层混合模式为“柔光”。

STEP 4 还原图像颜色

在工具箱中选择历史记录画笔工具，使用鼠标在图像中气球的颜色区域涂抹，还原填充颜色前的图像效果。

STEP 5 绘制圆

❶在工具箱中选择椭圆工具；❷在其工具属性栏中设置绘图模式为“形状”；❸并设置“填充、描边”为“#00fcf、无颜色”；❹在图像上拖动鼠标绘制两个正圆，再绘制两个白色的正圆。

STEP 6 输入文字并查看完成后的效果

使用文字工具在图像上输入文字"Your Name……"，并设置字体、字号为"Lucida Handwriting，48 点"，保存文件查看完成后的效果。

7.4.6 使用自定形状工具——制作名片

使用自定形状工具可以绘制系统自带的不同形状，例如箭头、人物、花卉和动物等，大大简化了用户绘制复杂形状的难度。本例将打开"名片 .jpg"图像，在使用自定形状工具为名片的地址、电话和邮箱添加对应图标，其具体操作步骤如下。

微课：制作名片

素材：光盘 \ 素材 \ 第 7 章 \ 名片 .jpg
效果：光盘 \ 效果 \ 第 7 章 \ 名片 .psd

STEP 1 绘制圆角矩形

①在工具箱中选择圆角矩形工具；②在工具属性栏设置填充颜色为"#5db531"；③设置半径为"5 像素"；④拖动鼠标在地址左侧绘制圆角矩形。

技巧秒杀

将路径定义为形状

使用钢笔工具绘制精美的图形后，可将其保存到自定义形状列表框中，方便下次直接调用。其方法为：选择绘制的路径，选择【编辑】/【定义自定形状】命令，在打开的对话框中为形状重命名，单击"确定"按钮，在自定义形状列表框中即可看见自定的形状位于末尾。

STEP 2 载入形状

①在工具箱中选择自定形状工具；②在工具属性栏将填充颜色设置为"白色"；③单击"形状"栏右侧的下拉按钮，打开"形状"下拉列表框，右上角单击 按钮；④在打开的下拉列表中选择"全部"选项；⑤在打开的提示对话框中单击"确定"按钮，替换当前列表框中的形状。

技巧秒杀

其他形状的替换

单击 按钮，在打开的下拉列表中罗列了不同样式的形状，选择对应的形状其面板中将显示对应的形状样式。

STEP 3 绘制房子形状

❶在“形状”下拉列表框选择房子图形；❷在图像编辑区的圆角矩形上方绘制房子形状，完成地址图标的绘制。

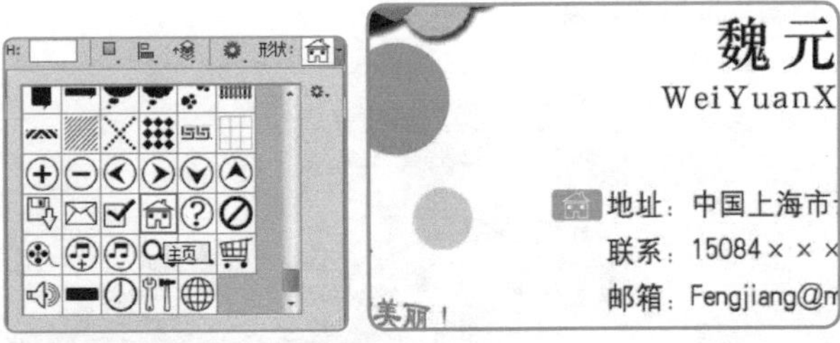

STEP 4 查看完成后的效果

使用相同的方法，在形状的下方绘制圆角矩形，并在其上使用自定形状工具，绘制邮箱图标和电话图标，查看完成后的效果，如下图所示。

7.4.7 综合案例——制作淑女装店招

微课：制作淑女装店招

下面介绍制作淑女装店招，其店铺主要出售淑女型的女装，体现本店铺的淑女风格，不但需要从服装上进行体现，还要从装修风格中进行体现，而店招就是装修中的一部分。本例将先制作收藏模块，再制作店标，最后制作导航栏，其具体操作步骤如下。

素材：光盘\素材\第 7 章\铁艺线条 .psd

效果：光盘\效果\第 7 章\淑女装店招 .psd

STEP 1 填充颜色并添加参考线

新建大小为“1920 像素 ×150 像素”，分辨率为“72 像素/英寸”，名为“淑女装店招”的文件，并将背景填充为浅绿色（#dcede5），选择矩形选框工具，绘制“485 像素 ×150 像素”的矩形，并沿着矩形添加参考线，使用相同的方法，在右侧添加矩形框并添加对应的参考线。

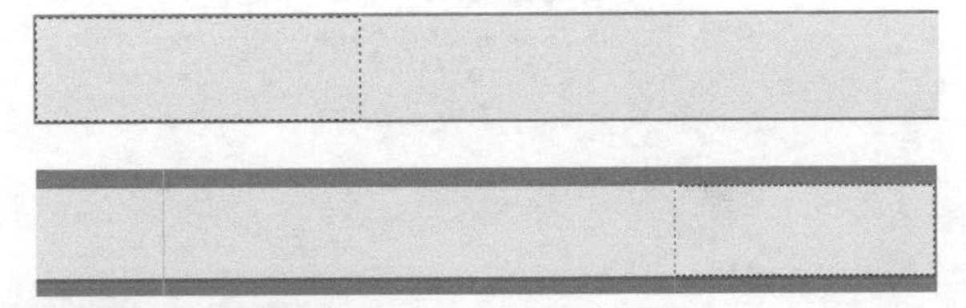

STEP 2 绘制椭圆

在参考线的中间选择椭圆工具，绘制直径为“120 像素”的圆，完成后填充为白色，并向上移动，使用相同的方法，继续绘制直径为“50 像素”的圆，完成后填充为“#497961”。

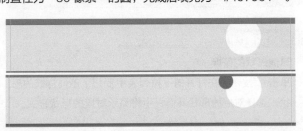

STEP 3 制作收藏模块

打开“铁艺线条 .psd”图像，将其中的“藏”和“收”字拖动到绘制的白色圆中，完成收藏模块的制作。

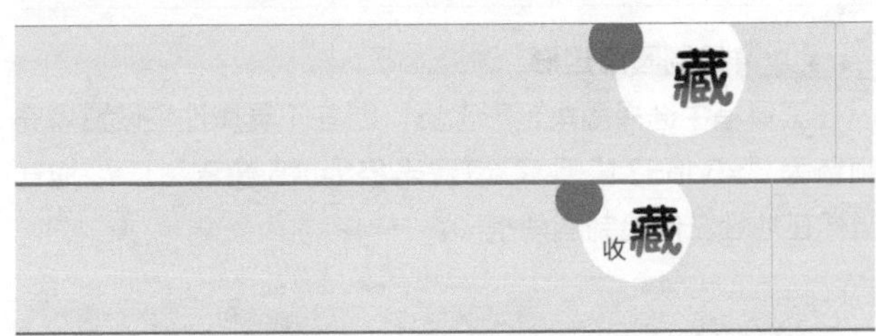

STEP 4 绘制椭圆

在工具箱中选择椭圆工具，绘制直径为“80 像素”的圆，完成后填充为“#497961”，使用相同的方法，继续绘制椭圆并将其填充为白色。

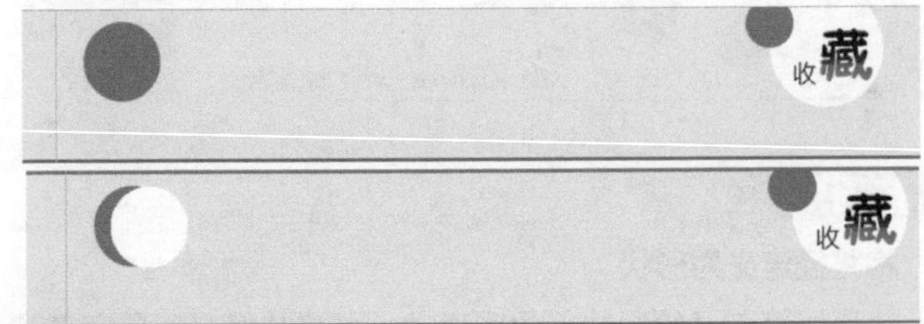

STEP 5 绘制矩形

在工具箱中选择矩形工具，绘制“350 像素 ×40 像素”的矩形，选择矩形的图层，单击鼠标右键，在弹出的快捷菜单中选择“栅格化图层”命令，将矩形栅格化。

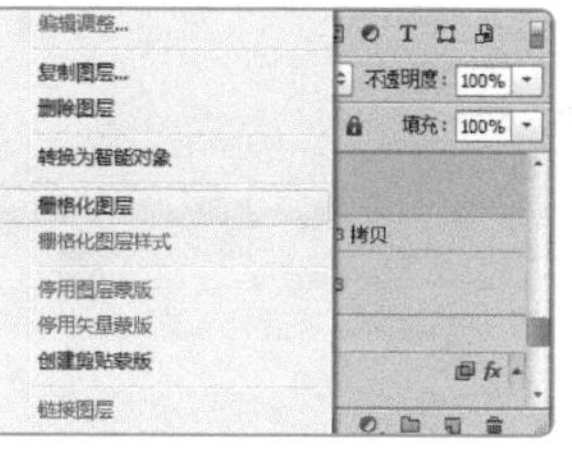

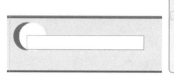

STEP 6 液化矩形

❶选择【滤镜】/【液化】命令，打开“液化”对话框，设置画笔大小为“50 像素”；❷在矩形的右侧边部进行涂抹，使矩形具有波浪效果；❸单击“确定”按钮。

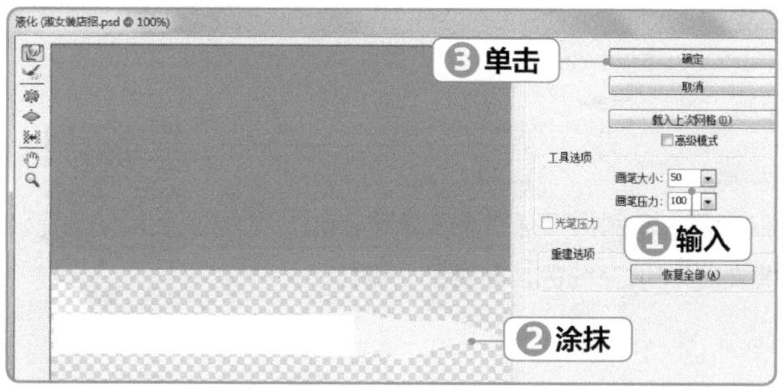

STEP 7 输入店铺名称

选择横排文字工具，输入文字“Blue sailing”，设置字体为“Action Jackson”，字号为“48 点”，加粗显示。使用相同的方法输入“时尚女装 我的时尚向导”，字号为“18 点”。

STEP 8 绘制直线

❶在工具箱中选择直线工具；❷在工具属性栏中设置填充颜色为“#497961”，❸设置粗细为“3 点”；❹完成后再在“时尚女装”的右侧绘制直线。

STEP 9 选择画笔

❶在工具箱中选择画笔工具，在右侧的列表中打开“画笔”面板，单击选中“平滑”复选框；❷在右侧画笔中选择“25”号画笔；❸并设置大小为“25 像素”，在画布中绘制一条长条直线。

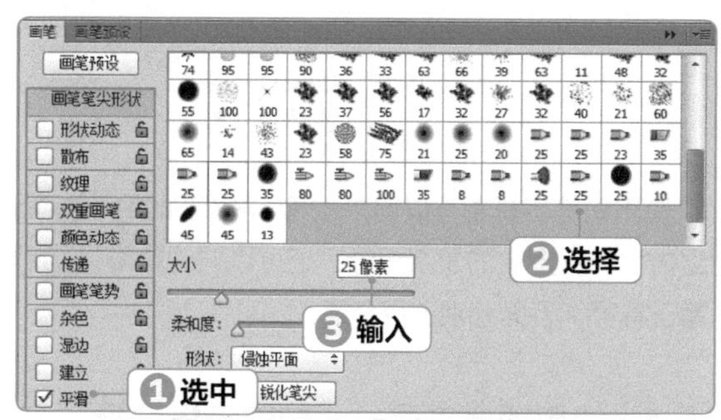

STEP 10 添加铁艺线头

再次打开“铁艺线条 .psd”素材，将其拖动到绘制的画笔线条左侧，调整位置，复制铁艺线条，并按【Ctrl+T】组合键，调整铁艺位置，在其上单击鼠标右键，在弹出的快捷菜单中选择“水平翻转”命令，将其移动到适当位置。

STEP 11 输入导航文字

使用横排文字工具在绘制的线条上输入不同的文字，并设置字体颜色为“白色”，字体为“黑体”，大小为“14 点”。

STEP 12 绘制红色矩形并输入文字

新建图层，使用相同的方法在“新品上市”文本右侧绘制颜色为“#e30d0d”的矩形，并输入红色的文字“NEW”并设置字体为“黑体”，字号为“10 点”。

STEP 13 完成店招的制作

保存文件，完成店招的制作，并查看完成后的效果，如下图所示。

7.5 使用钢笔工具

使用钢笔工具组可以自由地绘制矢量图像，它们是 Photoshop 中最常使用的矢量绘图工具。通过钢笔工具不但能绘制出内容丰富多变的复杂图形，还可以对边缘复杂的对象进行抠图处理。钢笔工具组包括钢笔工具、自由钢笔工具、磁性钢笔工具等，下面分别进行介绍。

7.5.1 使用钢笔工具——制作音乐图标

钢笔工具可以绘制任意形状的直线或曲线，是最基础的路径绘制工具，本例将打开“音乐背景.psd”图像文件，在该图像中使用钢笔工具绘制图标背景和心形，并为绘制的路径填充纯色、渐变色，制作一个心形图标，其具体操作步骤如下。

微课：制作音乐图标

素材：光盘\素材\第 7 章\音乐图标

效果：光盘\效果\第 7 章\音乐图标.psd

STEP 1 绘制直线

打开“音乐背景.psd”图像，选择【视图】/【显示】/【网格】命令，显示网格。在工具箱中选择钢笔工具，使用鼠标在图像上单击创建锚点，再使用鼠标在图像上单击创建另一个锚点，绘制一条直线。

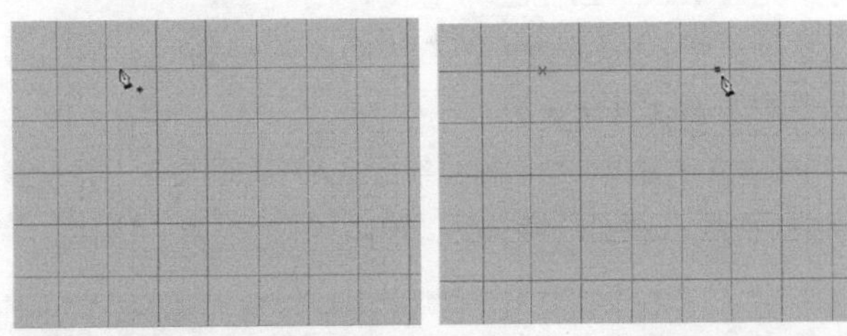

STEP 2 绘制曲线和直线

使用鼠标在第 2 个锚点垂直处下方单击，并按住鼠标向垂直方向拖动，绘制一条曲线，再使用鼠标在锚点的下方单击，绘制一条直线。

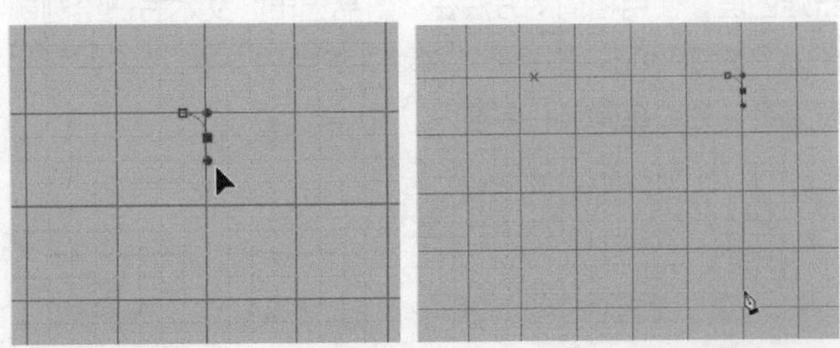

STEP 3 继续绘制圆角矩形

使用鼠标在第 4 个锚点左下方单击，并按住鼠标向水平方向拖动，绘制一条曲线，使用相同的方法，创建其他锚点；最后单击最开始创建的第 1 个锚点，闭合路径绘制一个圆角矩形。

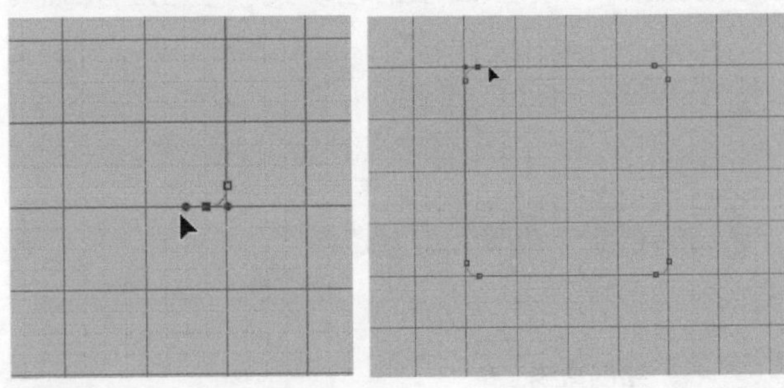

STEP 4 继续绘制圆角矩形

①新建图层，并打开“路径”面板，单击按钮，将路径转换为选区；②使用白色填充选区，并将该图层的不透明度设置“70%”，选择【视图】/【显示】/【网格】命令，取消显示网格。

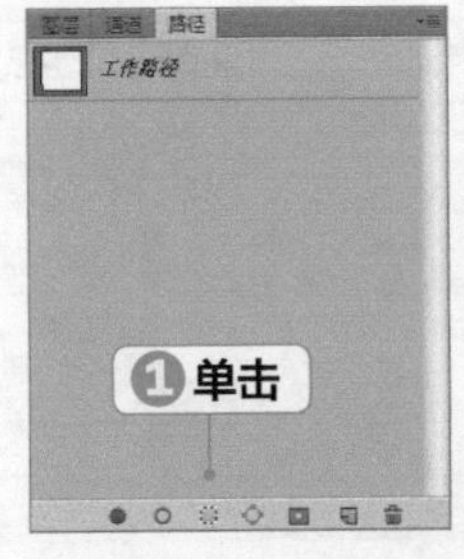

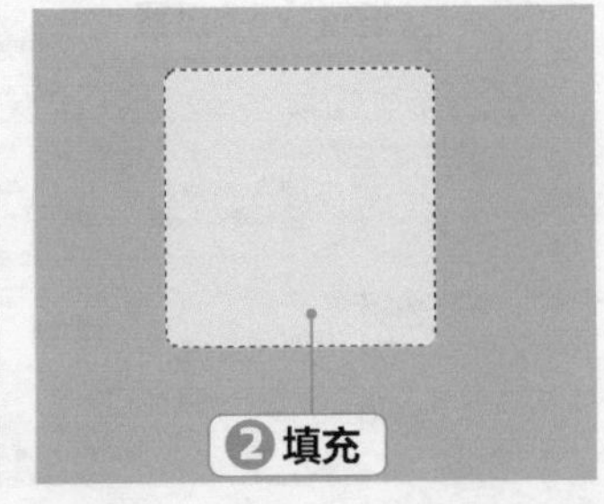

STEP 5 添加投影

❶取消选区，选择【图层】/【图层样式】/【投影】命令，打开“图层样式”对话框，设置“距离、扩展、大小”分别为“14 像素、9%、29 像素”；❷单击“确定”按钮。

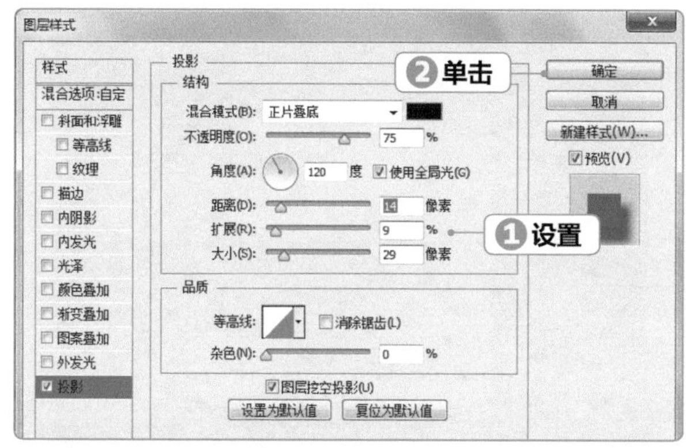

STEP 6 绘制曲线并删除方向线

选择【视图】/【显示】/【网格】命令显示网格，使用鼠标在图像上绘制曲线。按住【Alt】键的同时将鼠标移动到锚点上单击，删除方向线。

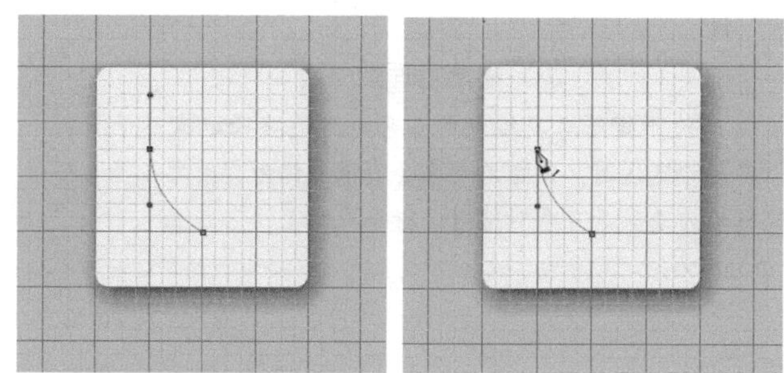

STEP 7 调整曲线的方向

继续使用鼠标绘制曲线，按住【Ctrl】键的同时将鼠标移动到锚点上方的方向线控制点上，拖动鼠标调整控制点位置，从而调整曲线形状。

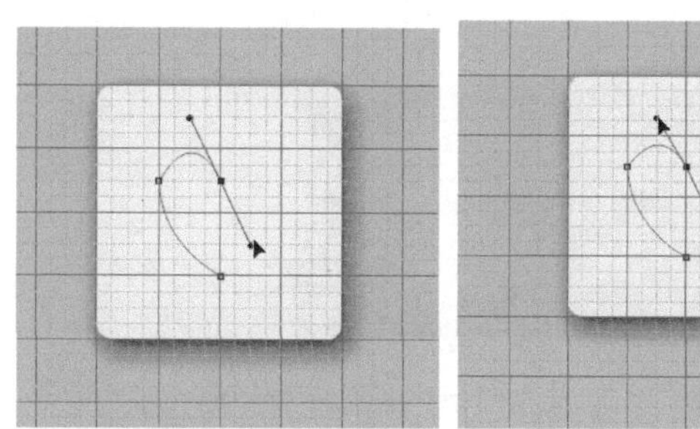

STEP 8 完成心形的绘制

使用相同的方法调整曲线，最后将图像绘制成一颗心形。新建图层，在“路径”面板中单击按钮，将路径转换为选区。

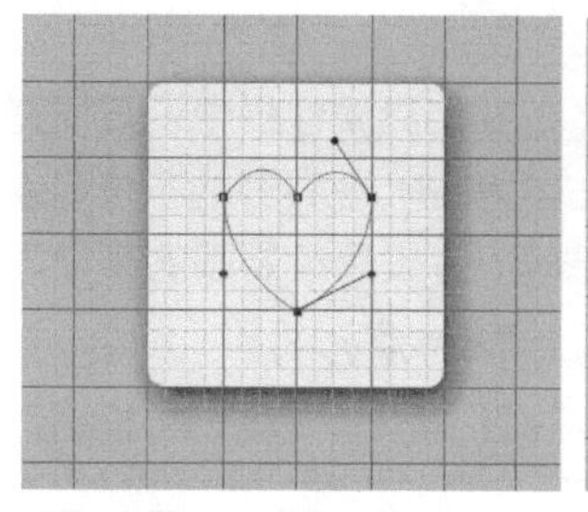

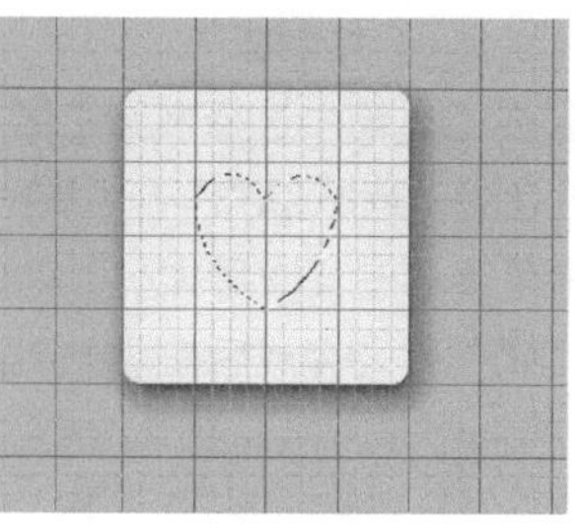

STEP 9 收缩选区

❶取消网格显示，将前景色设置为“#f4e226”，使用前景色填充选区；❷选择【选择】/【修改】/【收缩】命令，打开“收缩选区”对话框，设置收缩量为“15 像素”；❸单击“确定”按钮。

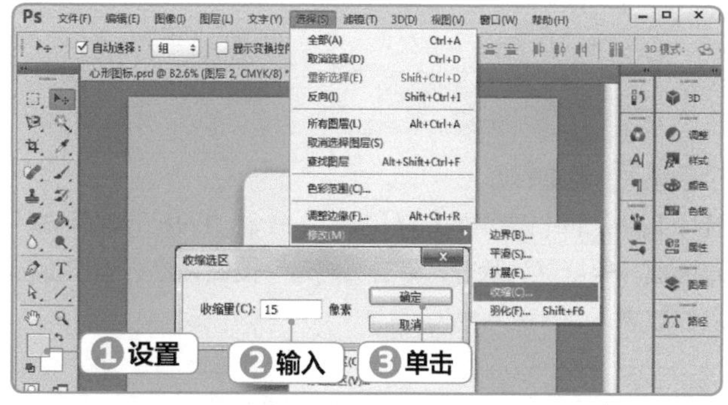

STEP 10 平滑选区

❶选择【选择】/【修改】/【平滑】命令，打开“平滑选区”对话框，设置取样半径为“15 像素”；❷单击“确定”按钮，按【Delete】键删除选区内容。

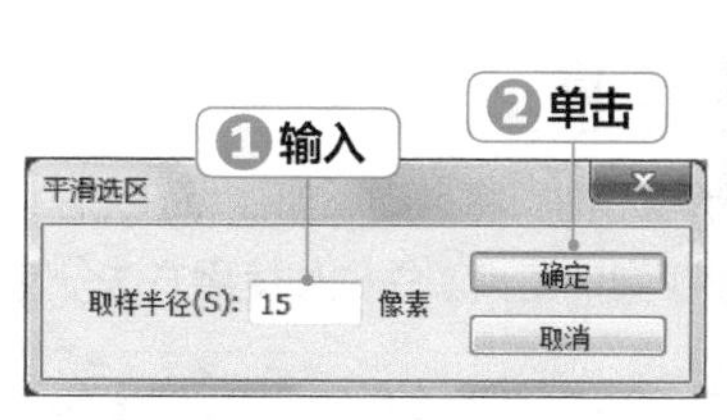

STEP 11 添加文字

在“图层”面板中选择“图层 1”图层，删除内容并取消选区，打开“音乐图标文字 .psd”图像，将文字添加到桃心下方。

STEP 12 绘制圆形

❶在工具箱中选择椭圆工具；❷在工具属性栏中设置填充颜色为“#d2d2d3”；❸单击⚙按钮，在打开的下拉列表中单击选中“固定大小”单选项，并设置绘制圆的半径为“16”；❹完成后在图像的左上角绘制圆形。

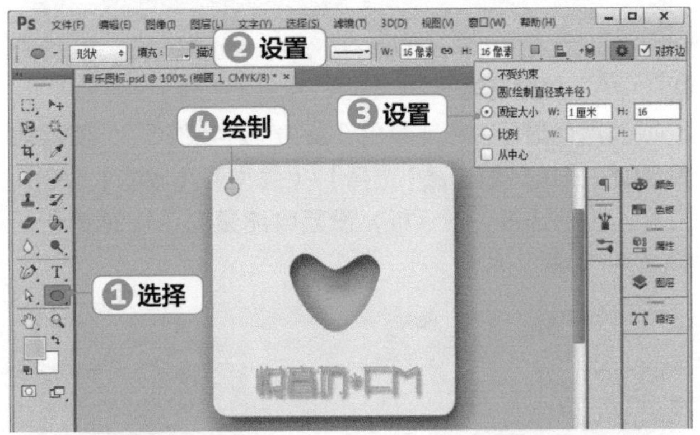

STEP 13 添加投影

选择【图层】/【图层样式】/【投影】命令，打开“图层样式”对话框，保持默认状态，单击“确定”按钮，查看添加投影后的效果。

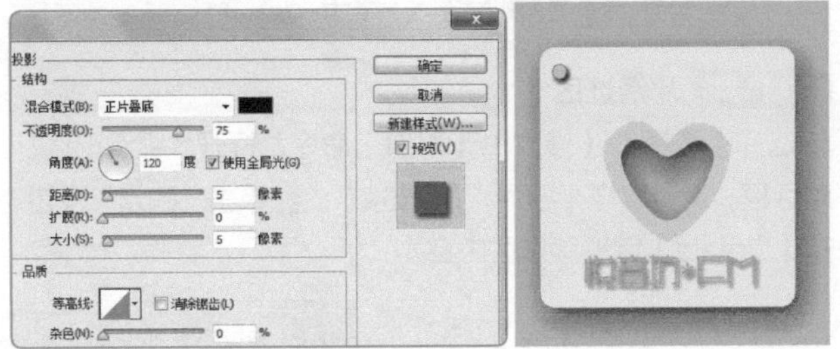

STEP 14 绘制其他圆形

使用相同的方法再绘制 3 个圆形，并将其放置在图像的其他 3 个角。

操作解谜

平滑处理的原因

使用钢笔工具绘制的心形，可能路径边缘不平滑，在删除选区时，图像看起来会有很多锯齿，因此在将路径转换为选区后，要对选区进行平滑处理。

7.5.2 使用自由钢笔工具

使用自由钢笔工具绘制图形时，将自动添加锚点，无需确定锚点位置，和钢笔工具相比，自由钢笔工具可以绘制出更加自然的路径。下面对自由钢笔工具的工具属性栏和使用方法分别进行介绍。

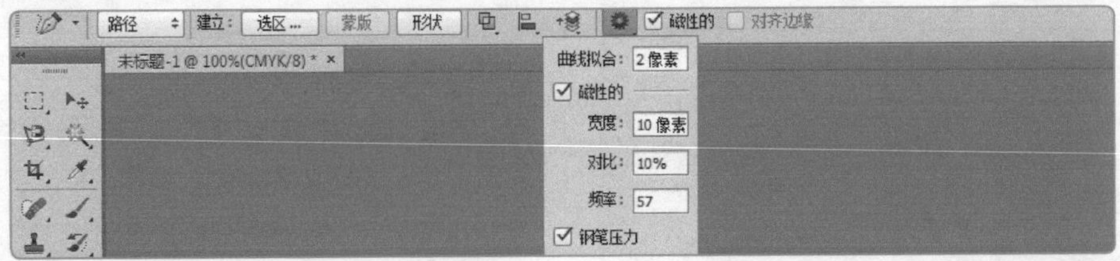

自由钢笔工具属性栏中相关的选项作用如下。

- 绘图模式：用于选择自由钢笔工具的绘图模式，包括路径、形状和像素，默认为路径。
- “选区”按钮：单击“选区”按钮，可将路径转换为选区形式。
- “蒙版”按钮：单击“蒙版”按钮，可将路径转换为蒙版形式。
- “形状”按钮：单击“形状”按钮，可将路径转换为形状。
- “路径操作”按钮：单击“路径操作”按钮，在打开的下拉列表中可对路径进行相应的设置，包括合并形状、减去顶层形状、与形状区域相交、排除重叠形状和合并形状组件等。

- "路径对齐方式"按钮：单击"路径对齐方式"按钮，可设置绘制路径之间的对齐方式，通常在绘制多个路径时使用。
- "路径排列方式"按钮：单击"路径排列方式"按钮，可用于控制绘制路径的排列方式。
- 曲线拟合：单击⚙按钮，在打开的列表中，在"曲线拟合"文本框中输入数值，用于设置所绘制的路径对鼠标指针在画布中移动的灵敏度，它的设置范围为 0.5 像素 ~10 像素，该值越大，生成的锚点越少，路径也就越平滑；该值越小，生成的锚点就越多。
- 磁性的：单击选中"磁性的"复选框，可以将自由钢笔工具转换为磁性钢笔工具，并可以设置"磁性钢笔工具"的选项。
- 宽度：该选项用于设置"磁性钢笔工具"的检测范围，它以像素为单位，只有在设置的范围内的图像边缘才会被检测到，该值越大，工具的检测范围也就越大。
- 对比：该选项用于设置工具对于图像边缘像素的敏感度。
- 频率：用来设置绘制路径时产生锚点的频率，频率值越大，产生的锚点就越多。
- 钢笔压力：该选项仅在计算机配置有手写板的情况下具有作用，选中该复选框后，系统会根据压感笔的压力自动更改工具的检测范围。

自由钢笔工具使用方法与套索工具相同，选择自由钢笔工具后，在图像中单击鼠标即可绘制路径，下图为使用自由工具绘制路径前后的效果。

7.5.3 使用磁性钢笔工具——提取人像制作洗发水钻展图

微课：提取人像制作洗发水钻展图

在自由钢笔工具的工具属性栏中单击选中"磁性的"复选框，自由钢笔工具将变为磁性钢笔工具，通过磁性钢笔工具可快速勾画对象轮廓路径。本例将打开"秀发美女.jpg"图像，使用磁性钢笔工具抠取人像，并将路径转换为选区，再将"洗发水钻展图.psd"图像打开，使用移动工具将抠取的"美女人像"图像移动到"洗发水钻展图"图像中，其具体操作步骤如下。

	素材：光盘 \ 素材 \ 第 7 章 \ 洗发水钻展图
	效果：光盘 \ 效果 \ 第 7 章 \ 洗发水钻展图 .psd

STEP 1 切换磁性钢笔工具

❶打开"秀发美女.jpg"图像，在工具箱中选择自由钢笔工具；❷在工具属性栏中单击选中"磁性的"复选框，切换到磁性钢笔工具；❸在人物的秀发顶部单击，确定磁性钢笔工具的起始点。

STEP 2 完成路径的绘制

沿着人物的轮廓拖动鼠标，磁性钢笔工具将自动沿着拖动的方向创建路径，当绘制整个路径后，在路径的起始位置处单击，闭合路径。按【Ctrl+Enter】组合键，将路径转换为选区。

STEP 3 删除建立的选区

选择【选择】/【反向】命令，或按【Ctrl+Shift+I】组合键，反向建立选区，再按【Delete】键将反向的选区内容删除。

STEP 4 完成路径的绘制

按【Ctrl+D】组合键取消选区，打开“洗发水钻展图 .psd”图像，使用移动工具将“秀发美女”图像移动过到“洗发水钻展图”图像中，按【Ctrl+T】组合键将图像放大，使其铺满洗发水右侧。

STEP 5 查看完成后的钻展图效果

❶在“图层”面板中选择秀发美女所在图层，将其拖动到背景图层的上方；❷设置不透明度为“80%”，保存文件后查看效果。

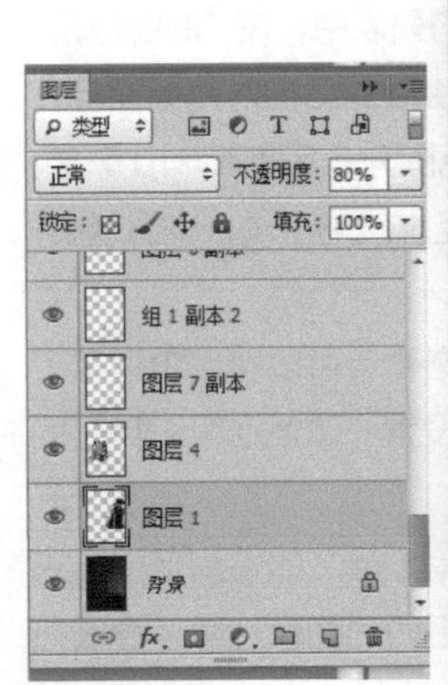

操作解谜

为人物设置不透明度的原因

在淘宝主图的设计过程中，人物只是主图中的一种元素，卖出的主体是产品，因此产品要成为本钻展图的亮点，为了不让人物抢了主图的视线，需将人物的存在感虚化。

Chapter 07

7.6 矢量图的编辑

矢量图绘制完成后，单击该矢量图可发现绘制的矢量图是由不同的锚点和路径组成，此时若需要调整矢量图的样式，需要调整各个锚点和路径的位置。该操作不但可通过钢笔工具组来实现，也可使用直接选择工具对锚点和路径进行编辑，让绘制的矢量图变得更加完美。

7.6.1 编辑锚点

锚点是矢量图的灵魂，没有锚点将不能形成所展示的矢量图，因此锚点的编辑变的尤为重要。下面对选择与移动锚点、添加锚点、删除锚点的方法分别进行介绍，并对转换点工具进行简单说明。

1. 选择与移动锚点

直接选择工具用于锚点选择，当选择直接选择工具后，使用鼠标单击某个锚点即可选择锚点，所选的锚点将呈现实心圆的效果，未选择的锚点则为空心圆。此外使用直接选择工具拖动路径段还可对路径段进行移动。下图中鼠标单击处为已选择的锚点，其他为未选择的锚点以及使用直接选择工具选择并移动的路径段。

2. 添加锚点

当需要对路径段添加锚点时，可在工具箱中选择添加锚点工具，将鼠标移动到路径上，当鼠标光标变为 形状时，单击鼠标，在单击处添加一个锚点。

3. 删除锚点

在路径上除可添加锚点外还可对锚点进行删除。用户只需选择删除锚点工具或钢笔工具，将鼠标移动到绘制好的路径锚点上，当鼠标光标呈 形状时，使用鼠标单击，可将单击的锚点删除。

4. 转换锚点类型

在绘制路径时，会因为路径的锚点类型不同而影响路径的形状。而转换点工具主要用于转换锚点的类型，从而调整路径的形状。用户只需选择转换点工具，并在角点上单击，角点将被转换为平滑点，使用鼠标拖动调整路径形状。

7.6.2 编辑路径

绘制路径完成后，绘制的路径将成为一个整体进行显示。若要使绘制的路径更加符合当前的要求，可对绘制好的路径进行编辑。下面对创建路径图层、复制路径、显示路径和隐藏路径等编辑路径的方法分别进行介绍。

1. 创建路径图层

在“路径”面板中可以直接新建路径图层，然后在路径图层中进行绘制，绘制的路径会自动存储在当前选中的路径图层中。只要在“路径”面板中单击 按钮，将自动在当前路径图层的下方新建一个路径图层，或是单击右上角 按钮，在打开的下拉列表中选择“新建路径”选项，打开“新建路径”对话框，在其中输入路径的名称即可完成创建。

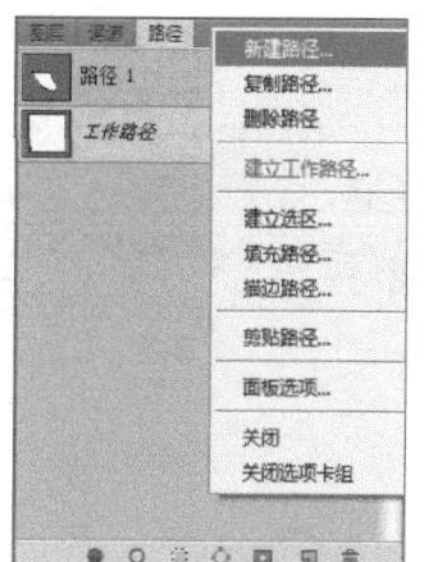

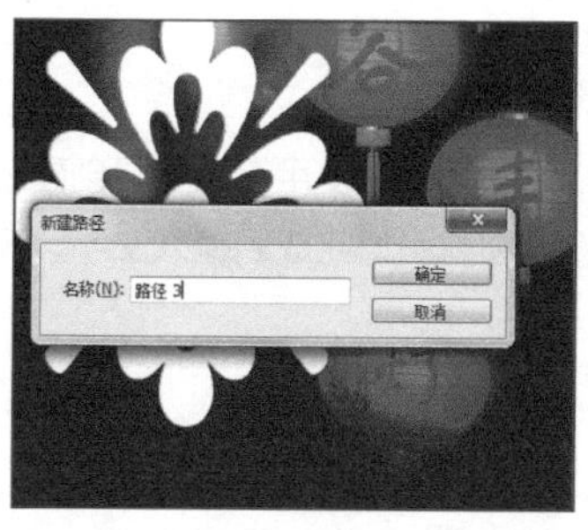

2. 复制或粘贴路径

用户若想将路径复制一份备份，可直接在“路径”面板中将需要复制的路径拖动到“路径”面板下方的 按钮上。若想将一个图像中的路径应用到另一个路径中时，可对路径进行复制或粘贴操作。只需选择需要复制的路径，选择【编辑】/【拷贝】命令，打开需要应用的路径，选择【编辑】/【粘贴】命令，即可对路径进行复制粘贴。

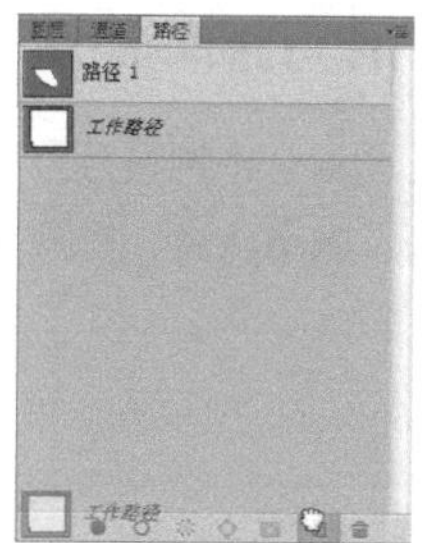

3. 存储工作路径

默认情况下，用户绘制的工作路径都是临时的路径，若是再绘制一个路径，原来的工作路径将被新绘制的路径所取代。若不想让绘制的路径只是一个临时路径，可将路径存储起来。其方法是：在“路径”面板中双击需要存储的工作路径，在打开的“存储路径”对话框中设置“名称”后，单击“确定”按钮。此时，“路径”面板中的工作路径将被存储起来。

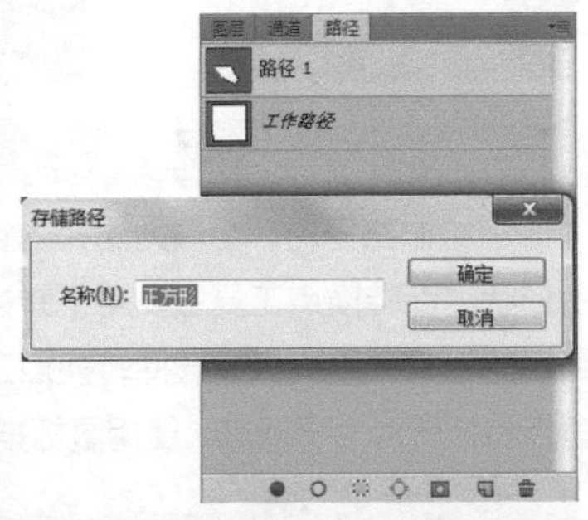

4. 显示或隐藏路径

在图像中用户可根据需要随时对路径进行显示或隐藏，其方法如下。

- 显示路径：在“路径”面板中单击需要显示的路径。
- 隐藏路径：在“路径”面板中单击空白区域，可取消对路径的选择和显示。

5. 删除路径

用户可将不需要的路径删除，其方法除了通过单击“路径”面板中按钮外，还可在需要删除的路径上单击鼠标右键，在弹出的快捷菜单中选择“删除路径”命令，也可单击右上角按钮，在打开的下拉列表中选择“删除路径”选项。

6. 路径与选区的转换

为了使图像绘制更加方便，用户经常会在路径和选区来回进行转换。而在 Photoshop C6 中提供了多种将路径转换为选区的操作，下面分别进行介绍。

- 按【Ctrl】键的同时，在“路径”面板中单击路径缩略图，或单击按钮，可将路径转换为选区。
- 选中路径后，按【Ctrl+Enter】组合键，将路径转换为选区。
- 在路径上单击鼠标右键，在弹出的快捷菜单中选择“建立选区”命令，在打开的“建立选区”对话框中设置参数后，单击“确定”按钮完成转换。

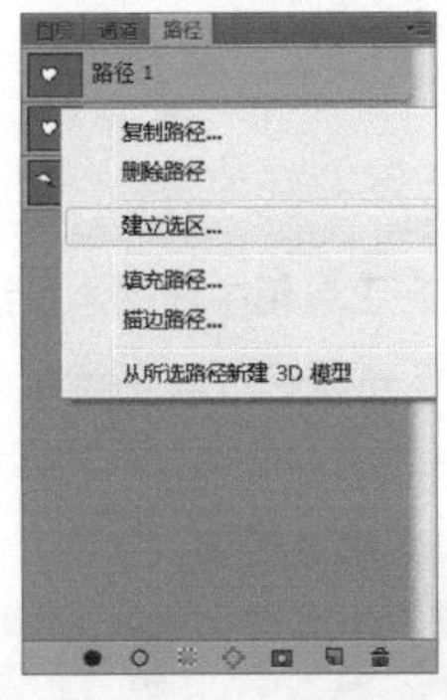

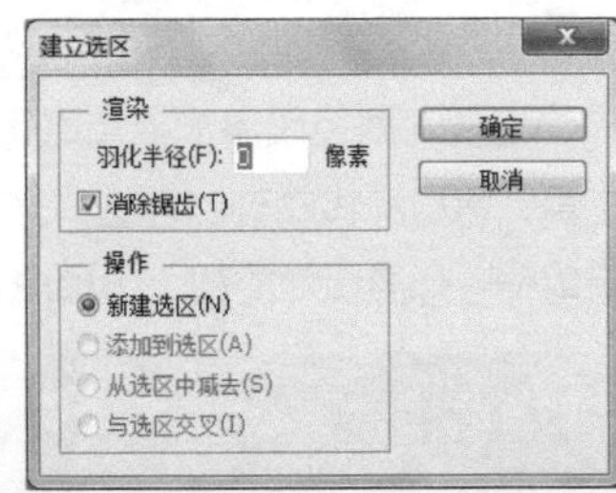

7. 对齐与分布路径

在绘制路径时不一定会按照特定的路径分布进行绘制，若需要将绘制的图形按照一定的规律进行对齐分布，可对其进行设置，常用的设置方法为：在工具属性栏中选择路径对齐方式，在打开的下拉列表中显示了常用的对齐方式，包括左边、水平居中、右边、顶边、垂直居中、底边、按宽度均匀分布和按高度均匀分布几种，下面分别对其进行介绍。

- 左边：该选项指将选择的路径沿左边进行分布显示。
- 水平居中：该选项指将选择的路径水平居中对齐分布。
- 右边：该选项指将选择的路径右对齐。
- 顶边：该选项指将选择的路径顶边对齐。
- 垂直居中：该选项指将选择的路径以选择图形的中线进行垂直居中对齐。
- 底边：该选项指将选择的路径以底边进行对齐。
- 按宽度均匀分布：该选项指将选择的图形按宽度进行均匀分布，需注意的是，分布的图形必须为 3 个以上。
- 按高度均匀分布：该选项指将选择的路径按高度进行均匀分布，且分布的图形也必须为 3 个以上。

7.6.3 创建路径抠图——制作灯箱海报

路径抠图常用于画面内容复杂的图像。本例将打开“男士侧颜 .jpg”图像，使用钢笔工具创建路径抠图，并将其转换为选区，完成后打开“城市 .jpg”图像，在其中制作人物剪影，完成后输入文字，完成灯箱海报的制作，其具体操作步骤如下。

微课：制作灯箱海报

素材：光盘 \ 素材 \ 第 7 章 \ 灯箱海报
效果：光盘 \ 效果 \ 第 7 章 \ 灯箱海报 .psd

STEP 1 使用钢笔工具创建人物轮廓

❶打开“男士侧颜 .jpg”图像，在工具箱中选择钢笔工具；❷在人物的后颈处使用鼠标在图像上单击创建锚点；❸沿着人物的头部再使用鼠标在图像上单击创建另一个锚点，绘制一条曲线路径。

STEP 2 继续绘制轮廓

使用鼠标在沿着人物的轮廓单击绘制人物轮廓，在绘制时注意将背景同衣服进行区分，查看完成后的效果如下图所示。

STEP 3 建立选区

❶在“路径”面板中选择创建的工作路径；❷在其上单击鼠标右键，在弹出的快捷菜单中选择“建立选区”命令；❸打开“建立选区”对话框，设置羽化半径为“2”像素；❹单击“确定”按钮。

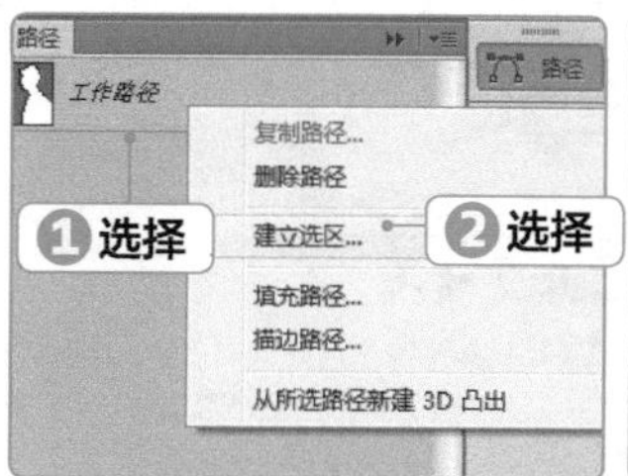

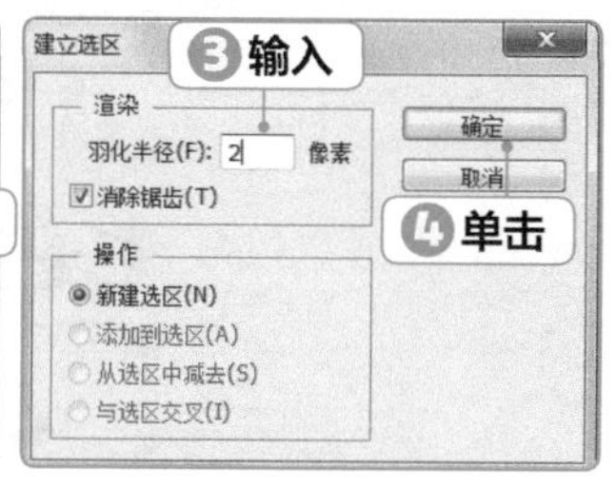

STEP 4 调整人物位置

打开“城市 .jpg”图像，在“男士侧颜”图像中选择移动工具，将建立选区后的图像拖动到“城市”图像右侧，并调整人物位置和大小。

STEP 5 制作剪影效果

❶在“图层”面板中新建图层，并将其填充为白色，完成后设置不透明度为“80%”；❷将新建的图层移动到图层 1 下方；❸复制背景图层，并将其移动到最上方；❹在其上单击鼠标右键，在弹出的快捷菜单中选择“创建剪贴蒙版”命令，对其创建剪贴蒙版。

STEP 6 制作剪影效果

选择横排文字工具输入文字“拼搏”、“不达成功誓不休”并设置字体为“汉仪长宋简”，调整文本大小并分别创建剪切蒙版。

第 7 章 绘制图形

STEP 7 使用曲线调整亮度

❶在“调整”面板中单击“曲线”按钮；❷打开“曲线”属性面板，在中间编辑区的线条上，单击获取一点并向上拖动，调整图像的亮度。

STEP 8 查看完成后的效果

返回图像编辑区，即可发现图像的颜色加深，更加符合海报展示的需要，保存文件后查看效果。

高手竞技场

1. 制作纸条画效果

打开提供的素材文件“纸条画.jpg”，对其进行编辑，要求如下。

- 使用直线工具在图像中绘制直线。
- 对绘制的直线进行变形操作让其出现撕扯样式，并使用画笔工具让撕扯的效果变得逼真。
- 在图片右侧绘制浅灰色矩形条，并设置不透明度，完成后输入文字即可。

2. 绘制彩妆标志

绘制彩妆标志的要求如下。

- 新建 7.5cm×8cm、文件名称为“商品标志”的图像文件。
- 选择钢笔工具，在图像中绘制一个类似人物的有弧度的路径，填充为“#ffb200”。
- 在人形图像下方再绘制一个抽象人物路径，转换为曲线，填充为“#ff00b2”。
- 使用同样的方法，再绘制 3 个抽象人物造型，分别填充为“#047fb8”“#1c9432”和“#fa0003”，将所有图像组合成一个圆形花瓣造型，并在下方输入文字即可。

08 Chapter 第 8 章

调整图像色彩

/ 本章导读

在使用 Photoshop 处理人像或是风景照时，会发现由于拍摄时出现的各种主观因素和客观因素，可能造成图像拍摄出来效果差强人意，此时就可以使用 Photoshop 的调色技术对图像的颜色进行调整。在 Photoshop CS6 中包含了多个调色命令，搭配使用不同的调色命令可以得到很多意想不到的图像效果。

8.1 色彩的基础知识

通俗地说，光线是由波长范围很窄的电磁波产生的，不同波长的电磁波单独或混合出现后即表现为不同的颜色。Photoshop CS6 中用户可以自由地改变和调整图像的颜色，下面介绍在进行调色前需要了解的一些色彩的基础知识，让色彩的应用变得更加得心应手。

8.1.1 色彩的构成要素

在自然界中有很多种颜色，但所有的颜色都是由红、绿、蓝这 3 种颜色调和而成。人们一般所指的三原色就是指红（Red）、绿（Green）、蓝（Blue）3 种光线，即在 Photoshop CS6 中的 RGB 色彩模式如下图所示。当颜色以它们的各自波长或各种波长的混合形式出现时，人们就可以通过眼睛感知到不同的颜色。色彩包含色相、纯度和明度 3 个基本要素。

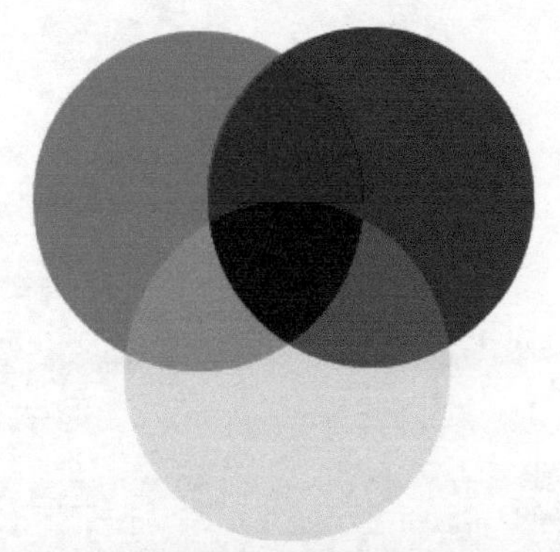

1. 色相

色相指色彩的相貌，由原色、间色和复色构成。在标准色相环中以角度表示不同色相，取值范围为 0°~360°。在实际生活工作中则使用红、黄、紫红、银灰等颜色来表示。

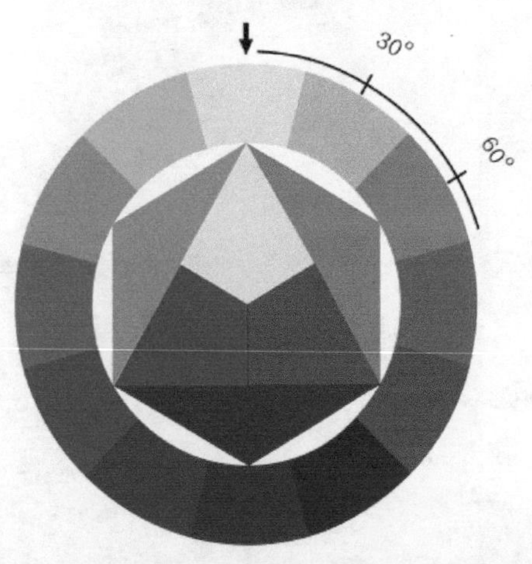

2. 纯度

纯度又称饱和度，是指颜色的鲜艳程度，受图像颜色中灰色的相对比例影响，黑、白和灰色色彩没有饱和度。当某种颜色的饱和度最大时，其色相具有最纯的色光。饱和度通常以百分数表示，取值范围为 0% ~ 100%，0% 表示灰色，100% 则为完全饱和。

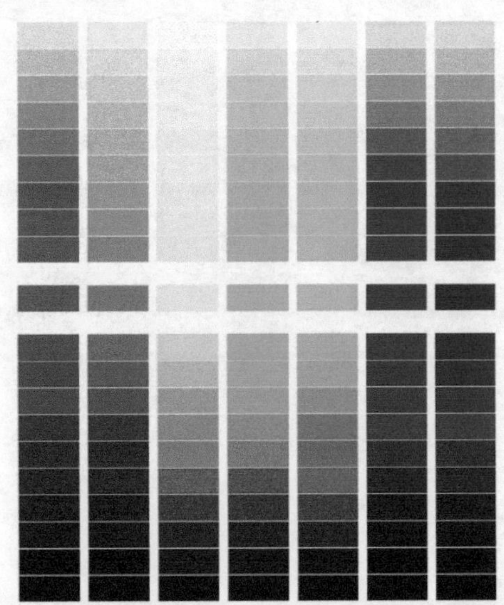

3. 明度

明度又称亮度，即色彩的明暗程度，通常以黑色和白色表示，越接近黑色，亮度越低，越接近白色，亮度越高。取值范围 -150 ~ 150，-150 表示黑色，150 表示白色。

技巧秒杀

色性与色调的区别

色性是指色彩的冷暖倾向，即一般所指的冷色系和暖色系，而色调则是指画面中多种颜色呈现的总体趋向。在自然现象中，经常出现使不同颜色的物体都带有同一色彩倾向的现象，这样的色彩现象就是色调。

8.1.2 色彩联想与象征

色彩联想是指当不同波长的光信息，作用于人的视觉器官，并通过视觉神经传入大脑后，产生和形成一系列的色彩心理反应。不同的色彩，形成的心理反应也呈现出多样化。而象征则是色彩带来的视觉感想，下面分别对不同色彩的联想和对应的象征分别进行介绍。

- 红色：在可见光谱中，红色光波最长，属暖色系中的颜色。红色是一种有力的色彩，是热烈、冲动、警示的色彩，同时，红色也代表着热情、兴奋、紧张、激动等情绪。其中深红色及带紫味的红给人感觉是庄严、稳重而又热情的，常见于迎接贵宾的场合。含白的高明度粉红色，则有柔美、甜蜜、梦幻、愉快、幸福、温雅的感觉，多用于和女性相关的色彩。下图即为以红色为基调的图片。

- 橙色：橙色的波长仅次于红色，因此它也兼具长波长的效果，具有可以使人脉搏加速、温度升高的特征。橙色是十分活泼的光辉色彩，是暖色系中最温暖的色彩，因此也是一种富足、温暖、幸福的色彩，也给人以活泼、华丽、辉煌、跃动、炽热、温情、甜蜜、愉快、幸福等感觉，但还有疑惑、嫉妒等倾向，适合应用于能源、食品和服务等领域的设计。下图即为以橙色为基调的图片。

- 黄色：黄色是亮度最高的颜色，在高明度下能够保持很强的纯度。黄色如同太阳，因此代表着灿烂、光辉、活力等。但由于黄色过于明亮刺激，并且与其他颜色相混合易失去其原貌特征，所以也有轻薄、不稳定、变化无常、冷漠等含义。因为黄色极易被人发现和识别，故常常作为安全色被使用，如室外作业者的工作服以及交通标志的颜色设计。下图即为以黄色为基调的图片。

- 绿色：绿色是大自然中非常常见的颜色，是植物的颜色，常常表现出丰富、充实、宁静与希望、和平与信仰等情感元素。此外，绿色又十分宽容大度，常用于象征青春、生命和健康等。绿色最适应人眼的注视，因此在视觉疲劳的时候看看绿色，有助于消除疲劳、调节视神经功能。在绿色中黄绿带给人们春天的气息；蓝绿、深绿是海洋、森林的颜色，有深沉、稳重、沉着、睿智等含义；含灰的绿，如土绿、橄榄绿、墨绿，给人以成熟、古朴、深沉的感觉。下图即为以绿色为基调的图片。

- 蓝色：蓝色是一种博大的色彩，天空和大海的景色都呈蔚蓝色，同时蓝色是最冷的色，代表着平静、理智与纯净。其中浅蓝色富有青春朝气，为年轻人所钟爱，但也有不够成熟的感觉；深蓝色具有沉着、稳重，为中年人普遍喜欢的颜色；群青色略带暖昧，充满深邃的魅力；藏青色则给人庄重、大气。下图即为以蓝色为基调的图片。

- 紫色：波长最短的可见光是紫色波，紫色是非知觉的色，它通常神秘、高贵、优雅，让人印象深刻。其中较暗或含深灰的紫，给人以不详、腐朽、死亡的感觉。红紫和蓝紫色，给人优雅、神秘的时代感，在现代生活中广泛运用。下图即为以紫色为基调的图片。

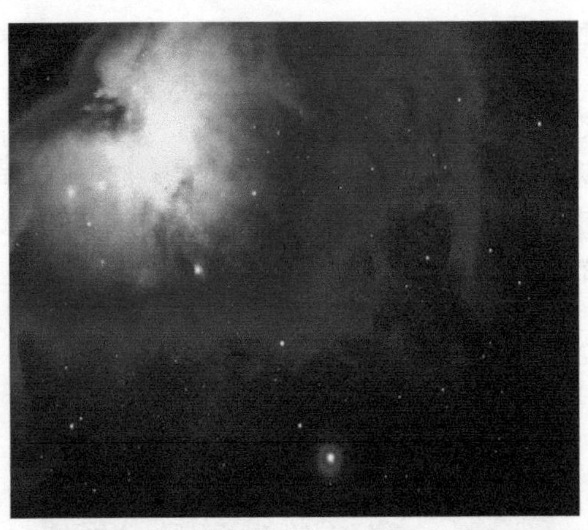

8.2 使用快捷调色命令

快捷调色命令是一种比较适合初学者使用的基础图像调整命令，通过它快速对图像进行颜色的调整。在“图像”菜单中选择“自动色调”“自动对比度”“自动颜色”命令即可快速对图像的颜色和色调进行调整。下面分别对这几种快捷调色命令进行介绍。

8.2.1 自动颜色——快速完成颜色调整

微课：快速完成颜色调整

“自动颜色”命令常被用于矫正图片偏色，能够对图像中的阴影、中间调和高光进行搜索，从而对图像的对比度和颜色进行调整。下面将对“日落黄昏.jpg”图像进行颜色的调整，使其颜色显现更加自然，其具体操作步骤如下。

素材：光盘\素材\第 8 章\日落黄昏.jpg
效果：光盘\效果\第 8 章\日落黄昏.jpg

STEP 1 选择菜单命令

打开“日落黄昏.jpg”图像，选择【图像】/【自动颜色】命令，调整图像的颜色。

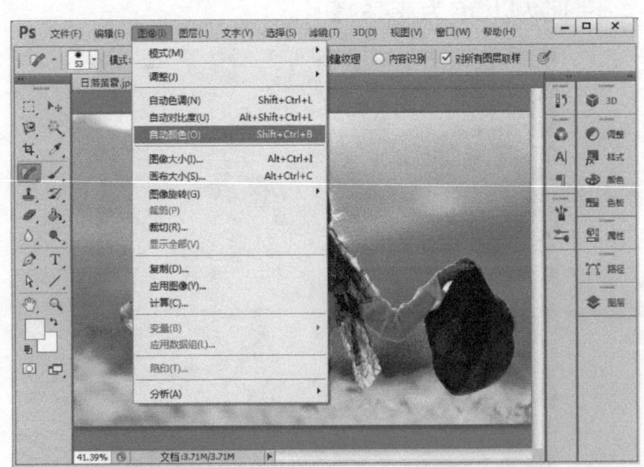

技巧秒杀

颜色调整技巧

在调整颜色过程中，若是觉得颜色匹配不够自然，可再次选择【图像】/【自动颜色】命令，进行再次的颜色调整。

STEP 2 查看调整后的效果

返回图像编辑区，即可发现调整后的颜色在向深色过渡，使画面变得更加自然，保存图像查看调整后的效果。

8.2.2 自动色调——快速矫正照片中偏色部分

“自动色调”命令能够对颜色较暗的图像色彩进行调整，使图像中的黑色和白色变得平衡，以增加图像的对比度。如打开色调偏灰暗的图片，使用自动色调命令，即可使图像色调变得清晰。下面将对“斜肩美女 .jpg”图像对图像进行自动调色操作，使其黑白平衡，其具体操作步骤如下。

微课：快速矫正照片中偏色部分

	素材：光盘 \ 素材 \ 第 8 章 \ 斜肩美女 .jpg
	效果：光盘 \ 效果 \ 第 8 章 \ 斜肩美女 .jpg

STEP 1 选择菜单命令

打开“斜肩美女 .jpg”图像，选择【图像】/【自动色调】命令，调整图像的色调。

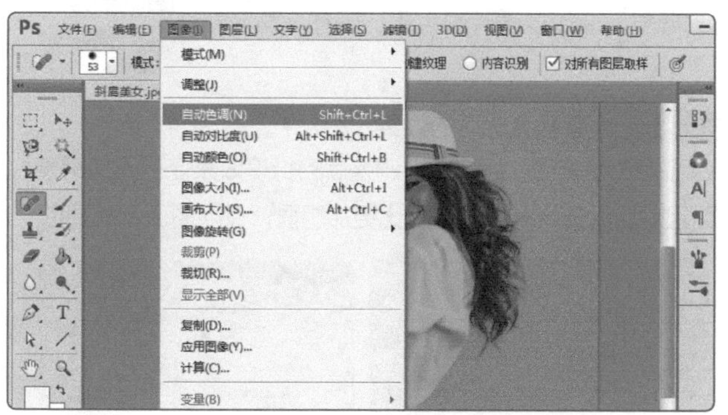

STEP 2 查看调整后的效果

返回图像编辑区，即可发现调整后图像的颜色加深了，画面更加美观，保存图像查看完成后的效果。

8.2.3 自动对比度——快速调整图像色彩

“自动对比度”命令可以自动调整图像的对比度效果，使阴影颜色更暗，高光颜色更亮。下面将在“小女孩 .jpg”图像中对图像进行自动对比度的操作，增强图像的对比效果，其具体操作步骤如下。

微课：快速调整图像色彩

	素材：光盘 \ 素材 \ 第 8 章 \ 小女孩 .jpg
	效果：光盘 \ 效果 \ 第 8 章 \ 小女孩 .jpg

STEP 1 选择“自动对比度”命令

在“小女孩 .jpg”图像中，选择【图像】/【自动对比度】命令，调整图像的对比度。

STEP 2 查看完成后的效果

返回图像编辑区，即可发现调整后的颜色更加艳丽，使小女孩的画面不显得那么苍白，保存图像查看调整后的效果。

8.3 使用常用调色命令

快捷调色命令虽然简单，但却无法适用于所有图片，此时用户可以通过 Photoshop CS6 中提供的其他常用调色命令来完善和调整图像的色彩效果，如亮度 / 对比度、色阶、曲线、色彩平衡、通道、色相 / 饱和度、曝光度、自然饱和度等，下面分别对这些命令的作用和效果进行介绍。

8.3.1 使用亮度 / 对比度调色——调整图像全局色调

使用“亮度 / 对比度”命令可以对图像的色调范围进行调整，即将灰暗的图像变亮并增加图像的明暗对比度，反之亦可。下面将对“街景 .jpg”图像进行亮度和对比度的调整，使街景图片颜色更加明亮，画面更加美观，其具体操作步骤如下。

微课：调整图像全局色调

素材：光盘 \ 素材 \ 第 8 章 \ 街景 .jpg
效果：光盘 \ 效果 \ 第 8 章 \ 街景 .jpg

STEP 1 设置“亮度 / 对比度”参数

❶选择【图像】/【调整】/【亮度 / 对比度】命令；❷打开“亮度 / 对比度”对话框，在“亮度”和“对比度”文本框中分别输入“70”和“30”；❸单击“确定”按钮。

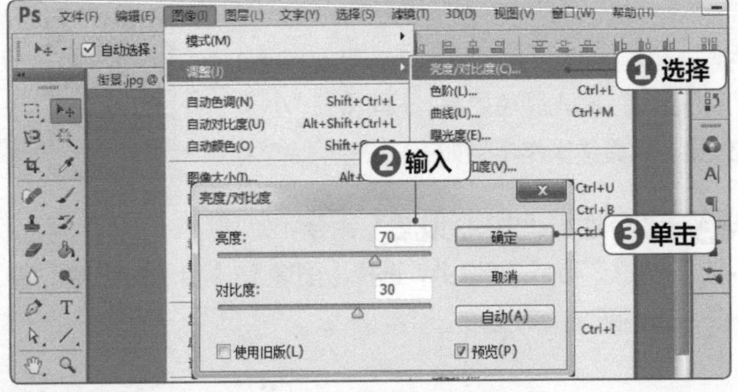

STEP 2 查看完成后的效果

返回图像编辑区，即可发现调整后的街景效果变得更加明亮，而且对应的环境与房屋的对比更加明显，保存图像完成调色。

8.3.2 使用曲线——制作怀旧邮票相框

微课：制作怀旧邮票相框

“曲线”命令是经常会使用到的命令，通过“曲线”命令可对图像色彩、亮度和对比度进行调整，使图像色彩更加具有质感。本例将打开“汽车.jpg”图像，使用“曲线”命令为图像调整出怀旧的图像颜色效果。再为图像绘制一个邮票相框，以美化图像效果，其具体操作步骤如下。

素材：光盘\素材\第8章\汽车.jpg
效果：光盘\效果\第8章\邮票相框.psd

STEP 1 调整蓝通道曲线

❶打开“汽车.jpg”图像，按【Ctrl+J】组合键复制图像；❷按【Ctrl+M】组合键，打开“曲线”对话框，在“通道”下拉列表框中选择“蓝”选项；❸使用鼠标在曲线框中单击并拖动曲线，调整蓝通道曲线，这里设置“输出和输入”分别为“90、140”。

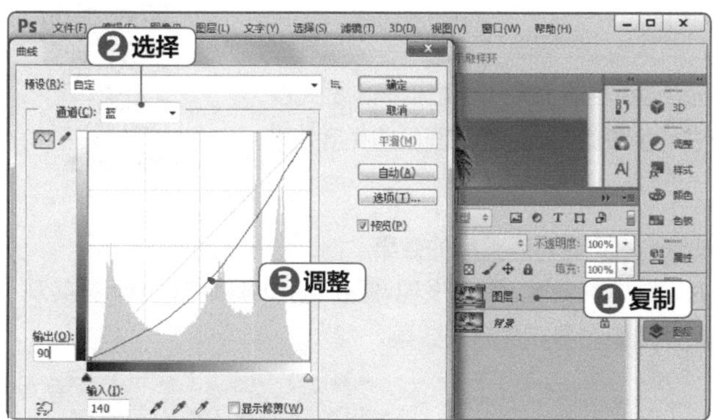

STEP 2 调整绿通道曲线

❶在“通道”下拉列表框中选择“绿”选项；❷使用鼠标在曲线框中拖动曲线，调整绿通道曲线；❸在“通道”下拉列表框中选择“红”选项；❹使用鼠标在曲线框中拖动曲线，调整红通道曲线，单击“确定”按钮。

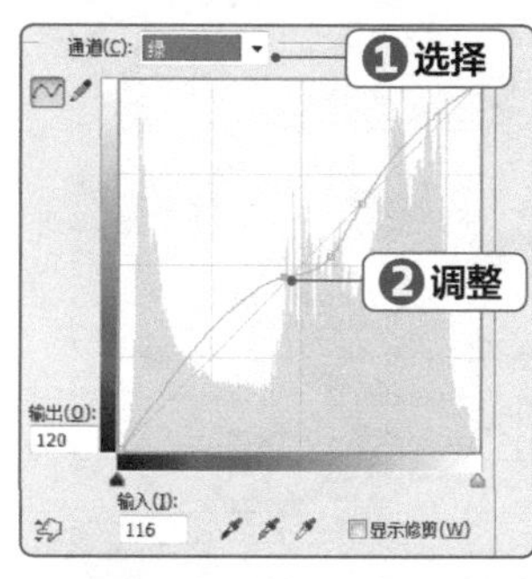

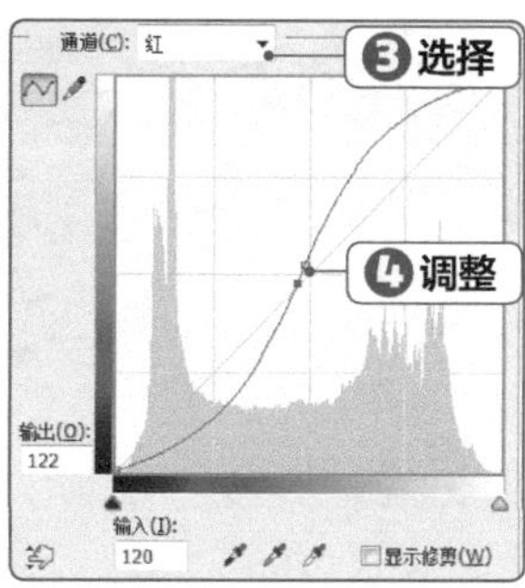

STEP 3 反向建立选区

❶在“图层”面板中设置“不透明度”为“30%”，新建图层，在工具箱中选择椭圆选框工具；❷在其工具属性栏中设置“羽化”为“50像素”；❸使用鼠标在图像上绘制一个椭圆选区，并选择【选择】/【反向】命令，反向建立选区。

STEP 4 设置不透明度

❶按【D】键重置前景色背景色，按【Alt+Delete】组合键使用黑色填充选区；❷取消选区，在“图层”面板中设置图层不透明度为“20%”，制作暗角效果。

STEP 5 设置画笔属性

❶新建图层，在工具箱中选择画笔工具，在其工具属性栏中设置画笔样式为“硬边圆”；❷并单击“切换画笔面板”按钮；❸打开“画笔”面板，设置“大小、间距”为“40像素、150%”。

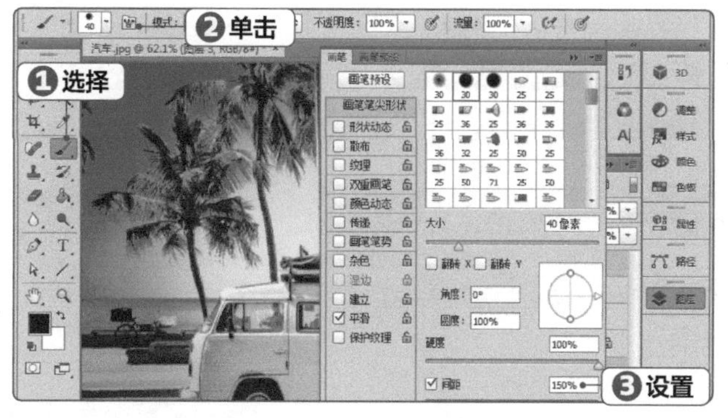

STEP 6 绘制邮票边缘

将前景色设置为白色，按住【Shift】键的同时，将鼠标移动到图像右上角，从上到下拖动并绘制一条直线。使用相同的方法为图像 4 个边都绘制直线，制作邮票边缘的效果。

STEP 7 完成邮票的绘制

在工具箱中选择自定形状工具，在“形状”下拉列表中选择“图钉”选项，拖动鼠标在图像左上角绘制形状。然后使用文本工具在图像左上角输入文本，保存图像查看效果。

8.3.3 使用色阶调色——矫正数码照片中的色调

微课：矫正数码照片中的色调

“色阶”命令常用于表示图像中高光、暗调和中间调的分布情况，通过色阶命令不但能提高画面亮度，还能使画面变得清晰。下面将打开“数码照片.jpg”图像，并对图像进行色阶的调整，提高画面的亮度效果，其具体操作步骤如下。

	素材：光盘\素材\第 8 章\数码照片.jpg
	效果：光盘\效果\第 8 章\数码照片.jpg

STEP 1 设置“色阶”参数

❶打开“数码照片.jpg”图像，选择【图像】/【调整】/【色阶】命令；❷打开“色阶”对话框，在“通道”下拉列表中选择“RGB”选项；❸在“输入色阶”栏的数值框中从左到右依次输入“13”“1.30”和“190”；❹单击“确定”按钮。

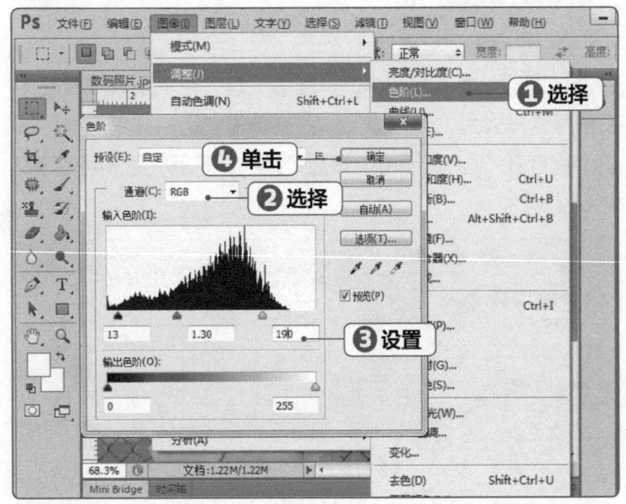

STEP 2 查看调整后的效果

返回图像编辑区，即可发现调整后的图像颜色更加明亮美观，保存图像查看完成后的效果。

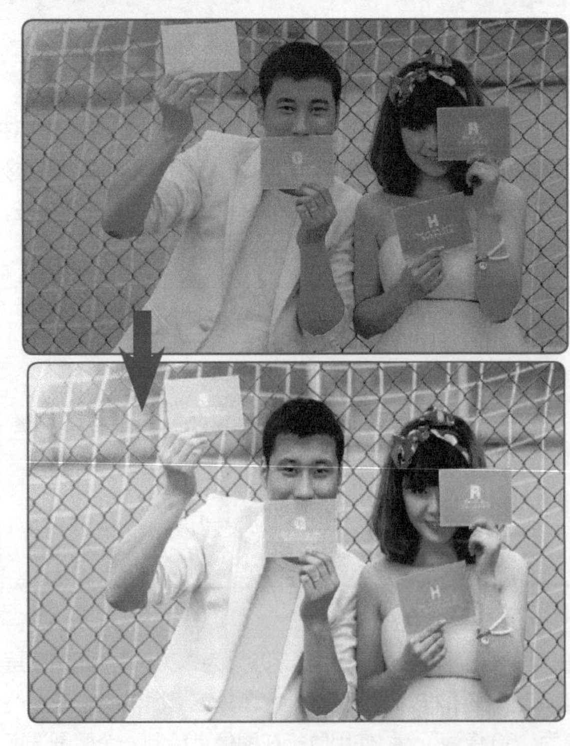

8.3.4 使用曝光度调色——调整艺术照的曝光度

微课：调整艺术照的曝光度

“曝光度”命令常用于对照片曝光度不够、色彩暗淡或曝光过度、色彩太亮的处理。下面将打开“艺术照 1.jpg”图像，并对图像进行曝光度的处理，增加图像的曝光度，使图像颜色恢复到正常状态进行显示，其具体操作步骤如下。

素材：光盘 \ 素材 \ 第 8 章 \ 艺术照 1.jpg
效果：光盘 \ 效果 \ 第 8 章 \ 艺术照 1.jpg

STEP 1 设置“曝光度”参数

❶打开“艺术照 1.jpg”图像，选择【图像】/【调整】/【曝光度】命令；❷打开“曝光度”对话框，在“曝光度”“位移”和“灰度系数校正”文本框中分别输入“+0.98”“-0.4”和“1”；❸单击“确定”按钮。

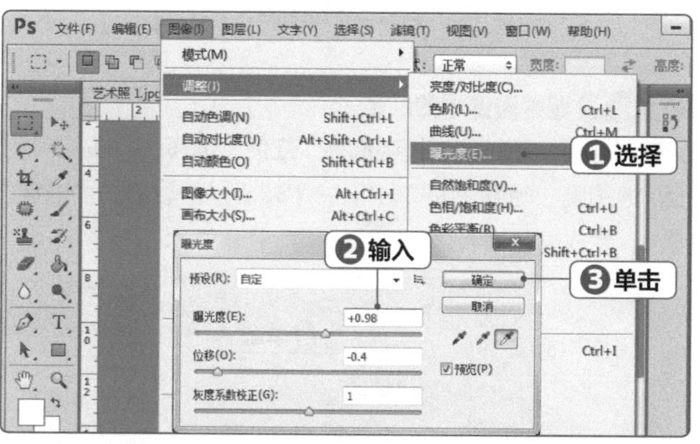

STEP 2 查看完成后的效果

返回图像编辑区，即可发现“艺术照 1”中的色彩已发生了变化，调整后的颜色更加美观，保存图像查看完成后的效果。

8.3.5 使用自然饱和度调色——调整图像全局色彩

微课：调整图像全局色彩

“自然饱和度”命令可增加图像色彩的饱和度，常用于在增加饱和度的同时，防止颜色过于饱和而出现溢色，适合于处理人物图像。下面将打开“艺术照 2.jpg”图像，并对图像的饱和度进行处理，增加饱和度让艺术照中的人物颜色更加饱满，其具体操作步骤如下。

素材：光盘 \ 素材 \ 第 8 章 \ 艺术照 2.jpg
效果：光盘 \ 效果 \ 第 8 章 \ 艺术照 2.jpg

STEP 1 设置“自然饱和度”参数

❶打开“艺术照 2.jpg”图像，选择【图像】/【调整】/【自然饱和度】命令；❷打开“自然饱和度”对话框，在“自然饱和度”和“饱和度”文本框中分别输入“+80”和“10”；❸单击“确定”按钮。

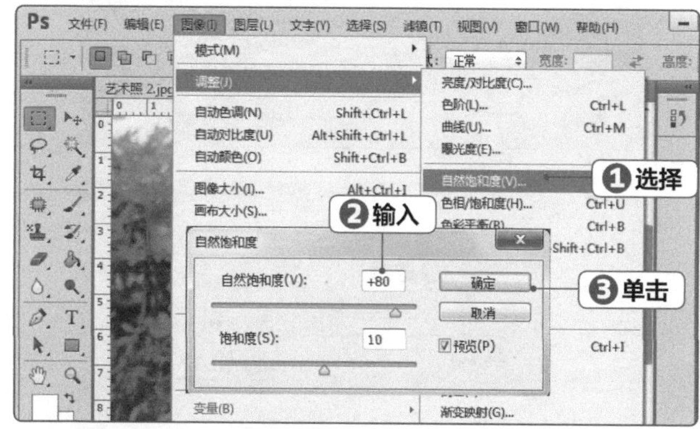

STEP 2 查看调整后的效果

返回图像编辑区，即可发现调整后图像的色彩更加鲜艳，保存图像查看完成后的效果。

8.3.6 使用色相 / 饱和度调色——制作秋天变春天图像

微课：制作秋天变春天图像

使用“色相 / 饱和度”命令可以调整图像全图或单个颜色的色相、饱和度和明度，常用于处理图像中不协调的单个颜色。本例将打开“孩子.jpg”图像，使用“色相 / 饱和度”命令将图像中的黄色调整为绿色，制作秋天变春天的效果，其具体操作步骤如下。

素材：光盘 \ 素材 \ 第 8 章 \ 孩子.jpg
效果：光盘 \ 效果 \ 第 8 章 \ 孩子.jpg

STEP 1 调整图像中的黄色

❶打开“孩子.jpg”图像，按【Ctrl+J】组合键，复制图像，选择【图像】/【调整】/【色相 / 饱和度】命令。❷打开“色相 / 饱和度”对话框，在“通道”下拉列表框中选择“黄色”选项；❸设置色相、饱和度、明度为“+18、-9、0”。

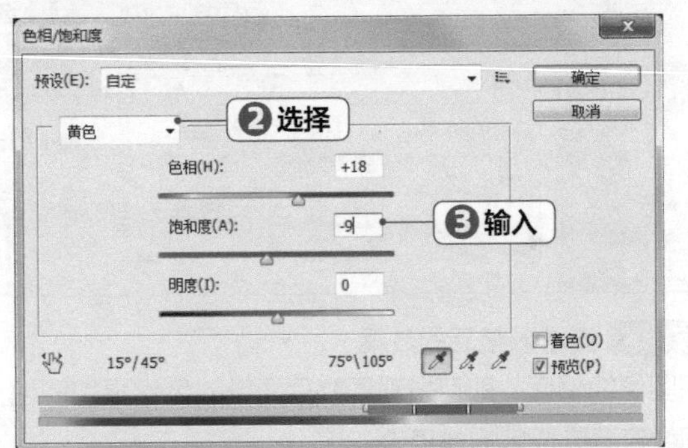

STEP 2 调整图像中的红色

❶在“通道”下拉列表框中选择“红色”选项；❷设置“色相、饱和度、明度”为“+28、+13、0”；❸单击“确定”按钮，完成颜色的调整。

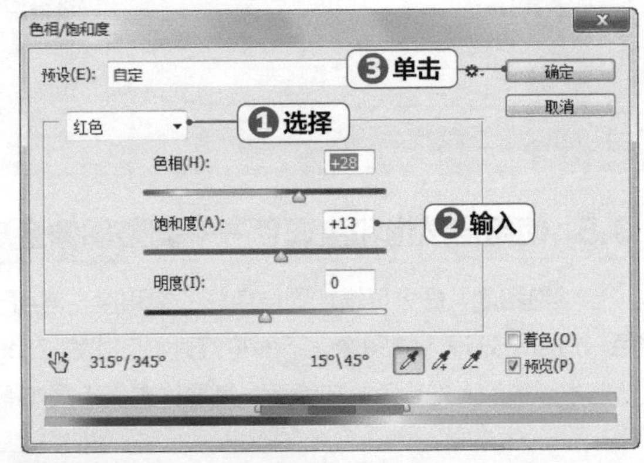

STEP 3 查看完成后的效果

返回图像编辑窗口，可发现黄色的秋天变成了绿色的春天，查看完成后的效果。

8.3.7 使用色彩平衡调色——制作冷色调图像

微课：制作冷色调图像

通过使用“色彩平衡”命令可以调整图像的阴影、中间调和高光，得到颜色鲜亮、明快的效果。本例将打开以黄色为主的暖色调照片“冬日 .jpg”图像，通过“色调平衡”命令将图像中的冷色调增强，再使用“自然饱和度”命令，增强图像的饱和度，使图像呈现冬日太阳的清冷感，其具体操作步骤如下。

素材：光盘 \ 素材 \ 第 8 章 \ 冷色调图像
效果：光盘 \ 效果 \ 第 8 章 \ 冬日 .psd

STEP 1 设置高光

❶打开“冬日 .jpg”图像，按【Ctrl+J】组合键复制图层。选择【图像】/【调整】/【色彩平衡】命令，打开“色彩平衡”对话框，单击选中“高光”单选项；❷设置“色阶”为“-34、+8、+45”。

STEP 2 设置阴影

❶在“色彩平衡”对话框中单击选中“阴影”单选项；❷设置“色阶”为“-20、0、+40”；❸单击“确定”按钮。

STEP 3 调整饱和度

❶选择【图像】/【调整】/【自然饱和度】命令，打开“自然饱和度”对话框，在其中设置自然饱和度为“-10”；❷单击“确定”按钮。

STEP 4 添加光晕效果

❶选择【滤镜】/【渲染】/【镜头光晕】命令，打开“镜头光晕”对话框，单击选中“电影镜头”单选项；❷设置亮度为“130”；❸最后使用鼠标在图像缩略图中调整光晕的位置；❹单击“确定”按钮。

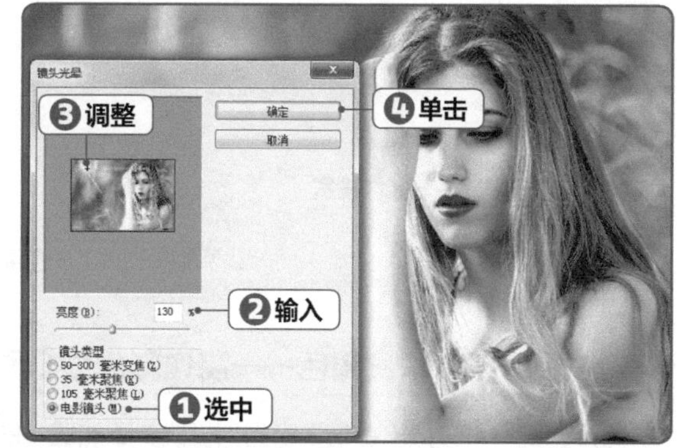

STEP 5 查看添加文字后的效果

打开“文字 .psd”图像，将其中的文字拖动到图像左侧，保存图像，查看调整后的图像效果。

8.3.8 使用阴影 / 高光调色——还原照片暗部细节

微课：还原照片暗部细节

“阴影 / 高光”命令能够对图像中特别亮或特别暗的区域进行调整，常用于矫正由强逆光而形成剪影的照片，也可用于矫正因太接近相机闪光灯而有些发光的照片。下面将打开“艺术照 4.jpg”图像，对图像的阴影和高光进行调整，使画面显示的更加自然，其具体操作步骤如下。

素材：光盘 \ 素材 \ 第 8 章 \ 艺术照 4.jpg
效果：光盘 \ 效果 \ 第 8 章 \ 艺术照 4.jpg

STEP 1 设置阴影与高光参数

❶打开“艺术照 4.jpg”图像，选择【图像】/【调整】/【阴影 / 高光】命令；❷打开“阴影 / 高光”对话框，在“阴影”栏中设置“数量、色调宽度、半径”分别为“85%”“69%”“200 像素”；❸在“高光”栏中设置色调宽度为“75%”；❹在“调整”栏中设置颜色校正和中间调对比度分别为“-30”和“+50”；❺单击“确定”按钮。

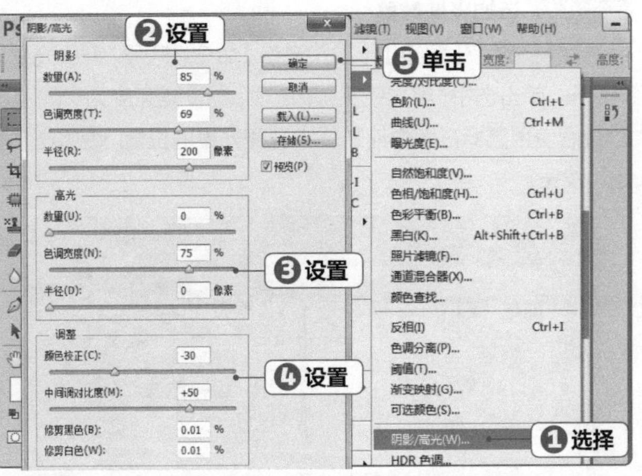

STEP 2 查看完成后的效果

返回图像编辑区，即可发现“艺术照 4”图像的亮度提高了，保存图像查看完成后的效果。

8.3.9 使用照片滤镜调色——制作彩色雨伞图像

微课：制作彩色雨伞图像

“照片滤镜”可模拟出在拍摄时为相机镜头添加滤镜的效果。本例将打开“雨伞 .jpg”图像，为图层添加选区，最后分别为图像中的雨伞添加照片滤镜，将它们调整成五颜六色的效果，并在其上输出文字。其具体操作步骤如下。

素材：光盘 \ 素材 \ 第 8 章 \ 雨伞 .jpg
效果：光盘 \ 效果 \ 第 8 章 \ 雨伞 .psd

STEP 1 绘制选区

❶打开“雨伞 .jpg”图像，按【Ctrl+J】组合键复制图层；❷在工具箱中选择多边形套索工具；❸使用鼠标在图像中的白伞边缘单击，绘制选区。

STEP 2 调整第一把雨伞的颜色

❶选择【图像】/【调整】/【照片滤镜】命令，打开“照片滤镜”对话框，在其中设置滤镜、浓度为“加温滤镜（85）、100%”；❷单击“确定”按钮。

STEP 3 设置第 2 把伞的颜色

❶取消选区，使用多边形套索工具在图像中添加选区；❷打开“照片滤镜”对话框，在其中设置滤镜、浓度为“水下、100%”；❸单击“确定”按钮。

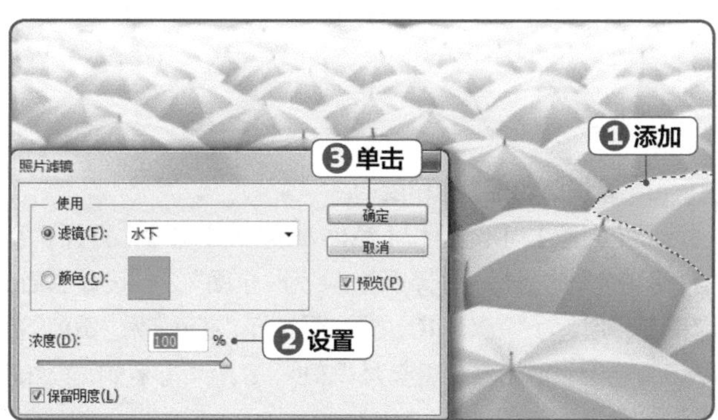

STEP 4 设置第 3 把伞的颜色

❶取消选区，使用多边形套索工具，在图像中添加选区；❷打开“照片滤镜”对话框，在其中设置滤镜、浓度为“洋红、95%”；❸撤销选中“保留明度”复选框；❹单击“确定”按钮。

STEP 5 填充其他雨伞颜色

使用相同方法为其他的雨伞添加颜色。使雨伞颜色更加鲜亮，并且分布更加广泛。

STEP 6 绘制矩形

❶新建图层，使用矩形选框工具在图像上绘制一个矩形框，为其填充为“#ebb2bc”；❷在“图层”面板中设置不透明度为“70%”。

STEP 7 查看输入文字后的效果

使用横排文字工具在图像中间的粉色矩形框中输入文字“BUMBERSHOOT”，并设置字体为“Gabriola”，字号为“50 点”，保存图像查看完成后的效果。

8.3.10 使用通道混合器调色——制作韩系色调图像

微课：制作韩系色调图像

“通道混合器”可以单独对图像的某个颜色通道进行调整，使用该调色命令用户可以创建出各种不同色调的图像。本例将打开“韩系美女.jpg”图像，使用“通道混合器”命令调整图像颜色，将图像调整的偏黄。其具体操作步骤如下。

素材：光盘\素材\第 8 章\韩系美女.jpg
效果：光盘\效果\第 8 章\韩系美女.psd

STEP 1 设置红色通道值

❶打开“韩系美女.jpg”图像，按【Ctrl+J】组合键复制图层。选择【图像】/【调整】/【通道混合器】命令，打开“通道混合器”对话框，在“输出通道”下拉列表框中选择“红”选项；❷设置“红色、绿色、蓝色”为“+137%、+7%、+16%”。

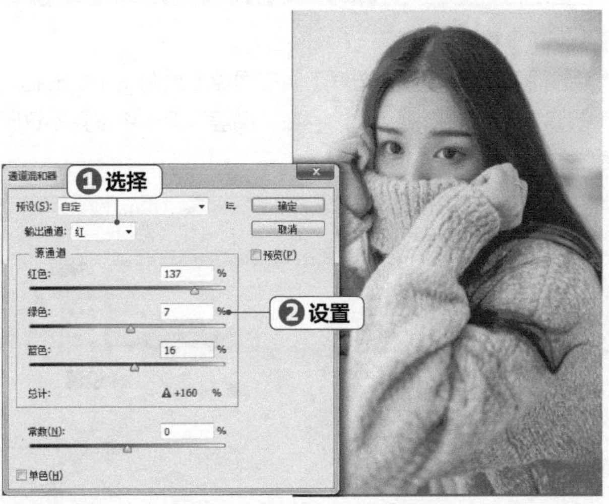

STEP 2 设置绿色和蓝色通道值

❶在“输出通道”下拉列表框中选择“绿”选项；❷设置红色、绿色、蓝色为“-6%、+96%、+16%”；❸在“输出通道”下拉列表中选择“蓝”选项；❹设置红色、绿色、蓝色为“-2%、+7%、+90%”；❺单击“确定”按钮。

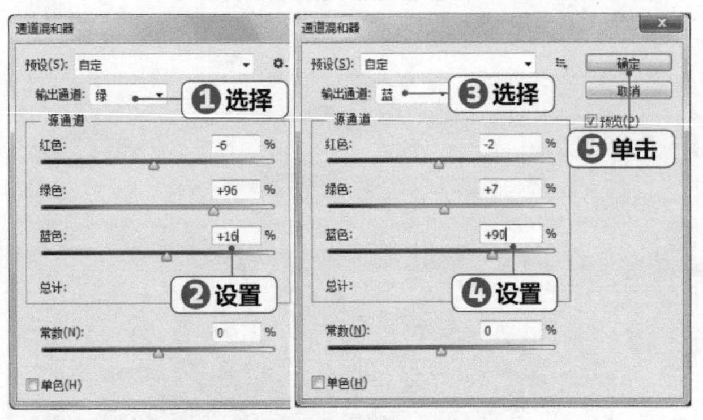

STEP 3 设置渐隐效果

❶选择【编辑】/【渐隐通道混合器】命令，打开“渐隐”对话框，设置模式为“线性加深”，设置不透明度为“60%”；❷单击“确定”按钮，降低调色后的效果如下图所示。

STEP 4 设置色相/饱和度

❶选择【图像】/【调整】/【色相/饱和度】命令，打开“色相/饱和度”对话框，选择“通道”为“全图”；❷设置色相、饱和度、明度为“+3、-10、0”；❸选择“通道”为“黄色”；❹设置色相、饱和度、明度为“20、+6、0”。❺单击“确定”按钮。

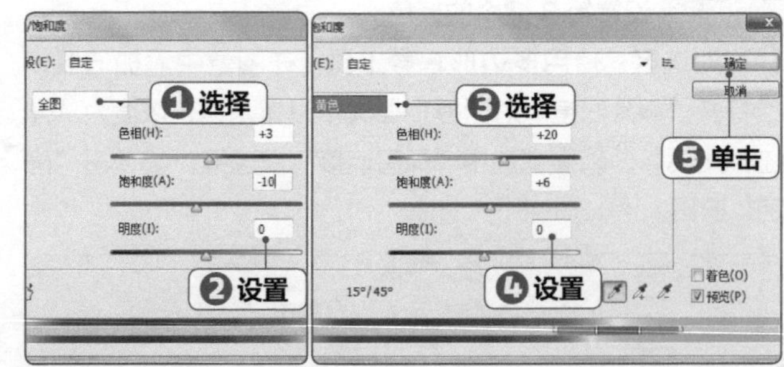

STEP 5 添加光晕效果

❶选择【滤镜】/【渲染】/【镜头光晕】命令，打开“镜头光晕”对话框，单击选中“电影镜头”单选项；❷设置亮度为“200%”；❸使用鼠标在图像缩略图中调整光晕的位置；❹单击“确定”按钮。

STEP 6 查看添加文字后的效果

返回图像编辑区，即可发现添加的光晕使画面变得更加温暖，保存图像查看完成后的图像调整效果。

8.3.11 综合案例——制作户外旅行包促销图

微课：制作户外旅行包促销图

现有一款旅行包要进行促销，为了让商品图片更加具有卖点，增加点击率，需要对该包的商品图片进行制作。下面将对“旅行包 .jpg”图像进行色阶、曲线、曝光度的调整，让颜色更加明亮，然后抠取图像，添加投影效果，再添加图像丰富画面，其具体操作步骤如下。

素材：光盘 \ 素材 \ 第 8 章 \ 户外旅行包促销图
效果：光盘 \ 效果 \ 第 8 章 \ 户外旅行包促销图 .psd

STEP 1 设置色阶参数

❶打开“旅行包 .jpg”图像，选择【图像】/【调整】/【色阶】命令，打开“色阶”对话框，在“通道”下拉列表中选择“RGB”选项；❷在“输入色阶”栏的数值框中从左到右依次输入“0、1.00 和 190”；❸单击“确定”按钮。

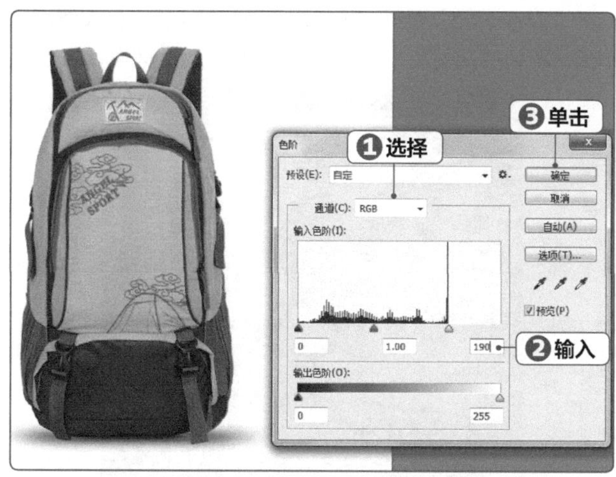

STEP 2 调整曲线

❶选择【图像】/【调整】/【曲线】命令，打开“曲线”对话框，创建 3 个不同的点分别对图像进行调整；❷完成后单击“确定”按钮。

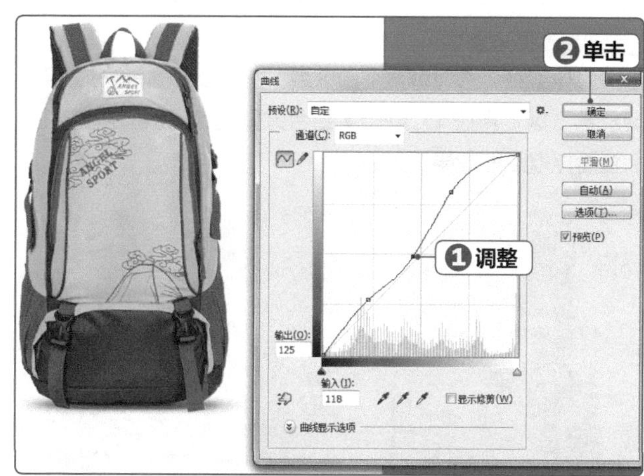

STEP 3 设置亮度 / 对比度

❶选择【图像】/【调整】/【亮度 / 对比度】命令，打开“亮度 / 对比度”对话框，设置亮度为“-29”，设置对比度为“17”；❷单击“确定”按钮。

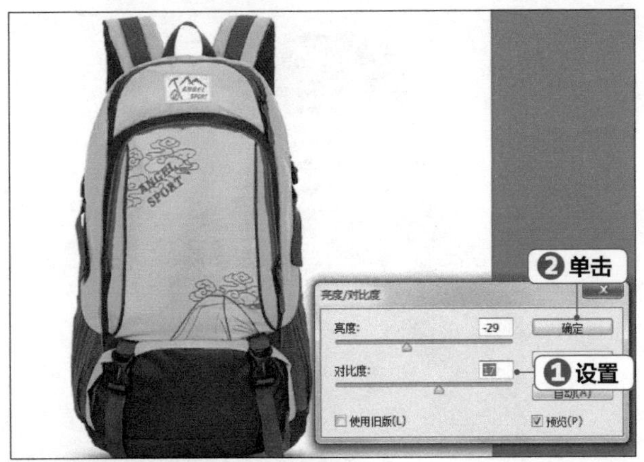

STEP 4 设置曝光度

❶选择【图像】/【调整】/【曝光度】命令，打开“曝光度”对话框，设置曝光度为“-0.21”；❷单击“确定”按钮。

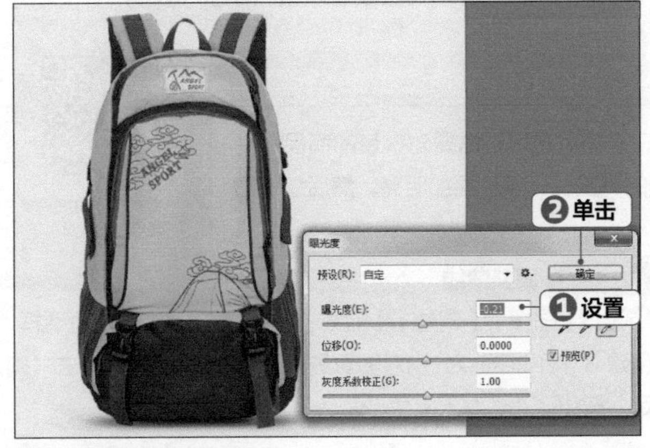

STEP 5 抠取图像

选择魔棒工具，选择背景空白区域，按【Ctrl+Shift+I】组合键反选选区，再按【Ctrl+J】组合键复制该图层，隐藏背景后查看抠取后的效果。

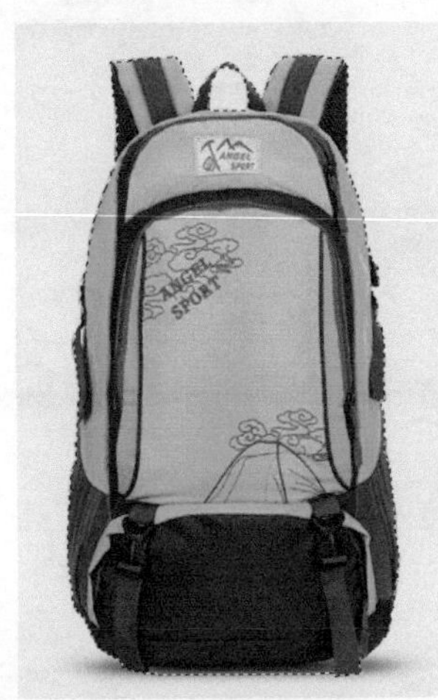

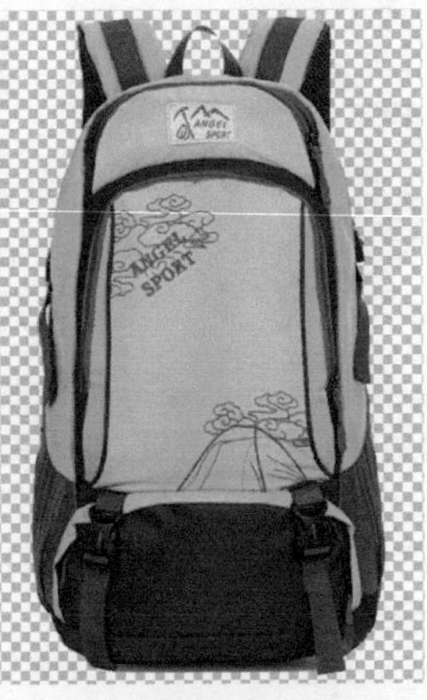

STEP 6 设置投影

❶在“图层”面板中，单击 fx. 按钮，在打开的下拉列表中选择“投影”选项；❷打开“图层样式”对话框，在其中设置不透明度、距离、扩展、大小分别为“20%、10 像素、50%、15 像素”；❸完成后单击“确定”按钮。

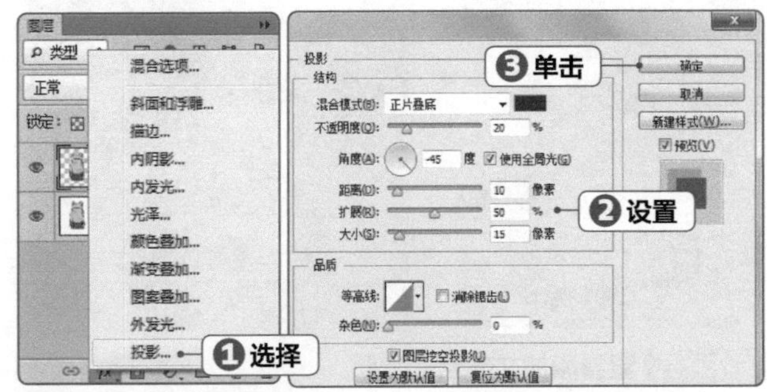

STEP 7 拖动抠取图像

打开“登山背景.psd”图像，选择抠取的图片，按住鼠标不放将其拖动到背景图片中，并将其放于适当的位置。

STEP 8 查看完成后的效果

打开“云雾.psd”素材，将其放于背包的上方，并设置图层不透明度为“75%”，保存图像查看完成后的效果。

8.4 使用常用颜色替换命令

在图像的处理过程中，往往会因为背景与颜色不匹配，使画面显得不够完美。而颜色替换命令则可在不替换背景的情况下对图像中的颜色进行调整。常用的颜色替换命令包括替换颜色、匹配颜色和可选颜色等，下面分别对各种颜色替换命令进行介绍。

8.4.1 替换颜色——制作三色海效果

微课：制作三色海效果

使用“替换颜色”命令可以指定图像中的颜色，将选择的颜色替换为其他颜色。本例将打开“三色海.jpg”图像，使用“替换颜色”命令一层层地对海洋区域的颜色进行替换，制作出海水分为三层不同颜色的效果。其具体操作步骤如下。

	素材：光盘\素材\第8章\三色海.jpg
	效果：光盘\效果\第8章\三色海.psd

STEP 1 设置替换颜色

❶打开“三色海.jpg”图像，按【Ctrl+J】组合键，复制图像，选择【图像】/【调整】/【替换颜色】命令，打开“替换颜色”对话框。使用鼠标在图像左上角单击；❷在“替换颜色”对话框中设置色相、饱和度、明度为“+4、+12、0”；❸单击“确定”按钮。

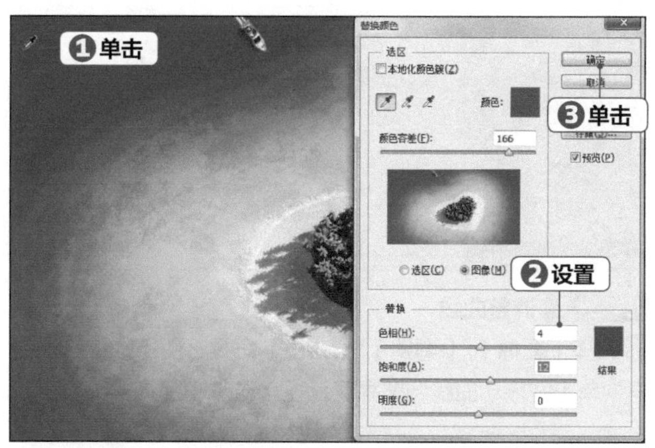

STEP 2 调整图像颜色

❶再次打开“替换颜色”对话框，使用鼠标在图像靠中间的位置单击；❷在“替换颜色”对话框中设置色相、饱和度、明度为“-42、+8、0”；❸单击“确定”按钮。

技巧秒杀

妙用容差值

在调整颜色过程中，容差值越大，颜色调整的范围也就越大，若需要大范围的晕染可将容差值增加，若只需调整某一个板块颜色可减少容差值。

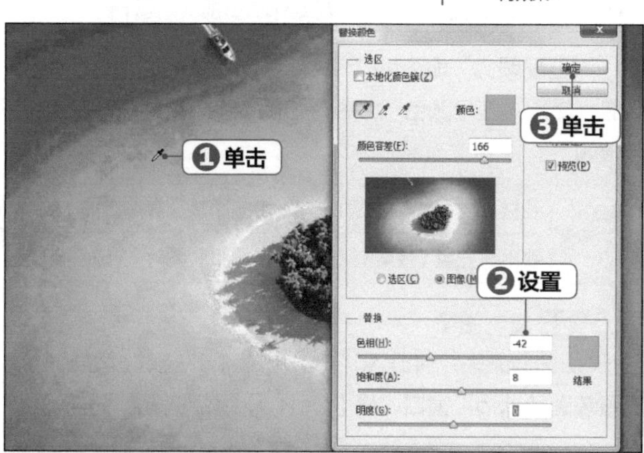

STEP 3 调整图像颜色

❶打开“替换颜色”对话框，使用鼠标在沙滩边缘单击；❷在“替换颜色”对话框中设置“容差、色相、饱和度、明度”为“120、-151、+15、0”；❸单击“确定”按钮。

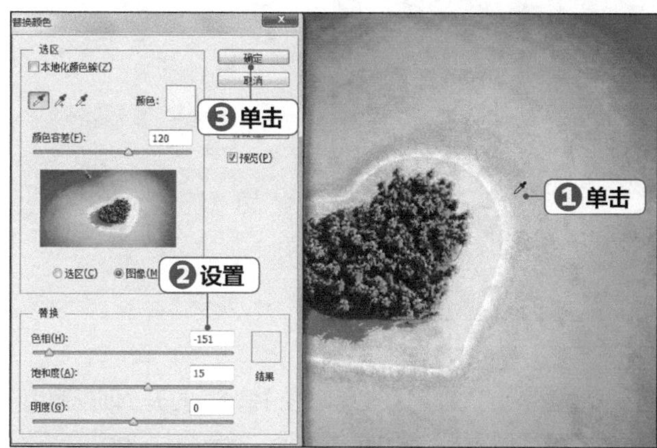

STEP 4 输入文字

使用横排文字工具在图像中间输入黑色的文字，按【Ctrl+J】组合键，复制文字图层。将黑色文字换为白色的文字，并使用移动工具将白色的文字与黑色的文字错开，保存图像查看完成后的效果。

技巧秒杀

本地化颜色簇的作用

单击选中“本地化颜色簇”复选框，可在图像中选择多个颜色后同时调整所选颜色的色相、饱和度和明度，这样调整时将更加方便。

8.4.2 匹配颜色——处理街拍服装图片

微课：处理街拍服装图片

“匹配颜色”命令可以将两张不同色系的图像匹配为相同的色系。本例将打开“街拍服装图片.jpg”图像，使用“匹配颜色”命令对图片添加背景颜色，让街拍服装的颜色变得更加鲜亮、美丽。其具体操作步骤如下。

素材：光盘\素材\第8章\街拍服装图片
效果：光盘\效果\第8章\街拍服装图片.psd

STEP 1 复制图像

打开“街拍服装图片.jpg”和“背景图片.jpg”图像，切换到“街拍服装图片.jpg”窗口，按【Ctrl+J】组合键复制图像。

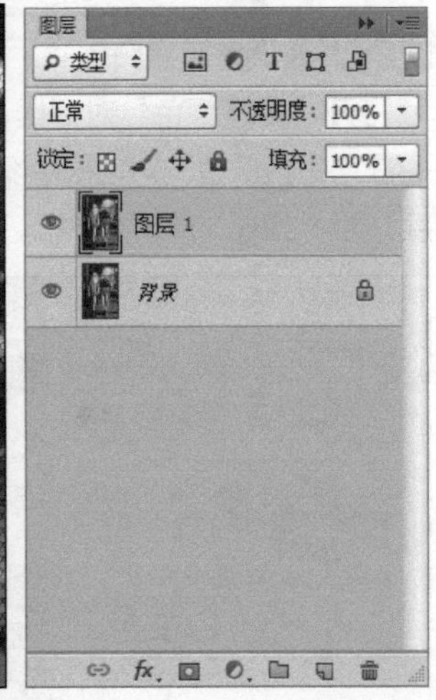

STEP 2 设置匹配颜色

❶选择【图像】/【调整】/【匹配颜色】命令，打开“匹配颜色”对话框，在“源”下拉列表框中选择“背景图片.jpg”选项；❷设置明亮度、颜色强度、渐隐为“60、110、50”；❸单击选中“中和”复选框；❹单击“确定”按钮。

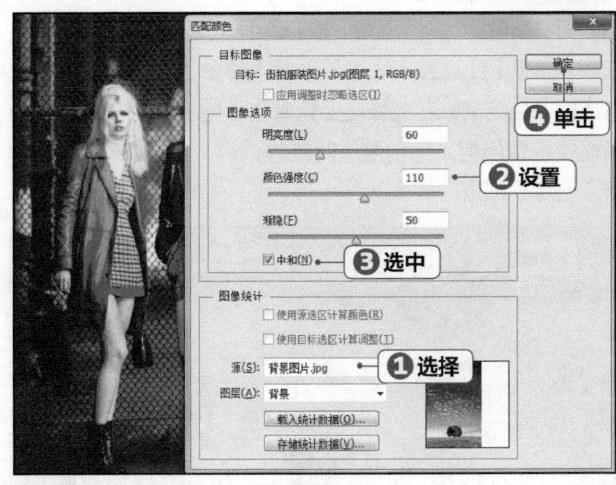

STEP 3 调整曲线

❶选择【图像】/【调整】/【曲线】命令，使用鼠标在曲线框中单击并拖动曲线调整亮度；❷单击“确定”按钮。

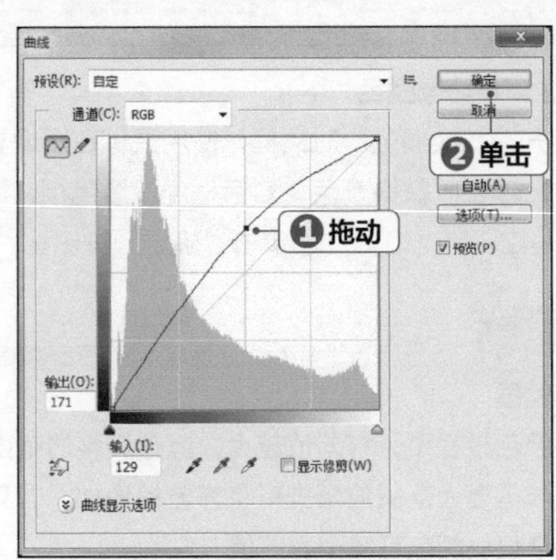

STEP 4 查看完成后的效果

返回图像编辑区即可查看调整颜色后的效果，完成后打开"文字.psd"图像，将其中的文字拖动到画面中，完成水印的添加，保存图像查看添加后的效果。

技巧秒杀

匹配技巧

为了匹配出更好看的效果，用户可使用多张图片和多次匹配命令对图像颜色进行匹配。在进行过一次匹配操作后，需另存为图片，才可继续进行匹配其他图片颜色。

8.4.3 可选颜色——更改儿童照主色

微课：更改儿童照主色

"可选颜色"命令可以修改通道中每种主要颜色的印刷色数量，也可以在不影响其他主要颜色的情况下对需要调整的主要印刷色进行调整。本例将打开"儿童美照.jpg"图像，对照片中的深蓝色进行调整，使其变为紫色，其具体操作步骤如下。

素材：光盘\素材\第 8 章\儿童美照.jpg
效果：光盘\效果\第 8 章\儿童美照.psd

STEP 1 设置可选颜色

❶打开"儿童美照.jpg"图像，按【Ctrl+J】组合键复制图像，选择【图像】/【调整】/【可选颜色】命令，打开"可选颜色"对话框，在"颜色"下拉列表框中选择"蓝色"选项；❷设置青色、洋红、黄色分别为"-100%、+99%、-85%"；❸单击"确定"按钮。

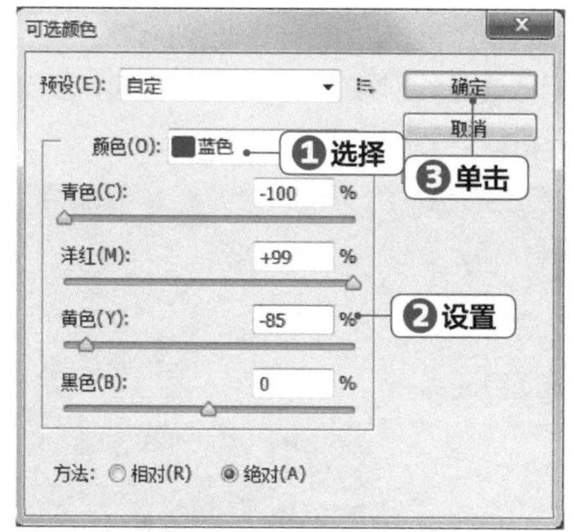

技巧秒杀

"方法"栏的作用

在"方法"栏中可以选择调整颜色的方法。单击选中"相对"单选项，可根据颜色总量的百分比来修改印刷色的数量；单击选中"绝对"单选项，可以采用绝对值来调整颜色。

STEP 2 查看完成后的效果

返回图像编辑区即可发现儿童照中主体颜色为"蓝色"部分已经变为紫色，保存图像查看完成后的效果。

8.5 特殊色调处理

在色调处理过程中，往往有很多图像不能只是通过简单的色彩进行调整，还需要使用一些特殊的色调处理，使图像形成一种不一样的效果。下面对特殊处理中的去色处理、黑白处理、阈值处理和色调分离处理等分别进行介绍。

8.5.1 去色和黑白处理

使用“去色”命令可去掉图像中除黑色、灰色和白色以外的颜色。而“黑白”命令除可以轻松将图像从彩色转换为富有层次感的黑白色外，还可以将图像转换为带颜色的单色图像。下面分别对这两种命令进行介绍。

1. 去色处理

当一张黑白老照片泛黄时，用户可以通过“去色”命令去掉图像中泛黄的颜色，将图像快速转化为灰色的图像。选择【图像】\【调整】\【去色】命令或按【Shift+Ctrl+U】组合键，图像立刻被转换为灰色。

2. 黑白处理

“黑白”命令能够将彩色照片转换为黑白照片，并能对图像中各颜色的色调深浅进行调整，使黑白照片更有层次感。选择【图像】/【调整】/【黑白】命令，打开“黑白”对话框，在其中可以调整图像中的颜色，当数值低时图像中对应的颜色将变暗，数值高时图像中对应的颜色将变亮。

8.5.2 变化处理——制作六色城效果

微课：制作六色城效果

使用“变化”命令可调整图像中的中间色调、高光、阴影和饱和度等信息。本例将打开“城市 .jpg”图像，使用矩形选区工具分割图像，再使用“变化”命令逐一为分割的图像调整不同的颜色，使图像呈现出 6 种不同的颜色效果，其具体操作步骤如下。

素材：光盘 \ 素材 \ 第 8 章 \ 六色城
效果：光盘 \ 效果 \ 第 8 章 \ 六色城 .psd

STEP 1 绘制参考线

打开“城市 .jpg”图像，按【Ctrl+R】组合键，显示标尺，并为图像添加 5 条参考线。

STEP 2 绘制选区

❶选择矩形选框工具，使用鼠标在图像右边沿着参考线拖动，绘制一个矩形选区；❷按【Ctrl+J】组合键，复制选择的图像区域，并新建一个图层。

STEP 3 调整第一种颜色

❶选择【图像】/【调整】/【变化】命令，打开“变化”对话框，在调整缩略图中两次单击“加深红色”缩略图，为图像增加

红色，再单击“较亮”缩略图为调整前后的图片效果；❷单击“确定”按钮。

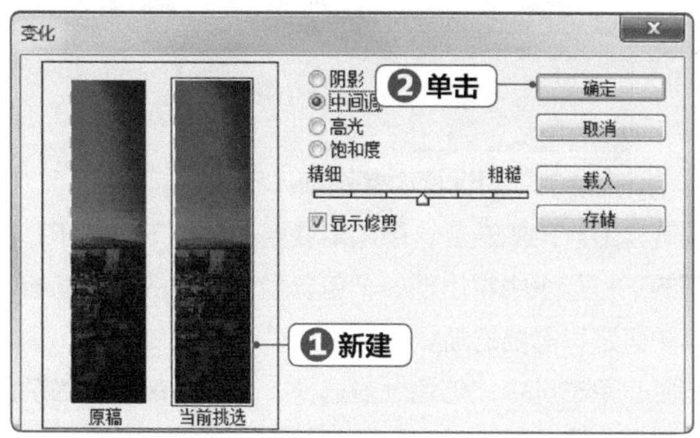

STEP 4 绘制选区

❶继续使用矩形选框工具，沿着图像右边的第 2 条辅助线绘制一个选区；❷在“图层”面板中选择“背景”图层，按【Ctrl+J】组合键复制选择的图像区域，并新建一个图层。

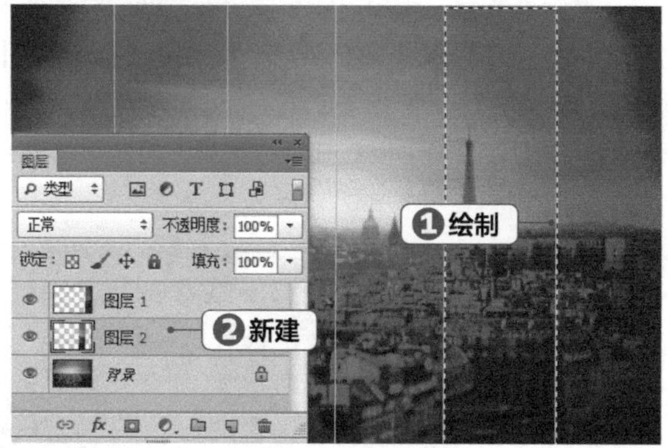

STEP 5 调整第二种颜色

❶再次打开“变化”对话框，单击两次“加深青色”缩略图，为图像增加青色；❷单击“确定”按钮。

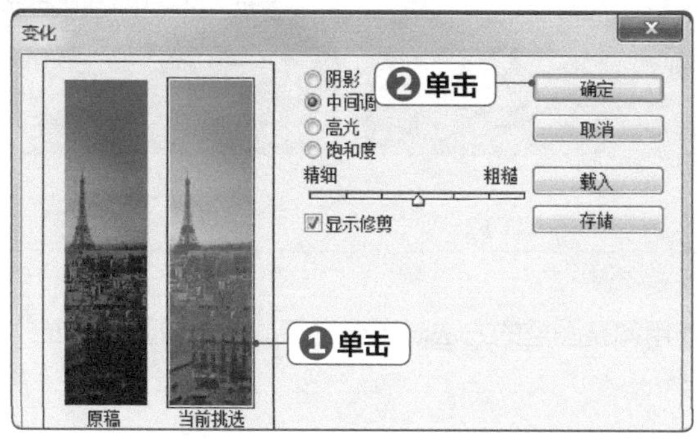

技巧秒杀

选择背景图层的原因

在编辑第2个选区前，必须先选择“背景”图层，若不选中择“背景”图层，剪贴出的图像将是空白图像的空白图层，而不是有图像的图层。

STEP 6 调整其他颜色

使用相同的方法，为第 3 条绘制选区并在“变化”中单击 3 次“加深黄色”缩略图，为图像增加黄色。为第 4 条绘制选区并在“变化”中单击一次“加深蓝色”缩略图，再单击一次“加深洋红”缩略图，为图像增加紫色。为第 5 条绘制选区并在“变化”中单击一次“加深红色”缩略图，再单击两次“加深黄色”缩略图，查看完成后的效果。

STEP 7 查看完成后的效果

选择【视图】/【清除参考线】命令，清除图像中的参考线，打开“文字 .psd”图像，将文字移动到图像中，保存图像查看完成后的效果。

8.5.3 其他色调处理

除了前面讲解的去色处理、黑白处理和变化处理外，色调处理还包括阈值处理、色调分离处理、渐变映射处理和反相处理等处理方法，下面分别对这些方法进行介绍。

1. 阈值处理

“阈值”命令可以将图像转换为黑白两色，很适合制作涂鸦类的艺术图像，此外，阈值也可模拟手绘效果。选择【图像】/【调整】/【阈值】命令，打开“阈值”对话框，该对话框中“阈值色阶”用于设置图像中变为黑色图像的色阶范围。

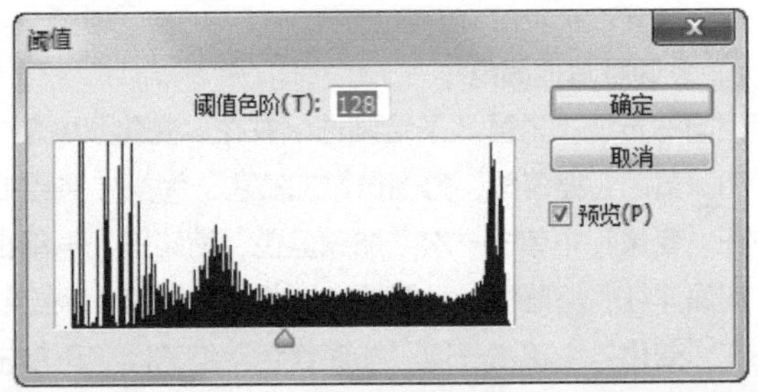

2. 色调分离处理

“色调分离”命令可以将图像中的颜色按指定的色阶数进行减少，使用“色调分离”命令可以简化图像颜色。打开图像，选择【图像】/【调整】/【色调分离】命令，在打开的“色调分离”对话框中设置“色阶”值，Photoshop CS6 会根据设置的色阶值简化图像颜色。

3. 渐变映射处理

“渐变映射”命令可使图像颜色根据指定的渐变颜色进行改变。选择【图像】/【调整】/【渐变映射】命令，打开“渐变映射”对话框。

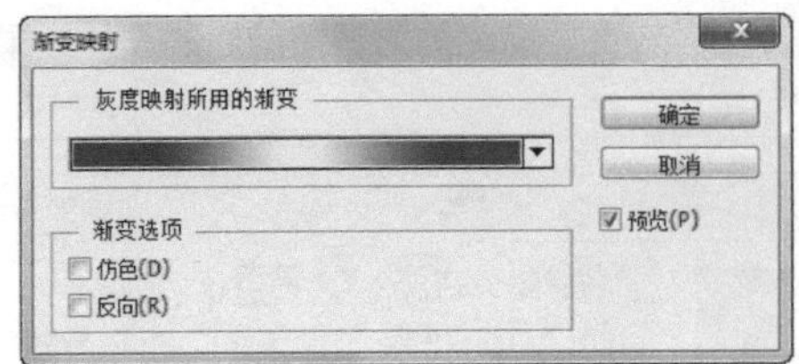

“渐变映射”对话框中各选项作用如下。

- 灰底映射所用的渐变：单击渐变条右边的下拉按钮，在打开的下拉列表中将出现一个包含预设效果的选择面板，在其中可选择需要的渐变样式。
- 仿色：单击选中“仿色”复选框，可以添加随机的杂色来平滑渐变填充的外观，让渐变更加平滑。
- 反向：单击选中“反向”复选框，可以反转渐变颜色的填充方向。

4. 反相处理

在一些特殊场合，用户可能需要查看图像的负片效果，此时即可通过“反向”命令来实现。选择【图像】/【调整】/【反相】命令，图像中每个通道的像素亮度值将转换为 256 级颜色值上相反的值，下图为反转前后的效果，再次执行该命令可将图像恢复原样。

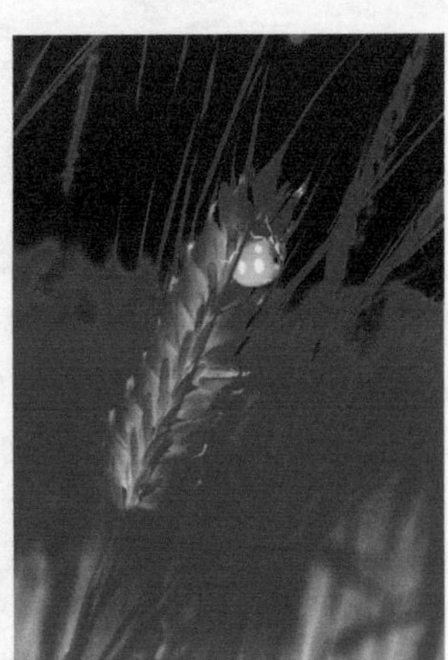

8.6 在调整图层中调整颜色

在颜色处理过程中，除了通过“调整”命令进行调整外，还可使用调整图层的方法对图像进行颜色的调整。下面分别对调整面板和使用调整面板调整颜色的方法进行介绍。

8.6.1 认识调整图层

调整图层主要通过“调整”面板和“创建新的填充或调整图层”按钮进行颜色的调整，该调整的效果与使用“调整”命令中对应的命令的方法相同，下面分别对“调整”面板和“创建新的填充或调整图层”按钮进行介绍。

1. 认识“调整”面板

“调整”面板能够快速进行颜色调整，并显示在“图层”面板中，当需要对其进行调整时，只需在“调整”面板中，单击“添加调整”栏下方对应的调整按钮，即可进行对应的调整。

在“调整”面板中主要包括 16 种调整样式，主要包括亮度 / 对比度、色阶、曲线、曝光度、自然饱和度、色相 / 饱和度、色彩平衡、黑白、照片滤镜、通道混合器、颜色查找、反向、色调分离等。单击对应的按钮，如单击“色阶”按钮，将打开“色阶”调整面板，在其中进行调整后，在“图层”面板中将显示调整图标。

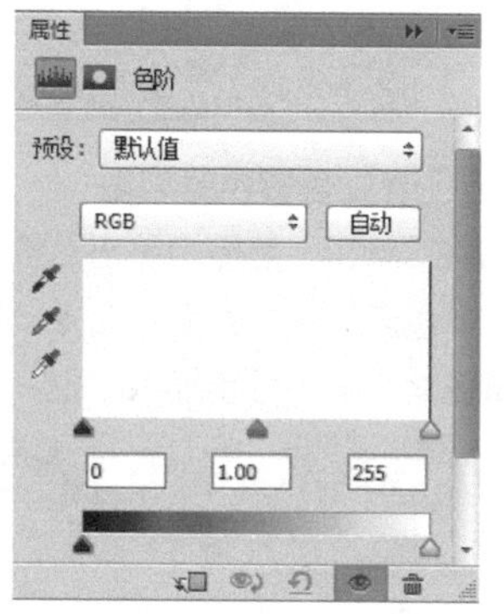

2. 认识“创建新的填充或调整图层”按钮

“创建新的填充或调整图层”按钮 位于“图层”面板的下方，单击该按钮，在打开的下拉列表中罗列了常用的调整命令。在其中选择对应的命令，如选择“黑白”命令，将打开“属性”面板，在其中可进行黑白颜色调整，并显示在“图层”面板中。

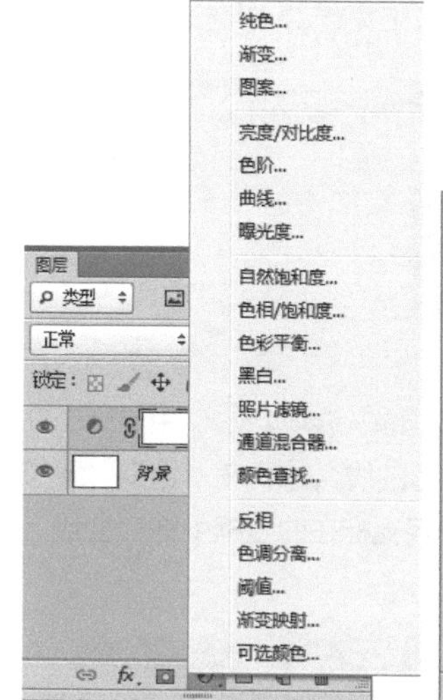

8.6.2 使用调整图层调整颜色——制作夕阳风景效果

微课：制作夕阳风景效果

调整图层是调色中的常用操作。本例将打开“海边 .jpg”图像，给图片增加暖色，在调整过程中，将通过曲线、色彩平衡等调色工具快速调色，使冬天的海边变得彩霞满天，其具体操作步骤如下。

	素材：光盘 \ 素材 \ 第 8 章 \ 海边 .jpg
	效果：光盘 \ 效果 \ 第 8 章 \ 海边 .psd

STEP 1 打开素材文件

打开“海边 .jpg”图像，按【Ctrl+J】组合键复制图层，并将前景色设置为“#ff0000”。

STEP 2 填充颜色并设置不透明度

❶新建图层，按【Alt+Delete】组合键，填充前景色，并设置不透明度为“10%”；❷设置图层混合模式为“柔光”。

STEP 3 调整红色通道曲线

❶在“调整”面板中，单击按钮；❷打开“曲线”面板，在“通道”下拉列表中选择“红”选项；❸使用鼠标在曲线框中拖动曲线，调整红通道曲线。

STEP 4 调整其他通道曲线

❶在“通道”下拉列表中选择“绿”选项；❷使用鼠标在曲线框中拖动曲线，调整绿色通道曲线；❸再在“通道”下拉列表中选择“蓝”选项；❹使用鼠标在曲线框中拖动曲线，调整蓝色通道曲线。

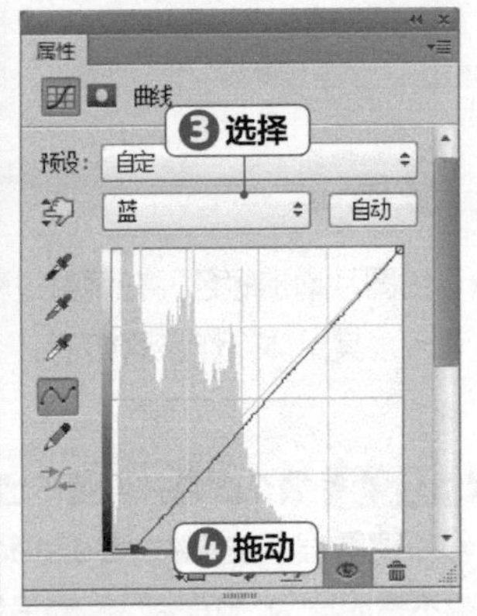

STEP 5 复制图层

按【Ctrl+J】组合键复制创建的曲线，此时可发现灰色的海边已经变为黄昏色。

STEP 6 设置可选颜色

❶在“调整”面板中单击按钮；❷打开“可选颜色”面板，在青色、洋红、黄色、黑色文本框中分别输入“-91%、-44%、5%、3%”。

STEP 7 设置色彩平衡

❶在“调整”面板中单击按钮；❷打开“色彩平衡”面板，在“色调”下拉列表中选择“阴影”选项；❸在青色、洋红、黄色文本框中分别输入“8%、4%、4%”。

STEP 8 设置中间调和色调的色彩平衡

❶在“色调”下拉列表中选择“中间调”选项；❷在青色、洋红、黄色文本框中分别输入“+18%、1%、9%”；❸在“色调”下拉列表中选择“高光”选项；❹在青色、洋红、黄色文本框中分别输入“0%、-8%、-12%”。

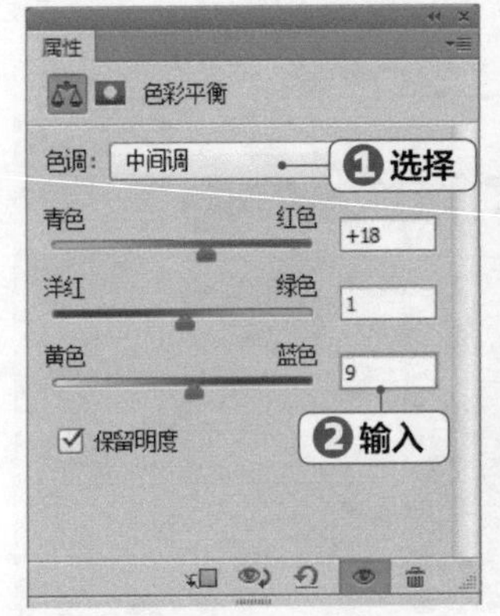

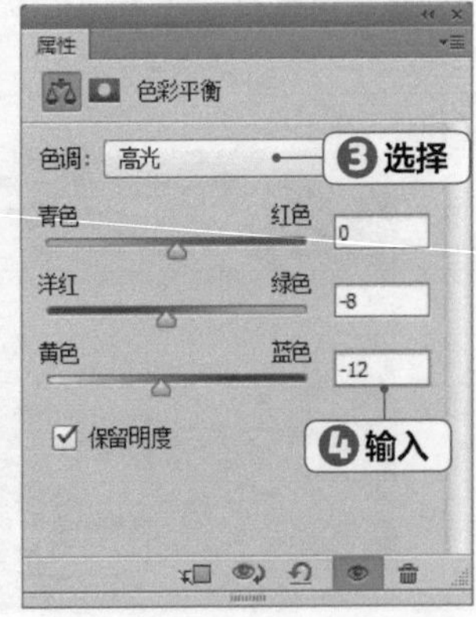

STEP 9 提升图像亮度

❶按【Ctrl+Shift+Alt+E】组合键盖印图层，并按【Ctrl+J】组合键复制图层，设置不透明度为“30%”；❷设置图层混合模式为“滤色”，提升图像亮度。

STEP 10 设置图层混合模式

❶再次复制图层，设置不透明度为“25%”；❷设置图层混合模式为“柔光”，按【Ctrl+Shift+Alt+E】组合键盖印图层。

STEP 11 镜头校正

❶选择【滤镜】/【镜头校正】命令，打开“镜头校正”对话框，单击“自定”选项卡；❷在“晕影”栏中设置数量和变暗为“-29”和“50”；❸单击“确定”按钮。

STEP 12 添加图层蒙版

❶复制图层，在“图层”面板中单击▣按钮；❷在工具箱中选择渐变工具；❸在工具属性栏中设置渐变方式为“前景色到背景色渐变”；❹并单击“线性渐变”按钮；❺完成后在图像编辑区中自上而下添加渐变效果。

STEP 13 USM锐化

❶再次盖印图层，选择【滤镜】/【锐化】/【USM锐化】命令，打开“USM锐化”对话框，设置数量为“90%”；❷单击“确定”按钮。

STEP 14 查看完成后的效果

返回图像编辑区，即可发现阴冷的海边已经出现温暖的黄昏效果，保存图像并查看完成后的效果。

高手竞技场

1. 制作夏日清新照

打开提供的素材文件“夏日 .jpg”，对图像进行调整，要求如下。

- 使用“色相 / 饱和度”命令，提升图像的色彩饱和度。
- 使用“渐变映射”命令绘制光线照射效果。
- 使用图层混合模式的调整、选区的绘制以及文字的输入等操作完成夏日清新照的编辑。

2. 制作打雷效果

本例将打开“背景 .jpg”图像，对图像进行编辑，要求如下。

- 使用“阴影 / 高光”“HDR 色调”“曲线”等命令调整城市夜景效果。
- 然后打开“雷击 .jpg”图像，将图像移动到“背景”图像中，制作城市夜晚的打雷效果。

09 Chapter

第 9 章

修饰图像

/ 本章导读

在编辑、制作图形图像时，由于前期获得的素材不可能十全十美，因此用户需要先对图像或素材进行修饰。掌握一些快速修复图像的方法无疑可以加快图像的编辑速度，同时还能保证制作出的图像质量。本章将讲解一些修饰图像的方法，包括裁剪工具、修复工具、修饰工具、“液化”滤镜等。

9.1 裁剪图像

当不需要图像中的某部分内容时，可对图像进行裁剪操作，并且在裁剪过程中还能对图像进行旋转操作，使裁剪后的图像效果更加符合需要。下面对裁剪工具和透视裁剪工具分别进行介绍。

9.1.1 使用裁剪工具裁剪图像

当图像画面过于凌乱时，用户可以将图像中多余杂乱的图像通过裁剪的方法删除。使用裁剪工具裁剪图像时，可分为 3 种情况，分别是裁剪正方形图片、按尺寸裁剪图片和裁剪细节图片，下面分别进行介绍。

1. 认识裁剪工具

裁剪工具是裁剪图像最常使用的工具。使用鼠标在图形中拖曳将出现一个裁剪框，按【Enter】键确定裁剪，在工具箱中选择裁剪工具后，将显示对应的工具属性栏。

“裁剪工具”工具属性栏中各选项作用如下。

- 约束方式：用于设置裁剪约束比例。
- 约束比例：用于输入自定的约束比例数值。
- 拉直：单击“拉直”按钮，可通过在图像上绘制一条直线拉直图像。
- 视图：用于设置裁剪图像时出现的参考线方式。
- 设置其他裁剪选项：单击该按钮可对裁剪画布颜色、透明度等参数进行设置。
- 删除裁剪的像素：撤销选中该复选框，将保留裁剪框外的像素数据，仅仅只是将裁剪框外的图像隐藏。

2. 裁剪正方形图片

在制作一些商品图片过程中，主图常常是顾客第一眼看到的商品图片，它在各大网络商店中都要求是正方形，而我们拍摄出的照片往往是 4:3 的比例，此时可通过裁剪工具将其裁剪成正方形。在 Photoshop CS6 中选择裁剪工具，按住【Shiift】键不放在图像中单击并按住鼠标左键拖曳一个裁切区域，松开鼠标即可绘制出正方形裁剪框，单击✔按钮完成裁剪操作。

3. 按尺寸裁剪图片

在裁剪图片过程中，常常会要求该图片是某个固定尺寸，此时需将图片按固定大小进裁剪。其方法为：选择裁剪工具，在工具栏中单击“比例”按钮，在打开的下拉列表中选择“宽 × 高 × 分辨率”选项，在右侧输入需要的尺寸数值，此时图像上自动显示裁剪框，拖曳裁剪框到适当的位置，按【Enter】键即可。

技巧秒杀

裁剪过程中比例的选择

在“裁剪工具”工具属性栏下拉列表框中还可选择固定比例裁剪，如“1 × 1”、“4 × 5(8 × 10)”、“8.5 × 11”、“4 × 3”、“5 × 7”、“2 × 3(4 × 6)”和“16 × 9”等。

4. 裁剪细节图片

在处理图片过程中，往往会遇到处理商品的细节。细节图的好坏在一定程度上决定了这款商品是否能够第一时间吸引顾客，是影响成交的最主要因素之一。因此裁剪细节图片变得尤为重要。其方法为：打开图片，选择裁剪工具，按住【Alt】

键并滚动鼠标滚轮放大图像的显示，然后单击并按住鼠标左键拖曳一个裁切区域，松开鼠标绘制出需要裁剪的细节部分，按【Enter】键即可完成裁剪。

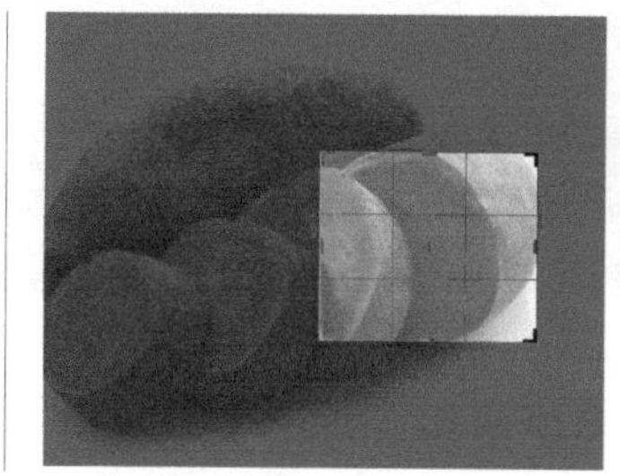

9.1.2 透视裁剪工具——矫正倾斜图像

在拍摄高大建筑时，由于视角较低，竖直的线条会向消失点集中，从而产生透视变形，形成倾斜的图像。使用透视裁剪工具可调整倾斜的图像。本例将打开“倾斜图片.jpg”图像，使用透视裁剪工具调整图片中的倾斜楼房，使其矗立在水平线上，其具体操作步骤如下。

微课：矫正倾斜图像

素材：光盘\素材\第9章\倾斜图片.jpg

效果：光盘\效果\第9章\倾斜图片.jpg

STEP 1 创建矩形裁剪框

①打开“倾斜图片.jpg”图像，可看到建筑向左侧倾斜，在工具箱中选择透视剪切工具；②在图像编辑区中单击并拖动鼠标，创建矩形裁剪框。

STEP 2 确认裁剪区域

①将鼠标光标移动到裁剪框右上角的控制点上，按住【Shift】键单击并向右下方拖动，右上角的控制点向左上方拖动，让顶部的两个裁剪框与建筑的边缘保持平行；②再使用相同的方法调整左右下角的控制点使其与上方的两个控制点平行。

STEP 3 查看完成后的效果

在工具属性栏中单击✓按钮，或按【Enter】键，即可完成裁剪操作，此时可看见倾斜的建筑已经纠正。

技巧秒杀

前面的图像的作用

单击“前面的图像”按钮，可在“W”、“H”和“分辨率”文本框中显示当前文档的尺寸和分辨率。如果同时打开了两个文档，将显示另外一个文档的尺寸和分辨率。

9.2 照片瑕疵的遮挡与修复

拍摄的照片常会因为各种原因造成不同类型的瑕疵，此时若要照片达到预期的效果，需要对这些照片中的瑕疵进行遮挡与修复，让照片的效果更加完美，下面对常用的遮挡与修复工具进行介绍。

9.2.1 仿制图章工具—— 去除图像中多余物体

微课：去除图像中多余物体

仿制图章工具可将图像的一部分复制到同一图像的另一位置，常用于复制图像或修复图像。本例将打开“储蓄罐.jpg”图像，使用仿制图章工具将图像上方的手以及硬币去除掉，并添加对应的描述文字，其具体操作步骤如下。

素材：光盘\素材\第 9 章\储蓄罐.jpg
效果：光盘\效果\第 9 章\储蓄罐.psd

STEP 1 设置工具属性

❶打开“储蓄罐.jpg”图像，在工具箱中选择仿制图章工具；❷在其工具属性栏中设置画笔样式、画笔大小、不透明度、流量为“柔边圆、150 像素、80%、80%”。

STEP 2 对图像进行涂抹

按住【Alt】键的同时使用鼠标在图像右上方单击，设置取样点，使用鼠标对手和硬币进行涂抹。

STEP 3 涂抹痕迹

使用鼠标继续进行涂抹，直到图像中的手和硬币去掉，按住【Alt】键，在图像左边的阴影区域单击，设置取样点，将鼠标指针移动到出现修复痕迹的位置，单击修复图像。

STEP 4 调整曲线

查看修复后的效果，在“调整”面板中，单击按钮，打开“曲线”面板，在其中创建两个不同的点，分别对图像进行调整，使存钱罐展现得更加立体。

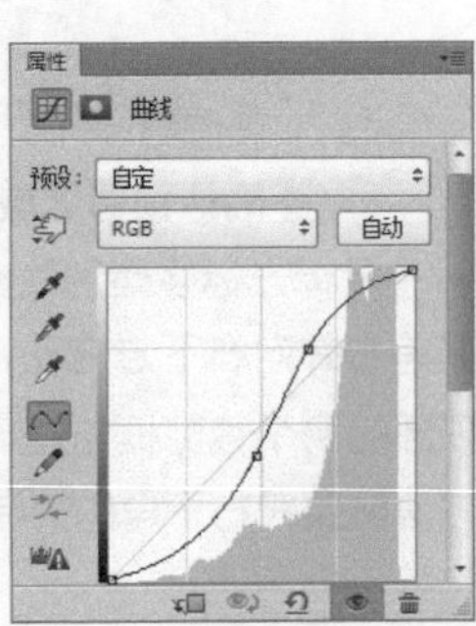

STEP 5 添加文字和形状

查看调整后的效果，并将前景色设置为白色，再使用自定形状工具和文字工具在图像右下方进行编辑，添加文字和形状，保存图像并查看完成后的效果。

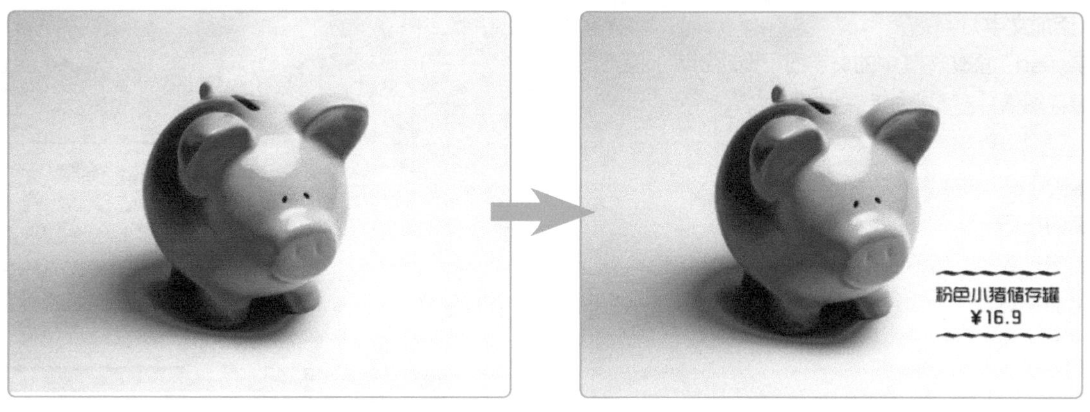

9.2.2 图案图章工具——为冰箱添加纹理

微课：为冰箱添加纹理

图案图章工具的作用和仿制图章工具类似，只是图案图章工具并不需要建立取样点。通过它用户可以使用指定的图案对鼠标涂抹的区域进行填充。本例将打开“冰箱 .jpg”图像，使用快速选择工具为冰箱图像的主体部分建立选区，再使用图案图章工具对选区进行涂抹，为冰箱添加纹理，完成后添加说明性文字，完成冰箱主图的制作，其具体操作步骤如下。

素材：光盘 \ 素材 \ 第 9 章 \ 冰箱主图

效果：光盘 \ 效果 \ 第 9 章 \ 冰箱主图 .psd

STEP 1 建立选区

①打开“冰箱 .jpg”图像，按【Ctrl+J】组合键，复制图层；②在工具箱中选择快速选择工具；③使用鼠标在图像上拖曳指针，选择银色冰箱区域。

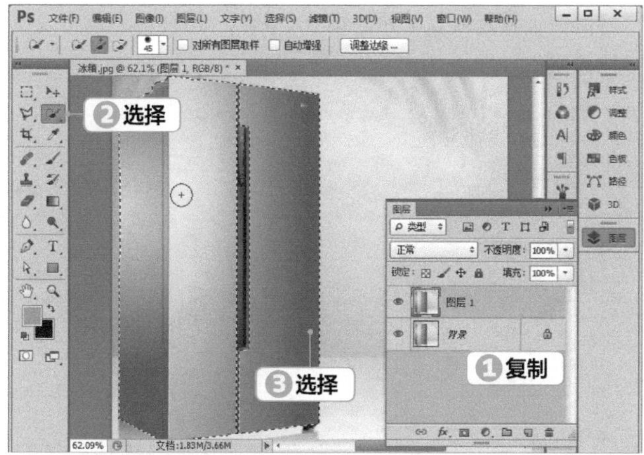

STEP 2 选择图案样式

①在工具箱中选择图案图章工具；②在工具属性栏中设置模式为“叠加”，单击右侧的下拉按钮，在打开的下拉列表中单击⚙按钮；③在打开的下拉列表中选择“图案”选项；④在打开的提示框中单击“确定”按钮。

STEP 3 涂抹图案

在“图案”下拉列表中选择“编织”选项，使用鼠标在选区中进行涂抹添加图案。按【Ctrl+D】组合键，取消选区。

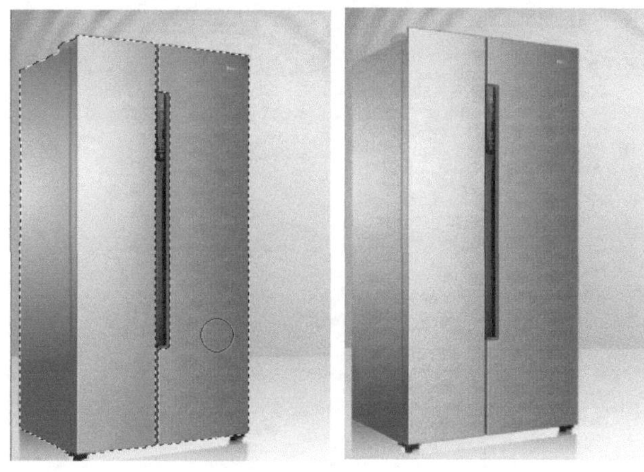

STEP 4 添加文字

打开“文字 .psd”图像将其中的文字图层拖动到添加图案的图像中，保存图像并查看完成后的效果。

技巧秒杀

涂抹图案的技巧

在涂抹图案过程中，需沿着一个方向涂抹，这样涂抹后的效果更加美观。

操作解谜

载入图案

单击⚙按钮，在弹出的快捷菜单中选择“载入图案”命令，可载入新的图案；选择“存储图案”命令，可将绘制的图案储存到现有图案中。

9.2.3 污点修复画笔工具——为人物去除斑点

微课：为人物去除斑点

污点修复画笔工具可以快速地去除图像中的污点、划痕等，常用于人像的处理。下面将在“美女 .jpg”图像中修复脸部与手部一些较明显的斑点使其变得白净，再使用“高斯模糊”命令，对图像进行模糊处理，使皮肤更加细腻，其具体操作步骤如下。

素材：光盘 \ 素材 \ 第 9 章 \ 美女 .jpg
效果：光盘 \ 效果 \ 第 9 章 \ 美女 .psd

STEP 1 设置污点修复画笔的参数

❶打开“美女 .jpg”素材文件，在工具箱中选择污点修复画笔工具；❷在工具属性栏中设置污点修复画笔的大小为“30”；❸单击选中“内容识别”单选项；❹单击选中“对所有图层取样”复选框；❺完成后放大显示“美女”图像。

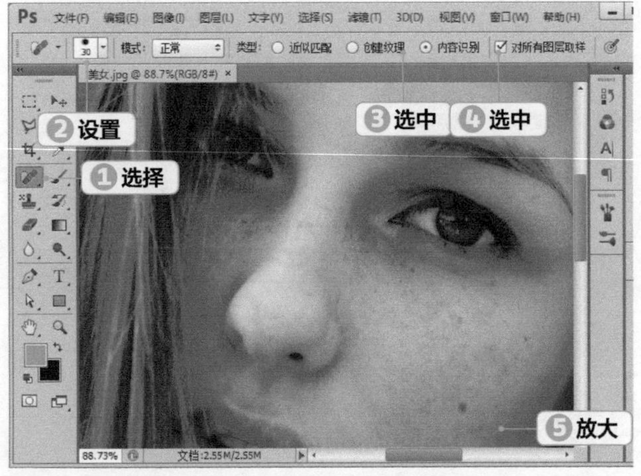

STEP 2 修复脸部右侧的斑点

使用鼠标在脸部右侧单击确定一点，向下拖动可发现修复画笔将显示一条灰色区域，释放鼠标即可看见拖动区域的斑点已经消失。若是修复单独的某一个斑点，可在其上单击以完成修复操作。

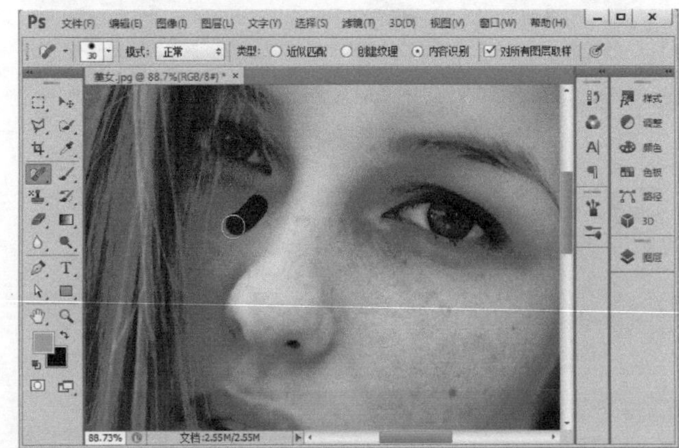

STEP 3 修复脸部其他区域

使用相同的方法，用鼠标对图像中的其他区域的斑点进行涂抹，完成脸部斑点的去除操作，并查看去除后的效果。

STEP 4 高斯模糊人像

①选择【滤镜】/【模糊】/【高斯模糊】命令；②打开“高斯模糊”对话框，设置半径为“5像素”；③单击“确定”按钮。

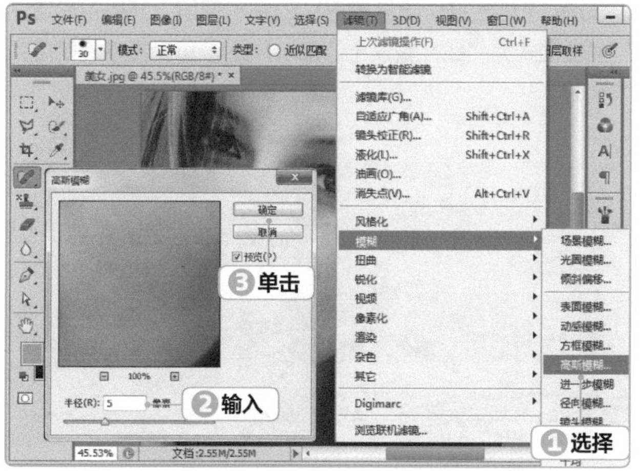

STEP 5 恢复模糊后的轮廓

返回图像编辑区可发现模糊后的图像轮廓不够清晰，此时在工具箱中选择历史画笔工具，对美女的头发、眼睛、鼻子、嘴巴、轮廓等部位进行恢复，可发现脸部的皮肤更加细腻，人物更加美观。

STEP 6 调整曲线

在“调整”面板中，单击按钮，打开“曲线”面板，在其中创建两个不同的点分别对图像进行调整，使人物展现的更加立体美观，保存图像查看完成后的效果。

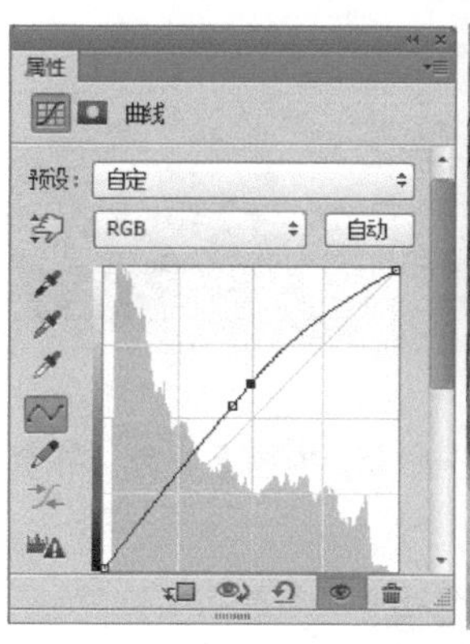

9.2.4 修复画笔工具——修复老照片

微课：修复老照片

修复画笔工具与仿制图章工具的作用相同，常用用于修复图像中的瑕疵。本例将打开“老照片.psd”图像，使用修复画笔工具去除照片中的折痕以及污点，再使用调色命令调整图像颜色，使照片更具有老照片效果，其具体操作步骤如下。

	素材：光盘\素材\第9章\老照片.psd
	效果：光盘\效果\第9章\老照片.psd

STEP 1 设置修复画笔的参数

①打开“老照片.psd”图像，在工具箱中选择修复画笔工具；②在工具属性栏中设置画笔大小为“50像素”；③单击选中“取样”单选项。

STEP 2 **修复图像上方**

按住【Alt】键的同时使用鼠标在图像右上方单击，设置取样点，使用鼠标在图像上方拖动涂抹，对图像上方颜色不同的区域进行修复填充。

STEP 3 **修复其他区域图像**

设置不同的取样点，对图像左边、右边、下边进行涂抹，对相框进行修复。使用鼠标在图像左上方取样，使用鼠标在图像的天空上多次点击，修复图像背景。

STEP 4 **图像去色**

选择【图像】/【调整】/【去色】命令，为图像去色，并查看去色后的黑白效果。

STEP 5 **设置蒙尘与划痕**

①选择【滤镜】/【杂色】/【蒙尘与划痕】命令；②打开“蒙尘与划痕”对话框，设置半径为“1 像素”；③单击“确定”按钮。

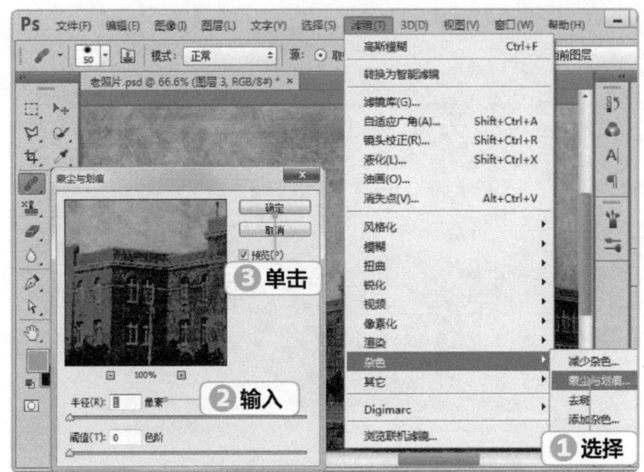

STEP 6 **设置图层混合模式**

①返回图像编辑区查看添加蒙尘与划痕后的效果，完成后按【Ctrl+J】组合键，复制图层；②在“图层”面板中设置图层混合模式为“线性减淡（添加）”；③再设置不透明度为“60%”。

STEP 7 **查看完成后的效果**

返回图像编辑区，可发现建筑显示清晰，保存完成后的图像并查看效果。

9.2.5 修补工具——去除图像中的杂物

修补工具可用指定的图像像素或图案修复所选区域中的图像。本例将打开“宠物.jpg”图像，使用修补工具将图像草坪上出现的杂物去除，再使用调色命令和渐变工具，调整图像颜色，使图像整体看起来比较柔和，其具体操作步骤如下。

素材：光盘 \ 素材 \ 第 9 章 \ 宠物 .jpg
效果：光盘 \ 效果 \ 第 9 章 \ 宠物 .psd

STEP 1 设置修补工具参数

①打开“宠物.jpg”图像，按【Ctrl+J】组合键复制图层；②在工具箱中选择修补工具；③在其工具属性栏中单击“新选区”按钮；④再单击选中“源”单选项。

STEP 2 选择修复区域

使用鼠标在图像上拖曳指针，为需要删除的图像区域建立选区，将鼠标指针移动到选区上，并按住鼠标将选区向右下方的草地移动，将取样点定位在图像中空旷的草地上。

STEP 3 修复其他区域

按【Ctrl+D】组合键，取消选区，使用鼠标在图像上拖曳，为需要修复的图像区域建立选区。将鼠标指针移动到选区上按住鼠标，将选区向右移动，将取样点定位在草地的阴影处。

STEP 4 修复其他区域

使用相同的方法，对背景中的杂物和草丛中的蓝色物体进行修补使其与环境更加统一。

STEP 5 添加渐变映射

①按【Ctrl+J】组合键复制图层，将前景色、背景色分别设置为“#ffde00”和“白色”。选择【图像】/【调整】/【渐变映射】命令；②打开“渐变映射”对话框，设置渐变样式为“从前景色到背景色渐变”，单击选中“仿色”复选框；③单击“确定”按钮。

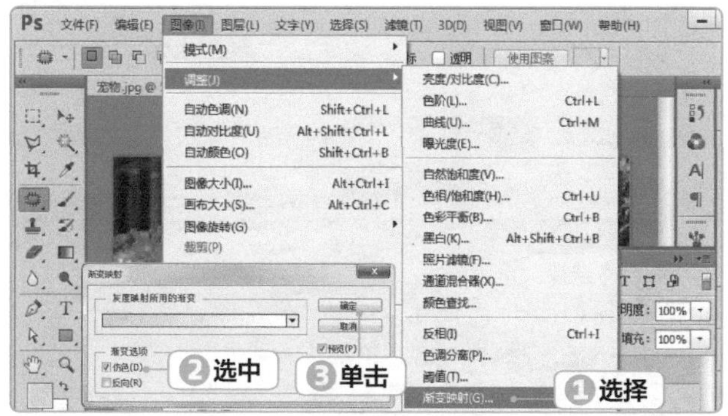

STEP 6 设置图层混合模式

❶在“图层”面板中设置图层混合模式为“颜色加深”，查看添加渐变映射后的效果；❷在“图层”面板中单击按钮，新建空白图层。

STEP 7 设置渐变效果

❶在工具箱中选择渐变工具；❷在其工具属性栏中设置渐变样式为“前景色到透明渐变”，单击按钮，使用鼠标在图像上从上向下拖动指针，绘制渐变；❸在“图层”面板中设置图层混合模式为“滤色”；❹设置不透明度为“20%”。

STEP 8 查看完成后的效果

返回图像编辑区，保存图像并查看完成后的效果。

9.2.6 内容感知移动工具——移动照片中人物位置

微课：移动照片中人物位置

内容感知移动工具常用于在图像中移动图像位置，被移动的图像将和四周景物融合在一起，而原始区域将会被智能填充。本例将打开“海边.jpg”图像，使用内容感知移动工具将图像中的人物移动到前面的礁石上，再使用仿制图章工具对图像中移动后产生的不合理区域进行修复，其具体操作步骤如下。

素材：光盘\素材\第 9 章\海边.jpg
效果：光盘\效果\第 9 章\海边.psd

STEP 1 建立移动选区

❶打开“海边.jpg”图像，按【Ctrl+J】组合键复制图层；❷在工具箱中选择内容感知移动工具；❸使用鼠标在图像人物上建立选区。

STEP 2 移动图像

按住鼠标将选区向右边移动，稍等片刻，可见图像已被移动，按【Ctrl+D】组合键取消选区。

STEP 3 使用仿制图章工具

选择仿制图章工具，在其工具属性栏中设置画笔大小、硬度为“80 像素、0%”，按住【Alt】键的同时，使用鼠标在图像背景的海部分单击设置取样点。

STEP 4 修复移动后的部分

使用鼠标在图像中因为移动产生的海面区域上不断单击修复图像。按住【Alt】键的同时，使用鼠标在图像礁石上单击设置取样点，并对推动前的位置进行涂抹，查看完成后的效果。

STEP 5 调整亮度、对比度

使用鼠标在图像左上角颜色比较浅的位置单击修复图像，在“图层”面板中单击按钮，在打开的列表中选择“亮度/对比度”选项，在“属性”面板中设置“亮度、对比度”为“40、15”，完成后保存图像并查看完成后的效果。

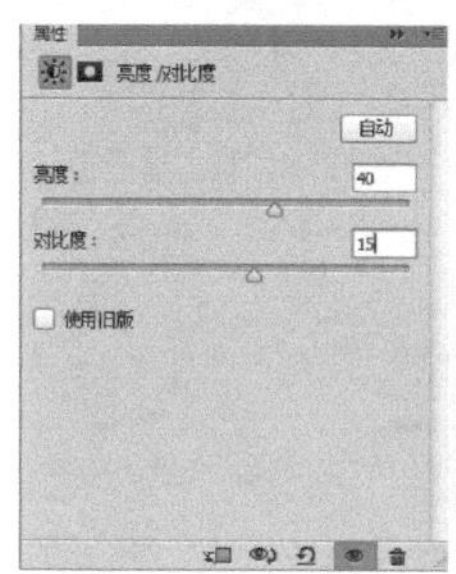

操作解谜

使用仿制图章工具的原因

当使用内容感知移动工具后，被移动的区域将会出现模糊的状态，这时使用仿制图章工具可将模糊区域真实显示。

9.2.7 红眼工具—— 去除人物的红眼

微课：去除人物的红眼

红眼工具可以为人物图像中的眼睛去除红眼效果，使其眼部显示的更加自然。本例将打开“红眼.jpg”图像，使用红眼工具将人物的红眼去掉，并使用调色命令矫正图像颜色，其具体操作步骤如下。

	素材：光盘\素材\第9章\红眼.jpg
	效果：光盘\效果\第9章\红眼.psd

STEP 1 设置红眼工具参数

①打开“红眼.jpg”图像，按【Ctrl+J】组合键复制图层；②选择红眼工具；③在其工具属性栏中设置“变暗量”为“60%”，并将鼠标指针移动到左眼的上方。

STEP 2 修复左眼

此时左眼的上方将出现形状，单击左眼即可发现左眼中的红色部分已经消失。

STEP 3 修复右眼

使用相同的方法用鼠标单击右眼，修复右眼的红眼，使眼睛正常显示。

STEP 4 设置可选颜色

❶在“图层”面板中单击 按钮，在打开的列表中选择“可选颜色”选项，在“可选颜色”面板中的“颜色”栏右侧的下拉列表中选择“黄色”选项；❷再设置“青色、洋红、黄色、黑色”为“-15%、+25%、+7%、+7%”；❸在“颜色”栏右侧的下拉列表中选择“青色”选项；❹设置“青色、洋红、黄色、黑色”为“-12%、+36%、+25%、-43%”。

STEP 5 设置中性色并查看完成后的效果

在“颜色”栏右侧的下拉列表中选择“中性色”选项，设置“青色、洋红、黄色、黑色”为“+7%、+7%、-10%、0%”。完成后保存图像并查看完成后的效果。

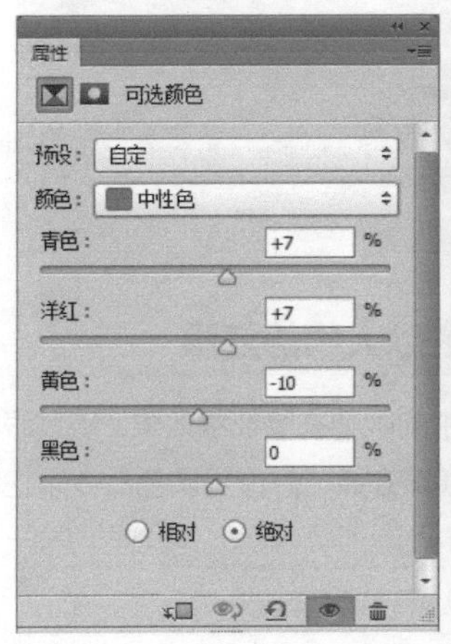

9.2.8 综合案例——精修人物美图

微课：精修人物美图

在人物的处理过程中，不单单使用一种工具进行修饰就能很好地达到预期的效果，还需要协同其他工具让人物的效果变得完美。本例将使用前面讲解的修复工具和后面学习的液化工具对人物进行修饰，让人物展现地更加美观，其具体操作步骤如下。

素材：光盘\素材\第 9 章\精修图片 .jpg
效果：光盘\效果\第 9 章\精修图片 .psd

STEP 1 设置污点修复画笔的参数

打开“精修图片 .jpg”素材文件，按【Ctrl+J】组合键复制图像，在工具箱中选择污点修复画笔工具，在工具属性栏中设置污点修复画笔的大小为“20”，单击选中“近似匹配”单选项，对图像中人物的斑点进行单击，修复人物脸部较大的斑点。

STEP 2 使用修复画笔工具

在工具箱中选择修复画笔工具，按住【Alt】键的同时，使用鼠标在人物图像的额头处单击，设置取样点，并在额头有皱纹处进行涂抹，去除皱纹。

STEP 3 使用修补工具去除眼袋

选择修补工具，使用鼠标在左眼的眼角拖动，建立选区，将鼠标移动到选区上，按住鼠标将选区向下方的脸部皮肤移动，去除该部分的眼袋，并查看去除后的效果。

STEP 4 去除人物左眼的眼袋

使用相同的方法继续对左侧眼部分别创建选区，进行眼袋修补，在修补过程中，注意不要将眼眨毛一起去除，要保证眼眨毛的完整性。

STEP 5 去除右眼眼袋

使用相同的方法，继续使用修补工具对右侧眼袋进行修补，使其显示更加自然。完成后选择修复画笔工具，调整眼袋修补后的重色区域，使其与周围皮肤颜色统一。

STEP 6 修复右侧眼部细纹

在工具箱中选择矩形选框工具，框选右眼，并按【Ctrl+T】组合键对选区进行变形操作，完成后拖曳下方中间的控制点，将眼睛放大，再移动到四周的控制点上将其向左进行旋转，使左右眼对齐。

STEP 7 提高人物亮度

❶按【Ctrl+Shift+Alt+E】组合键盖印图层；❷选择【图像】/【调整】/【亮度/对比度】命令，打开“亮度/对比度”对话框，设置“亮度和对比度”为“50和-5”；❸单击“确定”按钮，并查看图像提亮后的效果。

STEP 8 处理脸部细毛

按【Ctrl+J】组合键复制图层，在工具箱中选择模糊工具，在工具属性栏中设置模糊强度为“40%”，对人物的脸部进行涂抹，去除脸部细毛，使其显得更加光滑。

STEP 9 绘制顶部区域

在工具箱中选择钢笔工具，对顶部区域绘制选区并将其填充为黑色，注意绘制过程中要做到两边对称，这样脸型才会显得完美。

技巧秒杀

绘制顶部的技巧

在绘制顶部时，应该根据人物的脸部形状进行绘制，并且绘制时要保证线条的圆润性，这样绘制后的效果才会显得自然。

STEP 10 绘制唇部路径

使用相同的方法对其他背景与头发区域绘制路径，并将其转换为选区，最后填充为黑色，查看填充后的效果。完成后新建图层，再次使用钢笔工具，沿着人物唇部走势绘制唇部路径，并将绘制后的路径转换为选区。

STEP 11 填充唇部颜色

将前景色设置为“#c00000”，按【Alt+Delete】组合键填充前景色，打开“图层”面板，设置图层混合模式为“线性加深”，查看加深后的唇部效果。

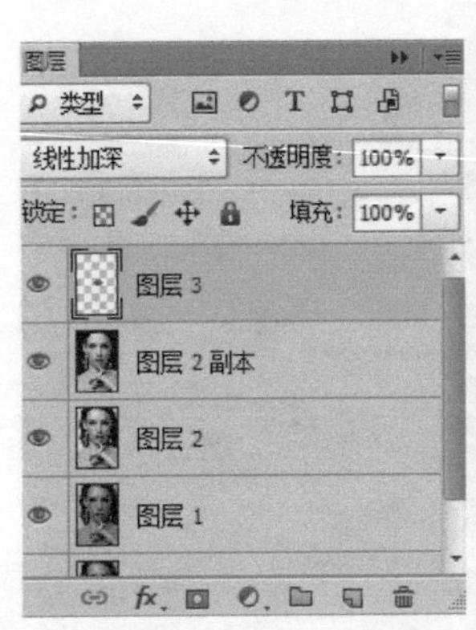

STEP 12 修补鼻尖部分

按【Ctrl+R】组合键打开参考线，在对应左侧肩部添加参考线，方便路径的绘制。选择钢笔工具，在右侧绘制与左侧相似的路径，注意绘制的肩部要与左侧类似，而且线条要平顺。

STEP 13 去除多余头发

对绘制后的路径建立选区，并填充为黑色，完成后选择修补工具，对肩部的头发进行修补，去除头发在肩部显示，注意在修补头发过程中，要留意锁骨的位置，不要让锁骨被修补工具一起修补。

STEP 14 调整右侧眉毛位置

在工具箱中选择矩形选框工具，框选右侧眉毛，并按【Ctrl+T】组合键对选区变形，再在其上单击鼠标右键，在弹出的快捷菜单中选择"变形"命令，此时眉毛出现矩形框，调整眉毛的位置，使其与左侧眉毛的眉峰相同。

STEP 15 调整图像曲线

❶在"调整"面板中单击按钮，打开"曲线"面板，在"通道"下拉列表中选择"红"选项；❷使用鼠标在曲线框中拖动曲线，调整红通道曲线；❸在"通道"下拉列表中选择"绿"选项；❹使用鼠标在曲线框中拖曳曲线，调整绿色通道曲线。

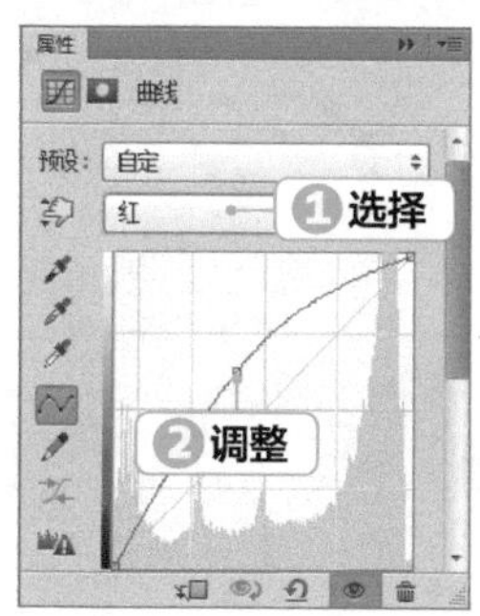

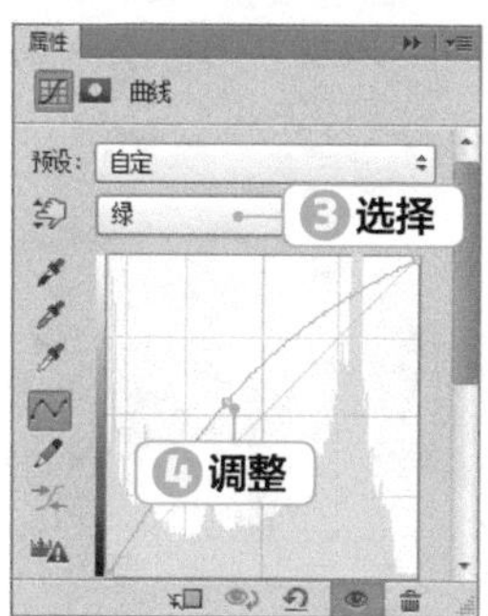

STEP 16 调整蓝通道曲线

❶再在"通道"下拉列表中选择"蓝"选项；❷使用鼠标在曲线框中拖曳曲线，调整蓝色通道曲线。完成后保存图像并查看完成后的效果。

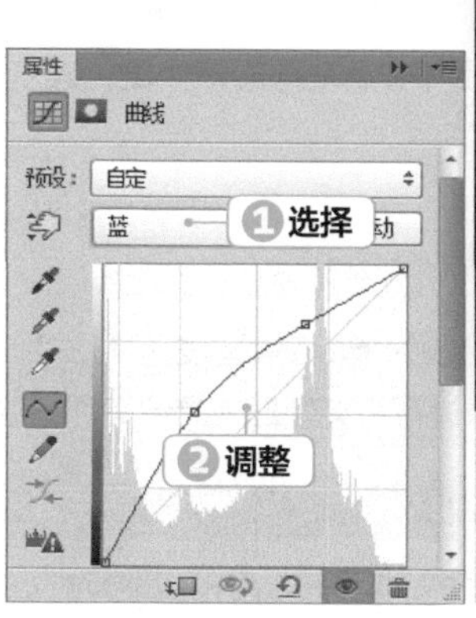

9.3 图像表面的修饰

当照片的瑕疵被遮挡或是修复后，还可能存在其他的问题，如画面变得模糊、脸部不够光滑、颜色显示太深沉等。此时，可利用Photoshop CS6中的模糊、锐化、涂抹、减淡、加深和海绵等工具对图像表面进行修饰，使画面展现的效果更加美观。

9.3.1 模糊与锐化工具

在图像的处理过程中，会因为背景太强需对背景进行模糊处理，或是需要对单个图像进行轮廓的锐化，下面将对模糊与锐化工具进行分别介绍。

1. 模糊工具

模糊工具可柔化图像的边缘和图像中的细节。使用鼠标直接在图像上涂抹即可模糊图像，在某区域中涂抹次数越多该区域将越模糊，如下图所示。

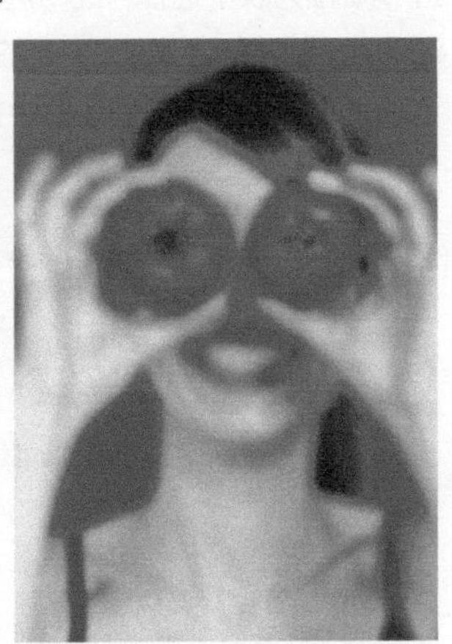

选择模糊工具，将显示工具属性栏，“模糊工具”工具属性栏中各选项作用如下。

13 模式: 正常 强度: 50% 对所有图层取样

- 模式：用于设置模糊后的混合模式。
- 强度：用于设置模糊的强度。

2. 锐化工具

锐化工具可以增强图像与相邻像素之间的对比度，其效果与“模糊工具”相反。

其方法为：选择锐化工具，即可在工具属性栏中选择画笔的样式、大小，并设置锐化强度的大小，单击选中“保护细节”复选框，在图像中需要进行锐化的部分进行涂抹，直到图像像素变色明显即可。在锐化过程中，可不断调整画笔的大小和强度，使图像效果更加真实。

9.3.2 减淡与加深工具

在美化图像过程中，除了会因为模糊使图像达不到预期的目的，还会因为颜色的不统一使画面展现的不够理想，此时可使用减淡与加深工具对暗色的图像进行提亮处理或是将亮部地区进行加深。

1. 减淡工具

减淡工具主要用于为图像的亮部、中间调和暗部分别进行减淡处理，使用该工具在某一区域涂抹的次数越多，图像颜色也就越淡。选择减淡工具，将显示其工具属性栏。

减淡工具属性栏中各选项作用如下。

- 范围：用于设置修改的色调。选择“中间调”选项时，将只修改灰色的中间色调；选择“阴影”选项时，将只修改图像的暗部区域；选择“高光”选项，将只修改图像的亮部区域。

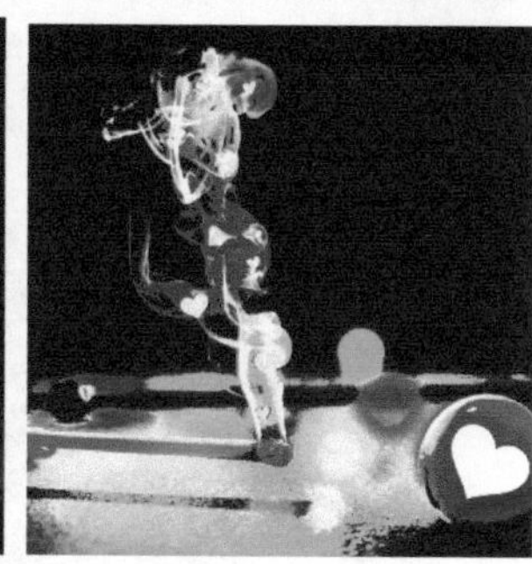

- 曝光度：用于设置减淡的强度。下图为 20 的曝光度与 100 的曝光度对比。

- 保护色调：单击选中“保护色调”复选框，即可保护色调不受工具的影响。

2. 加深工具

加深工具主要用于对图像的局部颜色进行加深，而且当用户在某一区域涂抹的次数越多，图像颜色也就越深。其使用方法与工具属性栏使用方法与减淡工具相同。

9.3.3 涂抹工具——调整卧室地毯毛料

涂抹工具可以模拟手指划过湿油漆时所产生的效果。使用时，只需选择需要涂抹的颜色并按住鼠标左键在需要涂抹的轮廓上进行拖动即可完成涂抹操作。本例将打开“卧室 .jpg”图像，并使用涂抹工具将地毯制作出毛料质感效果，其具体操作步骤如下。

微课：调整卧室地毯毛料

素材：光盘 \ 素材 \ 第 9 章 \ 卧室 .jpg
效果：光盘 \ 效果 \ 第 9 章 \ 卧室 .jpg

STEP 1 设置涂抹工具的参数

❶打开“卧室 .jpg”图像，按【Ctrl+J】组合键复制图像。❷在工具箱中选择涂抹工具；❸在工具属性栏中设置“画笔大小、强度”为“30、50%”。

STEP 2 涂抹地毯边缘

在图像的边缘地区捕捉边缘一点，在沿地毯边缘向外拖动，使其形成地毯边框模糊的效果。

STEP 3 涂抹地毯内部

继续在地毯内部不同的地方沿左上或右上不断拖动涂抹。

STEP 4 涂抹地毯细节

在涂抹工具属性栏中将画笔大小设置为 10 像素，然后对床上的毛毯进行涂抹，以增加毛毯的细节，继续沿毛毯内部进行涂抹，使其更具有毛料质感。

STEP 5 查看完成后的效果

完成涂抹后，保存图像并查看完成后的效果。

9.3.4 海绵工具——突出照片主体效果

海绵工具常用于增加或减少指定图像区域的饱和度，使用该工具可通过灰阶远离或靠近中间灰度来增加或降低对比度，使用海绵工具能使图像变得鲜亮。本例将打开“女孩 .jpg”图像，再使用海绵工具将背景区域颜色去掉，最后使用海绵工具为图像中的人物添加颜色，其具体操作步骤如下。

微课：突出照片主体效果

素材：光盘 \ 素材 \ 第 9 章 \ 女孩 .jpg

效果：光盘 \ 效果 \ 第 9 章 \ 女孩 .psd

STEP 1 设置海绵工具的参数

❶打开“女孩 .jpg”图像，按【Ctrl+J】组合键复制图层；❷在工具箱中选择海绵工具；❸在工具属性栏中设置“画笔大小、模式、流量”为“100 像素、降低饱和度、50%”；❹单击选中“自然饱和度”复选框。

STEP 2 涂抹背景

使用鼠标在图像中的背景拾取一点进行涂抹，使其背景以灰色显示。

STEP 3 涂抹人物

在海绵工具的工具属性栏中设置模式为“饱和”，单击选中“自然饱和度”复选框，使用鼠标在图像中的人物进行涂抹，加深衣服的红色效果。完成后保存图像，并查看完成后的效果。

9.3.5 综合案例——制作虚化背景效果

在制作淘宝图片时，若想商品图片更加好看，可对其背景进行虚化，凸显主体。在制作时需先对背景的物体进行虚化，加深背景颜色并减淡主体颜色，让购买者在购买时能够一目了然的看到商品，并且因为背景的原因让主体更加美观。下面讲解制作虚化背景效果的方法，其具体操作步骤如下。

微课：制作虚化背景效果

素材：光盘 \ 素材 \ 第 9 章 \ 拖鞋商品图片 .jpg
效果：光盘 \ 效果 \ 第 9 章 \ 拖鞋商品图片 .psd

STEP 1 绘制修补选区

❶打开“拖鞋商品图片 .jpg”图像文件，在工具箱中选择修补工具；❷在其工具属性栏中单击选中“源”单选项；❸将鼠标光标移动到图像中，当鼠标光标变为形状后，按住鼠标左键不放，沿污点周围绘制选区。

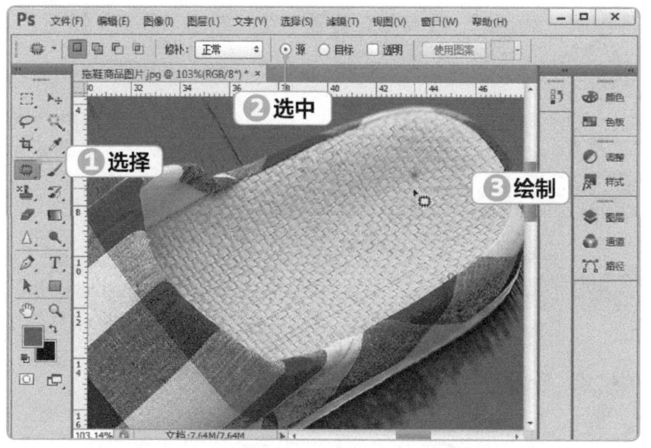

STEP 2 修复图像

将鼠标光标移动到选区中，按住鼠标不放进行拖动，将光标移动到图像右侧的空白处释放鼠标。此时可发现选区中的内容将被移动后的选区内容所替换。

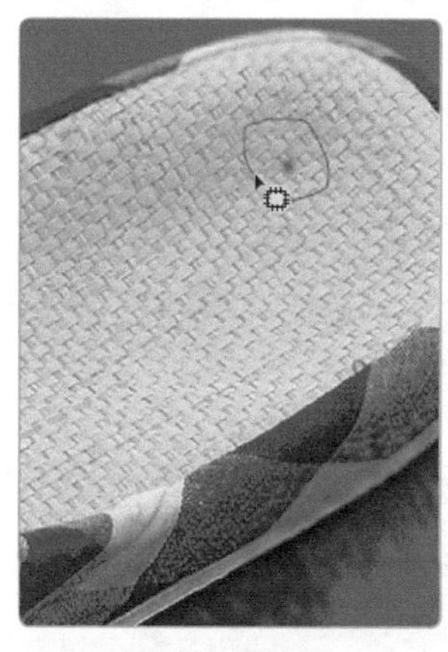

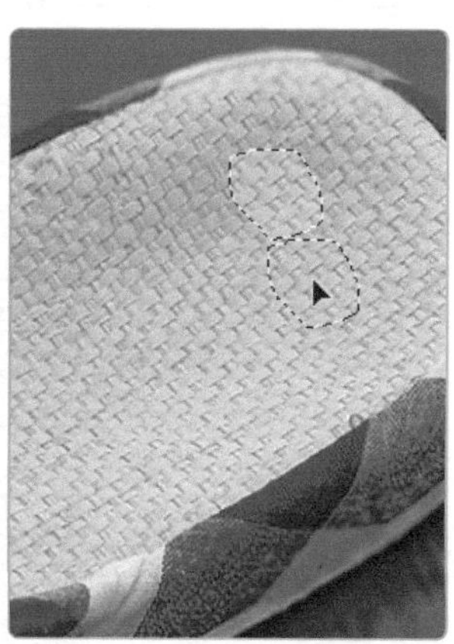

STEP 3 修补其他污点

使用相同的方法修补其他污点，使修补的污点与周围的部分一致，查看完成后的效果。

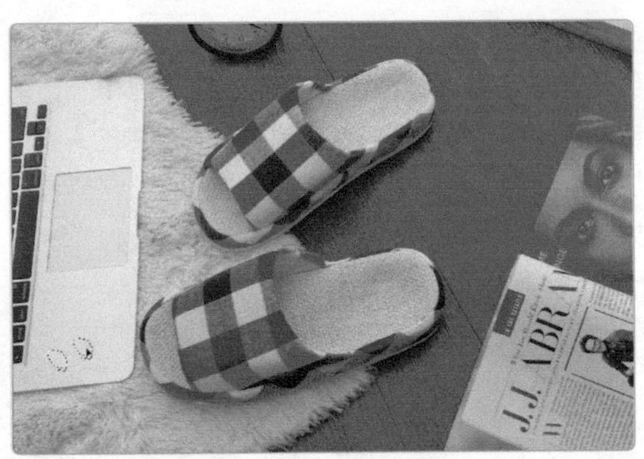

STEP 4 模糊图像

❶在工具属性栏中选择模糊工具；❷设置模糊画笔大小为“200 像素”，再设置模糊画笔为“硬边圆”；❸单击选中“对所有图层取样”复选框；❹完成后对周围的物品进行涂抹，使其模糊显示。

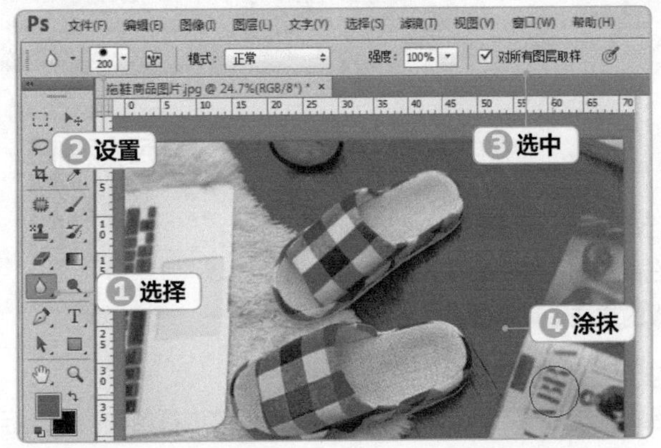

STEP 5 设置锐化参数

❶在工具箱中选择锐化工具；❷设置锐化画笔大小为“200 像素”，再设置强度为“50%”；❸单击选中“保护细节”复选框，然后放大拖鞋图像，并对拖鞋进行锐化操作。

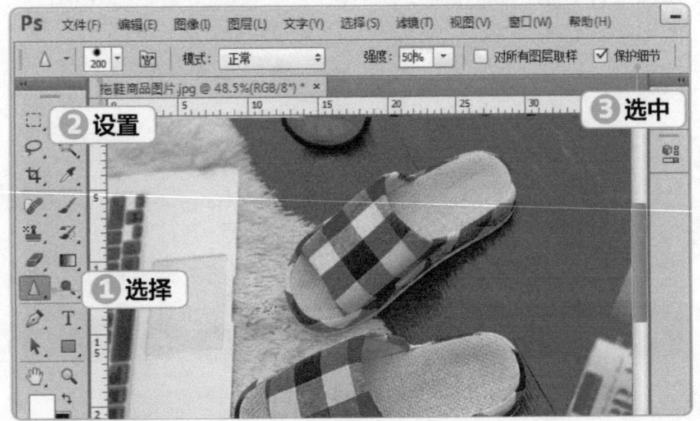

STEP 6 设置加深效果

❶在工具箱中的减淡工具组上单击鼠标右键，在打开的面板选择加深工具；❷在其工具属性栏中设置画笔样式为“柔边圆”、大小为“1000 像素”；❸设置“范围”为“中间调”；❹设置曝光度为“20%”，单击选中“保护色调”复选框，在拖鞋的周围进行拖动，对背景进行加深操作，并查看加深后的效果。

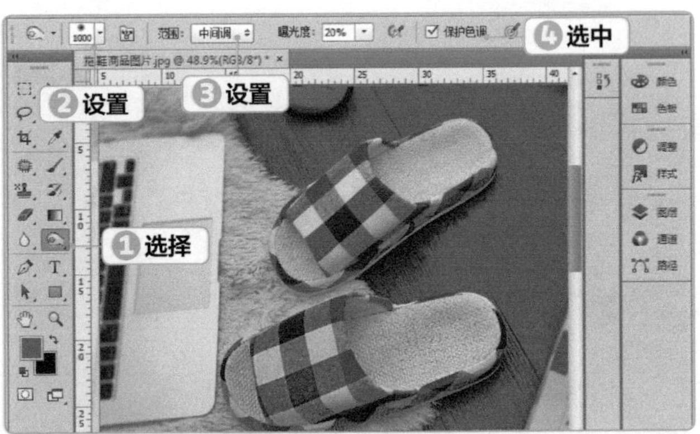

STEP 7 设置减淡效果

❶选择工具箱中的减淡工具；❷在工具属性栏中设置画笔样式为“硬边圆”、大小为“300 像素”；❸设置范围为“阴影”；❹设置曝光度为“20%”，在拖鞋的上方进行拖动，对拖鞋进行减淡处理，并查看减淡后的效果。

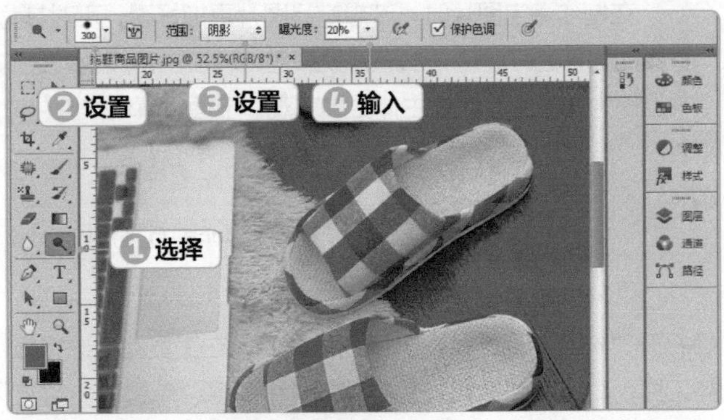

STEP 8 新建“曲线”调整图层

❶选择【图层】/【新建调整图层】/【曲线】命令；❷打开“新建图层”对话框，保持默认设置不变，单击“确定”按钮。

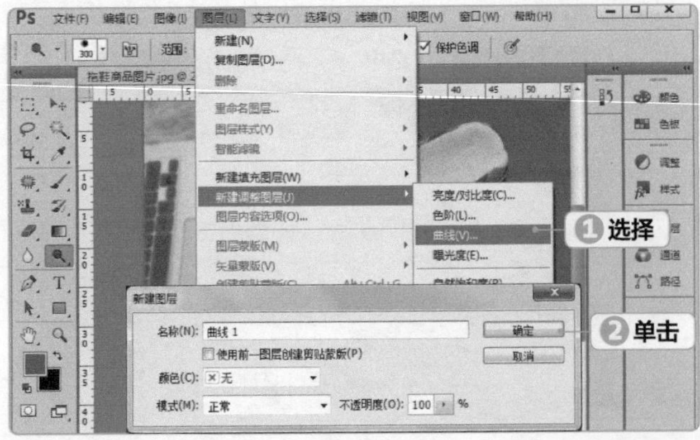

STEP 9 调整曲线

打开“属性”面板，在中间列表框的曲线下段部分单击添加一个控制点，并按住鼠标左键不放向下拖动，调整图像的暗部，再在曲线上段单击添加一个控制点，并向上拖动调整图像的亮度，完成曲线的调整。

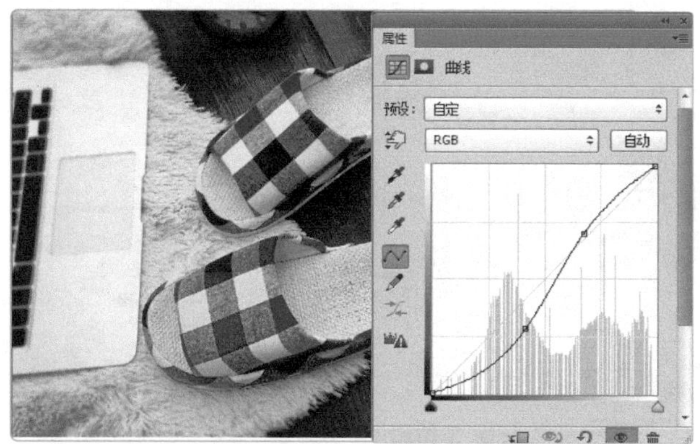

STEP 10 新建色阶调整图层

①选择【图层】/【新建调整图层】/【色阶】命令；②打开“新建图层”对话框，保持默认设置不变，单击“确定”按钮。

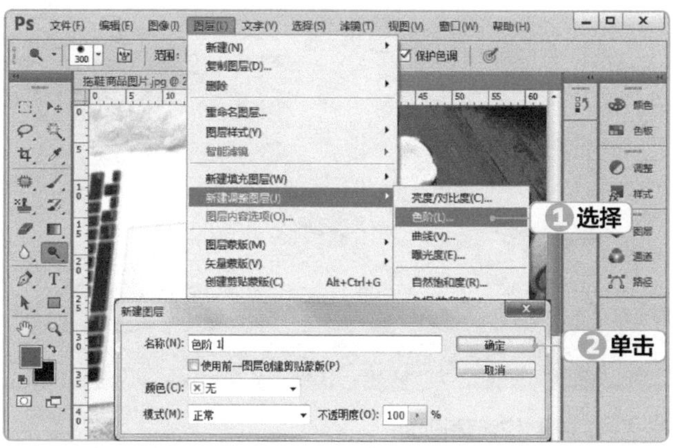

STEP 11 调整色阶

在“属性”面板拖动中间的滑块调整输出的色阶，这里设置第一个滑块值为“12”，设置最后一个滑块值为“216”，设置中间的滑块值为“1.09”。

STEP 12 调整曝光度

使用相同的方法新建“曝光度”图层，并设置其“位移”和“灰度系数校正”分别为“-0.05”和“1”。

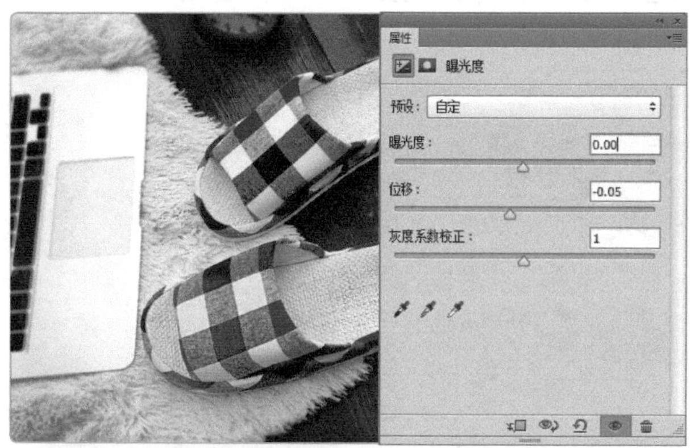

STEP 13 查看调整后的效果

返回图像编辑区，即可查看调整后的图像效果。

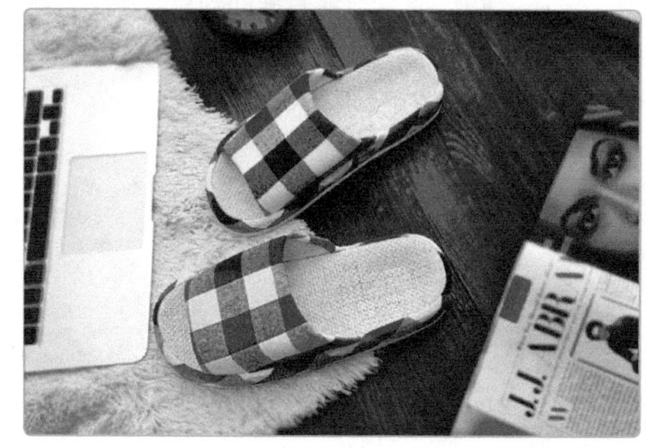

9.4 清除图像

在调整图像过程中，当图像中出现了多余的图像或图像绘制错误时，用户可以通过擦除工具来对图像进行擦除。在Photoshop CS6中提供了橡皮擦工具、背景橡皮擦工具和魔术棒橡皮擦工具这3种擦除工具。各橡皮擦工具的用途不同，用户需要根据实际情况进行选择。

9.4.1 使用橡皮擦工具——制作摄像包焦点图

微课：制作摄像包焦点图

橡皮擦工具用于擦除图像，使用时只需按住鼠标拖动即可进行擦除，被擦除的区域将变为背景色或透明区域，橡皮擦工具常用于背景的制作。本例将制作一款摄像包的焦点图，通过橡皮擦工具的使用，使产品图、水和土组合出大气磅礴的意境，从而体现摄像包的防水性和耐用性，其具体操作步骤如下。

素材：光盘\素材\第 9 章\摄像包焦点图

效果：光盘\效果\第 9 章\摄像包焦点图 .psd

STEP 1 制作背景

新建大小为“750 像素 ×420 像素”，分辨率为“72 像素 / 英寸”，名为“摄像包焦点图”的文件，打开“背景 1.jpg、天空 .psd”素材文件，将其拖动到焦点图中，调整其位置和大小。

STEP 2 设置橡皮擦参数

❶打开“背景 2.jpg”图像，将其拖动到焦点图中，在工具箱中选择橡皮擦工具；❷在工具属性栏中设置“大小、画笔、不透明度”为“200、柔边圆、80%”。

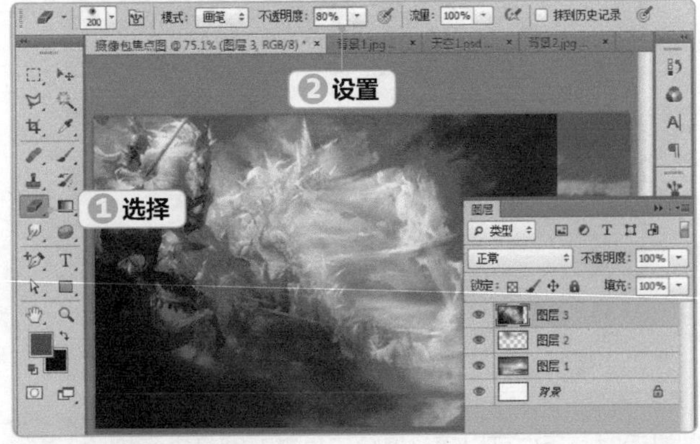

STEP 3 擦除多余部分

使用鼠标从右向左进行涂抹，擦除多余部分，在擦除过程中，可根据焦点图的需要，按【[】键放大画笔，制作图像的虚化效果。

STEP 4 调整背景 3 位置

打开“背景 3.jpg”图像将其拖动到焦点图的图层中，按【Ctrl+T】组合键，调整其大小，并将其向右旋转，使波浪横向显示。

STEP 5 制作波涛画面

在工具箱中选择橡皮擦工具，对波浪的边缘进行擦除，使其与上面的马匹相结合，形成一种蓬勃的波涛画面。

STEP 6 添加水花效果

打开"水花 .psd"图像，将其添加到波浪上面，调整水花和其他添加的图层位置，完成基础背景的制作。

STEP 7 查看完成后的效果

打开"文字素材 .psd"图像，将其中的文字和旅行包拖动到到水花的上面，保存图像查看完成后的效果。

9.4.2 使用背景橡皮擦工具——制作男包海报

背景橡皮擦工具是一种智能橡皮擦，它在擦除图像时会根据色彩差异进行擦除，常用于抠图。在使用该工具对背景进行涂抹擦除时可很好的保留对象的边缘。本例将制作一款男包海报，在制作时将打开"商品图片 .jpg"图像，使用背景橡皮擦工具对白色背景进行擦除，然后添加新背景，其具体操作步骤如下。

微课：制作男包海报

素材：光盘 \ 素材 \ 第 9 章 \ 男包海报
效果：光盘 \ 效果 \ 第 9 章 \ 男包海报 .psd

STEP 1 设置背景橡皮擦参数

❶打开"商品图片 .jpg"图像文件，在工具箱中选择背景橡皮擦工具；❷在其工具属性栏中单击按钮；❸设置"画笔大小、限制、容差"为"100 像素、连续、50%"。

STEP 2 擦除背景

使用鼠标单击图像背景的空白处，此时单击处将呈透明显示，使用鼠标在图像上来回拖动进行涂抹擦除白色背景。

STEP 3 查看完成后的效果

打开"背景 .jpg"图像文件，将擦除后的商品图片拖动到"背景 .jpg"图像文件中，调整位置，保存图像并查看完成后的效果。

9.4.3 使用魔术橡皮擦工具——为商品图片替换背景

微课：为商品图片替换背景

魔术橡皮擦工具可以分析图像的边缘，若在“背景”图层中使用该工具，被擦除的图像区域将变为透明。本例将擦除“棉衣.jpg”的背景，并将其应用到新的背景中，形成完整的棉衣主图，其具体操作步骤如下。

素材：光盘\素材\第9章\棉衣主图
效果：光盘\效果\第9章\棉衣主图.psd

STEP 1 设置魔术橡皮擦参数

❶打开“棉衣产品图.jpg”图像文件，在工具箱中选择魔术橡皮擦工具；❷在其工具属性栏中设置容差为“30”；在棉衣的空白区域处单击，擦除白色背景。

STEP 2 添加投影

❶在“图层”面板中单击 fx 按钮，在打开的列表中选择“投影”选项；❷打开“图层样式”面板，设置投影的“不透明度和大小”分别为“60%、10像素”；❸单击“确定”按钮。

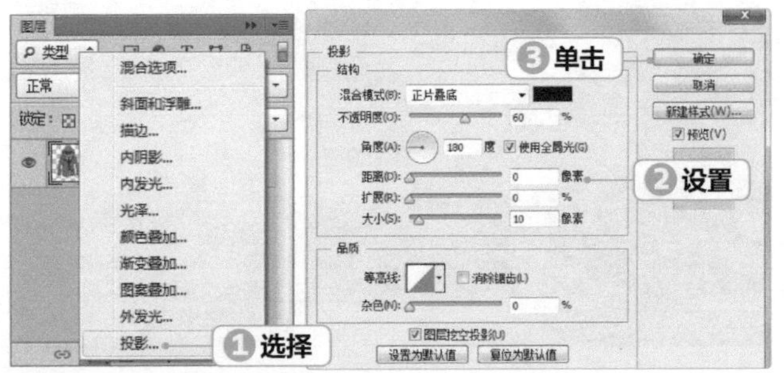

STEP 3 查看完成后的效果

打开“背景效果.psd”图像文件，将添加投影后的棉衣产品图拖动到背景效果中，保存图像并查看完成后的效果。

9.4.4 综合案例——制作人物剪影插画

微课：制作人物剪影插画

人物剪影是插画的一种，主要是通过将不同色彩与人物的背景相结合，从中展现不一样的凌乱美，常用于插画设置、包装设计和其他一些产品设计中。本例中将使用橡皮擦工具组制作人物剪影，该剪影主要应用于插画中，通过将卡通人物与繁杂的嫩绿背景结合，并配上纹理与文字体现主题，其具体操作步骤如下。

素材：光盘\素材\第9章\人物剪影插画
效果：光盘\效果\第9章\人物剪影插画.psd

STEP 1 新建图像文件并添加背景

❶新建一个大小为“3000像素 ×2200像素”，名为“人物剪影插画”的图像文件；❷打开“背景.jpg”素材文件，将其拖到新建的图像文件中，并调整背景图片的大小。

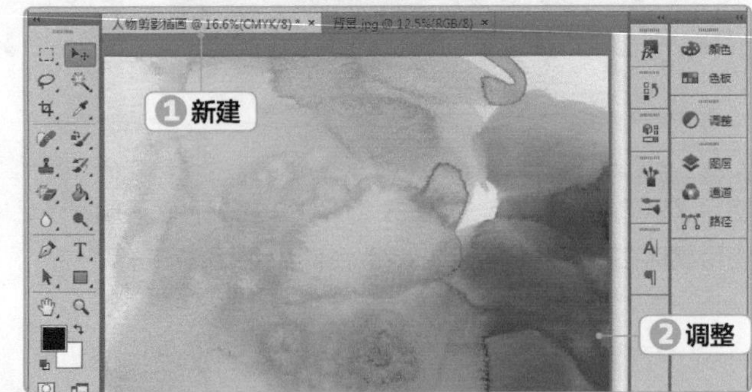

Chapter 09

STEP 2 选择魔术橡皮擦工具

①打开“人物.jpg”素材文件，在工具箱中选择魔术橡皮擦工具；②当鼠标光标变为 形状时，在白色背景区域单击，擦除白色背景区域。

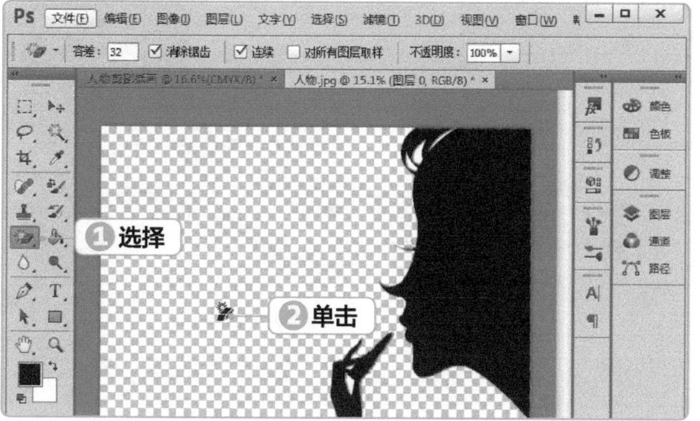

STEP 3 擦除其他区域

继续在手指的缝隙和头发区域单击，擦除不需要的区域，使人物单独显示，在擦除时可将需擦除区域放大，方便擦除，选择移动工具，将擦除后的图像拖动到新建的“人物剪影插画”图像文件中，调整图像大小，并查看效果。

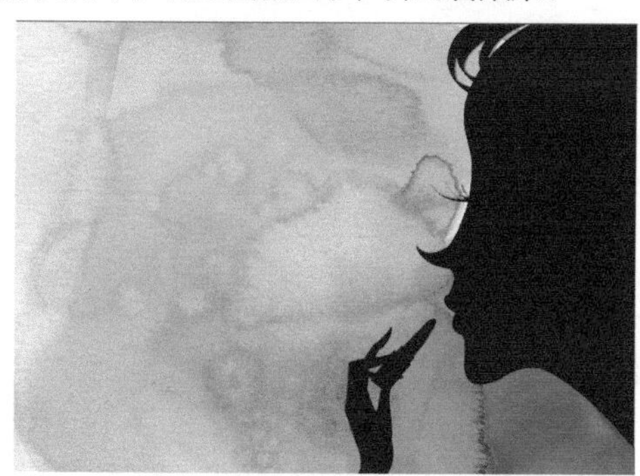

STEP 4 添加花纹素材

打开“花纹 1.psd”素材文件，使用移动工具选择其中的花纹并将其拖动到“人物剪影插画”图像文件的人物上方，并调整其位置和大小，使其与人物重合。

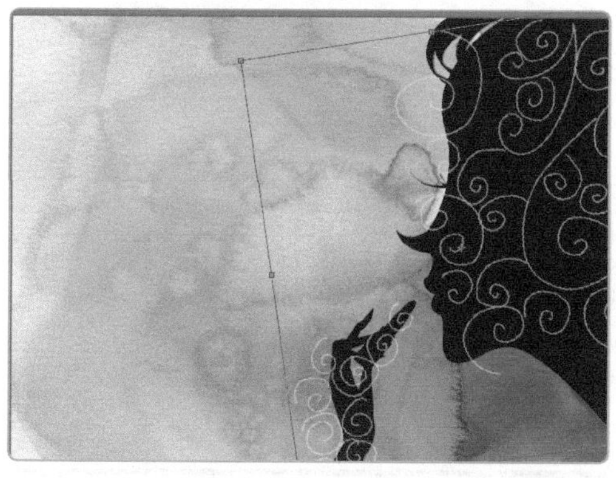

STEP 5 设置橡皮擦参数

①在“图层”面板中选择“花纹 1”所在图层，并在工具箱中选择橡皮擦工具；②在工具属性栏中单击“橡皮擦”按钮右侧的下拉按钮，在打开的面板中设置橡皮擦大小为“80 像素”；③设置橡皮擦笔尖样式为“硬边圆”。

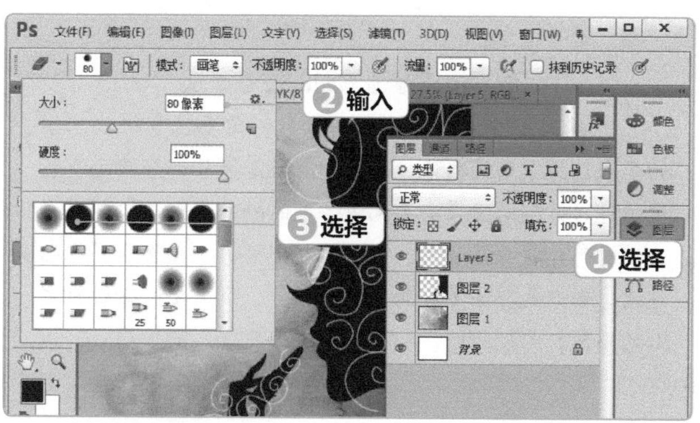

STEP 6 擦除多余花纹

返回图像编辑区，使用鼠标在超出部分进行涂抹，将超出部分擦除，并查看擦除后的效果，并在“图层”面板中设置混合模式为“颜色减淡”，不透明度为“80%”。

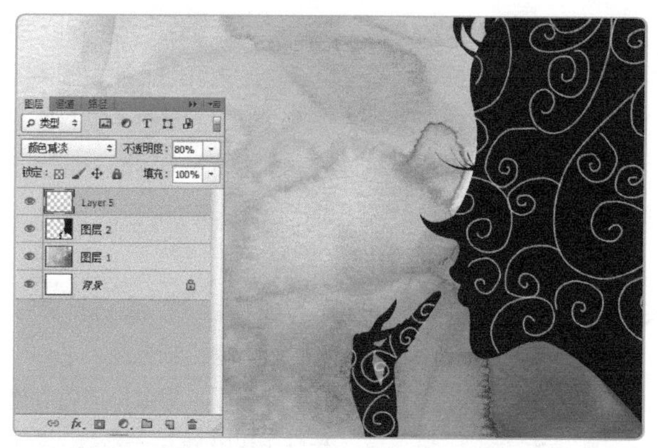

STEP 7 添加树叶素材

打开“树叶.psd”素材文件，将其拖动到“人物剪影插画”图像文件中，并在“图层”面板中设置混合模式为“正片叠底”。

STEP 8 添加文字素材

打开“文字 .psd”素材文件，在其中选择文字，并将其拖动到“人物剪影插画”图像文件中，调整文字的位置和大小，完成后保存图像，并查看完成后的效果。

操作解谜

选择像皮擦画笔时的注意事项

在使用橡皮擦工具擦除图像时，需要注意根据不同的要求选择不同的画笔。在擦除时若是擦除部分需要有明度的过渡，可选择带有柔化边缘类的画笔，如柔边圆，在使用时可先将画笔放大，直接拖动即可擦除颜色和图像的过渡；若只是擦除单独的某一个物体，则需要选择带有实心的画笔，如硬边圆。

高手竞技场

1. 美化人物照片

打开提供的素材文件“美化人物 .jpg”，对图像进行美化操作，要求如下。

- 通过污点修复画笔工具修复人物下巴上的瑕疵。
- 将人物脸部作为选区，通过模糊工具对人物脸部的皮肤进行处理，使其更加白皙、细腻。
- 使用加深工具加深眼角、嘴唇周围的阴影。
- 使用减淡工具在脸部进行涂抹，增加高光。

2. 制作双胞胎图像效果

打开“小孩 .jpg”图像，对照片上的儿童进行复制，制作出双胞胎图像效果，要求如下。

- 选择工具箱中的修补工具沿人物绘制选区。
- 单击属性栏中的“目标”单选项，将鼠标放置到选区中向左拖动，松开鼠标后得到复制的图像。
- 选择仿制图章工具，按住【Alt】键单击取样人物右侧手边的衣服，然后拖动鼠标对复制的部分玩具区域进行修复。
- 按【Ctrl+D】组合键取消选区，完成双胞胎图像的制作。

10 Chapter 第 10 章 添加和编辑文字

/ 本章导读

在 Photoshop 中，合理的应用文字不仅可以使图像元素看起来更加丰富，而且能更好地对图像进行说明。本章将讲解文字应用的相关知识，包括文字输入、文字造型等，掌握文字的这些应用有利于用户对图像版式进行更完善的编辑处理。

10.1 认识文字

文字是传达信息的一种手段，在作品设计中文字更是必不可少的，它不仅能丰富图像内容，还能起到美化图像、强化主题的作用。要在 Photoshop CS6 中添加文字，需要先认识文字的类型以及编辑方法。

10.1.1 文字的类型

根据文字的创建方法不同，创建出的文字类型也不尽相同，如根据文字的排版方向可分为横排文字和直排文字；根据创建的内容可分为点文字、段落文字和路径文字；根据样式可分为普通文字和变形文字；根据文字形式还可分为文字和文字蒙版，下面分别对这 4 种文字类型进行介绍。

- 横排文字工具：在图像文件中创建水平文字并建立新的文字图层。
- 直排文字工具：在图像文件中创建垂直文字并建立新的文字图层。

- 横排文字蒙版工具：在图像文件中创建水平文字形状的选区，但在“图层”面板中不建立新的图层。
- 直排文字蒙版工具：在图像文件中创建垂直文字形状的选区，但在“图层”面板中不建立新的图层。

10.1.2 文字工具属性栏

创建文字前，需要先对文字的基本属性进行设置，包括文本字体、字号和颜色等。这些属性都可通过文字工具的工具属性栏来进行设置，文字工具组中各工具的工具属性栏几乎完全一致，下面以“横排文字工具”工具属性栏进行介绍。横排文字工具属性栏各部分作用如下。

- 切换文本取向：单击按钮，可以在横排文字和直排文字间进行切换，如在已输入了水平显示的文字情况下单击该按钮，则可将其转换成呈垂直显示的文字。
- 设置字体：单击其右侧的下拉按钮，在打开的下拉列表框中选择所需字体。当选择具有该属性的某些字体后，其后方的下拉列表框将被激活，可在其中选择字体形态，包括 Regular（规则的）、Italic（斜体）、Bold（粗体）、Bold Italic（粗斜体）。

- 设置字体大小：单击“字号”右侧的下拉按钮，在打开的下拉列表中可选择所需的字体大小，也可直接输入字体大小的值，值越大，文字显示就越大。
- 对齐文本：用于设置文字对齐方式，从左至右分别为左对齐、居中和右对齐。
- 消除锯齿：用于设置文字锯齿。右上角图分别为选择“无”选项的效果和选择“锐利”选项的效果。
- 设置文本颜色：用于设置文字的颜色，单击色块可以打开“(拾色器)文本颜色”对话框，从中可选择字体的颜色。
- 设置变形文本：选择具有该属性的某些字体后，单击按钮，可在打开的“变形文字”对话框中为输入的文字增加变形属性。
- 显示/隐藏“字符”和“段落”面板：单击按钮，可以显示或隐藏“字符”和“段落”面板，调整输入的文字格式和段落格式。

10.2 不同文字类型的应用

文字是图像处理中必不可少的一部分，在 Photoshop CS6 中用户可以自由地选择文字工具并在图像中输入文字，在输入文字过程中，不同的文字工具适合不同的图像版面。下面分别对横排文字、直排文字、段落文字、选区文字等文字类型的使用方法进行介绍。

10.2.1 横排文字——制作名表钻展图

横排文字指文字的输入方向为横向的文字，常用于正文的介绍。本例将制作名表钻展图，并在其上方输入横排文字，从文字中体现表的高端大气，其具体操作步骤如下。

微课：制作名表钻展图

素材：光盘\素材\第 10 章\名表钻展图 .jpg
效果：光盘\效果\第 10 章\名表钻展图 .psd

STEP 1 设置横排文字参数

❶打开“名表钻展图 .jpg”图像文件，在工具箱中选择横排文字工具；❷在其工具属性栏中设置字体为“微软雅黑”；❸设置字号为“14 点”；❹设置消除锯齿为“平滑”，字体颜色为“白色”。

STEP 2 输入横排文字

将文本插入点定位到图像左侧标志的下方，此时将出现光标闪烁点，直接切换输入法输入需要的文本，这里输入“卡夫儿英式手表”，完成后单击工具属性栏中出现的✓按钮，此时将自动生成文本图层。

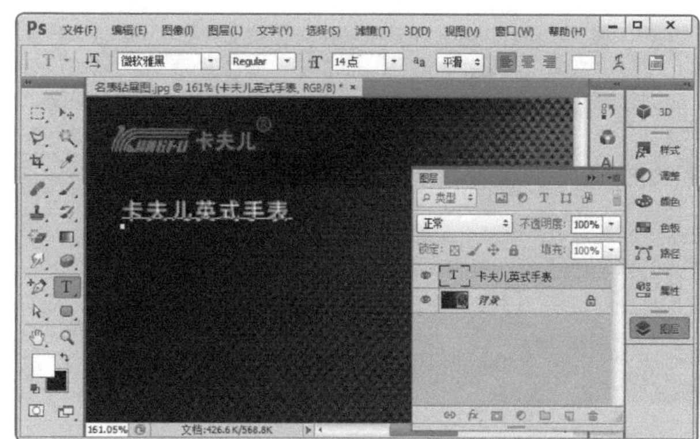

STEP 3 输入文字

❶在工具箱中选择横排文字工具；❷在工具属性栏中设置字体为“华文中宋”；❸设置字号为“33 点”；❹消除锯齿为“浑厚”；在文字的下方输入“精湛工艺　品质追求”。

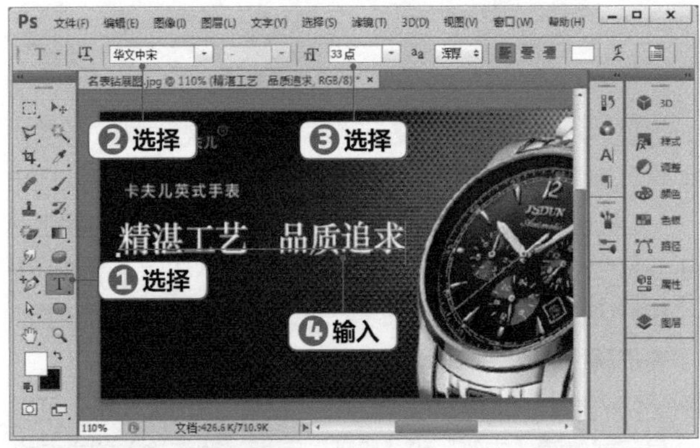

STEP 4 设置渐变叠加

❶在“图层”面板中单击 fx. 按钮，在打开的下拉列表中选择“渐变叠加”选项，打开“图层样式”对话框，设置“渐变”为“黑白渐变”；❷单击“确定”按钮。

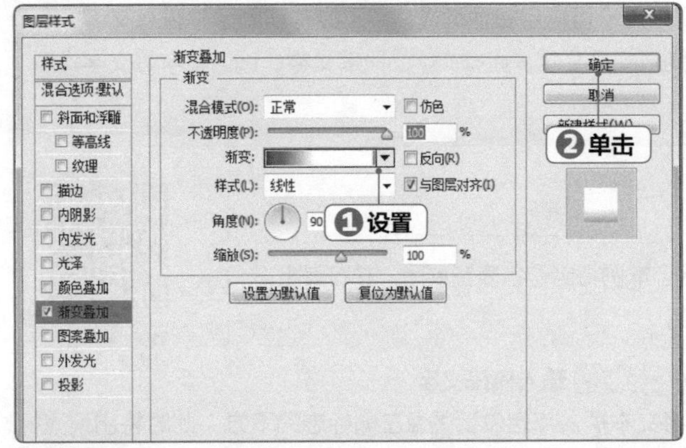

STEP 5 输入说明性文字

使用相同的方法，输入“现代爵士品味钢带石英中性表卡夫儿专场”，并设置“字体和字号”分别为“微软雅黑、13 点”。

STEP 6 绘制红色矩形

在工具箱中选择矩形工具，绘制“120 像素 ×50 像素”的矩形，并设置填充颜色为“#cd0000”，完成后打开“图层样式”对话框，为图像添加红色与深红色渐变叠加。

STEP 7 输入其他文字

在红色矩形左侧输入文字“原价：¥2889”和“卡夫儿促销”，设置字体为“微软雅黑”，字号为“14 点”，在红色矩形中输入“¥ 1668”，设置“¥”字体为“造字工房圆演示版”，字号为“24 点”，设置“1668”字体为“字典宋”，字号为“40 点”。

STEP 8 设置文字投影

❶在“图层”面板中选择“1668”文字图层，单击 fx. 按钮，在打开的下拉列表中选择“投影”选项，打开“图层样式”对话框，设置“不透明度、距离、扩展、大小”分别为“40%、5 像素、5%、1 像素”；❷单击“确定”按钮。

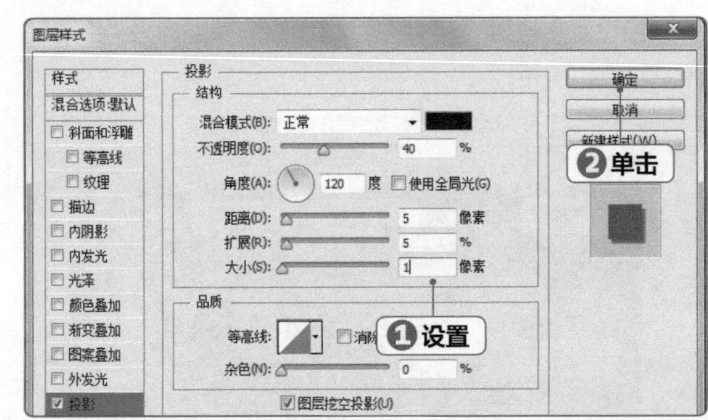

STEP 9 查看完成后的效果

查看完成后的智钻图效果，如右图所示，保存图像完成本例的操作。

> **技巧秒杀**
>
> **智钻图的设计要求**
>
> 智钻图的设计有一定的要求，常见的要求包括因地制宜、主图突出、目标明确和形式美观。

10.2.2 直排文字——制作画展宣传单

微课：制作画展宣传单

直排文字指文字的输入方向为竖向的文字，常用于条形图像的文字输入。本例将打开“竹子.psd”图像，在下方使用直排文字工具，输入宣传单内容，其具体操作步骤如下。

素材：光盘\素材\第10章\竹子.psd
效果：光盘\效果\第10章\画展宣传单.psd

STEP 1 输入文字

❶打开“竹子.psd”图像文件，在工具箱中选择直排文字工具；❷在其工具属性栏中设置“字体、字号、颜色”为“华文行楷、24点、#01d510”；❸使用鼠标在图像左边中间单击并输入文字“竹林.密语”。

STEP 2 输入段落文字

使用鼠标在图像下方拖动，绘制文本框。选择直排文字工具，工具属性栏中设置“字体、字体大小、颜色”为“汉仪雪君体简、14点、#565656”，在文本框中单击并输入文字。

> **技巧秒杀**
>
> **文字的应用技巧**
>
> 在制作图像时，并不是字体越多越方便人阅览信息。过多的字体会让图像显得零碎，读者在浏览时，容易找不到主次。一般同一个图像中字体最好控制在3种以内，最多不要超过5种。

STEP 3 绘制白色圆

新建图层，使用椭圆矩形工具绘制选区，并使用白色填充选区，使用相同的方法再绘制两个白色的圆。

STEP 4 输入“国画展”文字

选择横排文字工具，设置“字体、字号、颜色”分别为“汉仪竹节体简、18点、#565656”，并在第一个圆中输入“国”，使用相同的方法，在绘制的其他两个圆形上分别输入文字“画”和“展”。

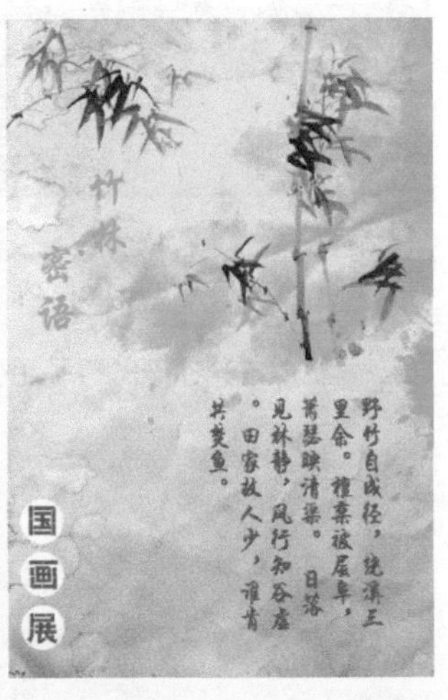

STEP 5 设置图层混合模式

选择输入段落文字的图层，设置其图层混合模式为“颜色加深”，保存图像并查看完成后的效果。

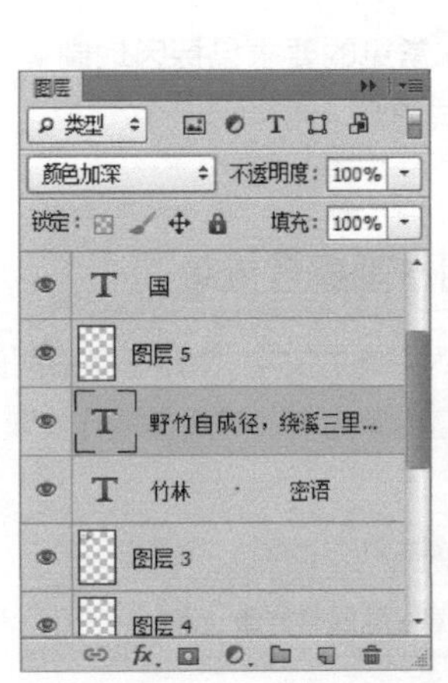

10.2.3 段落文字

段落文字常用于长文档的编辑，在编辑过程中需要先绘制文本框，并在文本框中进行文字的输入。因为段落文字输入的文字内容较多，因此需要掌握的编辑方法也比较多，下面对编辑过程中常用到的“字符”面板、“段落”面板、文本查找与替换、拼写与语法的检查等操作方法分别进行介绍。

1. 认识“字符”面板

在输入段落文字的过程中，若需设置字体样式，除了可以通过文字工具属性栏进行外，还可通过“字符”面板来设置。文字工具属性栏中只包含了部分字符属性，而“字符”面板则集成了所有的字符属性，只需在工具属性栏中单击按钮，或选择【窗口】/【字符】命令，即可打开“字符”面板，如下图所示。“字符”面板中各选项作用如下。

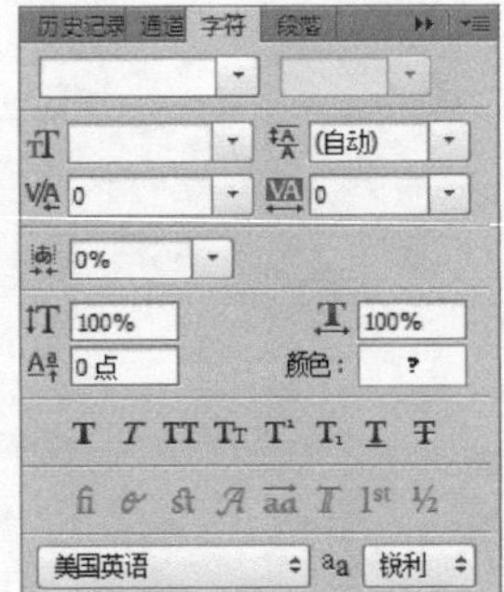

- 字体大小：用于设置文字的字号，直接在其中进行选择或输入需要的值即可，如右图所示分别为设置字体大小为“26点”和“40点”的效果。

- 设置行距：用于设置上一行文字与下一行文字之间的距离。选择文字图层后，在“字符”面板的“设置行距”下拉列表框中输入或选择需要的值即可。如下图所示分别为设置行距为“18点”和“30点”的效果。

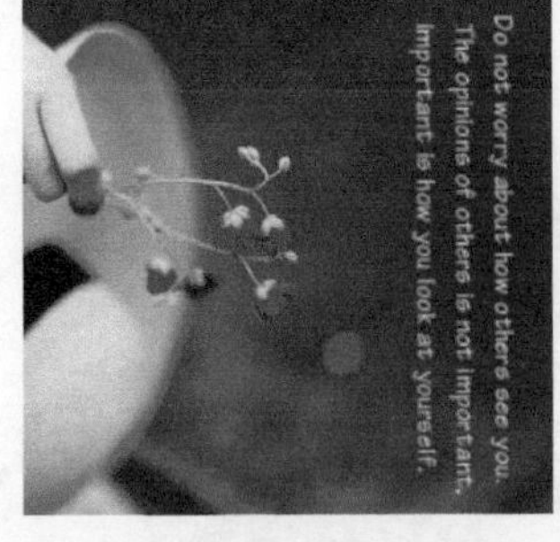

- 字距微调：当将输入光标插入到文字当中时，该下拉列表框有效，用于设置光标两侧的文字之间的字间距。
- 字距调整：用于设置所有文字之间的字距，输入正值，字距将变大；输入负值，字距将变小。下图所示分别为设置字距为“0”和“25”的效果。

- 比例间距：用于设置字符周围的间距，设置该值后，字符本身不会被挤压或伸展，而是字符之间的间距被挤压或伸展。如下图所示分别为设置比例间距为“0”和“60%”的效果。

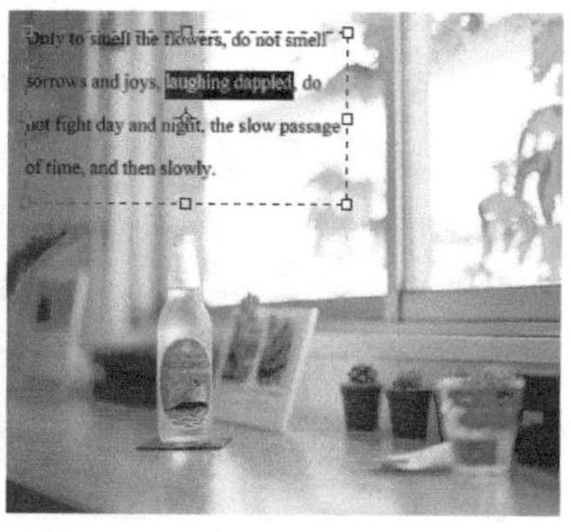

- 垂直缩放：用于设置文字的垂直缩放比例。
- 水平缩放：用于设置文字的水平缩放比例。
- 基线偏移：用于设置文字的基线偏移量，输入正数值往上移，输入负数值往下移。下图所示分别为设置基线偏移前和设置后的效果。

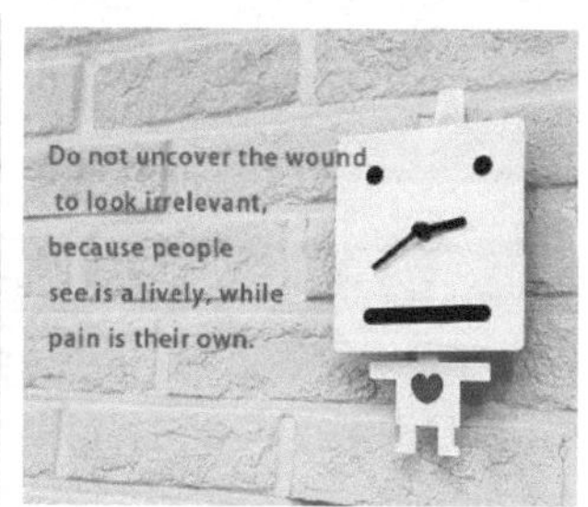

- 文字颜色：用于设置文字的颜色，单击颜色色块，可打开“拾色器（文本颜色）”对话框，在其中可修改文字的颜色。如图所示分别为文字颜色为蓝色和橙色的效果。

- 消除锯齿方式：与文字工具属性栏中的消除锯齿完全一致，包括无、锐利、犀利、浑厚和平滑。
- 文字样式：包括 T T TT Tr T T T T 按钮，分别代表仿粗体、仿斜体、全部大写字母、小型大写字母、上标、下标、下划线和删除线 8 种，单击对应的按钮即可应用样式。当应用一种样式后，再单击另一种样式，会在其样式上进行叠加，但全部大写字母、小型大写字母除外。如下图所示分别为应用仿粗体、小型大写字母、下划线和删除线的效果。

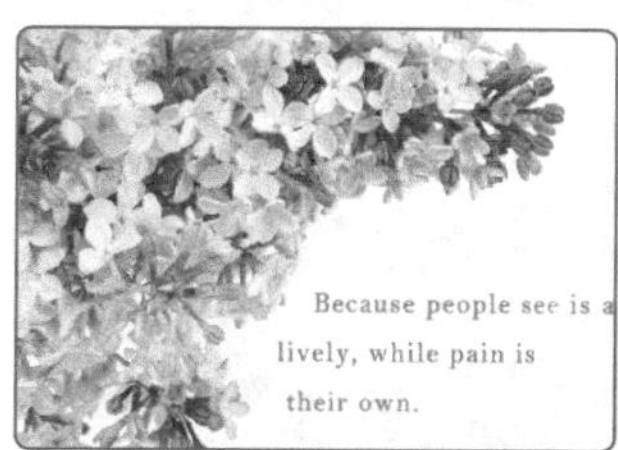

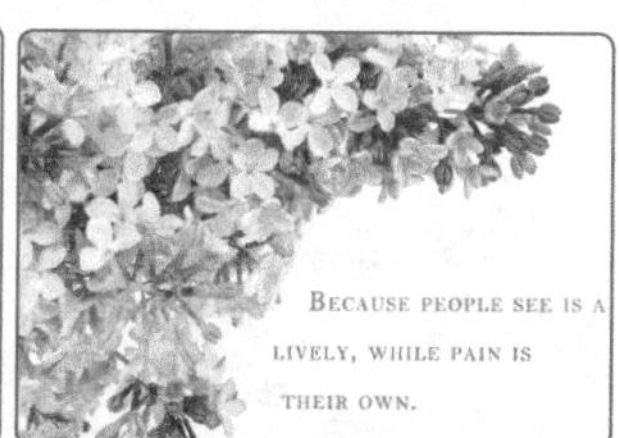

2. 认识“段落”面板

在“段落”面板也是输入段落文字中必不可少的一部分，它可以对文字的对齐方式和缩进等格式进行设置，使文字更加美观且便于阅读。选择【窗口】/【段落】命令，或单击文字工具属性栏中的按钮即可打开“段落”面板。

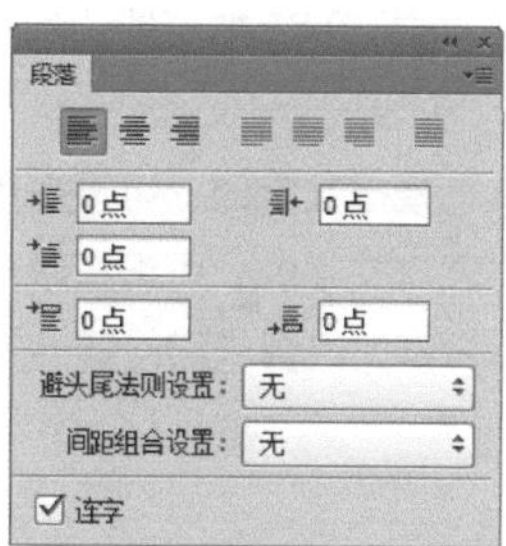

“段落”面板中常用选项的含义介绍如下。

- 左对齐文本：用于设置文字对齐方式为向左，此时段落右端将参差不齐。
- 居中对齐文本：用于设置文字对齐方式为居中，段落两端的文本将参差不齐。

- 右对齐文本：用于设置文字对齐方式为向右，此时段落左端参差不齐。
- 最后一行左对齐：用于设置文字最后一行对齐方式为向左，其他行左右两端对齐。

- 最后一行居中对齐：用于设置文字最后一行对齐方式为居中，其他行左右两端对齐。
- 最后一行右对齐：用于设置文字最后一行对齐方式为向右，其他行左右两端强制对齐。

- 全部对齐：用于在字符间添加额外的间距，使文本左右两端对齐。
- 左缩进：当文本为横排文字时，可设置段落文本向右的缩进量；当文本为直排文字时，可设置段落文本向下的缩进量。如下图所示分别为设置前和设置后的效果。

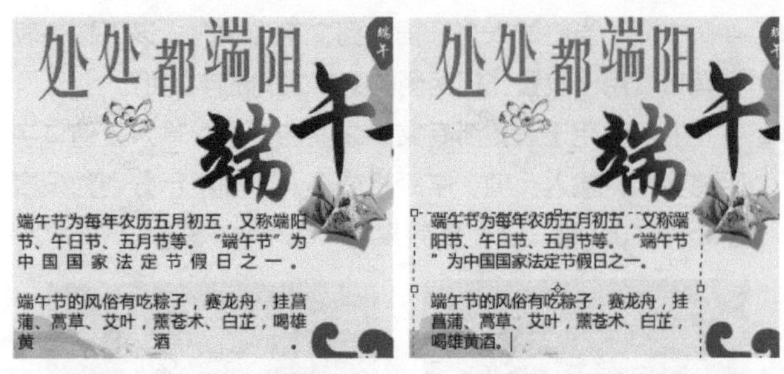

- 右缩进：当文本为横排文字时，可设置段落文本向左的缩进量；当文本为直排文字时，可设置段落文本向上的缩进量。
- 首行缩进：当文本为横排文字时，可设置段落文本第 1 行文字向右的缩进量；当文本为直排文字时，可设置段落文本第 1 列文字向下的缩进量。
- 段前添加空格：用于设置当前段落与另一个段落之间的间隔距离。
- 避头尾法则设置：是指不能出现在一行的开头或结尾的字符。包括“无”“JIS 宽松”“JIS 严格”3 个选项，当选择“JIS 宽松”或“JIS 严格”选项时，可防止在一行的开头或结尾出现不能使用的字符。
- 间距组合设置：用于设置字符在（包括罗马字符、标点符号、特殊字符或日语字符）行开头、结尾和数字的间距文本的编排方式。有间距组合 1、间距组合 2、间距组合 3 和间距组合 4 共 4 个选项，分别表示对标点使用半角间距；对除最后一个字符外的大多数字符使用全角间距；对行中的大多数字符使用全角间距；对所有字符使用全角间距。
- 连字：单击选中“连字”复选框，当段落文本框的宽度不够，使英文单词自动换行显示时，将以“-”符号进行连接。

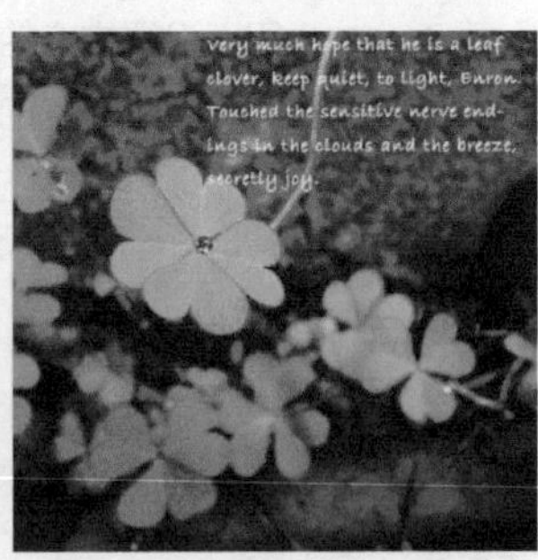

3. 文本查找与替换

在编辑段落文字过程中，因为文本较长，在输入时容易造成输入错误，需要进行后期修改，此时可使用查找和替换文字命令，对部分重要文字、词语进行替换，从而避免反复对文本进行操作而出现的纰漏。打开要替换和查找文字的图像，再选择【编辑】/【查找和替换文本】命令，打开“查找和替换文本”对话框，在“查找内容”和“更改为”文本框中输入查找、替换的文字，单击“更改”按钮进行替换即可。

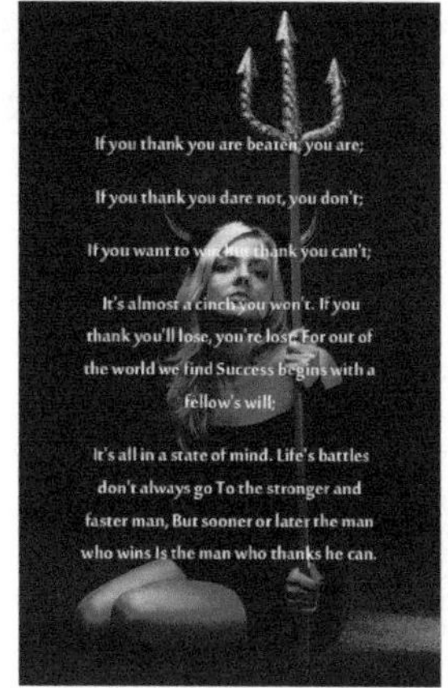

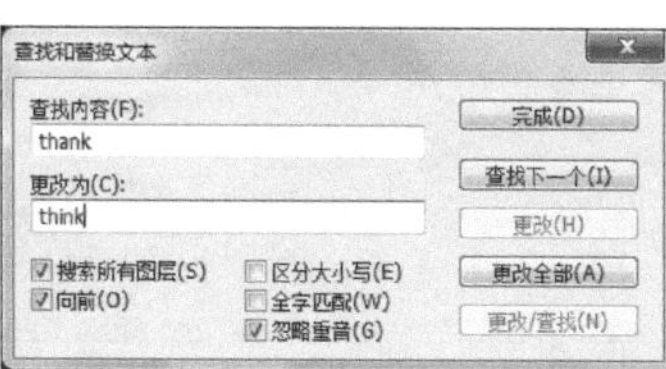

“查找和替换文本”对话框中各选项作用如下。

- 完成：单击“完成”按钮，将关闭“查找和替换文本”对话框。
- 查找内容：用于输入要查找的内容。
- 更改为：用于输入要更改的内容。
- 查找下一个：单击“查找下一个”按钮，用于查找下一个需要更改的内容。
- 更改：单击“更改”按钮，将查找到的内容更改为指定的文字内容。
- 更改全部：单击“更改全部”按钮，一次将所有查找到的内容都更改为指定的文字内容。
- 搜索所有图层：单击选中“搜索所有图层”复选框，将对该图像中的所有图层进行搜索。
- 向前：单击选中“向前”复选框，可从文本插入点向前搜索，若没有选中，则不管文本插入点在何处，都将对搜索图层中的所有文本进行搜索。
- 区分大小写：单击选中“区分大小写”复选框，可搜索与“查找内容”文本框中的文本大小写完全匹配的一个或多个文字。
- 全字匹配：单击选中“全字匹配”复选框，可忽略嵌入长文本中的文本。
- 忽略重音：单击选中“忽略重音”复选框，用于忽略搜索文字中的重音字。

4. 拼写与语法的检查

在对长文档如说明书、邀请函等可能会出现英文的文档进行编辑时，为了确保输入英文的正确性，用户可对英文进行拼写检查。首先选择要检查的文字，再选择【编辑】/【拼写检查】命令，打开“拼写检查”对话框，在该对话框中用户可查看和选择Photoshop提供的修改建议。

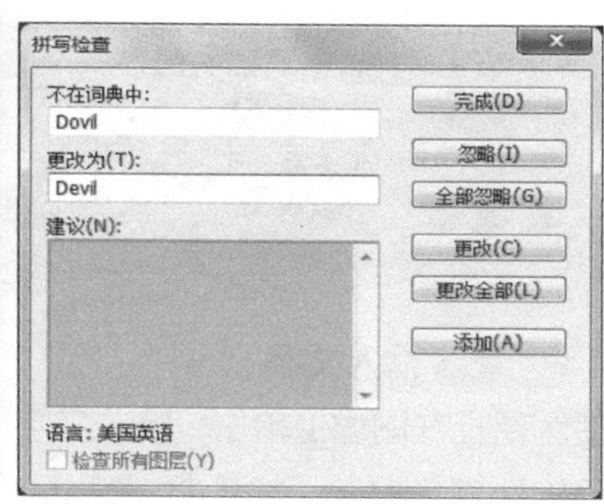

“拼写检查”对话框中各选项作用如下。

- 不在词典中：用于显示错误的单词。
- 更改为/建议：在“建议”列表框中选择单词后，“更改为”文本框中将会显示选择的单词。
- 忽略：单击“忽略”按钮，继续检查文本而不更改文本。
- 全部忽略：单击“全部忽略”按钮，则在拼写检查中忽略所有问题的字符。
- 更改：单击“更改”按钮，可更改拼写错误字符。
- 更改全部：单击“更改全部”按钮，校正文档中出现的所有拼写错误。
- 添加：单击“添加”按钮，可将无法识别的正常单词存储在词典中。下次使用时，就不会被检查为拼写错误。
- 检查所有图层：单击选中“检查所有图层”复选框，可以对图像中的所有文字图层进行检查。

10.2.4 选区文字——制作 CD 封面文字

选区文字常指蒙版文字，使用该文字可使输入的文字以选区显示，在该选区中不但可以添加颜色，还可载入图片。本例将打开“CD 封面 .psd”图像，使用文字蒙版工具为图像建立文字选区，编辑选区，删除多余的图像，调整图像颜色，制作 CD 封面，其具体操作步骤如下。

微课：制作 CD 封面文字

素材：光盘\素材\第 10 章\CD 封面 .psd
效果：光盘\效果\第 10 章\CD 封面 .psd

STEP 1 设置文字参数

❶打开“CD 封面 .psd”图像文件，在工具箱中选择选择横排文字蒙版工具；❷在其属性栏中设置“字体、字号”分别为“Stencil、100 点”。

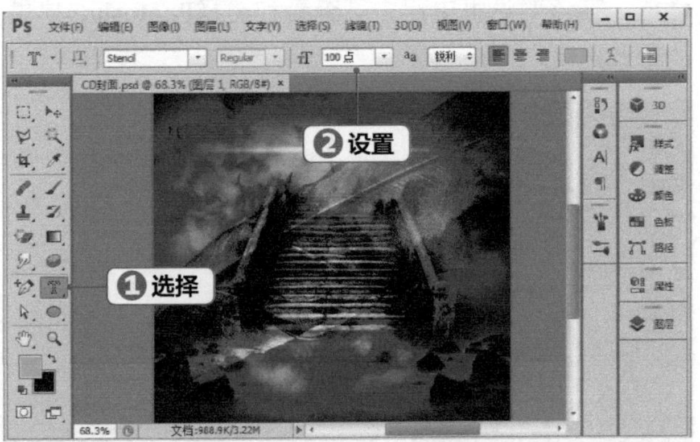

STEP 2 输入文字

使用鼠标在图像上单击，输入文字“PERSEUS”，此时背景将以红色显示，按【Ctrl+Enter】组合键，确定输入，生成文字选区。

STEP 3 编辑选区

选择【选择】/【变换选区】命令，使用鼠标旋转并移动选区，按【Enter】键确定选区，再按【Delete】键删除选区中的图像。

STEP 4 设置曝光度

❶在“图层”面板中选择“图层 1”图层；❷选择【图像】/【调整】/【曝光度】命令，打开“曝光度”对话框，设置“曝光度、位移”分别为“+2.70、+0.0278”；❸单击“确定”按钮，取消选区，再选择“图层 2”图层。

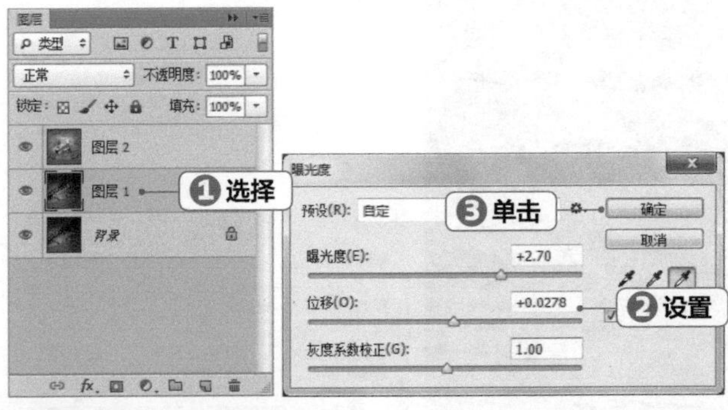

STEP 5 输入其他文字

在工具箱中选择横排文字工具，设置“字号”为“48 点”，使用鼠标在图像上单击并输入文字。使用相同的方法创建文字选区并旋转选区，删除选区中的图像。

STEP 6 设置外发光

按【Ctrl+D】组合键，取消选区，选择【图层】/【图层样式】/【外发光】命令，打开“图层样式”对话框，设置“不透明度、大小、等高线”分别为“72%、6 像素、环形—双”。

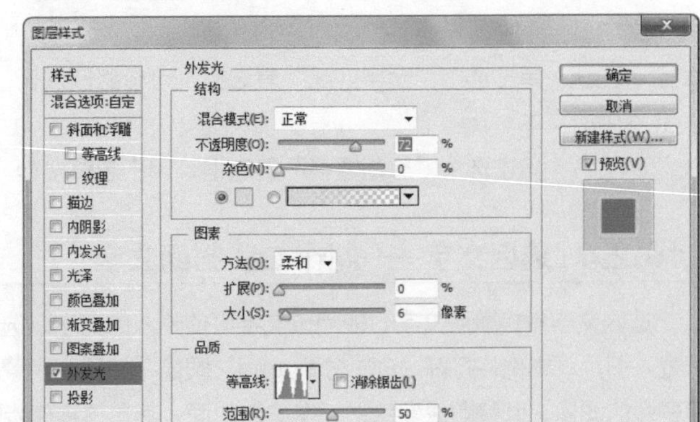

STEP 7 设置投影

❶单击选中“投影”复选框；❷设置“距离、扩展、大小”分别为“6 像素、0%、1 像素”；❸单击“确定”按钮。

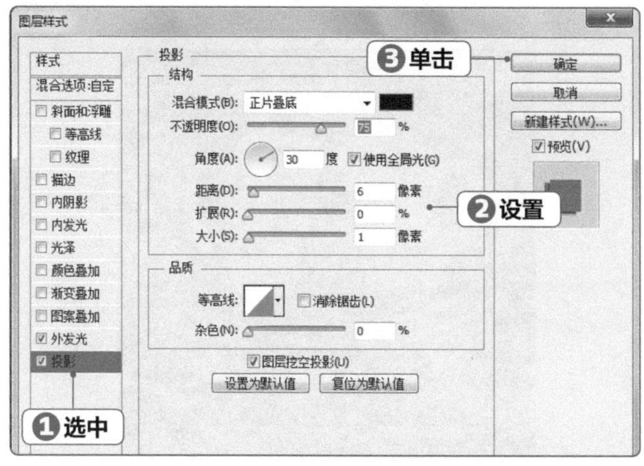

STEP 8 查看完成后的效果

返回图像编辑区，保存图像并查看完成后的效果。

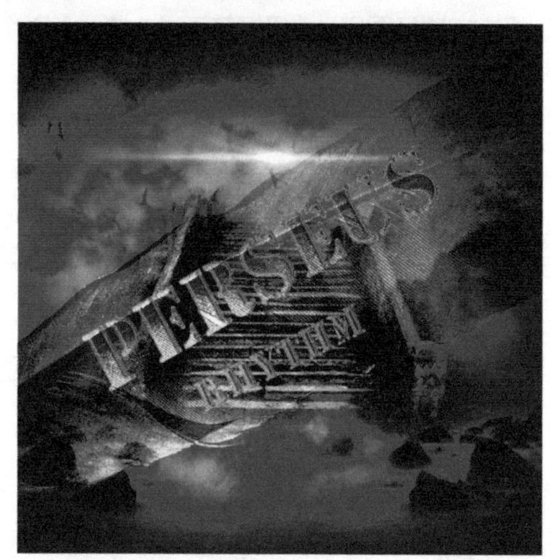

10.2.5 路径文字——输入啤酒 Logo 文字

路径文字即是在路径上创建文字，因此需要先绘制出路径的轨迹，再在路径中输入需要的文本。在创建路径文字时，用户还可对路径的锚点进行编辑，使路径的轨迹更符合要求。下面以在“啤酒 Logo.jpg”图像文件中创建路径并输入文字为例，介绍创建路径文字的方法，其具体操作步骤如下。

微课：输入啤酒 Logo 文字

	素材：光盘 \ 素材 \ 第 10 章 \ 啤酒 Logo.jpg
	效果：光盘 \ 效果 \ 第 10 章 \ 啤酒 Logo.psd

STEP 1 绘制路径

❶打开“啤酒 Logo.jpg”图像文件，在工具箱中选择钢笔工具；❷在图像窗口中单击鼠标创建锚点，按照图像中弧线的轮廓创建一段路径。

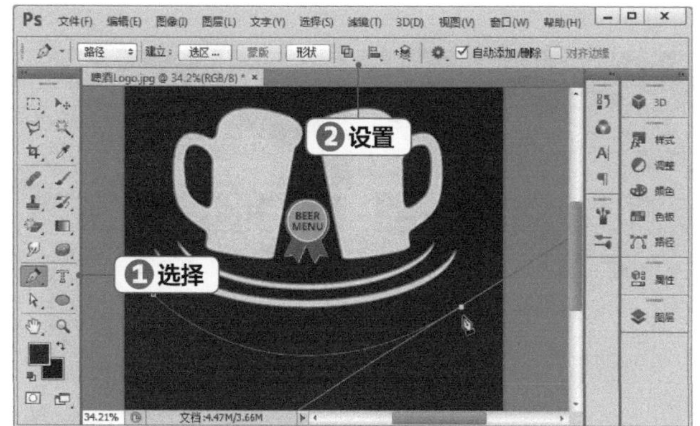

STEP 2 设置文字属性

❶在工具箱中选择横排文字工具；❷在其工具属性栏中设置字体为“汉仪雪君体简”，字号为“22 点”；❸设置“消除锯齿”为浑厚，设置字体颜色为“#ffd99a”。

STEP 3 输入文本

在路径上单击鼠标，定位文本插入点，输入需要的文字，如“France 原装的美味回味无穷”，完成后单击“图层”面板中生成的文本图层，确认文字的输入。

STEP 4 编辑路径

输入完成后，发现输入的文字无法完全显示，此时在“路径”面板中选择文字路径图层，选择钢笔工具，按住【Ctrl】键，此时鼠标变为 ↖ 形状，在路径上单击鼠标可选择锚点，然后对路径曲线进行调整即可。

STEP 5 查看完成后的效果

按【Enter】键确认编辑，完成后保存添加文字后的啤酒 Logo 并查看完成后的效果。

10.2.6 综合案例——制作“健身俱乐部”宣传单

微课：制作“健身俱乐部”宣传单

一个完整的宣传单不但要体现宣传单的名称、位置与联系方式，还需将办理会员卡等优惠信息展示出来并进行排版，以此来增强说服力。宣传单适用的范围比较广泛，为了抓住人们的兴趣，在字体与图片的选择上都要求美观、可读性强，下面在“健身俱乐部”宣传单中输入文字，使其更具有说服力，其具体操作步骤如下。

	素材：光盘 \ 素材 \ 第 10 章 \ 健身俱乐部宣传单
	效果：光盘 \ 效果 \ 第 10 章 \ 健身俱乐部宣传单 .psd

STEP 1 设置横排文字工具属性栏

❶打开“健身俱乐部宣传单 .psd”图像文件，在工具箱中选择横排文字工具；❷在工具属性栏中设置“字体、字号、消除锯齿、字体颜色”分别为“方正综艺简体、117 点、浑厚、黑色”；❸在图像中需要输入文本的起始处单击鼠标，此时将出现光标闪烁点，输入“欣力健身俱乐部”文本。

STEP 2 输入其他文本

使用相同的方法输入其他点文本，并设置“XIN LI JIAN SHEN JU LE BU”的字体、字号分别为“Arial、48 点”；再设置“力量器械 / 有氧塑身 / 美式桌球”的字体、字号分别为“华文细黑、24.4 点”；最后使用移动工具调整文本的位置，使其呈左对齐显示。

STEP 3 输入“OPEN”文本

❶在工具箱中选择横排文字工具；❷在工具属性栏设置“字体、字号、字体颜色”分别为“Swis721 Blk BT、92.16 点、#b69e42”；❸在俱乐部右上角输入“OPEN”。

STEP 4 添加变形效果

❶选择输入的文本，单击工具属性栏中的按钮；❷打开“变形文字”对话框，设置样式为“上弧”；❸将弯曲度设置为“+50%”；❹单击“确定”按钮。

STEP 5 编辑变形效果

❶选择文本，按【Ctrl+T】组合键进入变换状态，在文字上单击鼠标右键；❷在弹出的快捷菜单中选择“变形”命令；❸出现变形框，拖动变形框上边缘的控制点调整变形效果。

STEP 6 创建路径

在工具箱中选择钢笔工具，在“OPEN”左下角单击鼠标创建锚点，在右下方单击并拖动控制柄，沿着文本上弧线轮廓创建一段路径。

STEP 7 设置文本属性并输入文本

❶在工具箱中选择横排文字工具；❷在工具属性栏中设置“字体、字号、消除锯齿、字体颜色”分别为“微软雅黑、40 点、浑厚、白色”；❸将鼠标光标移至路径上，单击鼠标定位文本插入点，输入“专业教练 一对一教学”文本，按【Enter】键确认输入，此时将自动生成文字的路径图层，可发现输入的文本只显示了“专”字。

STEP 8 编辑文字路径的显示长度

选择文本，按住【Alt】键不放将出现编辑框，拖动“专”字右下角的符号到路径右端将显示其余的文本，此时会发现路径的长度不够，未显示最后一个字。

STEP 9 编辑路径

单击文本下方的路径位置，选择路径，拖动路径上的控制柄，编辑路径的弧度，增加路径长度，将“学”字显示出来，按【Enter】键确认路径的编辑。

STEP 10 绘制定界框并输入段落文本

❶在工具箱中选择横排文字工具；❷在工具属性栏中将字体、字号设置为“方正兰亭特黑_GBK、30点”；❸在图像左侧单击，并按住鼠标左键不放，拖动鼠标绘制文本定界框，文本插入点将自动定位到文本框中，输入“买一赠一”并按【Enter】键分段，继续输入“抢到就赚到限100名”。

STEP 11 设置段落对齐与行间距

❶拖动鼠标选择段落文本，在工具属性栏单击按钮，文本将自动沿定界框右边线对齐；❷在工具属性栏单击按钮；❸在打开的“字符”面板中设置“行间距”为“48点”；❹选择“限100名”文本，更改文本颜色为“红色”；❺更改“100”字号为“48点”。

STEP 12 绘制虚线

❶在工具箱中选择直线工具；❷在工具属性栏中设置直线的粗细为“3像素”，取消填充，设置描边样式为“虚线”，描边颜色为“黑色”，描边粗细为“2.65点”；❸按【Shift】键在文本下方绘制水平虚线。

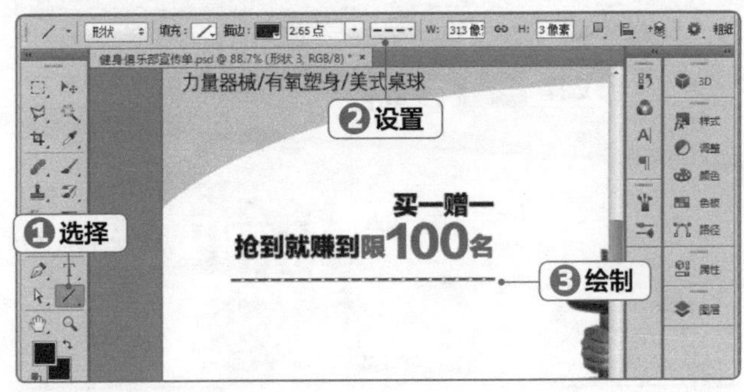

STEP 13 输入段落文本

❶在工具箱中选择横排文字工具；❷在工具属性栏将字体、字号、消除锯齿设置为“微软雅黑、20点、浑厚”，文本颜色设置为“黑色”；❸在线条下方按住鼠标左键不放，拖动鼠标绘制文本定界框，输入段落文本，输入过程中可按【Enter】键分段，按【Space】键添加空格；❹完成后将段落中最前方的说明性文字的字体修改为“方正兰亭特黑”。

技巧秒杀

编辑段落

若绘制的定界框无法容纳所有文本，可拖动定界框的四角，调整定界框的大小；在“段落”面板中还可设置更多的对齐方式，以及段前段后间距和段落文本左右的缩进值。

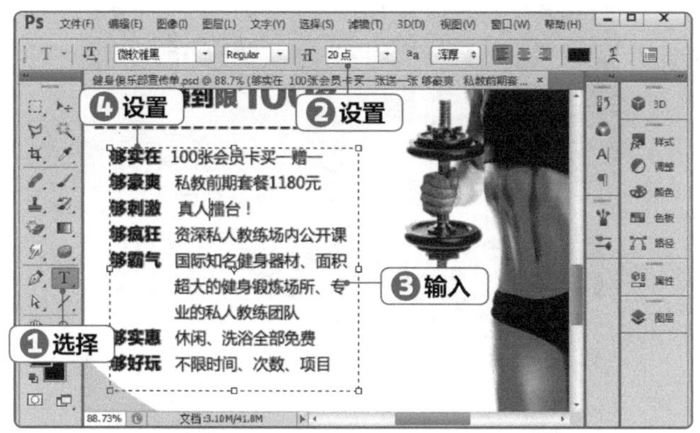

STEP 14 输入蒙版文本

❶打开“文字底纹.jpg”图像，按【Ctrl+J】组合键复制背景图层；❷在工具箱中选择横排文字蒙版工具，设置“字体、字号”分别为“方正兰亭特黑_GBK、360点”；❸在图像上单击，输入“VIP”。

STEP 15 创建文字选区

调整文字的字号大小，使其覆盖更多的底纹图样，按【Ctrl+Enter】组合键创建文字选区。选择复制的背景图层，按【Ctrl+J】组合键将创建文字选区的文本复制到新的图层上。

STEP 16 调整文本大小与位置

❶将底纹文本图层移动至“买一赠一”文本左侧；❷按【Ctrl+T】组合键进入变换状态，按【Shfit】键拖动边框调整文本的大小。

STEP 17 描边文本

❶选择底纹文本图层，选择【编辑】/【描边】命令；❷打开“描边”对话框，设置描边颜色为“黑色”，宽度为“3.5像素”；❸单击“确定”按钮。

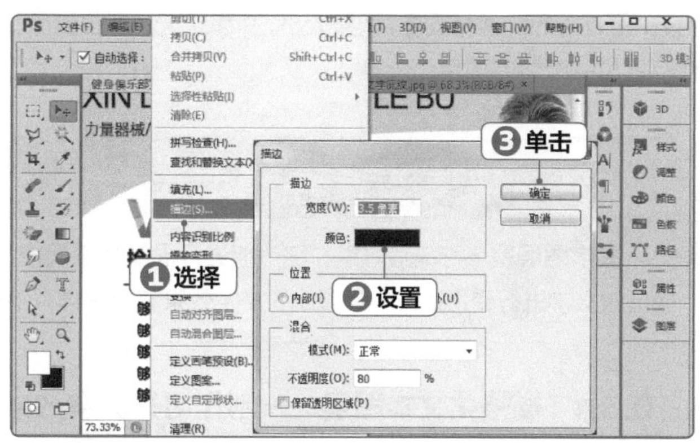

STEP 18 输入结尾文本

❶在工具箱中选择横排文字工具；❷在工具属性栏中设置“字体、字号、消除锯齿、字体颜色”分别为“微软雅黑、30点、浑厚、#8d7b37”；❸然后在下方的黑色部分输入文字。

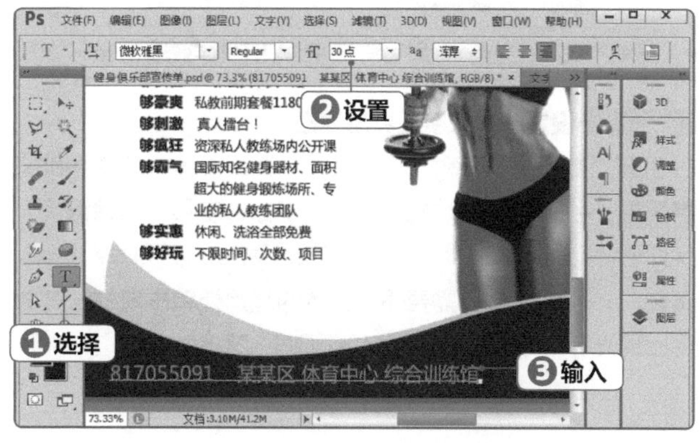

STEP 19 添加二维码

打开“二维码 .jpg”图像，将其拖动到图像的右下角，调整大小并查看添加后的效果。

STEP 20 添加图标

打开“图标 .png”素材图像，调整大小，并移动至合适位置后，保存图像并查看完成后的效果。

10.3 文字的多样化造型设计

文字图层是一种矢量对象，它不能进行很多特殊操作，如果想制作一些特殊效果，就需要将它转换为图层或是形状。或是对文字进行变形操作，让展现的文字效果变得多样，下面对文字的各种转换方法分别进行介绍。

10.3.1 栅格化文本图层——制作切开文字效果

微课：制作切开文字效果

在 Photoshop 中的文字图层不能直接应用滤镜或者涂抹绘画等操作，若要对文本应用滤镜或变化，需要将其转换普通图层，栅格化文本图层可将文字图层转换到普通图层。本例将在“数码背景 .jpg”图像中，制作出切开文字效果，从而掌握栅格化文本图层的方法。其具体操作步骤如下。

素材：光盘 \ 素材 \ 第 10 章 \ 数码背景 .jpg
效果：光盘 \ 效果 \ 第 10 章 \ 切开文字效果 .psd

STEP 1 设置横排文字工具属性栏

❶打开“数码背景 .jpg”图像文件，在工具箱中选择横排文字工具；❷在工具属性栏中设置“字体、字号、消除锯齿、字体颜色”分别为“Bernard MT Condensed、300点、浑厚、黑色”；❸在图像中需要输入文本的起始处单击鼠标，此时将出现光标闪烁点，输入“MOTION”文本。

STEP 2 设置投影参数

❶选择【图层】/【图层样式】/【斜面和浮雕】命令，打开“图层样式”对话框，此时“斜面和浮雕”复选框为选中状态，保持参数不变，单击选中“投影”复选框；❷设置“不透明度、角度、距离、大小”分别为“75%、120 度、15 像素、10 像素”。

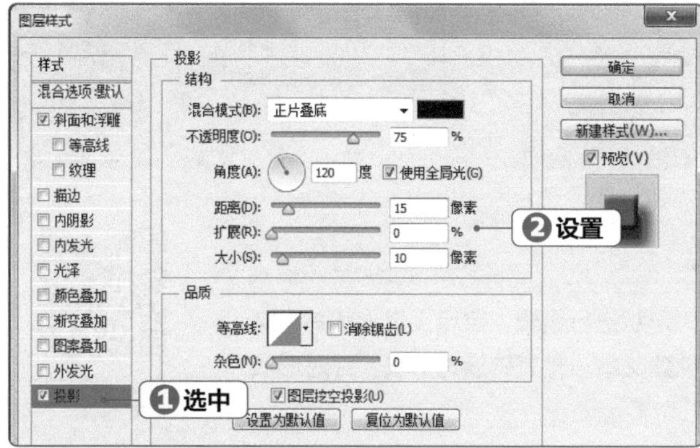

STEP 3 设置渐变叠加参数

❶在右侧单击选中“渐变叠加”复选框；❷设置“混合模式、不透明度、渐变、样式、角度、缩放”分别为“变亮、100%、黑白渐变、线性、90 度、150%”；❸单击“确定”按钮。

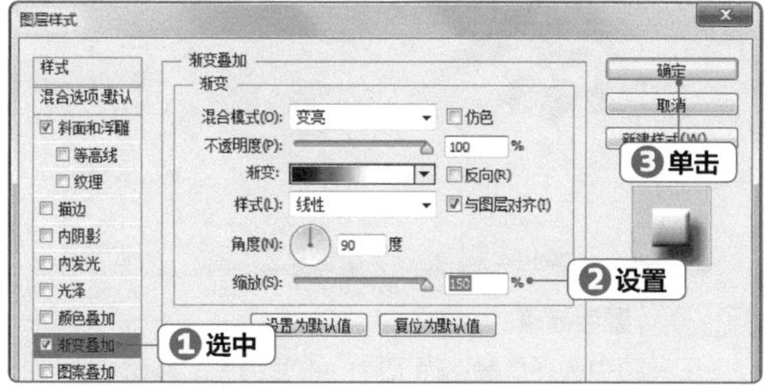

STEP 4 栅格化文字

❶按【Ctrl+J】组合键，复制文字图层；❷再在“图层”面板中单击鼠标右键，在弹出的快捷菜单中选择“栅格化文字”命令，此时选择的文字图层已经变为普通图层。

STEP 5 绘制投影

❶新建图层，并将其移动到栅格化图层的下方；❷在工具箱中选择画笔工具，在文字的下方进行拖动，绘制投影。

STEP 6 模糊投影

❶选择【滤镜】/【模糊】/【高斯模糊】命令，打开“高斯模糊”对话框，设置半径为“18 像素”；❷单击“确定”按钮。

STEP 7 绘制文字底部选区

❶选择栅格化后的图层，在工具箱中选择多边形套索工具；❷在文字的底部绘制出文字底部的选区。

STEP 8 制作切开效果

在工具箱中选择移动工具，单击选区并将其向下移动制作切开效果。

STEP 9 制作文字中间的切开效果

使用相同的方法，在文字的中间使用多边形套索工具绘制选区，并制作切开效果，保存图像并查看完成后的效果。

10.3.2 将文字转换为形状——制作茶之韵文字效果

微课：制作茶之韵文字效果

用户除了可将文字栅格化外，也可以将文字转换为形状，然后对形状进行编辑、自定义其形状并将文字形状存储为形状预设等操作。下面将在“茶韵.jpg”图像文件中创建文本，将其转换为形状，并对形状进行调整，使其效果更具个性化，其具体操作步骤如下。

	素材：光盘\素材\第 10 章\茶韵.jpg
	效果：光盘\效果\第 10 章\茶韵.psd

STEP 1 输入文字

❶打开“茶韵.jpg”素材文件，在工具箱中选择横排文字工具；❷在其工具属性栏中设置字体为“方正行楷简体”，字号为“72 点”，消除锯齿为“锐利”，字体颜色为“黑色”；❸在图像窗口中的右侧空白处输入文本“茶”，单击工具属性栏中的✓按钮完成输入，然后再依次输入“之”和“韵”文本。

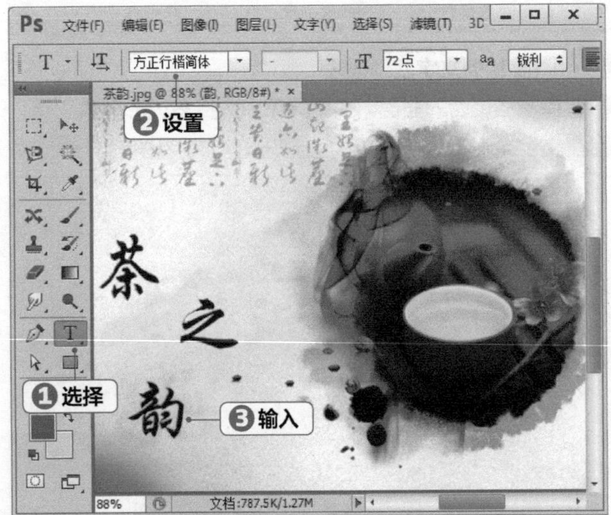

STEP 2 转换文字为形状

在“茶”文本图层上单击鼠标右键，在弹出的快捷菜单中选择“转换为形状”命令，此时图层的形状图标将发生变换，且文字边缘将出现形状轮廓。

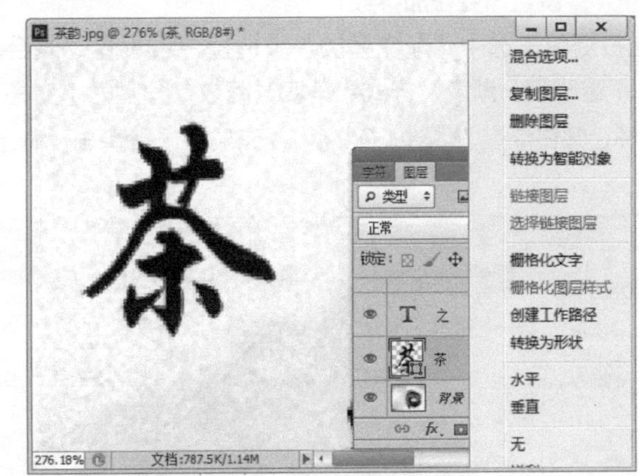

STEP 3 激活锚点

❶在工具箱中选择直接选择工具；❷使用该工具在“茶”形状图层上单击，此时将激活形状中的锚点。

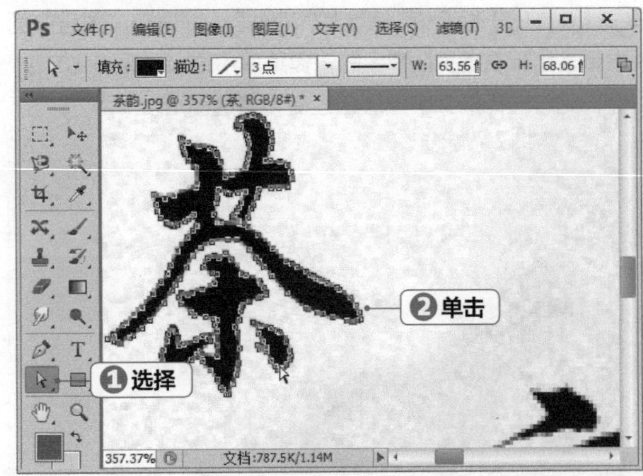

STEP 4 编辑形状

使用直接选择工具将“茶”右下角的锚点拖动到“之”文本的顶部，使其与“之”紧密相连；然后再使用钢笔工具对锚点进行调整，使形状的弧度更为自然。

STEP 5 编辑其他文字的形状

使用相同的方法，将“韵”文本图层转换为形状图层，然后使用直接选择工具激活锚点，并使用钢笔工具进行调整，使其与“之”文本图层紧密相连，完成后的效果如下图所示。

> **技巧秒杀**
>
> **使用直接选择工具调整曲线**
>
> 编辑形状时，使用直接选择工具还可以直接移动某一部分内容，使用钢笔工具可添加或删除锚点并调整曲线。

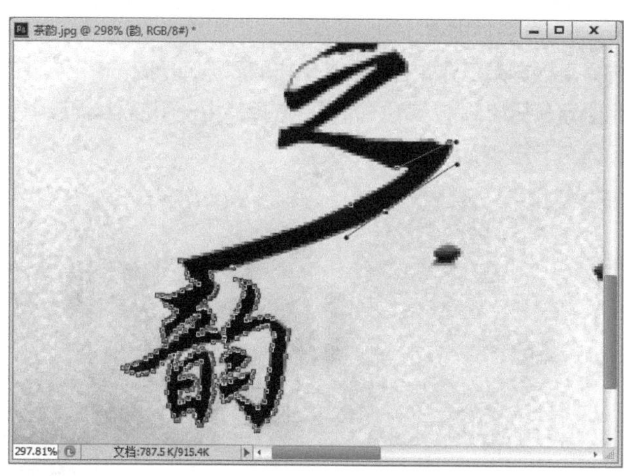

STEP 6 查看效果

返回到图像窗口中即可看到调整形状后的效果。

10.3.3 将文字转换为路径——制作纹理字

若想对输入的文字进行更加细致的调整，可将文字转换为工作路径。本例将打开“纹理字.jpg”图像，在其中输入文字，将文字转换为工作路径，并使用直接选择工具对路径进行编辑，以制作纹理字，其具体操作步骤如下。

微课：制作纹理字

	素材：光盘\素材\第 10 章\纹理字.jpg
	效果：光盘\效果\第 10 章\纹理字.psd

STEP 1 输入文字

❶打开“纹理字.jpg”图像，设置前景色为“#fa00d4”；❷选择横排文字工具；❸在工具属性栏中设置“字体、字号”为“Forte、250 点”；❹完成后在图像编辑区中输入文字；❺在“图层”面板中右击“FIRE”文字图层，在弹出的快捷菜单中选择“创建工作路径”命令，将文字转换为路径。

STEP 2 调整锚点

选择直接选择工具，在空白处单击取消选择所有的路径；使用鼠标在F字母的左下方单击，选择其中一个锚点。使用鼠标向左下拖动描点以调整形状。

STEP 3 调整其他锚点

在工具属性栏中单击按钮在路径上添加新锚点，再继续使用直接选择工具，调整锚点位置。使用相同的方法对其他路径进行调整。

STEP 4 将路径转换为选区

将“FIRE”图层删除，新建图层。打开“路径”面板，在其中单击按钮，将路径转换为选区。

STEP 5 绘制渐变

选择渐变工具，在工具属性栏中设置渐变样式为“橙，黄，橙渐变”，使用鼠标从左向右拖动，绘制渐变。

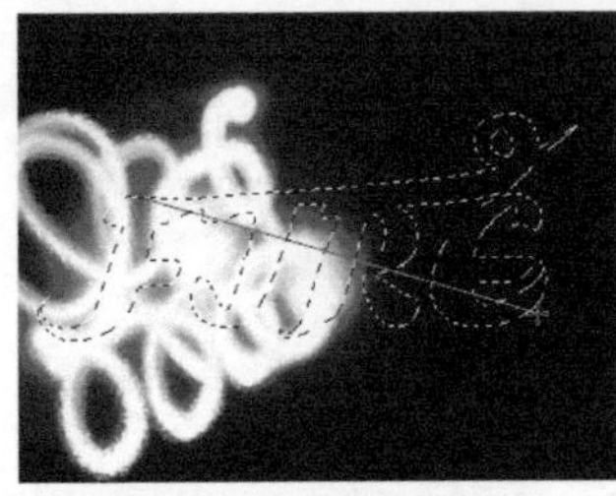

STEP 6 再次绘制渐变

新建空白图层，设置渐变为“蓝，黄，蓝渐变”，使用鼠标从右上向左下拖动绘制渐变，完成后按【Ctrl+D】组合键取消选区。

STEP 7 设置图层混合模式

设置图层混合模式为“排除”，不透明度为“90%”，查看添加后的效果。

STEP 8 建立选区

按【Ctrl+J】组合键，复制图层，将图层混合模式设置为“正常”，不透明度为“100%”。按住【Ctrl】键，使用鼠标单击图层预览图，为图层中的图像建立选区。选择多边形套索工具，在其工具属性栏上单击按钮，使用鼠标在文字上方创建选区。选择【选择】/【反向】命令，反选选区，按【Delete】键删除选区中的图像。

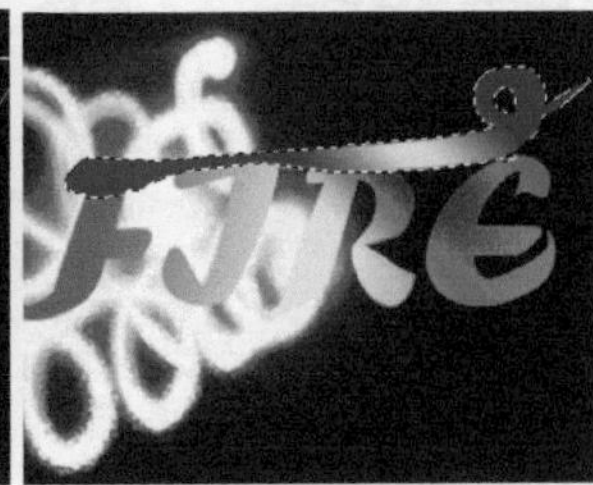

STEP 9 绘制渐变并设置混合模式

❶再次反向建立选区，选择渐变工具；❷在工具属性栏中设置渐变样式为“红，绿渐变”；❸使用鼠标从左向右拖动绘制渐变；❹在“图层”面板中设置图层混合模式为“线性减淡（添加）”，“不透明度”为“75%”。

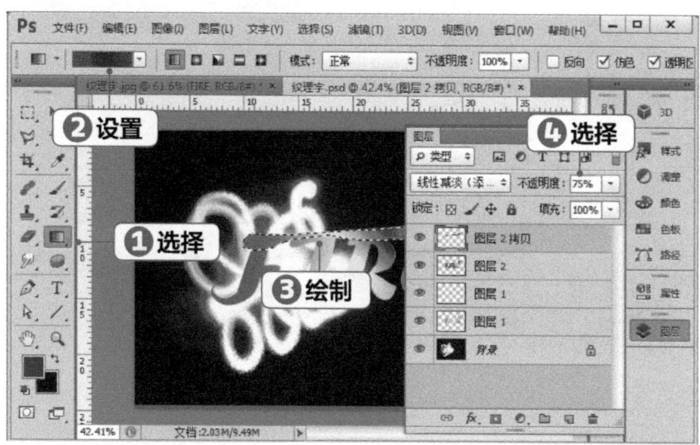

STEP 10 设置投影

❶选择【图层】/【图层样式】/【投影】命令，打开“图层样式”对话框，设置“不透明度、距离、大小”为“44%、5 像素、8 像素”；❷单击“确定”按钮。

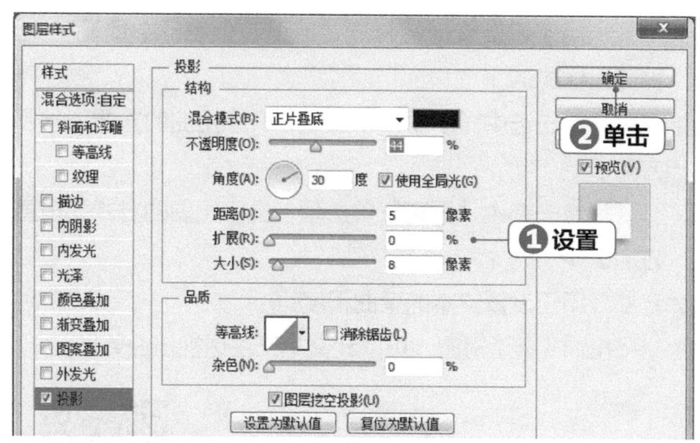

STEP 11 合并图层

选择除背景图层以外的所有图层，按【Ctrl+J】组合键复制图层；再按【Ctrl+E】组合键合并复制的图层，查看设置后的效果。

STEP 12 设置内发光参数

选择【图层】/【图层样式】/【外发光】命令，打开“图层样式”对话框，设置“不透明度、扩展、大小”为“62%、2%、43 像素”。

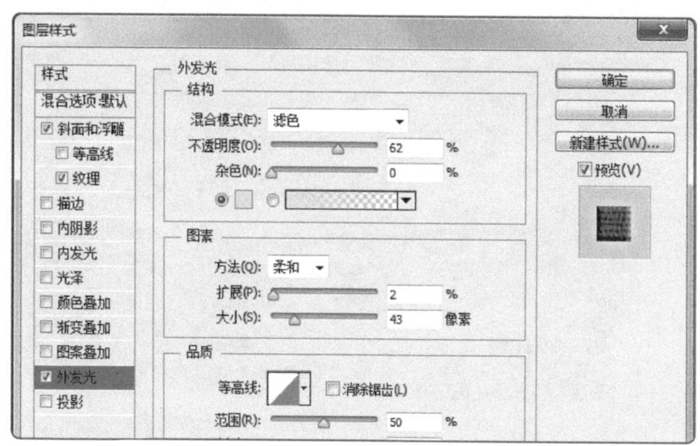

STEP 13 设置纹理

❶在“图层样式”对话框中选中“纹理”复选框；❷设置“图案、缩放、深度”分别为“水平排列、41%、+91%”；❸单击“确定”按钮。

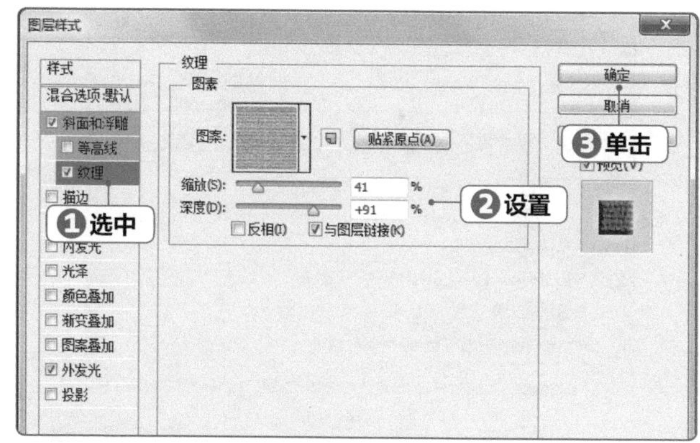

STEP 14 查看完成后的效果

返回图像编辑区即可发现文字中已经添加了对应的纹理，保存图像并查看完成后的效果。

10.3.4 点文字与段落的转换

在图像中输入文字后，若觉得之前制作的点文字或者段落文字不太适合，可对文字的类型进行转换。选择点文字图层后，选择【文字】/【转换为段落文本】命令，可将点文字转换为段落文字。下图为转换前的点文字与转换后的段落文字效果。此外，选择段落文字图层后，选择【文字】/【转换为点文本】命令，可将段落文字转换为点文字。

10.3.5 变形文字

在浏览图像效果的过程中，往往会发现带有一定的幅度的文字显得更加漂亮。这种文字只需在一般文字上添加变形效果即可实现。其方法为：输入需要变形的文字，单击工具属性栏中的按钮，打开“变形文字”对话框，在其中设置变形参数即可。

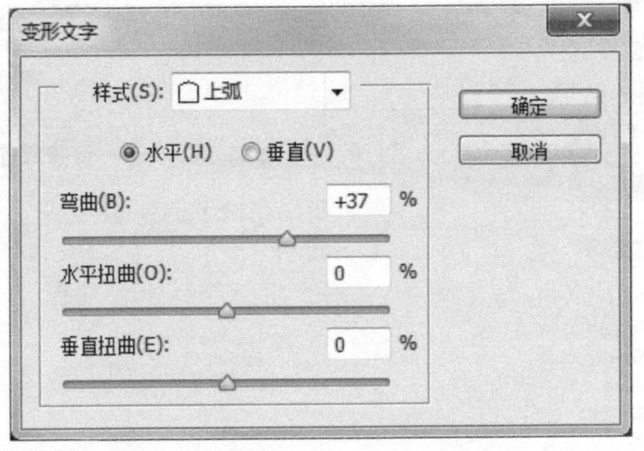

“变形文字”对话框中各选项作用如下。

- 样式：用于设置变形的样式，该下拉列表框中预设了 15 种变形样式。
- 水平：单击选中“水平”单选项，文字扭曲的方式为水平方向。
- 垂直：单击选中“垂直”单选项，文字扭曲的方式为垂直方向。
- 弯曲：用于设置文本的弯曲程度。
- 水平扭曲 / 垂直扭曲：可以让文本产生透视扭曲效果。

10.3.6 综合案例——制作甜品屋 DM 单

DM 单是宣传海报的一种，本例中制作的 DM 单主要用于宣传店铺的甜品，并推荐一些甜品搭配。在设计该广告单时，要求营造出秋季唯美和浪漫的气息，用于激发人们的甜蜜情怀，提高甜品的销量，因此在编辑文字过程中要美观整洁，曲线优美，其具体操作步骤如下。

微课：制作甜品屋 DM 单

素材：光盘 \ 素材 \ 第 10 章 \ 甜品屋 DM 单
效果：光盘 \ 效果 \ 第 10 章 \ 甜品屋 DM 单 .psd

STEP 1 输入文本并设置文本格式

❶打开“甜品屋 DM 单 .psd”图像文件，在工具箱中选择横排文字工具；❷在图像中间分别输入说明性文字，在工具属性栏中设置“字体”为“方正大黑简体、微软雅黑”，调整文字大小，分别填充颜色为“#8c181a”和“黑色”。

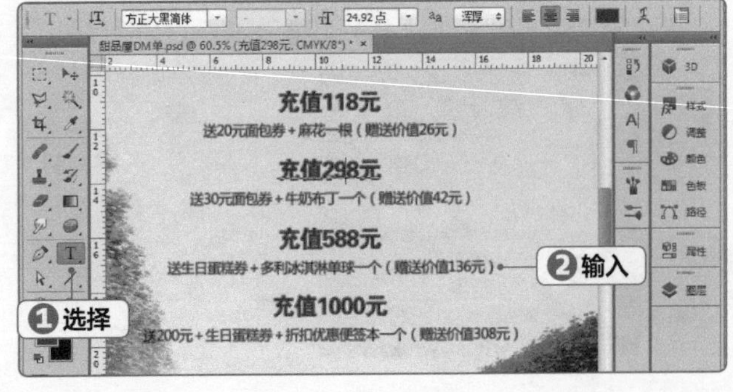

STEP 2 添加装饰条

❶新建一个图层，在文字的上方使用矩形工具绘制颜色为"#a7866b"的矩形条；❷在"图层"面板中单击按钮添加蒙版，并使用画笔工具将两边擦除虚化效果；❸多次按【Ctrl+J】组合键，复制多个细长矩形图像，分别排列在文字中间，用来区别和装饰文本区域，完成后设置不透明度为"50%"，查看设置后的效果。

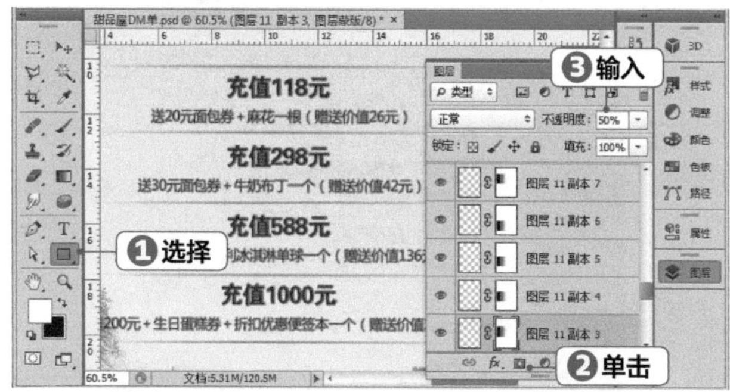

STEP 3 输入文本

❶在工具箱中选择横排文字工具；❷打开"字符"面板，设置"字体、字号、颜色"分别为"方正粗圆简、65点、白色"；❸单击按钮，将字体倾斜显示；❹在图像编辑区中输入文字"爱在金秋 享在多利"。

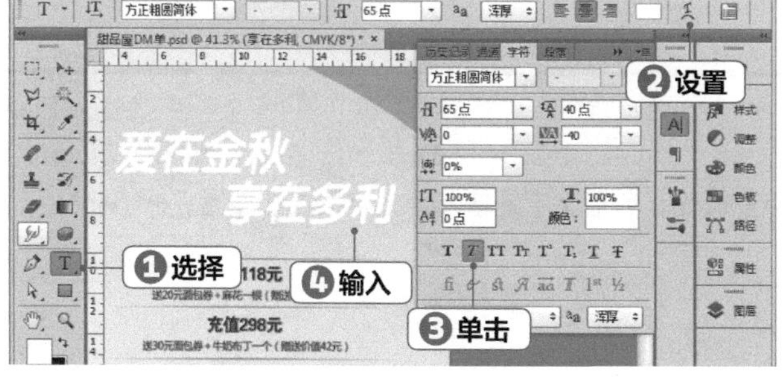

STEP 4 转换文本为形状并对文字造型

❶选择【文字】/【转换为形状】命令，在工具箱中选择钢笔工具；❷单击选择文本曲线，配合【Alt】键执行添加、删除锚点、拖动锚点操作，对"爱在金秋"几个字进行造型设计。

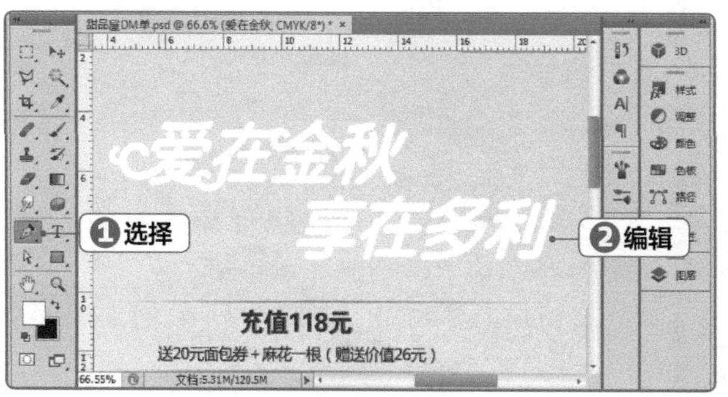

STEP 5 描边文本

选择【图层】/【图层样式】/【描边】命令，打开"图层样式"对话框，设置"描边大小、位置、颜色"分别为"7像素、外部、#f8ecd1"。

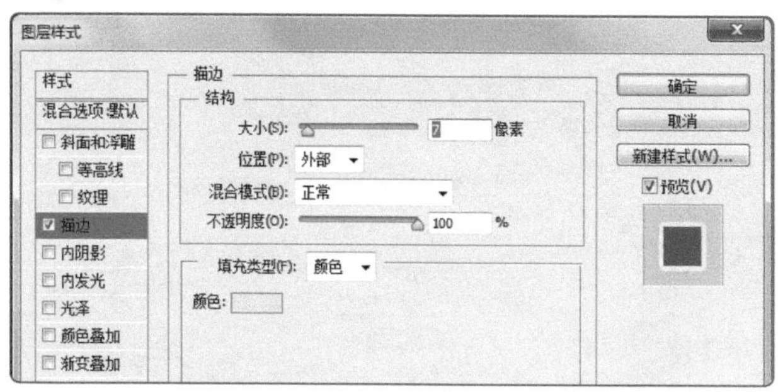

STEP 6 添加投影效果

❶单击选中"投影"复选框，设置"投影颜色、不透明度、角度、距离、扩展、大小"分别为"黑色、75%、120度、14像素、17%、6像素"；❷单击"确定"按钮。

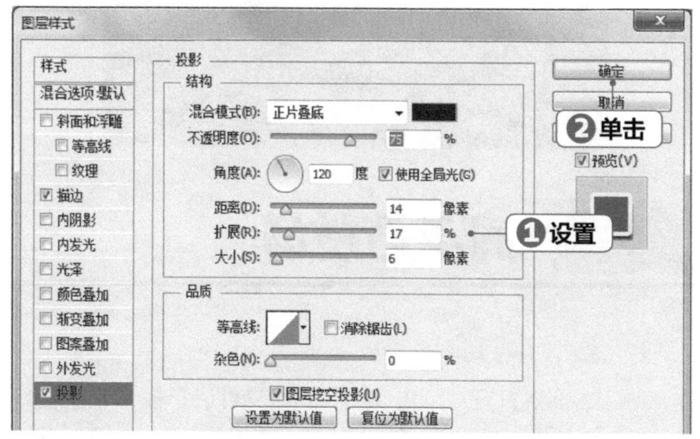

STEP 7 添加渐变叠加效果

❶按【Ctrl+J】组合键复制文字图层，双击该图层，打开"图层样式"对话框，撤销选中"描边"复选框；❷单击选中"渐变叠加"复选框，设置渐变颜色为不同深浅的金黄色，再设置其他参数；❸单击"确定"按钮，完成渐变设置。

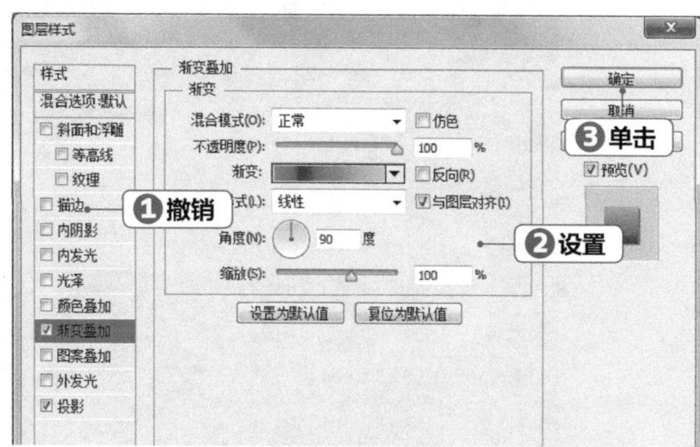

STEP 8 输入文本

打开“心形.psd”素材图像，并将其移动到文字的右上角，调整心形位置，并查看添加后的效果。

STEP 9 查看效果

打开“店标.psd”图像文件，将其移动到右上角，完成本例的操作，保存文件，查看甜品屋 DM 单最终效果。

高手竞技场

1. 设计广告文字

本例将打开“广告.jpg”图像文件进行操作，主要练习文字的操作，包括文字的输入、文字格式的设置、栅格化文字以及图像的绘制等操作。

2. 编辑旅游宣传单

本例将对“旅游宣传单.jpg”图片进行编辑，要求如下。

- 打开“旅游宣传单.jpg”素材文件，创建横排文字，设置文本格式创建变形效果。
- 输入宣传说明的段落文字，然后在画面左侧输入其他的文字，设置字符与段落格式，在中间输入文字并添加形状。

11 Chapter 第 11 章

蒙版与通道

/ 本章导读

在处理人物图像时，蒙版是很重要的一个编辑工具。应用蒙版可以制作出很多复杂、美观的图像。通道是一个存储图像颜色信息和选区信息的容器，是制作图像的主体。本章将分别对蒙版和通道的相关知识进行介绍。

11.1 创建蒙版

在制作人物摄影和商业海报时，经常会使用到蒙版，它可以让用户轻松地完成图像的合成。使用蒙版不但能避免用户在使用橡皮擦或删除功能时造成的误操作，还可通过对蒙版使用滤镜，制作出一些让人惊奇的效果。在制作蒙版前需要掌握创建蒙版的方法，包括创建快速蒙版、创建剪贴蒙版、创建矢量蒙版、创建图层蒙版等。

11.1.1 认识蒙版

蒙版是一种独特的图像处理方式，主要用于隔离和保护图像中的某个区域，并可将部分图像处理成透明和半透明效果。下面对“属性”面板和蒙版类型分别进行介绍。

1. 认识“属性”面板

用户在创建矢量蒙版和图层蒙版时，选择【窗口】/【属性】命令，即可打开“属性”面板。

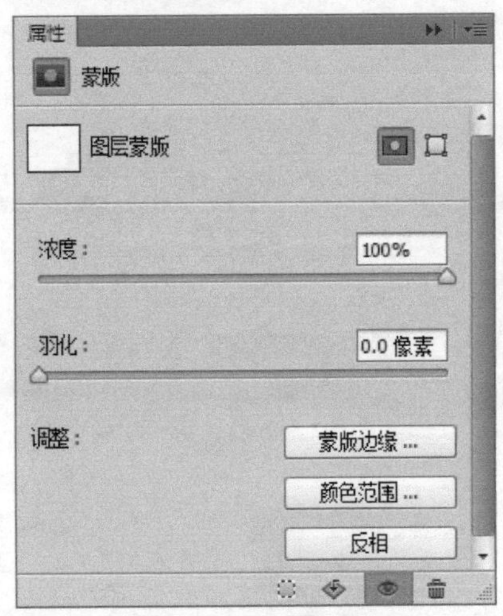

图层“属性”面板中各选项作用如下。

- 选择的蒙版：用于显示当前选择的蒙版。
- 选择图层蒙版：单击▣按钮，可选择当前图层添加的蒙版。
- 添加矢量蒙版：单击◻按钮，可为当前图层添加一个矢量蒙版。
- 浓度：用于控制蒙版的透明度，可以影响蒙版的遮罩效果。
- 羽化：用于控制蒙版边缘的柔化程度。数值越大，柔化效果越强。
- 蒙版边缘：单击“蒙版边缘”按钮，可打开“调整蒙版”对话框。在其中可以对蒙版边缘进行修改，其操作设置方法与“调整边缘”对话框相同。
- 颜色范围：单击“颜色范围”按钮，将打开“色彩范围”对话框。在该对话框中可通过修改颜色容差来调整蒙版边缘的位置。

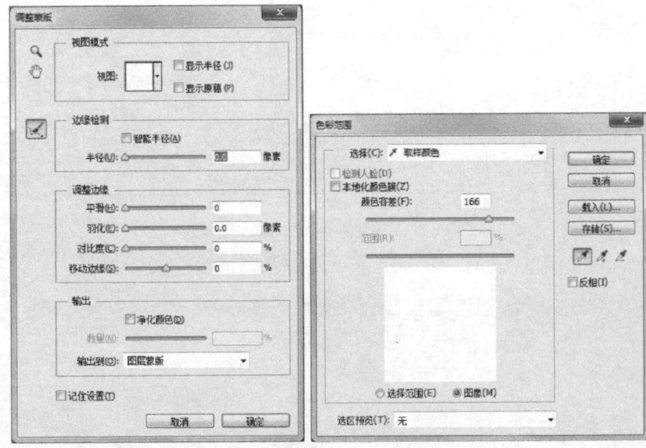

- 反相：单击“反相”按钮，可以翻转蒙版的遮盖区域，蒙版中的黑色将变为白色，白色将变为黑色。
- 从蒙版中载入选区：单击▒按钮，可从蒙版中生成选区。
- 应用蒙版：单击◈按钮，可将蒙版应用到图像中，并删除蒙版以及被蒙版遮盖的区域。
- 停用/启用蒙版：单击◉按钮，可停用或启动蒙版。停用蒙版后，“图层”面板中的蒙版缩略图将呈现✕状态。
- 删除蒙版：单击🗑按钮，可删除当前选择的蒙版。

2. 蒙版的类型

Photoshop 为用户提供了 4 种蒙版，用户在编辑时可根据情况进行选择。这 4 种蒙版的作用如下。

- 快速蒙版：快速蒙版可以在编辑的图像上暂时产生蒙版效果，常用于进行选区的创建，该方法已在第 4 章第 5 节进行了详解。
- 矢量蒙版：矢量蒙版通过路径和矢量形状来控制图像的显示区域。
- 图层蒙版：图层蒙版通过控制蒙版中的灰度信息来控制图像的显示区域，常用于图像的合成。
- 剪贴蒙版：可使用一个对象的形状来控制其他图层的显示

范围，下图为使用剪贴蒙版效果。

11.1.2 创建剪贴蒙版——为人物照添加相框

剪贴蒙版由基底图层和内容图层组成，其中内容图层位于基底图层上方。基底图层用于限制图层的最终形式，而内容图层则用于限制最终图像显示的图案。本例将打开“背景 .jpg”图像，使用选框工具在图像上绘制选区并填充选区，再打开“人物 .jpg”图像，将“人物”图像移动到“背景”图像中，创建剪贴蒙版，其具体操作步骤如下。

微课：为人物照添加相框

素材：光盘 \ 素材 \ 第 11 章 \ 相框
效果：光盘 \ 效果 \ 第 11 章 \ 人物相框 .psd

STEP 1 绘制矩形

❶打开“背景 .jpg”图像，在工具箱中选择矩形工具；❷在图像上绘制一个颜色为“#ffeaee”的矩形；❸打开“图层”面板将图层混合模式设置为“线性减淡（添加）”。

STEP 2 绘制选区

新建图层，选择多边形套索工具，使用鼠标在图像上绘制一个选区。

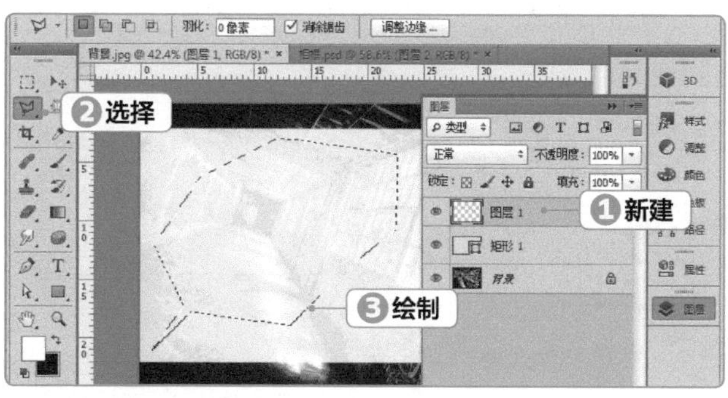

STEP 3 填充选区

将前景色设置为“#e00f8a”，按【Alt+Delete】组合键填充前景色，完成后按【Ctrl+D】组合键，取消选区查看效果。

STEP 4 绘制矩形

❶打开“人物.jpg”图像，使用移动工具将“人物”图像移动到“背景”图像中，将图像放大后放置在图像左边；❷选择“图层 2”图层，在其上单击鼠标右键，在弹出的快捷菜单中选择“创建剪贴蒙版”命令，创建剪贴蒙版。

STEP 5 设置描边参数

选择“图层 1”图层，再选择【图层】/【图层样式】/【描边】命令，打开“图层样式”对话框，设置“大小、颜色”为“6 像素、#e00f8a”。

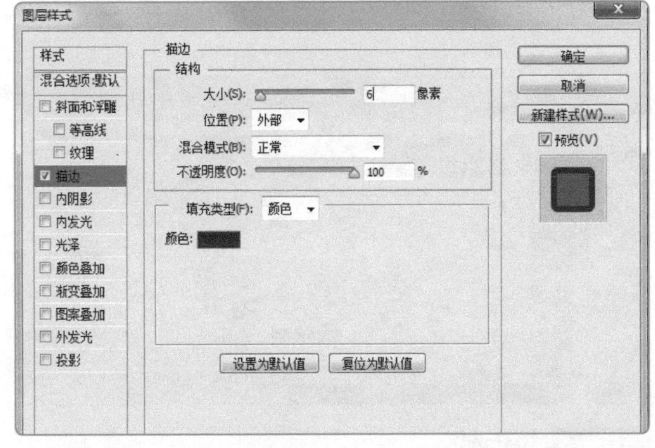

STEP 6 设置投影参数

❶单击选中“投影”复选框；❷设置“角度、距离、扩展、大小”为“115 度、5 像素、0%、32 像素”；❸单击“确定”按钮。

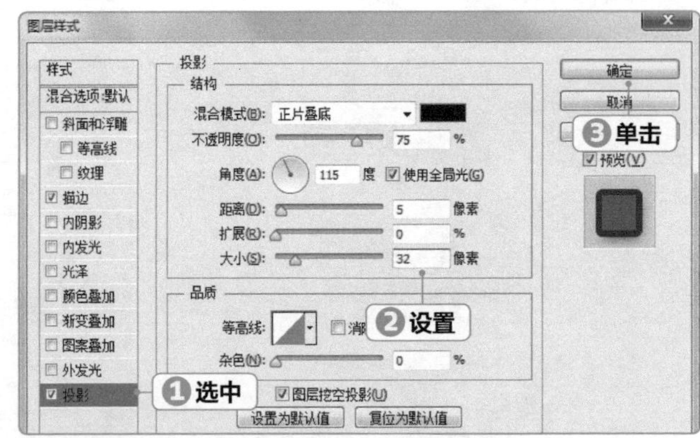

STEP 7 输入文字

选择横排文字工具，在图像上单击鼠标，输入文字，并设置中文字体为“汉仪哈哈体简”，英文字体为“Brush Script MT”。按【Ctrl+T】组合键，调整字体大小，并旋转文字。最后将“18”设置为红色，保存图像并查看完成后的效果。

11.1.3 创建矢量蒙版——制作家居画效果

除了以上介绍的蒙版外，矢量蒙版也是较为常用的一种蒙版，它可以将用户创建的路径转换为矢量蒙版，本例将打开“家居画.jpg”图像，使用魔法棒工具抠取相框的中间部分，并使用矢量蒙版将风景图片创建到所抠取的那部分图像中。其具体操作步骤如下。

微课：制作家居画效果

素材：光盘 \ 素材 \ 第 11 章 \ 家居画
效果：光盘 \ 效果 \ 第 11 章 \ 家居画 .psd

STEP 1 建立选区

❶打开“家居画.jpg”和“风景图片 1.jpg”图像，使用移动工具将风景图片移动到家居画图像中，并调整图片大小使其与画框中较大的矩形相对齐；❷完成后设置不透明度为“50%”。

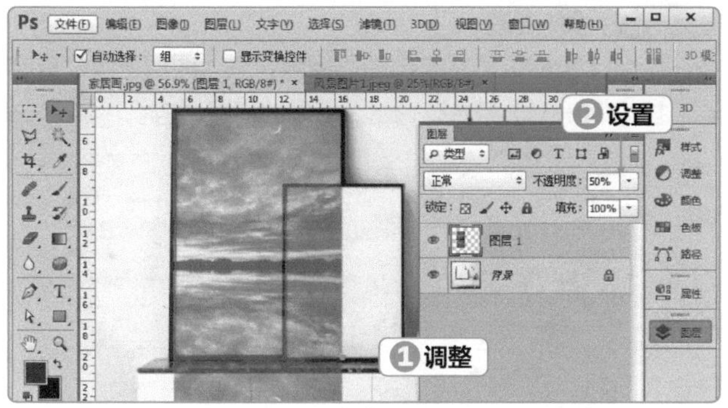

操作解谜

设置不透明度的原因

将图像图层的不透明度降低，是为了在绘制和相框相同大小的路径时更加方便。

STEP 2 建立矢量蒙版

❶在工具箱中选择钢笔工具；❷沿着画框的轮廓绘制路径，将风景画包裹在路径中，选择【图层】/【矢量蒙版】/【当前路径】命令，将当前路径转换为矢量蒙版。

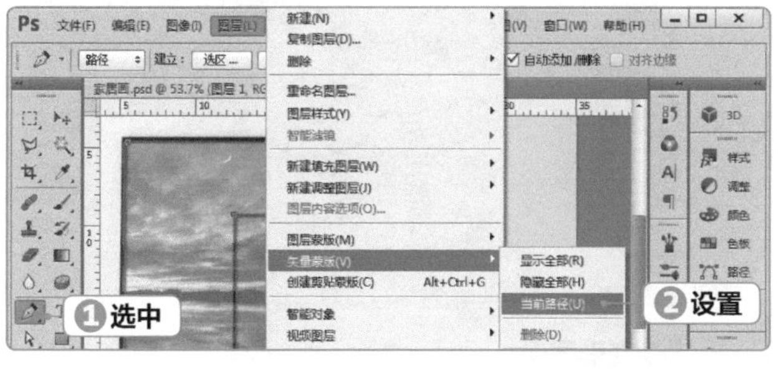

STEP 3 更改图层的不透明度

返回图像编辑区，将图层不透明度设置为“100%”，即可查看添加矢量蒙版后的效果。

STEP 4 查看完成后的效果

打开“风景图片 2.jpg”图像，使用相同的方法，对小的矩形画框创建矢量蒙版，保存图像并查看完成后的效果。

11.1.4 创建图层蒙版——合成金鱼灯特效

图层蒙版是位图图像，它可以通过所有的绘图工具来进行编辑。若想将被图层蒙版隐藏的区域显示出来，可使用白色的画笔对需要的区域进行涂抹。本例将打开“灯 .jpg”图像，编辑并复制通道，再打开“金鱼 .jpg”图像，使用移动工具将“金鱼”图像移动到“灯”图像上，创建图层蒙版，其具体操作步骤如下。

微课：合成金鱼灯特效

	素材：光盘 \ 素材 \ 第 11 章 \ 金鱼灯
	效果：光盘 \ 效果 \ 第 11 章 \ 金鱼灯 .psd

STEP 1 复制通道

打开“灯 .jpg”图像，选择【窗口】/【通道】命令，打开“通道”面板。选择颜色对比度最强的“红”通道，并将其拖动到按钮上，复制“红”通道。

STEP 2 涂抹通道

❶将前景色设置为黑色；❷选择画笔工具设置“画笔大小、不透明度、流量”为“150 像素、100%、100”，使用鼠标在图像上灯泡的区域进行涂抹。

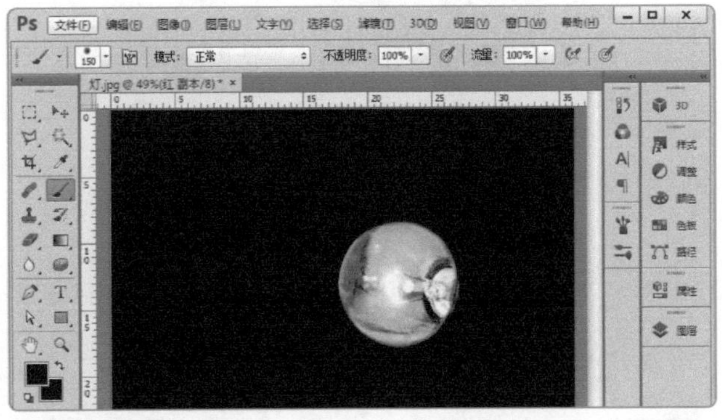

STEP 3 显示通道

按【Ctrl+A】组合键，再按【Ctrl+C】组合键，复制通道。隐藏复制的通道；在“通道”面板中选择“RGB”通道，显示通道，此时发现灯泡变得更加明亮。

STEP 4 涂抹通道

❶取消选区，打开“金鱼.jpg”图像，使用移动工具将“金鱼”图像移动到“灯”图像中，并将其缩小；❷在“图层”面板中单击◘按钮，创建图层蒙版。

STEP 5 涂抹通道

按住【Alt】键的同时，单击图层蒙版，进入图层蒙版编辑模式。按【Ctrl+V】组合键，粘贴复制的通道内容。

STEP 6 涂抹通道

❶取消选区，选择背景图层将显示使用图层蒙版后的图层效果，在“图层 1”面板中单击⑧按钮，取消图层与蒙版的链接；❷按【Ctrl+T】组合键，显示变形框。

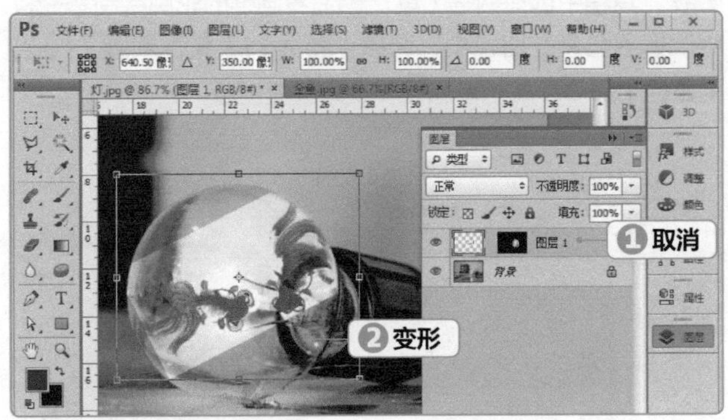

STEP 7 变形图像

在变形图像上单击鼠标右键，在弹出的快捷菜单中选择“变形”命令。拖动鼠标调整调节点，制作透视效果。

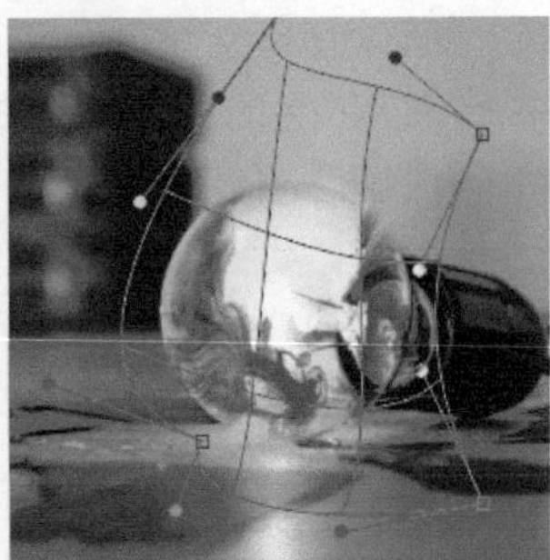

STEP 8 恢复链接并查看调整后的效果

按【Enter】键确定变形，在“图层”面板中恢复图层与图层蒙版之间的链接，查看调整后的效果。

STEP 9 隐藏多余背景

选择图层蒙版，再选择画笔工具，使用鼠标对金鱼的白色背景进行涂抹，裁剪多余的背景，查看调整后的效果。

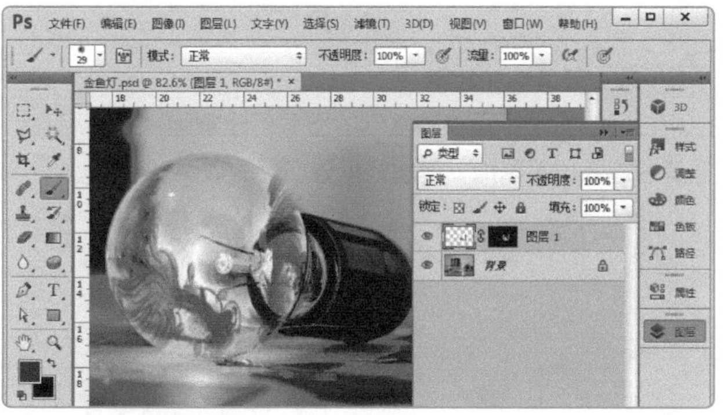

STEP 10 调整曲线

①按【Ctrl+Alt+Shift+E】组合键盖印图层，按【Ctrl+M】组合键，打开“曲线”对话框，使用鼠标拖动曲线调整颜色；②单击“确定”按钮。

STEP 11 查看完成后的效果

返回图像编辑区，即可发现图像颜色更加唯美，保存图像并查看完成后的效果。

11.1.5 综合案例——合成童话天空城堡场景

微课：合成童话天空城堡场景

童话场景常作用于电影中，不同的电影有不同的标志性场景，在合成该类场景时，要注意城堡、云朵、树木等素材的和谐性。本例将使用图层蒙版、剪贴蒙版等，合成童话天空城堡场景，并对场景进行调色，使其更加梦幻，其具体操作步骤如下。

素材：光盘\素材\第 11 章\合成童话天空城堡场景
效果：光盘\效果\第 11 章\合成童话天空城堡场景.psd

STEP 1 解除图层锁定

①打开“天空（1）.jpg”图像文件，在“图层”面板上双击背景图层；②打开“新建图层”对话框，单击“确定”按钮，解除背景图层的图层锁定。

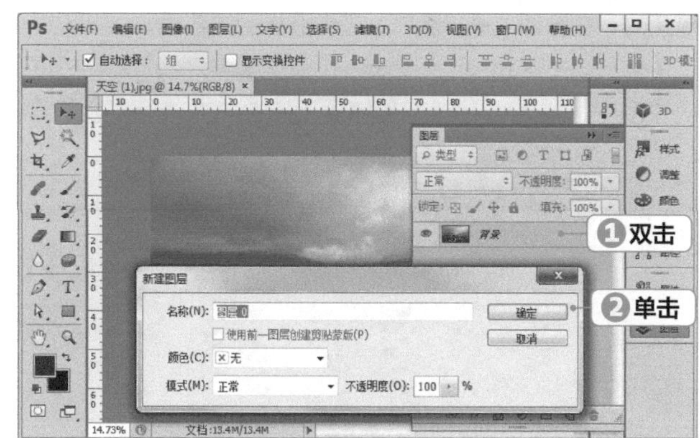

STEP 2 拓展画布

在工具箱中选择裁剪工具，在图像编辑区中将画布向上拉升，使上面形成一个空白区域，确认裁剪。选择【编辑】/【内容识别比例】命令，把“天空”图像拉到和画布齐高。

STEP 3 水平翻转图像

打开“天空（2）.jpg”图像文件，将其拖动到天空（1）图像中，并按【Ctrl+T】组合键，在图像上单击鼠标右键，在弹出的快捷菜单中选择“水平翻转”命令，将其水平翻转，并调整图像位置。

STEP 4 创建图层蒙版

①在“图层”面板中单击按钮，建立图层蒙版；②选择画笔工具；③在工具属性栏中设置“画笔大小、样式”分别为“150、柔边圆”；④将前景色设置为“黑色”，使用画笔工具，在图像上进行涂抹，查看涂抹后的效果。

STEP 5 删除图层蒙版

按【Ctrl+J】组合键复制图层，并在图层蒙版上单击鼠标右键，在弹出的快捷菜单中选择“删除图层蒙版”命令。将复制的图层往下放置，使云铺满绿色的地面。

STEP 6 云朵叠加效果

使用相同的方法，再次对复制的图层创建蒙版，并使用画笔把多余的云层擦除掉，查看云朵叠加后的效果。

STEP 7 云朵叠加效果

选择背景照片，使用矩形选区工具，为照片的底部创建选区；按【Ctrl+J】组合键复制一层，并再次对复制后的图层进行水平翻转，查看翻转后的效果。

STEP 8 **添加黑色云海**

❶打开“天空（3）.jpg”图像文件，将其拖动到天空（1）图像中，改变天空（3）图像的大小，将其放置在左上角，添加图层蒙版，使黑色的树林与天空的云海相结合；❷设置图层混合模式为“叠加”。

STEP 9 **调整色阶**

在“调整”面板中单击按钮，打开“色阶”面板，设置色阶调整值分别为“18、1.10、255”，查看调整色阶后的效果。

STEP 10 **添加快速蒙版**

❶新建图层并选择画笔工具；❷在工具属性栏中设置“画笔大小、样式”分别为“442、柔边圆”；❸在工具箱中单击按钮，进入快速蒙版编辑状态；❹将前景色设置为“黑色”，使用画笔工具在图像上进行涂抹，查看涂抹后的效果。

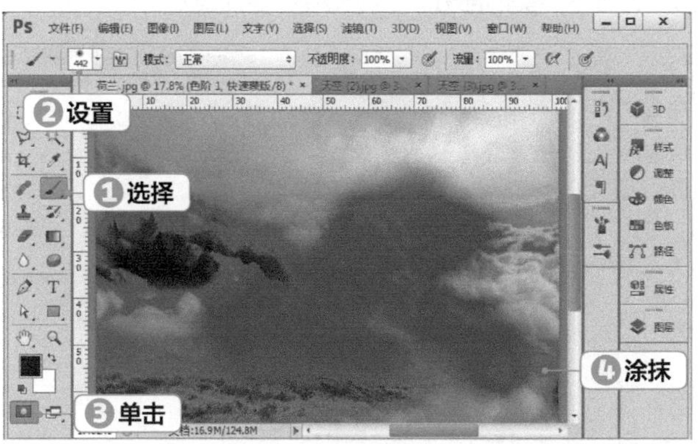

STEP 11 **添加光晕**

❶按【Q】键退出快速蒙版编辑状态，再按【Ctrl+Alt+I】组合键反选图像，并将选区填充为“##f79c1a”；❷在“图层”面板中设置不透明度为“30%”。

STEP 12 **擦除云海中多余部分**

按【Ctrl+D】组合键取消选区，并在工具箱中选择橡皮擦工具，擦除多余的黄色，使云海过渡更加自然。

STEP 13 **添加城堡**

打开“城堡.jpg”图像文件，改变其大小，并将其放置在图像右上角；添加图层蒙版，并使用画笔工具擦除城堡的底部和顶部，使城堡与云海相结合，让画面呈现出一种飘渺的感觉。

STEP 14 **调整曲线和色相 / 饱和度**

❶在“调整”面板中单击按钮，打开“曲线”面板，在中间区域添加调整点，调整图像颜色；❷在“调整”面板中单击按钮，打开“色相 / 饱和度”面板，设置“色相、饱和度、明度”分别为“0、0、+21”。

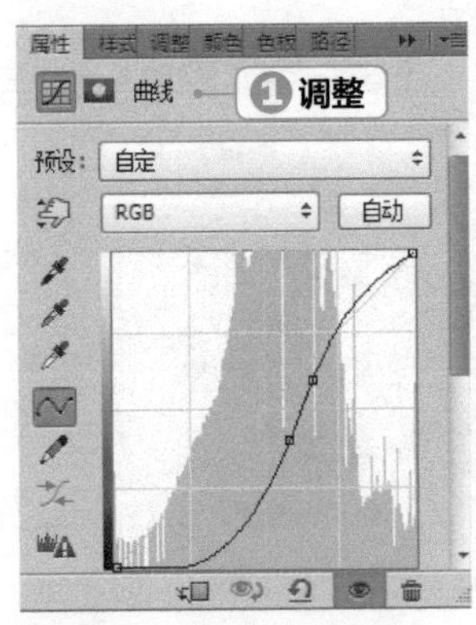

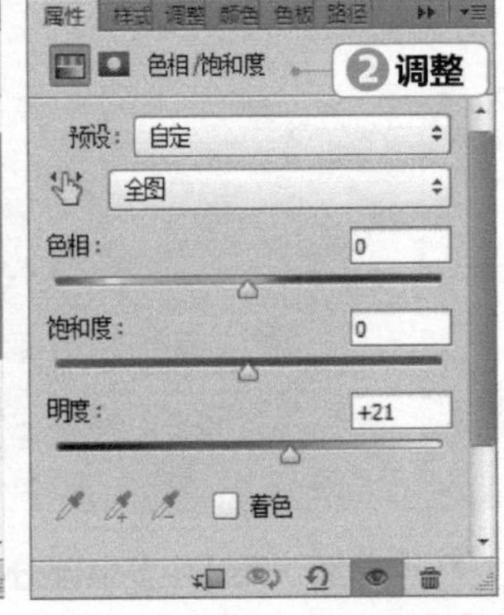

STEP 15 **调整色彩平衡**

在“调整”面板中单击按钮，打开“色彩平衡”面板，设置“青色、洋红、黄色”分别为“+11、0、-12”，查看调整后的颜色效果。

STEP 16 **添加人物**

打开“小孩.psd”图像文件，将小孩和狗拖动到图像编辑区中，按住【Alt】键的同时拖动图像以复制小孩图层，并按【Ctrl+T】组合键对小孩进行变形操作，完成后在其上单击鼠标右键，在弹出的快捷菜单中选择“垂直翻转”命令。

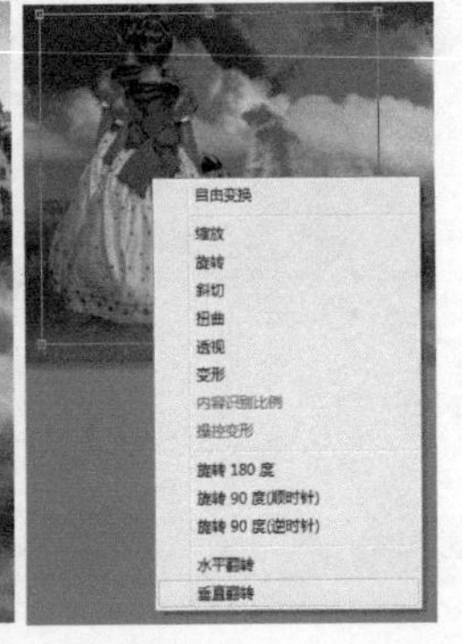

STEP 17 **制作投影效果**

再次单击鼠标右键，在弹出的快捷菜单中选择“斜切”命令，调整倾斜的点，制作投影效果，完成后将复制的图层，放于人物图层的下方，查看投影效果。

STEP 18 **设置颜色叠加**

❶选择【图层】/【图层样式】/【颜色叠加】命令，打开“图层样式”对话框，将颜色设置为“黑色”；❷单击“确定”按钮。

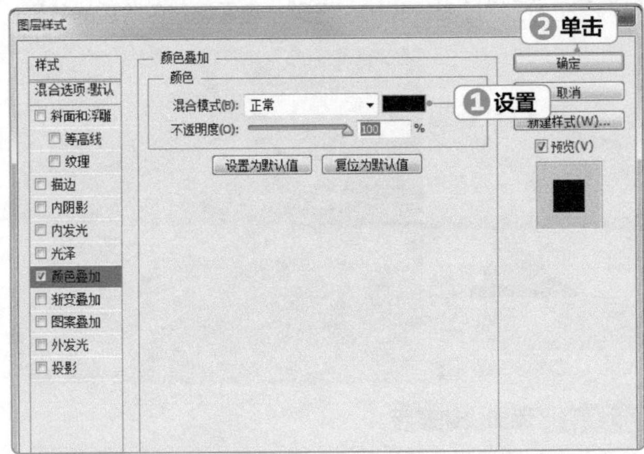

STEP 19 **查看投影效果**

返回图像编辑区可发现投影已经变为黑色，此时打开“图层”面板，设置不透明度为“30%”，并使用橡皮擦工具擦除投影中过渡不完美的部分，让投影变得更加真实。

Chapter 11

STEP 20 添加渐变效果

①新建图层，在工具箱中选择多边形套索工具，在图像右侧对云朵和人物绘制选区；②选择渐变工具；③在工具属性栏中设置“渐变颜色”为“#267ecf到透明”渐变；④单击按钮，拖动鼠标在选区中添加渐变效果。

操作解谜

添加蓝色渐变的原因

本例中主体颜色多为黄色，而人物连衣裙的上半部分为深蓝色，与本例的主体色有冲突。使用选区添加深蓝色，可使两者变得和谐，不但增加了立体感，而且使画面变得更加有意境。

STEP 21 擦除选区多余部分

使用橡皮擦工具擦除选区多余部分，使添加的蓝色和云朵与人物的衣服变得融洽，按【Ctrl+D】组合键，取消选区并查看添加渐变后的效果。

STEP 22 查看完成后的场景效果

打开“图片3.psd”图像文件，将飞鸟拖动到图像中，调整图像位置和大小；完成后打开“文字.psd”图像文件，将其拖动到图像右侧，查看合成后的场景效果，保存图像即可。

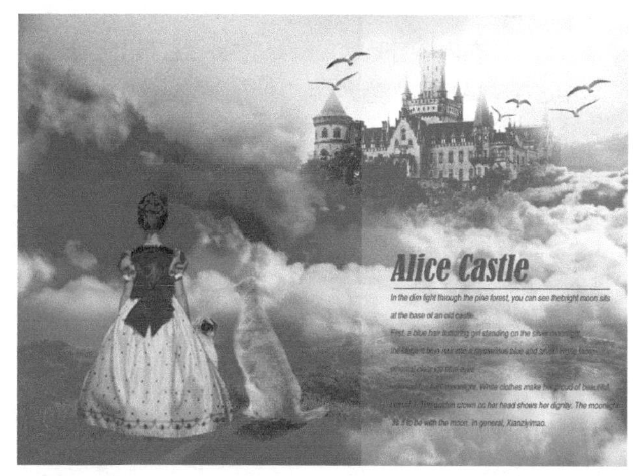

11.2 编辑蒙版

当蒙版创建完成后，纯白色区域对应为可见区域，纯黑色区域对应为隐藏区域，灰色区域则可呈现透明效果，用户也可根据需要对图层蒙版进行编辑操作等。下面分别介绍矢量蒙版转换为图层蒙版、复制与移动蒙版、取消图层与蒙版的链接、隐藏图层蒙版和剪贴蒙版的方法。

11.2.1 编辑剪贴蒙版

在创建剪贴蒙版后，用户还可以根据实际情况对剪贴蒙版进行编辑，包括释放剪贴蒙版、加入剪贴蒙版和移出剪贴蒙版，下面分别进行介绍。

1. 释放剪贴蒙版

剪贴蒙版能够同时控制多个图层的显示范围，但其前提条件是这些图层必须上下相邻，成为一个剪贴蒙版组。在剪贴蒙版组中，最下层的图层叫作基底图层（即剪贴蒙版），其名称由下划线进行标识；位于它上方的图层叫作内容图层，其图层缩览图中带有↓图标，表示指向基底图层。在剪贴蒙版组中，基底图层所表示的区域就是蒙版中的透明区域，因此只要移动基底图层的位置，就可以实现不同的显示效果。

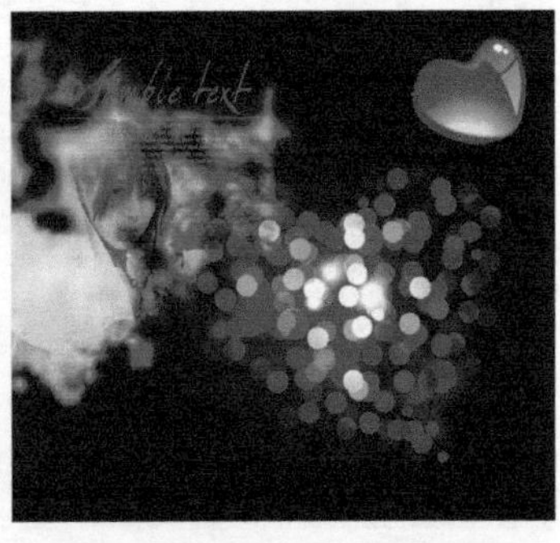

为图层创建剪贴蒙版后，若是觉得效果不佳可将剪贴蒙版取消，即释放剪贴蒙版。释放剪贴蒙版的方法有以下 3 种。

- 菜单：选择需要释放的剪贴蒙版，再选择【图层】/【释放剪贴蒙版】命令，或按【Ctrl+Alt+G】组合键释放剪贴蒙版。
- 快捷菜单：在内容图层上单击鼠标右键，在弹出的快捷菜单中选择“释放剪贴蒙版”命令。
- 拖动：按住【Alt】键，将鼠标放置到内容图层和基底图层中间的分割线上，当鼠标光标变为↓□形状时单击鼠标，释放剪贴蒙版。

2. 加入剪贴蒙版

在已建立了剪贴蒙版的基础上，将一个普通图层移动到基底图层上方，该普通图层将会被转换为内容图层。

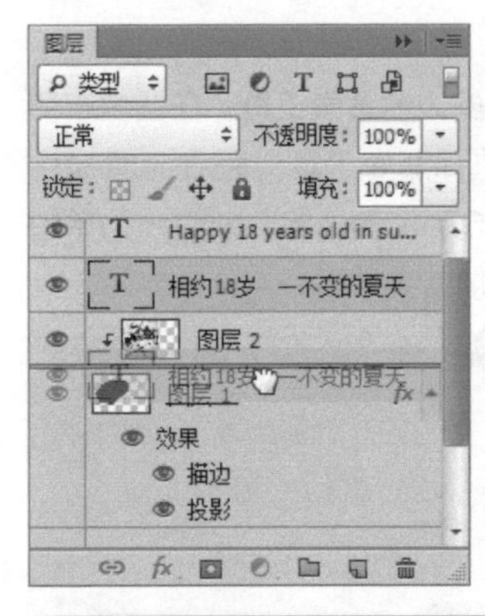

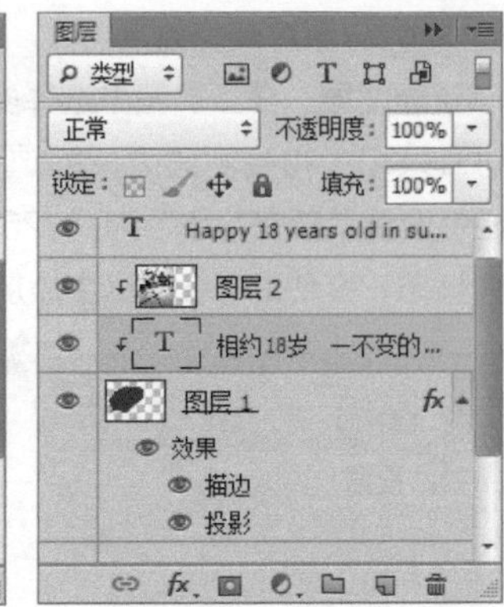

3. 设置剪贴蒙版的不透明度和混合模式

用户还可以通过设置剪贴蒙版的不透明度和混合模式使图像的效果发生改变。只要在“图层”面板中选择剪贴蒙版，在“不透明度”数值框中输入需要的透明度或在“模式”下拉列表框中选择需要的混合模式选项即可。下图所示分别为剪贴蒙版不透明度为 80% 和 50% 时图像的效果与混合模式分别为“正片叠底”和“强光”时的图像效果。

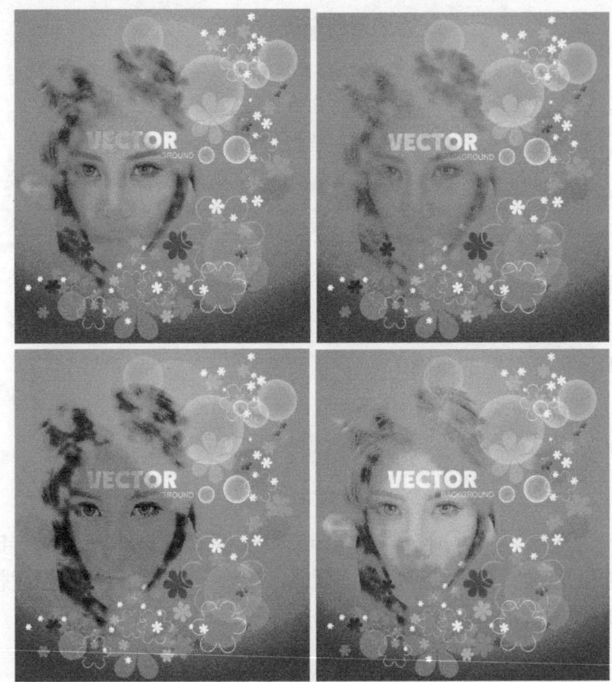

11.2.2 编辑矢量蒙版

和剪贴蒙版相同，在创建矢量蒙版后，用户也可对矢量蒙版进行编辑。下面就将讲解一些矢量蒙版的常见编辑方式，包括将矢量蒙版转换为图层蒙版、删除矢量蒙版、链接 / 取消链接矢量蒙版、停用矢量蒙版等。

1. 将矢量蒙版转换为图层蒙版

在编辑过程中，图层蒙版的使用非常频繁，有时为了便于编辑，会将矢量蒙版转换为图层蒙版进行编辑。其方法为：在矢量蒙版缩略图上单击鼠标右键，在弹出的快捷菜单中选择“栅格化矢量蒙版”命令，栅格化后的矢量蒙版将会变为图层蒙版，不会再有矢量形状存在。

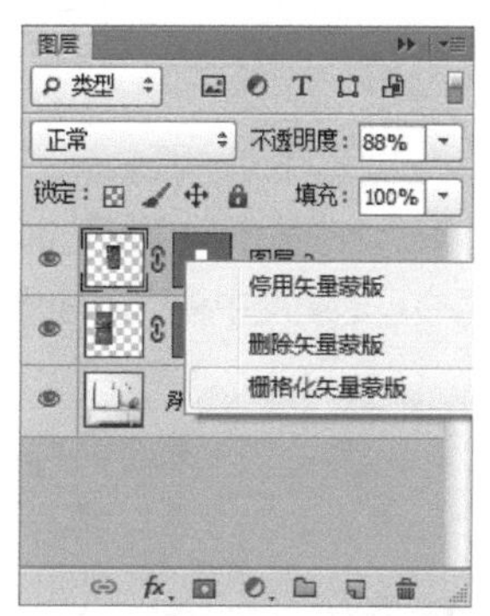

2. 删除矢量蒙版

矢量蒙版和其他蒙版一样都可删除，只需在矢量蒙版缩略图上单击鼠标右键，在弹出的快捷菜单中选择“删除矢量蒙版”命令，即可将矢量蒙版删除。

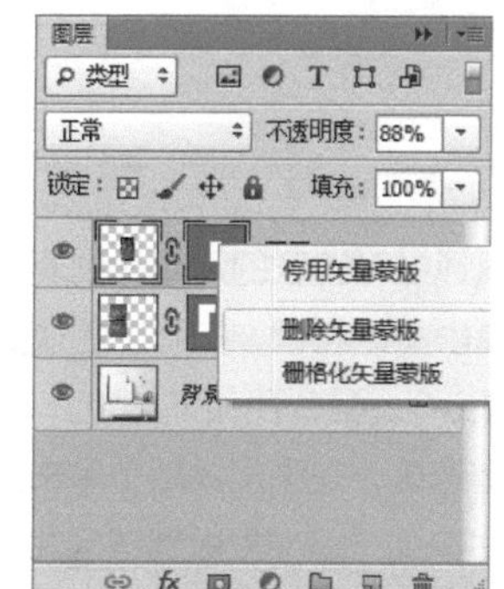
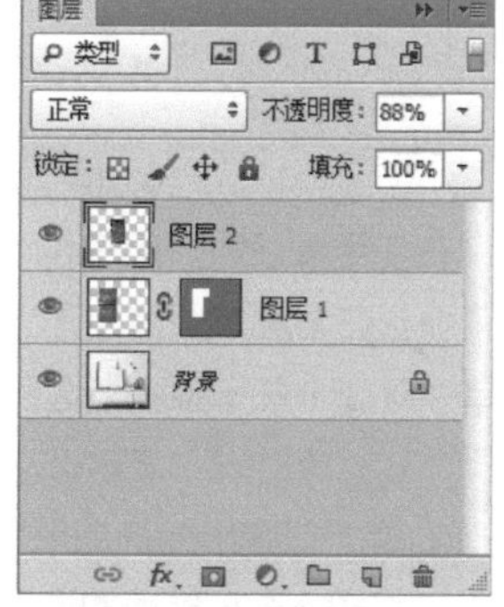

3. 链接/取消链接矢量蒙版

在默认情况下，图层和其矢量蒙版之间有个图标，表示图层与矢量蒙版相互链接。当移动或变换图层时，矢量蒙版将会跟着发生变化。若不想图层或矢量蒙版影响到与之链接的图层或矢量蒙版，可单击图标，取消它们之间的链接。若想恢复链接，可直接在取消链接的位置单击鼠标。

4. 停用矢量蒙版

停用矢量蒙版可将蒙版还原到编辑前的操作，选择矢量蒙版后，在其上单击鼠标右键，在弹出的快捷菜单中选择“停用矢量蒙版”命令，即可对编辑的矢量蒙版进行停用操作。当需要恢复时，只需单击鼠标右键，在弹出的快捷菜单中选择“启用矢量蒙版”命令即可。

11.2.3 编辑图层蒙版

图层蒙版是一种常用的图层样式。对于已经编辑好的图层蒙版，用户可以通过停用图层蒙版、启用图层蒙版、删除图层蒙版、复制图层蒙版和转移图层蒙版对图层蒙版进行编辑，使蒙版更符合编辑需要。

1. 停用图层蒙版

若想暂时将图层蒙版隐藏，以查看图层的原始效果，可将图层蒙版停用。被停用的图层蒙版将会在“图层”面板的图层蒙版上显示为☒，停用图层蒙版的方法有如下 3 种。

- 命令：选择【图层】/【图层蒙版】/【停用】命令，即可将当前选中的图层蒙版停用。
- 快捷菜单：在需要停用的图层蒙版上，单击鼠标右键，在弹出的快捷菜单中选择“停用图层蒙版”命令。
- “属性”面板：选择要停用的图层蒙版，在“属性”面板下单击按钮，即可在“属性”面板中看到图层已被禁用。

2. 启用图层蒙版

停用图层蒙版后，还可将其重新启用，继续实现遮罩效果。启用图层蒙版同样有以下 3 种方法。

- 命令：选择【图层】/【图层蒙版】/【启用】命令，即可将当前选中的图层蒙版启用。
- “图层”面板：在“图层”面板中单击已经停用的图层蒙版，即可启用图层蒙版。
- “属性”面板：选择要启用的图层蒙版，在“属性”面板下单击按钮，即可在“属性”面板中看到图层已被启用。

3. 删除图层蒙版

如果创建的图层蒙版不再使用，可将其删除。其方法是：在“图层”面板中选择图层蒙版，选择【图层】/【图层蒙版】【删除】命令，或在图层蒙版上单击鼠标右键，在弹出的快捷菜单中选择“删除图层蒙版”命令，即可删除图层蒙版。

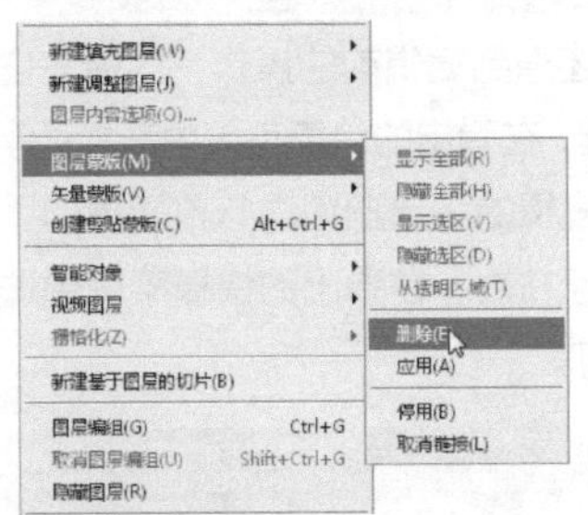
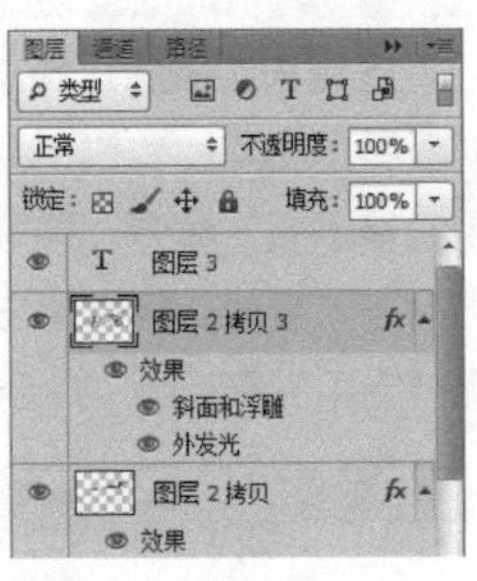

技巧秒杀

编辑图层蒙版的技巧

添加图层蒙版后，如果对图层蒙版进行操作，那么需要在图层中选择图层蒙版缩略图；而如果要编辑图像，在图层中选择图像缩略图即可。

4. 复制与转移图层蒙版

复制图层蒙版是指将该图层中创建的图层蒙版复制到另一个图层中，这两个图层同时拥有创建的图层蒙版；而转移图层蒙版则是将该图层中创建的图层蒙版移动到另一个图层中，原图层中的图层蒙版将不再存在。复制和转移图层蒙版的方法分别介绍如下。

- 复制图层蒙版：将鼠标光标移动到图层蒙版上，按住【Alt】键，拖动鼠标将图层蒙版拖动到另一个图层上，然后释放鼠标。

- 转移图层蒙版：复制图层蒙版时，不按【Alt】键，即可将该图层蒙版移动到目标图层中，原图层中将不再有图层蒙版。

5. 图层蒙版与选区的运算

在使用蒙版时，用户也可以通过对选区的运算得到复杂的蒙版。在图层蒙版缩略图上单击鼠标右键，在弹出的快捷菜单中有 3 个关于蒙版与选区的命令，其作用如下。

- 添加蒙版到选区：若当前没有选区，在图层蒙版上单击鼠标右键，在弹出的快捷菜单中选择“添加蒙版到选区”命令，将载入图层蒙版的选区。若当前有选区，选择该命令，可以将蒙版的选区添加到当前选区中。

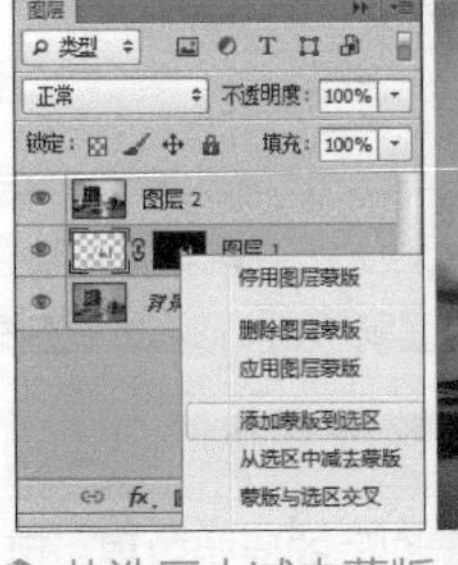

- 从选区中减去蒙版：若当前有选区，选择“从选区中减去蒙版”命令可以从当前选区中减去蒙版的选区。
- 蒙版与选区交叉：若当前有选区，选择“蒙版与选区交叉”命令可以得到当前选区与蒙版选区的交叉区域。

11.2.4 综合案例——制作炫彩美女

在对人物进行造型时，单纯的调色已经不能满足日常的需要，若要突破现有的模式，展现新的视觉感，则需要添加不同的炫彩效果。本小节将制作炫彩美女，在制作过程中通过创建图层蒙版、矢量蒙版，以及对素材进行编辑，使图像效果更丰富，其具体操作步骤如下。

微课：制作炫彩美女

素材：光盘 \ 素材 \ 第 11 章 \ 炫彩美女
效果：光盘 \ 效果 \ 第 11 章 \ 美女 .psd

STEP 1 调整图像亮度 / 对比度

❶打开“美女 .jpg”素材文件，选择【图像】/【调整】/【亮度 / 对比度】命令，打开“亮度 / 对比度”对话框，在“亮度”数值框中输入“5”；❷在“对比度”数值框中输入“36”；❸单击“确定”按钮完成设置。

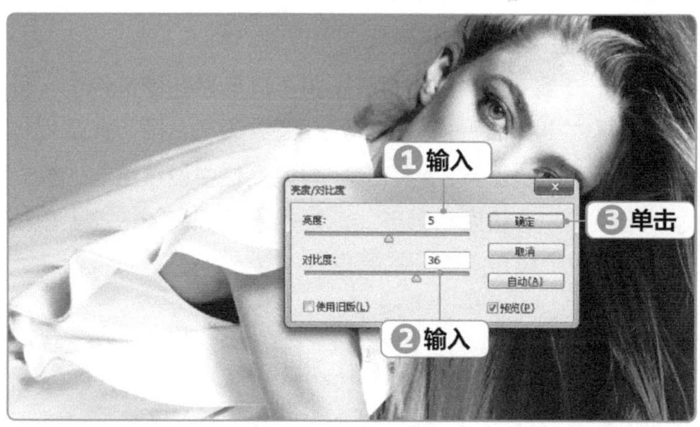

STEP 2 创建选区

❶单击工具箱底部的按钮，系统将自动创建快速蒙版；❷选择画笔工具；❸在图像中对人物以外的区域进行涂抹，创建蒙版区域。

STEP 3 基于选区创建图层蒙版

❶单击工具箱中的按钮，退出快速蒙版编辑状态，此时图像中的人物将被选区选中；❷将背景图层转换为普通图层，选择【图层】/【图层蒙版】/【显示选区】命令，基于当前选区创建图层蒙版。

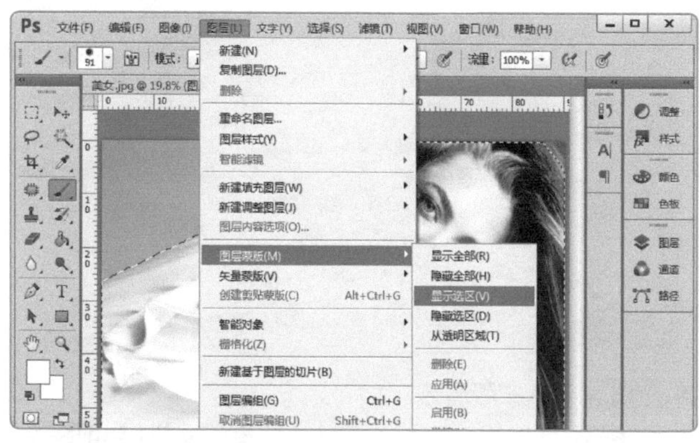

STEP 4 新建图层

❶在“图层”面板中新建“图层 1”图层，将其置于“图层 0”图层的下方；❷设置其填充色为黑色，查看完成后的效果。

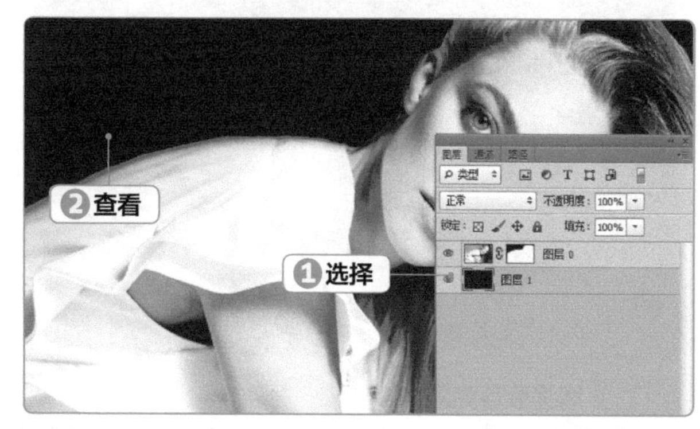

STEP 5 绘制路径

选择“图层 0”图层，在工具箱中选择钢笔工具。在图像窗口中的人物头发上绘制路径，完成后对路径进行调整，使路径与头发形状基本一致。

STEP 6 创建渐变图层

❶新建“图层 2”图层，将其置于“图层 0”图层上方；❷在工具箱中选择渐变工具；❸在其工具属性栏中选择渐变样式为“色谱”，再选择渐变方式为“线性渐变”；❹拖动鼠标，在图像窗口中填充渐变色。

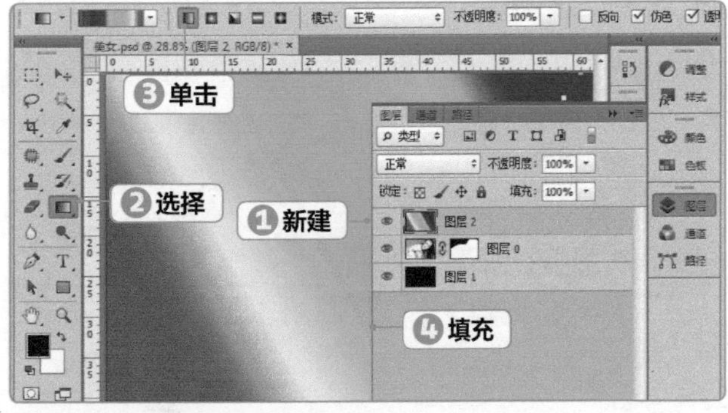

STEP 7 载入蒙版选区

选择“图层 2”图层，选择【图层】/【矢量蒙版】/【当前路径】命令，根据当前路径建立矢量蒙版，然后在“图层”面板中将“图层 2”的混合模式为“颜色”。

STEP 8 增强颜色亮度

复制“图层 2”图层，并在蒙版上单击鼠标右键，在弹出的快捷菜单中选择“添加蒙版到选区”命令载入选区，再次添加渐变效果，并设置不透明度为“70%”，增强颜色亮度。

STEP 9 为嘴唇上色

❶使用钢笔工具，沿着人物唇部走势绘制唇部路径，并将绘制后的路径转换为选区；❷将前景色设置为“#ea3f88”，按【Alt+Delete】组合键填充前景色；❸打开“图层”面板，设置图层混合模式为“颜色加深”，查看加深后的唇部效果。

STEP 10 绘制自定形状路径

❶打开“彩条.jpg”素材文件，将其拖动到图像文件中，适当调整其大小和位置，将其放置在图像的左上角，在工具箱中选择自定形状工具；❷在其工具属性栏中设置绘制的模式为“路径”，形状为“唇形”；❸拖动鼠标在图像左上角的位置绘制大小和方向不同的唇形。

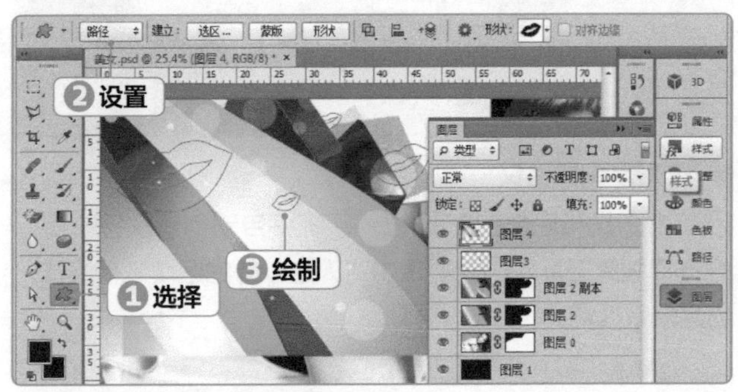

STEP 11 查看完成后的效果

选择【图层】/【图层蒙版】/【显示选区】命令，制作矢量蒙版。新建图层，选择画笔工具并设置前景色为“#fa5dc1”，在图层 4 上绘制不规则的墨迹图像，完成后将其移动到“图层 0”的下方，保存图像，查看完成后的效果。

11.3 创建与编辑通道

通道用于存放颜色和选区信息，一个图像最多可以有 56 个通道。在实际应用中，通道是选取图层中某部分图像的重要工具。用户可以分别对每个颜色通道进行明暗度、对比度的调整等，从而产生各种图像特效，下面对创建与编辑通道的方法进行介绍。

11.3.1 认识通道

通道是 Photoshop 中一个比较高级且实用的概念，通过通道可以完成很多意想不到的效果。可以说很多 Photoshop 高手都是使用通道的高手，下面对通道的基础知识进行讲解，包括"通道"面板、通道的分类。

1. 认识"通道"面板

和通道相关的操作都是在"通道"面板中完成的，选择【窗口】/【通道】命令，打开"通道"面板。

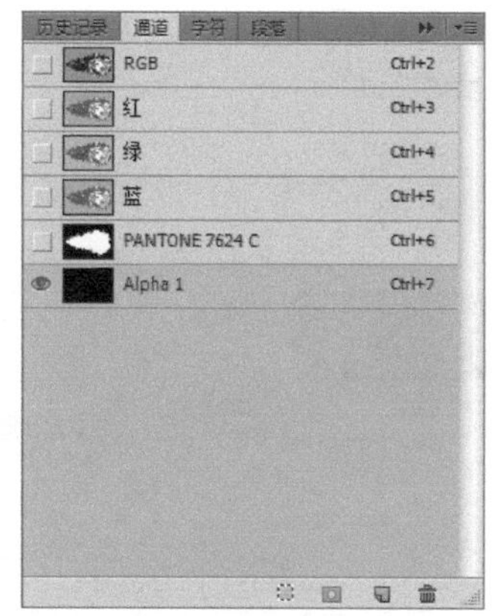

"通道"面板中各选项作用如下。

- 颜色通道：用于记录图像颜色信息的通道。
- 复合通道：用于预览编辑所有颜色的通道。
- 专色通道：用于保存专色油墨的通道。
- Alpha 通道：用于保存选区的通道。
- 将通道作为选区载入：单击按钮，可载入所选通道中的选区。
- 将选区存储为通道：单击按钮，可以将图像中的选区保存在通道中。
- 创建新通道：单击按钮，将创建 Alpha 通道。
- 删除当前通道：单击按钮，可删除除复合通道以外的任意通道。

2. 通道的分类

在 Photoshop 中存在着 3 种类型的通道，它们的作用和特征都有所不同。

- 颜色通道：颜色通道的效果类似摄影胶片，它用于记录图像内容和颜色信息。不同的颜色模式产生的通道数量和名字都有所不同。如 RGB 图像包括复合、红、绿、蓝通道，CMYK 图像包括复合、青色、洋红、黄色、黑色通道，Lab 图像包括复合、明度、a 通道、b 通道。所以颜色模式的图像都会包括一个复合通道。
- Alpha 通道：Alpha 通道的作用都和选区相关，用户可通过 Alpha 通道保存选区，也可将选区存储为灰度图像，便于通过画笔、滤镜等修改选区，还可从 Alpha 载入选区。在 Alpha 通道中，白色为可编辑区域，黑色为不可编辑区域，灰色为部分可编辑区域（羽化区域）。
- 专色通道：专色通道用于存储印刷时使用的专色，专色是为印刷出特殊效果而预先混合的油墨。它们可用于替代普通的印刷色油墨。一般情况下，专色通道都是以专色的颜色命名。

11.3.2 新建 Alpha 通道

Alpha 通道主要用于保存图像的选区，在默认情况下新创建的一般通道名称默认为 Alpha X（X 为按创建顺序依次排列的数字）通道。其方法为：选择【窗口】/【通道】命令，打开"通道"面板单击"通道"面板下方的按钮，即可新建一个 Alpha 通道。此时可看到图像被黑色覆盖，通道信息栏中出现"Alpha1"通道，选择"RGB"通道，可发现红色铺满整个画面。

11.3.3 新建专色通道——修改涂鸦专色效果

微课：修改涂鸦专色效果

专色通道应用于特殊印刷，在包装印刷时经常会使用专色印刷工艺印刷大面积的底色。当需要使用专色印刷工艺印刷图像时，需要使用专色通道来存储专色颜色信息，本例将打开“涂鸦.jpg”图像，选择红通道，创建选区。新建 Alpha 通道，将 Alpha 通道转换为专色通道，其具体操作步骤如下。

素材：光盘\素材\第 11 章\涂鸦.jpg
效果：光盘\效果\第 11 章\涂鸦.psd

STEP 1 将通道载入选区

❶打开“涂鸦.jpg”图像，选择【窗口】/【通道】命令，打开“通道”面板，在其中选择“红”通道；❷使用魔棒工具单击背景区域建立选区。

STEP 2 选择通道类型

❶选择【选择】/【反向】命令，反向建立选区，在“通道”面板上单击◙按钮；❷在“通道”面板中双击“Alpha 1”通道；❸打开“通道选项”对话框，单击选中“专色”单选项；❹设置“密度”为“100%”。

STEP 3 设置通道颜色

❶单击颜色色块；❷打开“拾色器（通道颜色）”对话框，单击“颜色库”按钮。

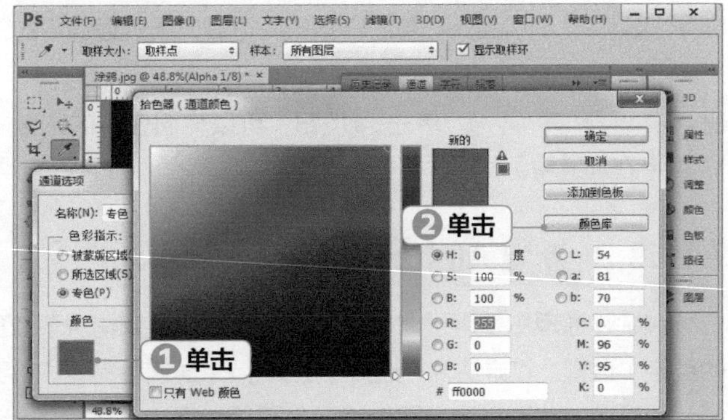

STEP 4 设置专色颜色

❶打开“颜色库”对话框，在“色库”下拉列表中选择“PANTONE+Solid Coated”选项；❷再在其下的列表框

中选择“PANTONE 7624 C”选项；❸单击“确定”按钮。

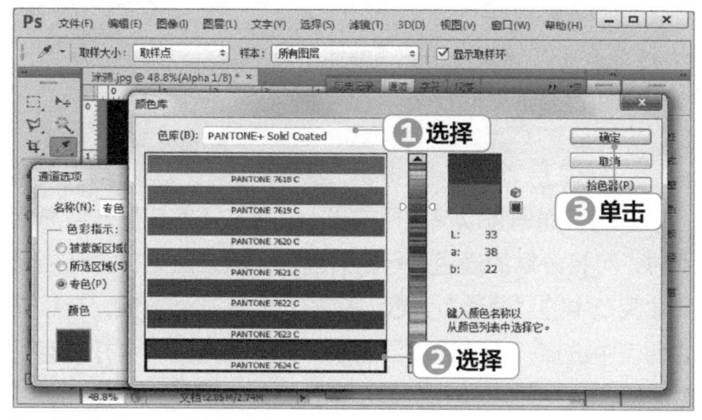

STEP 5 显示复合通道

单击“通道”面板的“RGB”通道前的图标，显示复合通道，返回图像编辑区即可发现背景颜色已经变为红色，保存图像查看设置前后的效果。

11.3.4 复制与删除通道

在调整颜色或是使用通道抠图的过程中，往往需要先复制通道，再进行其他操作。而当完成某个操作后，若不需要再次使用该通道，可将复制后的通道删除，以保证制作的完整性，下面分别对复制通道和删除通道的方法进行介绍。

1. 复制通道

在对通道进行操作时，为了防止误操作，可在对通道进行操作前复制通道。复制通道的方法主要有以下两种。

- 通过鼠标拖动复制：在“通道”面板中选择需要复制的通道，按住鼠标不放，将其拖动到“通道”面板下方的按钮上，释放鼠标，即可查看到新复制的通道。

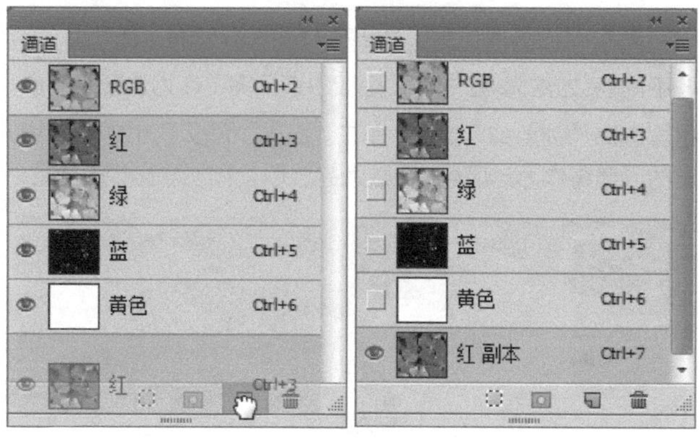

- 通过右键菜单复制：在需要复制的通道上单击鼠标右键，在弹出的快捷菜单中选择“复制通道”命令，完成复制操作。

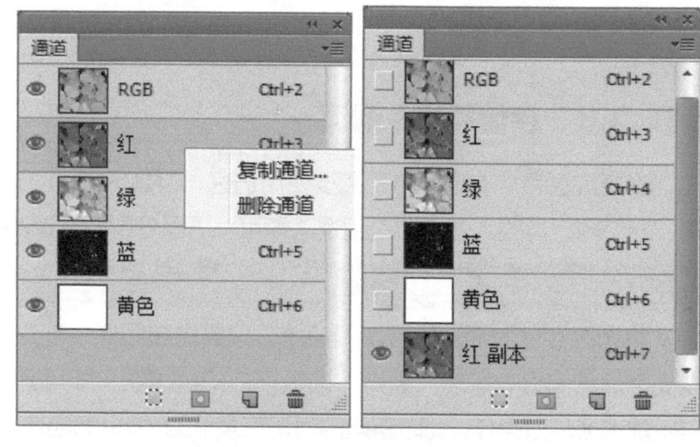

2. 删除通道

当图像中的通道过多时，会影响文件的大小。此时可将多余的通道删除，在 Photoshop 中主要提供了 3 种删除通道的方法，下面分别进行讲解。

- 通过鼠标拖动删除：打开“通道”面板，在通道信息栏中选择需要删除的通道，按住鼠标不放，将其拖动到“通道”面板下方的按钮上，释放鼠标完成删除操作。
- 通过右键菜单删除：在需删除的通道名称上单击鼠标右键，在弹出的快捷菜单中选择“删除通道”命令，完成删除操作。
- 通过删除按钮：选择需要删除的通道，再单击按钮，删除通道。

11.3.5 分离和合并通道

在使用 Photoshop CS6 编辑图像时，除了复制和删除通道外，还需要将图像文件中的各通道分开单独进行编辑，编辑完成后又需将分离的通道进行合并，以制作出奇特的效果。下面将讲解分离和合并通道的方法。

1. 分离通道

图像的颜色模式直接影响通道分离出的文件个数，如 RGB 颜色模式的图像会分离成 3 个独立的灰度文件，CMYK 会分离出 4 个独立的文件，被分离出的文件分别保存了原文件各颜色通道的信息。分离通道的方法为：打开需要分离通道的图像文件，在“通道”面板右上角单击按钮，在打开的列表中选择“分离通道”选项，此时 Photoshop 将立刻对通道进行分离操作。

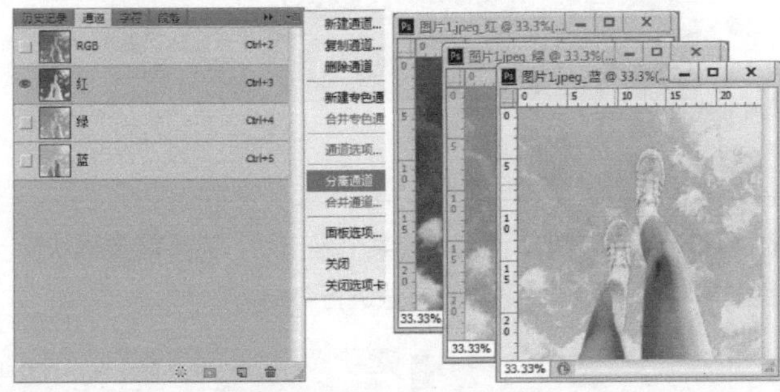

2. 合并通道

分离的通道将以灰度模式显示，无法正常使用，当需使用时，可将分离的通道进行合并显示。其方法为：打开当前图像窗口中的“通道”面板，在右上角单击按钮，在打开的列表中选择“合并通道”选项，此时将打开“合并通道”对话框，在“模式”下拉列表框中选择颜色选项，单击“确定”按钮，打开“合并 RGB 通道”对话框，保持指定通道的默认设置，单击“确定”按钮。

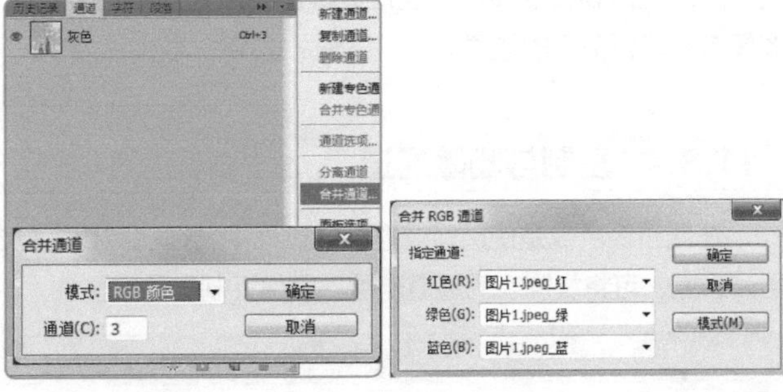

11.3.6 存储和载入通道

在抠完图后，有时暂时不需要使用选区，但是 Photoshop CS6 又不能直接存储选区，那么可以使用通道把选区先存储起来，到使用时再载入保存的通道选区即可。下面分别对通道的存储和载入方法进行讲解。

1. 将选区储存为通道

将选区存储为通道的方法很简单，只要先在图像中创建需要存储的选区，单击“通道”面板下方的按钮，即可完成新建选区通道操作。此时新建的通道将默认为 Alpha 通道，并呈隐藏状态显示，单击图标可显示选区通道。

2. 将通道作为选区载入

将通道作为选区载入的操作与选区存储为通道的方法有些不同。其方法为：在“通道”面板中选择需要作为选区的通道，这里选择“Alpha1”通道，单击“通道”面板下方的按钮，此时通道将作为选区载入，载入完成后，选区通道将被隐藏。

11.3.7 综合案例——制作数码照片展示效果

微课：制作数码照片展示效果

使用通道调整图片颜色也是Photoshop中常用的图像色调调整方法，常用于处理特殊的色调。除此之外，通道具有对人物进行磨皮处理的功能，本例将使用通道调整数码照片的颜色，并使用分离通道和合并通道的方法调整图像色调，其具体操作步骤如下。

	素材：光盘\素材\第11章\调整数码照片
	效果：光盘\效果\第11章\调整数码照片

STEP 1 分离通道

①打开"数码照片.jpg"图像，打开"通道"面板，单击"通道"面板右上角的按钮；②在打开的列表中选择"分离通道"选项，此时图像将按每个颜色通道进行分离，且每个通道分别以单独的图像窗口显示，可查看各个通道显示的效果。

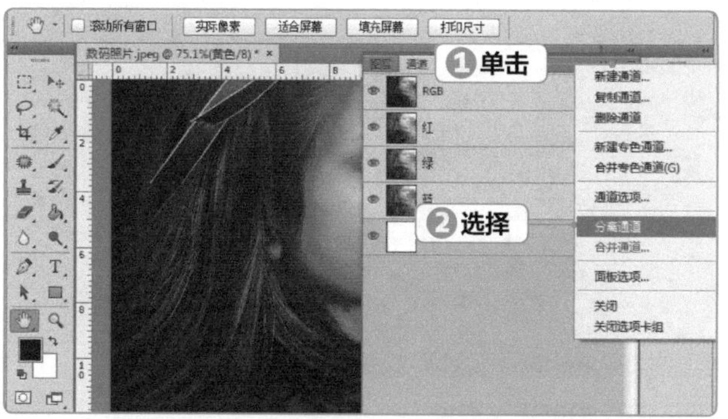

STEP 2 打开"曲线"对话框

①切换到"数码照片.jpeg红"图像窗口，选择【图像】/【调整】/【曲线】命令，打开"曲线"对话框，在曲线上单击添加控制点，然后拖曳曲线弧度调整曲线，这里直接在"输入"和"输出"数值框中输入"55"和"42"；②单击"确定"按钮。

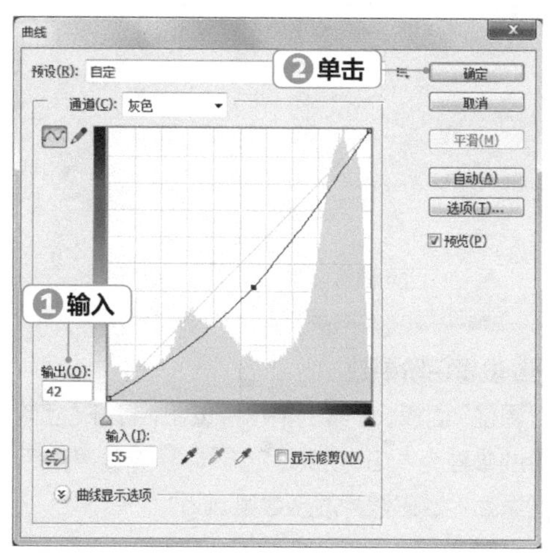

STEP 3 设置色阶参数

①将当前图像窗口切换到"数码照片.jpeg绿"图像窗口，选择【图像】/【调整】/【色阶】命令，打开"色阶"对话框，在其中拖曳滑块调整颜色，或是在下方的数值框中分别输入"3""1.06"和"222"；②单击"确定"按钮。

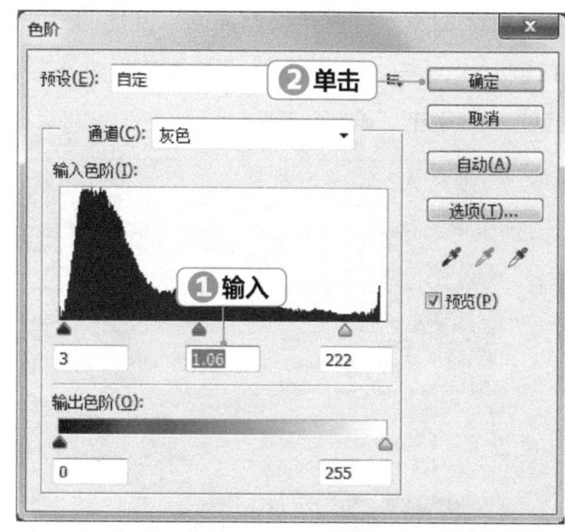

STEP 4 设置"数码照片.jpeg蓝"的曲线参数

①将当前图像窗口切换到"数码照片.jpeg蓝"图像窗口，打开"曲线"对话框，在其中拖曳曲线调整颜色；②单击"确定"按钮。

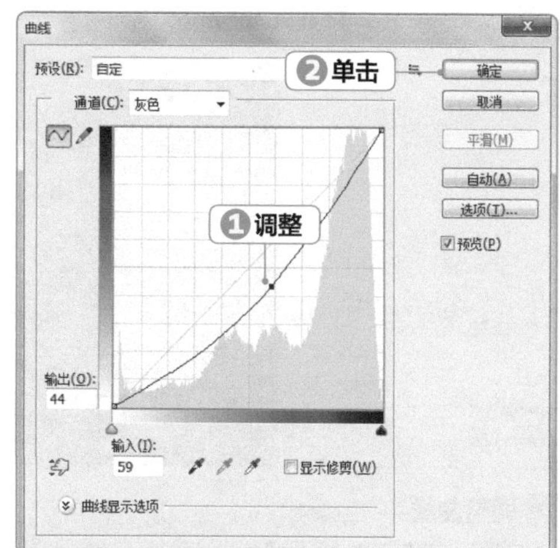

STEP 5 查看调整后的图像效果

此时可发现"数码照片.jpeg蓝"和"数码照片.jpeg绿"图像已发生变化，查看完成后的效果。

STEP 6 选择“合并通道”选项

❶打开当前图像窗口中的“通道”面板，在右上角单击按钮，在打开的列表中选择“合并通道”选项；❷此时将打开“合并通道”对话框，在“模式”下拉列表框中选择“RGB颜色”选项，❸单击“确定”按钮。

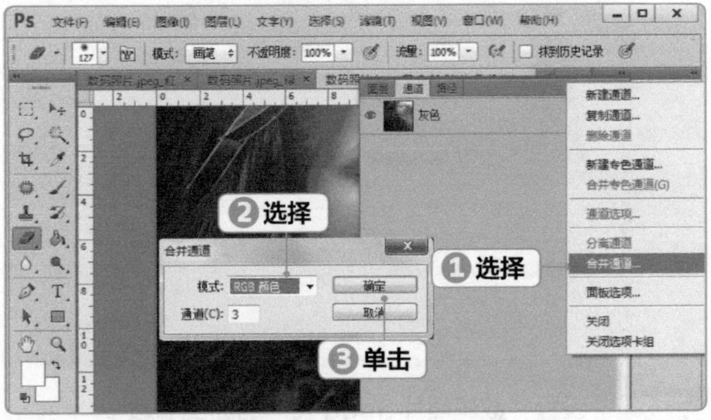

STEP 7 设置合并通道

打开“合并RGB通道”对话框，保持指定通道的默认设置，单击“确定”按钮。返回图像编辑窗口即可发现合并通道后的图像效果已发生变化，查看完成后的效果。

STEP 8 调整曲线

❶打开“调整”面板，在其上单击按钮，创建曲线调整图层，在打开的“曲线”面板中单击曲线，创建控制点，向上拖动控制点调整亮度；❷再在曲线下方单击插入控制点，向下拖动调整暗部。

STEP 9 盖印图层

❶按【Ctrl+Shift+Alt+E】组合键盖印图层，设置图层混合模式为“滤色”；❷再设置图层不透明度为“40%”，此时图像的亮度将提升，而且人物的肤色将更加光滑。

STEP 10 设置表面模糊

❶选择【滤镜】/【模糊】/【表面模糊】命令，打开“表面模糊”对话框，设置“半径、阈值”分别为“20像素、15”；❷单击“确定”按钮。

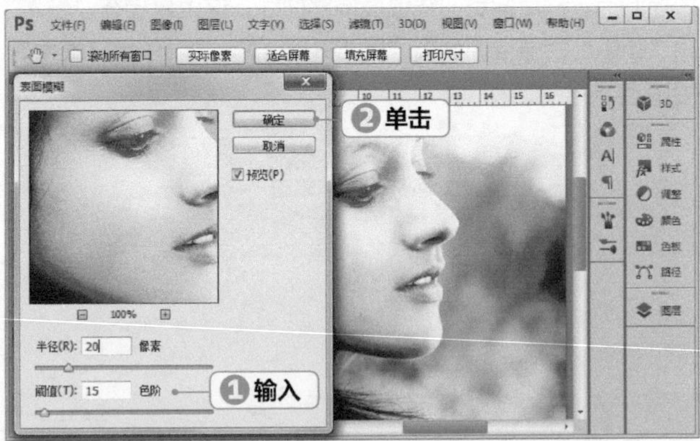

STEP 11 设置色阶参数

❶打开“调整”面板，在其上单击按钮，打开“色阶”面板，设置色阶的参数为“18、0.90、255”；❷查看调整后的效果，并保存图像为“数码照片展示效果.jpg”。

STEP 12 查看完成后的效果

打开“背景.psd”图像文件，将“数码照片展示效果”图像拖动到背景图的左侧，调整大小位置，完成后在工具箱中选择橡皮擦工具，擦除照片与背景分割线的区域，使其自然过渡，保存图像为“调整数码照片.psd”，并查看完成后的效果。

11.4 合成通道

通道的作用并不仅限于存储选区，它还经常被用于混合图像、调整图像颜色以及抠图等操作。下面将讲解在图像处理时，合成通道的方法，包括使用“应用图像”命令合成和使用“计算”命令合成。

11.4.1 使用“应用图像”命令合成——合成阴森古堡效果

为了得到更加丰富的图像效果，可通过使用 Photoshop CS6 中的通道运算功能对 2 个通道图像进行运算。本例将打开“古堡.jpg”和“天空.jpg”图像，添加图层蒙版，并通过“应用图像”命令，将“古堡”图像与“天空”图像混合，合成阴森古堡效果，其具体操作步骤如下。

微课：合成阴森古堡效果

素材：光盘\素材\第 11 章\合成阴森古堡效果
效果：光盘\效果\第 11 章\合成阴森古堡效果.psd

STEP 1 打开素材文件

打开“古堡.jpg”和“天空.jpg”图像，使用移动工具将“天空”图像移动到“古堡”图像中，并将“天空”图像放大到与“古堡”图像一样大小。

STEP 2 添加图层蒙版

①在“图层”面板中选择“图层 1”，单击按钮，添加蒙版，选择添加后的图层蒙版；②选择【图像】/【应用图像】命令。

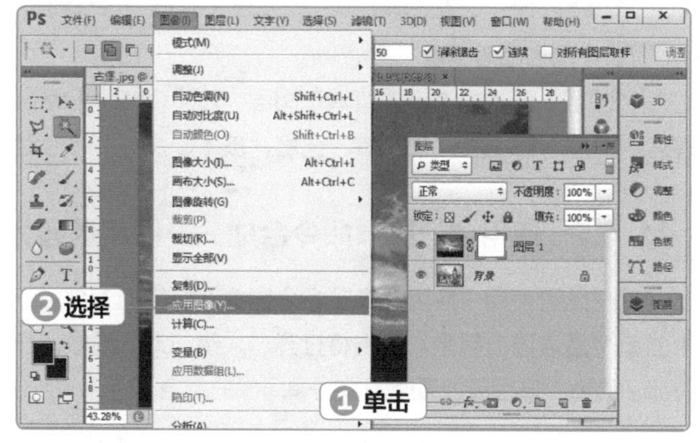

STEP 3 打开“应用图像”对话框

①打开“应用图像”对话框，设置“图层、混合”为“背景、正片叠底”；②单击“确定”按钮。

操作解谜

“源”的作用

用于选择混合通道的文件。需要注意的是，只有打开的图像才能进行选择。

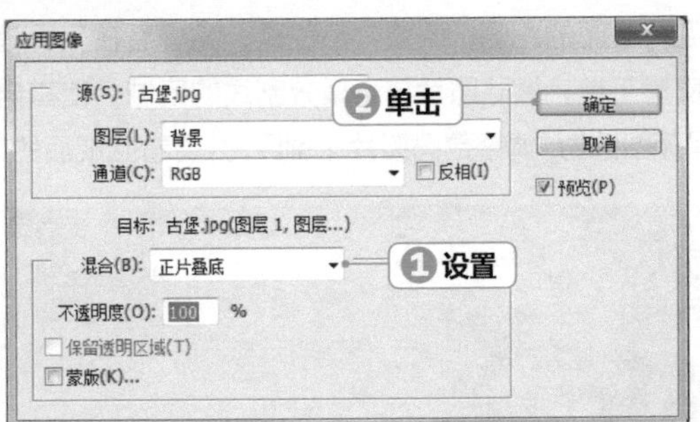

STEP 4 调整城堡颜色

❶此时城堡有了很大的变化，但显得不够自然，选择“图层 1”右侧的图层蒙版；❷在工具箱中选择画笔工具；❸并将前景色设置为黑色；❹对城堡进行涂抹，使其恢复调整前的城堡样式，并进行颜色的过渡。

STEP 5 添加图层蒙版

❶在“图层”面板中选择“背景”图层，按【Ctrl+J】组合键复制图层；❷选择“图层 1”图层，按【Ctrl+J】组合键复制图层，并设置图层混合模式为“正片叠底”，此时可发现云朵变得更加阴沉。

STEP 6 调整曲线

打开“调整”面板，在其上单击曲线按钮，创建曲线调整图层。在打开的“曲线”面板中单击曲线，创建控制点，向上拖动控制点调整亮度，再在曲线下方单击插入控制点，向下拖动调整暗部，保存图像查看完成后的效果。

11.4.2 使用“计算”命令合成——使用通道为人物磨皮

微课：使用通道为人物磨皮

用户除可使用“应用图像”命令混合图像的通道外，还可使用“计算”命令将一个图像或多个图像中的单个通道混合起来。本例将打开“人物.jpg”图像，分别为图像中的通道使用“计算”命令，生成 Alpha 通道，最后通过通道调整图像局部的颜色，使人物脸部变得光滑，其具体操作步骤如下。

	素材：光盘 \ 素材 \ 第 11 章 \ 人物 .jpg
	效果：光盘 \ 效果 \ 第 11 章 \ 人物 .psd

STEP 1 设置高反差保留

❶打开“人物.jpg”图像，打开“通道”面板。选择脸上瑕疵最明显的“蓝”通道，复制蓝通道；❷选择【滤镜】/【其他】/【高反差保留】命令，打开“高反差保留”对话框，设置“半径”为“8 像素”；❸单击“确定”按钮。

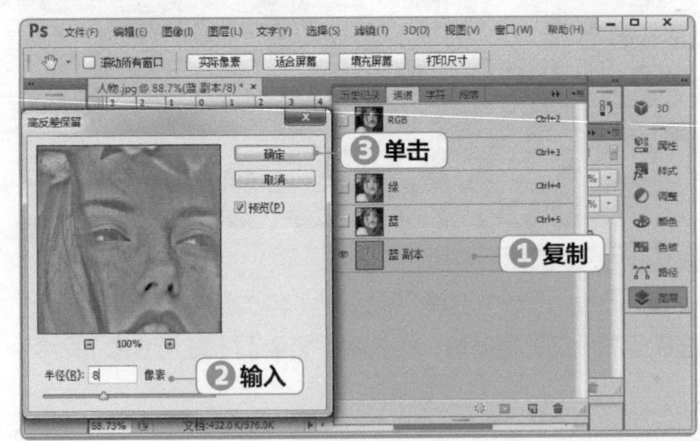

STEP 2 计算蒙版

❶选择【图像】/【计算】命令，打开"计算"对话框，设置"源1通道、源2通道、混合"为"蓝副本、蓝副本、强光"，❷单击"确定"按钮，生成Alpha1通道，使用相同的方法计算三次得到第四个Alpha通道。

STEP 3 返回RGB通道

按住【Ctrl】键，单击第四通道的缩小面版载入选区。单击RGB通道，再单击图层，回到"图层"面版。

STEP 4 调整脸部曲线

❶选择【选择】/【反向】命令，反向建立选区，打开"图层"面板，按【Ctrl+J】组合键复制背景图层，单击按钮；❷在打开的下拉列表中选择"曲线"选项，创建一个曲线调整图层，在"属性"面板中使用鼠标调整曲线，将瑕疵部分的图像颜色调亮。

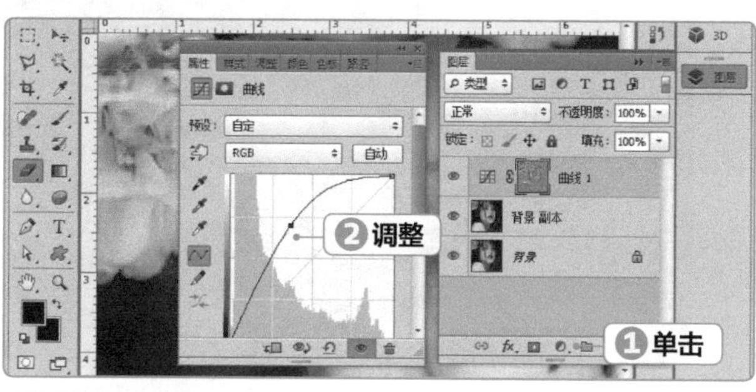

STEP 5 调整脸部亮度

按【Ctrl+D】组合键取消选区，在"调整"面板中单击按钮，打开"亮度/对比度"面板，设置"亮度、对比度"分别为"-15、20"，保存图像并查看完成后的效果。

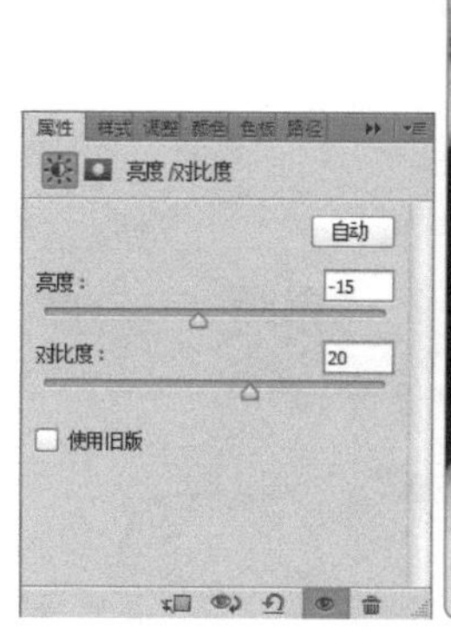

高手竞技场

1. 为头发挑染颜色

打开提供的素材文件"人物"，对照片中的人物头发进行染色，要求如下。

- 单击工具箱底部的按钮创建蒙版并进入编辑状态，选择画笔工具，在人物的头发区域进行涂抹，这时涂抹的颜色将呈现透明红色，将头发图像区域完全选择。
- 然后再次单击按钮退出编辑状态，得到人物头发的选区。
- 选择渐变工具，在工具属性栏中单击按钮，在人物头发中斜拉鼠标创建渐变填充，并设置图层1的图层混合模式为"柔光"。
- 按【Ctrl + Shift+I】组合键反选选区，选择橡皮擦工具，擦除头发周围溢出来的颜色，然后设置图层1的图层不透明度为"50%"，按【Ctrl+D】组合键取消选区，得到最终的图像效果。

2. 制作菠萝屋

打开提供的素材文件“摇篮 .jpg”“门窗 .jpg”“菠萝 .jpg”，制作菠萝屋效果，要求如下。

- 通过通道抠取出“菠萝 .jpg”素材文件中的菠萝，然后将其载入到“摇篮 .jpg”素材文件中。
- 将“门窗 .jpg”素材拖动到其中，通过蒙版隐藏不需要的部分，对素材进行变换操作，使效果更为美观。

12 Chapter 第 12 章 认识并使用滤镜

/ 本章导读

滤镜是使用非常频繁的 Photoshop CS6 功能之一，通过滤镜的使用，可以帮助用户制作油画、扭曲、马赛克和浮雕等艺术性很强的专业图像效果。本章将对滤镜的常用操作进行介绍，读者通过本章的学习能够熟练掌握各种滤镜的使用方法，并能熟练结合多个滤镜制作出特效图像的效果。

12.1 认识滤镜

很多人把滤镜看作图像处理的“艺术大师”，普通图像经过它的处理都能焕然一新。使用滤镜可以使普通的图像呈现素描、油画、水彩等绘制效果。滤镜不但能对图像中的某个区域进行处理，也能对整个图像进行处理。下面就将对滤镜的相关知识进行讲解。

12.1.1 滤镜的作用和种类

滤镜是 Photoshop 中预设的一种特殊效果，通过它可以将普通的图像制作出充满创意的效果，并且制作的效果能进行完美的过渡，下面对滤镜的作用和种类分别进行介绍。

1. 滤镜的作用

滤镜最开始来自摄影器材，它是安装在相机镜头上的特殊玻璃片，可以改变光线的色温、光线的折射率等，使用滤镜可以完成一些特殊的效果。而 Photoshop 中的滤镜能在很短时间内制作出很多奇特的效果。滤镜的种类很多，例如，使用滤镜不但能将图像制作出油画的效果，还能为图像添加扭曲效果、马赛克效果和浮雕效果等。

2. 滤镜的种类

选择“滤镜”菜单，即可显示所有滤镜。在 Photoshop CS6 中滤镜被分为特殊滤镜、滤镜组和外挂滤镜 3 种。

Photoshop CS6 预设的滤镜主要有两种用途。一种创建具体的图像效果，如素描、粉笔画和纹理等，该类滤镜数量众多，部分滤镜被放置在“滤镜库”中使用，如“风格化”“画笔描边”“扭曲”“素描”等；另一种滤镜则用于减少图像杂色、提高清晰度等，如“模糊”“锐化”“杂色”等滤镜组。

3. 滤镜使用注意事项

滤镜命令只能作用于当前正在编辑的可见图层或图层中的所选区域。下图为在选区中应用滤镜的效果和在可见图层中应用滤镜的效果。

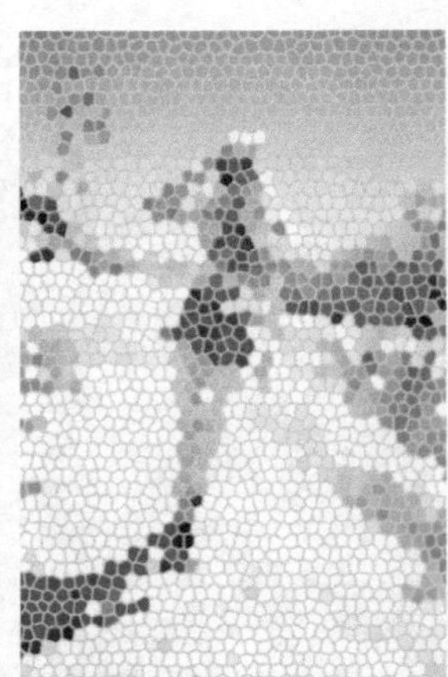

需要注意的是，滤镜可以反复应用，但一次只能应用在一个目标区域中。要对图像使用滤镜，必须要了解图像色彩模式与滤镜的关系：RGB 颜色模式的图像可以使用 Photoshop 下的所有滤镜；不能全部使用滤镜的图像色彩模式主要有位图模式、16 位灰度图模式、索引模式、32 位 RGB 模式；在 CMYK 模式下不能使用画笔描边、素描、纹理、艺术效果和视频类滤镜。

12.1.2 认识智能滤镜

智能滤镜在图像制作中时常被使用到。滤镜可以修改图像的外观，而智能滤镜则是非破坏性的滤镜，即应用滤镜后用户可以很轻松地还原滤镜效果，不需担心滤镜会真实地对画面有所影响，下面分别对智能滤镜的基础知识进行介绍。

1. 创建智能滤镜

选择【滤镜】/【转换为智能滤镜】命令，在打开的提示对话框中单击“确定”按钮，即可创建智能滤镜。此时，可看到“图层”面板中的图层下方将出现一个图标，表示该图层已转换为了智能滤镜图层。

2. 停用 / 启用智能滤镜

与普通滤镜相比，智能滤镜更像是一个图层样式，单击

Chapter 12

滤镜前的👁按钮，即可隐藏滤镜效果。再次单击该位置，将显示滤镜效果。

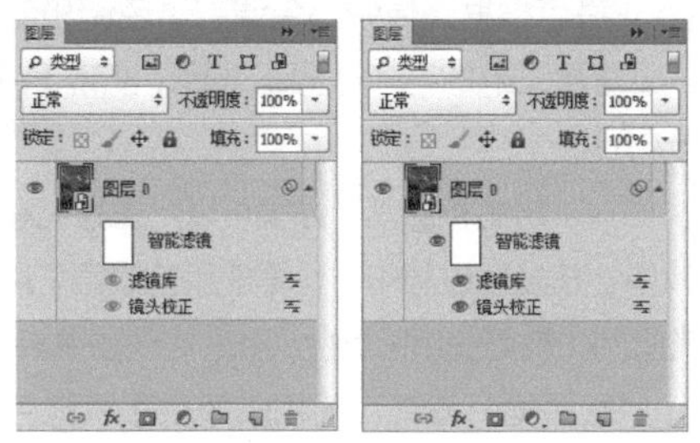

3. 删除智能滤镜

一个智能滤镜图层可以包含多个智能滤镜，当用户需要删除单个智能滤镜时，可在“图层”面板中选中需要删除的智能滤镜，并将其拖动到🗑按钮上，则可将选择的智能滤镜删除。

若想要删除一个智能滤镜图层的所有智能滤镜，可选择【图层】/【智能滤镜】/【清除智能滤镜】命令。

12.1.3 认识滤镜库

滤镜库简单来说就是存放常用滤镜的仓库，使用滤镜库能快速地找到相应的滤镜并且进行快速设置和浏览。滤镜库中提供了“风格化”“画笔描边”“扭曲”“素描”“纹理”和“艺术效果”6 个滤镜组。只要选择【滤镜】/【滤镜库】命令，即可打开“滤镜库”对话框。

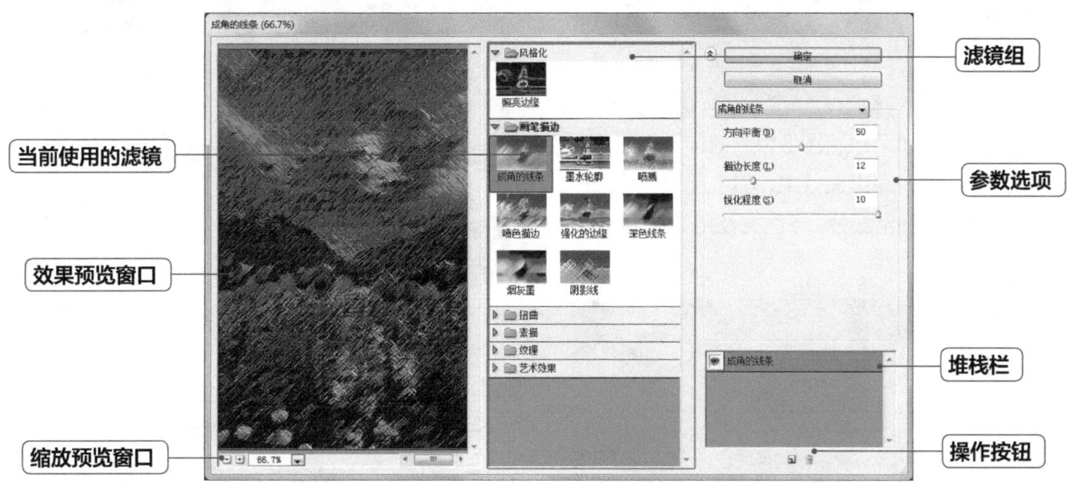

“滤镜库”对话框中各组成部分的作用介绍如下。

- 效果预览窗口：用于预览滤镜效果。
- 缩放预览窗口：单击⊟按钮，可缩小预览窗口显示比例；单击⊞按钮，可放大预览窗口显示比例。
- 滤镜组：用于显示滤镜库中所包括的各种滤镜效果，单击滤镜组名左侧的▸按钮，可展开相应的滤镜组，单击滤镜缩览图可预览滤镜的最终效果。
- 参数选项：用于设置选择滤镜效果后的各个参数，可对该滤镜的效果进行调整。
- 堆栈栏：用于显示已应用的滤镜效果，可对滤镜进行隐藏、显示等操作，与“图层”面板类似。
- 新建效果图层：单击◨按钮，可新建一个滤镜图层，用于对图像的滤镜效果进行叠加。
- 删除效果图层：单击🗑按钮，可删除一个滤镜图层，用于取消图像中的滤镜效果。

12.2 应用特效滤镜

滤镜由不同的特效滤镜组成，通过滤镜组中的滤镜也可以快速对图像进行处理。常见的特效滤镜包括“素描”滤镜组、“纹理”滤镜组、“艺术效果”滤镜组、“画笔描边”滤镜组、“风格化”滤镜组、“模糊”滤镜组、“扭曲”滤镜组、“像素化”滤镜组、“渲染”滤镜组、“杂色”滤镜组、“锐化”滤镜组等，下面分别进行介绍。

12.2.1 “素描”滤镜组

素描滤镜组中的滤镜效果比较接近素描效果，并且大部分是单色。素描类滤镜可根据图像中高色调、半色调和低色调的分布情况，使用前景色和背景色按特定的运算方式进行填充，使图像产生素描、速写及三维的艺术效果。选择【滤镜】/【滤镜库】命令，在打开的对话框中选择素描组，其中包括了 14 个滤镜，下面分别进行介绍。

- 半调图案：“半调图案”滤镜可以使用前景色和背景色将图像以网点效果显示。下图为使用“单调图案”滤镜前后图像的效果。

- 便条纸：“便条纸”滤镜可以将图像以当前前景色和背景色混合，产生凹凸不平的草纸画效果，其中前景色作为凹陷部分，而背景色作为凸出部分。下图为使用“单调图案”滤镜前后效果。

- 铬黄渐变：“铬黄渐变”滤镜可以模拟液态金属的效果，下图为使用“铬黄渐变”滤镜前后图像的效果。

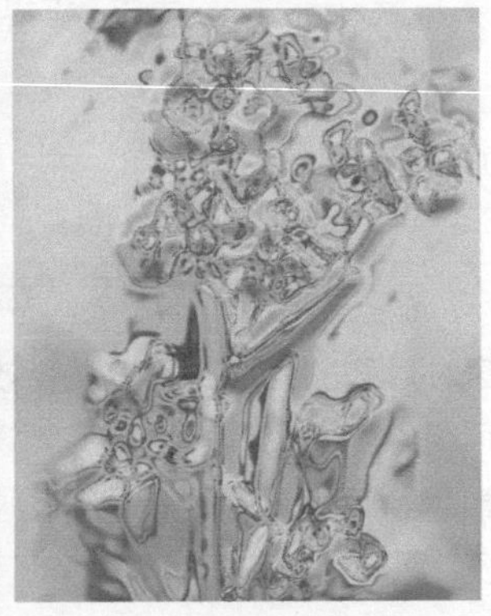

- 粉笔和炭笔：“粉笔和炭笔”滤镜可以产生粉笔和炭笔涂抹的草图效果。在处理过程中，粉笔使用背景色，用来处理图像较亮的区域；炭笔使用前景色，用来处理图像较暗的区域。
- 绘图笔：“绘图笔”滤镜可使用前景色和背景色生成一种钢笔画素描效果，图像中没有轮廓，只有变化的笔触效果。下图为使用“绘图笔”滤镜前后图像的效果。

- 基底凸现：“基底凸现”滤镜主要用来模拟粗糙的浮雕效果。
- 石膏效果：“石膏效果”滤镜可以产生一种石膏浮雕效果，且图像以前景色和背景色填充。
- 水彩画纸：“水彩画纸”滤镜能制作出类似在潮湿的纸上绘图并产生画面浸湿的效果。下图为使用“水彩画纸”滤镜前后图像的显示效果。

- 撕边：“撕边”滤镜可以在图像的前景色和背景色的交界处生成粗糙及撕破的纸片形状效果。

- 炭笔："炭笔"滤镜可以将图像以类似炭笔画的效果显示出来。前景色代表笔触的颜色，背景色代表纸张的颜色。在绘制过程中，阴影区域用黑色对角炭笔线条替换。
- 炭精笔："炭精笔"滤镜可以在图像上模拟浓黑和纯白的炭精笔纹理效果。在图像中的深色区域使用前景色，在浅色区域亮区使用背景色。下图为使用"炭精笔"滤镜前后图像的显示效果。

- 图章："图章"滤镜可以使图像产生类似生活中的印章的效果。
- 网状："网状"滤镜将使用前景色和背景色填充图像，在图像中产生一种网眼覆盖效果。
- 影印："影印"滤镜可以模拟影印效果。其中用前景色来填充图像的高亮度区，用背景色来填充图像的暗区。下图为使用"影印"滤镜前后图像的显示效果。

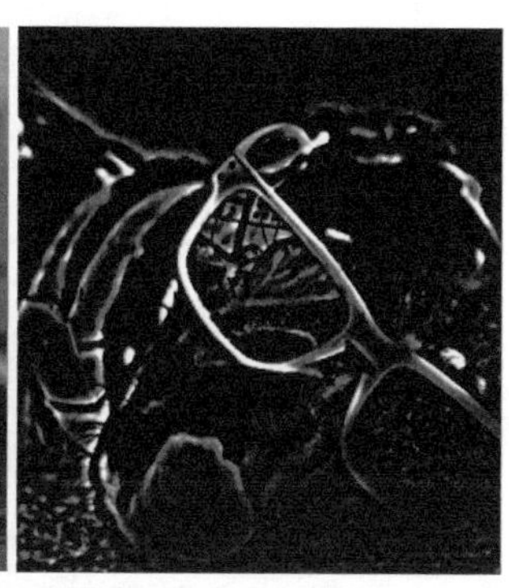

12.2.2 "纹理"滤镜组

使用滤镜库中的纹理滤镜组可以在图像中模拟出纹理效果。选择【滤镜】/【滤镜库】命令，在打开的对话框中选择纹理滤镜组，其中包括龟裂缝、颗粒、马赛克拼贴、拼缀图、染色玻璃和纹理化 6 个滤镜效果。使用它们能轻松地做出纹理效果，下面分别进行介绍。

- 龟裂缝："龟裂缝"滤镜可以使图像产生龟裂纹理，从而制作出具有浮雕的立体图像效果。下图为使用"龟裂缝"滤镜前后图像的效果。

- 颗粒："颗粒"滤镜可以在图像中随机加入不规则的颗粒，以产生颗粒纹理效果。
- 马赛克拼贴："马赛克拼贴"滤镜可以使图像产生马赛克网格效果，还可以对网格的大小以及缝隙的宽度和深度进行调整。
- 拼缀图："拼缀图"滤镜可以将图像分割成数量不等的小方块，并用每个方块内的像素平均颜色作为该方块的颜色，模拟一种建筑拼贴瓷砖的效果，类似生活中的拼图效果。下图为使用"拼缀图"滤镜前后图像的效果。

- 染色玻璃："染色玻璃"滤镜可以在图像中产生不规则的玻璃网格，每格的颜色由该格的平均颜色来显示。下图为使用"染色玻璃"滤镜前后图像的效果。

- 纹理化："纹理化"滤镜可以为图像添加砖形、粗麻布、画布和砂岩等纹理效果，还可以调整纹理的大小和深度，下图为使用"纹理化"滤镜前后的效果。

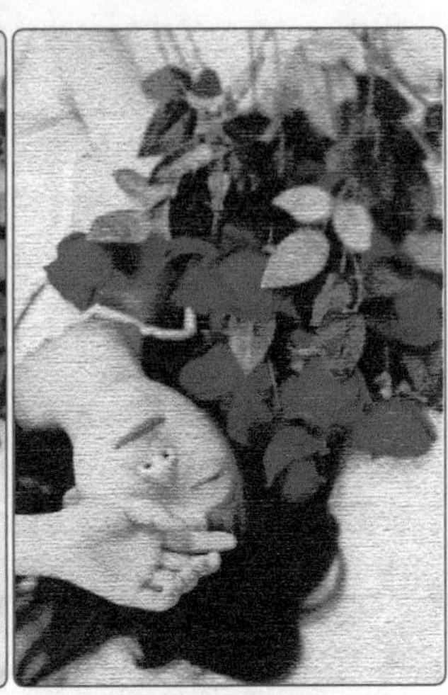

12.2.3 "艺术效果"滤镜组

艺术效果滤镜组可以通过模仿传统手绘图画的方式绘制出 15 种不同风格的图像。使用时只需选择【滤镜】/【滤镜库】命令，在打开的对话框中选择艺术效果滤镜组，再选择不同的滤镜进行设置即可。

- 壁画："壁画"滤镜可以使图像产生类似壁画的效果。下图为使用"壁画"滤镜前后图像的效果。

- 彩色铅笔："彩色铅笔"滤镜可以将图像以彩色铅笔绘画的方式显示出来。下图为使用"彩色铅笔"滤镜前后图像的效果。

- 粗糙蜡笔："粗糙蜡笔"滤镜可以使图像产生一种类似用蜡笔在纹理背景上绘图的纹理浮雕效果。下图为使用"粗糙蜡笔"滤镜前后图像的效果。

- 底纹效果："底纹效果"滤镜可以根据所选的纹理类型来使图像产生一种纹理效果。
- 干画笔："干画笔"滤镜可以使图像生成一种干燥的笔触效果，类似于绘画中的干画笔效果。
- 海报边缘："海报边缘"滤镜可以使图像查找出颜色差异较大的区域，并将其边缘填充成黑色，使图像产生海报画的效果。下图为使用"海报边缘"滤镜前后图像的效果。

- 海绵："海绵"滤镜可以使图像产生类似海绵浸湿的图像效果。
- 绘画涂抹："绘画涂抹"滤镜可以使图像产生类似手指在湿画上涂抹的模糊效果。下图为使用"绘画涂抹"滤镜前后图像的效果。

- 胶片颗粒："胶片颗粒"滤镜可以使图像产生类似胶片颗粒的效果。
- 木刻："木刻"滤镜可以将图像制作成类似木刻画的效果。下图为使用"木刻"滤镜后图像的效果。

- 霓虹灯光："霓虹灯光"滤镜可以使图像的亮部区域产生类似霓虹灯的光照效果。
- 水彩："水彩"滤镜可以将图像制作成类似水彩画的效果。下图为使用"水彩"滤镜前后的效果。

- 塑料包装："塑料包装"滤镜可以使图像产生质感较强并具有立体感的塑料效果。
- 调色刀："调色刀"滤镜可以将图像的色彩层次简化，使相近的颜色融合，产生类似粗笔画的绘图效果。

- 涂抹棒："涂抹棒"滤镜用于使图像产生类似用粉笔或蜡笔在纸上涂抹的图像效果。下图为使用"涂抹棒"滤镜前后图像的效果。

12.2.4 “画笔描边”滤镜组

画笔描边类滤镜可模拟不同的画笔或油墨笔刷勾画图像，产生绘画效果。选择【滤镜】/【滤镜库】命令，打开“滤镜库”对话框。在打开的“滤镜库”对话框中选择相应的滤镜选项即可进行设置。

- 成角的线条：“成角的线条”滤镜可以使图像中的颜色按一定的方向进行流动，从而产生类似倾斜划痕的效果。下图为使用“成角的线条”滤镜前后图像的效果。

- 墨水轮廓：“墨水轮廓”滤镜模拟纤细的线条，在图像原细节上进行重绘，从而生成钢笔画风格的图像效果。下图为使用“墨水轮廓”滤镜前后图像的效果。

- 喷溅：“喷溅”滤镜可以使图像产生类似笔墨喷溅的自然效果。

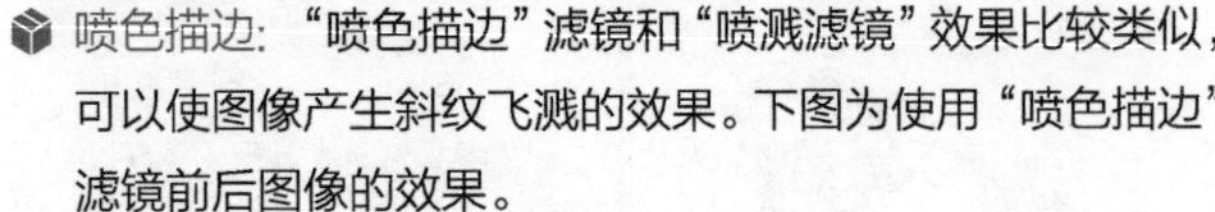

- 喷色描边：“喷色描边”滤镜和“喷溅滤镜”效果比较类似，可以使图像产生斜纹飞溅的效果。下图为使用“喷色描边”滤镜前后图像的效果。

- 强化的边缘：“强化的边缘”滤镜可以对图像的边缘进行强化处理。
- 深色线条：“深色线条”滤镜将使用短而密的线条来绘制图像的深色区域，用长而白的线条来绘制图像的浅色区域。
- 烟灰墨：“烟灰墨”滤镜模拟蘸满黑色油墨的湿画笔，在宣纸上绘画的效果，下图为使用“烟灰墨”滤镜前后的效果。

- 阴影线：“阴影线”滤镜可以使图像表面生成交叉状倾斜划痕的效果，其中，“强度”数值框用来控制交叉划痕的强度。

12.2.5 “风格化”滤镜组

“风格化”滤镜组能对图像的像素进行位移、拼贴及反色等操作。“风格化”滤镜组包括滤镜库中的“照亮边缘”效果，以及选择【滤镜】/【风格化】命令后，在弹出的子菜单中包括8种滤镜，如“查找边缘”“等高线”“风”“浮雕效果”“扩散”“拼贴”“曝光过度”和“凸出”滤镜，下面分别对这几种滤镜进行介绍。

- 查找边缘：“查找边缘”滤镜可以查找图像中主色块颜色变化的区域，并为查找到的边缘轮廓描边，使图像看起来像用笔刷勾勒过轮廓一样。该滤镜无参数对话框，下图为使用“查找边缘”滤镜前后的效果。

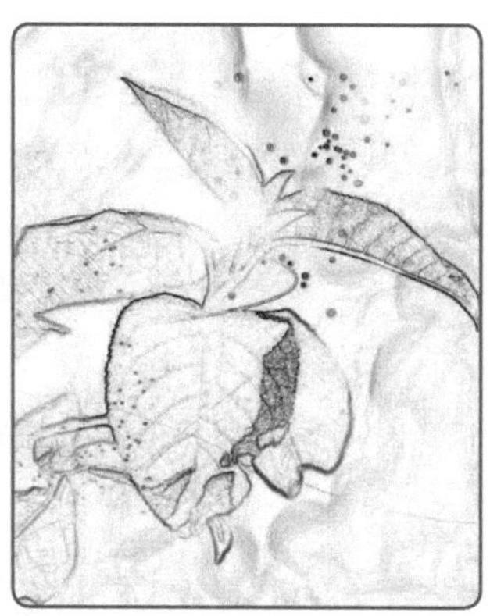

- 等高线：“等高线”滤镜可以沿图像的亮部区域和暗部区域的边界，绘制出颜色比较浅的线条效果。
- 风：“风”滤镜可以将图像的边缘以一个方向为准向外移动远近不同的距离，实现类似风吹的效果。下图为使用“风”滤镜后的效果。

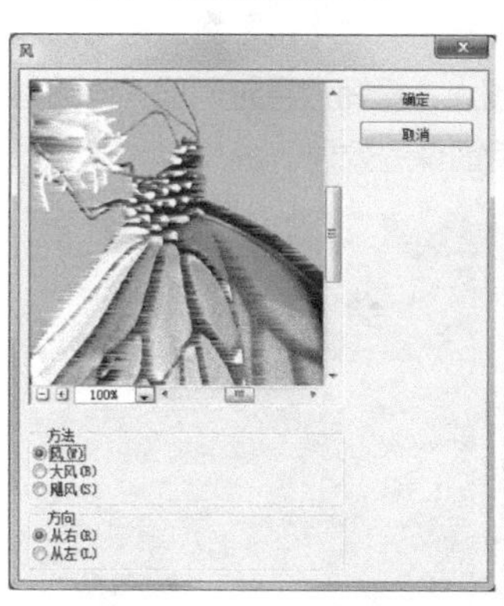

- 浮雕效果：“浮雕效果”滤镜通过将图像中颜色较亮的图像分离出来，再将周围的颜色降低的方式，生成浮雕效果。
- 扩散：“扩散”滤镜可以产生一种透过磨砂玻璃看图像的模糊效果。下图为使用“扩散”滤镜后的效果。

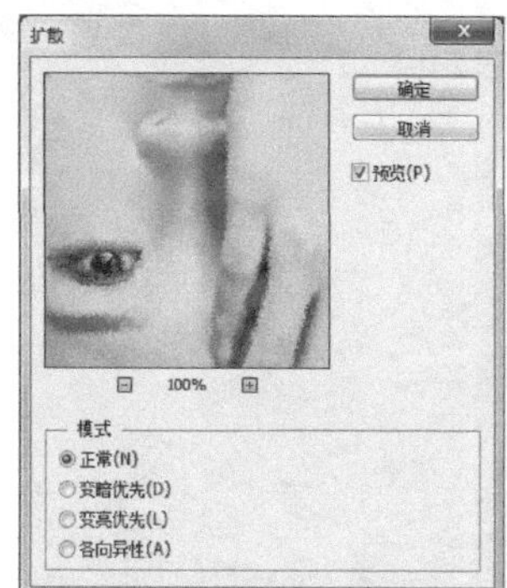

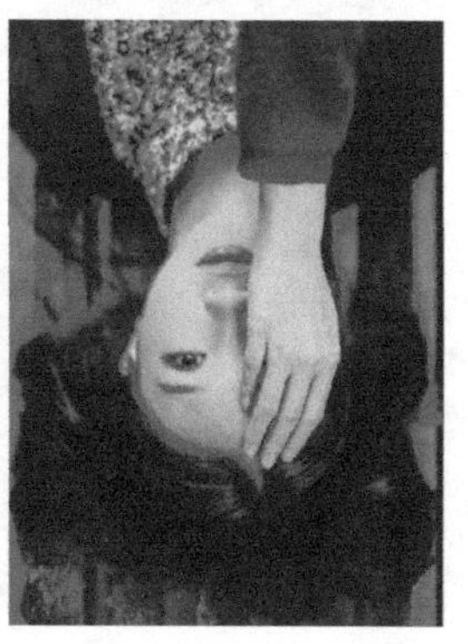

- 拼贴：“拼贴”滤镜可以根据对话框中设定的值将图像分成许多小贴块，使整幅图像看上去像画在方块瓷砖上一样。下图为使用“拼贴”滤镜后的效果。

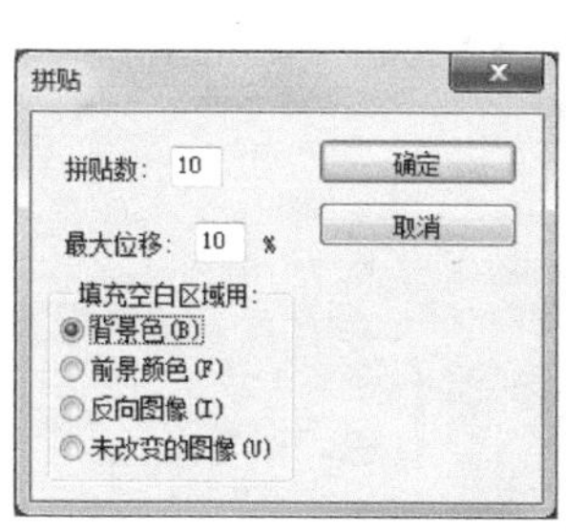

- 曝光过度：“曝光过度”滤镜可以使图像的正片和负片混合产生类似于摄影中增加光线强度产生的过度曝光的效果。该滤镜无参数对话框。
- 凸出：“凸出”滤镜可以将图像分成数量不等，但大小相同并有序叠放的立体方块，以用来制作图像的三维背景。下图为使用“凸出”滤镜后的效果。

- 照亮边缘：“照亮边缘”滤镜可以将图像边缘轮廓照亮，其效果与查找边缘滤镜很相似。下图为使用“照亮边缘”滤镜后的效果。

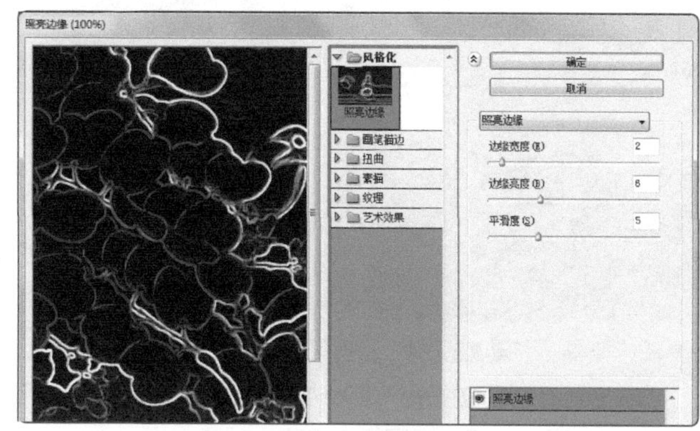

12.2.6 “模糊”滤镜组

“模糊”滤镜组通过削弱图像中相邻像素的对比度，使相邻的像素产生平滑过渡效果，从而产生边缘柔和、模糊的效果。模糊滤镜组中共 14 种滤镜，它们按模糊方式不同对图像起到不同的效果。使用时只需选择【滤镜】/【模糊】命令，在弹出的子菜单中选择相应的子命令即可，下面分别对这些命令进行介绍。

- 场景模糊：“场景模糊”滤镜可以使画面不同区域呈现不同模糊程度的效果。下图为场景模糊的调整页面，在其中可对图像的模糊程度进行调整。

- 光圈模糊：“光圈模糊”滤镜可以将一个或多个焦点添加到图像中，用户可以对焦点的大小、形状，以及焦点区域外的模糊数量和清晰度等进行设置。
- 倾斜偏移：“倾斜偏移”滤镜可用于模拟相机拍摄的移轴效果，其效果类似于微缩模型。
- 表面模糊：“表面模糊”滤镜在模糊图像时可保留图像边缘，用于创建特殊效果以及去除杂点和颗粒。下图为使用“表面模糊”滤镜后图像的前后效果。

- 动感模糊：“动感模糊”滤镜可通过对图像中某一方向上的像素进行线性位移来产生运动的模糊效果。下图为使用“动感模糊”滤镜前后图像的效果。

- 方框模糊：“方框模糊”滤镜以邻近像素颜色平均值的颜色为基准值模糊图像。
- 高斯模糊：“高斯模糊”滤镜可根据高斯曲线对图像进行选择性模糊，以产生强烈的模糊效果，是比较常用的模糊滤镜。在“高斯模糊”对话框中，“半径”数值框可以调节图像的模糊程度，数值越大，模糊效果越明显。下图为使用“高斯模糊”滤镜前后图像的效果。

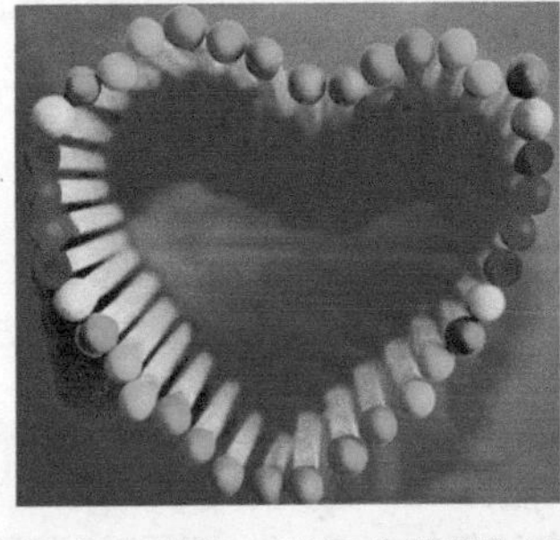
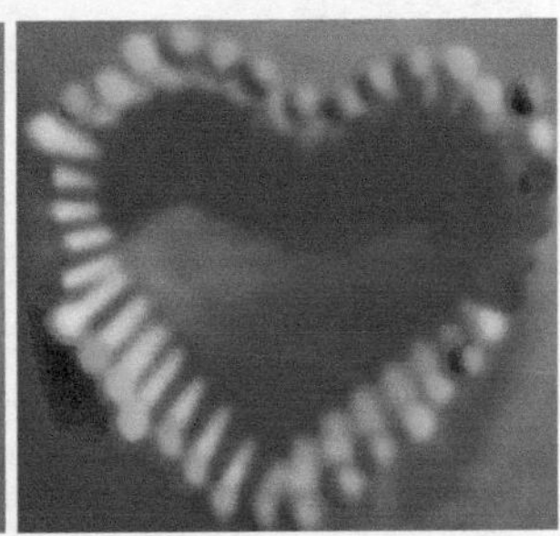

- 径向模糊：“径向模糊”滤镜可以使图像产生旋转或放射状模糊效果。下图为使用“径向模糊”滤镜前后图像的效果。

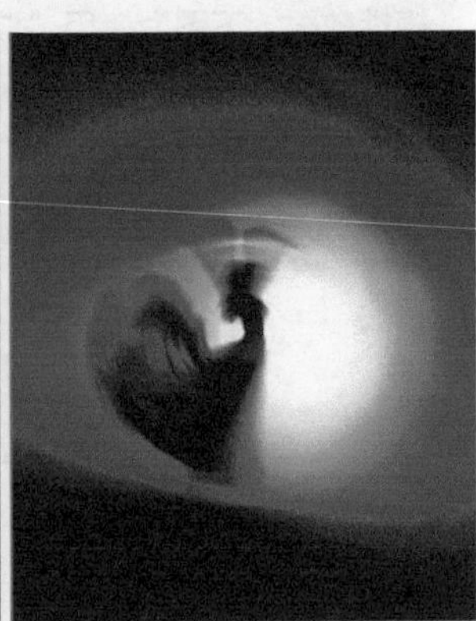

- 进一步模糊："进一步模糊"滤镜可以使图像产生一定程度的模糊效果，它与"模糊"滤镜效果类似，该滤镜没有参数设置对话框。
- 镜头模糊："镜头模糊"滤镜可使图像模拟摄像时镜头抖动产生的模糊效果。下图为"镜头模糊"对话框，在其中可进行镜头模糊的设置。

- 模糊："模糊"滤镜通过对图像中边缘过于清晰的颜色进行模糊处理，来达到模糊的效果。该滤镜无参数设置对话框。使用一次该滤镜命令，图形效果会不太明显，若重复使用多次该滤镜命令，效果尤为明显。
- 平均："平均"滤镜通过对图像中的平均颜色值进行柔化处理，从而产生模糊效果。该滤镜无参数设置对话框，下图为使用"平均"滤镜前后的图像效果。

- 特殊模糊："特殊模糊"滤镜通过找出图像的边缘以及模糊边缘以内的区域，产生一种边界清晰、中心模糊的效果。在"特殊模糊"对话框的"模式"下拉列表框中选择"仅限边缘"选项，模糊后的图像呈黑色的效果显示。下图为使用"特殊模糊"滤镜前后图像的效果。

- 形状模糊："形状模糊"滤镜使图形按照某一指定的形状作为模糊中心来进行模糊。操作方法为：在"形状模糊"对话框下方选择一种形状，再在"半径"数值框中输入数值决定形状的大小，数值越大，模糊效果越强，完成后单击"确定"按钮。下图为使用"形状模糊"滤镜前后图像的效果。

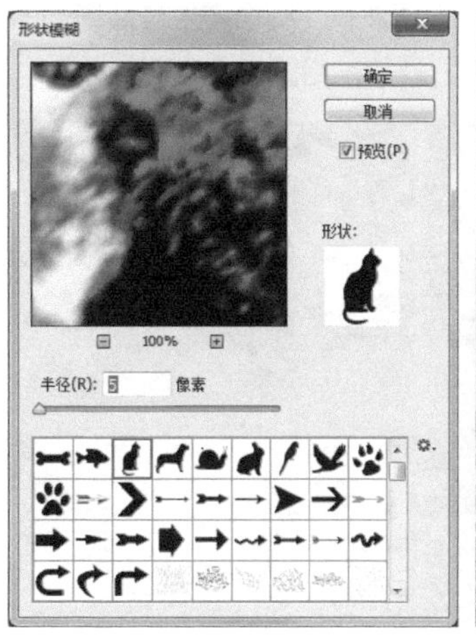

12.2.7 "扭曲"滤镜组

"扭曲"滤镜组主要用于对图像进行扭曲变形，该组滤镜提供了 12 种滤镜效果，其中"玻璃""海洋波纹"和"扩散亮光"滤镜位于滤镜库中，其他滤镜可以选择【滤镜】/【扭曲】命令，然后在弹出的子菜单中选择相应的命令即可。下面将分别对这些滤镜进行介绍。

- 玻璃：“玻璃”滤镜主要是通过设置扭曲度和平滑度，使图像形成玻璃效果。下图为使用“玻璃”滤镜前后图像的前后效果。

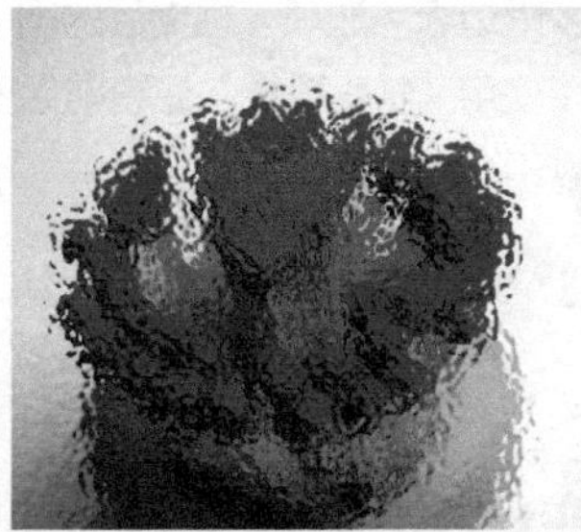

- 海洋波纹：“海洋波纹”滤镜可以使图像产生一种在海水中漂浮的效果，该滤镜各选项的含义与“玻璃”滤镜相似，这里不再赘述。下图为应用“海洋波纹”滤镜前后的效果。

- 扩散亮光：“扩散亮光”滤镜用于产生一种弥漫的光照效果，使图像中较亮的区域产生一种光照效果。在“滤镜库”对话框中选择“扭曲”/“扩散亮光”选项即可进行设置。
- 波浪：“波浪”滤镜通过设置波长使图像产生波浪涌动的效果。下图为使用“波浪”滤镜前后图像的效果。

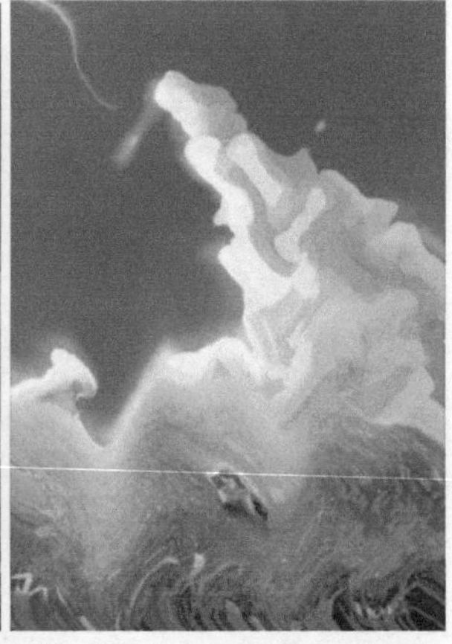

- 波纹：“波纹”滤镜可以使图像产生水波荡漾的涟漪效果。它与“波浪”滤镜相似，除此之外，“波纹”滤镜对话框中的“数量”还能用于设置波纹的数量，该值越大，产生的涟漪效果越强。
- 极坐标：“极坐标”滤镜可以通过改变图像的坐标方式，使图像产生极端的变形。下图为使用“极坐标”滤镜前后图像的效果。

- 挤压：“挤压”滤镜可以使图像产生向内或向外挤压变形的效果，通过在打开的“挤压”对话框的“数量”数值框中输入数值来控制挤压效果。
- 切变：“切变”滤镜可以使图像在竖直方向产生弯曲效果。在“切变”对话框左上侧方格框的垂直线上单击，可创建切变点，拖动切变点可实现图像的切变变形。下图为使用“切变”滤镜前后图像的效果。

- 球面化：“球面化”滤镜模拟将图像包在球上并伸展来适合球面，从而产生球面化的效果。
- 水波：“水波”滤镜可使图像产生起伏状的波纹和旋转效果。下图为使用“水波”滤镜前后图像的效果。

- 旋转扭曲："旋转扭曲"滤镜可产生旋转扭曲效果，且旋转中心为物体的中心。在"旋转扭曲"对话框中"角度"用于设置旋转方向，角度为正值时将顺时针扭曲，为负值时将逆时针扭曲。下图为使用"旋转扭曲"滤镜前后图像的效果。

- 置换："置换"滤镜可以使图像产生移位效果，移位的方向不仅跟参数设置有关，还跟位移图文件有密切关系。使用该滤镜需要两个文件才能完成，一个是要编辑的图像文件；另一个是位移图文件，位移图文件充当移位模板，用于控制位移的方向。

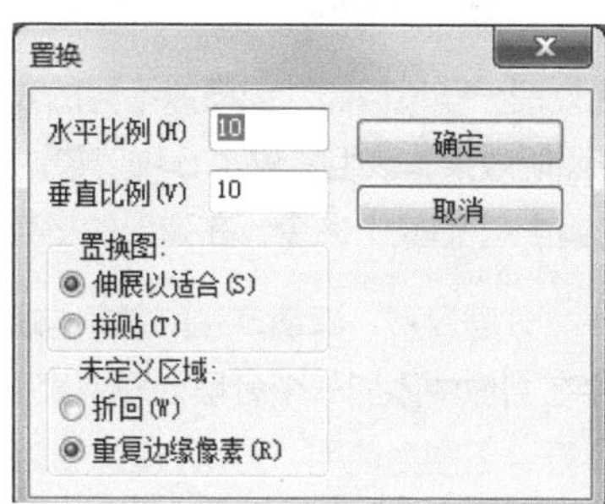

12.2.8 "像素化"滤镜组

像素化滤镜组通过将图像中相似颜色值的像素转化成单元格，从而使图像分块或平面化。像素化滤镜一般用于增强图像质感，使图像的纹理更加明显。像素化滤镜组包括 7 种滤镜，只需选择【滤镜】/【像素化】命令，在弹出的子菜单中选择相应的滤镜命令即可，下面分别进行介绍。

- 彩块化："彩块化"滤镜可以使图像中纯色或相似颜色凝结为彩色块，从而产生类似宝石刻画般的效果。该滤镜没有参数设置对话框。
- 彩色半调："彩色半调"滤镜可模拟在图像每个通道上应用半调网屏的效果。下图为使用"彩色半调"滤镜前后图像的效果。

- 晶格化："晶格化"滤镜可以使图像中相近的像素集中到一个像素的多角形网格中，从而使图像清晰化，在"晶格化"对话框中，"单元格大小"数值框用于设置多角形网格的大小。
- 点状化："点状化"滤镜可以在图像中随机产生彩色斑点，点与点间的空隙用背景色填充。在"点状化"对话框中，"单元格大小"数值框用于设置点状网格的大小。下图为使用"点状化"滤镜前后图像的效果。

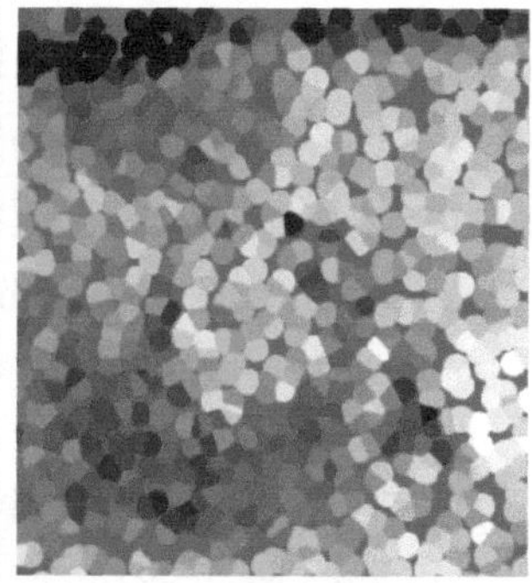

- 马赛克："马赛克"滤镜可以把图像中具有相似彩色的像素统一合成更大的方块，从而产生类似马赛克般的效果。下图为使用"马赛克"滤镜前后图像的效果。在"马赛克"对话框中，"单元格大小"数值框用于设置马赛克的大小。

- 碎片：“碎片”滤镜可以将图像的像素复制 4 遍，然后将它们平均移位并降低不透明度，从而形成一种不聚焦的“四重视”效果。
- 铜版雕刻：“铜版雕刻”滤镜可以在图像中随机分布各种不规则的线条和虫孔斑点，从而产生镂刻的版画效果。在“铜版雕刻”对话框中，“类型”下拉列表框用于设置铜版雕刻的样式。

12.2.9 “渲染”滤镜组

在制作和处理一些风格照，或模拟不同的光源下不同的光线照明效果时，可以使用“渲染”滤镜组。“渲染”滤镜组主要用于模拟光线照明效果，该组提供了 5 种渲染滤镜，分别为“分层云彩”“光照效果”“镜头光晕”“纤维”和“云彩”滤镜，只需选择【滤镜】/【渲染】命令，在弹出的子菜单中选择相应的滤镜命令即可，下面分别进行介绍。

- 分层云彩：“分层云彩”滤镜产生的效果与原图像的颜色有关，它会在图像中添加一个分层云彩效果。该滤镜无参数设置对话框，下图为使用“分层云彩”滤镜前后图像的效果。

- 光照效果：“光照效果”滤镜的功能相当强大，可以设置光源、光色、物体的反射特性等，然后根据这些设定产生光照，模拟 3D 绘画效果。下图为“光照效果”滤镜的工作界面。使用时只需拖动白色框线调整光源大小，再调整白色圈线中间的强度环，最后按【Enter】键即可。

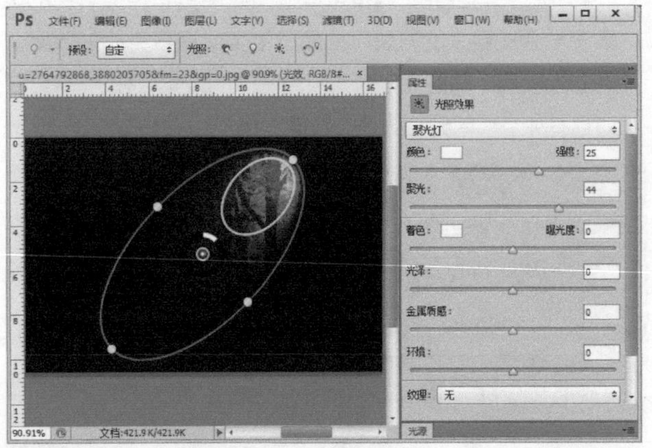

- 镜头光晕：“镜头光晕”滤镜可以通过为图像添加不同类型的镜头来模拟镜头产生眩光的效果。下图为使用“镜头光晕”滤镜前后图像的效果。

- 纤维：“纤维”滤镜可根据当前设置的前景色和背景色生成一种纤维效果。
- 云彩：“云彩”滤镜可通过在前景色和背景色之间随机地抽取像素并完全覆盖图像，从而产生类似云彩的效果。该滤镜无参数设置对话框，下图为使用“云彩”滤镜前后图像的效果。

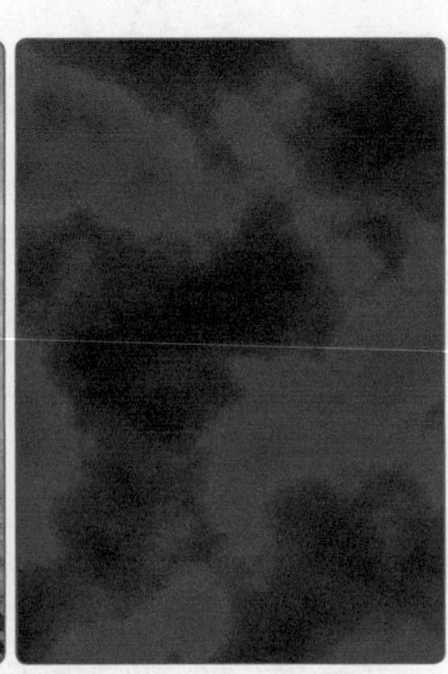

12.2.10 “杂色”滤镜组

使用杂色滤镜组可以处理图像中的杂点，杂点滤镜组中有 5 个滤镜。分别为“减少杂色”“蒙尘与划痕”“去斑”“添加杂色”和“中间值”滤镜。在阴天拍摄的照片一般都会有杂点，此时使用杂色滤镜组中的滤镜就能进行处理。只需选择【滤镜】/【杂色】命令，在弹出的子菜单中选择相应的命令即可。下面分别进行介绍。

- 减少杂色：“减少杂色”滤镜用来消除图像中的杂色，下图为“减少杂色”对话框。

- 蒙尘与划痕：“蒙尘与划痕”滤镜通过将图像中有缺陷的像素融入周围的像素中，达到除尘和涂抹的效果。打开“蒙尘与划痕”对话框，可通过“半径”选项调整清除缺陷的范围；通过“阈值”选项，确定要进行像素处理的阈值，该值越大，去杂效果越弱。

- 去斑：“去斑”滤镜无参数设置对话框，它可对图像或选区内的图像进行轻微的模糊、柔化，从而达到掩饰图像中细小斑点、消除轻微折痕的效果。该滤镜常用于修复照片中的斑点，下图为去斑后前后的图像效果。

- 添加杂色：“添加杂色”滤镜可以向图像中随机混合杂点，即添加一些细小的颗粒状像素。该滤镜常用于添加杂色纹理效果，它与“减少杂色”滤镜作用相反。
- 中间值：“中间值”滤镜可以采用杂点和其周围像素的折中颜色来平滑图像中的区域。在“中间值”对话框中，“半径”数值框用于设置中间值效果的平滑距离。下图所示分别为应用“中间值”滤镜前后的效果。

12.2.11 “锐化”滤镜组

锐化滤镜组可以使图像更清晰，一般用于调整模糊的照片。在使用锐化滤镜时要注意，使用过渡会造成图像失真。锐化滤镜组包括“USM 锐化”“进一步锐化”“锐化”“锐化边缘”和“智能锐化”5 种滤镜效果，使用时只需选择【滤镜】/【锐化】命令，在弹出的子菜单中选择相应的命令即可。

- USM 锐化：“USM 锐化”滤镜可以在图像边缘的两侧分别制作一条明线或暗线来调整边缘细节的对比度，将图像边缘轮廓锐化。下图为使用“USM 锐化”滤镜前后图像的效果。

- 进一步锐化：“进一步锐化”滤镜可以增加像素之间的对比度，使图像变清晰，但锐化效果比较微弱。该滤镜命令没有对话框。
- 锐化：“锐化”滤镜和“进一步锐化”滤镜相同，都是通过增强像素之间的对比度来增强图像的清晰度，其效果比“进一步锐化”滤镜明显。该滤镜也没有对话框。
- 锐化边缘：“锐化边缘”滤镜可以锐化图像的边缘，并保留图像整体的平滑度，该滤镜没有对话框。
- 智能锐化：“智能锐化”滤镜的功能很强大，用户可以设置锐化算法、控制阴影和高光区域的锐化量。下图为“智能锐化”对话框。

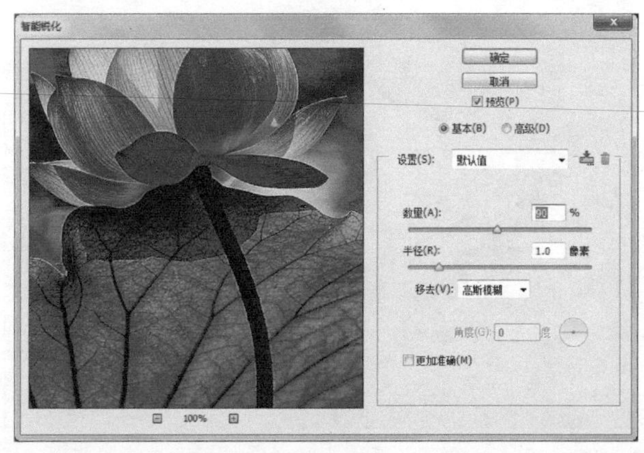

12.2.12 “其他”滤镜组

“其他”滤镜组主要用来处理图像的某些细节部分，也可自定义特殊效果滤镜。该组包括5种滤镜，分别为“高反差保留”“位移”“自定”“最大值”和“最小值”滤镜，只需选择【滤镜】/【其他】命令，在弹出的子菜单中选择相应的滤镜命令即可。下面分别进行介绍。

- 高反差保留：“高反差保留”滤镜可以删除图像中色调变化平缓的部分而保留色彩变化最大的部分，使图像的阴影消失而亮点突出。其对话框中“半径”数值框用于设定该滤镜分析处理的像素范围，值越大，效果图中所保留原图像的像素越多。下图所示分别为应用该滤镜前后的效果。

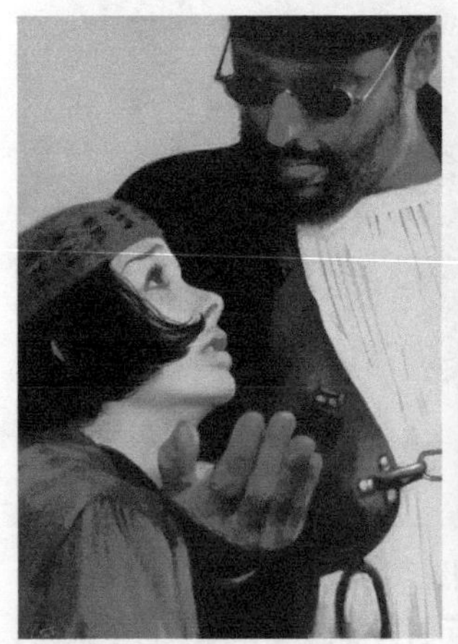

- 自定：“自定”滤镜可以创建自定义的滤镜效果，如创建锐化、模糊和浮雕等滤镜效果。“自定”对话框中有一个5像素 ×5像素的数值框矩阵，最中间的方格代表目标像素，其余的方格代表目标像素周围对应位置上的像素；在“缩放”数值框输入一个值后，将以该值去除计算中包含像素的亮度部分；在“位移”数值框中输入的值则与缩放计算结果相加，自定义后再单击“存储”按钮可将设置的滤镜存储到系统中，以便下次使用。下图所示为“自定”滤镜的效果。

- 位移：“位移”滤镜可根据在“位移”对话框中设定的值来偏移图像，偏移后留下的空白可以用当前的背景色填充，也可以用重复边缘像素填充或折回边缘像素填充。
- 最大值 / 最小值：“最大值”滤镜可以将图像中的明亮区域扩大，将阴暗区域缩小，产生较明亮的图像效果；“最小值”滤镜可以将图像中的明亮区域缩小，将阴暗区域扩大，产生较阴暗的图像效果。下图所示即为分别应用“最大值”和“最小值”滤镜后的效果。

12.2.13 综合案例——制作水墨画风格照片

微课：制作水墨画风格照片

水墨照片常用于一些古镇的宣传，因此，水墨照片不但具有古镇的特色，而且能体现古镇的古朴。打开“小镇.jpg”图像后，先使用“喷溅”滤镜和“表面模糊”滤镜制作水墨画整体效果，再通过涂抹等工具对照片进行精修处理，最后进行色彩的调整，让风格更加突出。具体操作步骤如下。

素材：光盘\素材\第12章\水墨小镇
效果：光盘\效果\第12章\水墨小镇.psd

STEP 1 打开素材文件

打开“小镇.jpg”图像文件，按【Ctrl+J】组合键复制图像。

STEP 2 设置喷溅参数

❶选择【滤镜】/【滤镜库】命令，打开“滤镜库”对话框，在“画笔描边”栏中选择“喷溅”选项；❷在右侧的列表中设置“喷色半径、平滑度”分别为“4、5”；❸单击“确定”按钮。

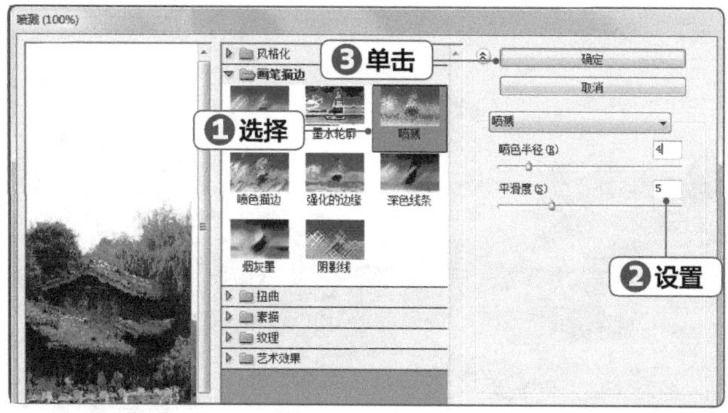

STEP 3 设置表面模糊

❶选择【滤镜】/【模糊】/【表面模糊】命令；❷打开“表面模糊”对话框，设置“半径、阈值”分别为“10、15”；❸单击“确定”按钮。

STEP 4 复制图像并设置混合模式

按【Ctrl+J】组合键复制图像，并按【Ctrl+I】组合键反相图像，并设置图像混合模式为“叠加”。

STEP 5 涂抹白色区域

新建图层，设置前景色为“白色”，在工具箱中选择画笔工具，对图像中白色区域进行涂抹，让水墨效果变得更加鲜活，涂抹效果见下图。

STEP 6 调整色相 / 饱和度

❶在“调整”面板中单击按钮，打开“色相 / 饱和度”面板，设置“色相、饱和度、明度”分别为“-10、+30、+4”；❷查看调整后的效果。

STEP 7 调整曲线

❶在“调整”面板中单击按钮，打开“曲线”面板，在中间单击曲线添加控制点，并调整显示亮度；❷查看调整后的效果。

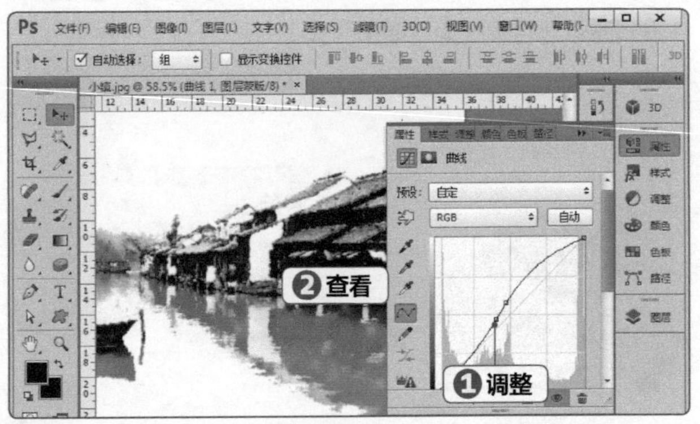

STEP 8 设置色阶和亮度

❶在“调整”面板中单击按钮，打开“亮度 / 对比度”面板，设置“亮度、对比度”分别为“-20、40”；❷在“调整”面板中单击按钮，打开“色阶”面板，在下方设置色阶值分别为“16、0.80、254”。

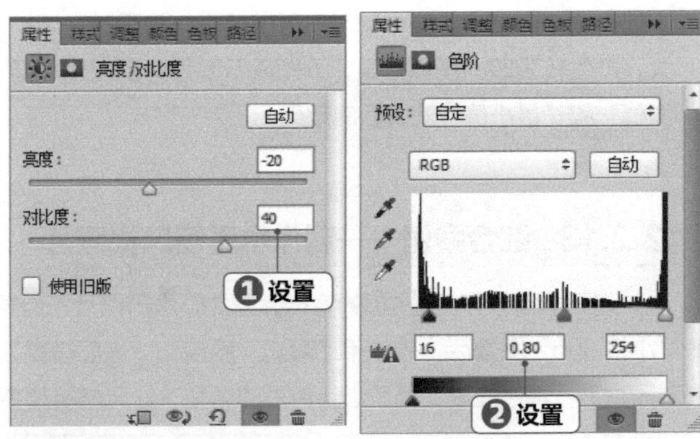

STEP 9 添加蒙版

打开“山.psd”图像文件，将其移动到图像中，在“图层”面板中单击按钮，添加蒙版，并使用画笔工具制作虚化的山峰效果。

STEP 10 添加文字

打开“文字.psd”图像文件，将其移动到图像的右上角，保存图像，并查看添加文字后的效果。

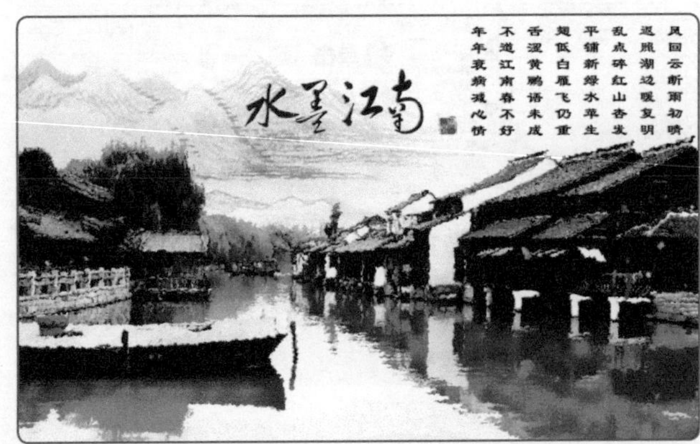

12.2.14 综合案例——置换男装并将图片应用到主图

微课：置换男装并将图片应用到主图

“置换”滤镜可以使图像产生移位效果，从而达到替换的目的。下面通过使用“置换”滤镜为图像中的帅哥更换衣服，并打开“男装主图 .psd”图像，将置换后的效果应用到图像中。具体操作步骤如下。

	素材：光盘 \ 素材 \ 第 12 章 \ 男装主图
	效果：光盘 \ 效果 \ 第 12 章 \ 男装主图 .psd

STEP 1 创建选区

❶打开“帅哥 .jpg”图像，在工具箱中选择钢笔工具，沿衣服边缘勾绘出衣服的轮廓，再按【Ctrl+Enter】组合键将路径转换为选区；❷再按【Ctrl+J】组合键复制一次图层 1，隐藏背景图层，另存图像为“衣服 .jpg”。

STEP 2 添加衣服纹理

❶选择背景图层，打开“纹理 .jpg”图像，使用移动工具将纹理拖动至“帅哥”图像中，自动生成图层 2，按【Ctrl+T】组合键调整纹理大小，使其将人物衣服遮住；❷选择图层 2，选择【滤镜】/【扭曲】/【置换】命令，打开“置换”对话框，在“水平比例“数值框中输入“5”；❸在“垂直比例“数值框中输入“5”；❹单击“确定”按钮。

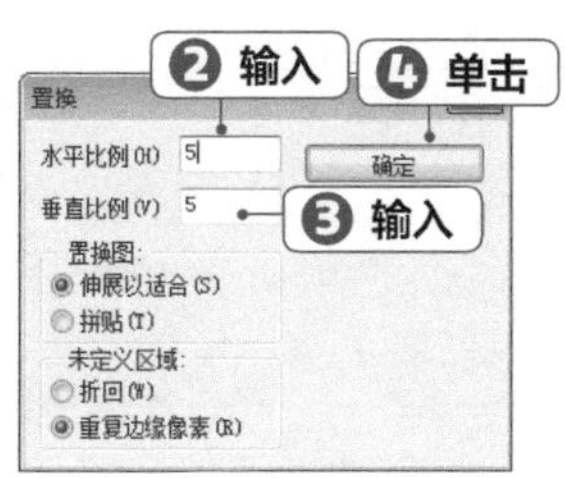

STEP 3 选取置换图

❶打开“选取一个置换图”对话框，在其中选择需要载入的置换图“衣服 .psd”；❷单击“打开”按钮。

STEP 4 查看置换效果

❶选择图层 2，设置图像的混合模式为“正片叠底”；❷然后按住【Ctrl】键单击图层 1 前的缩略图标，载入衣服选区，再按【Ctrl+Shift+I】组合键反选，按【Delete】键删除多余区域。

STEP 5 查看置换效果

按【Ctrl+D】组合键取消选区，即可完成置换操作，此时可发现衬衫的颜色已经变为蓝色。打开“男装主图 .psd”图像文件，将替换后的人物拖动到图像中，调整位置和大小。

STEP 6 完成主图的制作

在“图层”面板中单击■按钮，新建蒙版，并使用画笔工具柔化背景与图片的过渡部分，使其形成一个整体，完成后设置不透明度为“80%”。保存图像查看完成后的效果如下图所示。

12.2.15 综合案例——制作晶体纹理

晶体纹理是一种纹理体现形式，因为具有凹凸感，因此在制作时需要有起伏性。本例将新建文档，再使用渐变工具以及“壁画”滤镜、“凸出”滤镜，制作晶体纹理效果，最后添加文字完成晶体纹理的制作，其具体操作步骤如下。

微课：制作晶体纹理

效果：光盘 \ 效果 \ 第 12 章 \ 晶体纹理 .psd

STEP 1 绘制渐变

❶选择【文件】/【新建】命令，打开“新建”对话框。新建一个 500 像素 ×300 像素，名为“晶体纹理”的文件，在工具箱中选择渐变工具；❷设置渐变颜色为“#23958c 到白色”，单击选中“反向”复选框；❸将鼠标从图像中间向图像边缘拖动，绘制渐变。

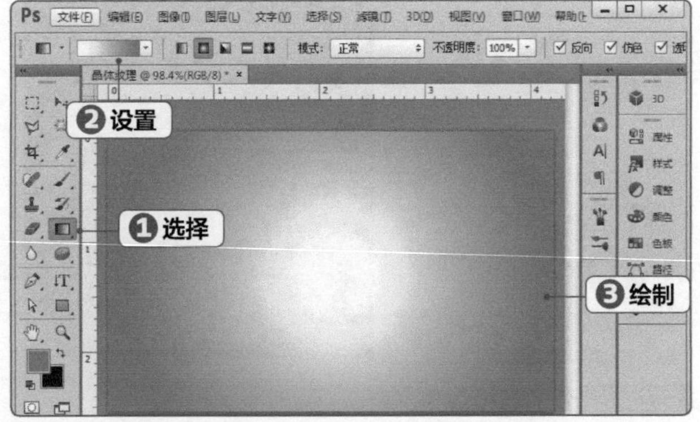

STEP 2 设置“壁画”滤镜

❶选择【滤镜】/【滤镜库】命令，打开“滤镜库”对话框，展开“艺术效果”滤镜组，选择“壁画”选项；❷设置“画笔大小、画笔细节、纹理”为“0、10、3”；❸单击“确定”按钮。

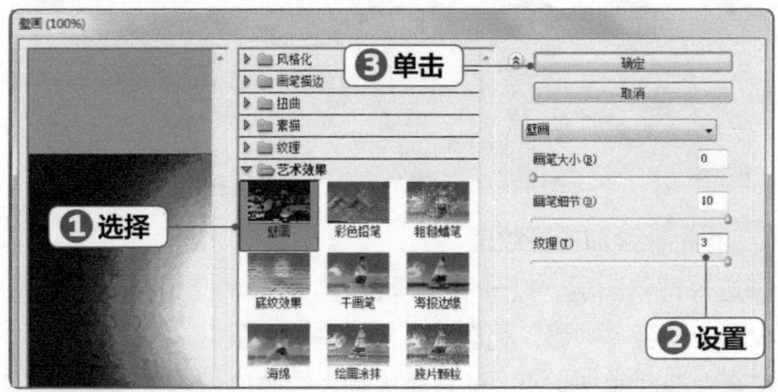

STEP 3 设置“凸出”滤镜

❶选择【滤镜】/【风格化】/【凸出】命令，打开“凸出”对话框，设置“大小、深度”为“15、30”；❷单击“确定”按钮。

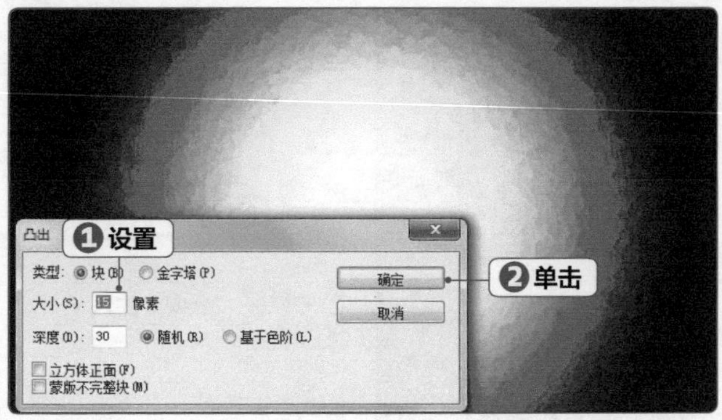

STEP 4 输入文字

❶选择横排文字工具；❷设置“字体、字号、颜色、样式”为“Algerian、20 点、#ab32f0、加粗”；❸在图像中间输入文字“CRYSTAL”。

STEP 5 设置描边参数

❶双击文字图层，打开“图层样式”对话框，单击选中“描边”复选框；❷设置“大小、填充类型、渐变、样式”为“3 像素，渐变，紫、绿、橙渐变，对称的”。

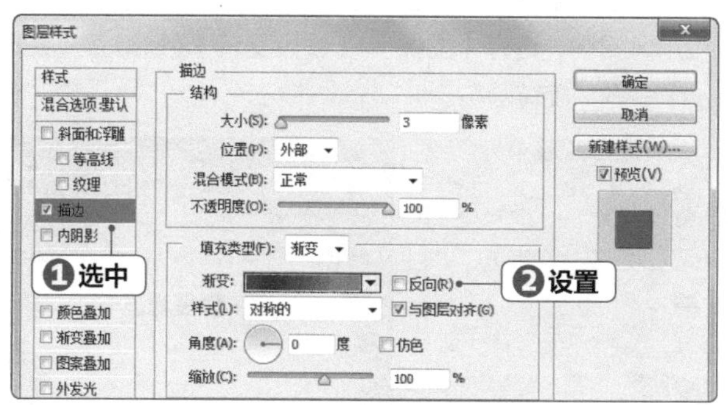

STEP 6 设置投影参数

❶单击选中“投影”复选框；❷设置“不透明度、距离、扩展、大小”为“90、10、8、10”；❸单击“确定”按钮。

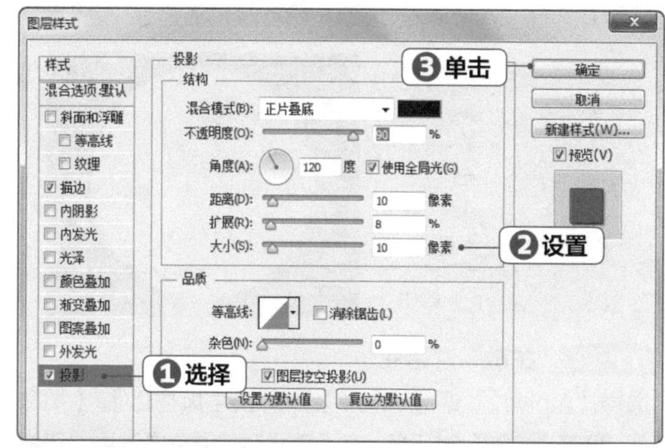

STEP 7 查看完成后的效果

返回图像编辑区，即可查看文字添加图层样式后的效果，保存图像，并查看完成后的效果。

12.2.16 综合案例——制作“燃烧的星球”图像

火焰燃烧的效果能在视觉上给人强烈的冲击感，有时，设计师会采用为图像添加火焰效果的方法来增强图像的感染力和震撼力，这些效果都可以在 Photoshop 中通过滤镜来实现。本实例将练习使用 Photoshop CS6 的风格化滤镜组、扭曲滤镜组、模糊滤镜组中的相关滤镜制作燃烧的星球效果。具体操作步骤如下。

微课：制作“燃烧的星球”图像

素材：光盘 \ 素材 \ 第 12 章 \ 燃烧的星球
效果：光盘 \ 效果 \ 第 12 章 \ 燃烧的星球 .psd

STEP 1 创建选区

❶打开“红色星球.jpg”素材文件，在工具箱中选择快速选择工具，在图像的黑色区域单击创建选区，然后按【Ctrl+Shift+I】组合键反选选区，按【Ctrl+J】组合键，复制选区并创建图层；❷按住【Ctrl】键的同时单击“图层 1”缩略图载入选区。

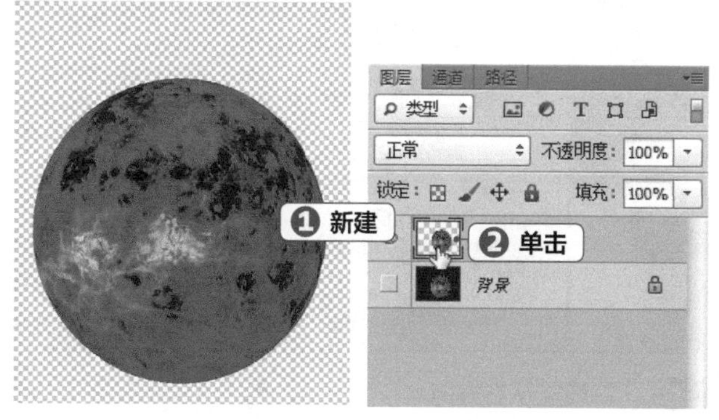

STEP 2 创建通道

❶切换到“通道”面板，单击“将选区存储为通道”按钮；得到“Alpha1”通道，按【Ctrl+D】组合键取消选区；❷显示并选择“Alpha1”通道，隐藏其他通道。

STEP 3 “扩散”对话框

❶选择“Alpha1”通道，选择【滤镜】/【风格化】/【扩散】命令，打开“扩散”对话框，在“模式”栏中单击选中“正常”单选项；❷单击“确定”按钮应用设置，然后按两次【Ctrl+F】组合键，重复应用扩散滤镜。

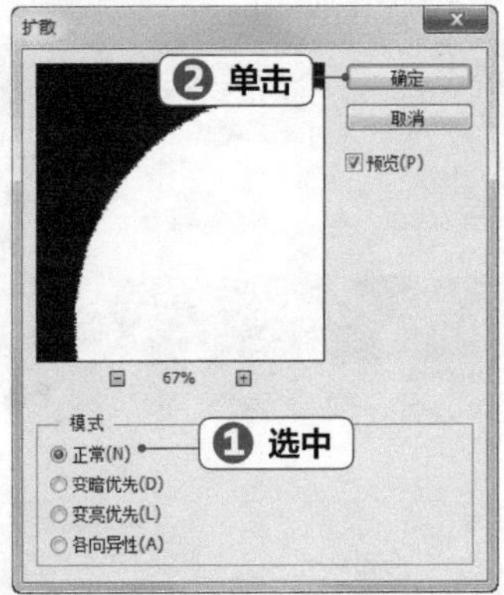

STEP 4 设置海洋波纹参数

❶选择“Alpha1”通道，选择【滤镜】/【滤镜库】命令，打开“滤镜库”对话框，在“扭曲”滤镜组中选择“海洋波纹”滤镜；❷在右侧设置波纹“大小、波纹幅度”分别为“5、8”；❸单击“确定”按钮。

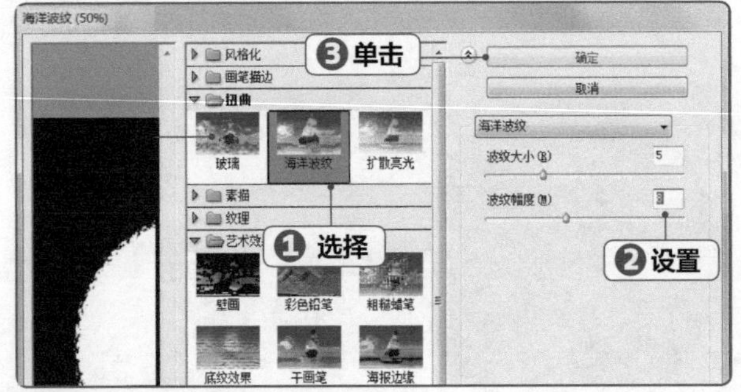

STEP 5 设置从右方向

❶选择【滤镜】/【风格化】/【风】命令，打开“风”对话框，在“方法”栏中单击选中“风”单选项；❷在“方向”栏中单击选中“从右”单选项；❸单击“确定”按钮，然后使用相同 方法，打开“风”对话框，设置风的方向为“从左”。

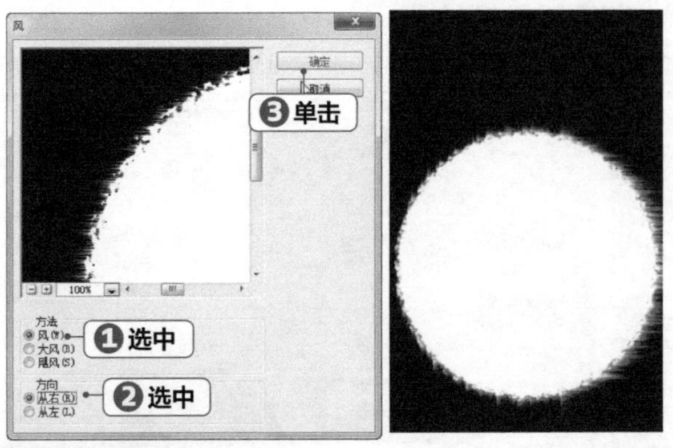

STEP 6 重复使用风滤镜

❶选择【图像】/【图像旋转】/【90度（顺时针）】命令，旋转画布，按两次【Ctrl+F】组合键，重复应用风滤镜，将Alpha1通道拖曳到“通道”面板底部的“新建通道”按钮上；❷复制通道得到Alpha1副本通道，按【Ctrl+F】组合键重复应用风滤镜，选择【图像】/【图像旋转】/【90度（逆时针）】命令，旋转画布。

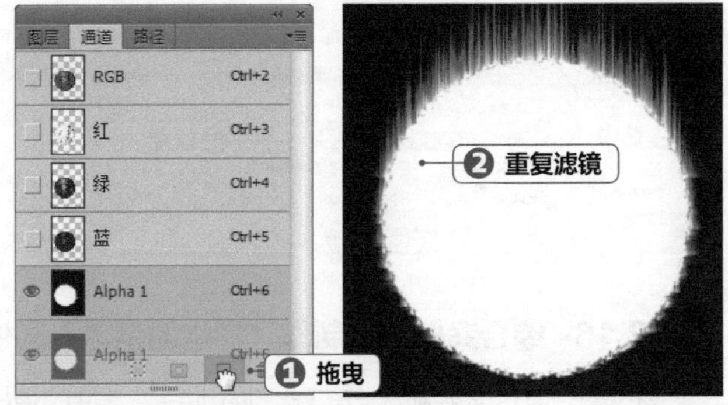

STEP 7 设置“玻璃”滤镜

❶选择“Alpha1副本”通道，选择【滤镜】/【滤镜库】命令，打开“滤镜库”对话框，打开“扭曲”滤镜组，选择“玻璃”滤镜；❷设置“扭曲度、平滑度、缩放”分别为“20、14、105%”；❸单击“确定”按钮。

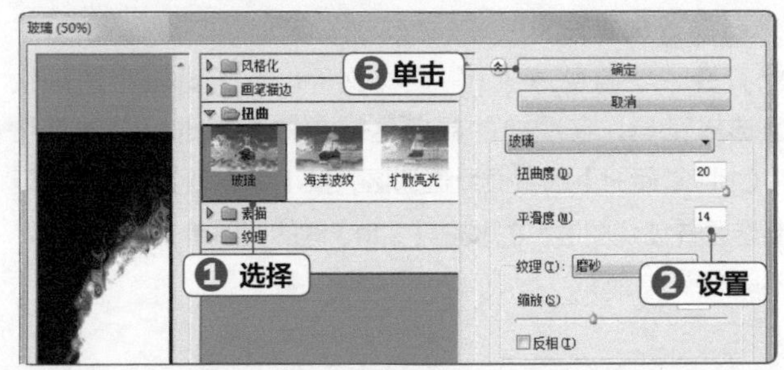

Chapter 12

STEP 8 设置"扩散亮光"滤镜

❶选择【滤镜】/【滤镜库】命令，打开"滤镜库"对话框，打开"扭曲"滤镜组，选择"扩散亮光"滤镜；❷设置"粒度、发光量、清除数量"分别为"6、10、15"；❸单击"确定"按钮。

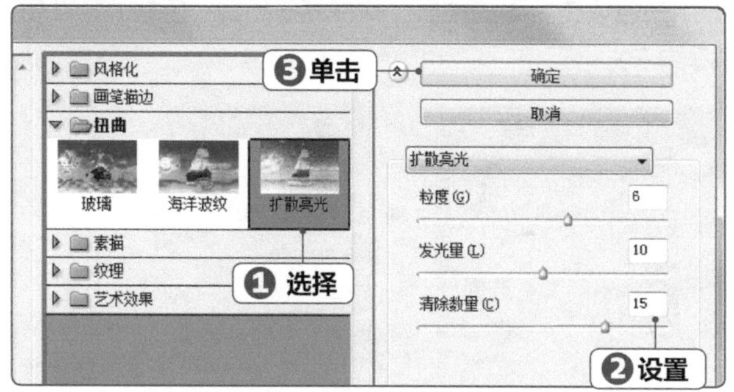

STEP 9 羽化选区并应用高斯模糊滤镜

❶选择魔棒工具，在星球图像上单击载入选区，按【Ctrl+Shift+I】组合键反选选区，选择【选择】/【修改】/【羽化】命令，打开"羽化选区"对话框，在其中设置羽化半径为"6像素"；❷单击"确定"按钮；❸选择【滤镜】/【模糊】/【高斯模糊】命令，打开"高斯模糊"对话框，设置半径为"1.0像素"；❹单击"确定"按钮。

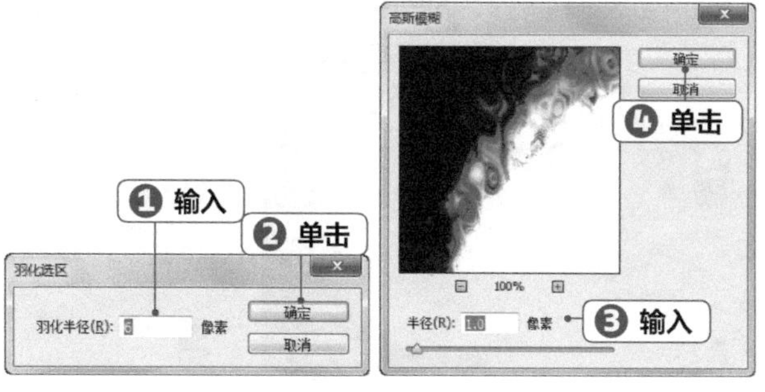

STEP 10 载入并填充选区

❶取消选区，按【Ctrl】键单击"Alpha1 副本"，载入红色星球的选区；❷切换到"图层"面板，新建一个图层，按【D】键复位前景色和背景色，按【Ctrl+Delete】组合键填充选区为"白色"，再次新建一个图层，将其移动到图层2下方，按【Alt+Delete】组合键填充"黑色"。

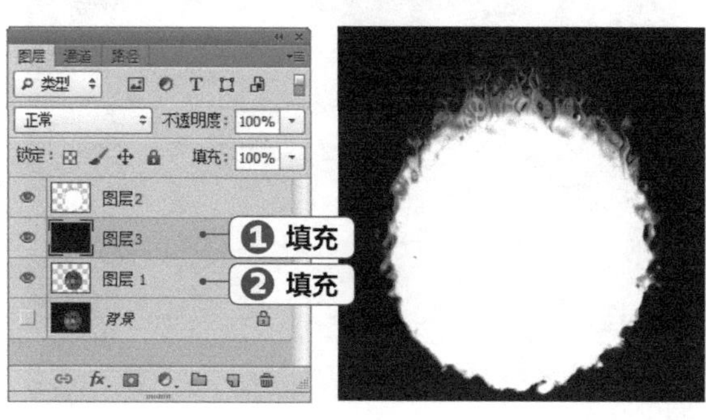

STEP 11 调整色相 / 饱和度

❶选择图层2，在"调整"面板中单击按钮，打开"色相/饱和度"面板，在其中设置"色相、饱和度"分别为"40、100"；❷单击选中"着色"复选框；❸在"调整"面板中单击按钮，打开"色彩平衡"面板，在"色调"下拉列表中选择"中间调"选项；❹设置青色到红色为"+100"。

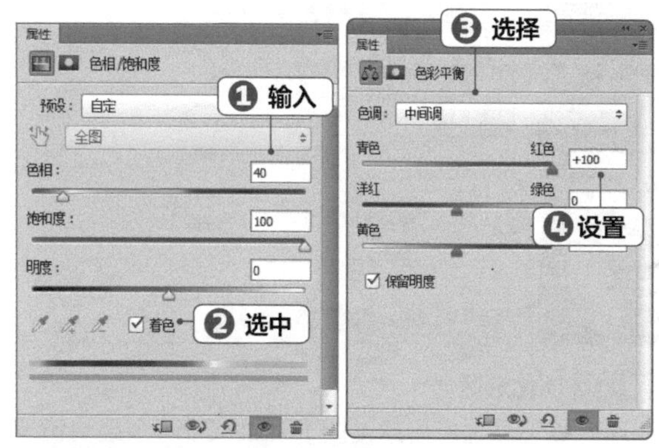

STEP 12 调整色彩平衡高光色调

❶在"色调"下拉列表中选择"高光"选项；❷设置"青色到红色"为"+100"；❸按【Ctrl+Shift+Alt+E】组合键盖印图层，将盖印图层的混合模式设置为"线性减淡(添加)"。

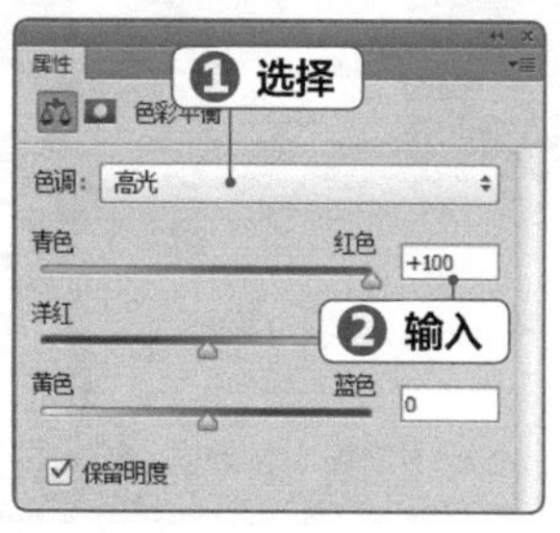

STEP 13 填充选区

❶使用魔棒工具选择星球图像，按【Alt+Delete】组合键为选区填充"黑色"；❷取消选区，删除"图层2"图层，此时将显示出填充的黑色星球，与黑色背景融为一体，显示出火环。

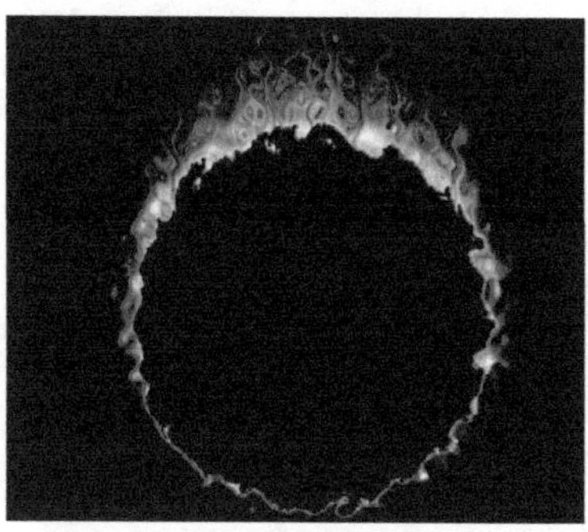

STEP 14 设置“玻璃”滤镜参数

❶切换到“通道”面板，选择“Alpha1 副本”通道，选择【滤镜】/【滤镜库】命令，打开“滤镜库”对话框，打开“扭曲”滤镜组，选择“玻璃”滤镜；❷在其中设置“扭曲度、平滑度、缩放”分别为“20、15、52%”；❸单击“确定”按钮。

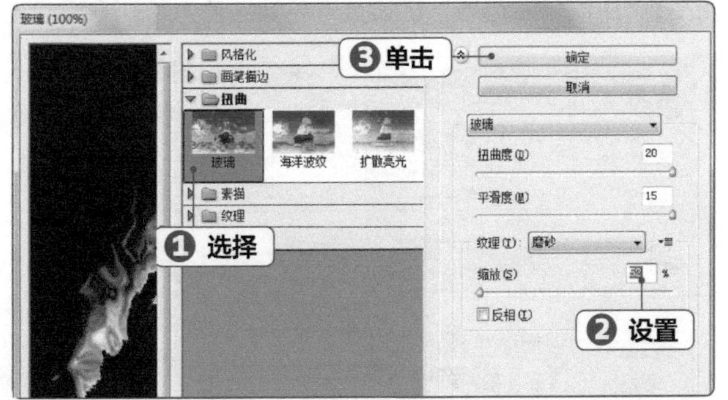

STEP 15 羽化选区

❶使用魔棒工具选择星球，按【Shift+Ctrl+I】组合键反选选区；❷按【Shift+F6】组合键打开“羽化”对话框，设置羽化值为“6 像素”；❸单击“确定”按钮。

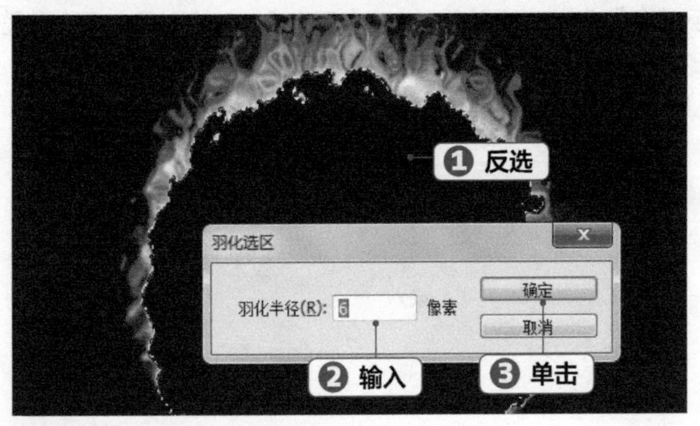

STEP 16 应用高斯模糊滤镜

❶选择【滤镜】/【模糊】/【高斯模糊】命令，打开“高斯模糊”对话框，设置半径为“2 像素”；❷单击“确定”按钮，返回图像编辑窗口取消选区。

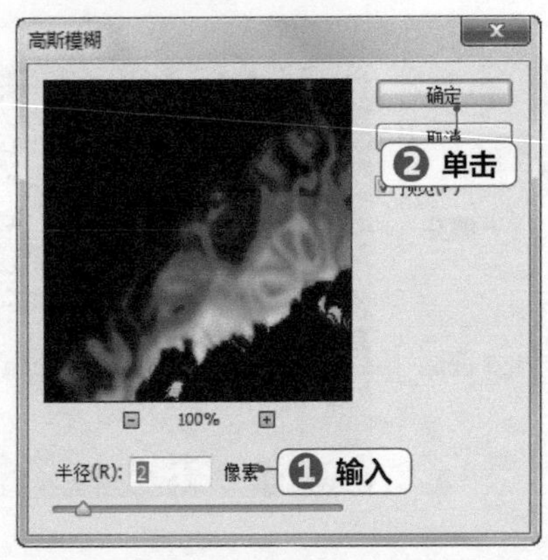

STEP 17 新建图层并填充选区

❶切换到“通道”面板，选择 Alpha1 通道；❷单击“将通道作为选区载入”按钮，将Alpha1通道中的图像载入选区；❸切换到“图层”面板隐藏“图层 4”，然后新建一个图层 5，用白色填充新建的图层，并将其移动到“色相 / 饱和度”图层的下方。

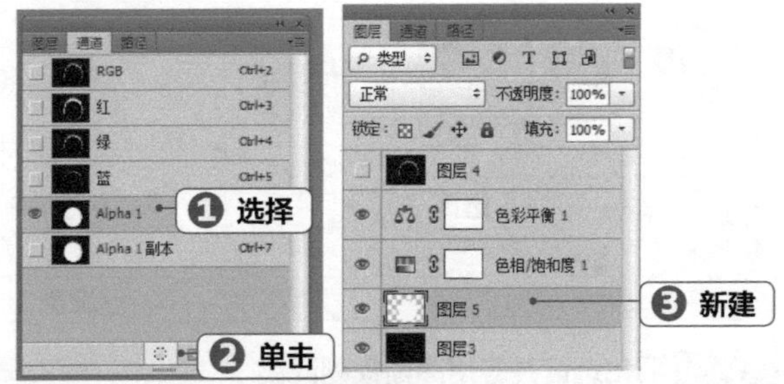

STEP 18 盖印图层并设置图层混合模式

❶按【Ctrl+Shift+Alt+E】组合键盖印图层，得到图层 6；❷将盖印图层的混合模式设置为“变亮”，并将其移动到最上方，显示“图层 4”并选择“图层 6”，按【Ctrl+E】组合键向下合并图像；❸将图层 1 拖曳到图层 4 上方，然后复制一层，设置图层混合模式为“线性减淡”。

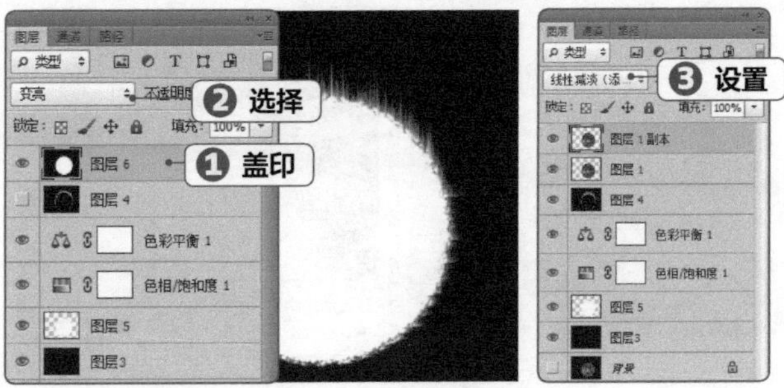

STEP 19 盖印图层并设置图层混合模式

打开“星球背景 .jpg”和“星球文本 .psd”素材文件，使用移动工具将其拖曳到红色星球图像中，调整文本和星球的大小与位置，完成本例的操作。

12.3 独立滤镜的应用

独立滤镜都是一些常用且功能强大的滤镜。有别于普通的滤镜组中的滤镜，独立滤镜都有自己的对话框，且使用起来比一般的滤镜复杂些。常见的独立滤镜包括自适应广角、镜头校正、油画、液化滤镜、消失点、Digimarc 滤镜外挂滤镜与增效工具等，下面分别进行介绍。

12.3.1 “自适应广角”滤镜

“自适应广角”滤镜能对图像的范围进行调整，使图像得到类似使用不同镜头拍摄的视觉效果。通过选择【滤镜】/【自适应广角】命令，打开“自适应广角”对话框，如下图所示。“自适应广角”对话框中各选项作用如下。

- 校正：用于选择校正的类型。
- 缩放：用于设置图像的缩放情况。
- 焦距：用于设置图像的焦距情况。
- 裁剪因子：用于设置需进行裁剪的像素。
- 约束工具：单击按钮，再使用鼠标在图像上单击或拖动设置线性约束。
- 多边形约束工具：单击按钮，再使用鼠标单击设置多边形约束。
- 移动工具：单击按钮，拖动鼠标可移动图像内容。
- 抓手工具：单击按钮，放大图像后使用该工具移动显示区域。
- 缩放工具：单击按钮，单击即可缩放显示比例。

12.3.2 “镜头校正”滤镜

使用相机拍摄照片时可能会因为一些外在因素造成镜头失真、晕影和色差等情况，这时可通过“镜头校正”滤镜对图像进行校正，修复因为镜头的关系而出现的问题。通过选择【滤镜】/【镜头校正】命令，将打开“镜头校正”对话框，在其中可设置校正参数。

“镜头校正”对话框中各选项作用如下。

- 移去扭曲：单击按钮，使用鼠标拖动图像可校正镜头的失真。
- 几何扭曲：用于配合“移去扭曲”工具校正镜头失真。当数值为负值时，图像将向外扭曲；当数值为正值时，图像将向内扭曲。

- 色差：用于矫正图像的色边。
- 晕影：用于矫正因拍摄导致的边缘较暗的图像。其中“数量”选项用于设置沿图像边缘变亮或变暗的程度，下图为晕影变亮和晕影变暗的效果。“中点”选项用于控制矫正的范围区域。
- 变换：用于矫正相机因向上或向下出现的透视问题。设置“垂直透视”为“-100”时图像将变为俯视效果；设置“水平透视”为“100”时图像将变为仰视效果。“角度”选项用于旋转图像，可矫正相机的倾斜。“比例”选项用于控制镜头矫正的比例。
- 拉直工具：单击按钮，使用鼠标拖曳绘制一条直线，可将图像拉直到新的横轴或纵轴。
- 移动网格工具：单击按钮，使用鼠标可移动网格，使网格和图像对齐。

12.3.3 “油画”滤镜

“油画”滤镜可以将普通的图像效果转换为手绘油画效果，通常用于制作风格画。通过选择【滤镜】/【油画】命令，打开“油画”对话框，如下图所示，在对话框中设置参数制作油画效果。

“油画”对话框中各选项作用如下。

- 样式化：用于设置笔触样式。
- 清洁度：用于设置纹理的柔化程度。下图为清洁度为“0”和“10”的效果。
- 缩放：用于设置纹理的缩放效果。
- 硬毛刷细节：用于设置画笔细节的丰富程度，数值越高毛刷纹理越清晰。

- 角方向：用于设置光线的照射角度。
- 闪亮：可以提高纹理的清晰度，产生弱化效果，数值越高纹理越明显。下图为设置闪亮为“1.85”和“4.8”的效果。

12.3.4 “消失点”滤镜——替换照片

当图像中包含了如建筑侧面、墙壁、地面等产生透视平面的图像时，可以通过“消失点”滤镜来进行矫正。本例将打开“屏幕.jpg”和“人物.jpg”图像，使用“消失点”滤镜将人物图像置入到平板电脑中，具体操作步骤如下。

微课：替换照片

素材：光盘\素材\第 12 章\替换照片
效果：光盘\效果\第 12 章\替换照片.jpg

STEP 1 复制图像

❶打开“花朵.jpg”素材文件，按【Ctrl+A】组合键将全部图像作为选区载入；❷选择【编辑】/【拷贝】命令复制图像，或是按【Ctrl+C】组合键复制图像。

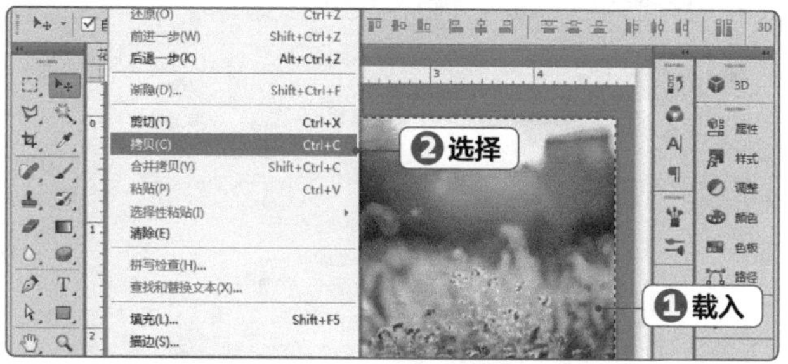

STEP 2 使用滤镜

❶打开“照片.jpg”图像，选择【滤镜】/【消失点】命令，在打开的“消失点”对话框中单击按钮；❷在预览图中使用鼠标单击照片的四个角生成网格。

STEP 3 粘贴并调整图像

❶按【Ctrl+V】组合键粘贴之前复制的图像，按【Ctrl+T】组合键调整图像大小，使用鼠标将粘贴的图像拖动到网格中；❷单击“确定”按钮，完成后即可查看效果。

STEP 4 查看完成后的效果

返回图像编辑区，即可发现城市背景已经变为花朵背景，保存文件查看完成后的对比效果。

12.3.5 “Digimarc”滤镜

Digimarc 滤镜组用于在图像中添加数字水印，以标示版权。该滤镜组中只有两个滤镜，选择【滤镜】/【Digimarc】命令，在弹出的快捷菜单中选择相应的命令即可。下面分别对嵌入水印和读取水印的方法进行介绍。

1. 嵌入水印

“嵌入水印”滤镜可以在图像上添加版权信息，选择【滤镜】/【Digimarc】/【嵌入水印】命令，打开“嵌入水印”对话框，可将 ID 标识号和著作版权信息嵌入到图像中。需要注意的是，在嵌入水印前，必须先在 Digimarc Corporation 公司进行注册，以获得 Digimarc ID 识别号。该服务需要收取一定的服务费。

2. 读取水印

“读取水印”滤镜用于读取图像中嵌入的数字水印。当一个图像中包含了数字水印信息时，状态栏和图像窗口最左侧将会出现一个字母 C。

12.3.6 "液化"滤镜——制作融化水果

微课：制作融化水果

"液化"滤镜经常被用于修饰图像、制作创意艺术图像等情况。使用它能创建推拿、扭曲、旋转、收缩等效果。本例将先制作背景效果，再打开"草莓.jpg"图像，使用"液化"滤镜制作水果融化效果，具体操作步骤如下。

	素材：光盘\素材\第 12 章\草莓.jpg
	效果：光盘\效果\第 12 章\草莓.psd

STEP 1 制作背景

❶新建大小为 1360 像素 ×1200 像素的图像文件，将前景色设置为"#ffd200"，并按【Alt+Delete】组合键填充前景色；❷新建图层，并在工具箱中选择渐变工具；❸在工具属性栏中设置渐变方法为"中灰密度"，单击▣按钮；❹在图像编辑区中绘制渐变，并设置图层混合模式为"颜色加深"。

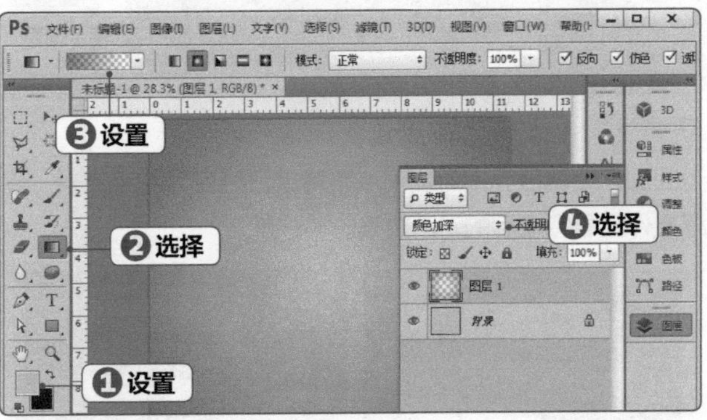

STEP 2 抠取图像

❶打开"草莓.jpg"图像文件，在工具箱中选择魔棒工具；❷在图像编辑区的白色区域处单击，添加背景选区，按【Shift+Ctrl+I】组合键反选选区。

STEP 3 液化图像

❶将选择的草莓拖动到图像中，按【Ctrl+J】组合键，复制草莓图层，选择【滤镜】/【液化】命令，打开"液化"对话框，单击按钮，选择向前变形工具；❷设置"画笔大小、画笔密度、画笔压力、不透明度"为"50、100、100、0"；❸使用鼠标在预览图中从上向下拖动，绘制草莓融化效果；❹单击"确定"按钮。

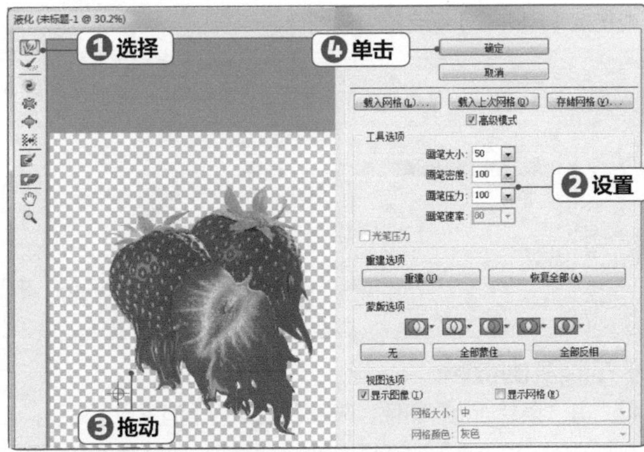

STEP 4 设置不透明度

查看滤镜后的效果，选择图层 2，将图层不透明度设置为"50%"，并将其移动到"图层 2 副本"图层的上方，查看完成后的效果。

STEP 5 查看完成后的效果

选择横排文字工具，输入文字，并设置"文字样式、字号、颜色"为"Poplar Std、100、白色"，使用相同的方法再次输入文字，并设置颜色为"#9e9d9d"，完成后将其放于白色文字的下方，形成阴影效果，保存图像，查看完成后的效果。

Chapter 12

12.3.7 视频滤镜与外挂滤镜

视频滤镜用于处理从隔行扫描方式的设备中提取的图像，而外挂滤镜则是第三方公司为 Photoshop CS6 专门研发的外置滤镜，使用“外挂”滤镜可制作出更多漂亮的图像。下面分别对视频滤镜与外挂滤镜进行介绍。

1. 视频滤镜

“视频”滤镜组包含“NTSC 颜色”和“逐行”两种滤镜，通过它们能够处理隔行扫描方式设备中的图像。“NTSC 颜色”滤镜可以将色域限制在电视机重现可接受的范围内，以防止过饱和颜色渗到电视扫描行中；“逐行”滤镜用于移去视频图像中的奇数或偶数隔行线，使视频上捕捉的运动图像变得平衡。选择【滤镜】/【视频】/【逐行】命令，将打开“逐行”对话框，在“消除”栏可设置消除逐行的方式，包括奇数行和偶数行两种；在“创建新场方式”栏可设置消除场后用何种方式来填充空白区域，“复制”选项可以复制被删除部分周围的像素来填充空白区域，“插值”选项可以利用被删除部分周围的像素，通过插值的方法进行填充。

2. 外挂滤镜

外挂滤镜种类很多、功能各异。下载需要的外挂滤镜后，双击安装包中的 Setup 文件进行安装即可。使用滤镜需注意的是，外挂滤镜的安装位置必须是 Photoshop CS6 程序文件夹下的 Plug-ins 文件夹。外挂滤镜的操作方法与 Photoshop 自带的滤镜使用方法相同，只要选择“滤镜”命令后，在弹出的子菜单中选择需要的外挂滤镜即可。在处理图像时，使用最为频繁的外挂滤镜有 KPT 、Eye Candy、Ulead Effects 和 PhotoTools 等，其中 KPT 滤镜组可完美制作卷页、球效果、三维物体贴图、水晶效果和变形效果等；Eye Candy 滤镜则可制作烟雾和贴图等效果。

高手竞技场

1. 制作化妆品广告

化妆品是大多数女性必备的物品，若想让消费者了解该化妆品，广告的传播是必不可少的。本练习将对“手 .psd”素材文件进行编辑，制作一张“化妆品广告”，要求如下。

- 打开“手 .psd、底纹 .jpg、背景 .jpg”素材文件，对“手 .psd”图像使用滤镜并调整图层模式。
- 使用“色相 / 饱和度”命令调整手的整体颜色，并在“图层样式”对话框中，制作内发光和渐变叠加效果。
- 将手图像拖动到背景图像中并调整大小及位置。

2. 制作炫酷冰球效果

冰球带有强烈的冰冷炫酷视觉感受，可用于清冷的变季广告中，本练习将对“篮球 .jpg”素材文件进行编辑，制作冰球效果，要求如下。

- 使用“水彩”滤镜制作冰的质感效果。

- 用“铬黄渐变”滤镜制作冰球表面的液态效果。
- 通过画笔绘制水滴形状，并使用涂抹工具涂抹水滴，最后通过图层样式制作冰雕融化水滴效果。

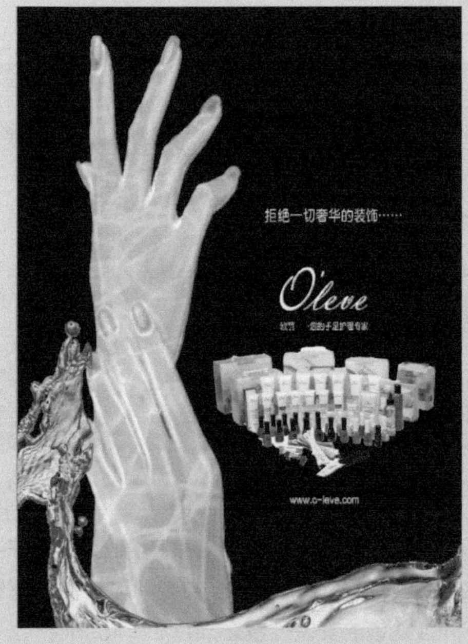

3. 制作“荧光圈”特效图像

荧光圈炫彩夺目，常用作背景或图像的修饰，本练习要求制作一个“荧光圈”特效图像，其中将应用到“镜头光晕”“极坐标”“水波”等滤镜，要求如下。

- 新建图像文件，应用“镜头光晕”滤镜制作镜头光晕效果。
- 应用“极坐标”滤镜制作变形效果。
- 应用“扭曲”滤镜制作水波效果。
- 应用“高斯模糊”滤镜模糊图像们制作发光的效果。

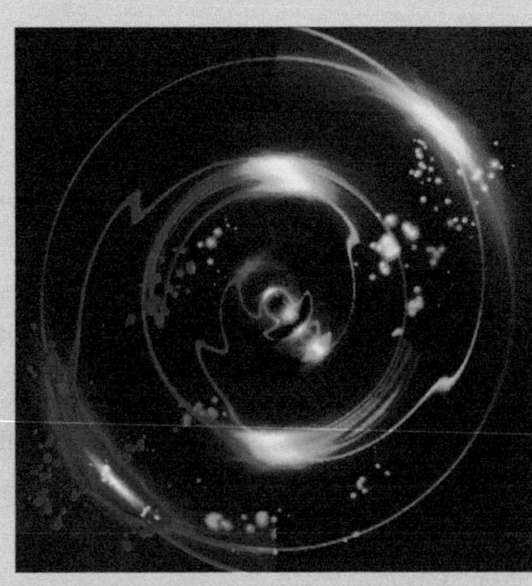

13 Chapter

第 13 章

3D 视觉设计

/ 本章导读

3D图像的立体感、光景效果要比二维平面图形更为逼真，在实际工作中，Photoshop经常被用于3D对象的材质设置、灯光添加与渲染。本章将讲解3D图像的编辑方法，包括认识3D、创建3D对象、编辑3D对象及其纹理、存储和导出3D文件等，掌握这些编辑方法可以帮助用户制作出更多真实、立体的图像效果。

Chapter 13

13.1 初识 3D

3D 是英文“3 Dimensions”的简称，3D 就是空间的概念，三维是由 *x*、*y*、*z* 三个轴组成的空间，当在 Photoshop 中打开一个 3D 图像时，源 3D 图像的纹理、渲染以及光照信息都将被存放在 3D 图层中。3D 的编辑原理和方法都和编辑平面图像时有所不同，因此在学习 3D 图像制作前需要对 3D 的基础概念进行一定的了解。

13.1.1 了解 3D 的组成元素

一个 3D 文件可能包含一个或多个 3D 组成元素，了解各组成元素，有助于快速编辑处理 3D 对象。下面对常见的 3D 组成元素进行介绍。

1. 网格

用于确定对象的大致形状，一个 3D 对象中至少包含一个网格。在 Photoshop 中可将预先准备的形状或现有的平面图层转换为 3D 网格。此外，用户还可以用 2D 图层创建 3D 网格，下图为 3D 图层中的网格。

2. 光源

和现实中的灯光作用相同，光源用于照亮整个场景。在 Photoshop 中有无限光、聚光灯和电光 3 种光源。光源不同，相同材质所呈现的状态也有所不同。下图为点光、聚光灯、无限光的效果。

3. 材质

材质将映射到网格上，用于模拟各种纹理和质感，增强图像的真实感。一个网格可以使用一种或多种材质。下图为怪兽的纹理材质。

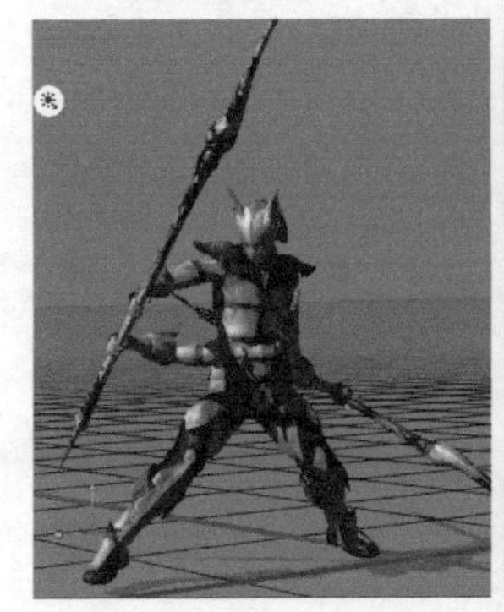

4. 3D 相机

使用 3D 相机可以改变与物体的视图关系，通过移动摄像机的位置得到最合适的图像效果，下图为不同视觉的 3D 对象效果。

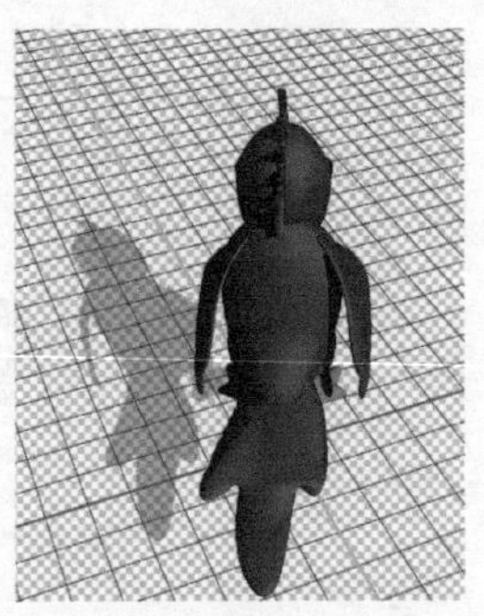

13.1.2 认识 3D 工具与 3D 轴

在“图层”面板中选择 3D 图层，再选择移动工具，此时，工具属性栏中增加了一个“3D 模式”选项，单击对应的 3D 工具，拖动 3D 对象，或在选择对象后，拖动 3D 对象上出现的 3D 轴，都可实现 3D 对象的旋转、滚动、缩放、移动等操作。

1. 旋转 3D 对象

若需要多个角度查看 3D 对象，可使用旋转 3D 对象工具或 3D 轴旋转 3D 对象，下面分别进行介绍。

- 使用旋转 3D 对象工具旋转对象：单击按钮后，将鼠标光标制动到 3D 对象上，按住鼠标左键上下拖动可将对象水平旋转，左右拖动可将对象垂直旋转。下图为使用旋转 3D 对象工具将鼠标向左上拖动的效果。

- 使用 3D 轴旋转对象：若想旋转对象，可先单击选择 3D 对象，此时出现 3D 轴，使用鼠标单击轴锥尖处下方的旋转线段。此时将出现暗黄色的旋转环，使用鼠标拖动旋转环即可旋转对象，下图为单击 z 轴锥尖处下方出现的旋转线段。

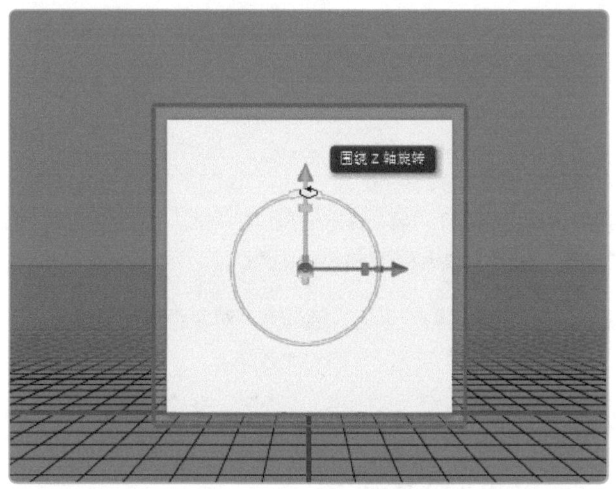

2. 滚动 3D 对象

若需要围绕 z 轴旋转 3D 对象，可使用滚动 3D 对象工具实现。其方法为：单击按钮后，将鼠标移动到 3D 对象上，按住鼠标左键左右拖动可使对象滚动，下图为向右滚动 3D 对象的前后效果。

3. 拖动 3D 对象

若需要沿着水平或垂直方面移动 3D 对象的位置，可使用以下两种方法。

- 使用拖动 3D 对象工具移动对象：单击按钮后，将鼠标移动到 3D 对象上，按住鼠标左键左右拖动可将对象水平移动，按住鼠标左键上下拖动可将对象垂直移动，下图为使用鼠标向上拖动图像的效果。

- 使用 3D 轴移动对象：若想移动对象，可使用鼠标拖动轴的锥尖处，此时对象会根据选择的轴方向进行移动。

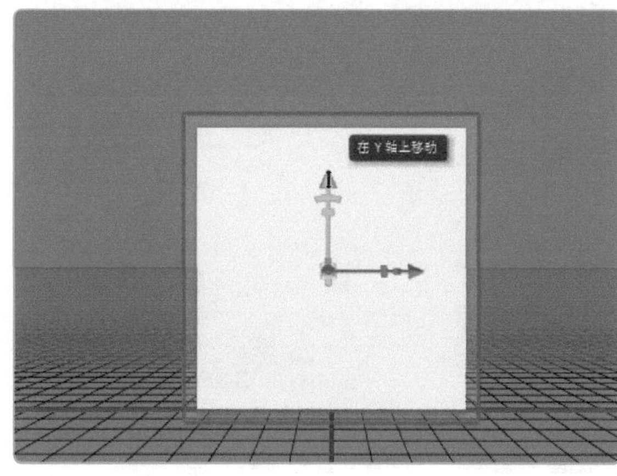

4. 滑动 3D 对象

若想在画布中缩小或放大模型，可滑动 3D 对象。其方法为：单击按钮，将鼠标移动到 3D 对象上，按住鼠标左键上下拖动可放大或缩小对象。下图为向上拖动鼠标缩小对象的效果。

5. 缩放 3D 对象

缩放 3D 对象效果与滑动 3D 对象的效果相似，区别在于缩放 3D 对象是在原位置缩放，可更改 3D 相机与对象的距离。缩放 3D 对象一般有以下两种方法。

- 使用缩放 3D 对象工具缩放对象：单击按钮后，向上向下拖动鼠标。

- 使用 3D 轴缩放对象：若想平均缩放对象，可使用鼠标上下或左右拖动 3D 轴交叉点的方块，可放大或缩小对象；若需要对对象的长度、高度和宽度进行单独缩放，可拖动对应轴方向上的方块进行变形，下图为向外拖动 z 轴上的方块变形 3D 对象的宽度后的效果。

13.1.3 使用预设的视图观察 3D 模型

软件提供了多种相机视图，用户选择不同的视图模式，也可多角度快速查看 3D 对象。其方法是：在“3D”面板中选择“场景”栏的“当前视图”选项，选择【窗口】/【属性】命令，打开“属性”面板，选择需要的视图模式即可。

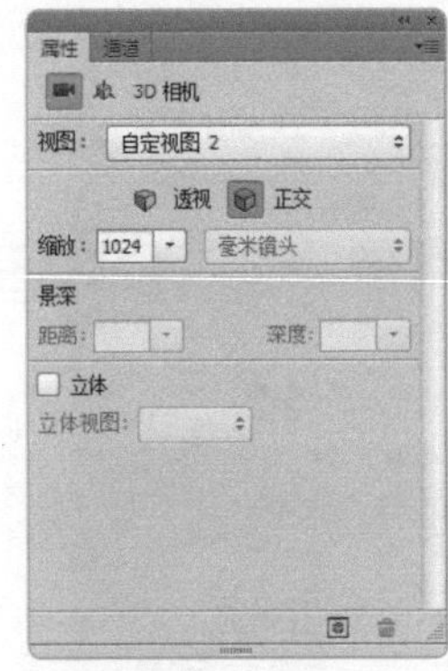

选择视图模式后，在“属性”面板中还可以根据需要调整缩放值与景深，下面具体进行介绍。

- 缩放：设置模型的远近，值越大，对象距离我们越远，下图为缩放 200 与 2000 的对比效果。

- 景深：产生焦点内的图像清晰，而焦点外的图像模糊的效

果。设置景深需要先单击按钮，然后调整距离与深度，距离与深度值越大，焦点越小，右图为设置景深后的效果。

技巧秒杀

Photoshop中可以打开的3D文件

在Photoshop中可打开OBJ、KMZ、3DS、U3D、DAE格式的3D文件。

13.2 认识“3D”面板

在 Photoshop 中对 3D 对象进行的操作，都可通过“3D”面板进行，可以对对象的场景、网格、材质和光源等内容进行编辑：选择【窗口】/【3D】命令，打开“3D”面板，在其中可设置 3D 场景、3D 网格、3D 材质和 3D 光源等。下面分别进行介绍。

13.2.1 设置 3D 场景

3D 场景指用于放置图像中的对象以及网格等物体的虚拟空间。通过设置 3D 场景可以更改渲染模式和改变对象上的纹理。打开“3D”面板，单击按钮，在其下方的列表中选择“场景”选项，选择【窗口】/【属性】命令，在打开的“属性”面板中可以设置对象的场景的显示方法。

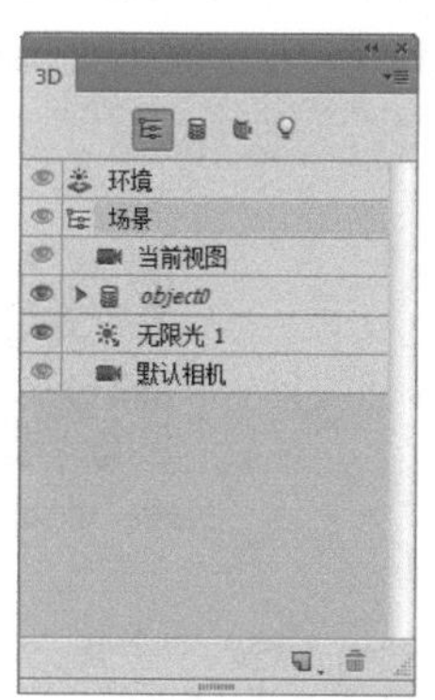

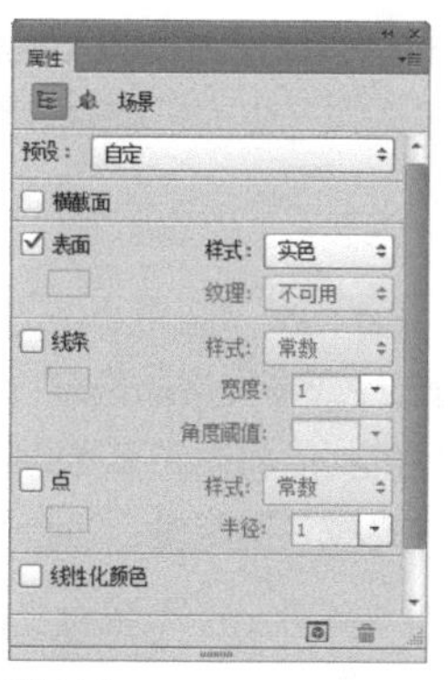

“场景属性”面板中各选项作用如下。

- 预设：用于设置对象的渲染方式，设置后图像将出现不同的显示方式。下图分别为着色线框和实色线框的显示效果。

- 横截面：单击选中该复选框后，通过选择复选框下方的切片、位移、倾斜和不透明度等选项，选择不同的角度与对象相交的平面横截面，从而切入模型内部，查看内部效果。下图为不同轴与不同倾斜度的横截面效果。

- 表面：单击选中该复选框后，将显示对象。在其后的“样式”下拉列表框中进行选择，用户可对对象的表面效果进行设置。
- 线条：单击选中该复选框后，可显示对象的边框，在其后方的选项中可设置线条样式、宽度、角度和颜色等，如下图左所示。
- 点：单击选中该复选框后，可显示对象中的网格点，在其后方的选项中可设置线条样式、半径、颜色等，如下图右所示。

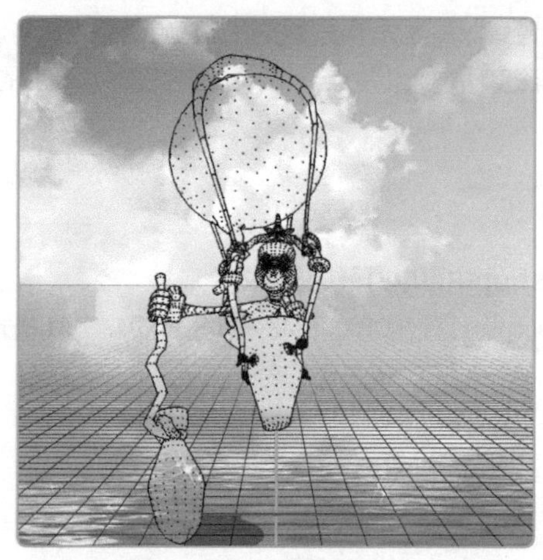

13.2.2 设置 3D 网格

设置网格可控制对象的阴影关系。单击“3D”面板中的▦按钮，在下方的列表中选择需要设置的网格选项，在打开的“网格”面板中即可设置网格属性，如下图所示。

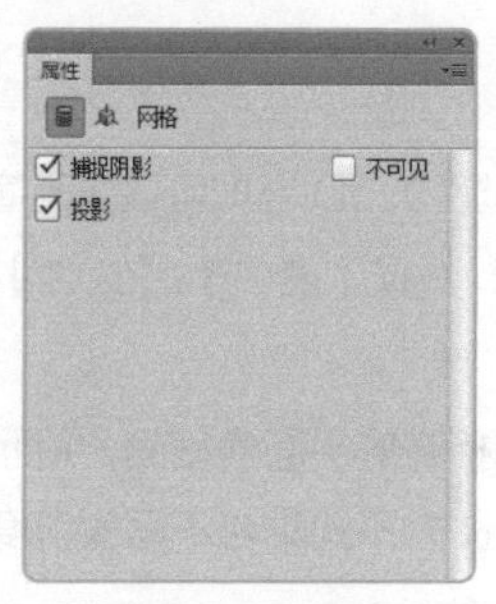

“网格”面板中各选项作用如下。

- 捕捉阴影：单击选中该复选框，对象将出现阴影效果；撤销选中该复选框，对象将不会出现阴影效果。
- 投影：单击选中该复选框，对象将出现投影；撤销选中该复选框，对象将不会出现阴影效果，其效果和捕捉阴影相似。
- 不可见：单击选中该复选框后将隐藏3D对象，仅显示网格，以及对象产生的所有阴影和投影。

Chapter 13

13.2.3 设置 3D 材质——制作金属椅

微课：制作金属椅

材质的使用是设置 3D 对象时最重要的一个环节，一个对象可使用一种或多种材质来进行设置，材质覆盖在对象表面上，可表现出纹理效果，并增强图像的真实感，不同的材质将得到不同的质感与视觉效果。添加材质后，还需要从材质本身的物理属性出发，分析颜色、花纹、透明度、凹凸、是否发光或是否反光等，并进行相应的设置，从而增强材质的真实感。下面为“椅子.psd”素材文件中的椅子载入“金属.jpg”图像中的材质，制作金属椅，具体操作如下。

	素材：光盘\素材\第 13 章\金属椅.psd、金属.jpg、皮料.jpg
	效果：光盘\效果\第 13 章\金属椅.psd

STEP 1 选择载入纹理的部分

❶打开“金属椅.psd”素材文件；❷选择【窗口】/【3D】命令，打开“3D”面板，使用移动工具单击图像激活 3D 对象，在其中单击▦按钮；❸在其下方的列表框中选择“Reflective_m”选项。

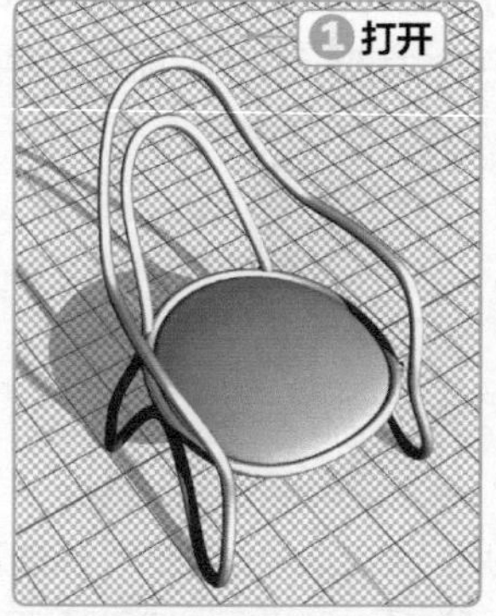

STEP 2 载入纹理

①在打开的“材质”面板中单击“漫射”选项后的按钮；②在打开的列表中选择“载入纹理”选项。

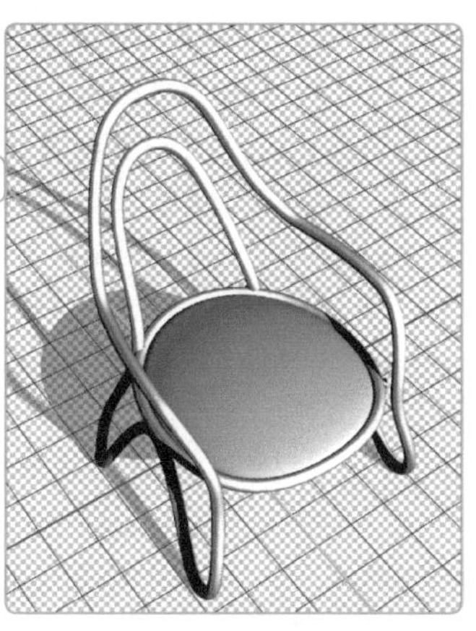

技巧秒杀

新建纹理

在“属性”面板中单击图标，在打开的列表中选择“新建纹理”选项，可对没有设置的材质添加纹理，让材质球的纹理更丰富。3D对象的贴图都需要通过这种方法来处理。

STEP 3 选择载入的纹理

①打开“打开”对话框，在其中选择“金属.jpg”图像；②单击“打开”按钮。

STEP 4 设置材质参数

选择【窗口】/【属性】命令，打开“属性”面板，设置“闪亮、反射、粗糙度、凹凸、折射”分别为“20%、20%、5%、6%、1.200”，返回图像编辑窗口，即可看到椅子框架已被附上金属材质。

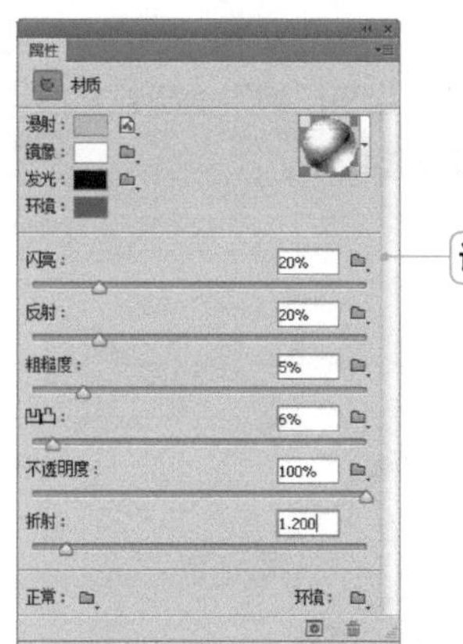

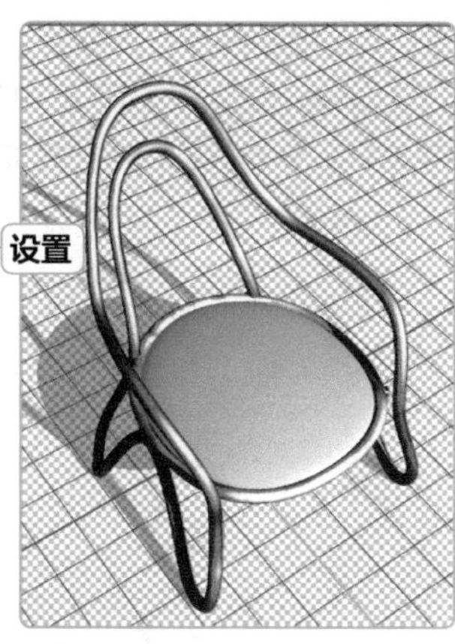

STEP 5 为坐垫添加皮料

①在3D材质面板下方的列表框中选择“Fabric”选项；②使用相同的方法载入“皮料.jpg”材质；③在“属性”面板中设置镜像颜色为“#908d8d”，继续设置与上一步相同的材质参数。

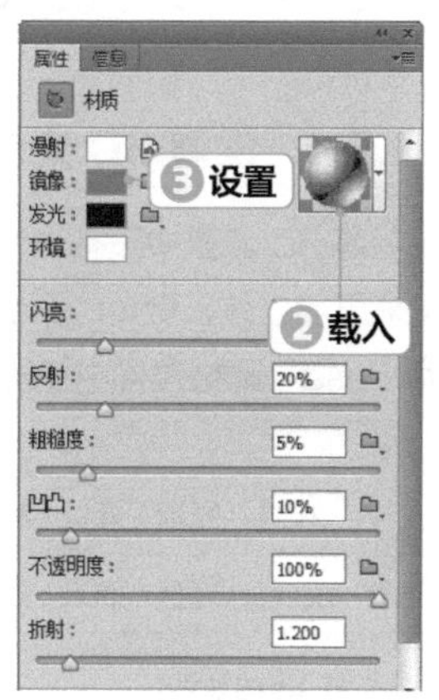

STEP 6 编辑UV属性

①在“属性”面板中单击“漫射”选项后的按钮；②在打开的下拉列表中选择“编辑UV属性”选项；③在打开的对话框中设置U、V比例为“200%”；④单击“确定”按钮。

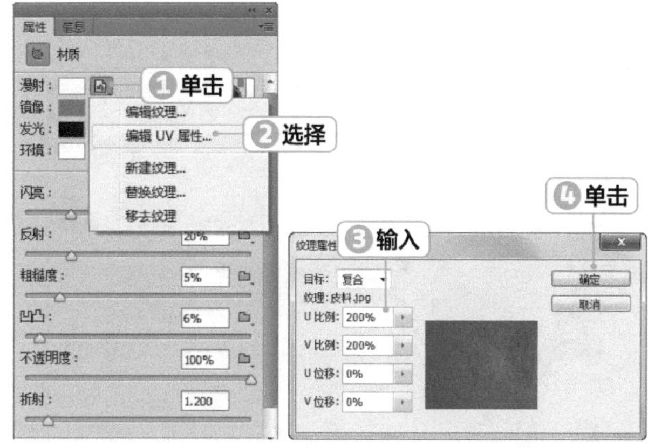

STEP 7 查看添加材质效果

返回图像编辑窗口，即可看到椅子坐垫已被附上皮料材质，保存文件，查看完成后的效果如下图所示。

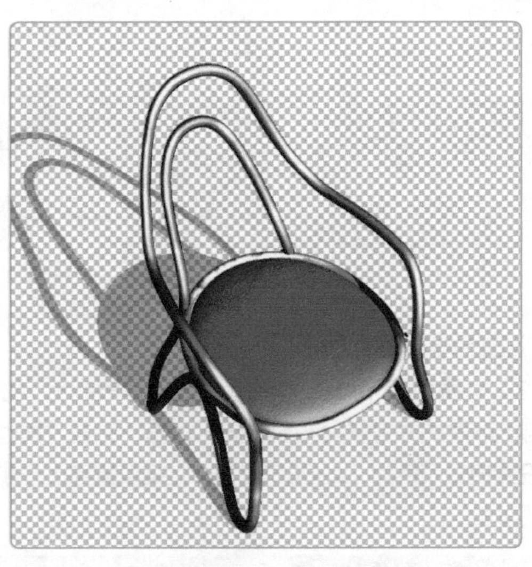

操作解谜

"材质属性"面板中主要选项的作用

- 材质球：单击材质球右侧的下拉按钮，在打开的下拉列表中可选择一种材质。
- 漫射：用于设置材质的颜色。漫射映射可以是实色或是任意2D图像。
- 镜像：用于设置镜面高光的颜色。
- 发光：用于设置不依赖于光照就能显示的颜色。
- 环境：存储3D模型周围环境的图像。
- 闪亮：用于设置"光泽"产生的反射光的散射。其中"低反光度"可以产生明显的光照，但焦点会不足。而"高反光度"可以产生不明显、更亮的高光。
- 反射：增加3D场景映射和材质表面上的其他对象反射效果。
- 粗糙度：用于设置材质显示的粗糙程度。

13.2.4 设置 3D 光源

微课：设置 3D 光源

若是 3D 场景中没有光源，整个对象都会显得暗淡无光。在不同角度为对象增加光源，可使对象看起来更加立体。Photoshop 中提供 3 种类型的光源，分别为点光、聚光灯与无限光。下面为"金属椅 1.psd"素材文件中的椅子添加"晨曦"的光线效果，具体操作如下。

	素材：光盘\素材\第 13 章\金属椅 1.psd
	效果：光盘\效果\第 13 章\金属椅 1.psd

STEP 1 选择光源

❶打开"金属椅 1.psd"素材文件；❷选择【窗口】/【3D】命令打开"3D"面板，使用移动工具单击图像激活 3D 对象，在其中单击按钮；❸在其下方的列表框中选择"无限光 1"选项。

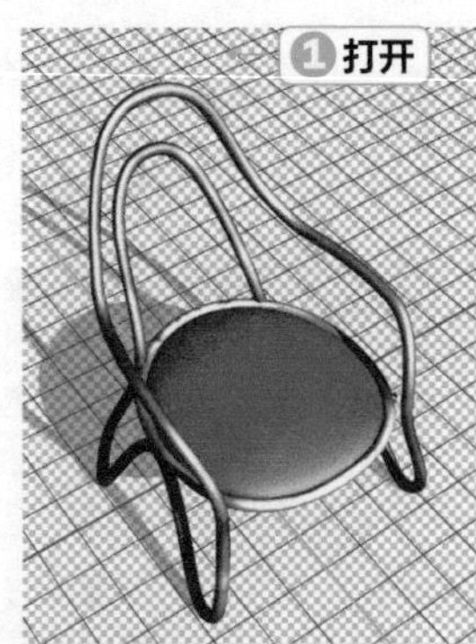

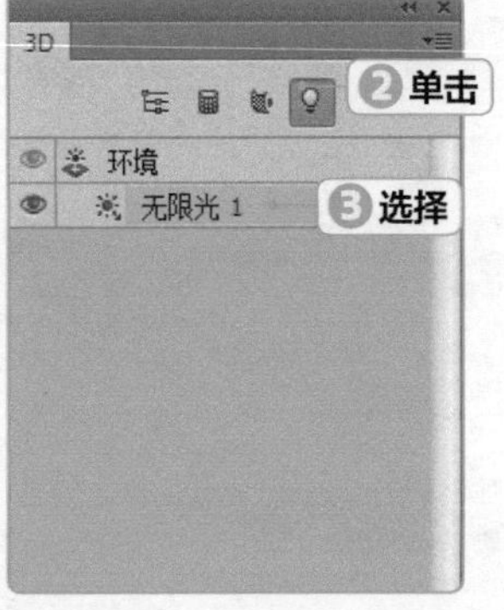

技巧秒杀

新建与删除光源

在编辑光源属性前需要先选择光源，若没有光源，可选择光源图层：单击"属性"面板底部的按钮，在打开的列表中选择任一选项，可新建一个光源。单击按钮可删除多余的光源。

STEP 2 修改光源属性

❶在打开的"属性"面板中将预设设置为"晨曦"；❷设置类型为"点光"；❸设置"强度"为"20%"。

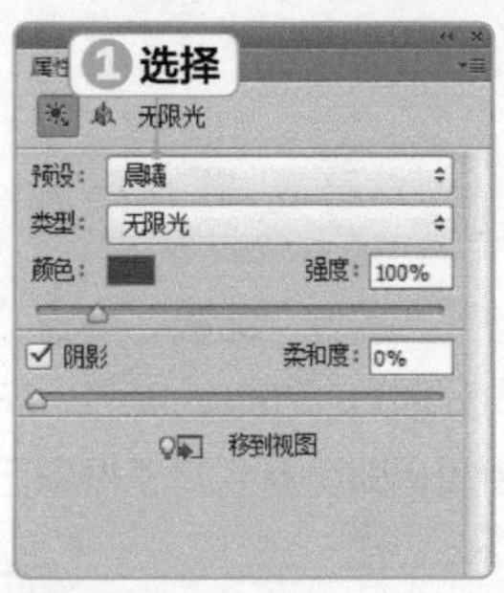

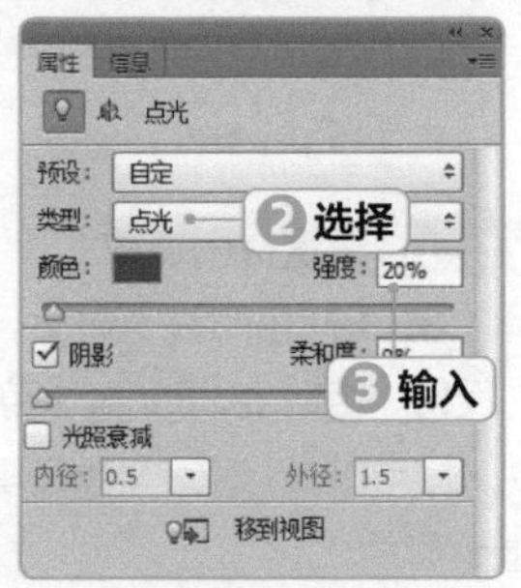

STEP 3 查看设置 3D 光源后的效果

返回图像编辑窗口，即可查看设置 3D 光源后的效果，保存文件，完成本例的操作。

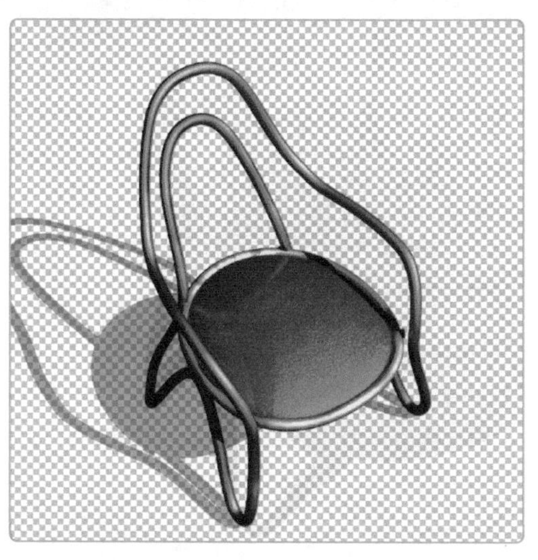

操作解谜

"属性"面板中主要选项的作用

- 预设：在该下拉列表中可选择不同场景的灯光类型，便于更快地调整出光照效果。
- 类型：在该下拉列表中可设置光源形状，如点光、聚光灯和无限光。点光可产生灯泡的效果，聚光灯可产生射灯的效果，无限光可产生太阳光照射的效果。
- 颜色：用于设置灯光的颜色，设置后灯光的颜色将直接投影到对象上。
- 强度：设置光线强度。
- 阴影：单击选中该复选框后，将在对象上产生被遮挡的光源效果。
- 柔和度：设置光照后物体阴影的渐变的效果。

13.3 创建 3D 对象

在 Photoshop 中，用户不但能打开其他软件制作的 3D 图像，还能自行创建 3D 对象。在 Photoshop 中创建 3D 对象的方法有很多，下面对常见的 4 种方法分别进行介绍。

13.3.1 从选区中创建 3D 对象

从选区中创建 3D 对象的方法比较简单：先打开需创建的图像，使用选区工具在图像中创建选区，然后选择【3D】/【从当前选区新建 3D 凸出】命令或【选择】/【新建 3D 凸出】命令，可将选区内的图像创建为 3D 对象，然后使用 3D 工具调整该对象的角度即可查看到创建后的效果。如下图所示。

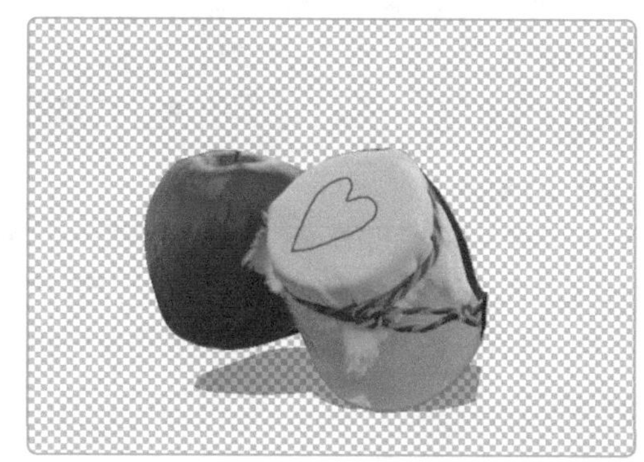

13.3.2 从图层中新建 3D 对象——创建 3D 文字

Photoshop 中的任何类型的图层都可以创建为 3D 对象。为了能使平面的文字具有立体的三维效果，可将该文字创建为 3D 对象，具体操作如下。

微课：创建 3D 文字

	素材：光盘\素材\第 13 章\背景 .jpg
	效果：光盘\效果\第 13 章\3D 文字 .psd

STEP 1 创建文本图层

①打开“背景 .jpg”素材文件；②选择横排文字工具；③在图像中输入“狂欢节 等你嗨”文本，并设置“字体、字号、颜色”分别为“微软简综艺、150 点、白色”。

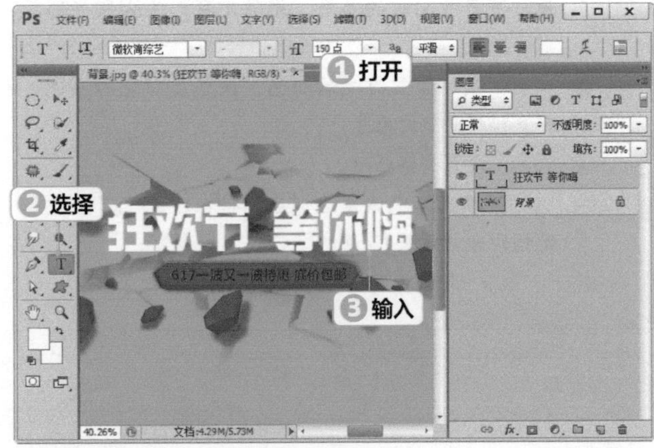

STEP 2 从所选图层新建 3D 凸出

选择【3D】/【从所选图层新建 3D 凸出】命令，即可基于文字创建 3D 文字模型。

STEP 3 旋转 3D 对象

①选择旋转 3D 对象工具，向下拖动，旋转 3D 视图；②单击文字；③在打开的“属性”面板的“形状预设”下拉列表中选择“斜面”样式；④在“凸出深度”文本框中输入“100”。

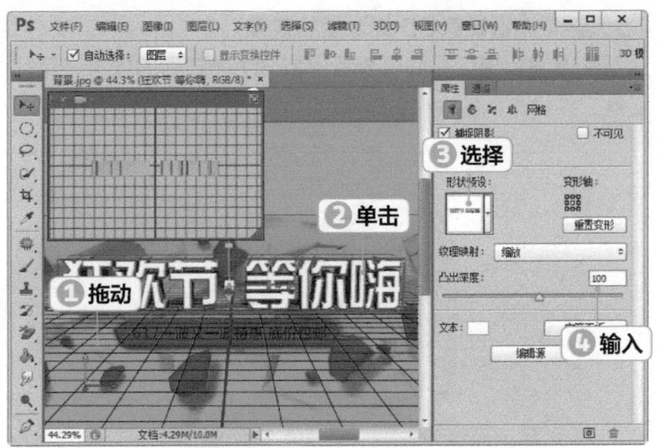

STEP 4 选择光源

①在场景中单击图标；②选择光源，在打开的“光源”面板中设置“强度”为“190%”；③撤销选中“阴影”复选框。

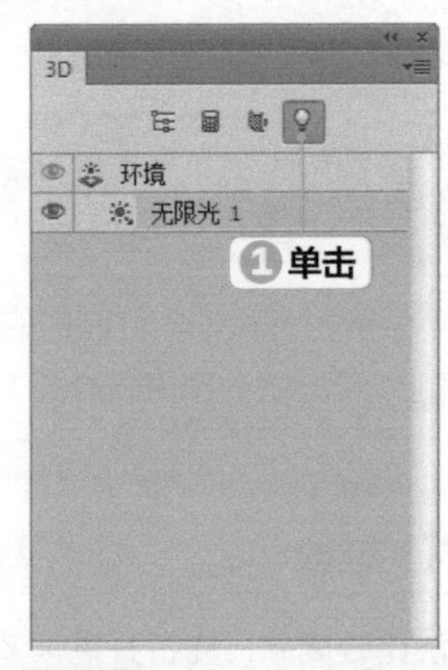

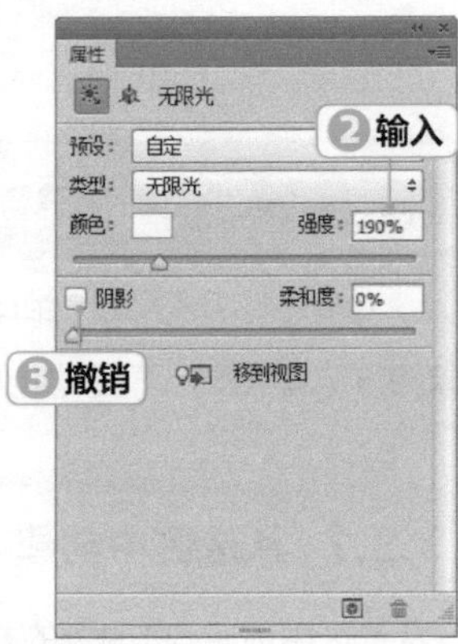

STEP 5 查看 3D 文字效果

返回工作界面，查看创建的 3D 文字效果，保存文件为“3D 文字”，查看完成后的效果。

13.3.3 从路径中创建 3D 对象——制作 3D 沙发

路径不仅只能在平面中用于创建选区或抠图等操作，还可将已有的路径创建为具有立体感的 3D 对象。其创建方法与从选区中创建 3D 对象相似，下面将先绘制沙发路径，然后根据路径创建 3D 沙发，最后载

微课：制作 3D 沙发

入纹理，为沙发赋予质感，具体操作如下。

	素材：光盘\素材\第13章\海滩.jpg、沙发面料.jpg
	效果：光盘\效果\第13章\沙发.psd

STEP 1 创建文本图层

①新建1000像素×702像素，名为“沙发psd”的文件；②新建图层1，选择钢笔工具；③在图像中拖动鼠标绘制沙发侧面的轮廓；④选择【窗口】/【路径】命名，打开“路径”面板，将绘制的沙发轮廓保存为“沙发路径”。

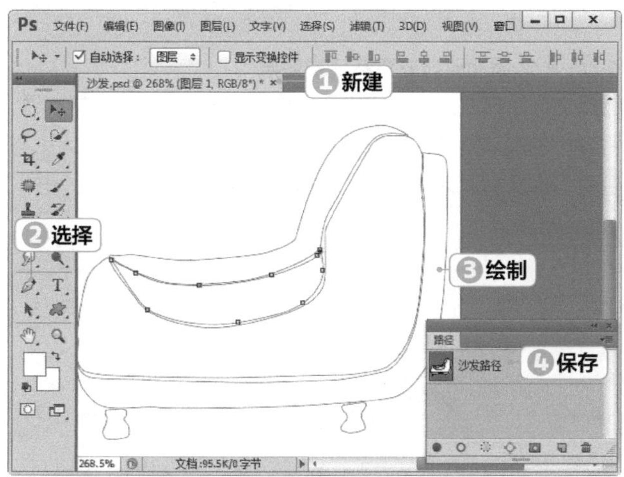

STEP 2 从所选路径新建3D凸出

选择创建的路径层，然后选择【3D】/【从所选路径新建3D凸出】命令，将新建的沙发路径创建为3D对象。

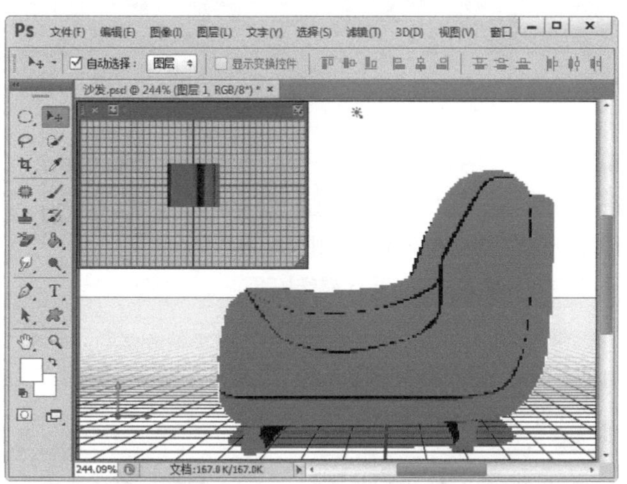

STEP 3 旋转3D对象

选择旋转3D对象工具，向右下方拖动沙发，旋转沙发的角度，便于观察。

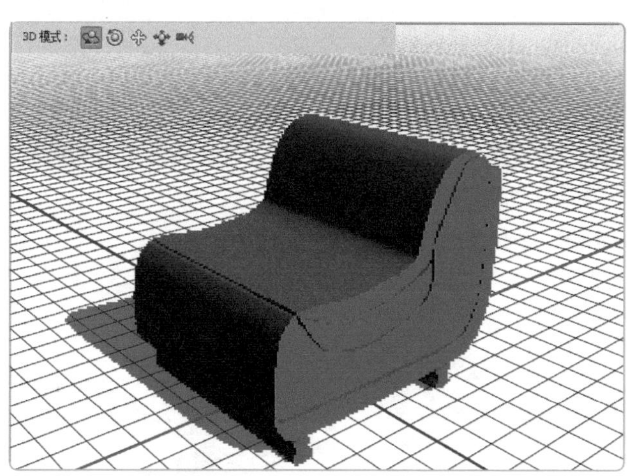

STEP 4 载入纹理

①在“3D”面板单击按钮；②在其下方的列表框中选择“图层1凸出材质”选项；③在“属性”面板中单击“漫射”选项后的按钮；④在打开的列表中选择“载入纹理”选项。

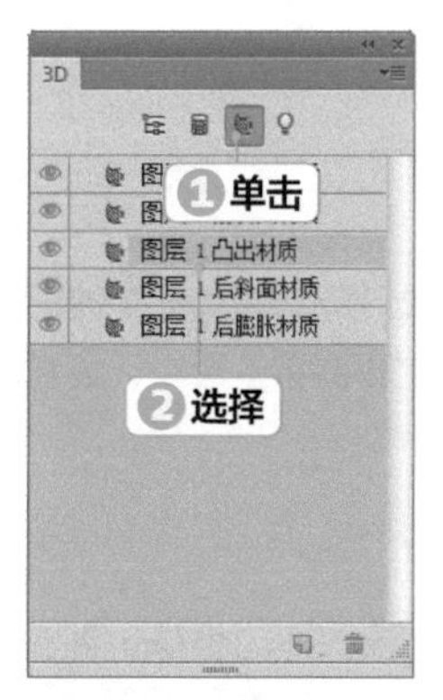

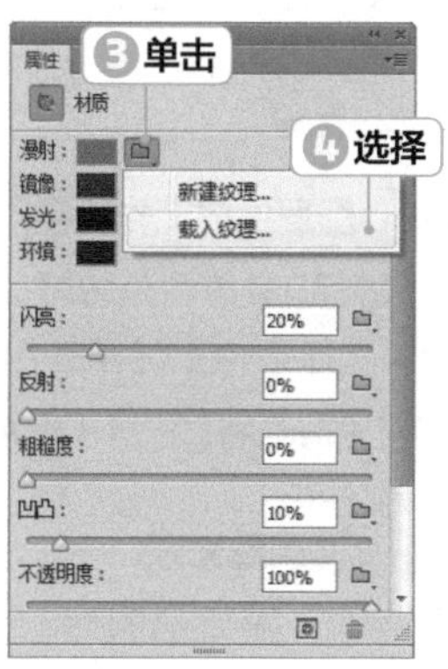

STEP 5 选择载入的纹理

①打开“打开”对话框，在其中选择“沙发面料.jpg”图像文件；②单击“打开”按钮。

STEP 6 设置纹理属性

❶在“属性”面板中单击“漫射”选项后的按钮，在打开的列表中选择“编辑 UV 属性”选项，在打开的“纹理属性”对话框中设置 U 比例为“1000%”、V 比例为“200%”；❷单击“确定”按钮。

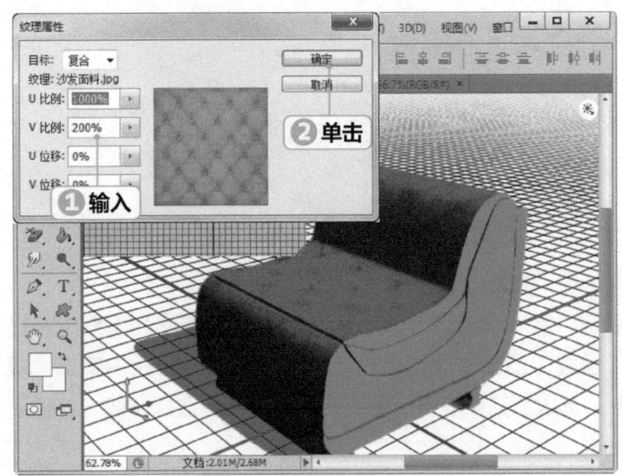

技巧秒杀

从3D图层生成工作路径

若想将3D对象转换为路径，可先选择3D对象所在的图层，选择【3D】/【从3D图层生成工作路径】命令，或在3D对象的基础上生成工作路径。

STEP 7 调整光源

❶在场景中单击图标；❷选择光源，拖动小球，调整光源的照射效果。

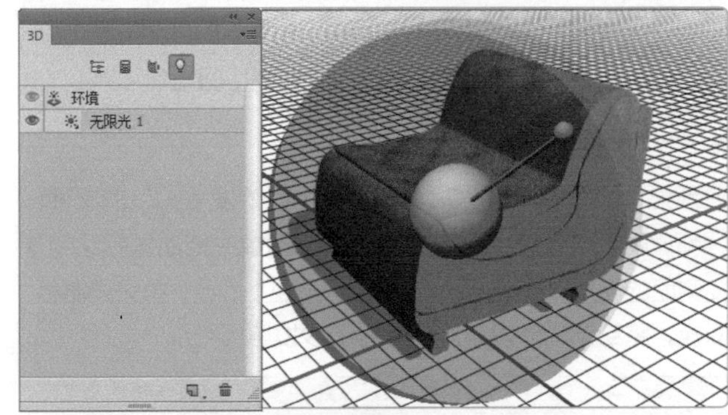

STEP 8 添加背景并查看沙发效果

选择选框工具退出 3D 编辑模式，打开“海滩.jpg”素材文件，将其中的图片拖动到沙发图层下面，作为背景，调整大小与位置，完成后保存文本，完成本例的制作。

13.3.4 创建网格 3D 形状—— 制作 3D 帽子

微课：制作 3D 帽子

在“从图层新建网格”命令中预设了一些较为常用的 3D 形状，通过它们用户可以快速地对 3D 形状进行创建，如帽子、汽水、圆环、酒瓶和球体等。下面将使用“网格预设”命令将平面帽子制作成 3D 帽子，然后添加“草地.jpg”图像作为背景，最后使用钢笔工具绘制人像，并输入文字，具体操作如下。

	素材：光盘 \ 素材 \ 第 13 章 \ 帽子
	效果：光盘 \ 效果 \ 第 13 章 \ 帽子.psd

STEP 1 将图像转换为 3D 帽子

打开“帽子.jpg”图像文件，选择【3D】/【从图层新建网格】/【网格预设】/【帽子】命令，将图像转换为 3D 帽子。

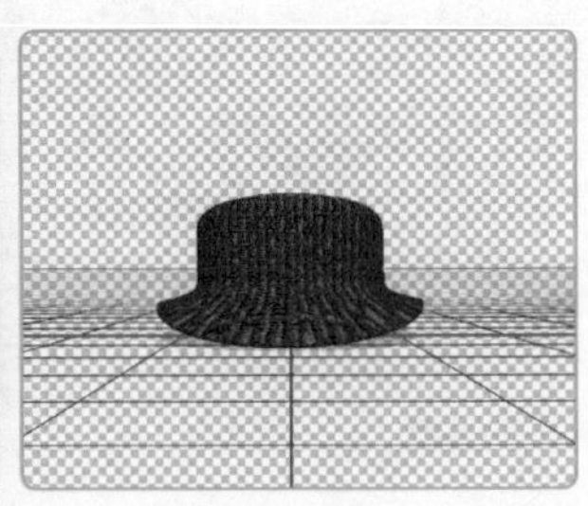

STEP 2 添加背景

打开“草地.jpg”图像。使用移动工具将“草地”图像移动到“帽子”图像中，并将“图层 1”图层移动到“背景”图层下方。

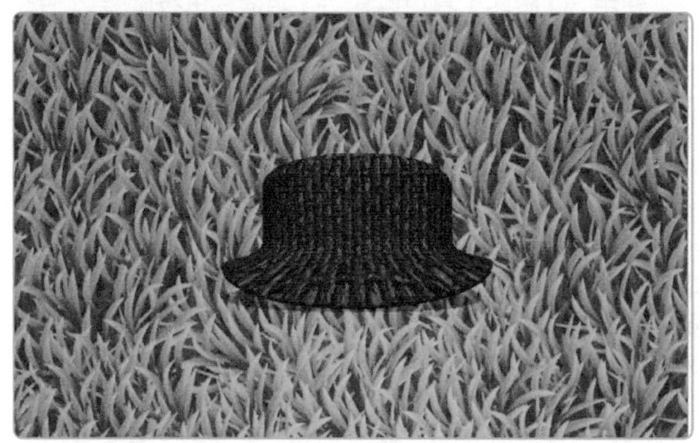

STEP 3 旋转 3D 帽子

①在“图层”面板中选择“帽子”图层；②使用移动工具单击帽子，进入 3D 视图模式；③选择旋转 3D 对象工具，向右拖动帽子对帽子对象进行旋转。

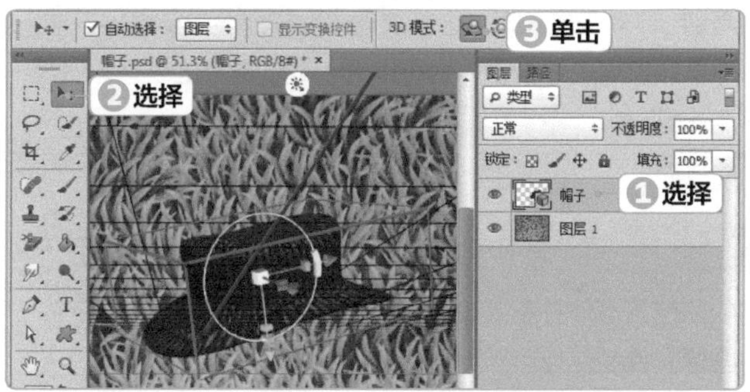

STEP 4 绘制人形路径

①使用钢笔工具在图像的右下角绘制一个人形路径，使用路径选择工具选择绘制的路径；②将前景色设置为白色；③选择画笔工具；④设置画笔大小为“12”；⑤新建“图层 2”图层。

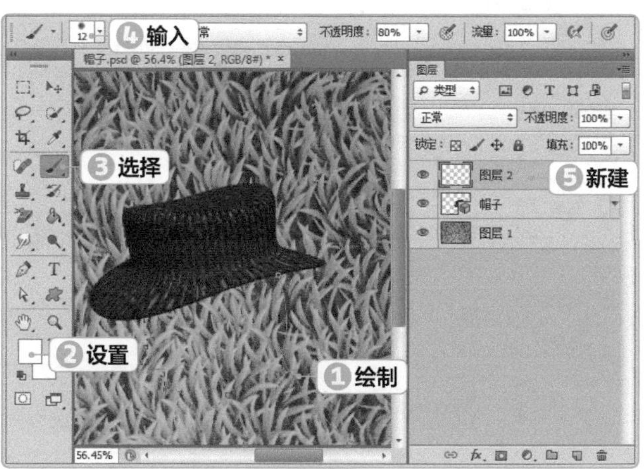

STEP 5 使用画笔描边

在“路径”面板中单击○按钮，使用画笔为路径描边。

STEP 6 添加形状与文本

①新建图层，将不透明度设置为“50%”，使用鼠标在图像上绘制一个箭头选区，并使用白色填充选区；②取消选区，使用横排文字工具在白色箭头上输入文本，设置文本字体为“方正综艺简体”，旋转文字方向，保存文件并查看完成后的效果。

技巧秒杀

创建深度映射的3D对象

选择【3D】/【从图层新建网格】/【深度映射到】命令，可将原图像中的灰度转换为深度映射，明度值转换为较亮的值，生成图形中凸出的区域，较暗的值生成图形中凹陷的区域，从而产生深浅不一的表面。

13.3.5 创建 3D 明信片

若用户想将一张 2D 图像转换为 3D 对象，可以将图像转换为明信片。选择需要转换为明信片的图层，选择【3D】/【从图层新建网格】/【明信片】命令，即可将选择的图像转换为 3D 对象，使用 3D 旋转工具可以对 3D 明信片进行旋转。下图为将 2D 图像转换为 3D 对象，并旋转 3D 对象的效果。

13.4 编辑 3D 对象的纹理

在 Photoshop 中打开 3D 模型文件时，可在“图层”面板中看到 3D 对象的纹理，这些纹理依次排列显示在图层下方，进行相应的分组显示。用户可使用绘制工具或是调整工具对 3D 对象的纹理进行编辑，也可以导入或创建新的纹理，使纹理更加符合 3D 对象的需要。下面对编辑纹理的常用方法进行介绍。

13.4.1 调整模型纹理的大小和位置——制作可乐罐

创建 3D 对象或为 3D 对象添加纹理后，纹理的大小和纹理花纹的位置可能并不准确，为了得到更佳的 3D 视觉效果，就需要对其进行编辑。下面将“可乐 .jpg”图像文件制作成可乐罐，可发现纹理并不能很好地和可乐罐匹配，此时就需要调整纹理的位置，具体操作如下。

微课：制作可乐罐

素材：光盘 \ 素材 \ 第 13 章 \ 可乐 .jpg、可乐背景 .jpg
效果：光盘 \ 效果 \ 第 13 章 \ 可乐罐 .psd

STEP 1 将图像转换为 3D 可乐罐

打开“可乐 .jpg”图像，选择【3D】/【从图层新建网格】/【网格预设】/【汽水】命令，即可创建一个 3D 汽水瓶模型。

STEP 2 编辑 UV 属性

❶在打开的“3D”面板中双击“标签材质”选项；❷打开“属性”面板，单击“漫射”右侧的图标；❸在打开的列表中选择“编辑 UV 属性”选项。

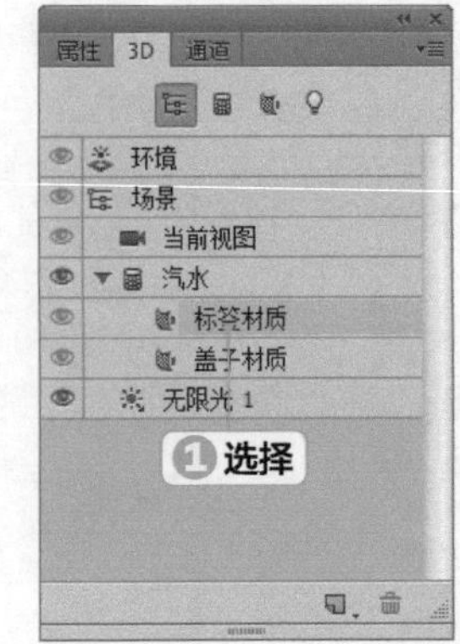

STEP 3 设置U/V比例和U/V位移

①打开“纹理属性”对话框，在其中设置“U/V比例和U/V位移”分别为“183.17%、215%、-6.93%、20.79%”；②然后单击“确定”按钮。

STEP 4 查看可乐罐效果

返回图像窗口，查看调整纹理大小与位置后的效果，打开“可乐背景.jpg”，双击可乐罐图层，添加投影效果，最后保存文件，查看完成后的效果。

13.4.2 编辑纹理——装饰可乐罐

若是用户对纹理不甚满意，可打开新的图像窗口直接对纹理进行编辑，下面为可乐罐上的纹理添加新的图案装饰，具体操作如下。

微课：装饰可乐罐

	素材：光盘\素材\第13章\可乐罐.psd
	效果：光盘\效果\第13章\可乐罐1.psd

STEP 1 选择“编辑纹理”选项

①在打开的“3D”面板中双击“标签材质”选项；②打开“属性”面板，单击“漫射”右侧的图标；③在打开的列表中选择“编辑纹理”选项。

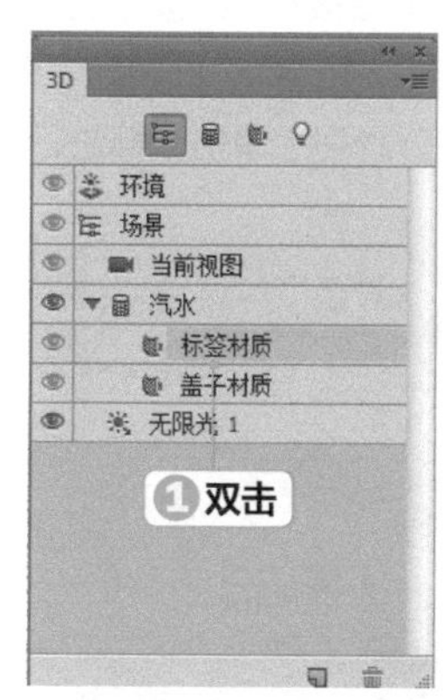

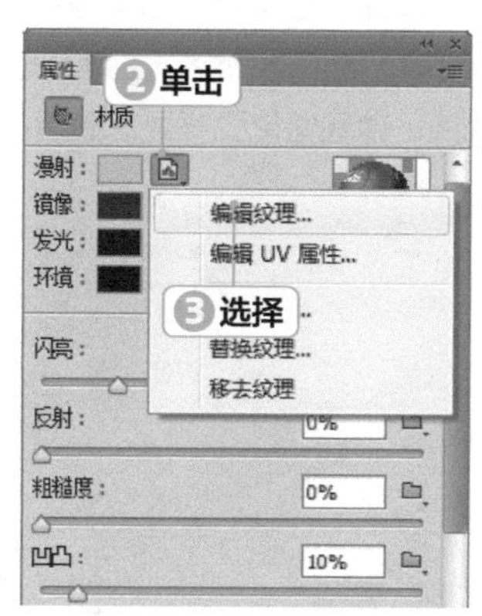

STEP 2 编辑可乐罐纹理

①打开“标签材质－默认纹理.psd”窗口，选择钢笔工具；②在图像上绘制白色装饰条纹，完成后保存当前文件即可将纹理编辑更新到“可乐罐.psd”窗口中。

STEP 3 查看可乐罐效果

切换到“可乐罐.psd”窗口，查看编辑纹理后的效果，保存文件，查看完成后的效果。

13.4.3 创建绘制叠加

UV 映射可将 2D 纹理映射中的坐标与 3D 模型上的特定坐标相匹配，使 2D 纹理能正确地绘制到 3D 对象上，在“图层”面板上双击纹理图层，可在独立的文档窗口中打开纹理窗口。选择【3D】/【创建绘图叠加】命令，在弹出的子菜单中可将 UV 叠加作为附加图层添加到纹理的“图层”面板中。“创建绘图叠加”子菜单中各命令作用如下。

- 线框：用于显示 UV 映射的边缘数据。
- 着色：用于显示使用实色渲染模式的模型区域。
- 正常：用于显示转换为 RGB 值的几何正常值。

13.4.4 应用重复纹理拼贴

重复纹理拼贴，顾名思义就是指将重复的多个相同纹理拼贴在对象上，构成逼真的模型纹理覆盖效果，其使用方法是：打开一个图像文件，选择要创建重复拼贴的图层，选择【3D】/【从图层新建拼贴绘画】命令，创建多个相同的拼贴纹理；创建拼贴绘画后，栅格化图层，可使用该拼贴绘画继续创建 3D 形状。下图所示为将创建的拼贴纹理应用于 3D 对象的效果。

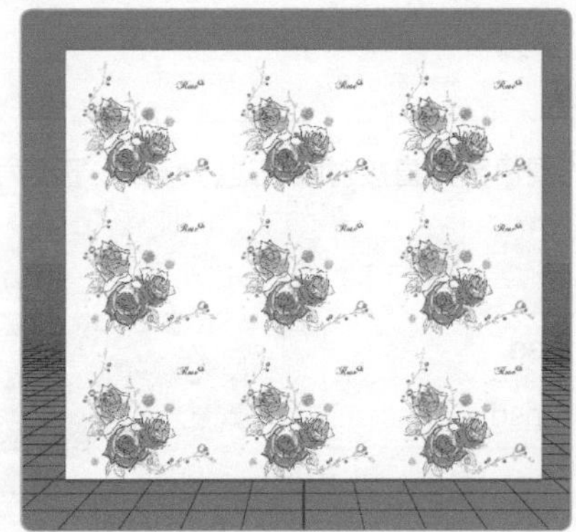

13.4.5 在 3D 模型上绘画

在模型上绘画，即在已有纹理材质的 3D 模型上再添加其他图案或纹理，它可结合画笔等绘画工具直接在 3D 模型上进行绘制。其绘制方法是：打开一个 3D 模型图像，选择【3D】/【在目标纹理上绘画】命令，在弹出的子菜单中选择一种映射命令，在工具箱中设置前景色，再选择画笔工具，打开画笔面板，在其中选择一种画笔笔尖样式，然后在 3D 模型上单击鼠标进行颜色的添加即可。下图为使用画笔为米老鼠的衣服着色的效果。

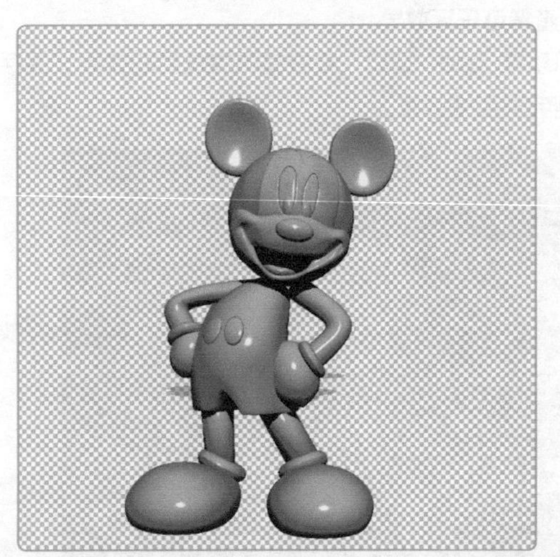

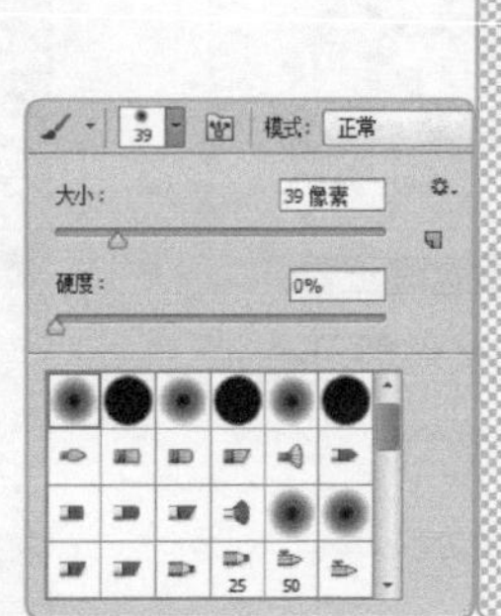

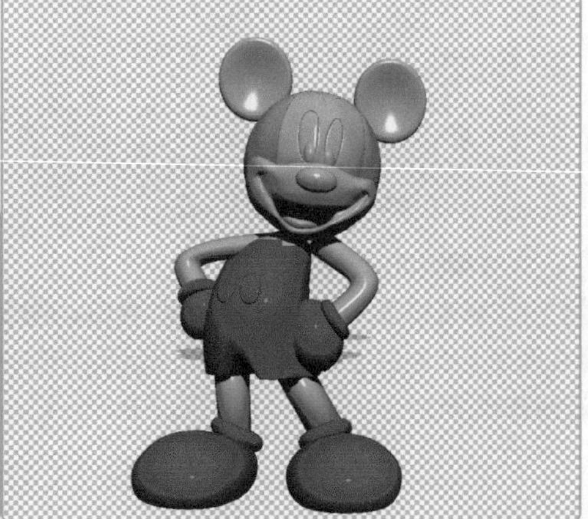

13.4.6 拖放纹理

若是一个3D图像中有多个对象需要使用相同的材质，用户可以通过材质属性面板加快为对象添加材质的速度。其方法是：在“3D”面板单击按钮，打开“属性”面板，再在“材质”下拉列表中选择一种材质，按住鼠标左键不放，将其移动到需要添加材质的对象上释放鼠标，即可将选择的材质快速添加到对象上。下图为将牛仔布材质拖动到沙发侧面的效果。

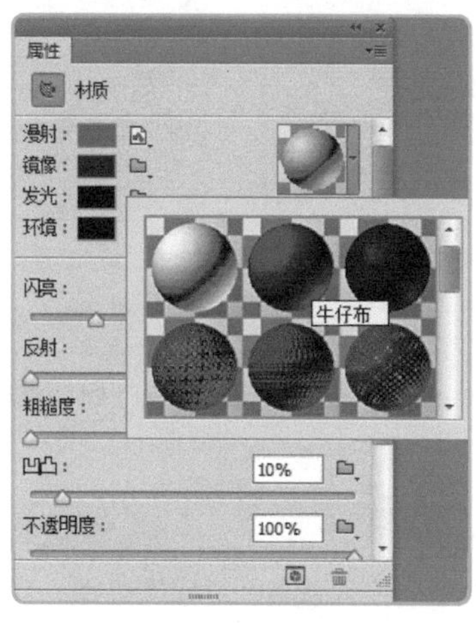

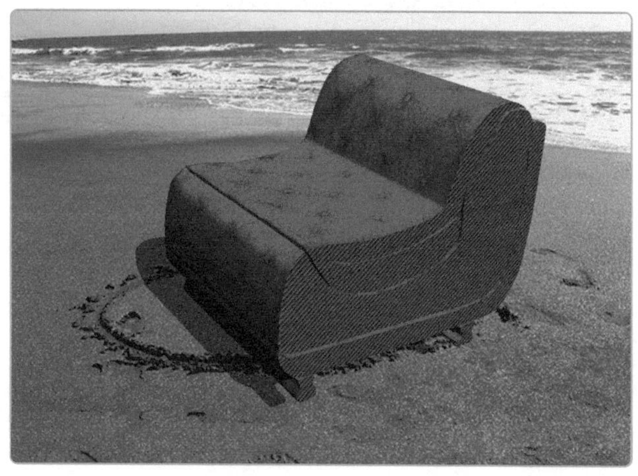

13.5 编辑3D对象

完成3D对象的创建后，用户除了可以编辑3D对象的纹理外，还可以根据需要对3D对象进行其他编辑，如拆分3D对象、合并3D对象、将3D对象转换为2D对象、渲染3D模型、储存或导出3D文件等，这样不但方便编辑，而且可以使计算机运行速度加快。

13.5.1 拆分与合并3D对象

在Photoshop中，基于选区、路径或文字创建的3D对象都是一个整体的3D模型，此时用户若想编辑其中的某一个区域或是某一个对象，可先将其拆分成多个对象，再分别进行旋转、缩放和添加材质等操作。同样，用户也可以将多个3D对象合并在一个图层中，从而将3D文件的体积变小，便于编辑和存储。

1. 拆分3D对象

打开需编辑的图像文件，选中3D文字，选择【3D】/【拆分凸出】命令，将弹出一个提示对话框，单击“确定”按钮，即可将文字拆分。右图为拆分3D文字后，对最后一个文字进行移动、旋转和缩放等操作后的效果。

技巧秒杀

沿一个方向移动3D对象

按住【Shift】键拖动对象或光源，可使旋转、滑动、平移、缩放等操作沿一个方向进行移动。

2. 合并 3D 对象

将多个 3D 对象合并在一个图层中可以将 3D 文件的体积变小，便于编辑和存储。选择多个 3D 图层，选择【3D】/【合并 3D 图层】命令，将所选的 3D 图层合并为一个 3D 图层，下图为将形状 3D 图层与文本 3D 图层合并为一个图层的效果。

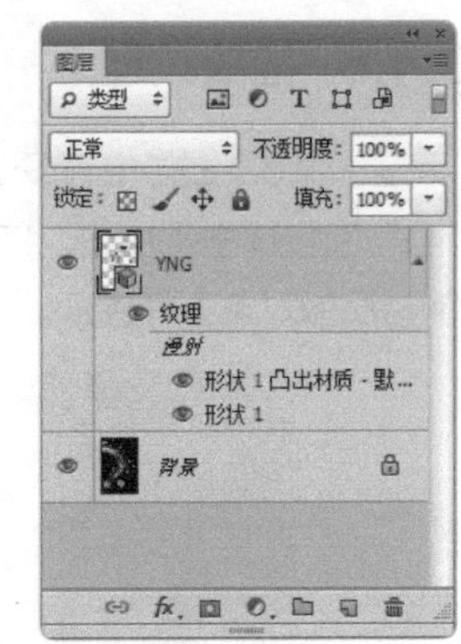

13.5.2 将 3D 对象转换为 2D 对象

将 3D 图层转换为 2D 图层，可以大大加快图像的编辑、运行速度。在 Photoshop 中，可以将 3D 对象转换为普通图层或智能对象，下面分别进行介绍。

1. 将 3D 图层转换为智能对象

想要变换 3D 对象或对 3D 对象应用智能滤镜，需将 3D 图层转换为智能对象。其方法为：在 3D 图层上单击鼠标右键，在弹出的快捷菜单中选择“转换为智能对象”命令。

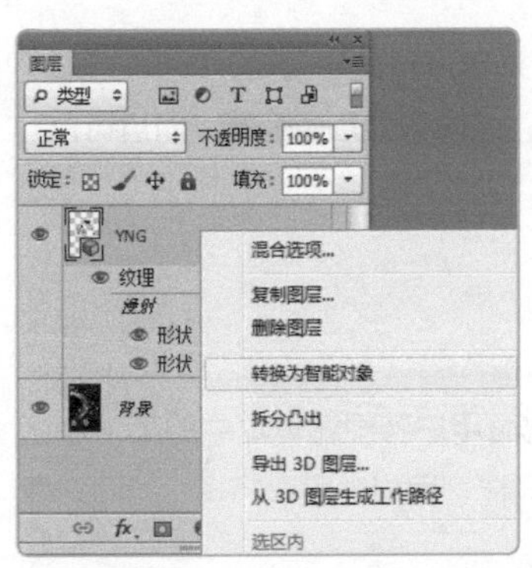

2. 将 3D 图层转换为普通图层

将 3D 图层转换为普通图层只需选择一个 3D 图层，在其图层上方单击鼠标右键，在弹出的快捷菜单中选择“栅格化 3D”命令，即可将 3D 图层转换为 2D 图层。当栅格化图层后，3D 对象的外观不会发生改变，但用户将不能对 3D 对象的位置、渲染模式、纹理、光源等进行修改。

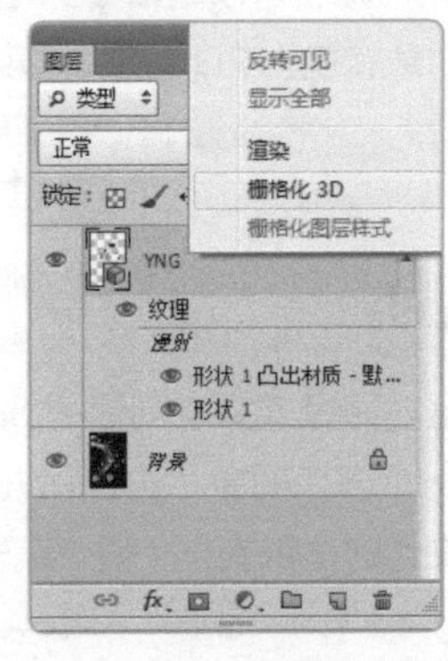

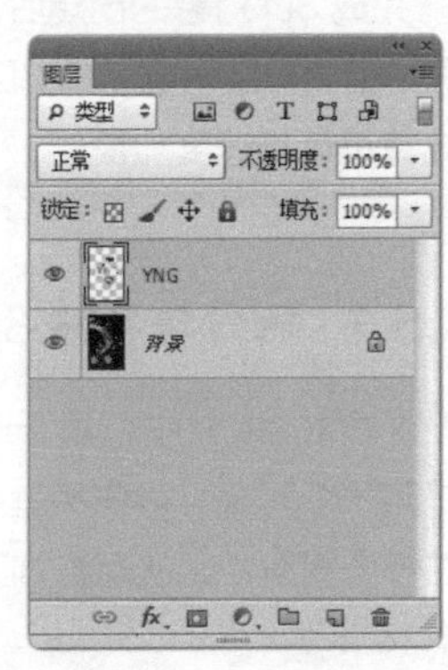

13.5.3 渲染 3D 模型

若想得到清晰度高的图像，在处理完 3D 效果后还需对 3D 对象进行渲染。渲染后的模型光照效果将更佳，并将减少阴影中的杂色，输出的图像品质也更高。其默认情况下，Photoshop CS6 渲染模式为标准渲染模式，即显示模型的可见表面。需要注意的是，一般渲染需要大量的时间，其具体时间需要根据 3D 图层中对象、灯光、阴影等情况而定。若想终止渲染可按【Esc】键。对 3D 模型进行渲染的方法是：打开一个 3D 模型图像，选择【3D】/【渲染】命令或按【Alt+Shift+Ctrl+R】组合键。下图为渲染前后的效果。渲染整个 3D 图像比较耗时，用户可以根据需要渲染部分图像，其方法是：使用选区工具在模型中创建一个需要渲染的选区范围，然后再应用渲染命令，则可只渲染选区内的图像内容。

13.5.4 存储和导出 3D 文件

当用户完成 3D 文件的编辑或渲染后，可将模型进行保存，以方便以后再次使用和编辑；也可将 3D 模型导出为特定的 3D 文件，使其能应用于动画或网页等文件。

1. 存储 3D 文件

若要保存编辑的 3D 文件中的效果，如位置、光源、渲染模式和横截面等，可选择【文件】/【存储为】命令或按【Ctrl+Shift+S】组合键，打开“存储为”对话框，选择存储路径及格式，即可将 3D 文件保存为 PSD、PSB、TIFF 或 PDF 格式的文件。

2. 导出 3D 文件

使用 Photoshop 还可以将编辑制作的 3D 图层导出为专门的 3D 文件格式。其方法是：在图层面板中选择要导出的 3D 图层，然后选择【3D】/【导出 3D 图层】命令，打开“存储为”对话框，在其中选择导出文件存储的路径及存储格式即可。

13.5.5 综合案例——制作 3D 环保海报

微课：制作 3D 环保海报

本案例将制作一张抗旱的 3D 环保海报，主要讲解使用 3D 功能创建 3D 对象，编辑 3D 材质、场景、光源，以及 3D 对象的拆分等操作，综合练习 3D 的使用方法，具体操作如下。

	素材：光盘 \ 素材 \ 第 13 章 \ 环保海报
	效果：光盘 \ 效果 \ 第 13 章 \3D 环保海报 .psd

STEP 1 添加素材并输入文本

①打开“背景 .psd”素材文件，在工具箱中选择横排文字工具，在工具属性栏中设置字体为“汉仪粗黑简”；②设置字号为“120 点”；③设置字形为“浑厚”；④设置文本颜色为“白色”；⑤输入文本“抗旱”。

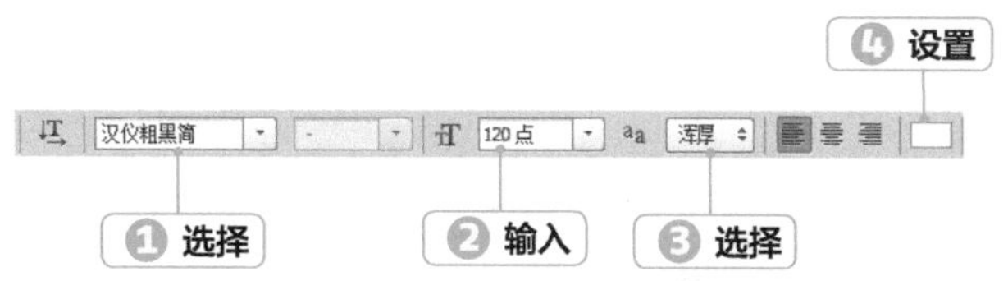

STEP 2 创建 3D 文字模型

①选择“抗旱”图层，隐藏背景图层；②选择【3D】/【从所选图层新建 3D 凸出】命令，即可基于文字创建 3D 文字模型，在打开的提示对话框中单击“是”按钮，返回图像窗口查看创建的 3D 对象效果。

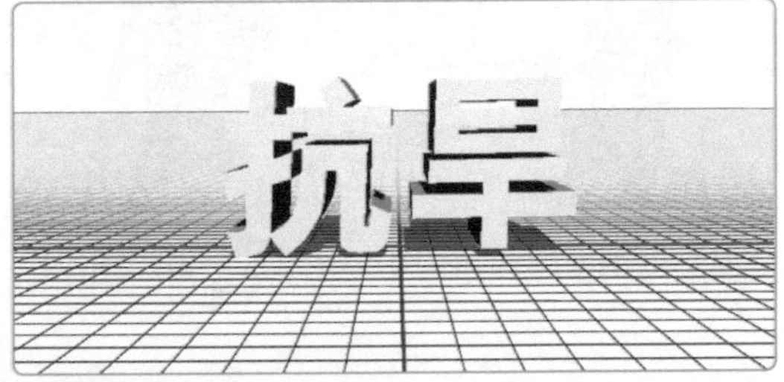

STEP 3 旋转 3D 对象的角度

❶在工具属性栏的"3D 模式"栏中单击"旋转 3D 对象"按钮；❷向右拖动 3D 对象，旋转其角度，查看旋转角度后的效果。

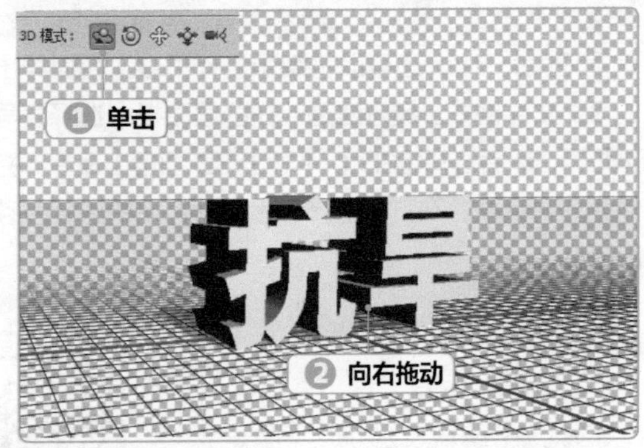

STEP 4 设置预设形状

❶单击选择 3D 对象，或在"3D"面板中单击"显示所有 3D 网格和 3D 凸出"按钮；❷打开"属性"面板，单击"形状预设"下拉列表框右侧的下拉按钮；❸在打开的下拉列表框中选择"凸出"选项；❹设置凸出深度为"120"。

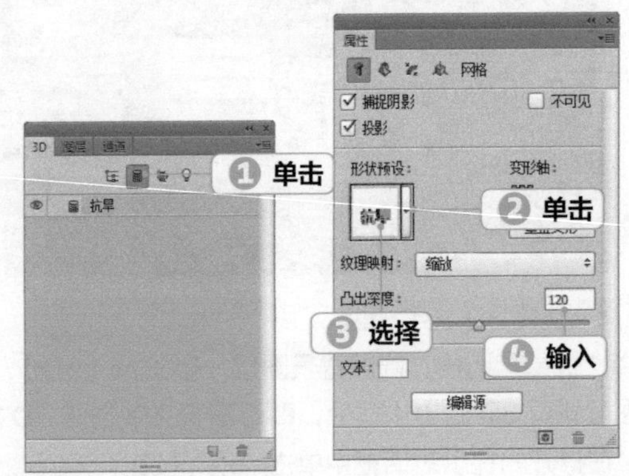

STEP 5 设置 3D 凸出变形

❶在"属性"面板顶部单击按钮；❷在打开的面板中设置锥度为"90%"，在图像窗口左上角可查看设置变形效果。

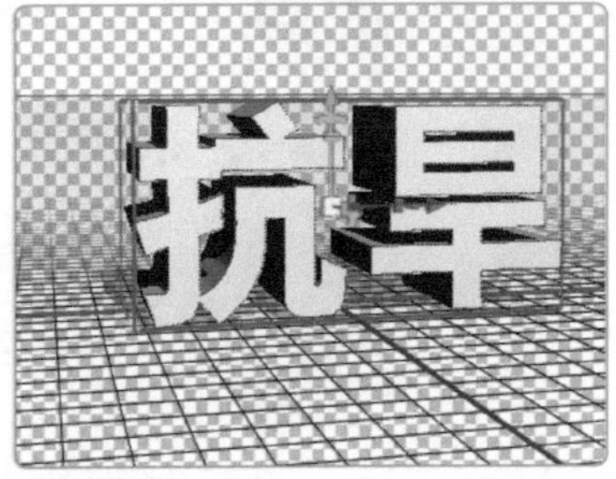

STEP 6 载入纹理

❶在"3D"控制面板单击按钮；❷选择"抗旱前膨胀材质"选项；❸打开"属性"面板，单击"漫射"列表后的按钮；❹在打开的下拉列表中选择"载入纹理"选项。

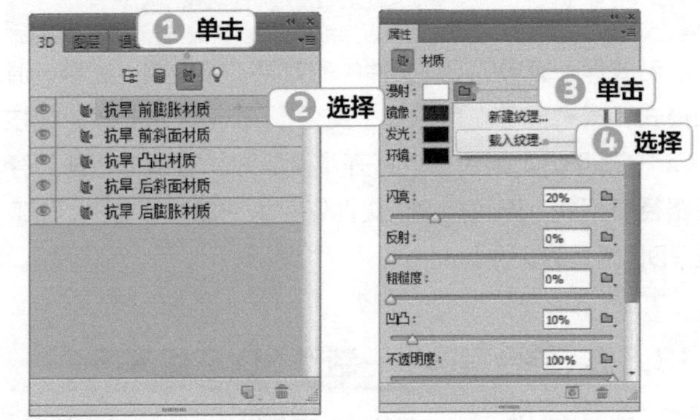

STEP 7 选择载入纹理

❶在打开的对话框中选择"纹理.jpf"素材文件；❷单击"打开"按钮，返回图像编辑区。

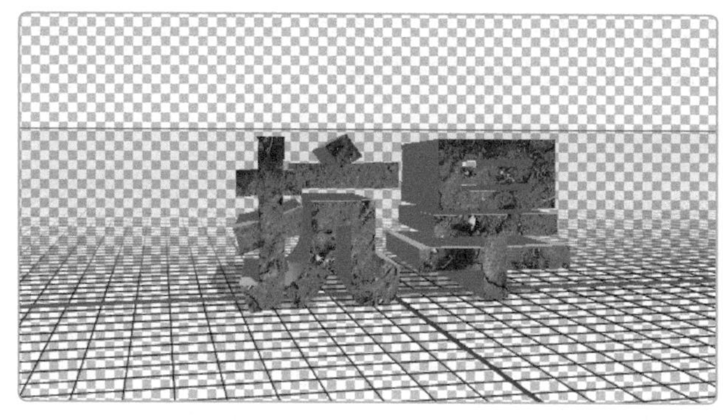

STEP 8 更改纹理的显示

❶单击“漫射”下拉列表框右侧的按钮；❷在打开的下拉列表中选择“编辑 UV 属性”选项；❸打开“纹理属性”对话框，设置 U 比例为“65%”，设置纹理横向显示的大小；❹设置 V 比例为“65%”，设置纹理纵向显示的大小；❺设置 U 位移为“90%”，表示纹理向右移动 90%；❻设置 V 位移为“5%”，设置纹理向上移动 5%；❼单击“确定”按钮。

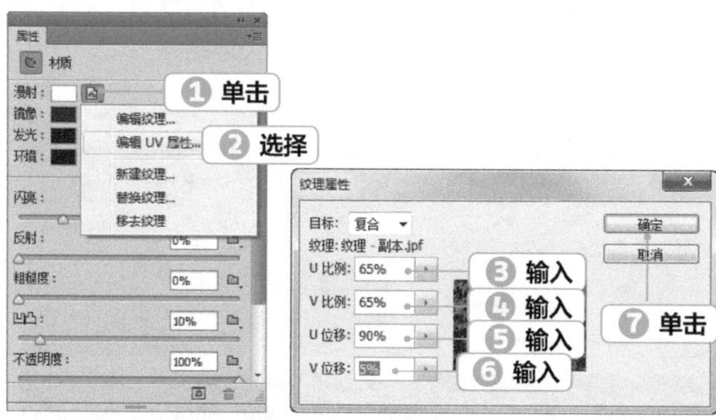

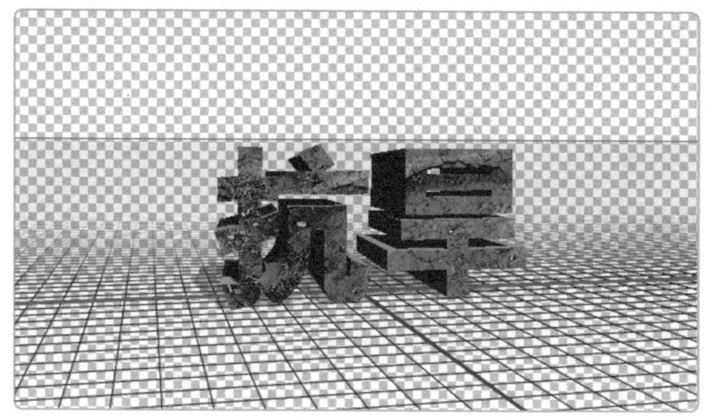

STEP 9 设置无限光属性

❶使用相同的方法为其他面设置相同的纹理效果，在“属性”面板中单击按钮；❷在“光照类型”下拉列表中选择“无限光”选项；❸设置强度为“120%”；❹设置柔和度为“20”；❺设置颜色为“f9f7e4”。

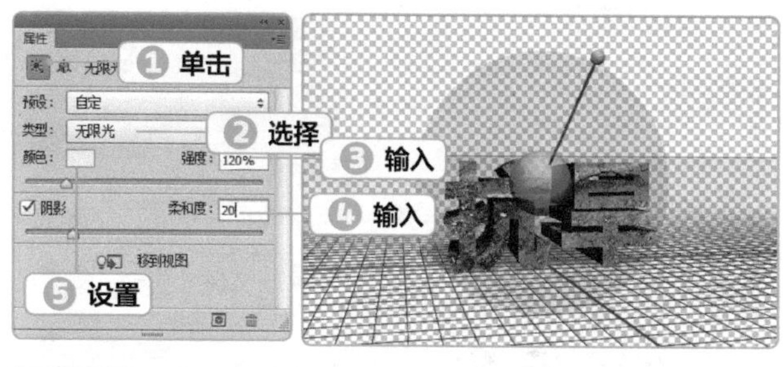

STEP 10 拖动光源旋转光源

显示背景图层，拖动光源控制柄上的小球至太阳处，模拟阳光照射物体的效果。

STEP 11 渲染 3D 模型

选择【3D】/【渲染】命令或按【Alt+Shift+Ctrl+R】组合键，即可对 3D 模型进行渲染，渲染时将出现蓝色网格。

STEP 12 拆分 3D 凸出

为了单独编辑某个文字的 3D 效果，需要选择【3D】/【拆分凸出】命令，在打开的对话框中单击“确定”按钮，将提示丢失设置的动画效果。返回图像编辑窗口，单击选择“旱”文本，将出现该文本的 3D 编辑框。

STEP 13 缩小 3D 对象

在工具属性栏单击按钮，向内拖动变形框右下角的控制点，缩小 3D 对象。

STEP 14 营造"抗旱"的意境

在工具属性栏中单击按钮，向下拖动变形框右上角的控制点，滚动 3D 对象，营造"抗旱"的意境。

STEP 15 栅格化 3D 图层

❶选择 3D 图层，在其上单击鼠标右键，在弹出的快捷菜单中选择"栅格化 3D"命令，将 3D 图层转化为普通图层；❷选择栅格化后的图层，在"图层"面板底部单击"添加图层蒙版"按钮为其创建图层蒙版。

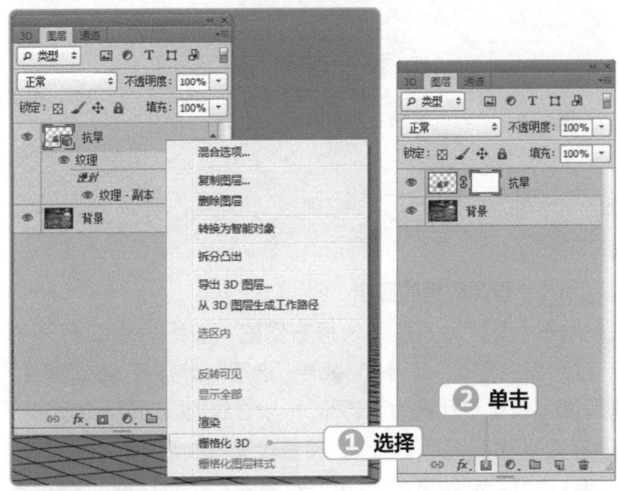

STEP 16 融合文字与背景

❶将前景色设置为黑色，设置画笔样式为"柔边圆"；❷设置画笔大小为"20 像素"；❸设置画笔不透明度为"50%"；在文本脚部涂抹，隐藏脚部，使文字与大地融为一体。

STEP 17 添加投影效果

❶双击文字图层，在打开的"图层样式"对话框选择"投影"选项；❷设置混合模式为"叠加"；❸设置不透明度为"75%"；❹设置角度为"120 度"；❺设置扩展为"2"；❻设置大小为"10"；❼单击"确定"按钮，查看添加前后的效果。

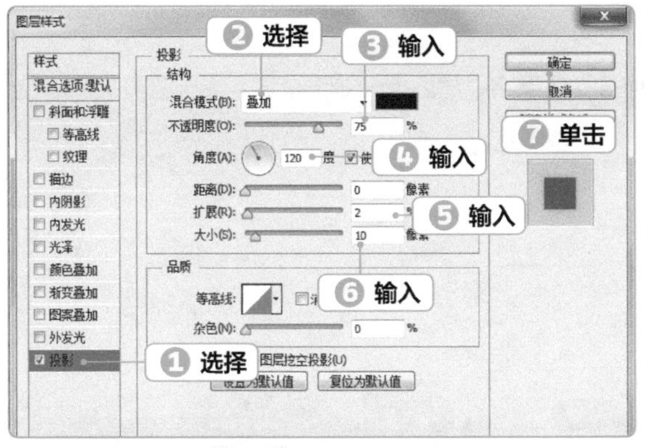

STEP 18 输入文本

①在工具箱中选择横排文字工具；②设置字体格式为“Stencil”；③设置字号为“20.61点”；④设置字形为“犀利”；⑤设置字体颜色为“#bc7715”；⑥输入“KANG HAN”，使用相同的方法输入其他文本，设置中文的字体为“黑体”。

高手竞技场

1. 制作百事可乐广告

本练习将应用3D模型制作百事可乐广告，具体要求如下。

- 在“百事可乐广告.psd”素材文件中导入“纹理.jpg”素材文件。
- 将该素材转换为Photoshop预设的“汽水”模型。
- 对纹理的位置进行编辑，调整3D对象的位置、相机位置和灯光位置，使其效果逼真。
- 最后再对3D图层应用投影效果，新建渐变图层、文字图层，装饰素材。

2. 制作 3D 效果字

本练习将使用 3D 命令：将文字创建为立体的 3D 对象，制作 3D 效果字，然后拆分 3D 文字，逐一调整文字的位置与角度。背景与制作后的效果如下图所示。

3. 制作手机广告

本练习将制作一张苹果手机的广告，首先需要使用本章学习的 3D 功能制作彩色球，然后结合图像素材对绘制的 3D 模型加以编辑，再输入相应的文字。素材与制作后的效果如下图所示。

- 绘制彩色条，选择【3D】/【从图层新建形状】命令，在弹出的子菜单中选择“球体”选项，创建 3D 球形模型。
- 在图层面板中双击“球体材质 - 默认纹理”，编辑并保存背景纹理，创建彩色球效果，编辑光源并缩放 3D 对象。
- 将 3D 对象转换为智能对象，设置混合模式和不透明度，复制与变换彩色球，完成手机广告制作。

14 Chapter 第 14 章

视频与动画

/ 本章导读

动画是在一段时间内显示的一系列图像或帧，每一个帧相对于前一帧都有一定的区别，当连续浏览这些变化中的帧时，会产生一定的动画效果。在 Photoshop CS6 中还可导入视频文件，并可对视频文件进行编辑，让其更具有动感。本章将对动作的应用、脚本与自动批处理图像、创建与编辑切片、应用视频、编辑视频的方法进行介绍。

14.1 动作的应用

动作是 Photoshop 中的一大特色功能，通过它可以快速地对不同的图像进行相同的图像处理，大大简化重复性的操作。动作会将不同的操作、命令及命令参数记录下来，以一个可执行文件的形式存在，供用户对其他图像执行相同操作时使用。下面就将讲解创建与编辑动作的方法。

14.1.1 认识“动作”面板

“动作”面板可以用于创建、播放、修改和删除图像。用户在 Photoshop 中选择【窗口】/【动作】命令，可打开“动作”面板，在其中可以进行动作的有关操作。在处理图像的过程中，用户的每一步操作都可看作是一个动作，如果将若干步操作放到一起，就成了一个动作组。单击▶按钮可以展开动作组或动作，同时该按钮将变为向下的按钮▼，再次单击即可恢复原状。

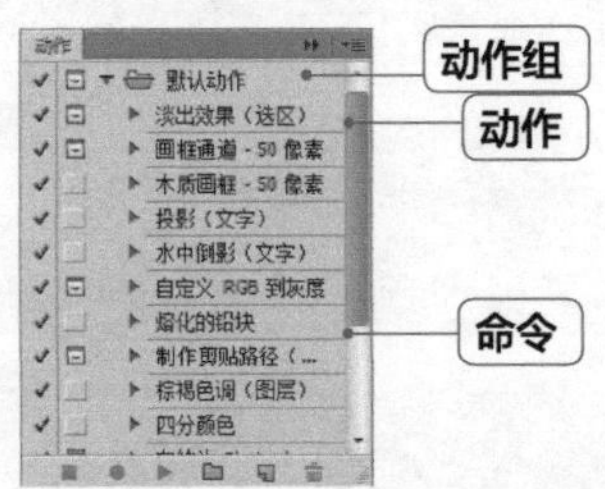

“动作”面板中各选项作用如下。

- 切换项目开 / 关：若动作组、动作和命令前面有✓图标，表示该动作组、动作和命令可以执行。若动作组、动作和命令前面没有✓图标，则表示该动作组、动作和命令将不可被执行。
- 切换对话开 / 关：若命令前有▣图标，表示执行到该命令时，将暂停并打开对应的对话框，用户可在该对话框中进行设置。单击“确定”按钮后，动作将继续往后执行。
- 停止播放 / 记录：单击■按钮，将停止播放动作或停止记录动作。
- 开始记录：单击●按钮，开始记录新动作。
- 播放选定的动作：单击▶按钮，将播放当前动作或动作组。
- 创建新组：单击▭按钮，将创建一个新的动作组。
- 创建新动作：单击▣按钮，将创建一个新动作。
- 删除：单击🗑按钮，可删除当前动作或动作组。

14.1.2 录制新动作—— 录制“下雪”动作

微课：录制“下雪”动作

创建动作又叫作录制动作，用户可根据自己的实际需要来录制。录制后的动作将被存储在系统中，用户可以在“动作”面板中查看动作。本例将打开“冬雪.jpg”图像，通过“动作”面板录制“下雪”的动作，具体操作步骤如下。

	素材：光盘\素材\第 14 章\冬雪.jpg
	效果：光盘\效果\第 14 章\下雪.psd

STEP 1 新建动作

❶打开“冬雪.jpg”图像，选择【窗口】/【动作】命令，打开“动作”面板，单击▭按钮；❷打开“新建动作”对话框，输入“名称”为“下雪”；❸单击“记录”按钮。

STEP 2 设置点状化

❶此时开始录制动作，新建图层，按【Alt+Delete】组合键将图层填充为“黑色”；❷选择【滤镜】/【像素化】/【点状化】命令，打开“点状化”对话框，设置“单元格大小”为“5”；❸单击“确定”按钮。

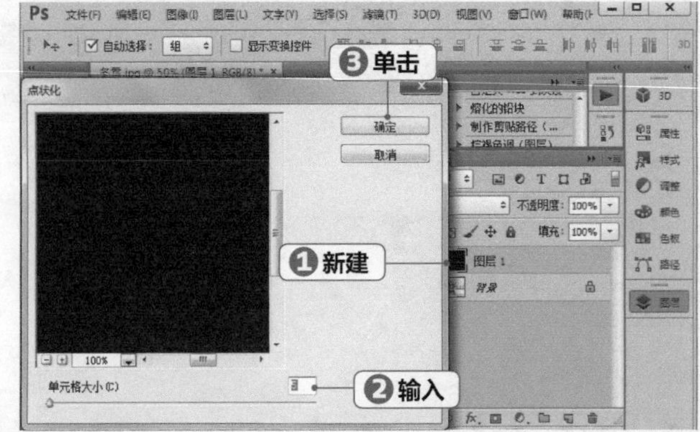

STEP 3 设置阈值

❶选择【图像】/【调整】/【阈值】命令，打开“阈值”对话框，在“阈值色阶”右侧的文本框中输入“25”；❷单击“确定”按钮。

STEP 4 设置图层混合模式

❶在“图层”面板中设置图层混合模式为“滤色”；❷在“动作”面板中单击■按钮，结束录制。

技巧秒杀

设置动作快捷键

在“新建动作”对话框中可设置“功能键”，下次按设置的功能键可直接执行该动作，从而加快图像处理速度。

STEP 5 查看完成后的效果

完成录制后，保存图像并返回图像编辑区，可发现图像已经添加了下雪效果。

14.1.3 编辑动作

当用户录制完动作后，可能会发现录制过程中进行的一些误操作造成动作不正确的情况。此时，用户并不需要进行重新录制，而只需对已录制完成的动作进行编辑即可。下面分别对在动作中插入命令、在动作中插入停止，重排、复制与删除动作，以及设置动作播放速度等的方法进行介绍。

1. 在动作中插入命令

选择需要插入命令的动作命令，单击●按钮，开始记录动作。再执行需要插入的命令，完成插入命令后，单击■按钮，停止录制。下图为在“填充”命令后添加“黑白”命令。

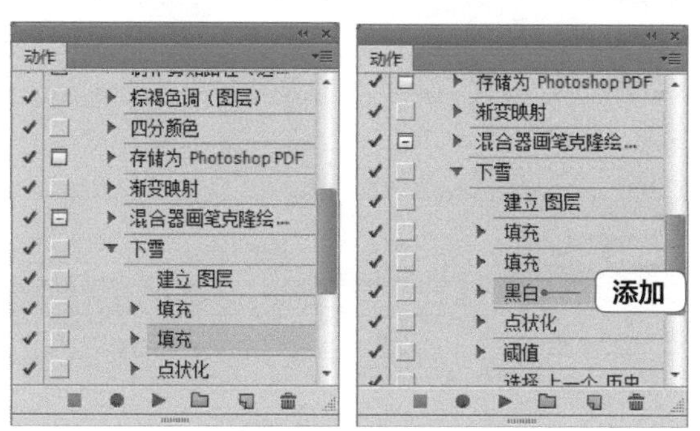

2. 在动作中插入停止

插入停止可以使用动作在播放时自动停止，使用户有足够时间手动执行无法录制的动作。❶选择需要插入停止的命令项，在“动作”面板中单击按钮；❷在打开的列表中选择“插入停止”选项；❸打开“记录停止”对话框，在其中输入提示信息；❹单击选中“允许继续”复选框，单击“确定”按钮后关闭对话框即可。

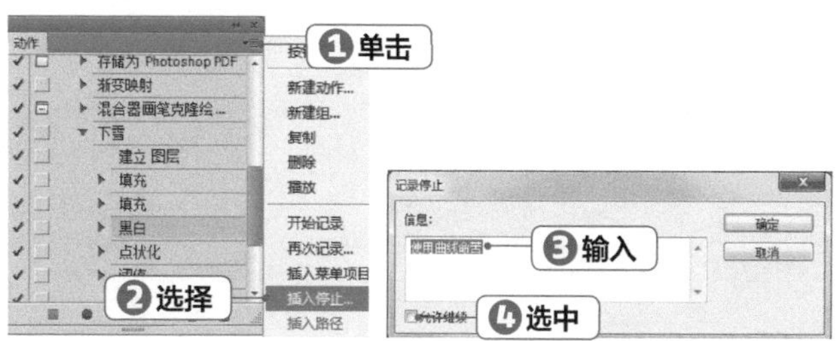

3. 重排、复制与删除动作

有时只需要对动作进行很细微的编辑，就能使动作符合需要。对动作常用的简单操作有重排、复制和删除等，其方法如下。

- 重排：在“动作”面板中，直接将动作或命令拖动到同一动作或者另一动作的新位置，下图为将“黑白”动作移动到“填充”命令上方。

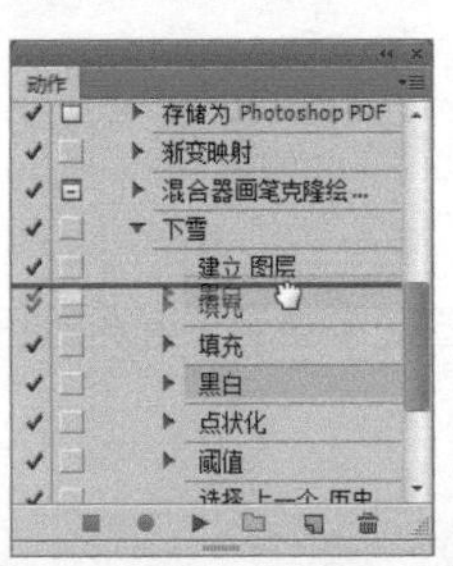
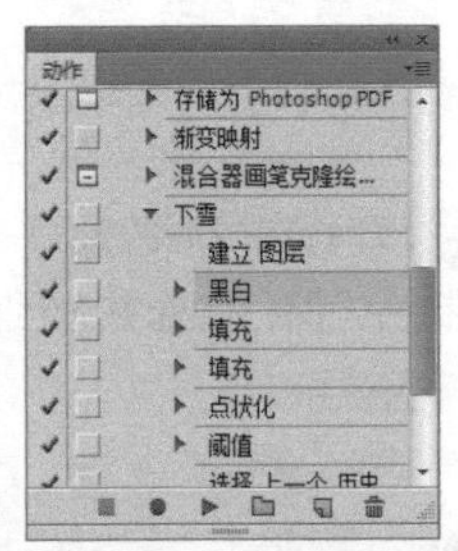

- 复制：按【Alt】键的同时移动动作和命令，将动作和命令拖动到按钮上。
- 删除：将动作或命令拖动到按钮上，或在“动作”面板中单击按钮，在打开的列表中选择“清除全部动作”选项，将删除所有动作。

4. 设置动作播放速度

有的动作时间太长会导致不能正常播放，这时可以为其设置播放速度。其操作方法是：单击“动作”面板右上角的按钮，在打开的列表中选择“回放选项”选项，打开“回放选项”对话框。

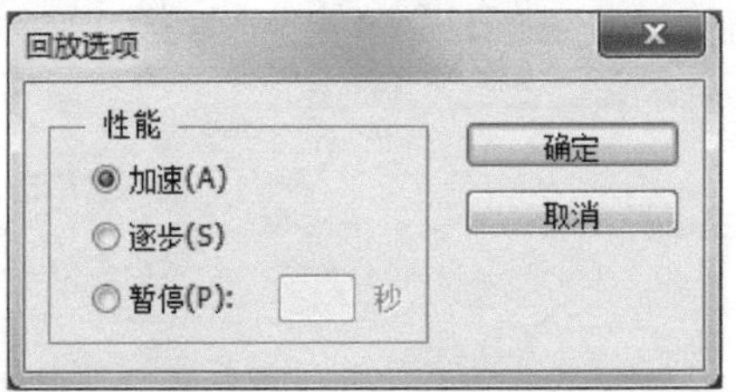

“回放选项”对话框中各选项的作用如下。

- 加速：单击选中“加速”单选项，将以正常速度播放动作。
- 逐步：单击选中“逐步”单选项，动作将完成每条命令并重绘图像，然后进入下一条命令。
- 暂停：单击选中“暂停”单选项，可在其后的文本框中输入 Photoshop 中执行命令的暂停时间。

14.1.4 储存和载入动作

为了保证 Photoshop CS6 中的动作能够正常使用，可对其进行存储和载入操作，以备不时之需。下面分别对储存和载入动作的方法进行介绍。

1. 存储动作

卸载或重新安装 Photoshop CS6，将无法使用用户自己创建的动作和动作组。用户可以将动作组保存为单独的文件，以备以后使用。其操作方法是：在“动作”面板中选择将存储的动作组，单击右上角的按钮，在弹出的快捷菜单中选择“存储动作”命令。打开“存储”对话框，设置存放动作文件的目标文件夹，并输入要保存的动作名称，完成后单击“保存”按钮即可。

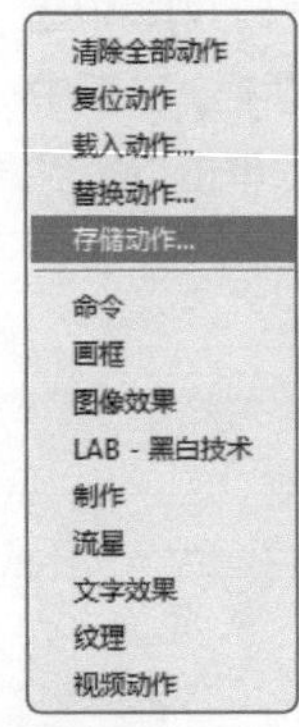

2. 载入动作

在“动作”面板右上角单击按钮，在打开的列表中选择“载入动作”选项，打开“载入”对话框，选择需要加载的动作，单击“载入”按钮，即可完成动作的载入操作。

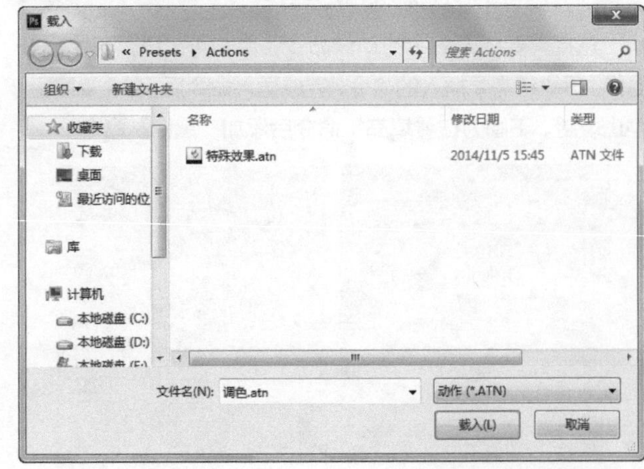

14.1.5 使用动作——应用“四分颜色”动作

完成动作的制作或是载入动作后，还需掌握使用动作的方法。本例将打开“海滩.jpg”图像，打开“动作”面板，播放“图像颜色”动作组中的“四分颜色”动作，将图像编辑成四分颜色，具体操作步骤如下。

微课：应用“四分颜色”动作

素材：光盘 \ 素材 \ 第 14 章 \ 海滩 .jpg
效果：光盘 \ 效果 \ 第 14 章 \ 海滩 .psd

STEP 1 载入动作组

打开“海滩.jpg”图像，选择【窗口】/【动作】命令，打开“动作”面板。单击其上方的按钮，在弹出的快捷菜单中选择“图像效果”命令。

STEP 2 查看应用后的效果

在“动作”面板中选择“图像效果”动作组，在其中选择“四分颜色”动作，并单击▶按钮，开始应用动作。保存动作并查看完成后的效果。

14.2 脚本与自动批处理图像

脚本的应用使Photoshop能通过置入外部脚本语句实现自动化。而Photoshop中除可使用动作快速对图像进行处理外，还可通过批处理对图像进行快速处理。下面分别对脚本和批处理的方法进行介绍。

14.2.1 认识脚本

脚本可以让用户在处理图像时变得更加多元化，通过脚本可完成逻辑判断，重命名等操作。选择【文件】/【脚本】命令，在弹出的子菜单中可选择包含的所有脚本命令。

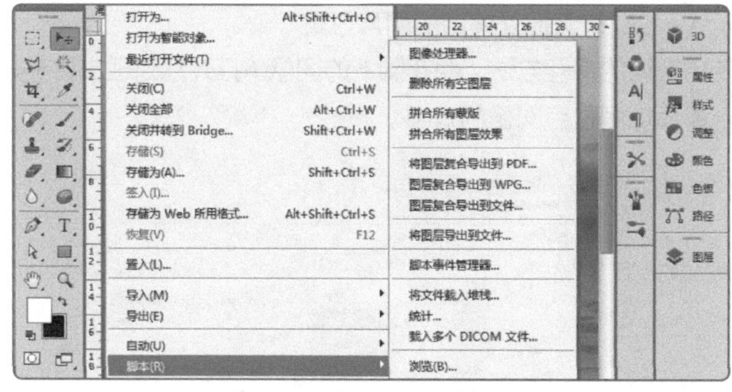

“脚本”菜单中几个重要子菜单的作用如下。

- 图像处理器：选择该命令，可以利用图像处理器转换和处理多个文件。使用该命令可以先不创建动作，直接使用它编辑图像。
- 删除所有空图层：选择该命令，可以删除打开图像中不需要的空图层，减小图层文件的大小。
- 图层复合导出到文件：选择该命令，可以将图像复合导出到单独的文件中。
- 将图层导出到文件：选择该命令，可以使用多种格式，如PSD、BMP、JPEG、PDF 等，将图层作为单个文件导出和存储。
- 脚本事件管理器：选择该命令，可以将脚本和动作设置为自动运行，然后通过事件来触发 Photoshop 动作或脚本。
- 将文件载入堆栈：选择该命令，可以使用统计脚本自动创建或渲染图形堆栈。
- 浏览：若要运行存储在其他位置的脚本，可选择该命令，在计算机上浏览脚本。

14.2.2 自动批处理图像——为图像统一添加边框

微课：为图像统一添加边框

在 Photoshop 中除可使用动作快速对图像进行处理外，还可通过批处理对图像进行快速处理。虽然动作和批处理都可以快速对图像进行处理，但是它们有所区别，动作是根据实际情况录制的操作集合，而批处理命令则是有明确作用的操作。

素材：光盘\素材\第 14 章\图像

效果：光盘\效果\第 14 章\添加边框

STEP 1 载入动作组

打开“动作”面板，单击右上角的按钮，在打开的列表中选择“画框”选项，将“画框”动作组加载到“动作”面板中。

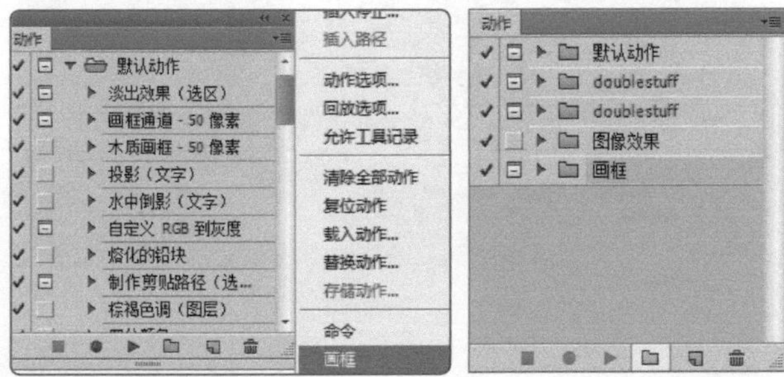

STEP 2 设置批处理

❶选择【文件】/【自动】/【批处理】命令，打开“批处理”对话框，在其中设置“组”为“画框”；❷设置“动作”为“笔刷形画框”；❸单击“选择”按钮；❹打开“浏览文件夹”对话框，选择“图像”文件夹中的所有文件，单击“确定”按钮。

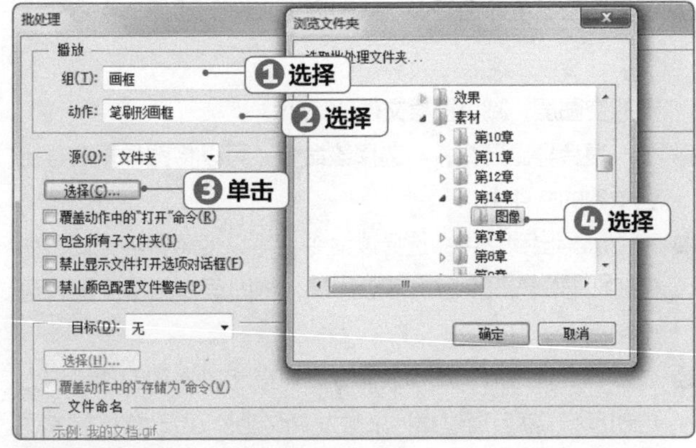

STEP 3 设置批处理位置

❶在“目标”下拉列表框中选择“文件夹”选项；❷单击“选择”按钮，打开“浏览文件夹”对话框，将处理后的图像存放到“添加边框”文件夹中；❸在“文件命名”栏下设置起始文件名为“批处理图像 001”；❹单击“确定”按钮。

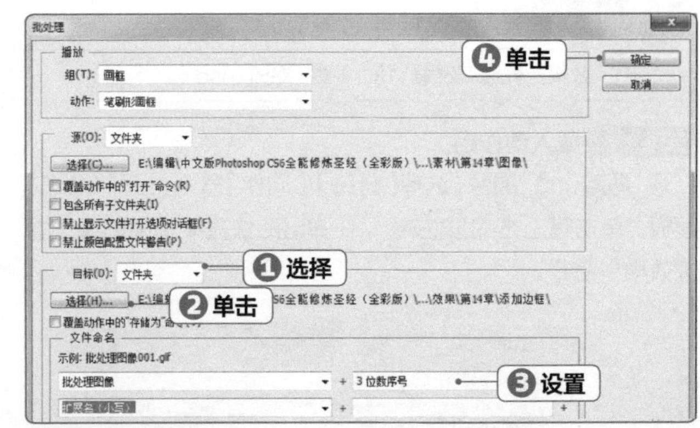

STEP 4 保存图像

❶执行完命令后，将自动打开“存储为”对话框，在其中设置“格式”为“Photoshop(*.PSD;*.PDD)”；❷单击“保存”按钮；❸再在打开的对话框中单击“确定”按钮。

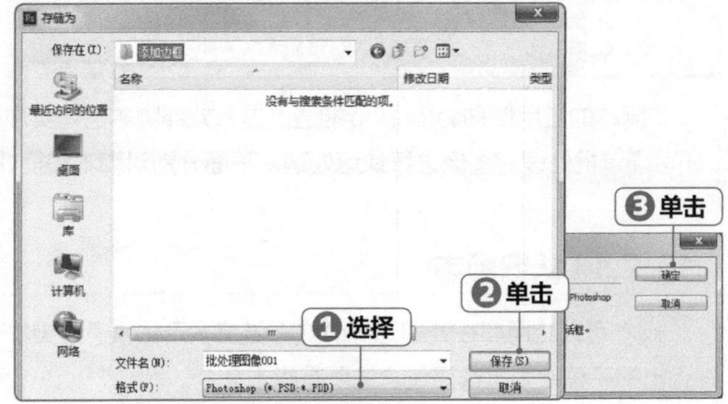

STEP 5 查看批处理后的图片效果

使用相同的保存方法，保存剩下的图像。打开批处理文件夹，查看添加画框后图像的效果。

14.3 变量与数据组

变量与数据组使用数据驱动图层，通过变量与数据组可快速准确地生成图像的多个版本，常用于印刷项目或Web项目。下面分别对定义变量、定义数据组、预览和应用数据组、导入和导出数据组的方法进行介绍。

14.3.1 定义变量与数据组

变量是指用来定义模板中将发生变化的元素，而数据组则是指变量与其他相关数据的集合，它们是包含与被包含的关系，下面分别对变量和数据的相关知识进行介绍。

1. 定义变量

变量的定义分3种类型，分别是可见性变量、像素替换变量和文本替换边框。选择【图像】/【变量】/【定义】命令，即可打开“变量”对话框。

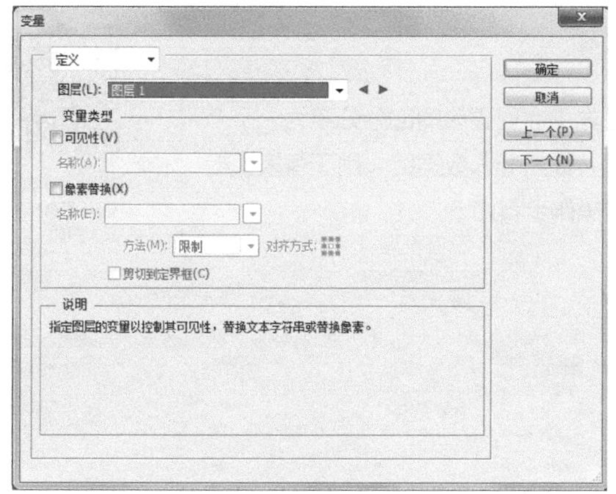

“变量”对话框中各选项的作用如下。

- 图层：主要用于定义变量的图层，在定义过程中“背景”图层不能定义为变量。
- 变量类型：主要用于设置需要定义的变量类型。其中“可见性”复选框表示显示或隐藏图层的内容；“像素替换”复选框表示使用其他图像文件中的像素来替换当前图层中的像素；“文本替换”表示替换文字图层的文本字符串。

2. 定义数据组

定义数据组常指定义变量的集合体。选择【图像】/【变量】/【数据组】命令，即可打开“变量”对话框，在该对话框中可以设置数据组的相关参数。

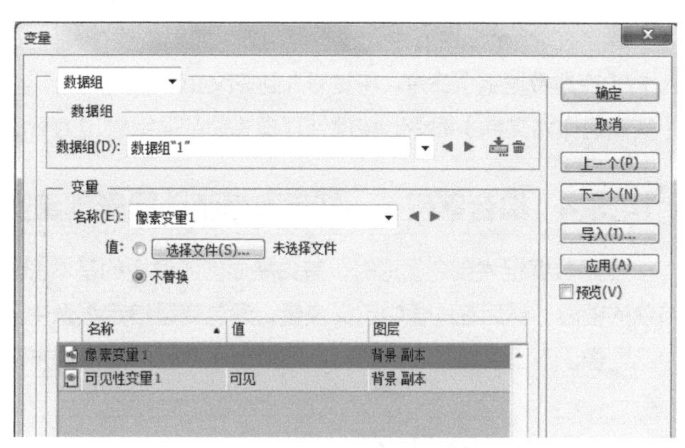

“变量”对话框中各选项的作用如下。

- 转到上一个数据组：单击◀按钮，可以切换到前一个数据组。
- 转到下一个数据组：单击▶按钮，可以切换到后一个数据组。
- 基于当前数据组创建新数据组：单击按钮，可以创建新数据组。
- 删除此数据组：单击按钮，可以删除选定的数据组。
- “变量”选项卡：“变量”选项卡主要包括“对于可见性变量”“对于像素替换变量”“对于文本替换变量”3种。在对于可见性变量中，若设置为“可见”，可以显示图层的内容，若设置为“不可见”，就不会显示图层的内容；而在对于像素替换变量中，单击“选择文件”按钮，可选择需要替换的图像文件；在对于文本替换变量中，可以在“值”文本框中输入一个文本字符串。

14.3.2 预览和应用数据组

创建数据组合模板图像后，选择【图像】/【应用数据组】命令，将打开“应用数据组”对话框，在打开的列表中选择需要的数据组，并单击选中“预览”复选框，可在文档窗口中预览图像，单击“应用”按钮，可以将数据组的内容应用于基本图形中，同时所有变量和数据组保持不变。

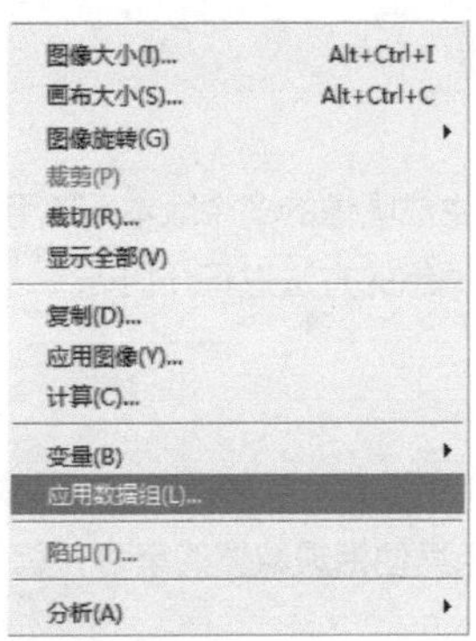
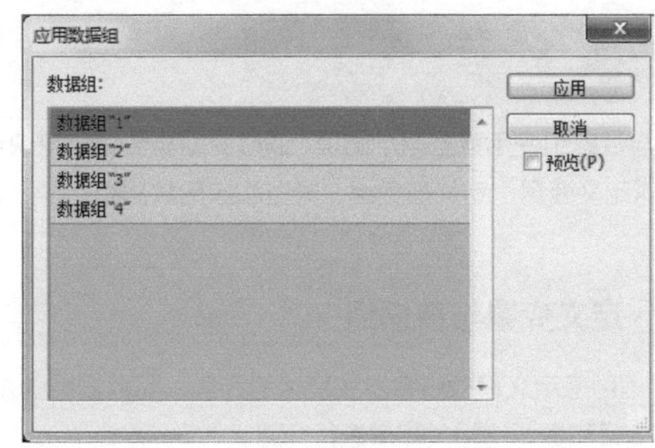

14.3.3 导入与导出数据组

除了在 Photoshop 中创建数据组外，如果需要在其他文本编辑器或是电子表格中创建数据组，可以通过选择【文件】/【导入】/【变量数据组】命令，将其导入到 Photoshop 中。当定义变量涉及到一个或多个数据组后，可通过选择【文件】/【导出】/【数据组作为文件】命令，按批处理模式使数据组输出为 PSD 文件。

14.3.4 综合案例——使用数据驱动图形创建多版本图像

微课：使用数据驱动图形创建多版本图像

使用数据组栏创建图形时，首先需要创建模板的基本图形，并将图像中需要更改的部分分离为一个个单独的图层，然后在图像中定义变量，通过变量指定图像中更改的部分，最后导入数据组，用于替换模板中的图像。下面讲解使用数据驱动图形创建多版本图像的方法，其具体操作步骤如下。

素材：光盘 \ 素材 \ 第 14 章 \ 花纹立体字
效果：光盘 \ 效果 \ 第 14 章 \ 花纹立体字 .psd

STEP 1 打开“变量”对话框

❶打开“花纹立体字 .psd”图像文件，按【Ctrl+J】组合键复制图像；❷选择【图像】/【变量】/【定义】命令，打开“变量”对话框。

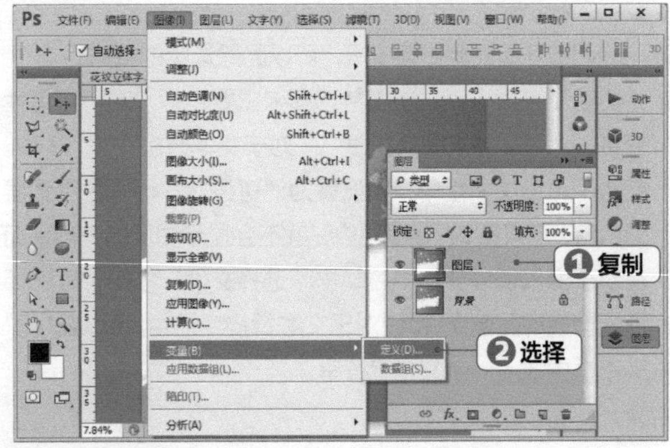

STEP 2 设置定义参数

❶在“变量类型”栏中单击选中“可见性”复选框；❷在下方单击选中“像素替换”复选框，其他参数保持默认不变。

STEP 3 设置选择图像

❶在“定义”下拉列表中选择“数据组”选项；❷单击按钮，创建新的数据组；❸单击“选择文件”按钮，在打开的对话框中选择需要添加的素材，这里选择“海报文字”选项；❹单击“确定”按钮。

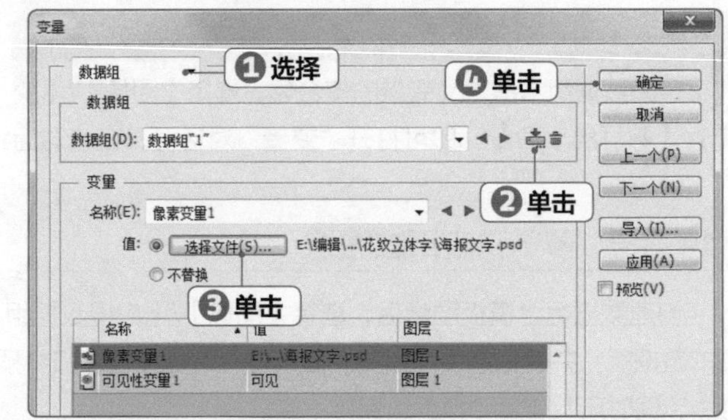

STEP 4 添加图像

❶返回图像编辑区，选择【图像】/【应用数据组】命令；❷打开"应用数据组"对话框，单击"应用"按钮，将添加的图像应用到图像编辑区中。

STEP 5 查看添加文字后的效果

选择魔棒工具，选择白色区域，按【Delete】键将其删除，调整文字的位置，保存图像，查看完成后的效果。

14.4 创建与编辑切片

使用 Photoshop CS6 输出网页图像的实质就是对图像进行切片，将图片切割为若干个小块，以确保网页图像的下载速度。这些切割后的小图片，通过网页设计器的编辑，组合为一个完整的图像，再通过 Web 浏览器进行显示，这样既保证了图像的显示效果，又提高了用户网页体验的舒适度。下面将具体讲解创建和编辑切片的相关操作。

14.4.1 创建切片

在制作网页时，为了确保网页图像的下载速度，并不会直接使用一张尺寸很大的图像，而是会将图像切割为若干小块，再将这些小块在 Web 浏览器中组合在一起进行显示。切割图像就需要使用切片，下面讲解创建切片的相关知识。

1. 切片的类型

在 Photoshop 中包含两种切片，即用户切片和图层的切片。其中用户切片是通过切片工具来创建的切片，图层的切片则是通过图层创建的切片。

创建新切片时，将生成附和的自动切片来占据图像的区域，自动切片可以填充图像中用户切片或基于图层的切片未定义的空间。每次添加或编辑切片都会生成自动切片。下图中实线为用户切片，而虚线则为自动切片。

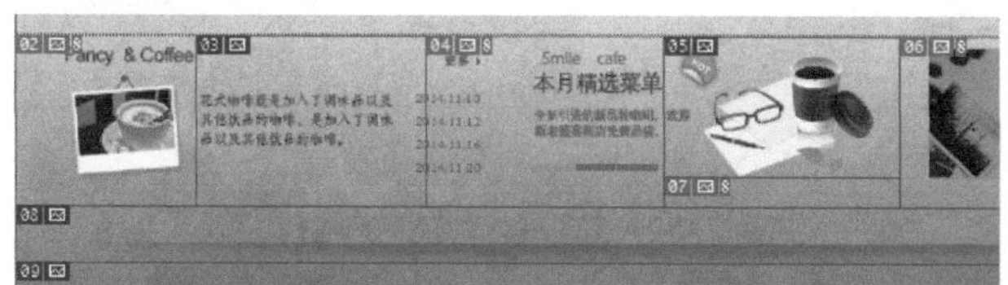

2. 使用切片工具

使用切片工具可以创建切片，创建切片的方法与创建选区的方法相同，选择切片工具后，按住鼠标在图像上拖动，即可完成选区的绘制。

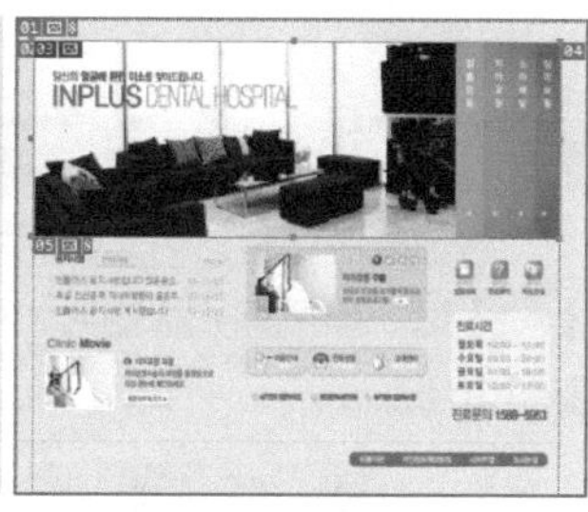

选择切片工具将显示属性栏。

样式：正常 宽度： 高度： 基于参考线的切片

"切片工具"工具属性栏中"样式"下拉列表框中各选项作用如下。

- 正常：选择该选项后，可以通过拖动鼠标来确定切片的大小。

- 固定长宽比：选择该选项后，可在“宽度”“高度”文本框中设置切片宽高比。
- 固定大小：选择该选项后，可在“宽度”“高度”文本框中设置切片的固定大小。

3. 使用切片选择工具

使用切片选择工具，可以对切片进行选择、调整堆叠顺序、对齐与分布等操作。选择切片选择工具后将显示下图所示的属性栏。

“切片选择工具”工具属性栏中各选项的作用介绍如下。

- 调整切片堆叠顺序：创建切片后，最后创建的切片将处于堆叠顺序的最高层。若想调整切片的位置可单击、、、这 4 个按钮。
- 提升：单击“提升”按钮，可以将所选的自动切片或图层切片提升为用户切片。
- 划分：单击“划分”按钮，打开“划分切片”对话框，在该对话框中可对切片进行划分。

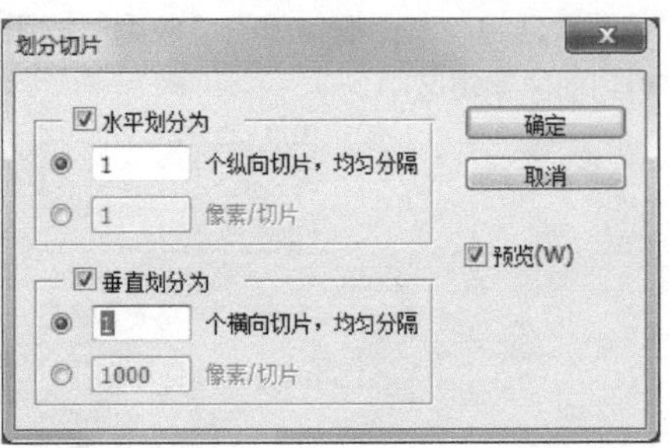

- 对齐与分布切片：选择多个切片后，可单击相应按钮来对齐或分布切片。
- 隐藏自动切片：单击“隐藏自动切片”按钮，将隐藏自动切片。
- 为当前切片设置选项：单击按钮，打开“切片选项”对话框，在其中可设置名称、类型和 URL 地址等。

14.4.2 编辑切片

在绘制切片时，若是用户对绘制的切片不满意，可以对切片进行编辑、调整。切片的常用编辑方法有选择切片、移动切片、复制切片和删除切片等，下面分别进行介绍。

1. 切片的选择、移动

在切片绘制完成后，用户还可对切片进行选择或移动，下面分别进行介绍。

- 选择：选择切片选择工具，在图像中单击需要选择的切片，即可直接选择单击的切片，按【Shift】键的同时使用切片选择工具单击切片，可选择多个切片。
- 移动：在选择切片后，按住鼠标进行拖动，即可移动所选切片。

2. 复制切片

若想复制切片，可先使用切片选择工具选择切片，再按【Alt】键，当鼠标光标变为形状时单击并拖动鼠标，即可复制切片。

3. 删除切片

若绘制过程中出现了多余的切片，可以将它们删除，在 Photoshop 中有 3 种删除切片的方法。

- 使用快捷键删除：选择切片后，按【Delete】键或【Backspace】键，即可删除所选的切片。
- 使用命令删除：选择切片后，选择【视图】/【清除切片】命令，可删除所有的用户切片和图层切片。

- 使用鼠标右键删除：选择切片后，在其上单击鼠标右键在弹出的快捷菜单中选择“删除切片”命令。

4. 锁定切片

当图像中的切片过多时，最好将它们锁定起来。锁定后的切片将不能被移动、缩放或更改。选择需要锁定的切片，再选择【视图】/【锁定切片】命令，即可将切片锁定。移动被锁定的切片时，将弹出提示框。

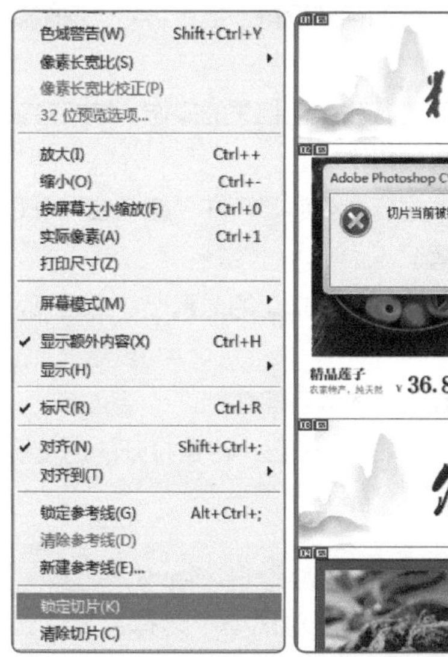

5. 转换切片

要对自动切片进行更加细致的设置，就必须先将自动切片转换为用户切片。选择需要转换的自动切片或图层切片，再在切片选择工具属性栏上单击“提升”按钮，可将所选择的自动切片和图层切片转换为用户切片。

6. 划分切片

当网页中的图像平均分布时，用户可以通过划分切片的方法来重新划分切片：选择需要划分的切片，在切片选择工具的属性栏中单击“划分”按钮，打开“划分切片”对话框；在该对话框中单击选中“水平划分为”复选框，在其中可设置水平方向的划分切片。下图为在水平方向上划分两个横向切片的效果。

单击选中“垂直划分为”复选框，可在垂直方向划分切片，下图为在垂直方向上划分两个纵向切片的效果。

7. 组合切片

组合切片可以通过连接切片的边缘来创建矩形切片，在创建时还可确定所生成切片的尺寸和位置。先选择两个或两个以上的切片，再单击鼠标右键，在弹出的快捷菜单中选择“组合切片”命令，即可将多个切片组合为一个切片。

14.4.3 优化 Web 图像

当创建并完成切片的编辑后，还需对切片后的图像进行优化操作，在网页中图片的格式一般为 GIF、GPG 或 PNG 格式，用户需要根据不同的需要对切片后的图像进行优化和输出操作，让其符合实际的需求，下面分别对优化 Web 图像中的储存、优化选项、输出进行介绍。

1. 存储为 Web 所用格式

将图像优化变小后，可以让用户更快地下载图像。选择【文件】/【存储为 Web 所用格式】命令，打开“存储为 Web 所用格式”对话框，在其中可对图像进行优化和输出。

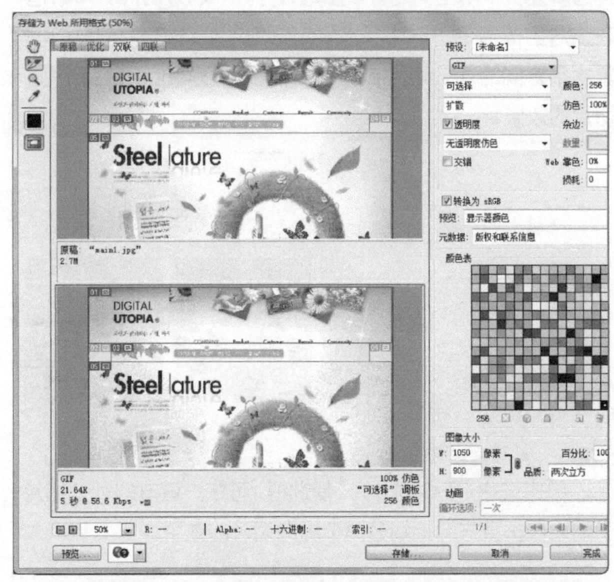

“存储为 Web 所用格式”对话框中各选项的作用如下。

- 显示选项：单击“原稿”标签，可在窗口中显示没有优化的图像；单击“优化”标签，可在窗口中显示优化后的图像；单击“双联”标签，可并排显示应用了当前优化前和优化后的图像；单击“四联”标签，可并排显示图像的四个版本，每个图像下面都提供了优化信息。如优化格式、文件大小、图像估计下载时间等，方便用于进行比较。
- 抓手工具：单击按钮，使用鼠标拖动图像可移动查看图像。
- 切片选择工具：当图像包含多个切片时，可使用工具选择窗口中的切片，并对其进行优化。
- 缩放工具：单击按钮，可放大图像显示比例。按 Alt 键的同时单击按钮则可缩小显示比例。
- 吸管工具：单击按钮，可吸取单击处的颜色。
- 吸管颜色：用于显示吸管工具吸取的颜色。
- 切换切片可视性：单击按钮，可显示或隐藏切片的定界框。
- 优化菜单：在其中可进行如存储设置、链接切片、编辑输出设置等操作。
- 颜色表菜单：在其中可进行和颜色相关的操作，如新建颜色、删除颜色和对颜色进行排序等。
- 颜色表：在对图像格式进行优化时，可在“颜色表”中对图像颜色进行优化设置。
- 图像大小：可将图像大小调整为指定的像素尺寸或原稿大小的百分比。
- 状态栏：显示光标所在位置的颜色信息。
- 在浏览器中预览菜单：单击按钮，将在打开的浏览器中显示图像的题注。

2. Web 图像优化选项

在“存储为Web所用格式”对话框中选择需要优化的切片后，在右侧的文件格式下拉列表中选择一种文件格式，可细致地对切片进行优化。

- GIF 和 PNG-8 格式：GIF 常用于压缩具有单色调或细节清晰的图像，它是一种无损压缩格式；PNG-8 格式与 GIF 格式的特点相同，其选项也相同。

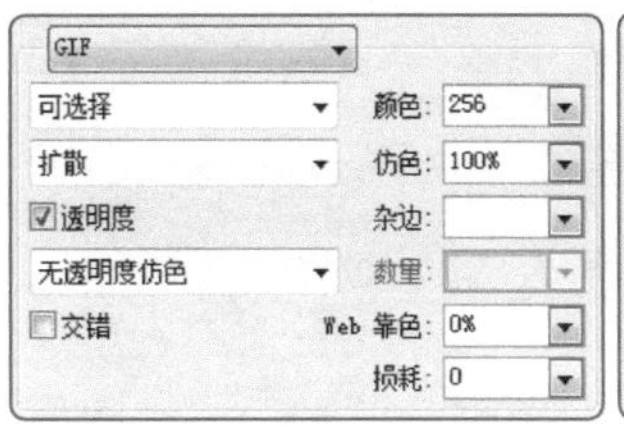

- JPEG 格式：JPEG 格式可以压缩颜色丰富的图像，将图像优化为 JPEG 格式时会使用有损压缩。下图左为 JPEG 格式的优化选项。
- PNG-24 格式：PNG-24 格式适合压缩连续色调的图像，它可以保留多达 256 个透明度级别，但文件体积超过 JPEG 格式。下图右为 PNG-24 格式的优化选项。其优化项的作用和前面几种格式相同。

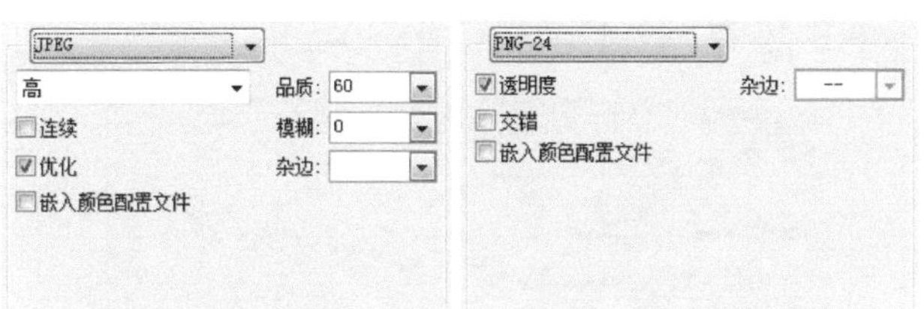

- WBMP 格式：WBMP 适合优化移动设置的图像。

3. Web 图像的输出设置

在优化完 Web 图像后，在“存储为 Web 所用格式”对话框中单击 ▾≡ 按钮，在打开的下拉列表中选择“编辑输出设置”选项，打开“输出设置”对话框。在该对话框中可设置 HTML 文件的格式、命令文件和切片等。

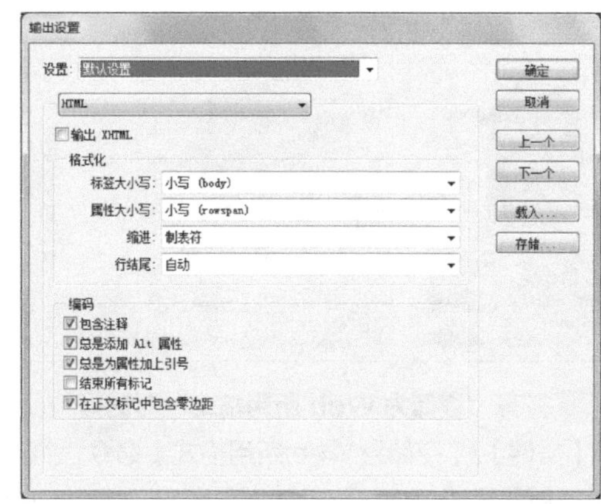

14.4.4 综合案例——为宝贝陈列展示图切片

微课：为宝贝陈列展示图切片

在制作首页的过程中，宝贝展示图是在有限的空间中，制作而成的多个大小相同、产品不同的模块。此时，可先将描述部分进行切片，再对产品一个个地进行切片，最后使用对齐工具对切片进行对齐，以避免出现不连贯的现象。

	素材：光盘\素材\第 14 章\宝贝陈列展示图 .psd
	效果：光盘\效果\第 14 章\宝贝陈列展示图

STEP 1 对文字进行切片

打开“宝贝陈列展示图 .psd”素材，在工具箱中选择切片工具，先对文字进行切片：在宝贝陈列展示图的左上角单击鼠标，沿着参考线按住鼠标不放进行拖动，以确定切片的区域范围。

STEP 2 设置切片名称

❶在切片的区域上单击鼠标右键，在弹出的快捷菜单中选择“编辑切片选项”命令，打开“切片选项”对话框，在“名称”文本框中设置切片名称，这里输入“展示图文字部分”；❷单击“确定”按钮。

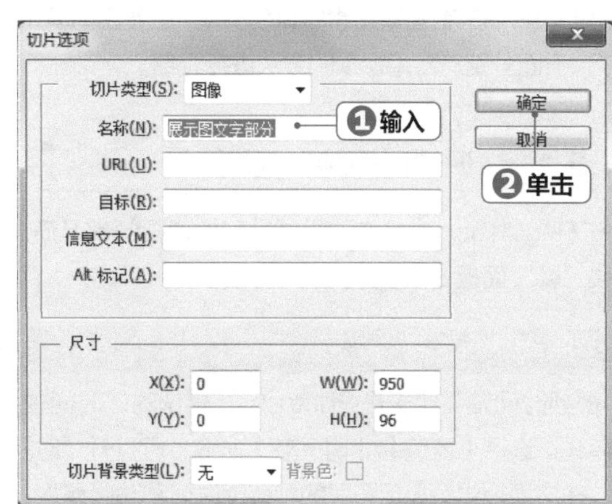

STEP 3 切除其他图片

继续对下方的图片进行切片，切片完成后调整切片的位置，并将其“名称”命名为“展示图文字图片 1”，使用相同的方法沿着参考线对其他图片进行切片，并分别进行命名。

STEP 4 打开“存储为 Web 所用格式”对话框

❶选择【文件】/【存储为 Web 所用格式】命令，打开“存储为Web所用格式”对话框，单击“双联”选项卡，使效果“原稿”和“GIF”对比显示；❷在“颜色表”中选择需要添加的颜色，这里选择红色；❸单击“存储”按钮。

技巧秒杀

基于参考线快速切片

若是针对参考线较多，而且图形较简单的切片，可直接单击“基于参考线的切片”按钮，快速切片。

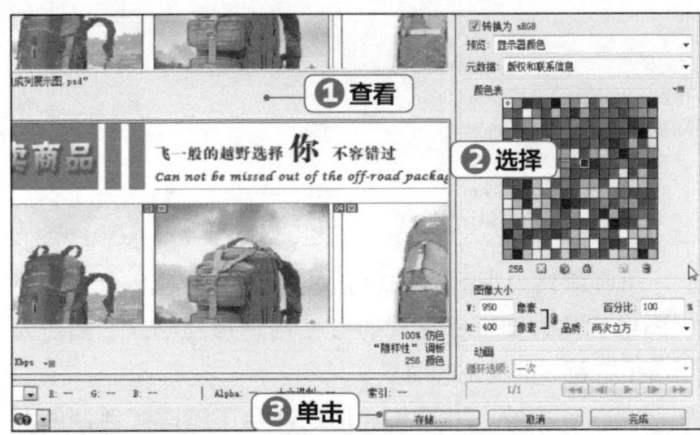

STEP 5 打开“将优化结果存储为”对话框

❶打开“将优化结果存储为”对话框，选择文件的储存位置，并在“格式”下拉列表中选择“HTML 和图像”选项；❷单击“保存”按钮。

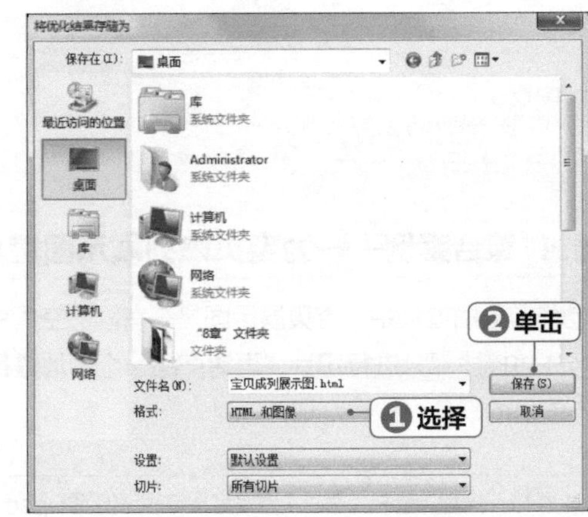

14.5 应用视频

视频由一系列图像和帧组成，视频的后一帧在前一帧的基础上发生轻微的变化，再通过快速的播放方式产生连续运动的效果。应用视频是指创建视频的方法，主要包括认识“时间轴”面板、创建视频文档和视频图层，以及导入计算机中的视频等，下面分别对应用视频的方法进行介绍。

14.5.1 认识“时间轴”面板

在 Photoshop 中制作动画图片和处理视频都是通过“时间轴”面板来实现的。“时间轴”面板有两种模式：“时间轴”面板和“帧”面板。下面分别进行介绍。

1. “时间轴”面板

“视频时间轴”模式是 Photoshop 默认的“时间轴”面板的模式。选择【窗口】/【时间轴】命令，可打开“时间轴”面板，在该面板中可显示图层的帧持续时间和动画属性。

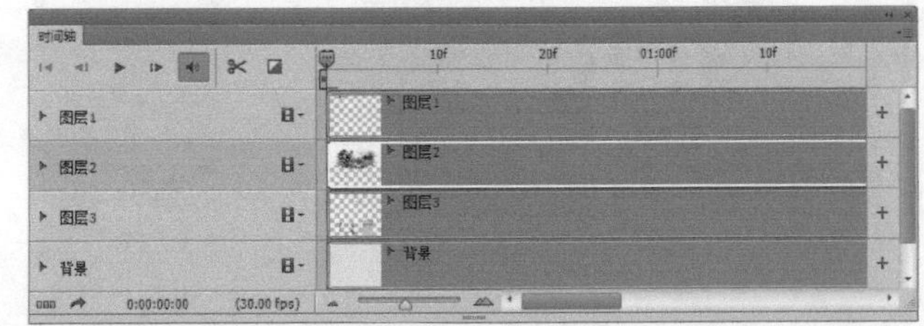

“时间轴”面板中各选项的作用如下。

- 第一帧：单击按钮，可选择时间轴中的第一帧。
- 上一帧：单击按钮，可选择当前帧的前一帧。
- 播放：单击按钮，可在图像窗口中播放动画，单击按钮可暂停动画播放。
- 下一帧：单击按钮，可选择当前帧的后一帧。
- 音频控制：单击按钮，可播放声音，但在动画播放时不能对声音进行开关操作。
- 回放选项：单击按钮，在打开的下拉列表中可设置图像的分辨率。
- 在播放处拆分：单击按钮，可从当前位置拆分视频，拆分后的视频段可以移动。
- 过渡效果：单击按钮，在弹出的下拉列表中可选择过渡效果或过渡效果延迟的时间。
- 关键帧导航器：单击导航器两边的箭头按钮，可移动到上一帧或下一帧，单击中间的黄色按钮，可在当前位置添加或删除帧。
- 时间－变化秒表：单击按钮可启用图层属性的帧设置，单击按钮可取消图层属性的帧设置。
- 音轨：用于控制对动画添加声音。单击“音轨”轨道后的按钮，可控制“音轨”轨道中声音的开关；单击按钮，在打开的列表中可执行添加音频、新建音轨等操作。
- 转换为帧动画：单击按钮，将由“时间轴”面板转换为“帧”面板。
- 时间码和帧数显示：用于显示当前帧的时间位置以及帧数位置。
- 时间标尺：用于显示文件的持续时间和帧数。单击“时间轴”控制面板右上方的按钮，在打开的列表中选择“设置时间轴帧速率”选项，可对持续时间以及帧数进行设置。
- 图层持续时间条：用于指定当前图层中视频和动画中的时间位置，将图层移动到其他位置，该时间条也将被移动。
- 当前帧数指示器：单击按钮，用于指示当前播放的进程，拖动指示器可调整播放进程。
- 工作区指示器：用于标记要预览或者导出的动画和视频的指定部分。
- 向轨道添加视频/音频：单击按钮，将打开一个对话框，用于将视频和音频添加到轨道中。
- 缩小/放大：用于缩小和放大时间标尺。单击按钮可缩短一定时间的时间轴，单击按钮可延长一定时间的时间轴。拖动时间的滑块可自定义缩短或延长时间轴。

2. “帧”面板

使用“时间轴”面板可以很方便地对动画的全局情况进行掌握，比较适合制作处理视频。而与动画帧对应的是“帧”面板，它能掌握每帧的情况以及每个动画帧中图像的变化情况，“帧”面板常用于制作动画图片。

在“时间轴”面板中，单击按钮，打开“帧”面板。

“帧”面板中各选项的作用如下。

- 当前帧：当前选择的帧。
- 帧延迟时间：用于设置帧播放的持续时间。
- 转换为时间轴动画：单击按钮，将该面板“帧”面板转换为“时间轴”面板。
- 循环次数：用于设置动画作为图像导出时播放的次数。
- 过渡动画：单击按钮，打开“过渡”对话框，通过该对话框可在两个帧之间插入一系列的帧，并使插入帧的过渡效果柔和。
- 复制所选帧：单击按钮，可以创建并复制动画帧。
- 删除所选帧：单击按钮，可以删除所选择的动画帧。

14.5.2 创建视频文档和视频图层

在认识了“时间轴”面板后，就可以开始创建视频文档和视频图层，在 Photoshop 中创建视频图层不能使用创建普通图层的方法，下面介绍创建视频文档和视频图层的方法。

1. 认识视频图层

视频图层的图层缩略图右下角有图标，其余与普通图层相同。当用户在打开视频图层或序列的动画时，Photoshop 都将创建视频图层。需要注意的是，32 位的 Windows 操作系统不能使用视频动画功能。用户可以使用画笔、滤镜和蒙版等工具对视频图层进行编辑。

2. 创建视频文档

创建视频文档和创建普通图层的方法相同，选择【文件】/【新建】命令，打开“新建”对话框，在“预设”下拉列表框中选择“胶片和视频”选项，即可创建视频文档。

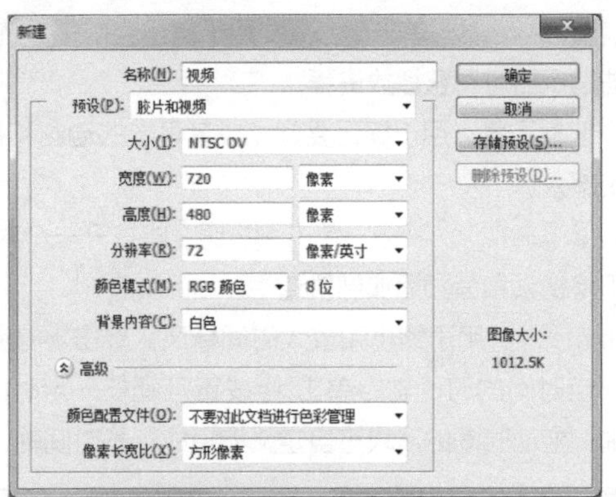

新建的文档带有不适用于打印的参考线，用于控制图像的动作安全区域和标题安全区域。

3. 新建视频图层

使用 Photoshop CS6 打开视频图层后，在视频组中只会出现一个视频图层。若要进行一些特效编辑可能无法实现，此时需要增加视频图层才能进行编辑。新建视频图层主要有以下两种方法。

- 新建空白视频图层：选择【图层】/【视频图层】/【新建空白视频图层】命令，新建一个空白图层。
- 从文件新建：选择【图层】/【视频图层】/【从文件新建视频图层】命令，可以将视频文件或图像序列以视频图层的形式导入到打开的文档中。

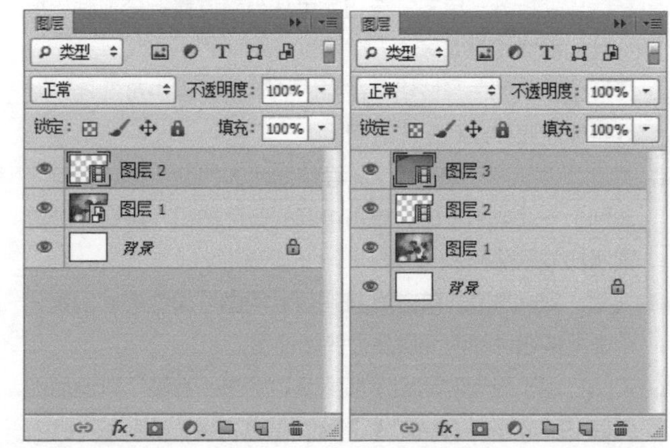

14.5.3 打开并导入计算机中的视频

在编辑视频动画前，用户还需要打开视频文件并导入视频文件。此外，在编辑视频时，有时还需导入另外一些视频。使用 Photoshop CS6 能轻松将视频导入到图层中，并以动画帧的形式在“图层”面板中自动分层。下面分别对打开和导入视频的方法进行介绍。

1. 打开视频

Photoshop CS6 中，用户可以直接打开视频文件，选择【文件】/【打开】命令，打开“打开”对话框，在其中选择需要打开的视频，单击“打开”按钮，即可打开视频文件，此时“图层”面板中也将自动新建一个视频图层。

2. 导入视频

在编辑一些视频文件时，有时会需要导入一些另外的视频。使用 Photoshop CS6 能轻松将视频导入到图层中，并以动画帧的形式在“图层”面板中自动分层。选择【文件】/【导入】/【视频帧到图层】命令，打开“打开”对话框，在其中选择需要载入的视频，单击“打开”按钮。打开“将视频导入图层”对话框，在其中设置视频文件的参数，完成后单击“确定”按钮。

若是文件帧数过大将出现提示对话框，询问是否将最大帧数限制在 500 帧，单击“继续”按钮，稍等片刻后即可看到图像已被分层，以及“动画轴”面板中导入的动画时间轴。

- 从开始到结束：单击选中"从开始到结束"单选项，可将选中的视频全部导入到视频帧。
- 仅限所选范围：单击选中"仅限所选范围"单选项，再对"将视频导入图层"对话框中调整时间轴下的两个小黑块设置选择范围，可将选择的位置导入到视频帧中。
- 限制为每隔：单击选中"限制为每隔"复选框，可在其后方的数值框中输入帧数。设置后将每隔设置的帧数提取一帧。

3. 导入图像序列

在制作动态图像时，用户通常会使用一些图像序列。当导入这种带图像序列的图像文件时，这些图像都将变为视频图层上的帧。需要注意的是，这种序列图像必须大小相同，包含在统一文件夹中，并按顺序命名。导入图像序列的方法是：选择【文件】/【打开】命令，在打开的"打开"对话框中选择需要导入的图像序列文件夹，选择第 1 个图像并单击选中"图像序列"复选框，单击"打开"按钮。

打开"帧速率"对话框，设置"帧速率"后，单击"确定"按钮，返回工作界面即可看到导入的图像已变为视频图层。

14.6 编辑视频

在 Photoshop 中用户可对视频进行编辑，一般进行编辑时可结合滤镜、蒙版、变换、图层样式和混合模式等操作进行。下面分别对编辑空白视频帧、矫正像素长宽比、替换视频帧中的素材、在视频图层中恢复帧、创建图层动画、创建帧动画、编辑动画帧等方法进行介绍。

14.6.1 编辑空白视频帧

用户在编辑视频图层时，可能会需要编辑空白视频帧，并在空白视频中进行图像的编辑，包括插入、复制和删除空白视频帧，下面分别进行介绍。

- 插入空白帧：选择空白视频图层，将时间指示器移动到需插入的空白帧位置，再选择【图层】/【视频图层】/【插入空白帧】命令，即可在当前时间指示器的位置插入空白帧。
- 复制帧：将时间指示器移动到需复制帧的位置，再选择【图层】/【视频图层】/【复制帧】命令，即可在当前时间添加一个视频帧的副本。
- 删除帧：将时间指示器移动到需删除的帧位置，再选择【图层】/【视频图层】/【删除帧】命令，即可将当前帧删除，或是按【Delete】键直接删除。

14.6.2 校正像素长宽比

像素宽度比用于在视频内描述帧中单个像素的宽度和高度比例，不同的视频标准使用不同的像素长宽比。将计算机中编辑的动画放到电视上播放可能会影响像素长宽比。选择【视图】/【像素长宽比校正】命令，在弹出的子菜单中可设置像素的规格。下图为校正像素长宽比前后的效果。

14.6.3 替换视频帧中的素材

在制作动画时，若是用户移动或重命名源视频数据，会连成视频图层和源文件之间的连接断开。此时“图层”面板的视频图层上将出现图标，这种情况下视频图层将无法编辑。为了能使视频图层正常编辑，就需重新对视频图层和源视频文件建立连接，其方法为：选择需要重新建立连接的视频图层，选择【图层】/【视频图层】/【替换素材】命令，在打开的“替换素材”对话框中设置新的源素材文件位置，单击“打开”按钮即可替换。

14.6.4 解释素材与恢复视频帧

若编辑的视频动画中包含了 Aplha 通道，为了制作出的视频能正常播放，用户需要在 Photoshop CS6 中指定如何解释视频中的 Aplha 通道和帧速率。当用户在对视频帧进行操作后，若对操作不满意，可对视频帧进行恢复操作，下面分别对解释素材与恢复视频帧的方法进行介绍。

1. 解释素材

为了使视频能够正常播放，需要将指定的视频素材进行解释操作：在“时间轴”面板或“图层”面板中选择视频图层，选择【图层】/【视频图层】/【解释素材】命令，在打开的对话框中进行设置即可。

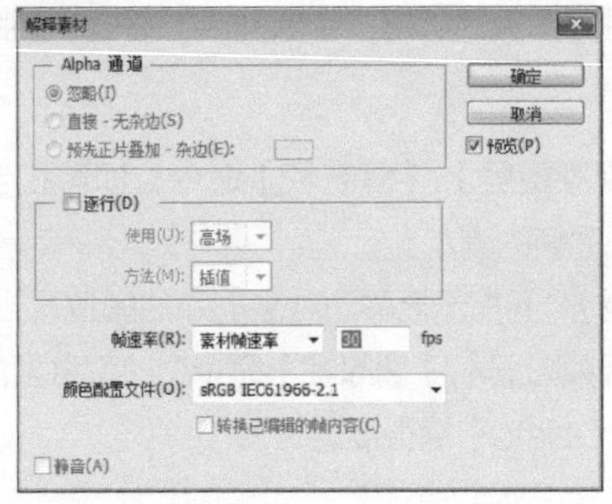

2. 恢复视频帧

用户在对视频帧进行操作时，可能会出现操作错误的情况，此时可对视频帧进行恢复操作，在恢复时可以对单个视频帧和所有视频帧进行恢复，下面分别对这两种恢复方法进行介绍。

- 恢复帧：在“时间轴”面板中选择需要恢复的视频帧所在的视频图层和视频帧，选择【图层】/【视频图层】/【恢复帧】命令，即可将所选的视频帧恢复。
- 恢复所有帧：在“时间轴”面板中选择需要恢复的视频帧所在的视频图层和视频帧，选择【图层】/【视频图层】/【恢复所有帧】命令，即可将所有的视频帧恢复。

14.6.5 创建图层动画——制作字幕动画

使用 Photoshop 的“时间轴”面板可以轻松制作一些动画效果，如字幕动画、带特殊风格的绘画动画等。本例将打开“人物 .jpg”图像，通过“从文件新建视频图层”命令，在图像中添加视频图层，再设置视频图层的不透明度，制作渐隐效果并输入文字，具体操作步骤如下。

微课：制作字幕动画

素材：光盘 \ 素材 \ 第 14 章 \ 字幕动画
效果：光盘 \ 效果 \ 第 14 章 \ 字幕动画 .psd

STEP 1 载入视频

打开“人物 .jpg”图像，选择【图层】/【视频图层】/【从文件新建视频图层】命令，打开“添加视频图层”对话框，在其中选择“光晕 .mp4”视频图像，单击“打开”按钮，将“光晕”视频载入到“人物”图像中。

STEP 2 转换图层并放大图像

❶按【Ctrl+T】组合键，在打开的提示框中单击“转换”按钮，将视频图层转换为智能图层；❷将视频放大到和图像一样大。

STEP 3 设置关键帧和不透明度

❶在“时间轴”面板中单击“图层 1”图层前面的▸按钮，展开“图层 1”图层的设置选项；❷单击“不透明度”前面的⏱按钮，添加关键帧；❸在“图层”面板中设置“不透明度”为“5%”。

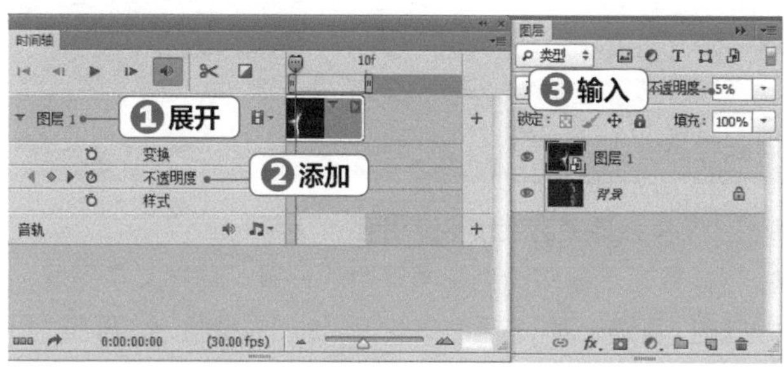

STEP 4 设置第 2 个关键帧

❶在“时间轴”面板中选择“图层 1”图层，将帧数指示器移动到视频结束处；❷单击“不透明度”前面的◆按钮，添加第 2 个关键帧；❸在“图层”面板中设置“不透明度”为“100%”。

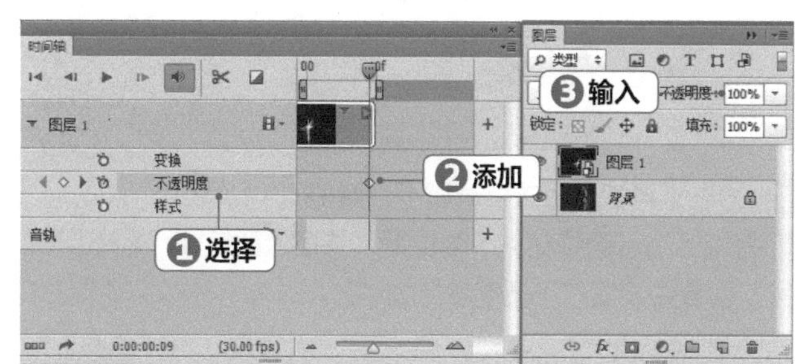

STEP 5 输入文字

❶在“时间轴”面板中将帧数指示器移动到视频开始的位置，使用文字工具在图像下方输入文字；❷此时，在“时间轴”面板中将出现一个新的图层。

STEP 6 延长文字图层时间轴

将鼠标光标移动到文字图层后，当鼠标光标变为⇹形状时，拖动鼠标将视频图层延长到视频图层结束的位置。

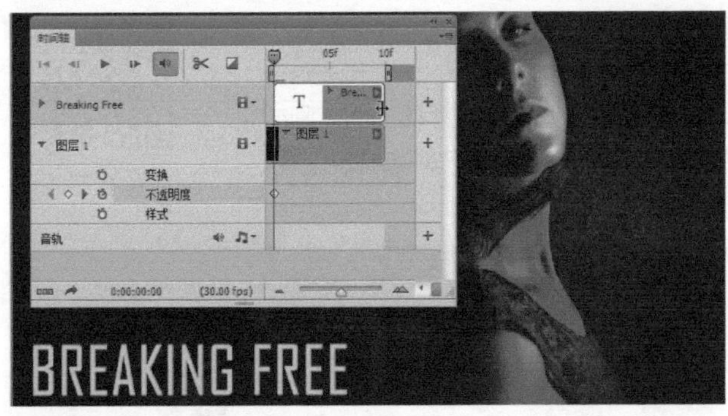

STEP 7 设置关键帧和不透明度

❶将帧数指示器移动到视频开始的位置，选择文字图层；❷单击“不透明度”前面的按钮，添加关键帧；❸再在“图层”面板中设置“不透明度”为“0%”。

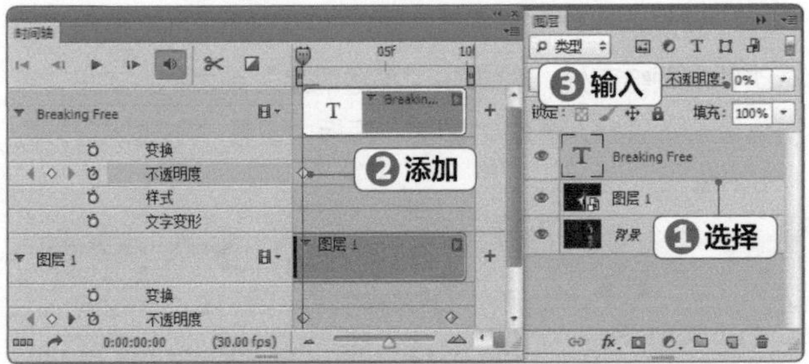

STEP 8 再次设置关键帧和不透明度

❶将帧数指示器移动到下图位置，并插入关键帧；❷在“图层”面板中设置“不透明度”为“20%”。

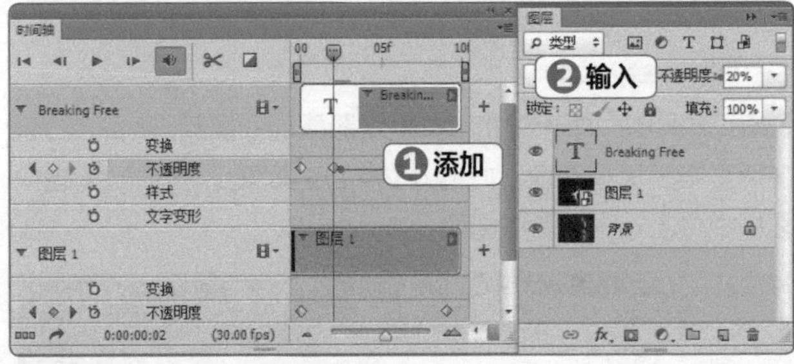

STEP 9 继续设置关键帧和不透明度

❶将帧数指示器移动到下图的位置，并插入关键帧；❷在“图层”面板中设置“不透明度”为“0%。

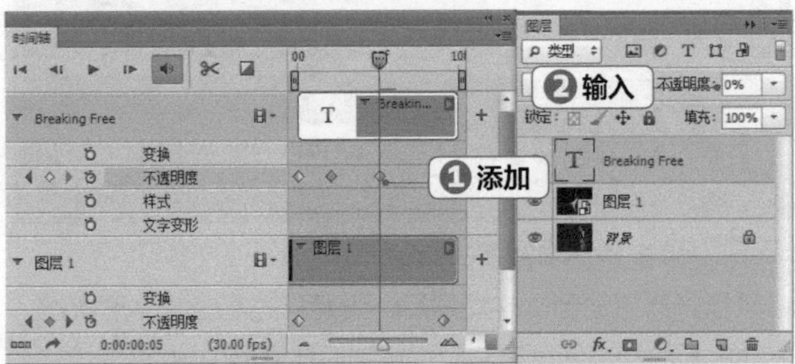

STEP 10 插入下一个关键帧

❶将帧数指示器移动到下图所示的位置，并插入关键帧；❷在“图层”面板中设置“不透明度”为“5%”。

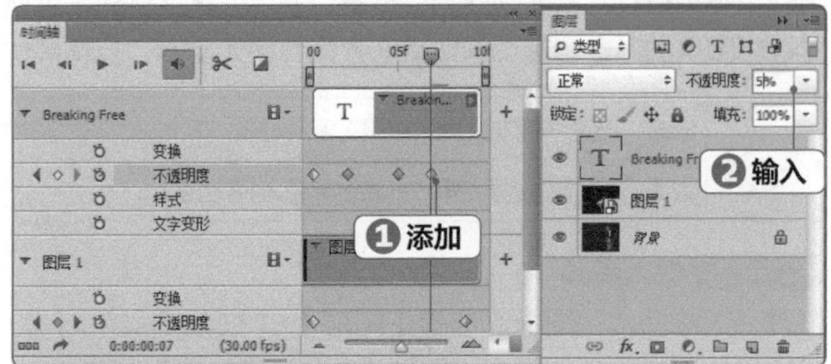

STEP 11 完成最后一个关键帧的设置

❶将帧数指示器移动到视频结尾的位置，并插入关键帧；❷在“图层”面板中设置“不透明度”为“80%”。

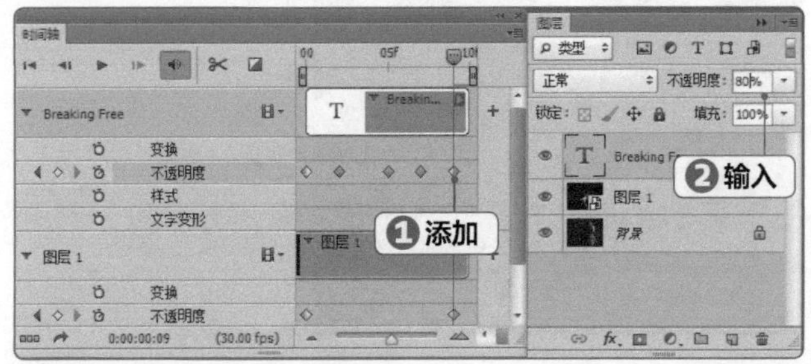

STEP 12 查看播放后的效果

单击按钮播放制作的视频，保存图像查看完成后的效果。

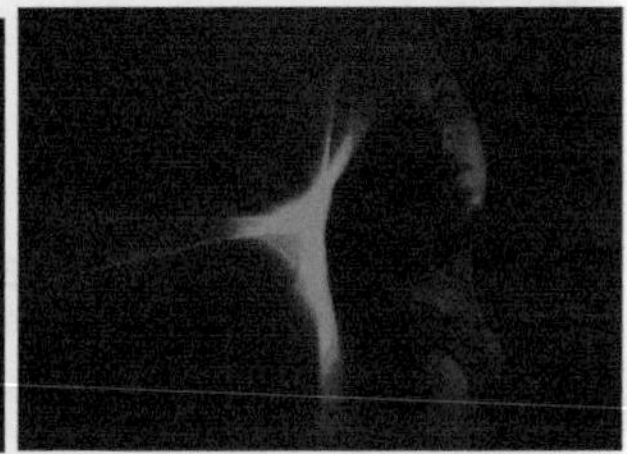

14.6.6 创建帧动画——制作“汪汪小店”动态店标

微课：制作“汪汪小店”动态店标

在“帧”面板中，用户需要一帧一帧地对动画进行调整，其中每一帧都表示一个图层配置。下面将在“汪汪小店 .psd”静态店标的基础上，通过“时间轴”面板设置店名随着狗头移动而逐步出现的动画，最后将文件储存为 GIF 动画格式，具体操作步骤如下。

素材：光盘 \ 素材 \ 第 14 章 \ 汪汪小店店标 .psd

效果：光盘 \ 效果 \ 第 14 章 \ 汪汪小店店标 .gif

STEP 1 将文本单独放置图层

打开“汪汪小店店标 .psd”文件，通过复制图层的方法将“汪汪小店”文本图层分别放置到 4 个单独的图层上，分别调整文字的位置。

操作解谜

设置文本单独图层的原因

设置文本的单独图层，是为了通过隐藏图层设置文本逐步显示效果。

STEP 2 创建帧动画

选择【窗口】/【时间轴】命令，打开“时间轴”面板，单击“时间轴”面板底部的“创建帧动画”按钮，创建一帧动画。

STEP 3 复制帧动画

选择创建的帧动画，单击“时间轴”面板底部的 按钮，复制帧动画，使用相同的方法再复制 3 帧动画。

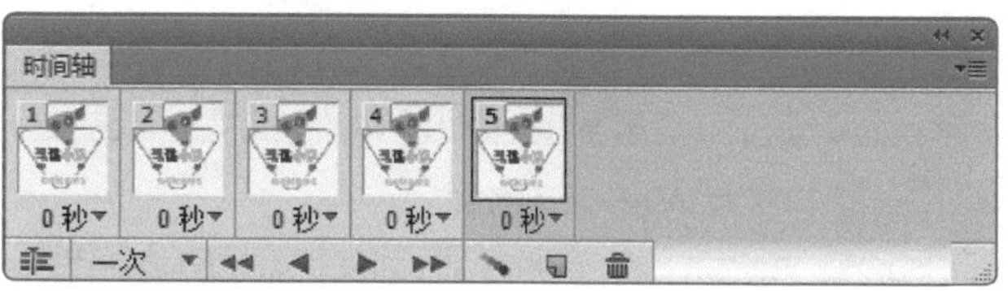

STEP 4 编辑第 1 帧动画

选择第 1 帧动画，在“图层”面板中移动“狗头”到图像左侧，撤销选中“汪汪小店”对应的图层。

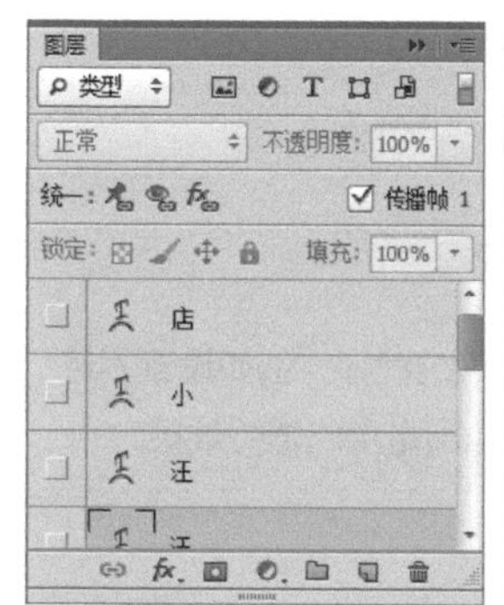

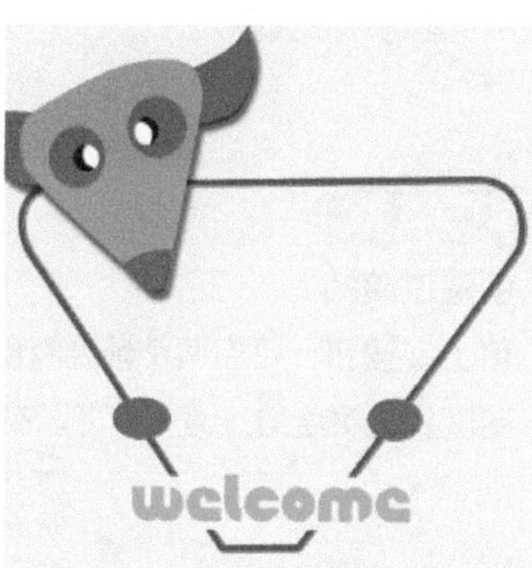

STEP 5 编辑第 2~5 帧动画

依次选择第 2~5 帧，通过移动狗头的位置，显示对应的文本图层。

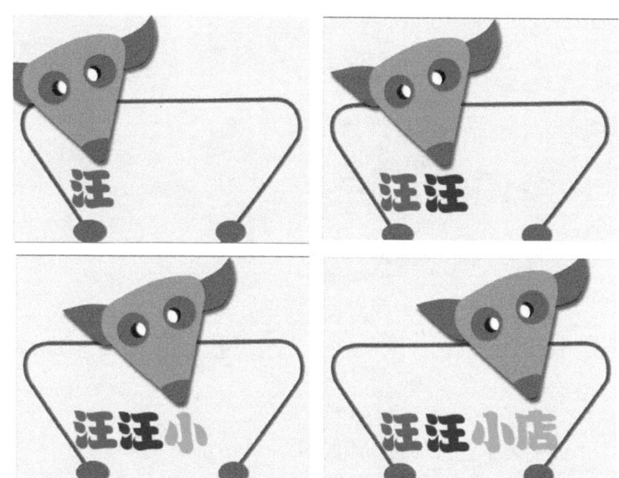

STEP 6 设置动画播放速度与播放方式

❶单击每帧下方的下拉按钮，调整每帧的显示时间，将第 5 帧设置为“0.5”，其他帧设置为“0.2”；❷单击“一次”按钮，在打开的下拉列表中选择“永远”选项。

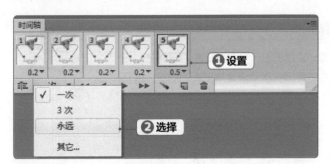

STEP 7 存储为 Web 所用格式

在“时间轴”面板底部单击▶按钮，可播放设置的动画效果。选择【文件】/【存储为 Web 所用格式】命令，打开“存储为 Web 所用格式”对话框，将格式设置为“GIF”，查看图像大小，单击“存储”按钮，在打开的对话框中保存文件，完成动态店标的操作。

技巧秒杀

创建过渡帧

单击按钮，可在两个帧之间创建过渡帧，例如设置不透明度到透明度的过渡帧，可以制作出星星闪烁的效果。

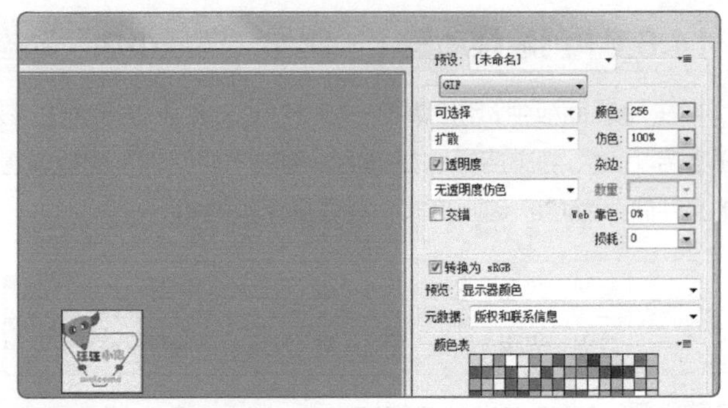

STEP 8 查看闪烁效果

打开保存后的图像，可发现店标已经为 GIF 格式，双击打开查看动态店标效果可看见文字和狗头移动闪烁。

14.6.7 编辑动画帧

在编辑动画帧时，用户经常需要对帧进行跳转修改和编辑。为了能制作出更好的帧动画效果，用户就需要学会编辑动画帧的方法。在“帧”面板中单击按钮，在打开的列表中选择编辑动画帧的操作。

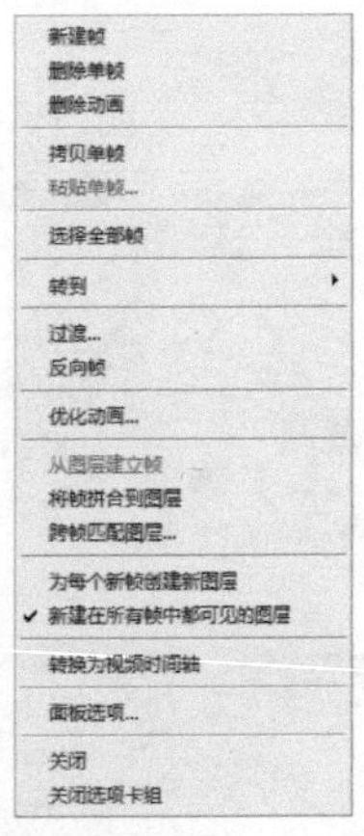

该列表中各选项的作用如下。

- 新建帧：选择该选项，可创建一个和当前帧一样的帧。
- 删除单帧/多帧：选择单个帧和多个帧后，在其中选择该选项可删除单个帧或多个帧。
- 删除动画：可删除所有的动画帧。
- 拷贝单帧/多帧：可以复制当前所选择的一帧或多个帧。
- 粘贴单帧/多帧：选择该选项，可以将之前拷贝的图层配置到目标帧上。
- 选择全部帧：选择该选项，可一次性选择所有帧。
- 转到：选择该选项，在打开的子列表中选择对应的选项可快速转到下一帧/上一帧/第一帧/最后一帧。
- 过渡：选择该选项，可在两个现有帧之间添加一系列帧，让动画显示更加自然。
- 反向帧：选择该选项，将当前所有帧的播放顺序翻转。
- 优化动画：完成动画后，选择该选项，打开“优化动画”对话框，在其中可以优化动画在 Web 浏览器中的下载速度。其中单击选中“外框”复选框，可将每一帧裁剪到相对于上一帧发生了变化的区域，可使创建的图像变小。单击选中“去除多余像素”复选框，可使帧中与前一帧中相同的所有像素都变为透明。

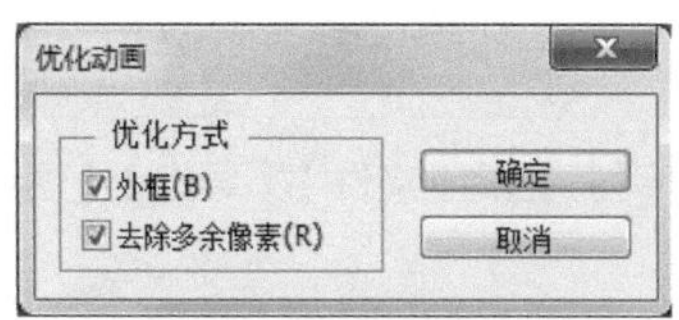

- 从图层建立帧：在包含多个图层但只有一帧的文件中选择该选项，可创建与图层数量相等的帧。
- 将帧拼合到图层：选择该选项，可将当前视频图层中的每个帧的效果创建为单一图层。若想将视频帧作为单独的图像文件导出，或是在图像堆栈中需要使用静态对象时也可使用该选项。
- 跨帧匹配图层：选择该选项，可为相邻的帧和不相邻的帧之间匹配各图层的位置、可见性、图层样式等属性。
- 为每个新帧创建新图层：选择该选项可在创建帧时，自动将新图层添加到图像中。
- 新建在所有帧中都可见的图层：选择该选项，新建图层将自动在所有帧上显示。若再次选择该选项，新建的图层将只显示当前帧。
- 转换为视频时间轴：选择该选项可将面板转换为“视频时间轴”面板。
- 面板选项：选择该选项，在打开的“动画面板选项”对话框中可对“动画帧”面板的缩略图显示方式进行设置。
- 关闭：选择该选项，将关闭动画帧面板。
- 关闭选项卡组：选择该选项，将关闭动画帧面板所在的选项卡组。

14.7 输出视频

在制作完视频动画并进行预览后，需要对它们进行输出。输出视频和动画的方法与存储其他视频动画的方法有所不同。下面就将分别对视频和动画的输出方法进行讲解。

14.7.1 储存文件与预览视频

储存文件是将制作好的动画储存为 PSD 格式，而预览动画则能使用户可以直接在文档窗口中预览动画或者视频，下面分别讲解储存文件和预览视频的方法。

1. 存储文件

在制作好视频动画后，在没有将视频动画输出前，用户需要将其存储为 PSD 文件以便后期进行编辑。存储文件时，选择【文件】/【存储】命令或【文件】/【存储为】命令即可。

2. 预览视频

在 Photoshop CS6 中用户可以直接在文档窗口中预览动画或者视频，当用户拖动▽或播放帧时，Photoshop CS6 会自动对这些帧进行高速缓存，使下一次播放变得更加流畅，下图为在“时间轴”面板中通过拖动▽来定位播放位置的效果。

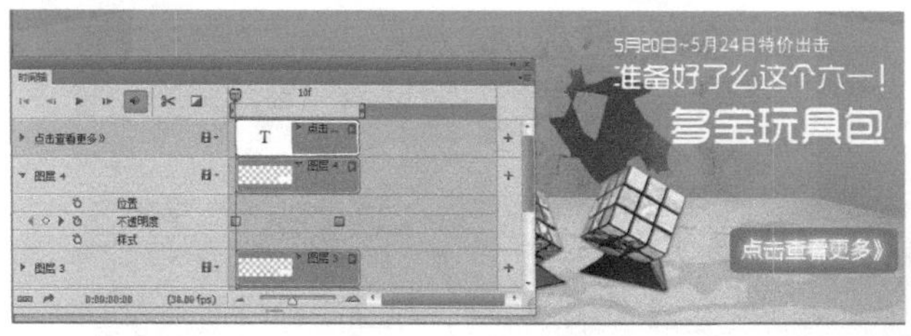

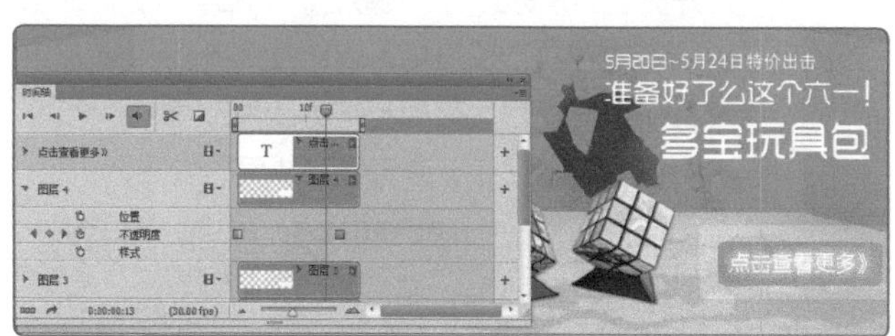

如果用户想播放视频或动画，可以在动画面板中直接单击▶按钮，或者按【Space】键来播放或暂停播放视频。下图为单击▶按钮播放视频的效果。

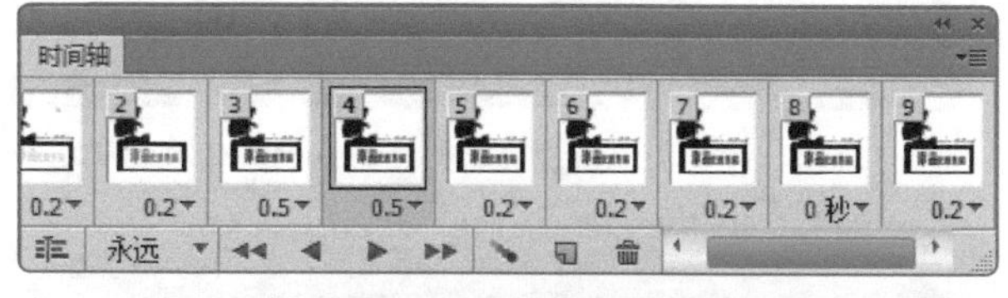

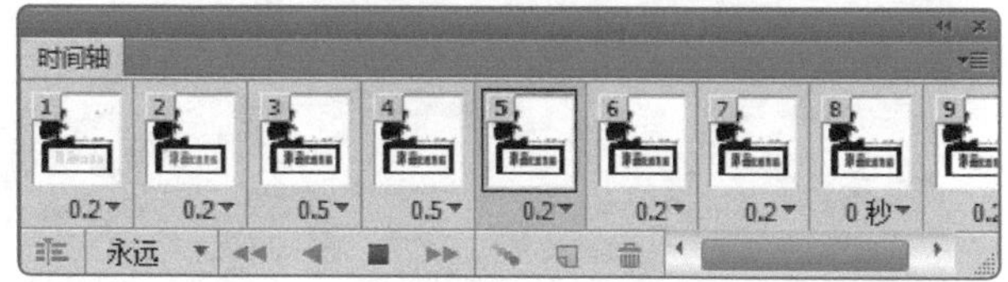

14.7.2 视频渲染输出

在 Photoshop CS6 中，用户可将编辑后的视频图像渲染输出为视频或图像序列，选择【文件】/【导出】/【渲染视频】命令，打开“渲染视频”对话框，下面对其中常用选项的作用进行介绍。

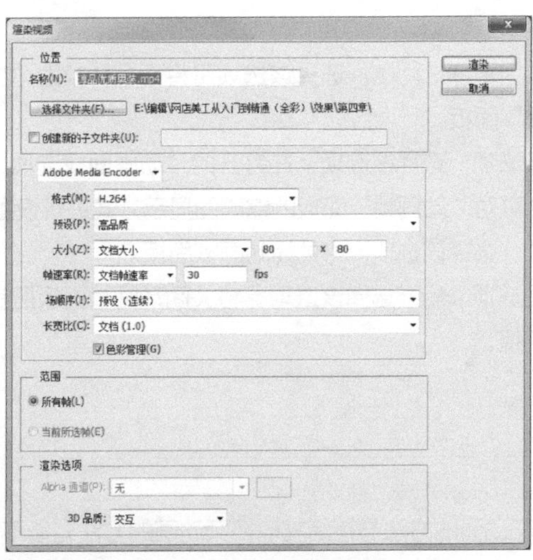

- 位置：用于设置文件的名称和位置。
- 文件选项：用于设置文件选项组中可以对渲染的类型进行设置。在该下拉列表中选择“Photoshop 图像序列”选项，可将文件输出为图像序列。
- 范围：用于设置渲染的范围。
- 渲染选项：用于设置 Alpha 通道的渲染方法以及 3D 品质。

技巧秒杀

预览动画

在“存储为Web所用格式”对话框中，设置“优化文件格式”为“GIF”后，用户单击对话框左下角的“预览”按钮或是单击对话框右下角的▶按钮，可对制作的视频或动画进行预览。

高手竞技场

制作倒数动画

打开提供的素材文档“倒数计时 .mp4 ”，对图像进行编辑，要求如下。

- 使用横排文字工具输入倒计时文字。
- 使用“时间轴”面板制作倒计时动画。
- 将动画进行储存，并查看完成后的效果。

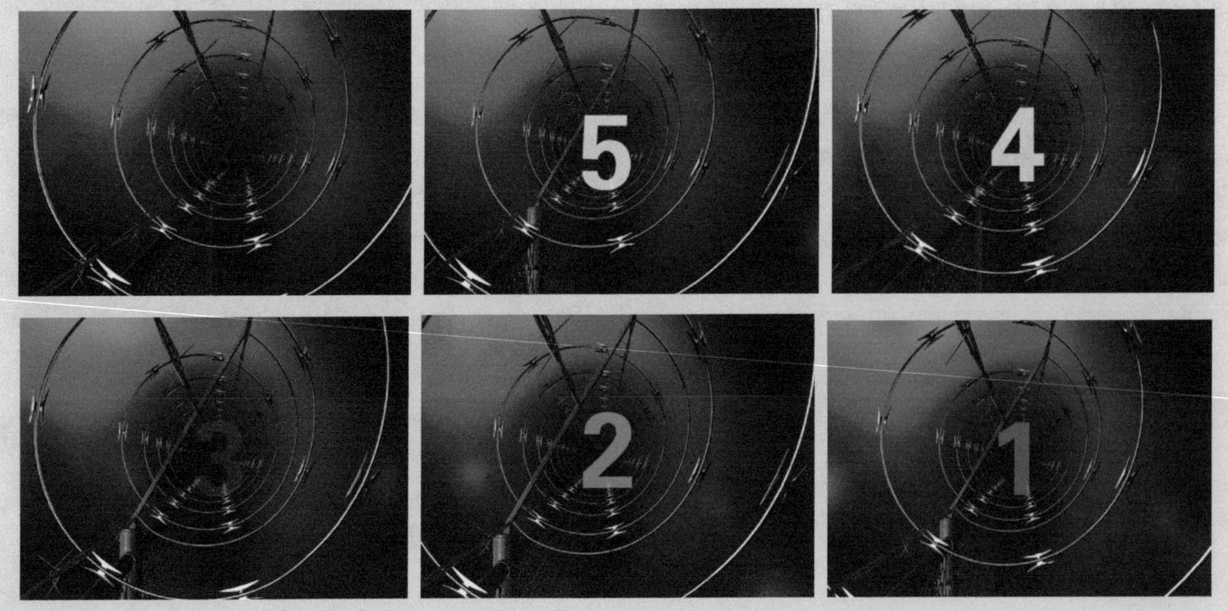

15 Chapter

第 15 章

图像的输出管理

/ 本章导读

当图像制作完成后，用户还需将其输出才能正常使用。根据不同的需求，用户可使用印刷和打印的方法对图像进行输出。本章将讲解图像输出的相关知识和操作，包括印刷流程与方法、打印输出图像的方法等。

15.1 认识印刷流程与方法

印刷是指通过大型的机器设备将图像快速并大量输出到相应的介质上，它是广告、包装、海报等作品的主要输出方式。如有大量的或大型的文件需要输出，建议使用印刷输出，这样可以有效地降低成本。常见的印刷流程包括印前准备工作、印刷工艺流程、矫正图像色彩、分色与打样。

15.1.1 印前准备工作

在需要对制作好的图像进行印刷时，还需选择图像色彩模式、选择图像分辨率、选择图像储存格式和识别图像色域范围，才能对图像进行印刷操作。

1. 选择图像色彩模式

在对图像进行印刷前，为了印刷出的颜色和预想的颜色相同，需先将图像的色彩模式转换为 CMYK，否则会因为颜色模式的不同产生更多的色差。

2. 选择图像分辨率

分辨率直接影响着图像的清晰度，但分辨率越大，图像的文件体积也就越大。一般用户在进行印刷前，只需将图像的分辨率设置为 300 像素 / 英寸即可，建议最低不要超过 250 像素 / 英寸。人的肉眼的极限分辨能力是 300 像素 / 英寸，即当图像的分辨率超过 300 像素 / 英寸时，人眼已无法分辨。

3. 选择图像存储格式

不同的图像文件格式适用于不同的应用领域，在为编辑好的图像设置输出格式时，应考虑图像的用途，并结合各种图像格式的特性进行选择。例如，网络上不重要的图像，在不强调图像清晰度时，会选择 .gif、.png 格式。在输出矢量图像并对清晰度等有要求时，则可考虑使用 .eps 这种通用格式。在输出位图且对图像清晰度有一定要求时，可使用 .jpg、.jpeg 格式，使用这类格式时，图像文件体积并不太大，且满足一般印刷输出的需要，它是图像输出的常用格式。在需要输出高清晰的位图时，一般会选择 .tif、.tiff 格式，这种图像格式文件体积较大。

4. 识别图像色域范围

在印刷前用户还需对图像使用的色域范围进行确认，否则印刷时，因为采用的色域不同，可能造成颜色丢失的情况，从而影响到图像的印刷效果。

技巧秒杀

准备时的注意事项

在将设计作品提交印刷之前，应把所有与设计有关的图片文件、设计软件中使用的素材文件准备齐全，一并提交给印刷厂商。如果作品中运用了某种特殊字体，应准备好该字体的文件，在制作分色胶片时提供给他们。当然，除非必要，一般不使用特殊字体。另外，如果使用了非输出字体，也不能正常输出。

15.1.2 印刷工艺流程

印刷的基本流程是，首先将作品以电子文件的形式打样，以便了解设计作品的色彩、文字字体、位置是否正确；样品校对无误后送到印刷厂进行分色处理，得到分色胶片；最后根据分色胶片进行制版，将制作好的印版装到印刷机上，进行印刷。其具体流程如下图所示。注意，在印刷过程中纸的选择尤为重要，常见的纸张包括胶版纸、铜版纸、压纹纸、打字纸、牛皮纸。一般纸张印刷可分为黑白印刷、专色印刷、四色印刷，超过四色印刷则为多色印刷。

15.1.3 矫正图像的色彩

在打印或印刷图像前必须对图像进行校对，以防止打印错误。校对的内容包括：文字、排版和颜色等。需要注意的是，在打印或印刷时常会出现打印出的颜色和显示器中不一致的情况。为了避免这样情况的发生，需要对图像的色彩进行校对。图像色彩的校对包括显示器色彩校对、图像色彩校对和打印机色彩校对 3 种，校对方法分别如下所述。

1. 显示器色彩校对

当出现同一个图像在不同的显示器上显示颜色不同时，就需要对显示器进行色彩校对。部分显示器本身自带色彩校准软件，若没有色彩校准软件，可手动调节显示器的色彩。

2. 图像色彩校对

图像色彩校对是指处理图像时或完成处理后对图像的颜色进行校对。使用 Photoshop CS6 进行某些操作后可能会造成图像颜色变化，因此，首先需检查图像颜色的 CMYK 颜色值是否被改变，若有改变可通过“拾色器”对话框调整图像颜色。

3. 打印机色彩校对

在计算机显示器上看到的颜色和用打印机打印到纸张上的颜色一般不能完全匹配，这主要是因为计算机产生颜色的方式和打印机在纸上产生颜色的方式不同。要让打印机输出的颜色和计算机显示器上的颜色接近，设置好打印机的色彩管理参数和调整彩色打印机的偏色规律是一个重要途径。

15.1.4 分色与打样

分色是指用彩色方式复制图像或文字。打样是指确认印刷生产过程中的设置、处理和操作是否正确，确保为客户提供正确的印刷品的过程。为了印刷出高质量的作品，一般在正式印刷之前均需要对图像进行分色和打样操作，下面分别对分色与打样的相关知识进行介绍。

1. 分色

分色包括了许多步骤，通过分色处理之后才能产生高质量的彩色复制品。分色是指在出片中心将制作好的图像上的各种颜色分解为青（C）、品红（M）、黄（Y）、黑（K）4 种颜色的操作。其实也就是在计算机印刷设计或平面设计软件中，将扫描图像或其他来源图像的色彩模式转换为 CMYK 模式的过程。

2. 打样

打样即将分色后的图片印刷成青色、洋红色、黄色和黑色 4 色胶片，以此来检查图像的分色是否正确。打样的另外一个重要目的就是检验制版阶调与色调能否取得良好的合成，并将复制再现的误差及应达到的数据标准提供给制版部门，作为修正或再次制版的依据，在打样矫正无误后交付印刷中心进行制版、印刷。

15.2 打印输出图像

为了保证打印质量，在打印图像前一般需要对图像的输出属性进行设置，然后再进行打印预览并打印图像。打印属性设置一般包括打印机、打印份数、打印位置和大小、色彩、输出背景、出血边和图像边界等，在打印过程中若遇特殊打印要求，如打印指定图层、指定选区和多图像打印时，还需要对图像进行特殊设置，下面分别进行介绍。

15.2.1 打印机设置

打印机设置是打印图像的基本设置，包括打印机、打印份数、版面等，它们都可在“Photoshop 打印设置”对话框的“打印机设置”选项组中进行。选择【文件】/【打印】命令，即可打开“Photoshop 打印设置”对话框，在其中即可展开和查看“打印机设置”选项组。

下面分别对各选项的含义和作用进行介绍。

- 打印机：用于选择进行打印的打印机。
- 份数：用于设置打印的份数。
- “打印设置”按钮：单击“打印设置”按钮，在打开的对话框中可设置打印纸张的尺寸以及打印质量等相关参数。需要注意的是，安装的打印机不同，其中的打印选项也就有所不同，下图为联想的一款打印机的打印设置。

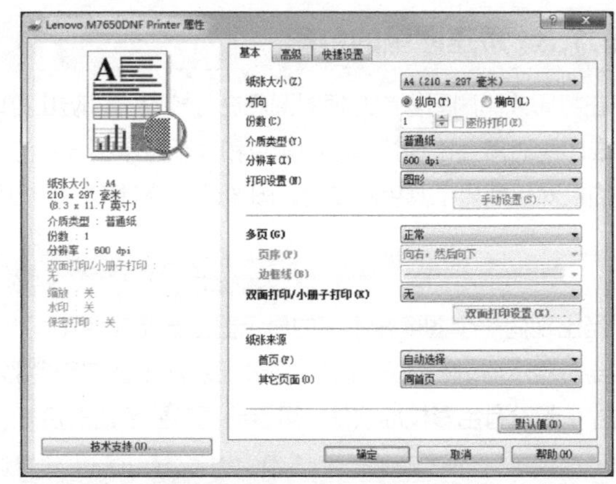

- 版面：用于设置图像在纸张上被打印的方向。单击按钮，可纵向打印图像；单击按钮，可横向打印图像。

15.2.2 色彩管理

在“Photoshop 打印设置”对话框中，用户可以对打印图像的色彩进行设置。下图为“Photoshop 打印设置”对话框的“色彩管理”选项组，各选项的含义与作用如下。

- 颜色处理：用于设置是否使用色彩管理，如果使用色彩管理，则需要确定将其应用于程序中还是打印设备中。
- 打印机配置文件：用于设置打印机和将要使用的纸张类型的配置文件。
- 渲染方法：用于指定颜色从图像色彩空间转换到打印机色彩空间的方式。

15.2.3 位置和大小

在“Photoshop CS6 打印设置”对话框中展开“位置和大小”选项组，在其中罗列了位置、缩放后的打印尺寸等参数，在其中可以对打印大小和位置进行设置，常用选项的含义与作用如下。

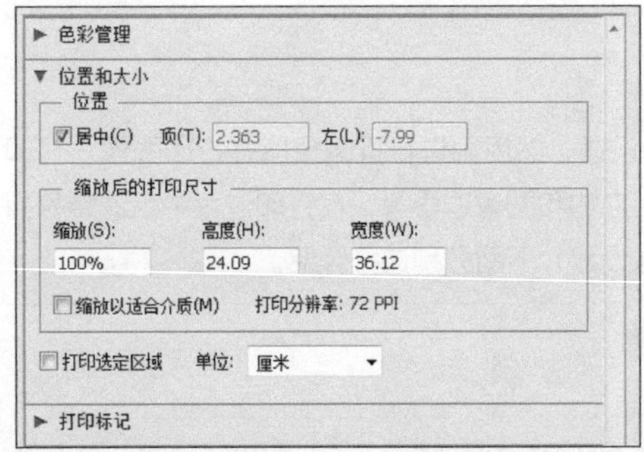

- 居中：用于设置打印图像在图纸中的位置，图像默认在图纸中居中放置。撤销选中“居中”复选框后，就可以在激活的“顶”和“左”数值框中进行设置。
- 顶：用于设置从图像上沿到纸张顶端的距离。
- 左：用于设置从图像左边到纸张左端的距离。
- 缩放：用于设置图像在打印纸中的缩放比例。
- 高度 / 宽度：用于设置图像的尺寸。
- 缩放以适合介质：单击选中“缩放以适合介质”复选框，将自动缩放图像到适合纸张的可打印区域。
- 单位：用于设置“顶”数值框和“左”数值框的单位。

15.2.4 打印标记

在“Photoshop 打印设置”对话框中，用户可以通过“打印标记”设置指定页面标记，“打印标记”选项组主要包括角裁剪标志、中心裁剪标志、套准标记、说明和标签。下面分别进行介绍。

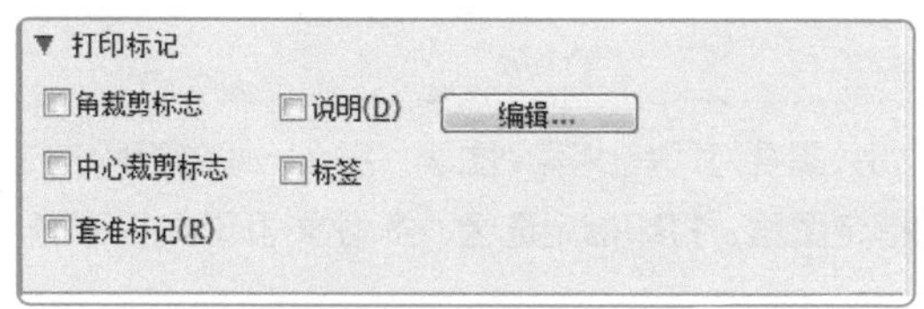

- 角裁剪标志：单击选中“角裁剪标志”复选框，将在图像的 4 个角的位置打印出图像的裁剪标志。
- 中心裁剪标志：单击选中“中心裁剪标志”复选框，将在图像 4 条边线的中心位置打印出裁剪标志。
- 套准标记：单击选中“套准标记”复选框，将在图像的 4 个角上打印出对齐的标志符号，用于图像中分色和双色调的对齐。
- 说明：单击选中“说明”复选框，将打印在“文件简介”对话框中输入的文字。
- 标签：单击选中“标签”复选框，将打印出文件名称和通道名称。

15.2.5 函数

在 Photoshop 中设置图像的输出背景、图像边界和出血边等，都在“函数”选项组中进行，函数是打印输出中不可缺少的一部分，下面分别介绍函数中设置输出背景、设置输出边界、设置出血边的方法。

1. 设置输出背景

在对 Photoshop CS6 图像文件进行打印时，可以根据需要设置输出背景。其方法是：选择【文件】/【打印】命令，打开“Photoshop 打印设置”对话框，展开“函数”选项组，在其中单击“背景”按钮，在打开的对话框中即可设置输出的背景颜色。

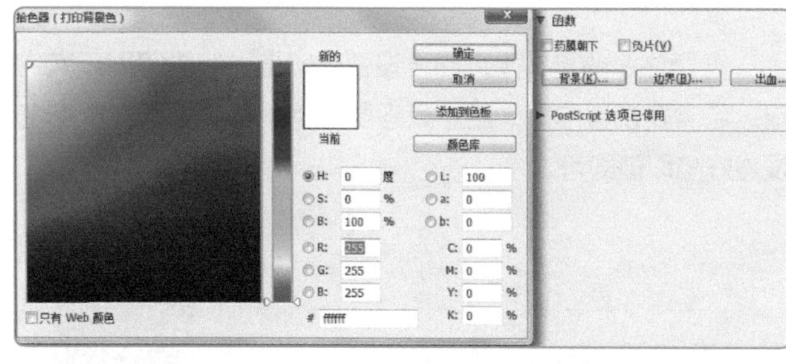

2. 设置输出边界

边界是指图像边缘的黑色边框线，若需为图像打印边界，对图像边界进行设置即可。其方法是：在打开的“Photoshop 打印设置”对话框中展开“函数”选项组，在其中单击“边界”按钮；打开“边界”对话框，在“宽度”数值框中输入所需数值，单击“确定”按钮保存设置并关闭对话框。

技巧秒杀

“药膜朝下”与“负片”的作用

在“函数”选项组中单击选中“药膜朝下”复选框后，药膜将朝下进行打印，以确保打印效果；单击选中“负片”复选框，将按照图像的负片效果进行打印，也就是反相的效果。

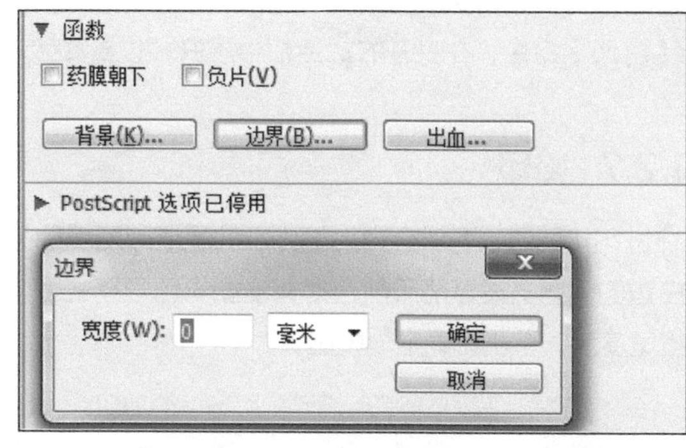

3. 设置出血边

图像文件在打印或印刷输出后，为了规范所有图像所在纸张的尺寸，一般还要对纸张进行裁切处理。裁切点就是打印和印刷工作中规定的出血线处，出血线以外的区域就是要裁切的区域。印刷时裁边，最多只能裁到出血线，在打印和印刷时，出血一般设置为 3mm，不能过大，也不能过小。设置出血边的方法是：在打开的“Photoshop 打印设置”对话框中展开“函数”选项组，单击“出血”按钮，打开“出血”对话框，在“宽度”数值框中输入所需数值，单击“确定”按钮，保存设置并关闭对话框，即可完成出血设置。

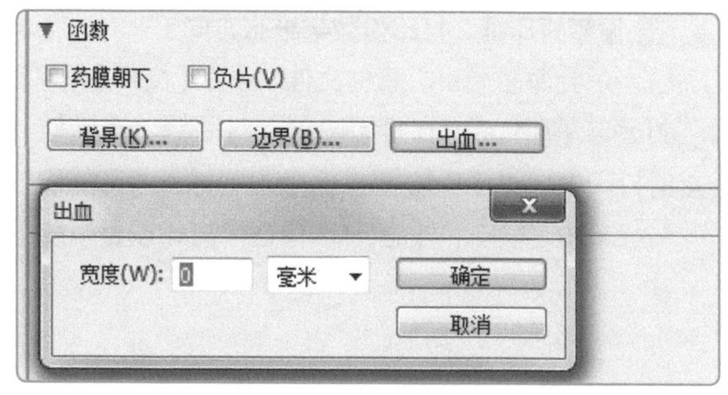

15.2.6 特殊打印

默认情况下打印图像是打印全图像，若打印图像时有特殊的要求，如只需要打印其中某个图层，那么一般的打印方法就无法做到，需针对此类特殊要求进行特殊打印。常见的特殊打印包括打印指定图层、打印指定选区、多图像打印等，下面分别进行介绍。

1. 打印指定图层

若待打印的图像文件中有多个图层，那么在默认情况下会把所有可见图层都打印到一张打印纸上。若只需要打印某个具体图层，则将要打印的图层设置为可见图层，然后隐藏其他图层，再进行打印即可。

2. 打印指定选区

如果要打印图像中的部分图像，可先使用工具箱中的矩形选框工具，在图像中创建一个图像选区，然后选择【文件】/【打印】命令，在打开的对话框中展开“位置和大小”选项组，单击选中“打印选定区域”复选框，即可打印指定选区中的内容。

3. 多图像打印

多图像打印是指一次将多幅图像同时打印到一张纸上，在打印前需将要打印的图像移动到一个图像窗口中，然后再进行打印。其方法是：通过“联系表 Ⅱ”命令，在“联系表Ⅱ”对话框中打开图像，根据设置自动创建出联系表；然后选择【文件】/【打印】命令，在“Photoshop 打印设置”对话框中进行相关设置。该打印方式一般在打印小样或与客户定稿时使用。

15.2.7 陷印

在进行印刷时，有时会因为纸张、油墨或印刷机的关系，使图像色块边缘没有对齐而出现了细缝，通过设置陷印可以解决出现白边的问题。设置陷印前必须保证图像色彩模式为 CMYK，再选择【图像】/【陷印】命令，打开“陷印”对话框，在其中设置宽度后，单击“确定”按钮。

需要注意的是，是否需要设置陷印值一般由印刷厂商决定。若需要设置陷印，用户只需要在将稿件交给印刷厂商前设置好陷印值即可。

15.1.8 综合案例——打印音乐会海报

设计好的作品通常还需从计算机中输出，如印刷输出或打印输出等，然后将输出后的作品作为小样进行审查。本例将使用 Photoshop CS6 的图像印刷和打印输出功能，对“音乐会海报 .psd”图像文件进行打印操作，具体操作步骤如下。

微课：打印音乐会海报

	素材：光盘 \ 素材 \ 第 15 章 \ 音乐会海报 .psd
	效果：光盘 \ 效果 \ 第 15 章 \ 音乐会海报 .psd

STEP 1 设置打印机、打印份数与纸张方向

❶打开“音乐会海报 .psd”素材文件，选择【文件】/【打印】命令，打开“ Photoshop 打印设置”对话框，选择与计算机连接的打印机；❷ 在“份数”数值框中输入打印的份数为“1”；❸ 单击“横向”按钮；❹ 单击“打印设置”按钮。

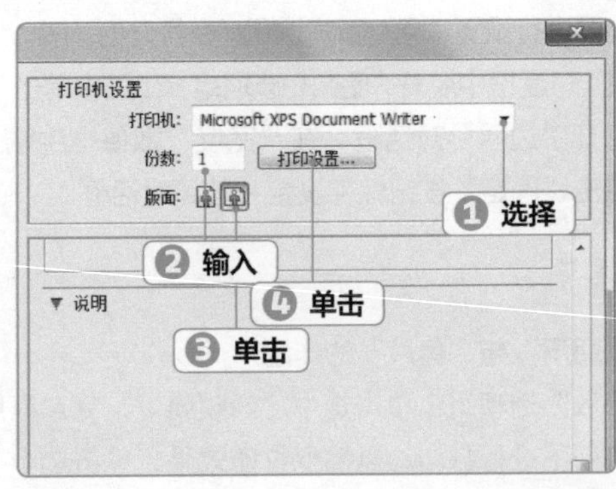

STEP 2 选择纸张规格与图像压缩质量

❶打开"文档属性"对话框，单击"布局"选项卡右下角的"高级"按钮；❷打开"高级选项"对话框，选择纸张规格为"A3"；❸选择图像的压缩方式为"JPG-最小压缩"；❹单击"确定"按钮，返回"Photoshop 打印设置"对话框。

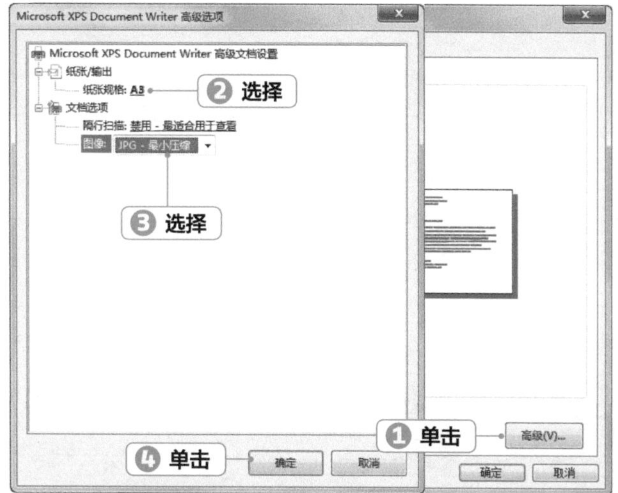

STEP 3 设置图像在页面中的位置

在"位置与大小"栏中单击选中"居中"复选框，图像在页面中居中摆放，撤销选中该复选框，可设置图像与顶部和左部的距离。

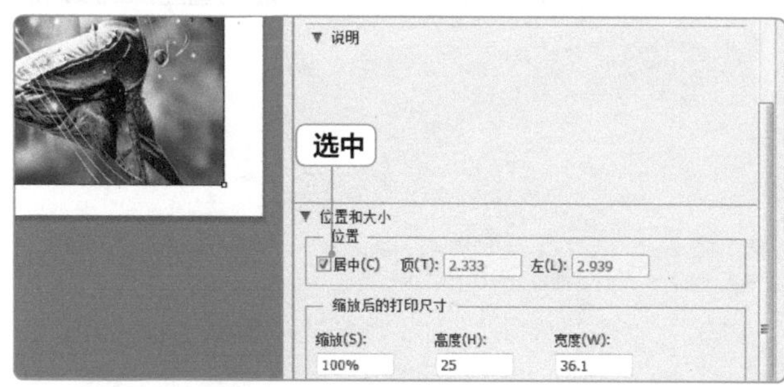

STEP 4 缩放图像至页面大小

❶在"缩放后的打印尺寸"栏中单击选中"缩放以适合介质"复选框；❷单击"完成"按钮即可完成打印设置，返回图像编辑窗口。

STEP 5 预览打印的图像页面

在"Photoshop 打印设置"对话框的左侧预览框中可预览打印图像的效果，若发现有问题应及时纠正。

STEP 6 打印可见图层中的图像

在图像编辑窗口中隐藏不需要打印的图层，在"Photoshop 打印设置"对话框预览打印无误后单击"打印"按钮即可打印图像。

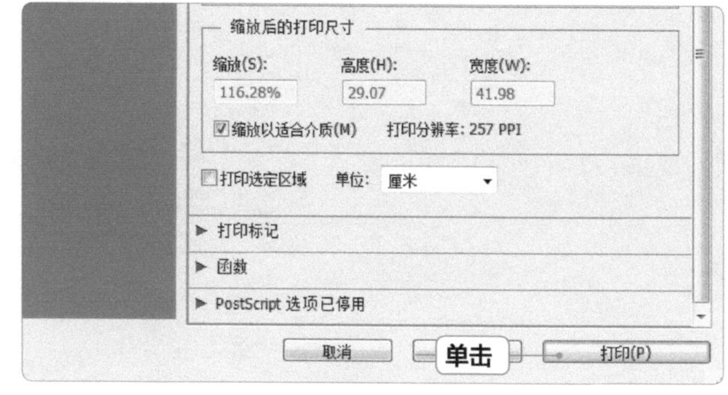

高手竞技场

1. 打印代金券图像

打开提供的素材文件"代金券.jpg"，编辑画布与图层并打印文件，要求如下。

- 新建图层、调整画布大小、复制和移动图层，使页面更加美观。
- 对图像进行打印操作，并设置打印参数。

2. 打印招聘海报

招聘海报是用来公布招聘信息的海报，属于广告中的一种。本例将打印 2 份招聘海报，要求如下。

- 打开“招聘海报 .psd”图像，将图像转换为 CMYK 模式。
- 打开“Photoshop 打印设置”对话框，设置打印参数。
- 选择打印机打印图像。

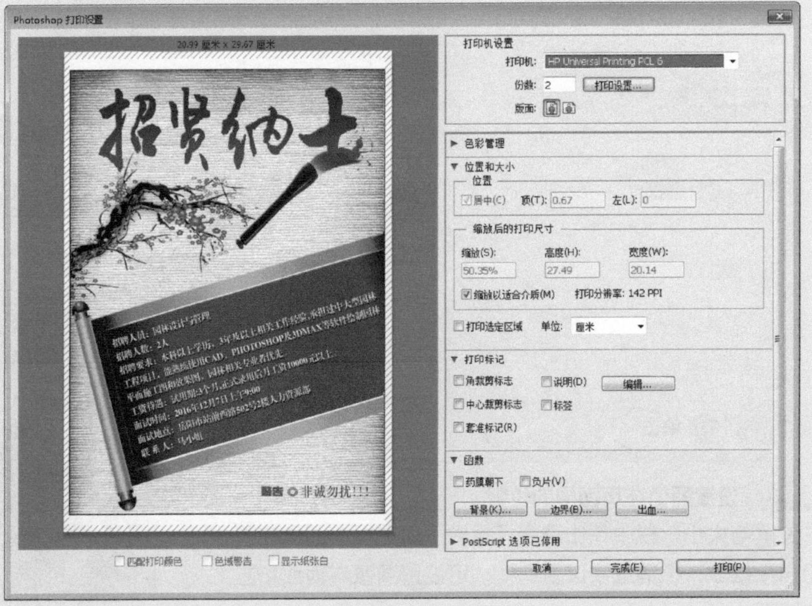

16 Chapter 第 16 章

数码相片的精修

/ 本章导读

图片除了受到前期拍摄水平的影响外，还受到后期规范与美化处理的影响。Photoshop 是一款专业的图像处理软件，利用 Photoshop 可以对拍摄的照片进行各种美化处理，如瑕疵修复、颜色矫正、个性化色调处理等。本章将从常见的人物照片、产品照片与照片风格处理 3 个部分对数码相片进行精修处理，以提高读者的图片处理技术。

16.1 人物精修

为了让照片中的人物更加赏心悦目，除了前期拍摄准备外，还可在 Photoshop CS6 中对人物进行精修处理，包括祛痘、细腻皮肤、美容眼睛头发、打造魔鬼身材和打造魅惑彩妆等，让精修后的照片变得更加完美。

16.1.1 人像抠图

抠图是处理人物照片最常见的操作，抠图可以为人物更换合适的背景。人物抠图的难点是对头发丝的处理。下面将介绍使用通道将照片中的人物抠出，并放置到促销海报的背景中的方法，其具体操作步骤如下。

微课：人像抠图

素材：光盘\素材\第 16 章\抠图 .jpg、背景 .jpg

效果：光盘\效果\第 16 章\抠图 .psd

STEP 1 打开素材

❶打开“抠图 .jpg”素材文件；❷按【Ctrl+J】组合键复制背景图层，得到“图层 1”；❸隐藏“背景”图层。

STEP 2 创建“蓝 副本”通道

❶打开“通道”面板，在“蓝”通道上单击鼠标右键，在弹出的快捷菜单中选择“复制通道”命令，得到“蓝 副本”通道；❷选择“蓝 副本”通道，单击该通道前的图标，使其显示为状态，单击其他通道的图标，隐藏其他通道。

STEP 3 反向显示图像

选择“蓝 副本”通道，按【Ctrl+I】组合键反向显示图像。

STEP 4 调整图像色阶

❶选择【图像】/【调整】/【色阶】命令，打开“色阶”对话框，单击选中“预览”复选框；❷在“输入色阶”栏中值分别设置色阶值为“30、1.3、190”。

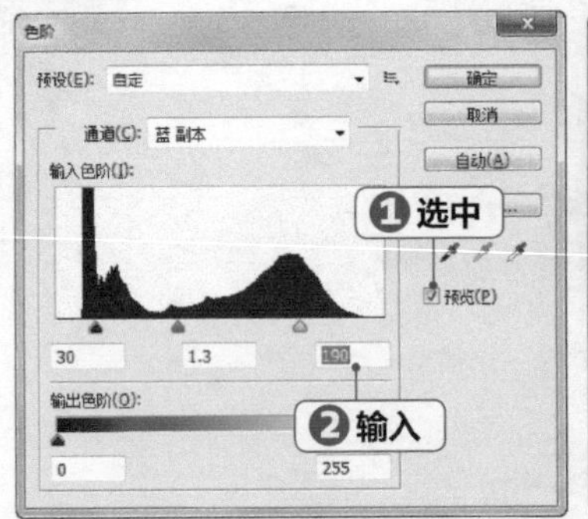

STEP 5 使用钢笔工具为腿部创建选区

❶在工具箱中选择钢笔工具，为腿部创建轮廓，需要注意的

是轮廓应尽量在边缘内侧；❷按【Ctrl+Enter】组合键将其转换为选区，按【Ctrl+Delete】组合键把选区内的人物填充成白色。

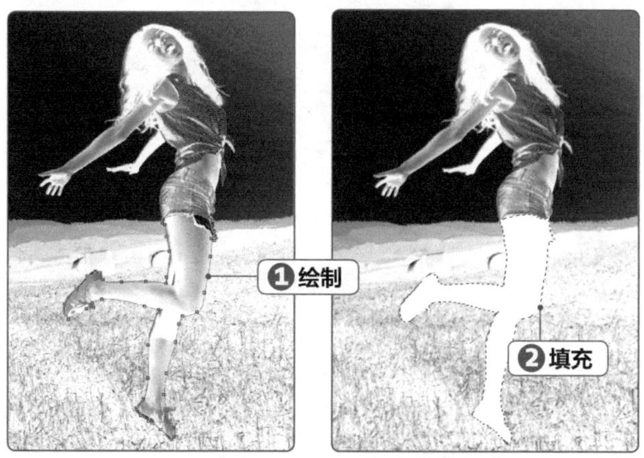

STEP 6 使用画笔涂抹需要显示与隐藏的部分

❶将前景色设置为白色，使用画笔工具涂抹身体、脸等需要显示的区域；❷将前景色设置为黑色，使用画笔工具涂抹人物外侧的黑色区域，隐藏人物外的区域，在涂抹头发边缘时，需要尽量避开发丝。

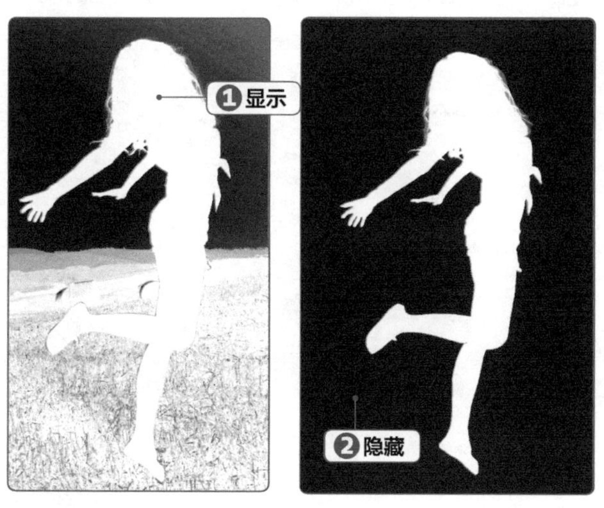

技巧秒杀

显示与隐藏图像的注意事项

在使用画笔涂抹需要显示或隐藏的图像时，可灵活使用各种选区创建工具创建选区，再进行涂抹，并且需要适时调整笔触的大小。

STEP 7 载入通道选区

❶设置完成后选择“蓝 副本”通道，显示“RGB”通道；❷在“通道”面板底部单击⚪按钮，载入人物选区。

STEP 8 羽化并复制选区

❶切换到“图层”面板中，选择“图层 1”图层；❷按【Shift+F6】组合键，打开“羽化选区”对话框，设置羽化半径为“1”；❸单击“确定”按钮。

STEP 9 查看人物抠图

❶按【Ctrl+J】组合键创建通道选区的人物图像，得到“图层 2”图层；❷隐藏“图层 1”图层，查看人物抠图效果。

STEP 10 使用仿制图章工具修复鞋子

❶选择仿制图章工具；❷设置画笔大小为“20”，按【Alt】键的同时单击鞋子上草附近的鞋子图像区域，释放鼠标继续单击鞋子上的草，移除鞋子上的草图像，修复鞋子。

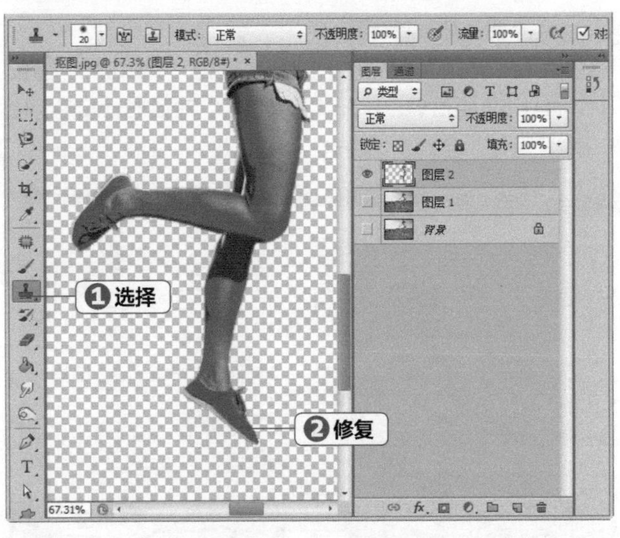

STEP 11 更换背景

❶打开“背景.jpg”图像文件，使用移动工具将人物图层拖动到背景中；❷按【Ctrl+T】组合键，拖动四角调整人物的大小，按【Enter】键完成调整操作。

STEP 12 添加形状与文本

❶新建图层，使用多边形套索工具绘制矩形条，并将其填充为白色，将不透明度设置为“50%”；❷在矩形条上输入文本，设置文本“字体、颜色”为“微软雅黑、#dd2858”，并将文本倾斜，按【Ctrl+T】组合键，调整文本大小与角度，完成后按【Enter】键完成变换。最后保存文件，查看完成后的效果。

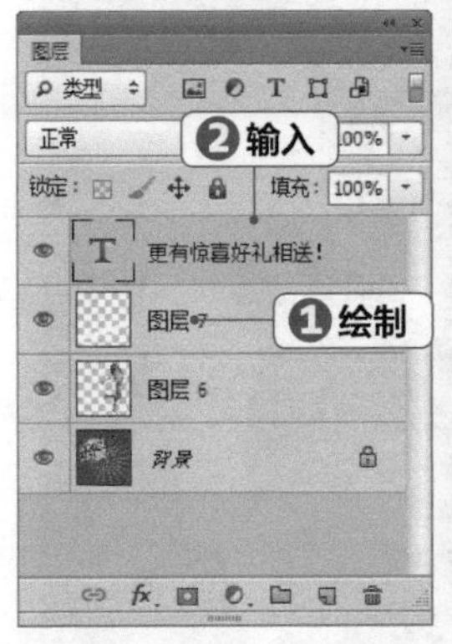

16.1.2 婚纱抠图

微课：婚纱抠图

婚纱照处理是影楼中最常见的工作，由于婚纱是半透明的，使用普通的抠图方法，将不会得到半透明的婚纱效果，因此需要采用通道进行抠图。下面将“婚纱.jpg”图像文件中的新娘抠出，并放置到梦幻的背景文件中，使展现的效果更加梦幻，具体操作步骤如下。

素材：光盘\素材\第16章\婚纱抠图
效果：光盘\效果\第16章\婚纱.psd

STEP 1 打开素材

❶打开“婚纱.jpg”素材文件；❷按【Ctrl+J】组合键复制背景图层，得到“图层1”。

STEP 2 绘制路径

❶在工具箱中选择钢笔工具；❷沿着人物轮廓绘制路径，注意绘制的路径应不包括半透明的婚纱；❸打开“路径”面板，将路径保存为“路径 1”。

STEP 3 创建通道

❶按【Ctrl+Enter】组合键将绘制的路径转换为选区；❷单击“通道”面板中的按钮，创建“Alhpa1”通道。

STEP 4 复制通道并创建选区

❶复制“蓝”通道，得到“蓝 副本”通道；❷为背景创建选区，填充为黑色，取消选区。

STEP 5 计算通道

❶选择【图像】/【计算】命令，打开“计算”对话框，设置源 2 通道为“Alhpa1”；❷设置混合模式为“相加”；❸单击“确定”按钮。

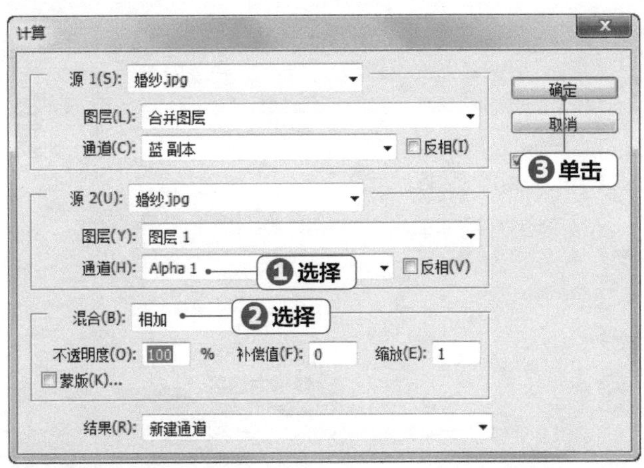

STEP 6 载入通道选区

查看计算通道的效果，在“通道”面板底部单击按钮，载入通道的人物选区。

STEP 7 查看婚纱抠图效果

❶切换到“图层”面板中，选择图层 1，按【Ctrl+J】组合键复制选区到图层 2 上；❷隐藏其他图层，查看抠取的婚纱效果。

STEP 8 添加背景与装饰

打开“背景.jpg”“蝴蝶.png”素材文件；将人物和蝴蝶拖放到“背景.jpg”图像中，调整大小与位置，保存文件查看完成后的效果。

16.1.3 还原粉嫩肌肤

当拍摄照片后，若发现皮肤有很多瑕疵，需对皮肤进行处理。处理皮肤的方法有很多，在 Photoshop 中最常见的皮肤处理工具包括污点修复工具、修补工具、仿制图章工具、高斯模糊命令等。在处理皮肤过程中，需要注意的是尽量保留皮肤的纹理细节，让脸部变得自然。下面将对人物面部的肌肤进行美化，包括祛痘祛斑、去皱纹、皮肤磨皮、美白皮肤、牙齿等，具体操作步骤如下。

微课：还原粉嫩肌肤

素材：光盘 \ 素材 \ 第 16 章 \ 美肤 .jpg
效果：光盘 \ 效果 \ 第 16 章 \ 美肤 .psd

STEP 1 打开素材

打开“美肤.jpg”素材文件，按【Ctrl+J】组合键复制背景图层，得到“图层 1”。

STEP 2 使用污点修复画笔工具祛斑祛痘

选择污点修复画笔工具，把画笔大小调整为比皮肤痘印、黑痣等缺陷处略大即可，单击鼠标左键后，松开鼠标，即可清除斑点、痘印、屋污渍等脸部污点，使用同样的方法祛除面部所有的小缺陷以及面部杂物。

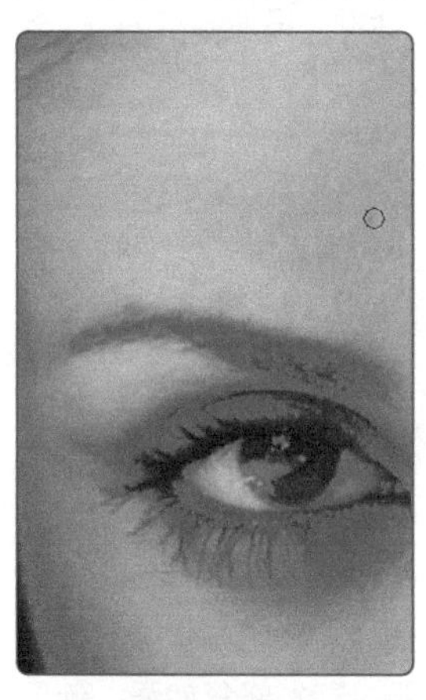

STEP 3 使用修补工具祛除皱纹和眼袋

若人物嘴角、眼角和额头部分有大量皱纹，可选择修补工具进行处理：拖动鼠标框选皱纹线条，向周围没有皱纹的地方拖动，即可祛除皱纹。使用该方法可祛除眼袋。

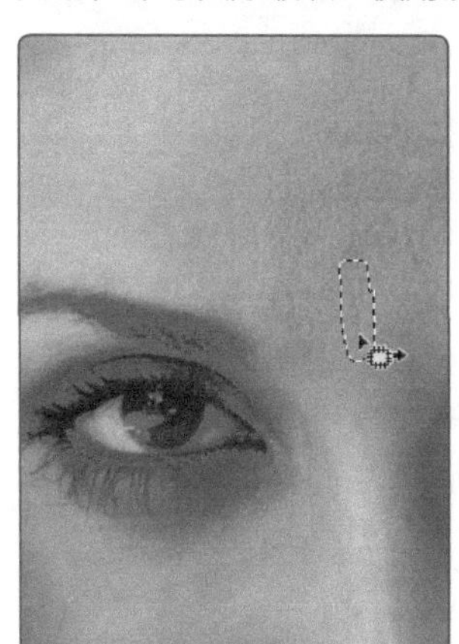

STEP 4 USM 锐化图像

❶选择【滤镜】/【锐化】/【USM 锐化】命令，打开“USM 锐化”对话框，将“数量”设置为“110%”；❷单击“确定”按钮，可发现皮肤的细节得到加强，再次使用污点修复画笔工具和修补工具修复脸部的杂物和皱纹。

操作解谜

USM 锐化图像的目的

USM锐化图像后，人物的皮肤纹理将更加清晰，也更便于进行祛斑祛痘等处理。

STEP 5 肤色调整

观察人物脸部，若发现皮肤略微暗黄，可调整色相和饱和度，为皮肤增加红润的气色。❶选择【图像】/【调整】/【色相/饱和度】命令，在打开的对话框中设置色相为“-5”；❷再将饱和度设置为“8”；❸单击“确定”按钮。

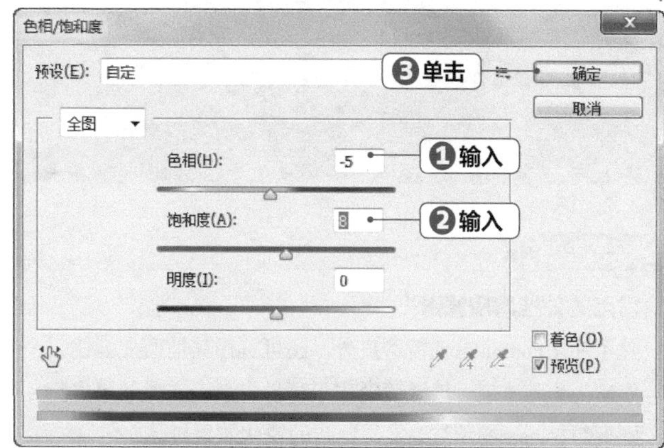

STEP 6 增强脸部的层次感

❶选择加深工具；❷在工具属性栏中将范围设置为“高光”，将曝光度设置为“10%”；❸将面颊等阴影部分加深；❹选择减淡工具将人物面部的高光部分加强，增强人物面部的层次。

STEP 7 使用 Portraiture 滤镜磨皮

❶选择【滤镜】/【Imagenomic】/【Portraiture】命令（若未安装该滤镜，将打开对话框提示安装，单击"accept"按钮即可），打开"Portraiture"对话框，单击按钮；❷单击吸取脸蛋上的肤色，单击"OK"按钮。

技巧秒杀

常用的外挂磨皮滤镜

除了使用Portraiture滤镜磨皮外，还可选择其他磨皮滤镜，如Noiseware滤镜，该滤镜磨皮不容易失真，去噪效果也特别理想；topaz滤镜对毛发、眼睛的锐化效果最佳。

STEP 8 查看应用滤镜后的效果

返回图像编辑窗口，可发现人物皮肤变得细腻，并且脸部的细节仍然存在，若发现磨皮效果不佳，可按【Ctrl+F】组合键重复应用滤镜。

STEP 9 高斯模糊唇部

❶使用钢笔工具为嘴唇绘制路径，按【Ctrl+Enter】组合键将该路径转换为选区；❷再选择【滤镜】/【模糊】/【高斯模糊】命令，打开"高斯模糊"对话框，设置半径为"1像素"；❸单击"确定"按钮。

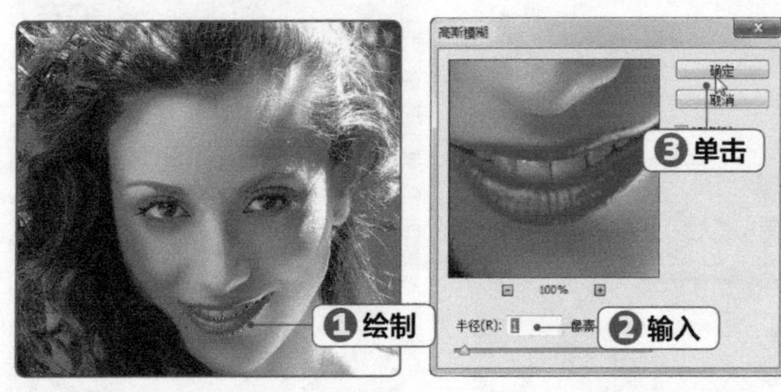

STEP 10 修饰唇部

使用涂抹工具涂抹唇部，将人物唇部的高光部分加强，使原本干渴的唇部变得水润光泽，操作时注意高光的走向。

STEP 11 调整曲线

在"图层"面板中单击按钮，在打开的下拉列表中选择"曲线"选项，在打开的"曲线"面板的中间区域向左上角拖动曲线，以增加图像的光线，操作完成可发现人物变白。

STEP 12 美白牙齿

❶选择图层 1，为牙齿和眼白部分创建选区，在“图层”面板中单击◐.按钮，在打开的下拉列表中选择“可选颜色”选项，在打开的“可选颜色”面板中选择颜色为“黄色”；❷将黄色值设置为“-100%”，可发现原本泛黄的牙齿已经变白。

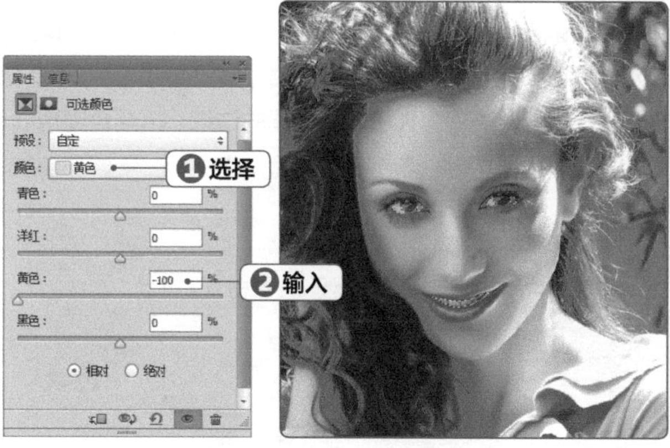

STEP 13 添加镜头光晕

❶选择【滤镜】/【渲染】/【镜头光晕】命令，打开“镜头光晕”对话框，在预览框中将光线镜头移动到右上角；❷单击“确定”按钮。

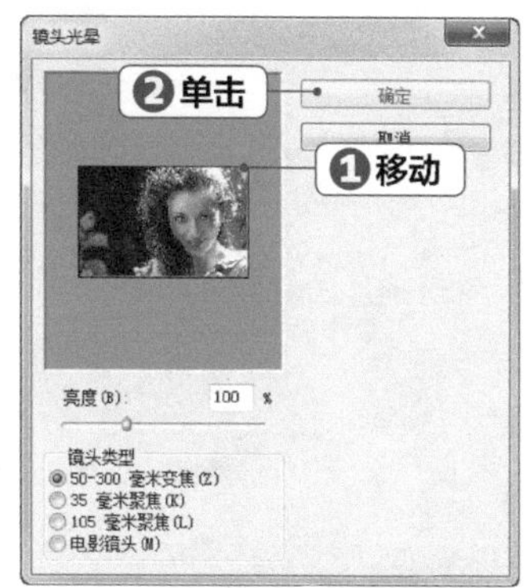

STEP 14 查看完成后的效果

返回图像编辑窗口，查看镜头光晕效果，完成后保存文件，查看完成后的效果。

16.1.4 制作诱人的大长腿

微课：制作诱人的大长腿

一双漂亮的大长腿可使人看上去更漂亮，拍摄照片后，若发现照片中的短腿很不美观时，可利用 Photoshop 中的“变换”命令快速实现大长腿的制作。下面将照片中的人物的腿部拉长，并使用液化滤镜进行瘦腿，提升人物的高度与气质，其具体操作步骤如下。

	素材：光盘 \ 素材 \ 第 16 章 \ 美腿 .jpg
	效果：光盘 \ 效果 \ 第 16 章 \ 美腿 .psd

STEP 1 打开素材

打开“美腿 .jpg”素材文件，按【Ctrl+J】组合键复制背景图层，得到“图层 1”。

STEP 2 拓展画布

❶在工具箱中选择裁剪工具；❷向下拖动边缘，扩展画布，至合适位置后按【Enter】键完成裁剪。

STEP 3 腿部拉长

❶选择矩形框选工具，在膝盖下方绘制矩形选框；❷按【Ctrl+T】组合键进入变换状态，向下拖动下边缘的控制点，拉长选区，可发现腿部已经拉长，至画布边缘时按【Enter】键完成变换。

STEP 4 还原脚的长度

❶继续框选脚的选区；❷按【Ctrl+T】组合键进入变换状态，向上拖动边缘，适当还原脚的长度，按【Enter】键完成变换，使脚适合图像。

STEP 5 瘦腿

❶当拉长腿部后，可发现腿与膝盖的衔接处过渡得不自然，且腿偏粗，此时可选择【滤镜】/【液化】命令，打开“液化”对话框，单击按钮；❷在中间区域放大视图；❸调整画笔大小，在腿外侧向内拖动腿的边缘，达到矫正变形与瘦腿的效果，继续调整画笔大小，调整腿的边缘，直至合适粗细，要求边缘线顺畅自然，不能改变腿固有的形状；❹完成后单击“确定”按钮。

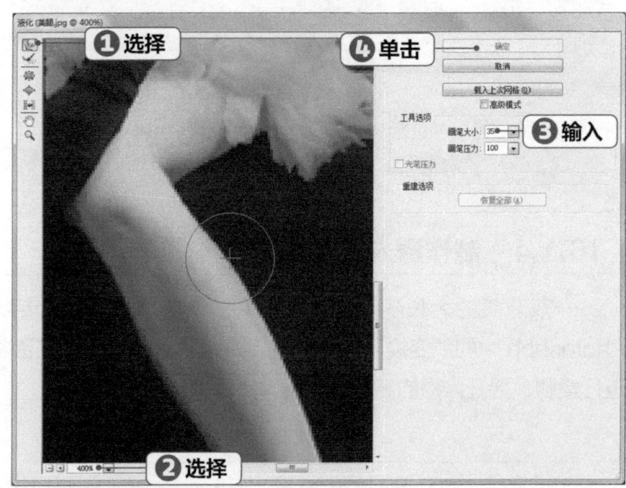

技巧秒杀

液化技巧

若液化边缘有其他复杂的图像，可首先为不需要编辑的区域创建蒙版，再进行液化操作，使其不受液化的影响。本例为纯色，因此不需要创建蒙版。

Chapter 16

STEP 6 查看大长腿效果

返回图像编辑窗口，查看制作的大长腿效果。完成后保存文件，完成本例的操作。

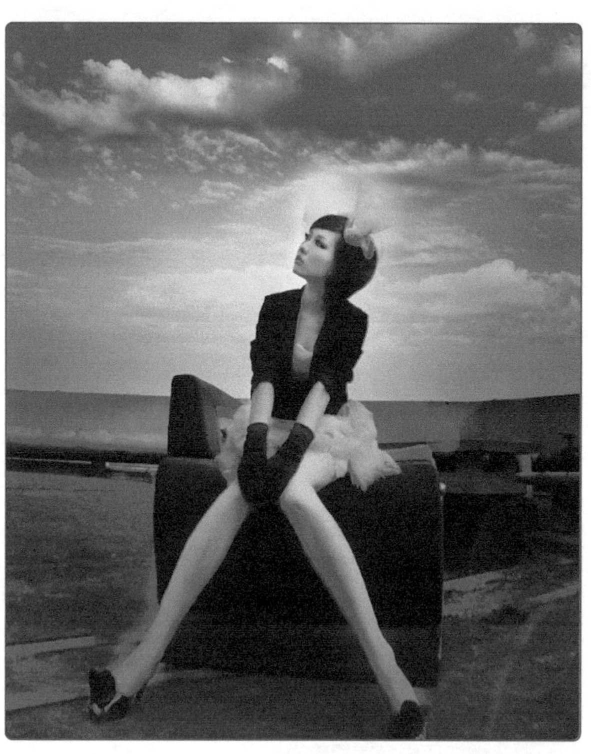

16.1.5 制作魔力电眼

眼睛是心灵的窗户，使用 Photoshop 可将原本黯淡无光的眼睛处理得炯炯有神。下面对照片中人物的眼睛进行处理，使人物眼睛更具魔力，具体包括提高眼睛的清澈度、增加美瞳效果、放大眼睛、延长睫毛等操作，具体操作步骤如下。

微课：制作魔力电眼

	素材：光盘 \ 素材 \ 第 16 章 \ 电眼 .jpg
	效果：光盘 \ 效果 \ 第 16 章 \ 电眼 .psd

STEP 1 打开素材

打开“电眼 .jpg”素材文件，按【Ctrl+J】组合键复制背景图层，得到“图层 1”，隐藏背景图层。

STEP 2 羽化眼球

❶使用套索工具为眼球创建选区；❷按【Shift+F6】组合键打开“羽化选区”对话框，设置羽化半径为“1 像素”；❸单击“确定”按钮。

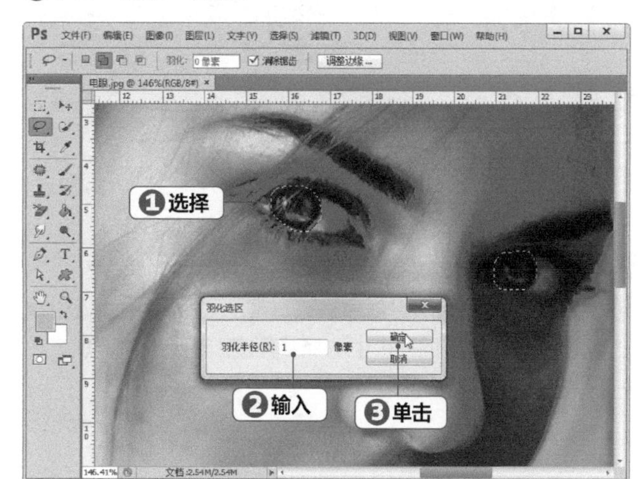

STEP 3 增加眼球的高光

❶按【Ctrl+L】组合键打开“色阶”对话框，设置高光值“185”，可看见眼睛中的高光得到加强，眼球变得更加明亮；❷单击“确定”按钮。

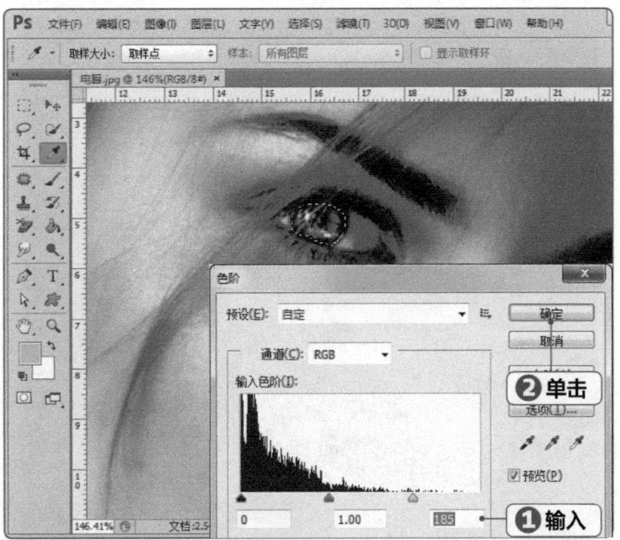

STEP 4 增加蓝绿色美瞳效果

❶在“图层”面板中单击按钮，在打开的列表中选择“纯色”选项，在打开的面板中设置填充颜色为“#26626f”；❷设置图层混合模式为“强光”；❸在“不透明度”数值框中输入“50%”。

STEP 5 调整眼白亮度

❶使用套索工具为眼白创建选区；❷在“图层”面板中单击按钮，在打开的列表中选择“亮度/对比度”选项，在打开的面板中设置亮度为“30”。

STEP 6 放大眼睛

❶选择【滤镜】/【液化】命令，在打开的“液化”对话框中选择膨胀工具；❷将画笔调整为与人物眼睛大小相似的大小；❸在人物眼睛处单击鼠标放大眼睛，若一次放大效果不明显，可进行多次放大。

STEP 7 调整眼睛形状

❶单击按钮；❷调整画笔的大小；❸在人物眼睛的眼角处按住鼠标向外拖动，拉长眼角，使用相同的方法调整眼睛的形状。

STEP 8 绘制睫毛路径

❶新建“图层 2”图层，设置前景色为“#3d2e24”；❷选择钢笔工具，按睫毛走向在人物上眼皮下方绘制弯曲睫毛路径，绘制完一根睫毛后可按【Ctrl】键的同时鼠标单击其他位置结束绘制，然后继续绘制下一根睫毛；❸设置画笔大小为“1”、硬度为“0”，切换到“路径”面板，单击面板下方的“用画笔描边路径”按钮○，描边绘制的睫毛路径。

STEP 9 加深与涂抹睫毛

❶在“路径”面板中取消选择睫毛路径，查看画笔描边睫毛路径的效果，选择橡皮擦工具，设置不透明度为“50%”，涂抹睫毛边缘，使绘制的睫毛更加自然；❷使用加深工具加深睫毛根部。若发现睫毛数量不足，可新建图层 3，继续绘制睫毛。

STEP 10 查看魔力电眼效果

完成睫毛的制作后，保存文件，查看处理后的眼睛效果。

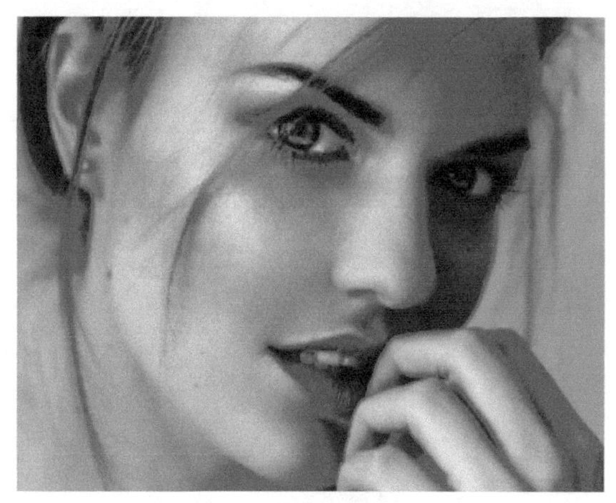

16.1.6 头发染色处理

微课：头发染色处理

许多时髦人士喜欢为头发染色，但多次染发可能导致发丝干枯毛躁。用 Photoshop 进行头发染色处理却非常容易，在拍摄照片后，用户可以通过调整头发颜色来达到与实际染发相同的视觉效果。下面将人物的黑色头发更改为流行的棕黄色，具体操作步骤如下。

	素材：光盘 \ 素材 \ 第 16 章 \ 染发 .jpg
	效果：光盘 \ 效果 \ 第 16 章 \ 染发 .psd

STEP 1 打开素材

打开“染发 .jpg”素材文件，在“背景”图层上单击鼠标右键，在弹出的快捷菜单中选择“复制图层”命令，打开“复制图层”对话框，单击“确定”按钮，得到“背景 副本”图层。

STEP 2 为头发创建选区

❶选择快速选择工具；❷在头发处进行涂抹，为头发创建选区。

STEP 3 新建并填充图层

❶按【Ctrl+J】组合键新建“图层 1”图层；❷设置前景色“#eba97b”；❸按【Alt+Delete】组合键填充头发颜色；❹设置图层混合模式为“叠加”；❺设置不透明度为“60%”。

STEP 4 加深头发的染色效果

按【Ctrl+J】组合键复制一次“图层 1”，得到“图层 2”，加深头发的染色效果。

STEP 5 还原阴影部分

❶选择“图层 1”和“图层 2”，按【Ctrl+E】组合键合并图层；❷将混合模式设置为“叠加”；❸在工具箱中选择橡皮擦工具；❹在头发阴影处进行涂抹。

STEP 6 调整色相 / 饱和度

❶按【Ctrl+U】组合键打开“色相 / 饱和度”对话框，分别输入“-5、25、0”；❷单击“确定”按钮。

STEP 7 查看染发效果

保存文件，查看染发效果。

Chapter 16

16.1.7 打造自然裸妆

微课：打造自然裸妆

拍摄素颜照片后，经过后期的调整，可以打造完美的素肌效果，使其呈现立体的自然轮廓。下面通过画笔工具为人物添加眼影、唇色与腮红，从而打造漂亮的自然裸妆，具体操作步骤如下。

素材：光盘 \ 素材 \ 第 16 章 \ 裸妆 .jpg
效果：光盘 \ 效果 \ 第 16 章 \ 裸妆 .psd

STEP 1 打开素材

打开“裸妆 .jpg”素材文件，查看人物脸蛋效果，可发现人物唇色偏暗，气色欠佳，需要进行调整。

STEP 2 设置图层混合模式

❶按【Ctrl+J】组合键复制背景图层，得到“图层 1”图层；❷设置图层混合模式为“柔光”；❸设置不透明度为“50%”。

STEP 3 添加唇色

❶在工具箱中选择画笔工具，设置画笔硬度为“0”；❷设置前景色“#ec5f27”；❸涂抹人物的嘴唇，为嘴唇添加阳光活力的橙色唇色。

STEP 4 添加眼影

❶设置前景色为“#011d58”；❷涂抹人物的上眼皮，增加眼睛的立体感。

STEP 5 查看自然裸妆效果

将前景色设置为“#ee6267”，使用画笔工具涂抹脸蛋，添加腮红效果，保存文件，查看完成后的效果。

16.1.8 打造魅力彩妆

微课：打造魅力彩妆

通过彩妆可以对脸部的缺陷进行矫正和修饰，并通过添加不同的元素，让人物的脸部变得更加生动、美丽。下面将通过为人物脸部添加特色眼影、腮红、睫毛，为人物打造偏黄色基调的魅力彩妆，具体操作步骤如下。

素材：光盘 \ 素材 \ 第 16 章 \ 彩妆 .jpg
效果：光盘 \ 效果 \ 第 16 章 \ 彩妆 .psd

STEP 1 打开素材

打开“彩妆 .jpg”素材文件，查看人物效果，确定彩妆的主色调，此处选择黄色作为彩妆的主色调。

STEP 2 调整头发与背景的边缘边缘

❶使用魔棒工具为背景创建选区，反选人物图像，选择【选择】/【调整边缘】命令，打开“调整边缘”对话框，设置调整边缘的参数，单击按钮；❷在“输出到”下拉列表中选择“新建带有图层蒙版的图层”选项；❸涂抹人物头发与背景的边缘，隐藏头发；❹单击“确定”按钮。

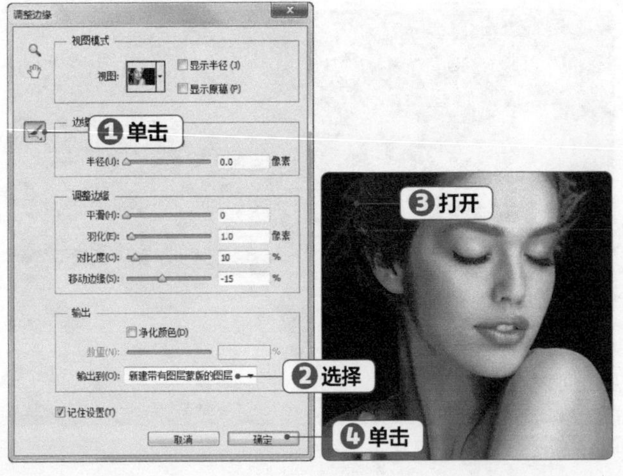

STEP 3 添加背景

打开“背景 .jpg”素材文件，将背景添加到人物图层下方，按【Ctrl+T】组合键调整背景的大小。

STEP 4 绘制嘴唇

❶将前景色设置为“#f0eb6b”；❷新建图层，使用钢笔工具绘制嘴唇，按【Ctrl+Enter】组合键将其转换为选区，按【Alt+Delete】组合键将嘴唇填充为黄色；❸在工具箱中选择涂抹工具，涂抹边缘，使绘制的图形边缘显得柔和。

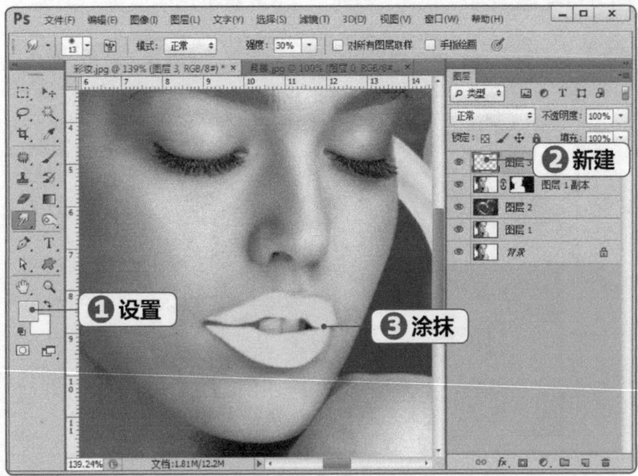

STEP 5 设置图层混合模式

选择绘制的嘴唇所在的图层，设置图层混合模式为“饱和度”，查看添加唇色后的效果。

STEP 6 为嘴唇添加黄色哑光效果

将前景色设置为"#e6e0a2"，新建图层，使用柔边圆画笔工具绘制黄色嘴唇，选择橡皮擦工具，设置不透明度为"25%"，擦除嘴唇多余的部分，并设置图层混合模式为"柔光"。

STEP 7 绘制眼影与腮红

❶将前景色设置为"#e7a360"；❷新建图层；❸使用柔边圆画笔工具在脸颊和眼睛周围绘制黄色图形。

STEP 8 擦除脸颊中的多余部分

❶设置图层混合模式为"柔光"；❷使用橡皮擦工具擦除多余部分，使用加深工具加深中心部分与眼角部分，使用减淡工具减淡边缘部分。

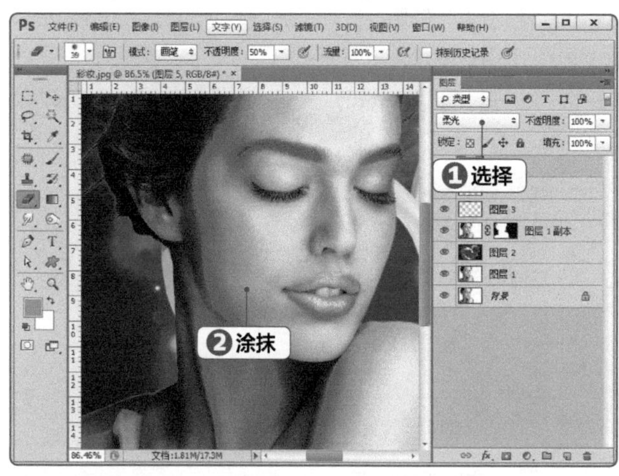

STEP 9 涂抹第二层眼影

将前景色设置为"#60e779"，新建图层，使用柔边圆画笔工具在上眼皮区域绘制眼影，设置图层混合模式为"柔光"。

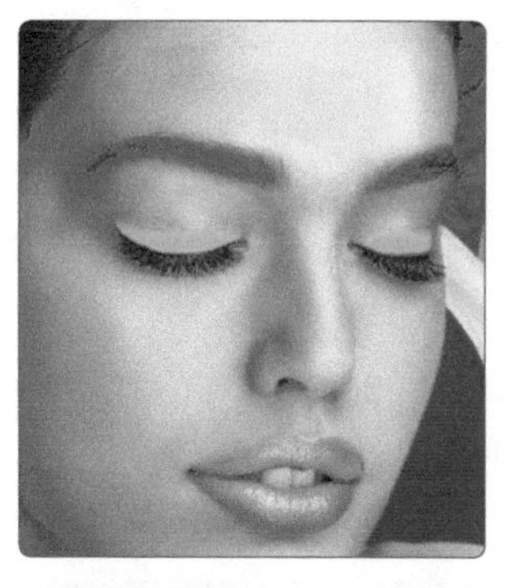

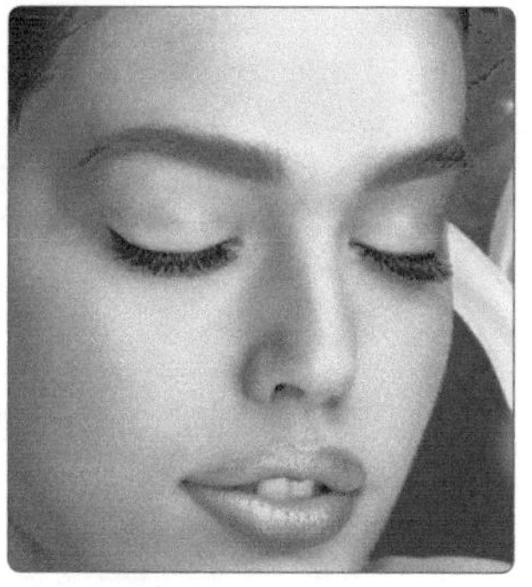

STEP 10 涂抹第三层眼影

将前景色设置为"#25bdc2"，新建图层，使用柔边圆画笔工具在上眼皮区域继续绘制蓝色眼影，并设置图层混合模式为"柔光"。

STEP 11 添加羽毛

❶按【Ctrl+G】组合键，为前面添加唇色、眼影和腮红的所有图层创建“组 1”；❷打开“羽毛 .psd”素材文件，将羽毛添加到眼睛下方，按【Ctrl+T】组合键调整羽毛的大小、角度与位置，使用相同的方法继续添加羽毛；❸最后按【Ctrl+E】组合键合并所有羽毛图层。

STEP 12 更改羽毛的颜色

❶选择羽毛图层，选择【图像】/【调整】/【色相 / 饱和度】命令，在打开的对话框中将色相设置为“-5”；❷单击“确定”按钮更改羽毛的颜色。

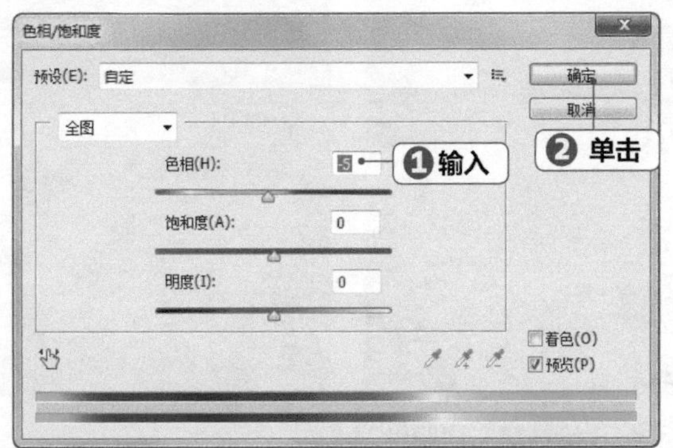

STEP 13 加深羽毛颜色

❶选择加深工具；❷涂抹羽毛的末端将其加深，使其更具有立体感。

STEP 14 绘制眼睫毛

❶将前景色设置为“#412c21”；❷选择画笔工具，在工具属性栏中选择载入的睫毛笔刷样式；❸设置大小为“150 像素”；❹绘制右眼的睫毛，按【Ctrl+T】组合键调整睫毛的角度、位置与大小，使其与眼睛匹配；❺为羽毛图层创建蒙版，使用黑色画笔涂抹羽毛根部，并进行移动，使其匹配绘制的眼睫毛；❻复制睫毛并进行调整，制作左眼的睫毛。

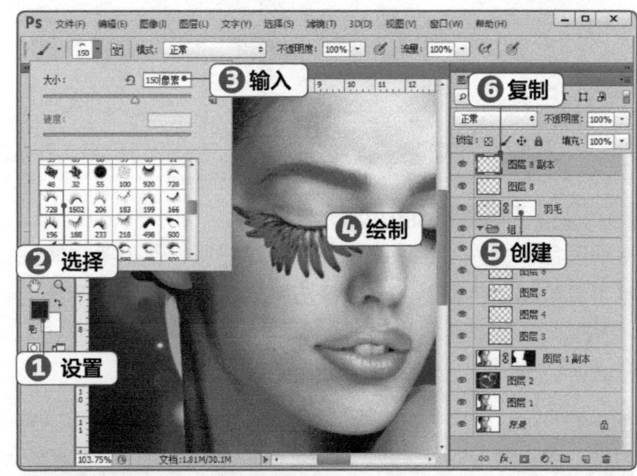

STEP 15 更改头花的颜色

❶打开“发饰 .psd”素材文件，将其移动到头部合适的位置，调整大小与角度，选择【图像】/【调整】/【色相 / 饱和度】命令，在打开的对话框中将色相设置为“+120”；❷单击“确定”按钮更改头花的颜色。

STEP 16 添加水钻与花纹

打开"钻石 .psd"与"花纹 .psd"素材文件，将水钻与花纹移动到图像中合适位置，调整水钻的大小、位置与颜色，按【Ctrl+Shift+Alt+E】组合键盖印图层，查看最终效果，保存文件，完成本例的制作。

16.1.9 塑造魔鬼身材

微课：塑造魔鬼身材

打造魔鬼身材主要由液化滤镜中各种变形命令来完成，下面将使用液化滤镜对人物的腰部、手臂和胸部进行处理，使人物更加婀娜多姿，具体操作步骤如下。

	素材：光盘 \ 素材 \ 第 16 章 \ 魔鬼身材 .jpg
	效果：光盘 \ 效果 \ 第 16 章 \ 魔鬼身材 .psd

STEP 1 打开素材

打开"魔鬼身材 .jpg"素材文件，复制背景图层，然后选择复制的图层，选择【滤镜】/【液化】命令，打开"液化"对话框。

STEP 2 收腹瘦腰

❶在"液化"对话框中设置图像的显示比例为"100%"；❷观察发现，人物的腹部有赘肉，需要消除，在对话框左上角单击按钮；❸在"画笔大小"数值框中输入"500"；❹在腹部处单击鼠标，使其向内收缩，同时达到细腰效果；❺单击"确定"按钮。

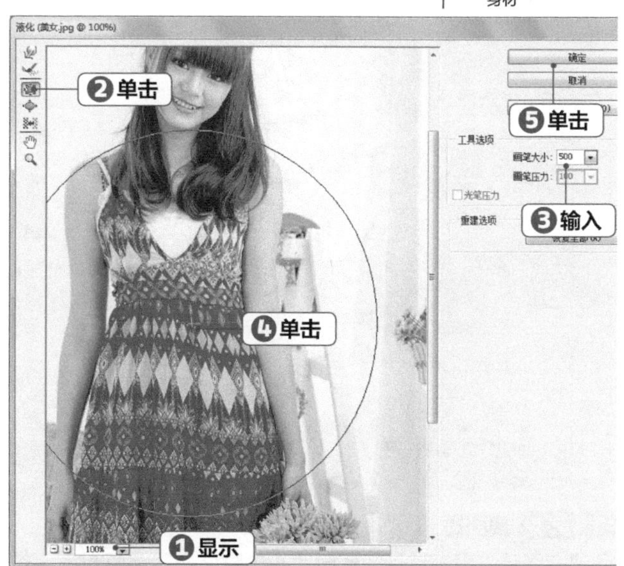

技巧秒杀

调整预览框中图像的显示比例

在变形过程中，可不断调整预览框中图像的显示比例，以便观察效果。按住鼠标左键的时间越长，收缩效果越明显。

STEP 3 瘦脸

❶调整图像的显示比例，放大脸部使其在预览框中显示更明显，单击按钮；❷调整画笔的大小，在人物脸上向内拖动鼠标缩小脸型（调整脸型时，要根据实际情况拖动鼠标，如要让脸型变尖，则向内拖动鼠标，若要让脸变圆则向外拖动鼠标）。

STEP 4 丰胸

❶选择膨胀工具；❷调整图像的显示比例，将鼠标放在人物的胸部附近，单击鼠标放大胸部的显示，然后多单击几次，以达到丰胸的效果。

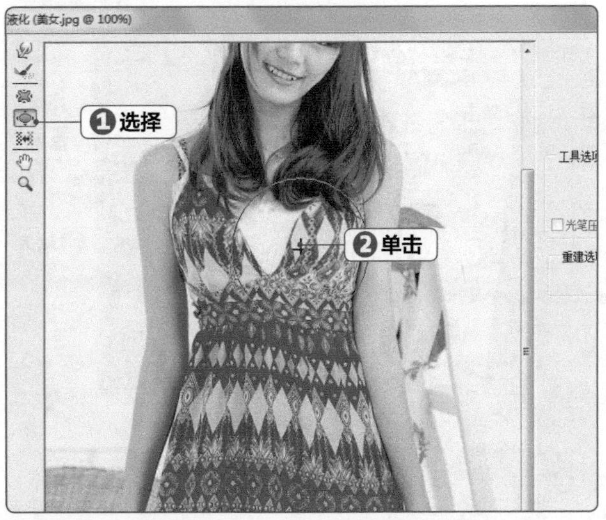

STEP 5 瘦胳膊

❶观察图片，发现胳膊随着收腹与丰胸操作显得更粗了，首先单击 按钮；❷调整画笔的大小，在人物手臂上向手臂内侧拖动鼠标可使胳膊变瘦（拖动时，可将鼠标光标置于胳膊曲线外，并且注意控制操作幅度，以免破坏胳膊原有曲线）。

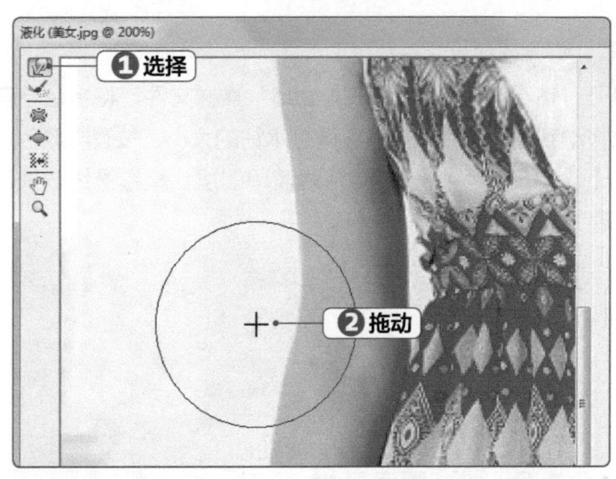

STEP 6 查看最终效果

在“液化”对话框中单击“确定”按钮，返回图像编辑窗口中即可看到液化后的效果。若液化失误，可单击 按钮，单击需要恢复的图像区域，将其恢复到原样，再进行液化操作。完成后保存文件，查看完成后的效果。

16.2 产品图精修

精美的产品图片可以为买家带来良好的视觉感观，使其产生购买商品的欲望。通常，没有处理的产品图片会出现杂点、划痕、破损和瑕疵等现象，这样的图片会给买家留下不好的印象。为了使商品图片中的商品更加美观和引人注目，淘宝美工往往会利用 Photoshop 对其进行修饰。

16.2.1 精修首饰

使用锐化功能、画笔工具、涂抹工具、加深与减淡工具处理镯子图像，要求清除镯子表面的杂质，将花纹刻画得更清晰，使其体现镯子的金属的质感。具体操作步骤如下。

素材：光盘 \ 素材 \ 第 16 章 \ 手镯 .jpg
效果：光盘 \ 效果 \ 第 16 章 \ 手镯 .psd

STEP 1 打开素材

打开"手镯 .jpg"素材文件，复制背景图层，进行手镯的备份。

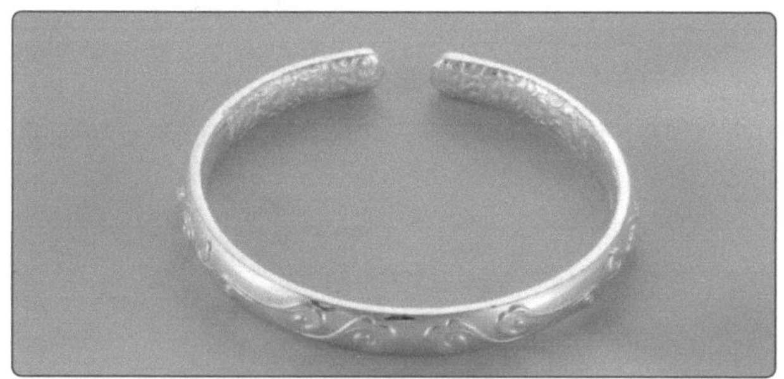

STEP 2 抠取镯子图形并去色

❶使用钢笔工具绘制镯子形状；❷按【Ctrl+Shift+Enter】组合键转换为选区，按【Ctrl+J】组合键抠出镯子，复制镯子备份，按【Ctrl+Shift+U】组合键进行去色处理。

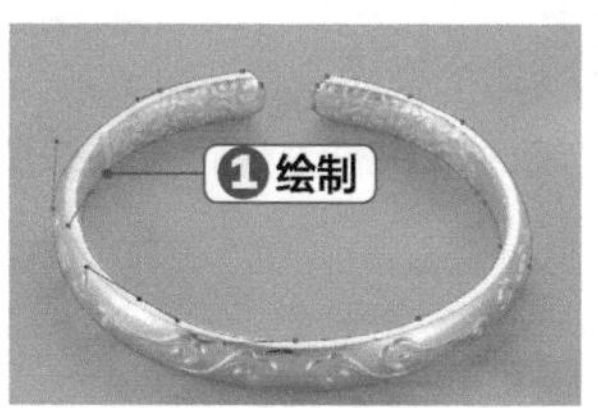

STEP 3 提高镯子的清晰度

❶选择【滤镜】/【锐化】/【USM 锐化】命令，打开"USM 锐化"对话框，设置"数量、半径"分别为"120、2"；❷单击"确定"按钮，继续进行 USM 锐化操作，设置数量和半径大小，提高镯子清晰度。

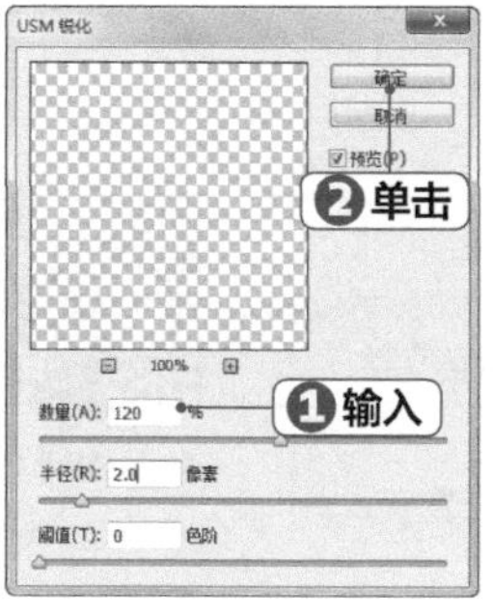

STEP 4 涂抹、减淡选区

❶放大镯子图片，使用钢笔工具分别创建需要涂抹的选区，按【Shift+F6】组合键，设置较小的羽化值，选择涂抹工具，设置笔刷大小，涂抹选区，使选区的颜色更加平滑；❷使用减淡工具涂抹需要提亮的部分。

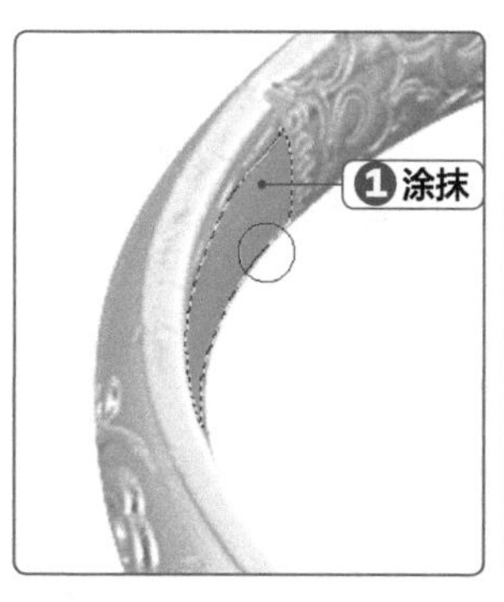

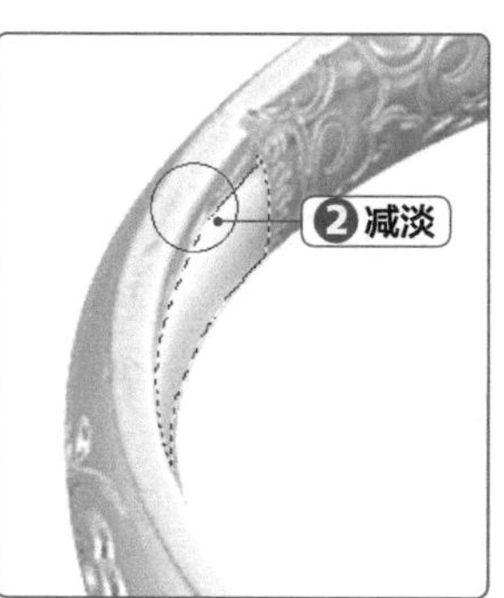

STEP 5 加深与描边选区

❶使用加深工具涂抹需要变暗的部分，打造镯子的阴影；❷选择画笔工具，设置前景色为黑色，在工具属性栏中设置画笔大小、画笔硬度与不透明度，涂抹需要描边的边缘，描边镯子的边缘。

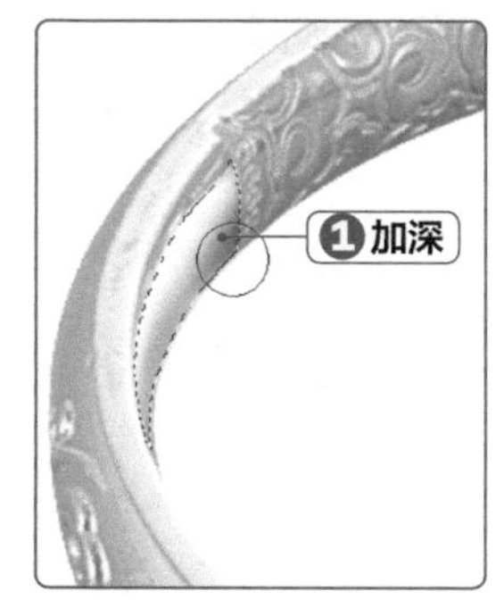

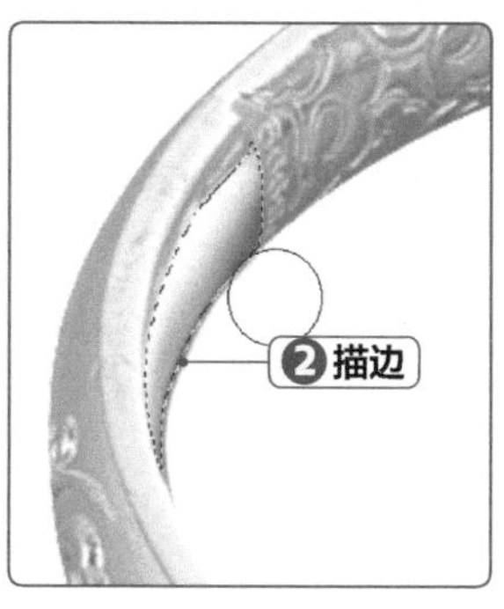

STEP 6 处理镯子花纹

使用相同的方法，结合选区的创建、加深工具、减淡工具、涂抹工具、画笔工具涂抹镯子上的花纹，使花纹明暗对比明显，再为花纹创建选区，并抠取花纹图像到新建的图层上。

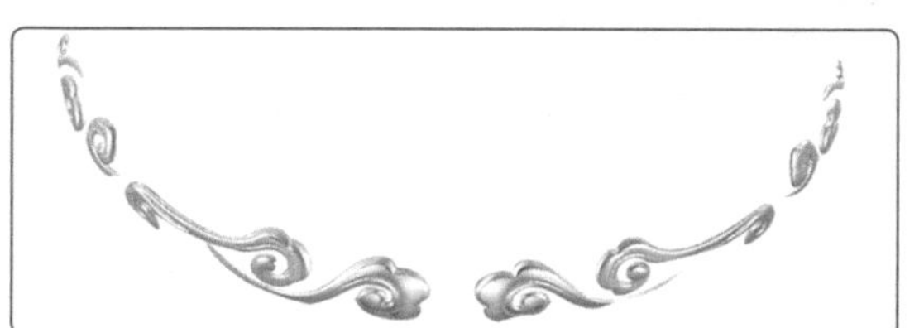

STEP 7 涂抹镯子正面

选择镯子图层，创建选区，结合加深工具、减淡工具、涂抹工具涂抹镯子，使其更具有质感。

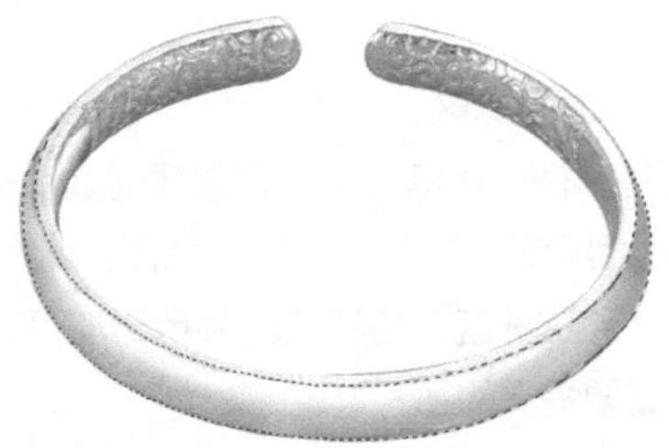

STEP 8 绘制阴影图形

❶新建图层，使用钢笔工具绘制阴影图形，并填充为黑色；❷选择【滤镜】/【模糊】/【高斯模糊】命令，设置模糊半径为“15 像素”；❸单击“确定”按钮。

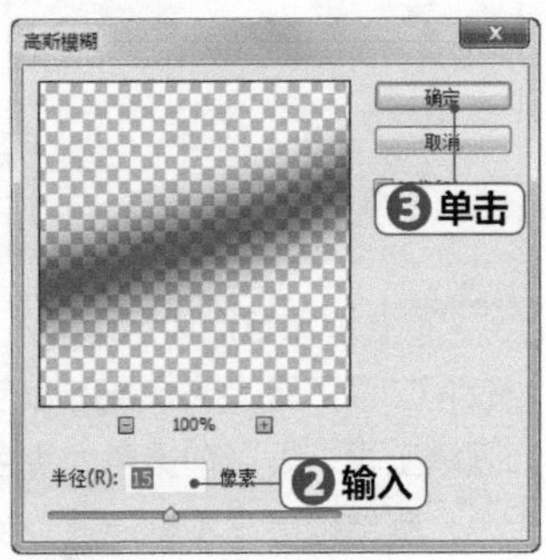

STEP 9 合并花纹图层与镯子图层

查看模糊后的阴影效果，将花纹图层移动到镯子的上方，通过【Ctrl+E】组合键合并花纹图层与镯子图层，使用相同的方法继续处理镯子的其他部分。

STEP 10 调整手镯投影的色阶

❶复制并向下移动手镯图层；❷按【Ctrl+L】组合键打开“色阶”对话框，向左拖动最右侧的滑块，降低图像的亮部，这里直接输入“204”；❸单击“确定”按钮。

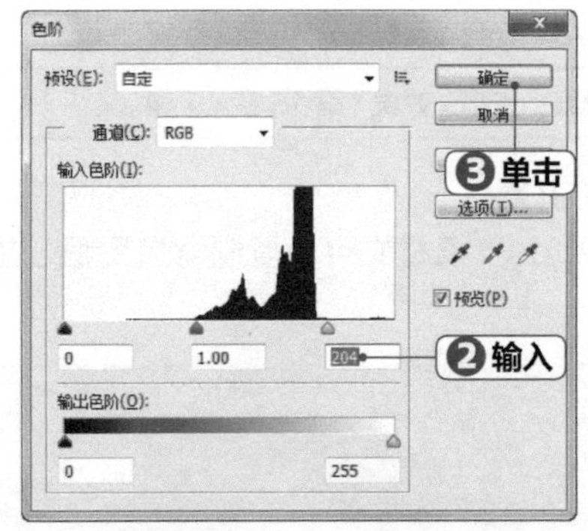

STEP 11 查看处理后的手镯效果

选择【滤镜】/【模糊】/【高斯模糊】命令模糊复制的镯子图形，调整图层的不透明度，制作投影效果。完成后保存文件并查看效果。

16.2.2 精修水杯

本例将通过“替换颜色”命令来快速制作白底，通过加亮高光来体现杯身的反光材质，通过制作拉丝效果增强杯子的金属质感，具体操作步骤如下。

微课：精修水杯

素材：光盘 \ 素材 \ 第 16 章 \ 水杯 .jpg
效果：光盘 \ 效果 \ 第 16 章 \ 水杯 .psd

STEP 1 打开素材

❶打开“水杯 .jpg”素材文件；❷将背景图层拖动到按钮上创建副本；❸为了避免将产品的颜色丢失，先使用磁性套索工具为金属区域创建选区，按【Ctrl+J】组合键将其放置到新图层上。

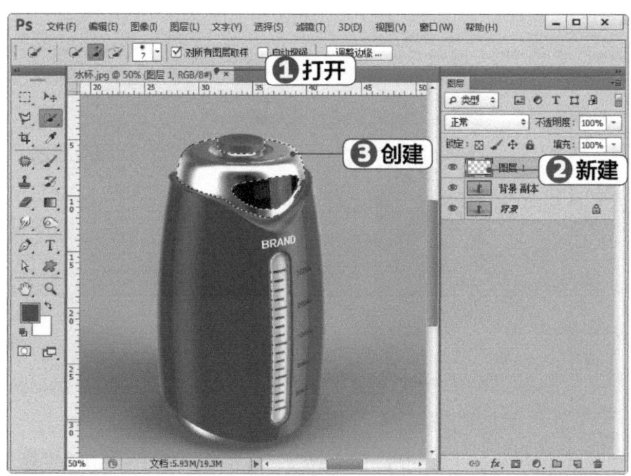

STEP 2 获取灰色更改为白色

❶选择背景副本图层，选择【图像】/【调整】/【替换颜色】命令，打开“替换颜色”对话框，使用吸管工具在图像中的灰色背景部分单击获取要替换的背景灰；❷设置颜色容差为“68”；❸设置明度为“+100”；❹勾选“本地化颜色簇”复选款；❺单击“确定”按钮。

技巧秒杀

制作白底商品图片

在参加淘宝的天天特价、限时折扣等活动时，会要求提供白底的图片，而实际拍摄的白底商品图片很可能偏灰，此时就需要处理。将灰色背景的商品图片处理成白底商品图片的方法很多，除了替换颜色外，最常见的方法是为商品创建选区，将选区拖放到白色背景中，或为背景创建选区，再填充为白色。

STEP 3 合并图层

返回工作界面可看到调整后的灰色背景变为了白色，按【Ctrl+E】组合键合并图层 1 和背景副本图层。

STEP 4 调整高光与阴影

❶选择“图层 1”图层，选择【图像】/【调整】/【阴影 / 高光】命令，打开“阴影 / 高光”对话框，将阴影数量设置为“15%”；❷单击“确定”按钮，可发现杯子整体提亮。

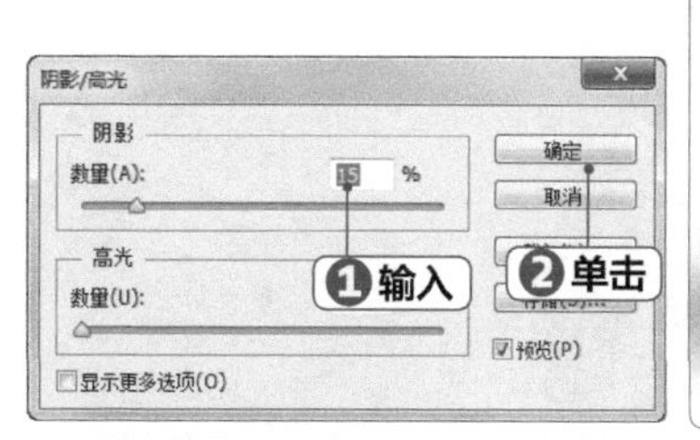

STEP 5 调整色阶

❶按【Ctrl+L】组合键打开“色阶”对话框，设置暗部值为“14”；❷设置亮部值为“240”，提高亮部与暗部的对比度；❸单击“确定”按钮。

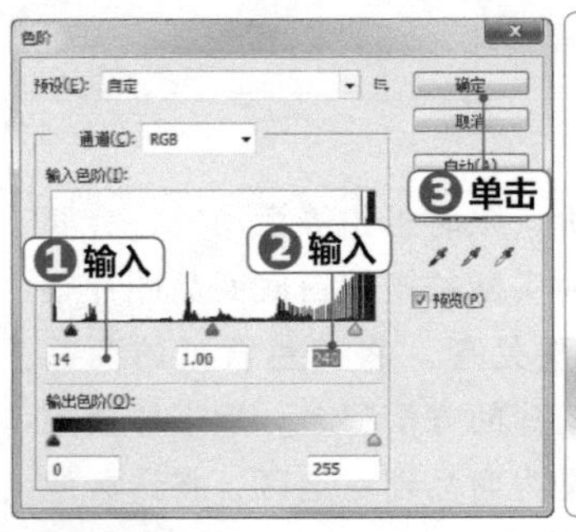

STEP 6 绘制高光区域

❶选择钢笔工具；❷新建“图层 2”图层；❸在杯身的高光区域绘制路径，按【Ctrl+Enter】组合键转换为选区。

STEP 7 设置高光不透明度

❶按【D】键重置前景色与背景色，按【Ctrl+Delete】组合键将选区填充为白色，设置图层不透明度为“20%”；❷选择橡皮擦工具；❸设置不透明度为“36%”；❹涂抹高光边缘，使其自然过渡，使用相同的方法继续加强杯身的其他高光区域。

STEP 8 添加杂色

❶为金属区域创建选区，新建图层 3，按【Ctrl+Delete】组合键将选区填充为白色；❷选择【滤镜】/【杂色】/【添加杂色】命令，打开“添加杂色”对话框，设置数量为“195%”；❸勾选“单色”复选框；❹单击“确定”按钮。

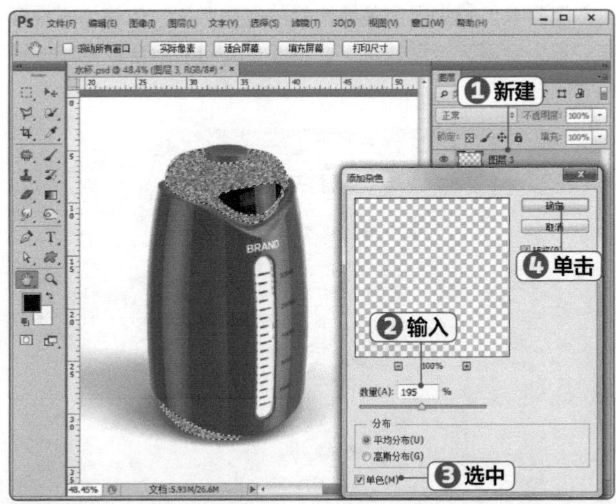

STEP 9 添加动感模糊

❶选择【滤镜】/【模糊】/【动感模糊】命令，打开“动感模糊”对话框，设置角度为“0 度”，距离为“86 像素”；❷单击“确定”按钮。

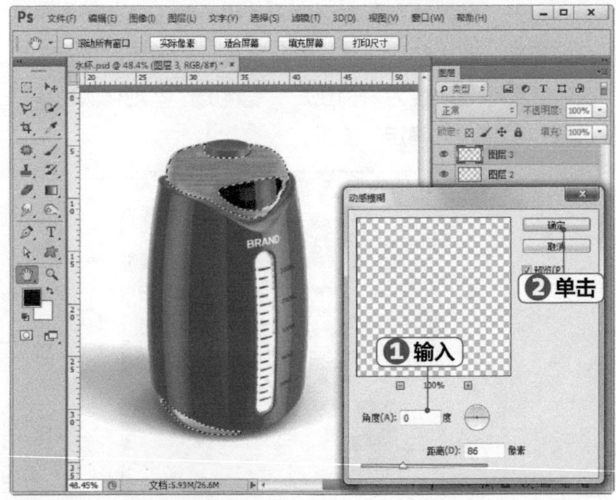

STEP 10 设置图层混合模式

❶选择“图层 3”图层；❷将图层混合模式设置为“叠加”；❸将图层他不透明度设置为“36%”，查看制作的金属拉丝效果，使其更具有质感。

Chapter 16

STEP 11 查看处理后的水杯效果

完成后查看处理后的水杯效果，保存文件，完成本例的制作。

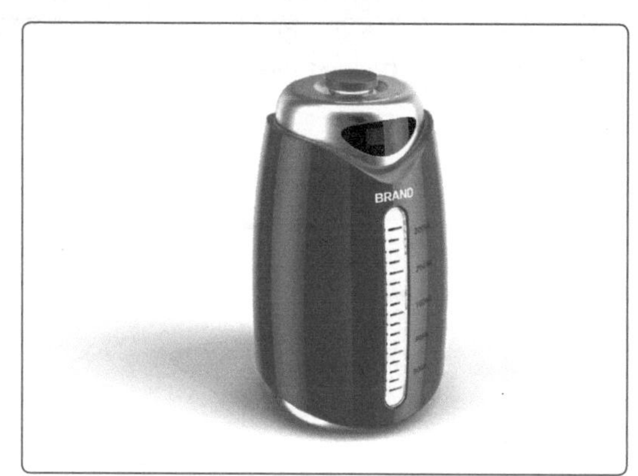

16.2.3 精修电子产品

电子产品处理和产品的材质息息相关，本例处理的剃须刀，要突出材质的反光效果，矫正拍摄时出现的色温，具体操作步骤如下。

微课：精修电子产品

素材：光盘 \ 素材 \ 第 16 章 \ 剃须刀
效果：光盘 \ 效果 \ 第 16 章 \ 剃须刀 .psd

STEP 1 打开素材

❶打开“剃须刀 .jpg”素材文件；❷按【Ctrl+J】组合键新建“图层 1”图层。

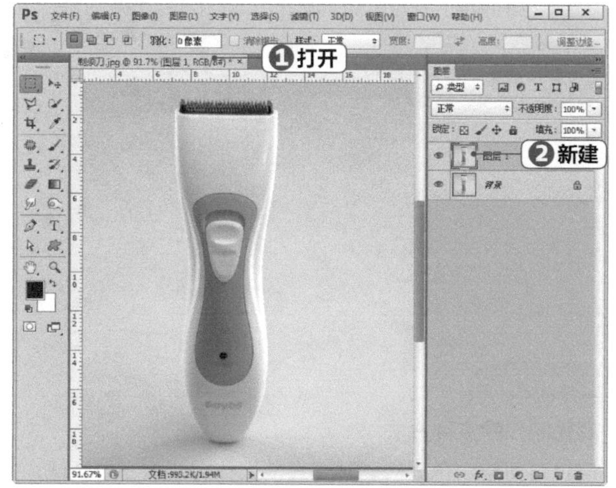

STEP 2 创建选区

❶选择钢笔工具；❷绘制剃须刀的路径，按【Ctrl+Enter】组合键转换为选区。

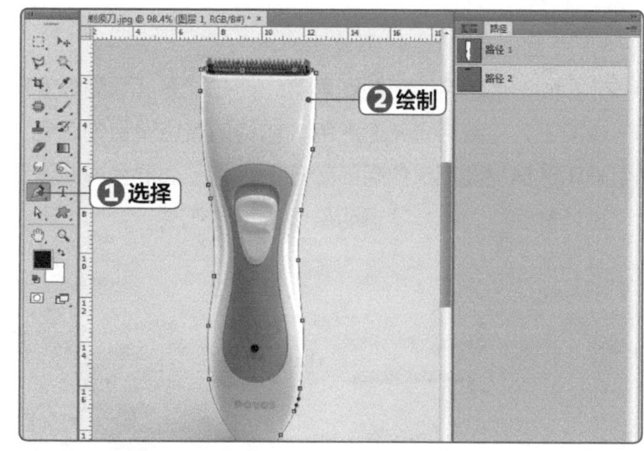

STEP 3 抠取剃须刀

❶选择“图层 1”图层，按【Shift+F6】组合键打开“羽化选区”对话框，设置羽化半径为“1 像素”；❷单击“确定”按钮；❸按【Ctrl+J】组合键将选区中的剃须刀复制到新建的图层 2 上。

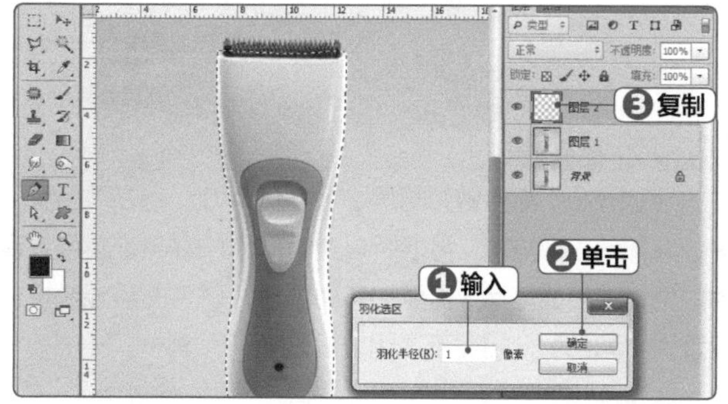

STEP 4 矫色

❶按【Ctrl+J】组合键为图层 2 创建副本；❷选择快速选择工具；❸选择中间的蓝色区域，按【Delete】组合键将其删除；❹由于是白色产品，因此按【Ctrl+Shift+U】组合键去色，隐藏图层 1 与背景图层。

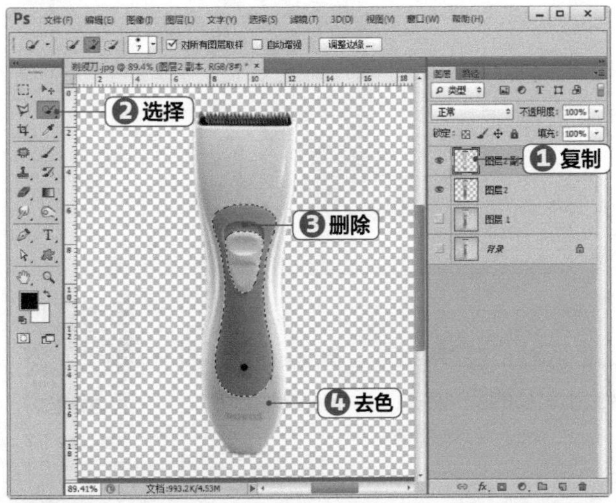

STEP 5 加深暗部

❶按【Ctrl+J】组合键复制图层 2；❷在“图层”面板底部单击按钮，将蒙版填充为黑色；❸将前景色设置为白色，使用画笔涂抹需要加深的阴影部分；❹将图层混合模式设置为“正片叠底”；❺将不透明度设置为“20%”。

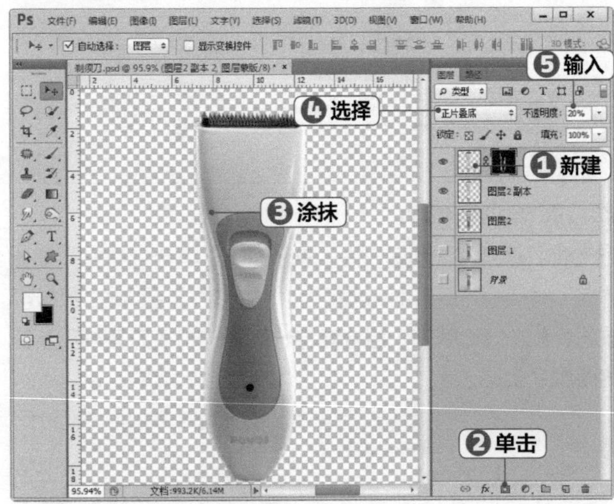

STEP 6 提亮亮部

❶按【Ctrl+J】组合键为图层 2 创建副本 3；❷在“图层”面板底部单击按钮，将蒙版填充为黑色；❸将前景色设置为白色，使用画笔涂抹需要加亮的部分；❹将图层混合模式设置为“滤色”；❺将不透明度设置为“60%”。

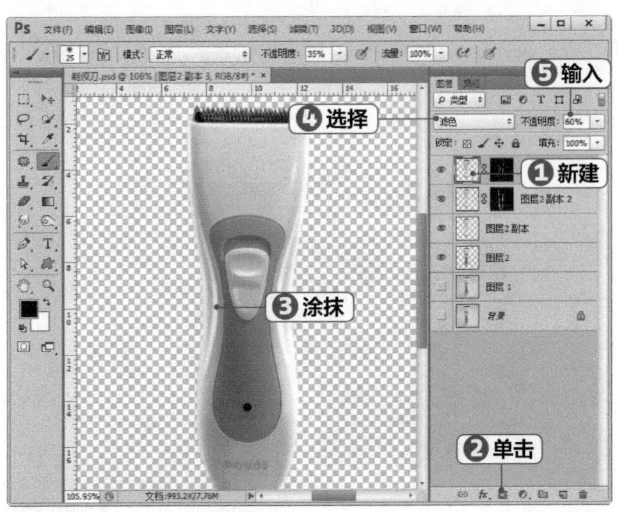

STEP 7 继续提亮亮部

❶选择钢笔工具，新建图层 3，为高光区域绘制路径，填充为白色；❷创建并选择矢量蒙版；❸选择渐变工具；❹在工具属性栏中设置填充颜色为“黑－白－黑”的线性渐变填充；❺从上向下拖动鼠标为蒙版创建渐变填充，增加亮部的层次感；❻将图层混合模式设置为“滤色”。

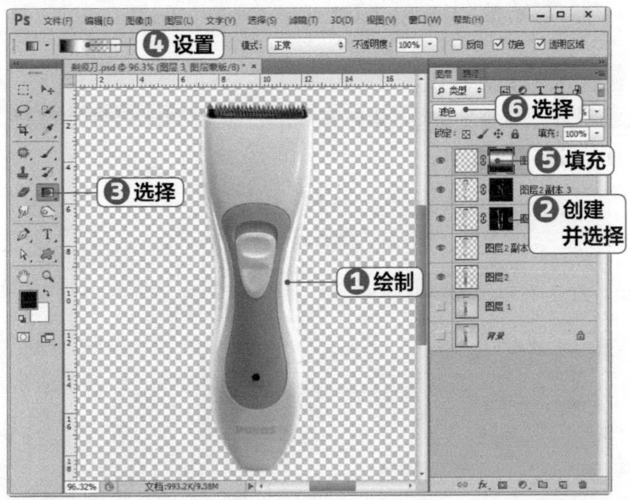

技巧秒杀

高光制作的多种方法

用户可使用白色柔边圆画笔直接涂抹需要加亮的区域，也可直接选择减淡工具加亮部分区域，还可单独为高光区域创建选区，进行亮度调节。

STEP 8 均匀化色彩

❶为蓝色区域创建选区，选择涂抹工具；❷涂抹蓝色区域，

使其颜色均匀化，并将不清晰的文字抹掉，涂抹时，尽量避开边缘，完成后按【Ctrl+E】组合键合并图层 1 与背景图层外的所有图层。

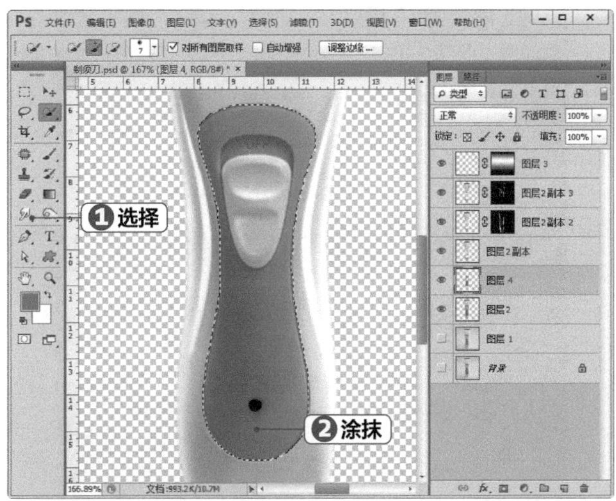

STEP 9 输入文本

❶使用矩形选框工具为文字创建选区；❷选择【编辑】/【填充】命令，打开“填充”对话框，在“使用”下拉列表中选择“内容识别”选项；❸单击“确定”按钮；❹选择横排文本工具，输入标签文本，设置“字体、颜色”分别为“FagoExTf Extra Bold Caps、#9a9a9a”，按【Ctrl+T】组合键调整文本的高度与大小，并将文字拖动到内容识别后的区域。

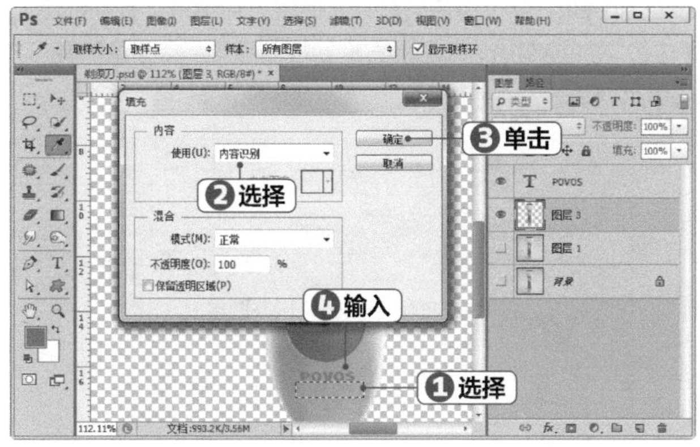

STEP 10 制作倒影

❶打开“背景.jpg”图像，将背景添加到剃须刀下层，调整大小与位置，选择“图层 3”图层，按住【Ctrl】键单击图层 3 缩略图，载入选区，按【Ctrl+J】组合键将选区中的剃须刀复制到新建的图层 2 上，按【Alt+Delete】组合键将选区填充为黑色；❷按【Ctrl+T】组合键垂直翻转图像，设置图层不透明度为“11%”。

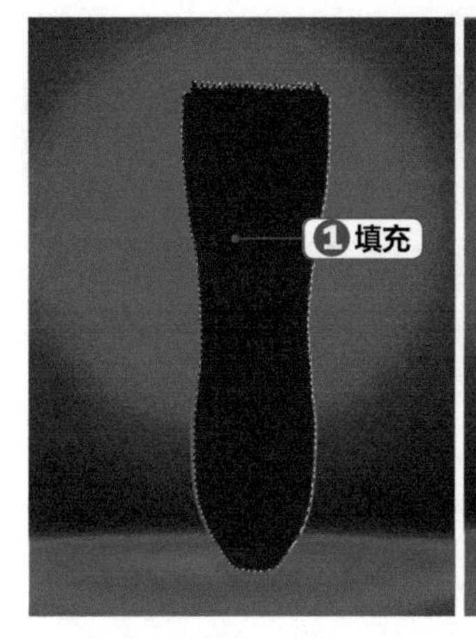

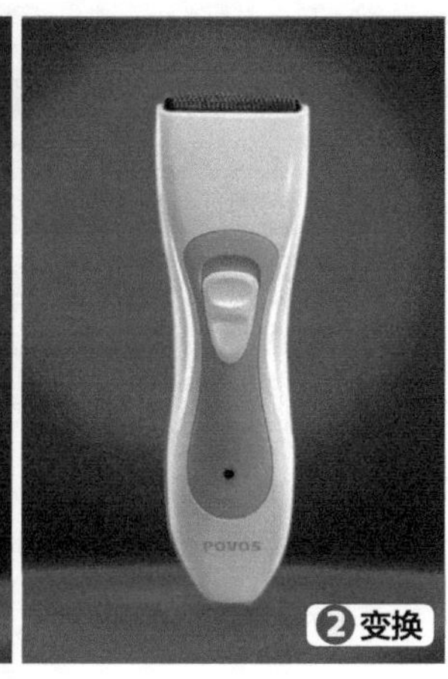

STEP 11 设置外发光图层样式

❶双击“图层 3”图层，打开“图层样式”对话框，单击选中“外发光”复选框；❷设置外发光颜色为“#6391a7”；❸设置混合模式为“滤色”；❹设置大小为“250 像素”；❺单击“确定”按钮，查看外发光效果。

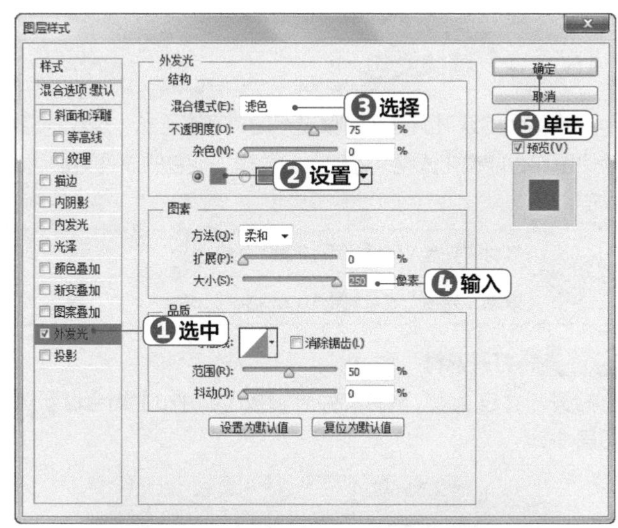

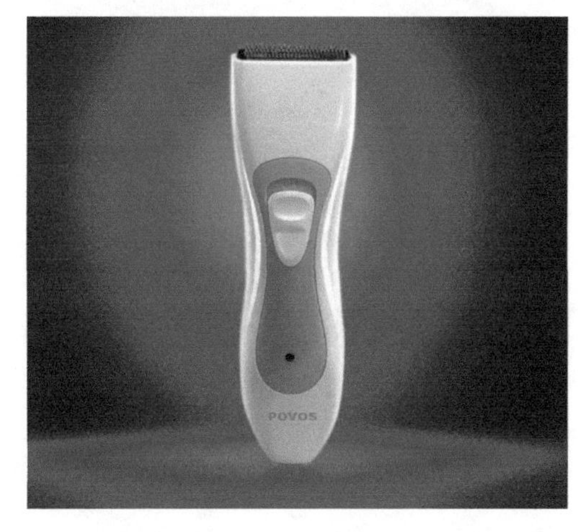

第16章 数码相片的精修

STEP 12 增加对比度

❶选择图层 3，选择【图像】/【调整】/【曲线】命令，打开“曲线”对话框，创建三个控制点，拖动控制点调整曲线；❷单击“确定”按钮，可发现剃须刀变亮。

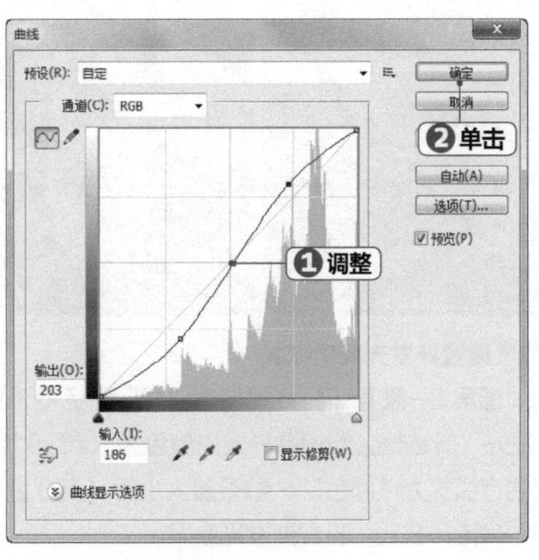

STEP 13 查看精修效果

合并文本图层与图层 3，多复制几层合并后的图层，加强外发光效果，完成后保存文件，查看完成后的效果。

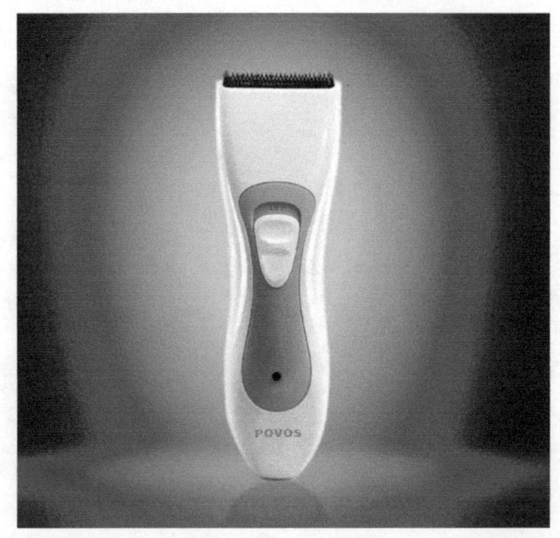

16.2.4 精修女包

本案例的素材具有产品曝光不足、暗淡无光、条纹不清晰的缺点，因此需要精修，并通过调色、高反差保留、智能锐化滤镜来处理女包纹理，使包的纹理更加清晰，明暗对比更加明显，具体操作步骤如下。

微课：精修女包

	素材：光盘 \ 素材 \ 第 16 章 \ 女包 .jpg
	效果：光盘 \ 效果 \ 第 16 章 \ 女包 .psd

STEP 1 打开素材

❶打开“女包 .jpg”素材文件；❷按【Ctrl+J】组合键新建图层 1。

STEP 2 调整曲线

❶使用【Ctrl+M】组合键打开“曲线”对话框，在曲线上方单击以增加控制点，向左上方拖动控制点，调整图像的亮度；❷单击“确定”按钮。

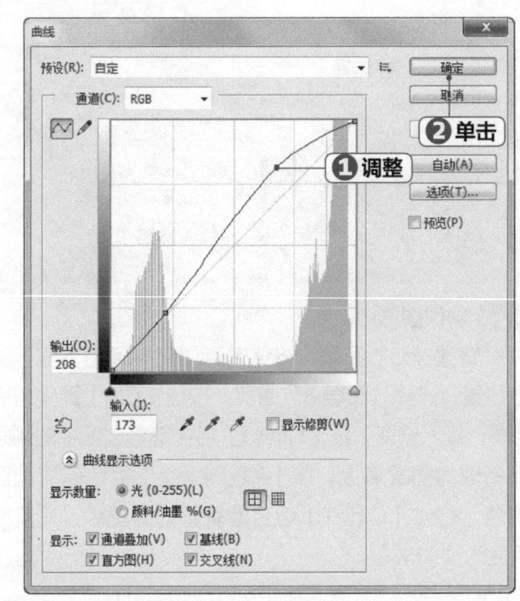

STEP 3 高反差保留图像

❶按【Ctrl+J】组合键复制图层 1，选择【滤镜】/【其他】/【高反差保留】命令，打开“高反差保留”对话框，设置半径值为“6 像素”；❷单击“确定”按钮，将图层混合模式设置为“柔光”，查看图层混合后的效果。

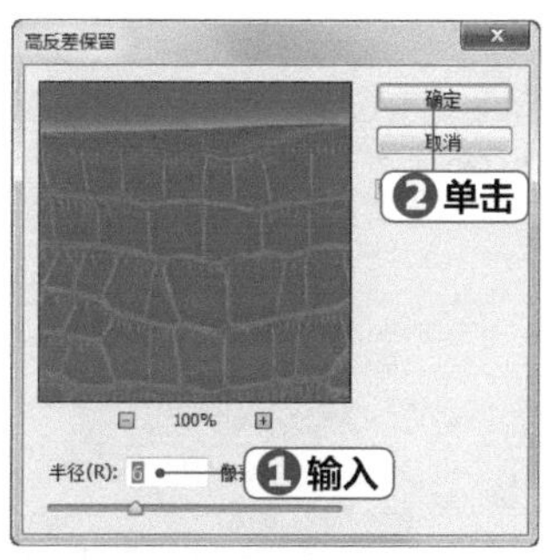

STEP 4 智能锐化图像

❶选择图层 1，选择【滤镜】/【锐化】/【智能锐化】命令，打开“智能锐化”对话框，设置移去为“镜头模糊”；❷设置数量为“300%”，设置半径为“0.1 像素”；❸单击“确定”按钮。

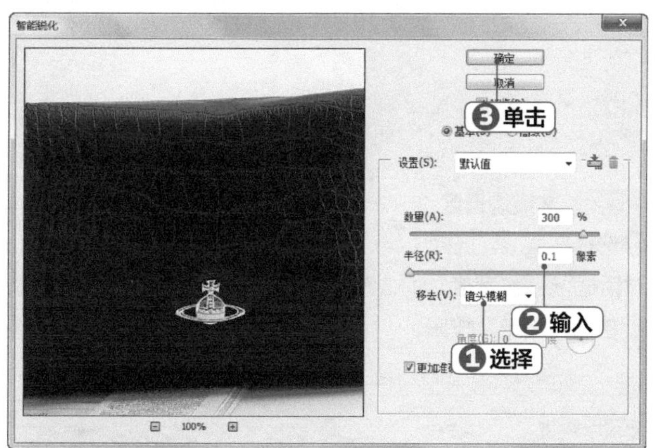

STEP 5 叠加中性灰图层

❶新建图层2并填充为白色；❷设置图层混合模式为“叠加”；❸设置不透明度为“20%”，此时女包变亮。

STEP 6 去除杂点并模糊商品

❶合并图层 1、图层 1 副本与图层 2，得到合并的图层 2，使用污点修复画笔工具单击包上明显的杂点，去除杂点；❷为包创建选区，选择【滤镜】/【模糊】/【高斯模糊】命令，将模糊半径设置为“1.0 像素”；❸单击“确定”按钮。

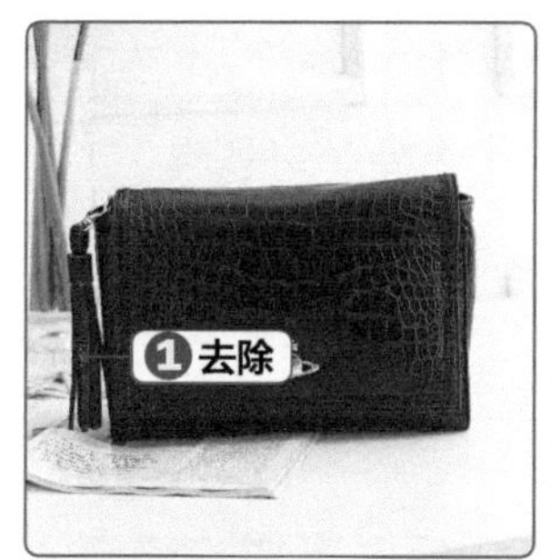

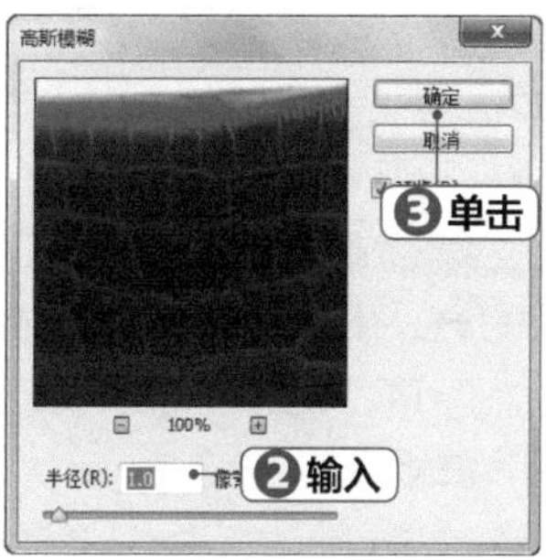

STEP 7 锐化纹路并加亮高光

❶选择锐化工具，涂抹包的纹路进行锐化，使包的纹路更加清晰；❷新建图层 3；❸使用画笔工具涂抹需要加亮的部分，使包的高光区域更加明显，涂抹时，需要不断调整画笔流量、大小与不透明度；❹设置图层的混合模式为“颜色减淡”；❺设置不透明度为“30%”，完成后合并图层 2 与图层 3。

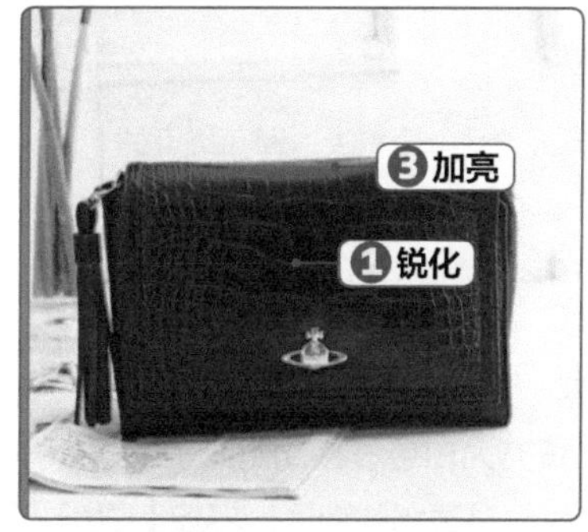

STEP 8 更换背景

抠取包图像，打开“包背景 .psd”背景文件，将其移动到背景中。调整大小与位置，保存文件，查看完成后的效果。

16.2.5 精修化妆品

微课：精修化妆品

本例将精修补水冰晶的瓶子，观察素材可知，瓶盖光影杂乱，整体粗糙，标签与文本模糊不清。为了将其应用到淘宝主图上，需要对瓶子进行处理，使瓶子更加美观，才能吸引消费者。下面将通过渐变填充工具来制作金属与玻璃的质感瓶子效果，具体操作步骤如下。

素材：光盘 \ 素材 \ 第 16 章 \ 补水冰晶
效果：光盘 \ 效果 \ 第 16 章 \ 补水冰晶 .psd

STEP 1 抠取商品

❶打开“补水冰晶 .jpg”素材文件；❷为瓶子创建选区，按【Shift+F6】组合键，将羽化值设置为“1 像素”；❸按【Ctrl+J】组合键新建图层 1。

STEP 2 为瓶盖创建选区

❶新建“图层 2”图层，填充为白色，移动到瓶子下层，方便后期调整时进行观察；❷为瓶盖创建选区；❸按【Ctrl+J】组合键新建图层 3。

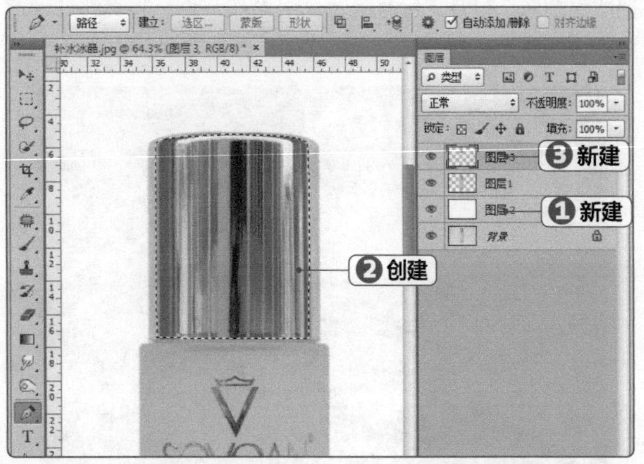

STEP 3 渐变填充瓶盖

❶选择“图层 3”图层，新建渐变填充图层，设置金属质感的渐变填充；❷设置角度为“180 度”；❸勾选“反向”复选框；❹单击“确定”按钮。

STEP 4 描边选区

❶选择图层 3，选择【编辑】/【描边】命令，打开“描边”对话框，设置“宽度”为“2 像素”；❷设置颜色为“#8a7e68”；❸单击“确定”按钮。

STEP 5 处理瓶盖的顶部

❶新建图层绘制瓶盖的顶部，并填充颜色为“#d6c8ad”；❷使用减淡工具减淡部分颜色，制作高光效果。

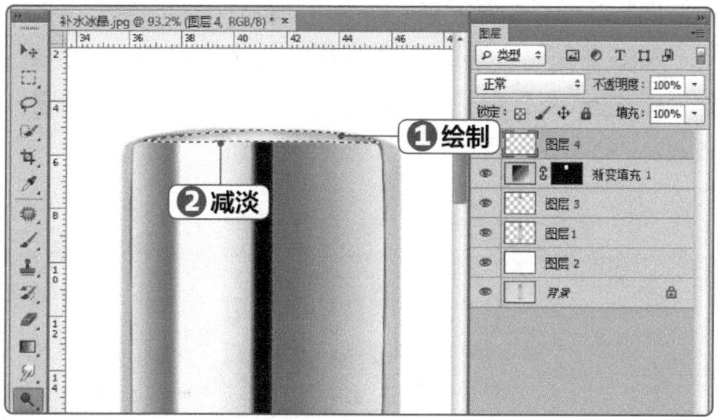

STEP 6 绘制瓶身衔接处阴影

❶新建图层，使用黑色画笔绘制瓶盖与瓶身衔接处的阴影；❷设置图层的混合模式为“正片叠底”。

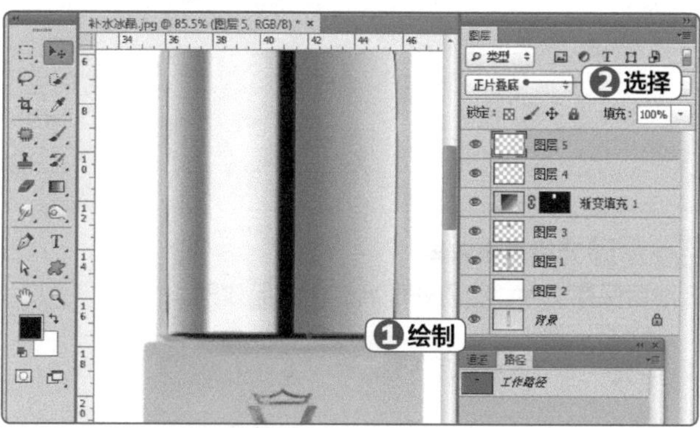

STEP 7 绘制瓶身衔接处高光

❶新建图层，使用白色画笔绘制瓶盖与瓶身衔接处的高光；❷设置图层的不透明度为“75%”。

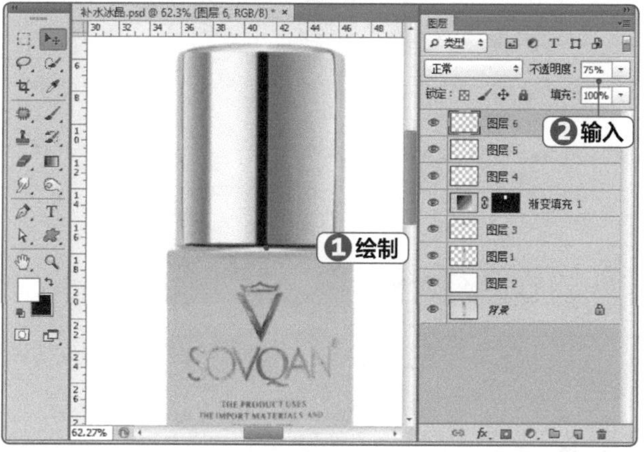

STEP 8 填充基色

❶为瓶身创建选区，按【Ctrl+J】组合键新建图层；❷填充颜色为“#c1d8aa”；❸使用橡皮擦工具涂抹边缘，使其与原瓶身融为一体。

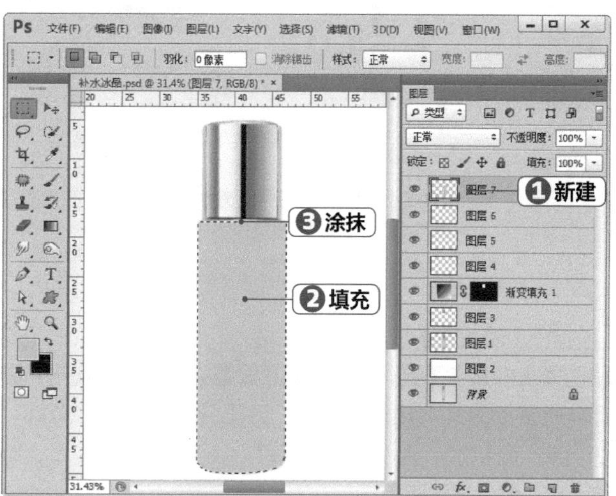

STEP 9 设置玻璃质感

❶选择图层 3，新建渐变填充图层，设置绿色玻璃质感的渐变填充；❷设置角度为“180 度”；❸勾选“反向”复选框；❹单击“确定”按钮；❺设置图层混合模式为“柔光”，减少材质的反光效果。

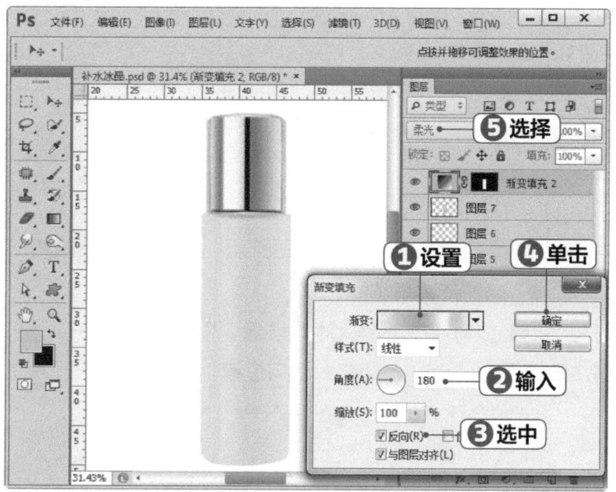

STEP 10 制作标签

❶显示原图层，使用钢笔工具绘制瓶身的标签，绘制完成后将其转换为选区，按【Ctrl+J】组合键新建图层；❷使用渐变工具为标签添加“白色”到“#a38f63”的渐变填充效果。

STEP 11 输入文本

❶选择横排文字工具，将字体颜色设置为“#4f614e”，选择与瓶子上的文本相似的字体，这里分别设置为“Arial、Modern No. 20、Sylfaen、宋体”；❷输入标签文本，调整大小、位置与字间距。

STEP 12 添加背景与装饰

打开“背景.png”和“水珠.png”图像，将背景置于瓶子下层，将水珠置于瓶子上层，调整大小与位置。

STEP 13 为说明性文本添加渐变叠加效果

❶选择横排文字工具，输入说明性文本，设置字体分别为“黑体、创艺简粗黑、宋体”，设置字号与颜色，双击“一瓶调理肌肤的温和修护水”图层，在打开的对话框中单击选中“渐变叠加”复选框；❷设置渐变颜色为“#ce984e”到“#883a1f”；❸设置角度为“90度”；❹单击“确定”按钮。

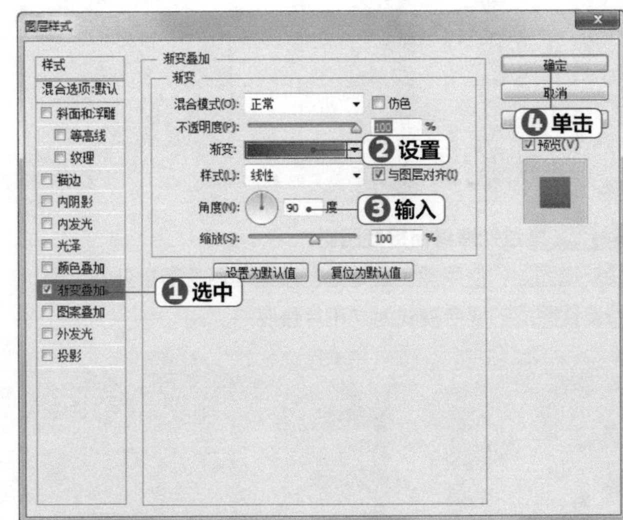

STEP 14 查看最终效果

完成后保存文件，查看处理后的化妆品效果。

Chapter 16

16.3 调出独特的照片风格

照片具有多种风格，不同风格的主色调、饱和度、明度，以及对逆光和光晕的追求不尽相同。为了追求有差异的照片风格，大家以艺术风格、类型元素、视觉元素、技术手法等为创新重点，不断推陈出新。本小节将针对较常用的几种照片风格进行讲解。

16.3.1 调出阳光暖色系照片

在 Photoshop 中包含了很多调色命令，通过它们除了能对图像颜色进行调整，还可调整出带强烈风格感的图像。下面通过调整可选颜色、色相、饱和度等参数制作阳光暖色系照片，具体操作步骤如下。

微课：调出阳光暖色系照片

素材：光盘 \ 素材 \ 第 16 章 \ 暖色系 .jpg
效果：光盘 \ 效果 \ 第 16 章 \ 暖色系 .psd

STEP 1 新建“可选颜色”调整图层

打开“暖色系 .jpg”图片，新建“可选颜色”图层。

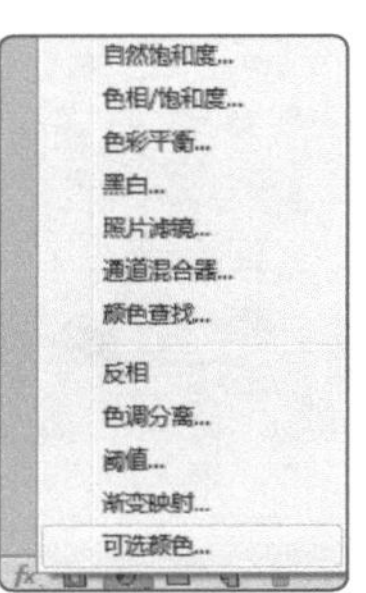

STEP 2 调整黄色与绿色

❶在打开的“属性”面板中设置颜色为“黄色”，设置“青色、洋红、黄色、黑色”分别为“-86%、37%、54%、29%”；❷设置颜色为“绿色”，设置“青色、洋红、黄色、黑色”分别为“-50%、64%、42%、2%”。

STEP 3 调整中性色

❶设置颜色为“中性色”；❷设置青色为“-10%”，并将图像中剩下的绿色调整为黄色。

STEP 4 将图像的颜色调亮

❶通过可选颜色命令调整后的图像颜色偏暗，需进行处理，按【Ctrl+J】组合键，复制图层；❷在“图层”面板中设置混合模式为“滤色”；❸设置不透明度为“54%”，将图像的颜色调亮。

STEP 5 修正皮肤颜色

❶调整后会发现人物皮肤过红，此时可创建“色相 / 饱和度”调整图层，在打开的“属性”面板中选择调色范围为“红色”，设置“色相、饱和度、明度”为“20、7、17”；❷使用黑

色的画笔工具在图像中除人物皮肤以外的区域进行涂抹，修正皮肤颜色。

STEP 6 调整图像中蓝天与人物的颜色

❶新建一个“色相/饱和度”调整图层，在“属性”面板中选择调色范围为“青色”，设置“色相、饱和度、明度”为“-18、73、25”，将蓝天调整为蓝绿色；❷新建一个“可选颜色”图层，在“属性”面板中设置颜色为“中性色”，再设置“青色、洋红、黄色、黑色”分别为“-41%、-28%、-48%、0%”，调整图像中人物的整体颜色。

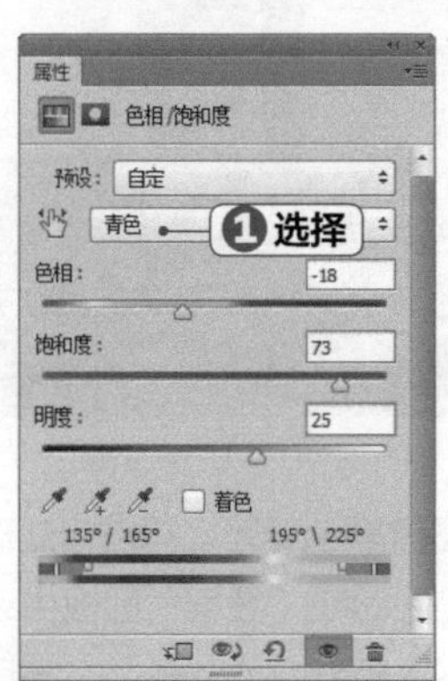

STEP 7 添加纤维滤镜

❶新建图层，按【D】键重置前景色与背景色，选择【滤镜】/【渲染】/【云彩】命令；❷选择【滤镜】/【渲染】/【纤维】命令，打开“纤维”对话框，设置“差异、强度”分别为“13、12”；❸单击“确定”按钮。

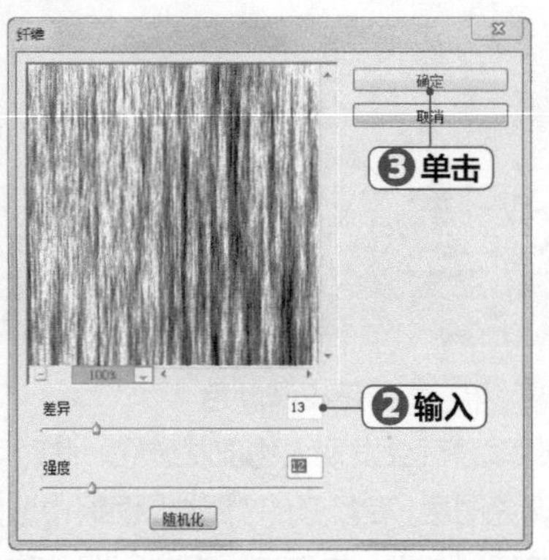

STEP 8 制作光线斜射的效果

按【Ctrl+T】组合键，旋转并放大图像，在“图层”面板中设置图层混合模式为“滤色”，再设置不透明度为“10%”，查看光线斜射的效果。

STEP 9 添加光晕效果

❶新建图层，并使用黑色填充图层，选择【滤镜】/【渲染】/【镜头光晕】命令，打开“镜头光晕”对话框，设置“亮度”为“121%”；❷移动光晕的位置到右上角；❸单击“确定”按钮；❹在“图层”面板中设置图层混合模式为“线性减淡（添加）”。

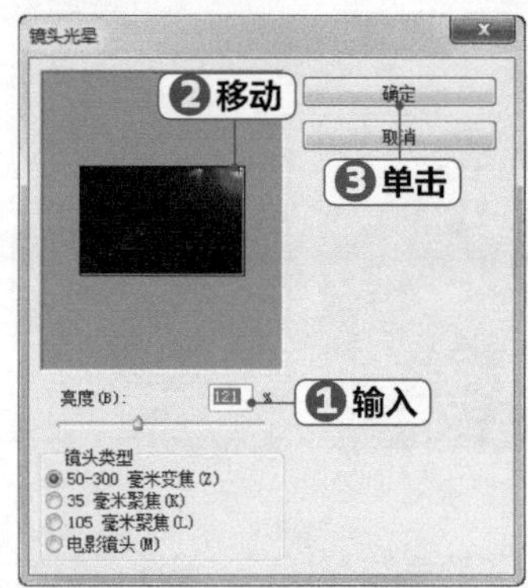

STEP 10 为图像增加朦胧感

❶按【Ctrl+Alt+Shift+E】组合键，盖印图层，选择【滤镜】/【模糊】/【高斯模糊】命令，打开“高斯模糊”对话框，设置半径为“2 像素”；❷单击“确定”按钮；❸在“图层”面板中设置图层混合模式为“变亮”；❹设置不透明度为“40%”。

STEP 11 查看最终效果

查看处理后的阳光暖色系照片效果，完成后保存文件，完成本例的制作。

16.3.2 调出梦幻粉色调照片

梦幻粉色调照片常用于突显浪漫气息，梦幻粉色调不仅使照片变得柔和、可爱，还能通过粉色效果，回忆甜美的公主梦。本例将使用调整图层将图像调整为梦幻的粉色调图像，使人物对象看起来更加柔和、美丽，具体操作步骤如下。

微课：调出梦幻粉色调照片

	素材：光盘 \ 素材 \ 第 16 章 \ 粉色系 .jpg
	效果：光盘 \ 效果 \ 第 16 章 \ 粉色系 .psd

STEP 1 将高光部分调暗

打开“粉色系 .jpg”图像，新建一个“曲线”图层，在“属性”面板中调整图像的曲线位置，将高光部分调暗。

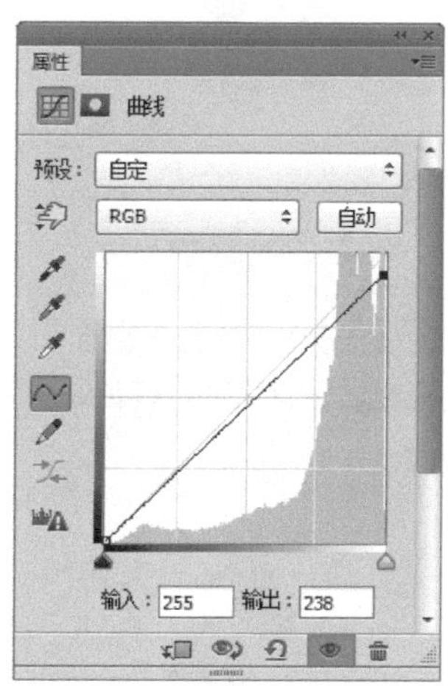

STEP 2 添加粉色调

❶新建图层，设置颜色为“#fc9e9e”，对图层进行颜色填充；❷设置图层混合模式为“颜色”；❸在“图层”面板中设置不透明度为“55%”。

STEP 3 增强人物的立体感觉

❶新建一个“曲线”图层，向上拖动曲线将图像的整体颜色调亮；❷继续新建一个“曲线”图层，向下拖动曲线，将图像的整体颜色调暗。

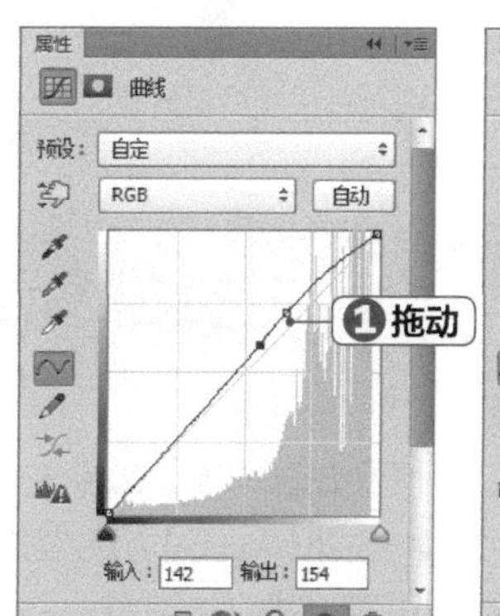

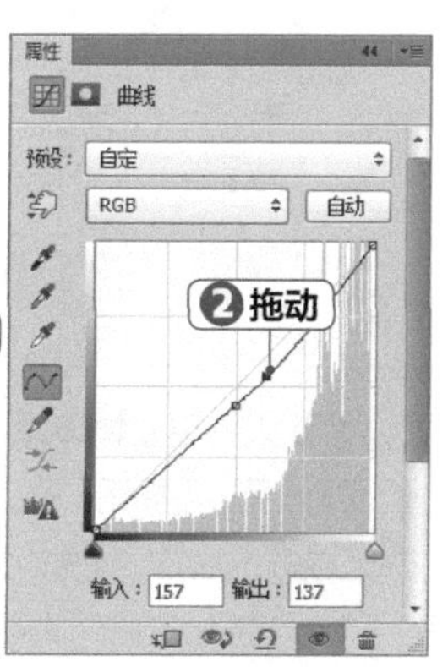

技巧秒杀

合理应用独立的“曲线”图层

为图层设置两个独立的“曲线”图层，可以将被调整图像的颜色细节调整得更加细致。

STEP 4 制作模糊背景

❶按【Ctrl+Alt+Shift+E】组合键，盖印图层，选择【滤镜】/【模糊】/【高斯模糊】命令，打开“高斯模糊”对话框，设置半径为“1像素”；❷单击“确定”按钮；❸为图层新建图层蒙版，使用黑色的画笔工具对人物进行涂抹。

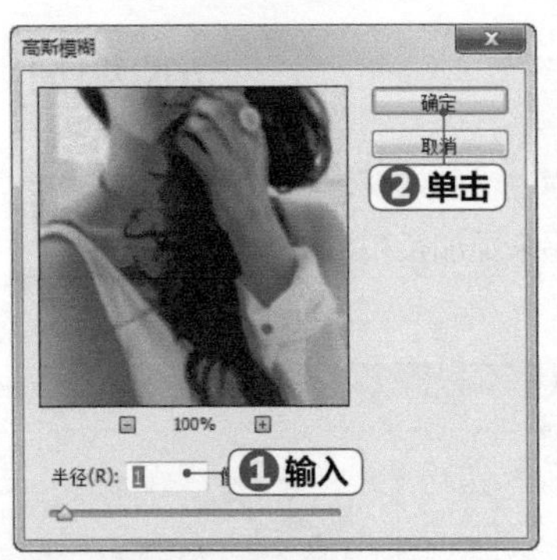

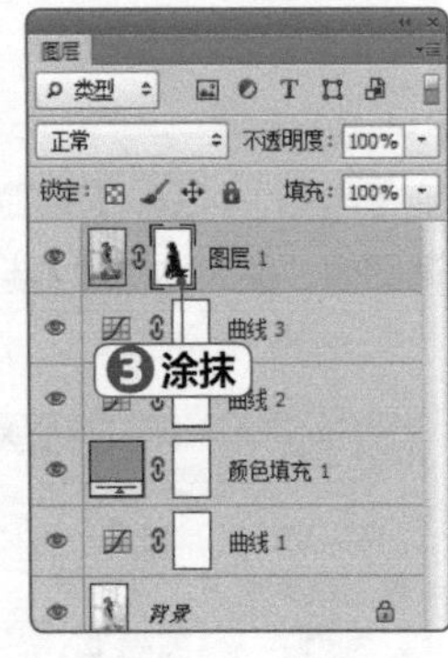

STEP 5 增强高光部分的亮度

❶打开“通道”面板，按【Ctrl】键的同时单击“红”通道的预览图，将通道载入选区；打开“图层”面板，新建图层；❷将前景色设置为白色，按【Alt+Delete】组合键填充选区；❸取消选区，设置图层混合模式、不透明度分别为“变亮、18%”。

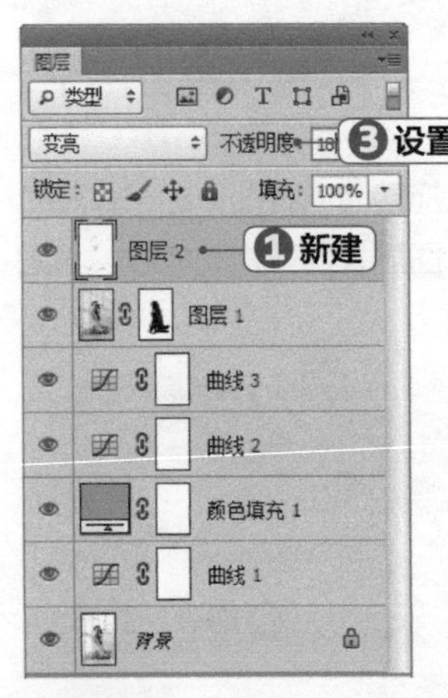

STEP 6 让人物更立体传神

❶为图层创建图层蒙版；❷使用黑色的画笔工具在图像上方和下方区域进行涂抹；❸按【Ctrl+Shift+Alt+E】组合键盖印图层；❹使用锐化工具对人物的眼睛和衣服进行涂抹。

STEP 7 添加镜头光晕

❶新建图层，使用黑色填充图层，选择【滤镜】/【渲染】/【镜头光晕】命令，打开“镜头光晕”对话框，单击选中“电影镜头”单选项；❷设置亮度为“234%”；❸使用鼠标调整光晕位置；❹单击“确定”按钮；❺在“图层”面板中设置图层混合模式为“滤色”，按【Ctrl+J】组合键复制图层。

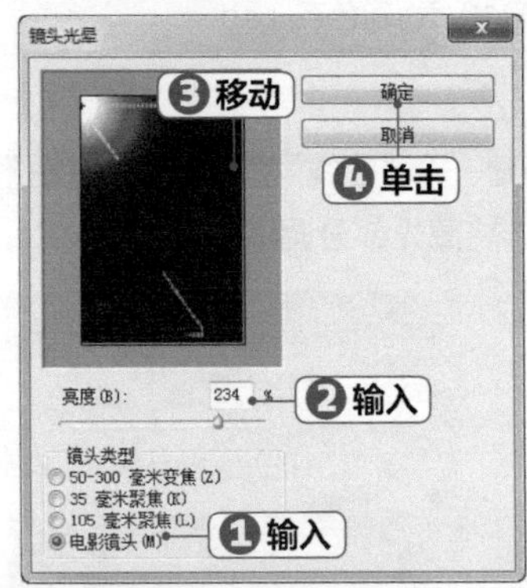

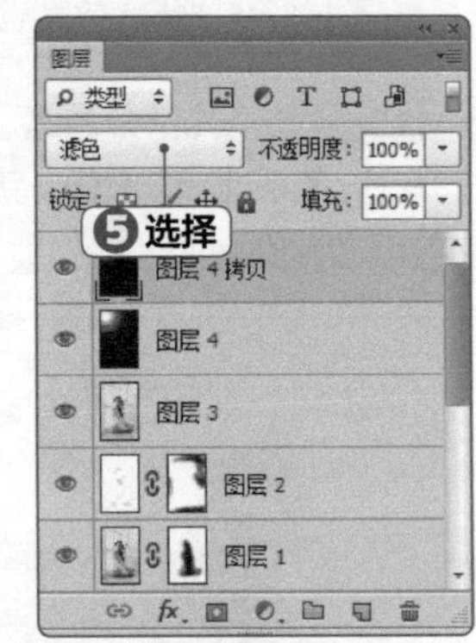

STEP 8 查看最终效果

完成后保存文件，查看处理后的梦幻粉色系照片效果。

16.3.3 调出照片漂白效果

照片漂白效果可以让照片中的人物显得更加清纯，是日系风格的一种常见的处理方法。本例将使用曲线、色相与饱和度命令将图像调整为漂白效果，使照片中的人物更加白嫩可人，具体操作步骤如下。

素材：光盘\素材\第 16 章\漂白 .jpg
效果：光盘\效果\第 16 章\漂白 .psd

STEP 1 打开素材

打开“漂白 .jpg”图像，按【Ctrl+J】组合键创建“图层 1”图层。

STEP 2 调整曲线

新建“曲线”图层，在“属性”面板中分别调整各通道的曲线，将图片整体变亮。

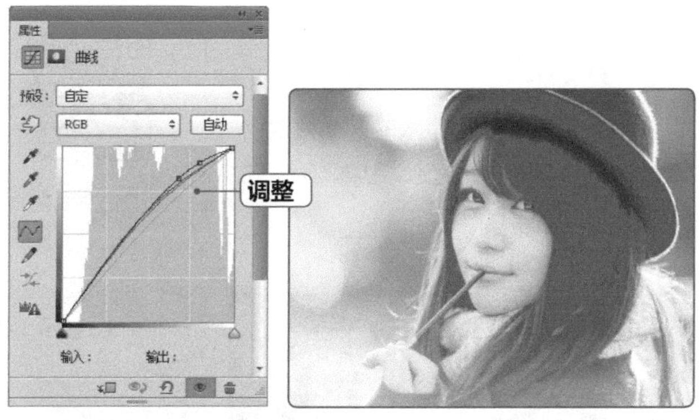

STEP 3 调整色相 / 饱和度

❶新建“色相/饱和度”图层，在“属性”面板中设置模式为“全图”；❷设置饱和度为“-30”，开始漂白图像；❸设置模式为“黄色”；❹将色相设置为“-26”；❺将饱和度设置为“-55”。

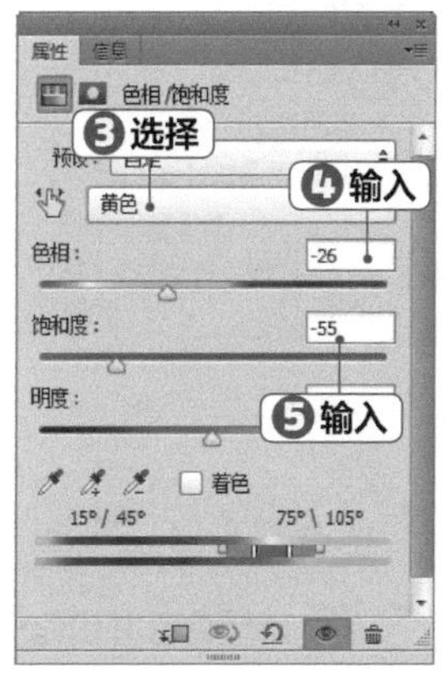

STEP 4 设置图层混合模式

❶选择“图层 1”图层，按【Ctrl+J】组合键创建图层 1 副本，按【Ctrl+Shift+U】组合键去色；❷设置图层混合模式为“正片叠底”；❸设置不透明度为“28%”。

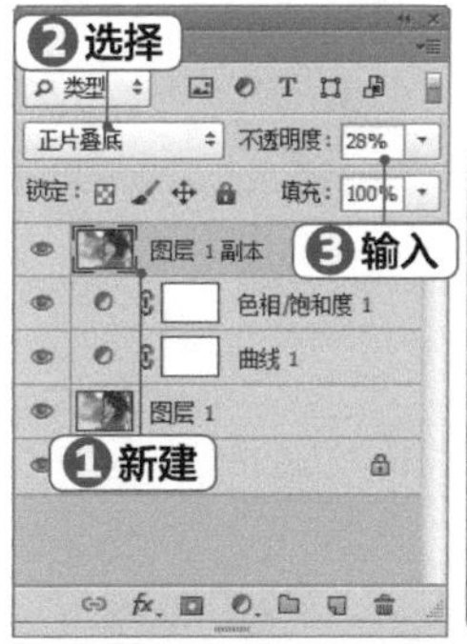

STEP 5 隐藏部分混合效果

❶按住【Alt】键单击按钮，创建一个反向的蒙版，隐藏效果；❷使用白色画笔涂抹帽子衣服，以及边缘细节，恢复部分图层混合效果。

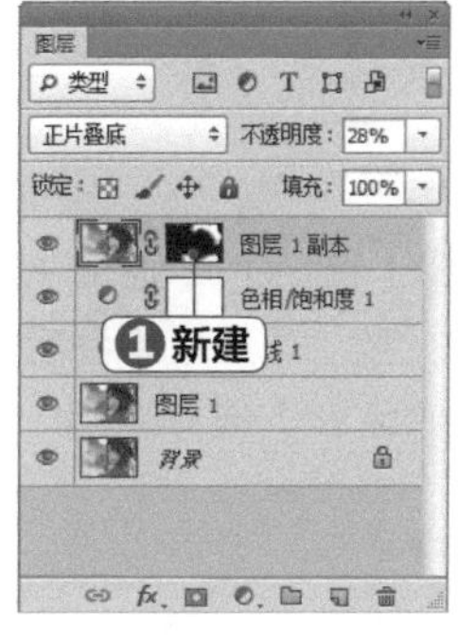

STEP 6 修饰人物脸部

❶将前景色设置为“#e99fa6”，新建“图层 2”；❷使用画笔工具涂抹嘴唇和脸颊，修饰人物脸部。

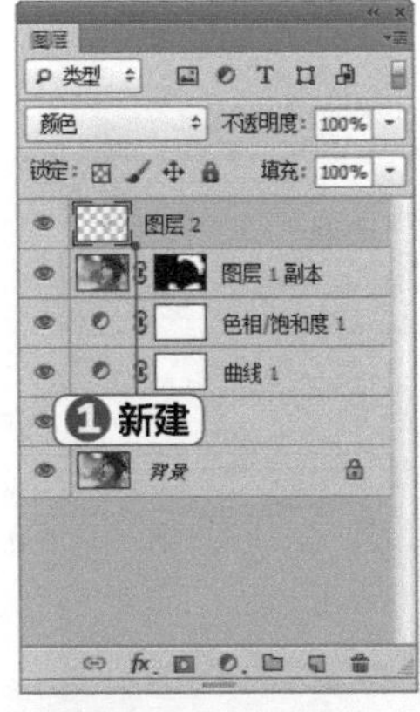

STEP 7 调整色彩并锐化图像

❶新建一个“色彩平衡”图层，在“属性”面板中设置色调为“中间调”；❷设置“青色、洋红、黄色”分别为“-5、+8、-8”；❸按【Ctrl+Shift+Alt+E】组合键盖印图层，选择【滤镜】/【锐化】/【USM 锐化】命令，在打开的对话框中设置数量为“68%”；❹设置半径为“1.5 像素”；❺单击“确定”按钮。

STEP 8 查看效果

完成后保存文件，查看处理后的漂白照片效果。

16.3.4 调出反转片负冲效果

微课：调出反转片负冲效果

反转片负冲是胶片拍摄中的一种特殊手法，是正片使用了负片的冲洗工艺，能够让夸张的艺术效果得到体现。本例将使用应用图像、色阶调整命令将图像调整为反转片负冲效果，使照片的色调更加鲜明，并具有复古气息，具体操作步骤如下。

素材：光盘\素材\第 16 章\相机 .jpg
效果：光盘\效果\第 16 章\相机 .jpg

STEP 1 打开“相机”素材

❶打开“相机 .jpg”图像文件，选择【窗口】/【通道】命令，打开“通道”面板，单击选择“蓝”通道；❷然后显示“RGB”通道，此时将在原图像色彩下选择“蓝”通道。

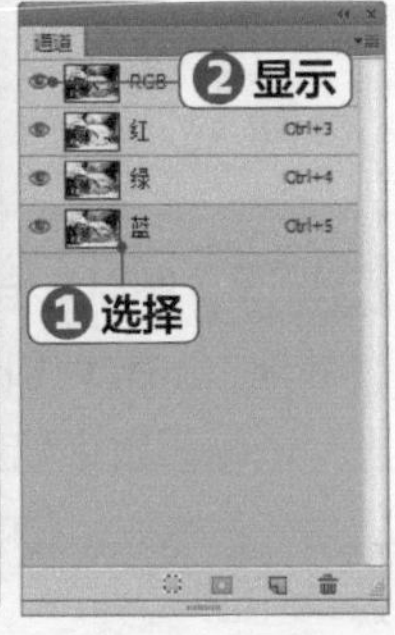

STEP 2 计算“蓝”通道

❶选择【图像】/【应用图像】命令，打开“应用图像”对话框，设置混合为“正片叠底”；❷设置不透明度为“50%”；❸单击选中“反相”复选框；❹单击“确定”按钮，发现图像变黄。

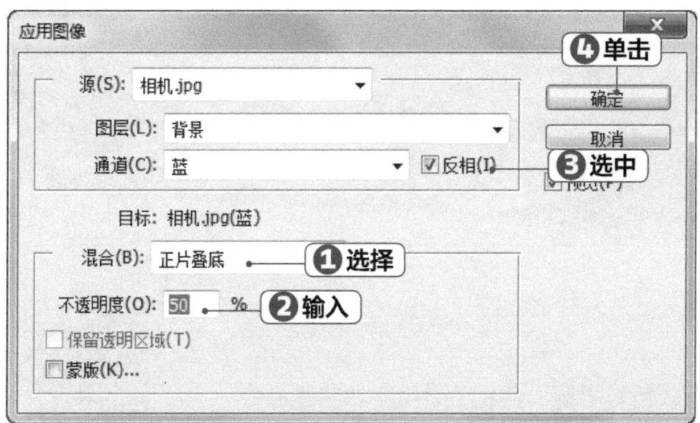

STEP 3 计算“绿”通道

选择“绿”通道，使用相同的方法调整“绿”通道，此时图像变红。

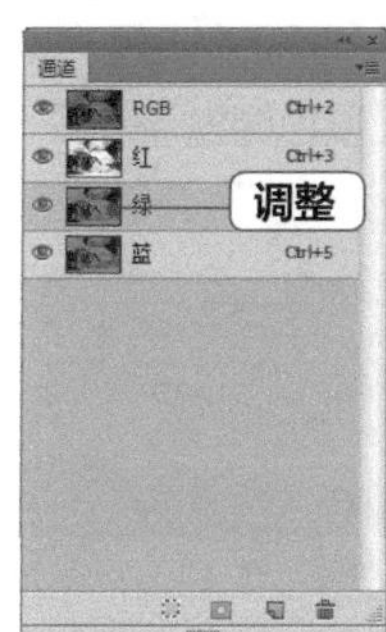

STEP 4 计算“红”通道

❶选择“红”通道；❷将混合模式设置为“颜色加深”；❸设置不透明度为“100%”；❹撤销选中的“反相”复选框，单击“确定”按钮。

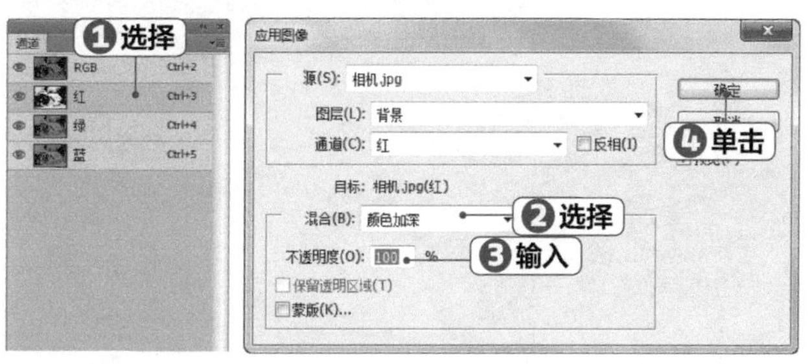

STEP 5 调整“蓝”通道色阶

❶按【Ctrl+2】组合键快速选择“RGB”通道；❷按【Ctrl+L】组合键打开“色阶”对话框，选择“蓝”通道；❸将高光值设置为“186”。

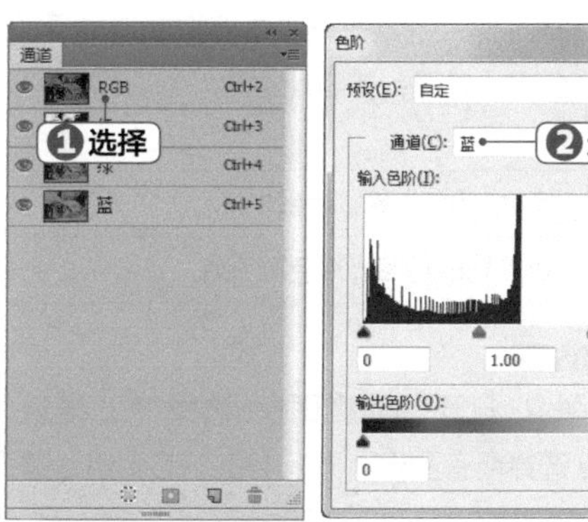

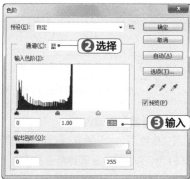

STEP 6 调整其他通道色阶

❶选择“绿”通道；❷将高光值设置为“128”，将阴影值设置为“28”；❸选择“红”通道；❹将高光值设置为“220”，将中间值设置为“0.5”；❺单击“确定”按钮。

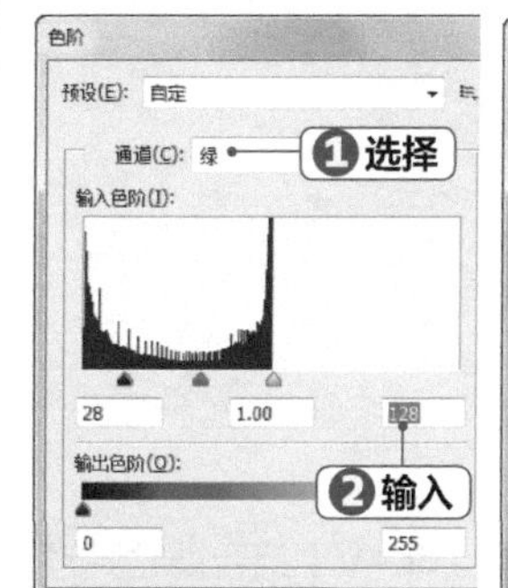

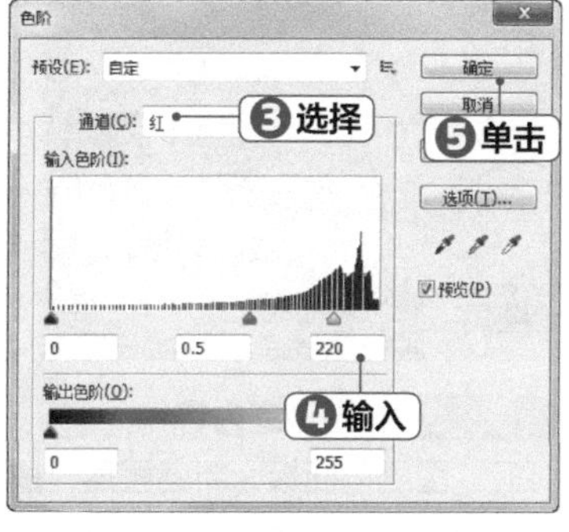

STEP 7 查看反转片负冲效果

完成后保存文件，查看处理后的反转片负冲效果。

16.3.5 调出惊艳冷色调照片

微课：调出惊艳冷色调照片

冷色调照片更能体现照片的唯美感，本例将使用“通道”面板、色彩平衡、色相 / 饱和度、曲线命令将照片调出惊艳的冷色调的效果，使照片中的人物显得更加冷艳、美丽，具体操作步骤如下。

素材：光盘 \ 素材 \ 第 16 章 \ 冷色调 .jpg
效果：光盘 \ 效果 \ 第 16 章 \ 冷色调 .jpg

STEP 1 复制通道内容

打开“冷色调 .jpg”图像；打开“通道”面板，选择“红”通道，按【Ctrl+A】组合键选择所有图像，再按【Ctrl+C】组合键，复制通道内容。

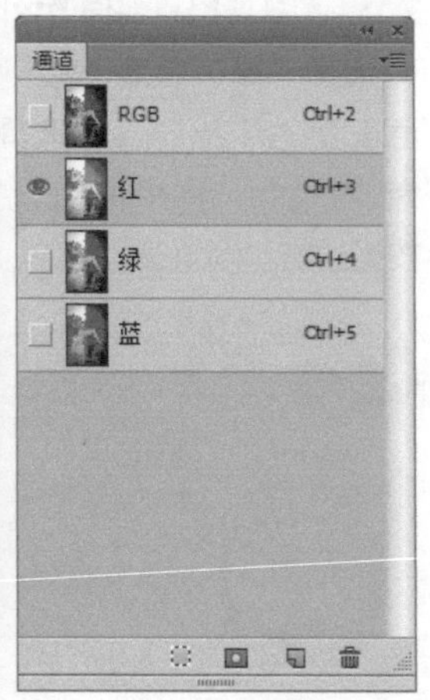

STEP 2 粘贴通道内容

打开“图层”面板，新建图层，按【Ctrl+V】组合键粘贴通道内容，再设置图层的不透明度为“29%”。

STEP 3 调整色彩平衡

❶新建一个“色彩平衡”调整图层，在“属性”面板中设置“青色、洋红、黄色”分别为“-40、-35、27”；❷设置色调为“高光”，设置“青色、洋红、黄色”分别为“-6、-4、17”。

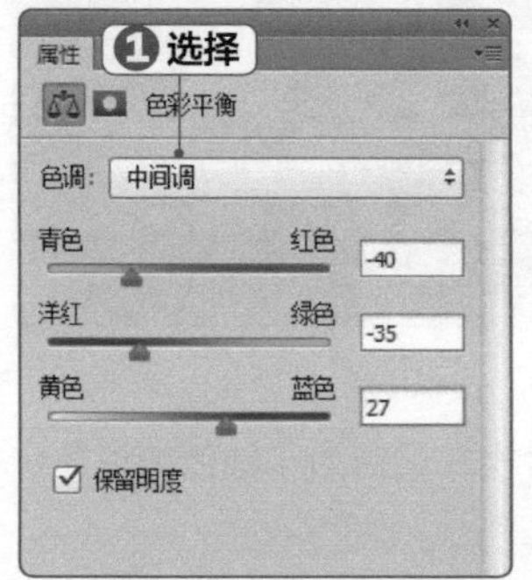

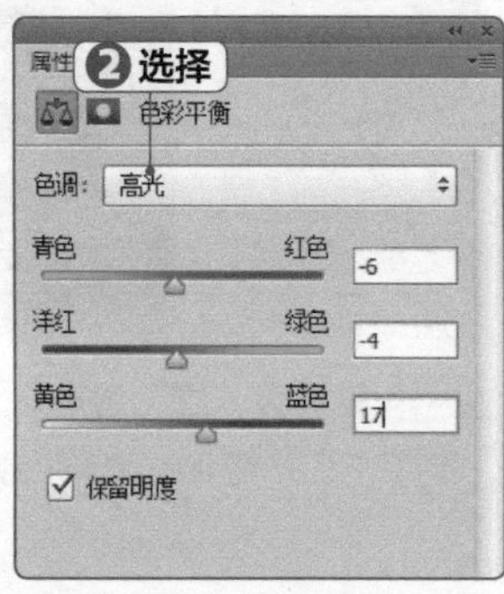

STEP 4 调整色彩平衡

❶选择色调为“阴影”；❷设置“青色、洋红、黄色”分别为“-37、18、21”，将图像的整体颜色调整为冷色调。

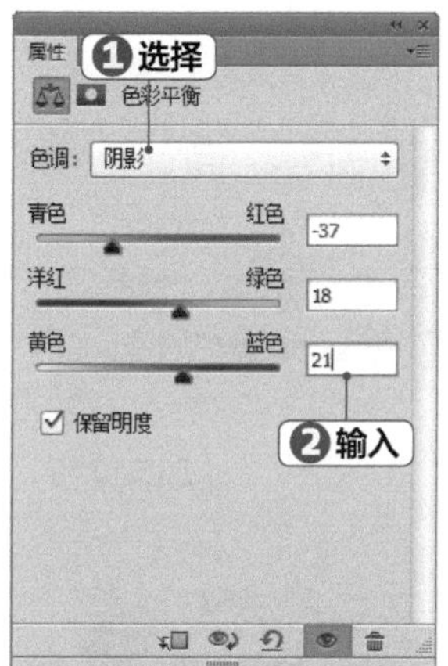

STEP 5 调整色相/饱和度

❶新建一个“色相/饱和度”调整图层，设置颜色调整范围为“全图”，设置饱和度为“22”；❷设置颜色调整范围为“红色”；❸设置“色相、饱和度”分别为“42、8”。

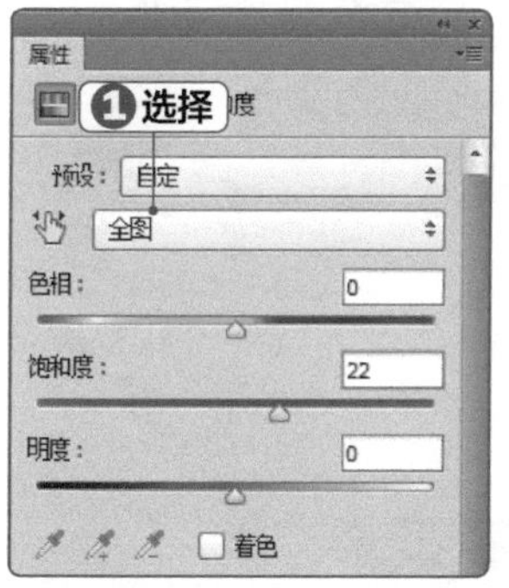

STEP 6 调整色相/饱和度

❶设置颜色调整范围为“蓝色”，再设置“色相、饱和度、明度”分别为“9、-17、7”；❷设置颜色调整范围为“洋红”，再设置“色相、饱和度、明度”分别为“28、15、7”。

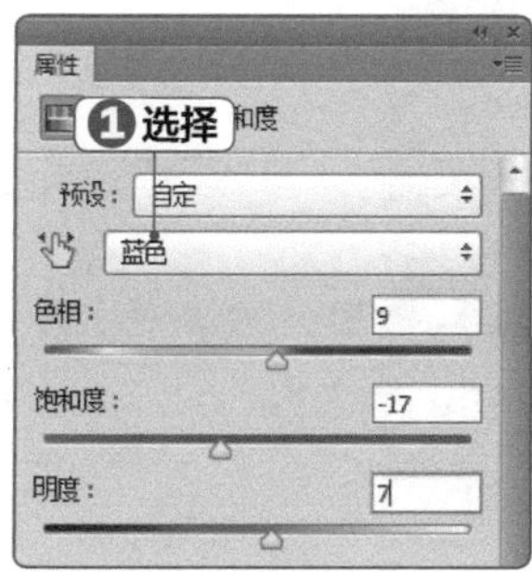

STEP 7 调整曲线

完成色相/饱和度的调整后，新建一个“曲线”图层，在“属性”面板中调整图像的亮度，增强图像颜色对比度。

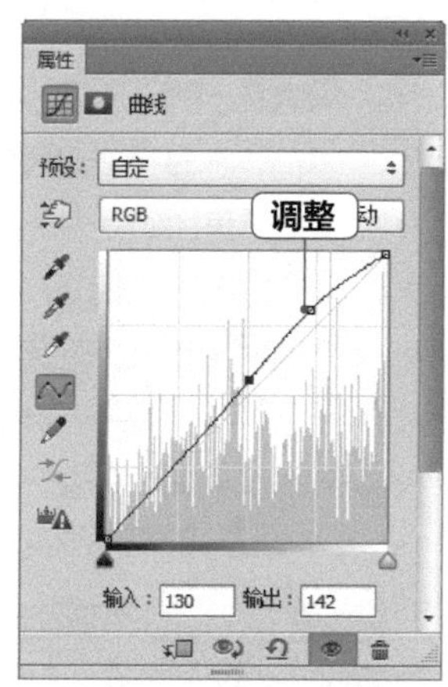

STEP 8 添加文本与形状

使用自定形状工具在图像左下角绘制一个“封印”形状，并在“图层”面板中设置该形状的“不透明度”为“55%”；选择文字工具，设置“字体、字号、颜色”分别为“Bauhaus 93、72点、#181889”，在形状上输入文字，旋转文字。完成后保存文件，查看完成后的效果。

高手竞技场

1. 调出哥特式风格照片

下面将通过通道和应用图层命令，调整出哥特式清冷色调的图像，并突出图像中的红色和黄色系区域，借此让人物的轮廓显示更加明显。

- 选择【图像】/【模式】/【Lab 颜色】命令，切换图像模式，将“b”通道载入选区，粘贴通道信息。
- 将 Lab 颜色转换为 RGB 颜色，选择【图像】/【应用图像】命令，打开“应用图像”对话框，设置“通道、混合”为“蓝、变亮”。
- 选择照片滤镜中的加温滤镜，设置绿色范围的“色相、饱和度、明度”分别为“71、11、12”。添加文本与线条完成本例的操作。

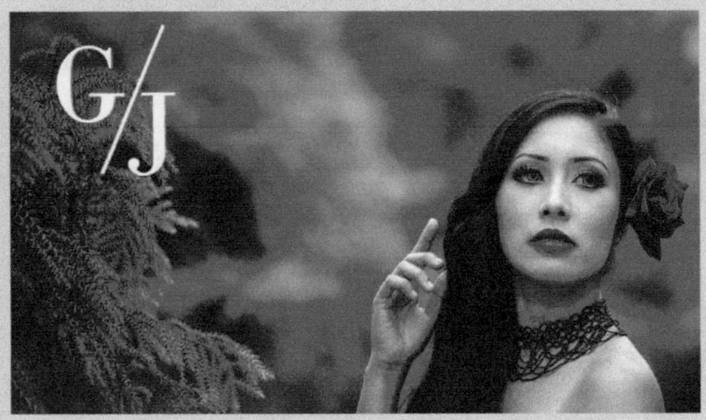

2. 美白光滑肌肤

下面将使用 Photoshop 美白人物肌肤，使人物原本粗糙的肌肤更加光滑细嫩，要求如下。

- 使用套索工具对人物脸部图像进行选择，使用高斯模糊滤镜模糊图像效果。
- 设置图层混合模式为“叠加”，最后增强图像亮度。

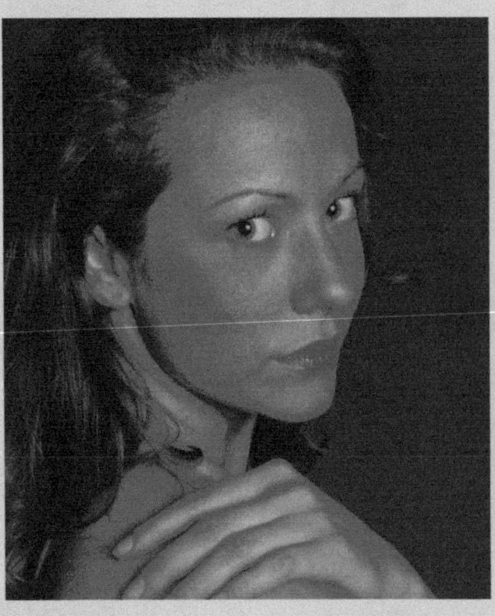

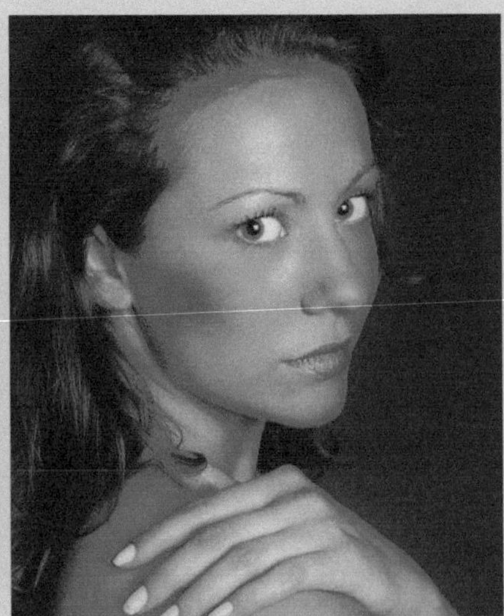

17 Chapter 第 17 章

网页设计应用

/ 本章导读

Photoshop 不仅能进行人物的美化与处理，还能进行网页的设计，本章将对展示多肉植物的网页进行制作，制作主要包括 5 个方面的内容：制作“多肉”首页、制作“多肉”论坛页面、制作“多肉”新闻页面、制作“多肉”登录页面、制作“关于我们”页面。

17.1 制作“多肉”首页

“多肉微观世界”网站是以提供各种多肉植物盆栽、理论知识和种植动态等资讯为主的分享类网站。首页是网页的门面，本节将讲解制作“多肉”首页的方法，在制作时，先制作企业 Logo、banner 区域，再设计导航栏、制作相关板块，最后制作尾页。

17.1.1 制作企业 Logo

企业 Logo 是一个企业的标志，一个好的 Logo 不但能体现企业的精神文化，还能传递企业的信念与宗旨，本小节将制作“多肉”网页中的企业 Logo，在制作时先使用钢笔工具制作多肉的图样，再添加说明性文字，完成 Logo 的制作，具体操作步骤如下。

微课：制作企业 Logo

效果：光盘 \ 效果 \ 第 17 章 \ 企业 Logo.psd

STEP 1 新建文件

启动Photoshop CS6，新建一个名称为“多肉Logo”，大小为“80 像素 ×80 像素”、分辨率为“300 像素 / 英寸”的图像文件。

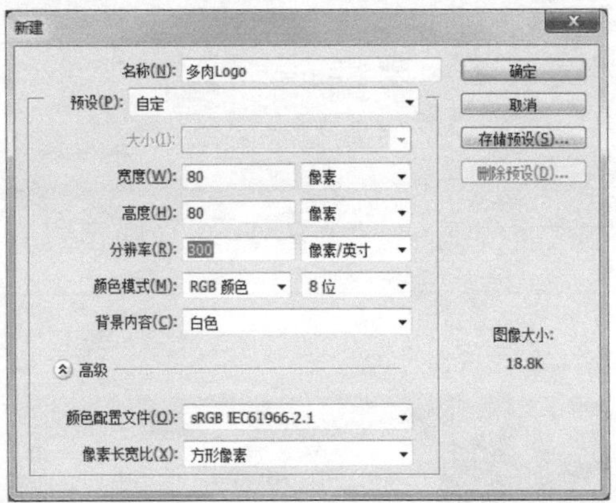

STEP 2 使用钢笔工具绘制图像

❶在工具箱中选择钢笔工具；❷在图像编辑区的中间确定一点，勾画多肉中一个肉瓣的图像。

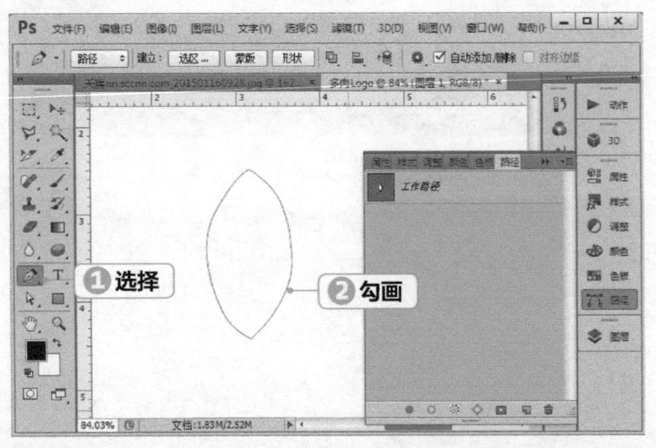

STEP 3 绘制多肉的其他肉瓣

使用相同的方法，再次选择钢笔工具，对多肉的其他肉瓣进行绘制，使其呈莲花状显示。

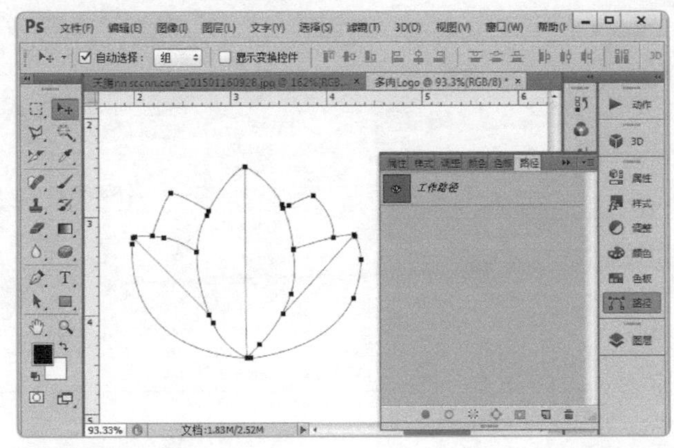

STEP 4 描边形状

❶在“图层”面板中新建图层，设置前景色为“#87a026”；❷在工具箱中选择画笔工具；❸在工具属性栏中设置“画笔大小、硬度”分别为“10 和 20%”；❹打开“路径”面板，单击○按钮，对勾画的形状进行描边。

Chapter 17

STEP 5 绘制并填充人物形状

①在“图层”面板中新建图层，设置前景色为“#003942”；②打开“路径”面板，单击按钮，新建路径；③在工具箱中选择钢笔工具；④在莲花形状的下方，勾画“人物举起双手”的形状；⑤完成后在“路径”面板中单击按钮，对勾画的形状进行颜色填充。

STEP 6 擦除过渡效果

①返回“图层”面板，选择“图层 1”图层；②在工具箱中选择橡皮擦工具；③沿着底部向上进行擦除，使其呈现出过渡效果。

STEP 7 绘制并填充月牙形状

①在“图层”面板中新建图层，设置前景色为“#eeeeed”；②在工具箱中选择钢笔工具；③在莲花形状的上方，勾画“月牙”形状；④完成后在“路径”面板中单击按钮，对勾画的月牙形状进行颜色填充。

STEP 8 输入圆弧文字

①使用椭圆工具在月牙形状的上方绘制圆形的路径；②选择横排文字工具；③在绘制路径上方选择一点单击，输入下图所示文字，并设置“字体、字号、颜色”分别为“Engravers MT、12 点、#003942”。

STEP 9 输入其他文字

①使用相同的方法，绘制路径并在路径的上方输入文字；②设置“字体、字号、颜色”分别为“Engravers MT、9.39 点、#87a026”。

STEP 10 查看完成后的 Logo 效果

按【Ctrl+T】组合键调整文字的显示效果，完成后保存图像并查看完成后的 Logo 效果。

17.1.2 制作导航栏

导航条是网页中的开头，也是网页中必不可少的一部分。导航条能够方便用户以最快、最简单的方法，到达不同的网页，同时也方便用户一目了然地发现网站的主要信息，而不用费力去寻找。本例将制作保护Logo、网站名称、搜索栏、网站的主要信息等内容的导航条，具体操作步骤如下。

微课：制作导航栏

素材：光盘\素材\第 17 章\企业 Logo.psd
效果：光盘\效果\第 17 章\多肉微观世界导航条 .psd

STEP 1 新建文件

新建一个名称为“多肉微观世界导航条”，像素大小为“1360×150”、分辨率为“150 像素/英寸”的图像文件。按【Ctrl+R】组合键显示标尺，在两侧分别拖动两条距离两边 180 像素的辅助线。

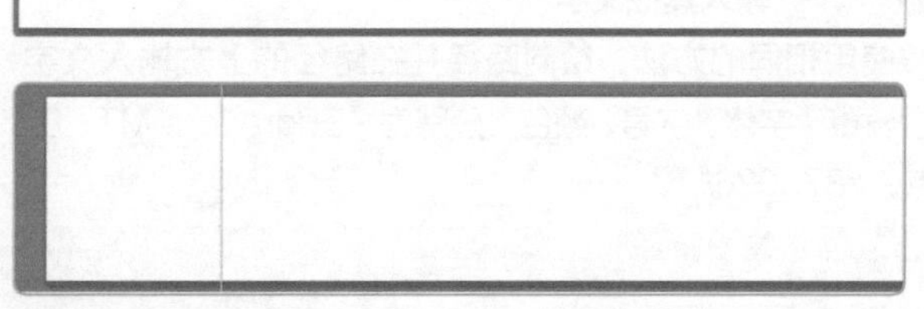

STEP 2 添加 Logo

打开“企业 Logo.psd”图像文件，将其移动到“多肉微观世界导航条”图像中，然后按【Ctrl+T】组合键自由变换，调整大小和位置，效果如下图所示。

STEP 3 输入网页标题

在 logo 的右侧输入网页的标题文字，打开“字符”面板，设置“字体、字号、字距、颜色”分别为“汉仪竹节体简、25 点、12、#003942”。

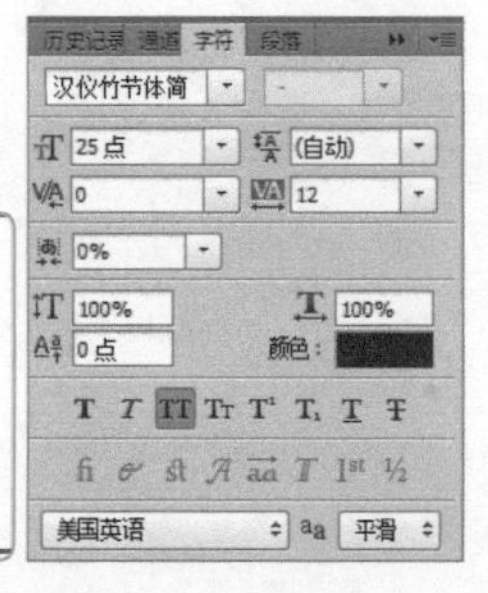

STEP 4 输入网页标题下方文字

在标题下方继续输入文字，打开“字符”面板，设置“字体、字号、字距、颜色”分别为“Britannic Bold、15 点、12、#003942”。

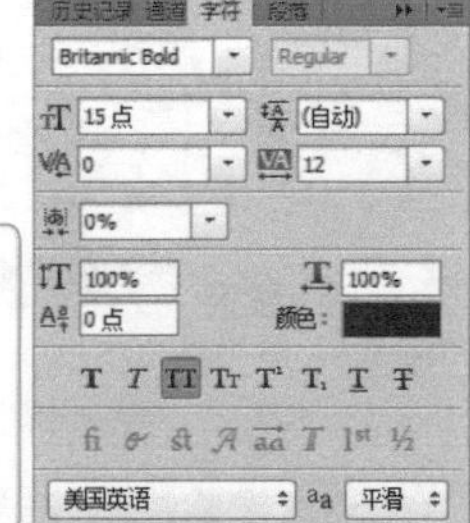

STEP 5 输入网页标题下方文字

❶在工具箱中选择矩形选框工具；❷在页面右上角绘制一个矩形选区；❸在“图层”面板上单击按钮新建一个图层；❹设置前景色为“#bcb7b7”，按【Alt+Delete】组合键填充前景色，按【Ctrl+D】组合键取消选区后效果。

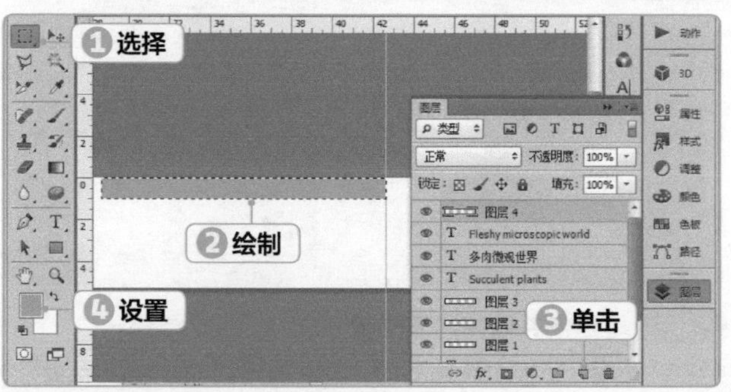

STEP 6 在矩形中输入文字

选择横排文字工具，在填充的底纹上输入“设为首页 | 收藏本站 | 登录 | 免费注册”文本，并在“字符”面板中设置设置“字体、字号、字距、颜色”分别为“方正黑体简体、18 点、75、白色”。

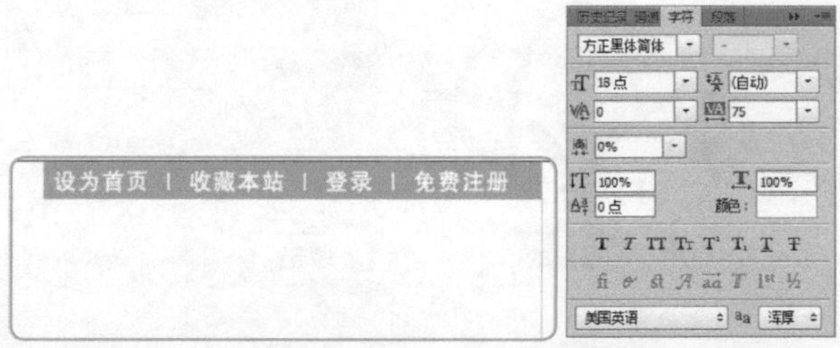

STEP 7 绘制搜索框

①在工具箱中选择圆角矩形工具；②在工具属性栏中单击“形状”按钮，在打开的下拉列表中选择“路径”选项；③在页面右侧拖曳鼠标绘制一个圆角矩形路径。

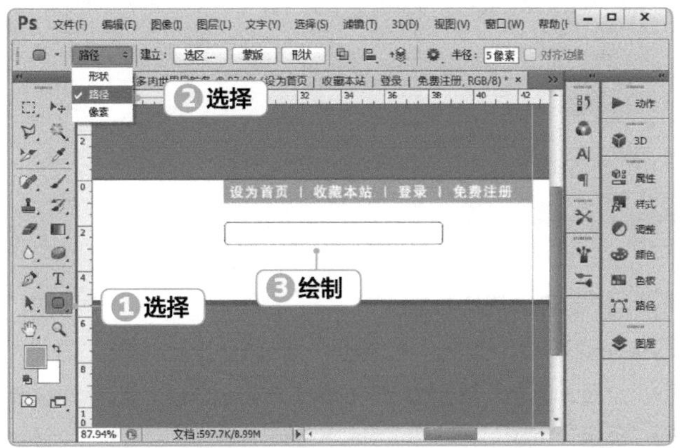

STEP 8 对路径进行描边

①按【Ctrl+Enter】组合键将路径转换为选区并新建图层；②选择【编辑】/【描边】命令，打开“描边”对话框，在其中设置颜色为“#938e8e”，描边宽度为“1像素”，其他保持默认；③单击“确定”按钮，确认描边设置，然后按【Ctrl+D】组合键取消选区。

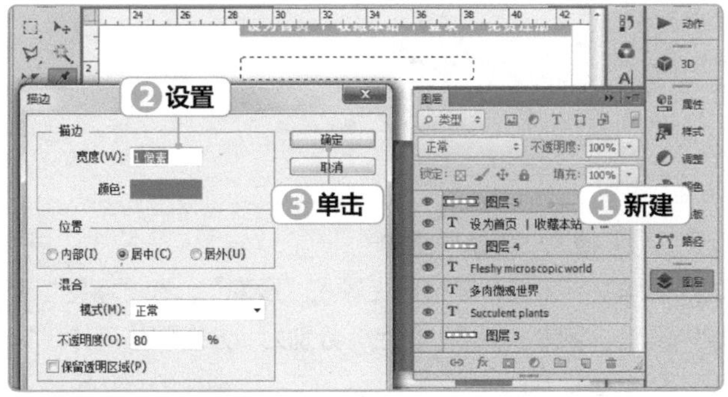

STEP 9 绘制按钮

①再次选择圆角矩形工具；②在工具属性栏中单击“路径”按钮，在打开的下拉列表中选择“形状”选项；③设置矩形颜色为“#d7f0f2”；④在矩形的右侧拖曳鼠标绘制一个圆角矩形。

技巧秒杀

对齐图像

本例绘制的矩形都不是固定的位置和大小，为了使图像平整，可使用对齐按钮或是参考线，对图像进行对齐操作。

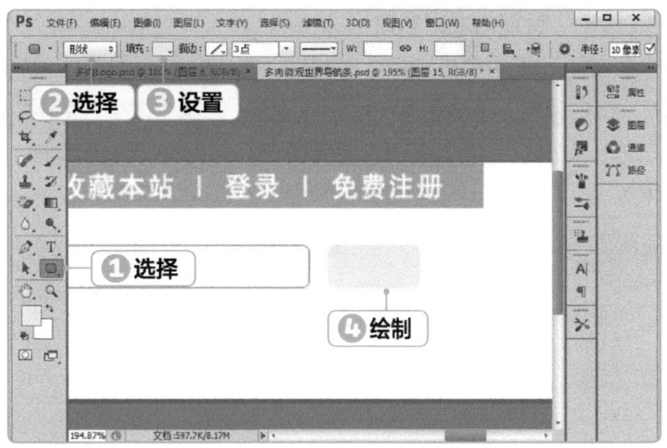

STEP 10 设置投影参数

选择【图层】/【图层样式】/【投影】命令，打开“图层样式”对话框，设置投影的“混合模式、不透明度、角度、距离、扩展、大小”分别为“正常、100%、120度、2像素、0%、6像素”。

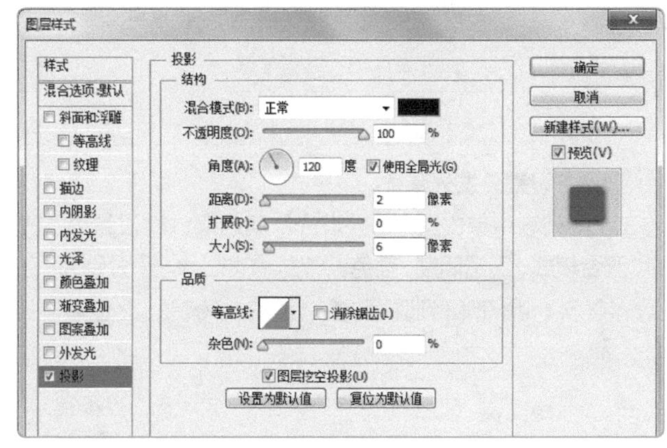

STEP 11 设置内阴影参数

①在左侧列表中单击选中“内阴影”复选框；②设置内阴影的“混合模式、颜色、不透明度、角度、距离、扩展、大小”分别为“正常、#d7f0f2、40%、-90度、30像素、0%、0像素”。

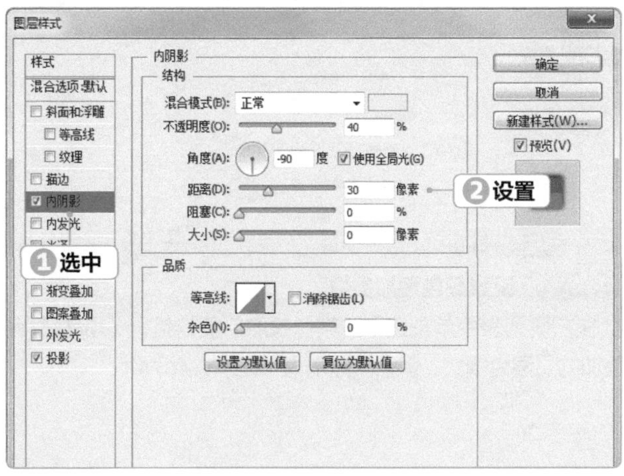

STEP 12 设置内发光参数

❶在左侧列表中单击选中“内发光”复选框；❷设置内发光的“混合模式、不透明度、颜色、方法、阻塞、大小、范围”分别为“正常、50%、白色到透明渐变、柔和、0%、6 像素、10%”。

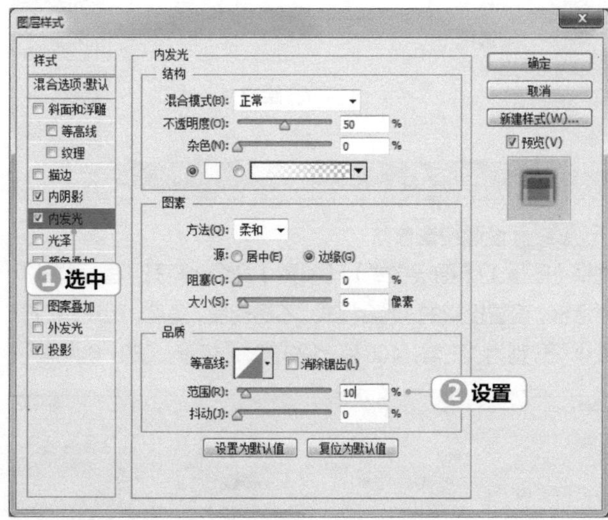

STEP 13 设置外发光参数

❶在左侧列表中单击选中“外发光”复选框；❷设置外发光的“混合模式、不透明度、颜色、方法、扩展、大小”分别为“正常、100%、#d7f0f2 到透明渐变、柔和、100%、2 像素”。

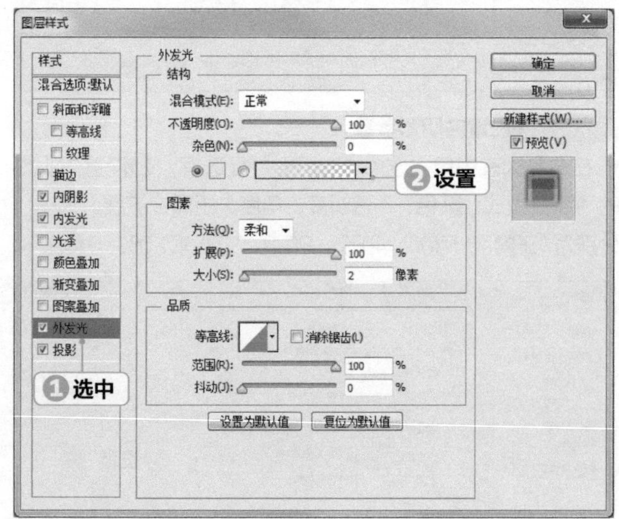

STEP 14 设置颜色叠加参数

❶在左侧列表中单击选中“颜色叠加”复选框；❷设置颜色叠加的“混合模式、颜色”分别为“正常、#d7f0f2”。

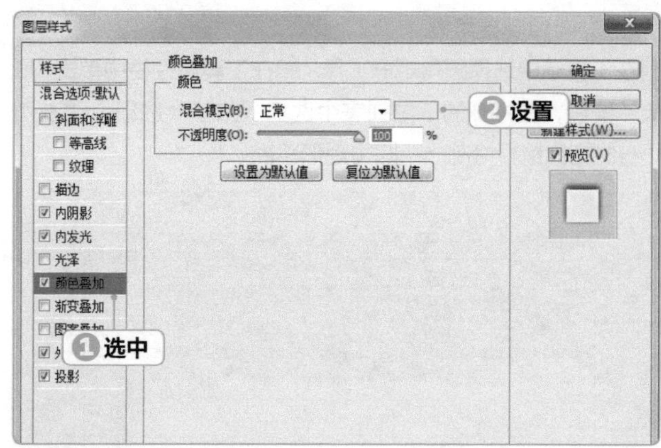

STEP 15 设置描边参数

❶在左侧列表中单击选中“描边”复选框；❷设置描边的“大小、位置、颜色”分别为“2 像素、内部、#aac9cb”；❸单击“确定”按钮。

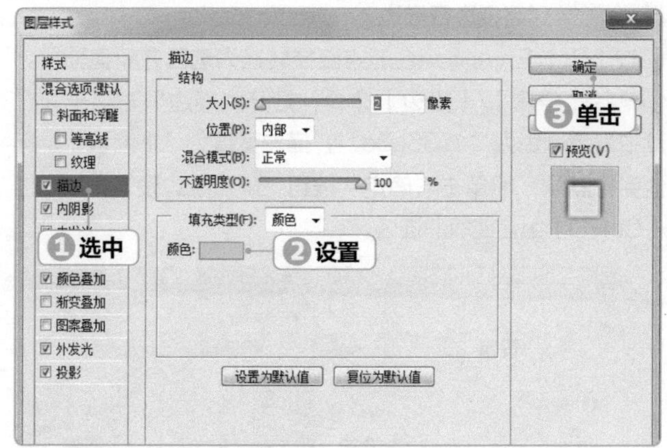

STEP 16 输入“搜索”文字

选择横排文字工具，在按钮上输入“搜索”，在“字符”面板中设置“字体、字号、颜色”分别为“方正黑体简体、18 点、#515c52”。

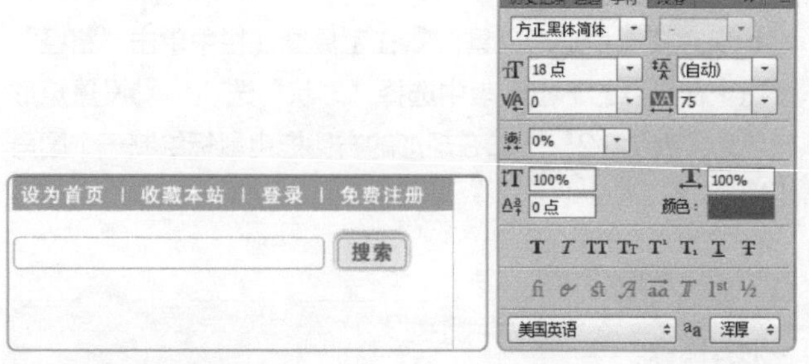

STEP 17 绘制导航条

❶在工具箱中选择圆角矩形工具；❷在工具属性栏中设置颜色为“#515c52”；❸沿着辅助线绘制用于导航条墨绿色的圆角矩形。

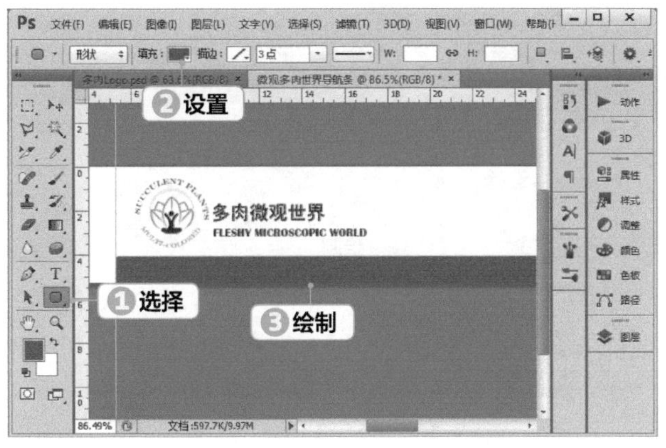

STEP 18 输入文字

①选择横排文字工具；②在填充的底纹上输入“首页 | 多肉新闻 | 多肉名片 | 多肉摄影 | 多肉店铺 | 多肉论坛 | 联系电话：400-1182-430”文本；③在“字符”面板中设置“字体、字号、字距、颜色”分别为“方正黑体简体、20点、50、白色”。

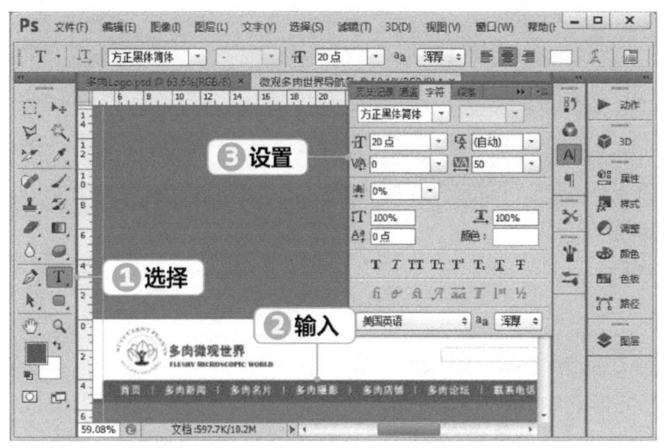

STEP 19 查看完成后的效果

选择【视图】/【清除参考线】命令，清除参考线。保存图像，查看完成后的导航条效果。

17.1.3 制作 banner 区域

微课：制作 banner 区域

banner 可以是举行活动时用的旗帜，还可以是报纸杂志上的大标题。在网站中，banner 区域是网站页面的横幅广告，它是网页中最醒目的区域，也是不可或缺的部分。本例将制作多肉植物的 banner 区域，使网站更加完整，具体操作步骤如下。

	素材：光盘 \ 素材 \ 第 17 章 \banner 区域
	效果：光盘 \ 效果 \ 第 17 章 \ 多肉微观世界 banner 区域 .psd

STEP 1 新建文件

新建一个名称为“多肉微观世界 banner 区域”，像素大小为“1360×600”、分辨率为“150 像素 / 英寸”的图像文件。打开“多肉 1.jpg”“多肉 2.psd”素材文件将其拖动到图像编辑区中，并调整图像位置。

STEP 2 添加图层蒙版

①在“图层”面板中选择“图层 1”图层，单击 按钮，添加图层蒙版；②将前景色设置为“黑色”；③在工具箱中选择画笔工具；④在工具属性栏中，设置画笔大小为“800”；⑤对两张图片的过渡区域进行涂抹，过渡区域的颜色变浅，使画面变得和谐。

STEP 3 添加光线

打开“光斑 .psd”图像文件，将其拖动到图像的右上角，使其形成一种映射的效果。

STEP 4 添加“萌和肉”文字

在图像的中间部分分别输入“萌、肉”，打开“字符”面板，设置“字体、字号、间距”分别为“黑体、110 点、10”，并加粗显示。完成后设置“萌”字的颜色为“#515c52”，再设置“肉”字颜色为“#87a026”。

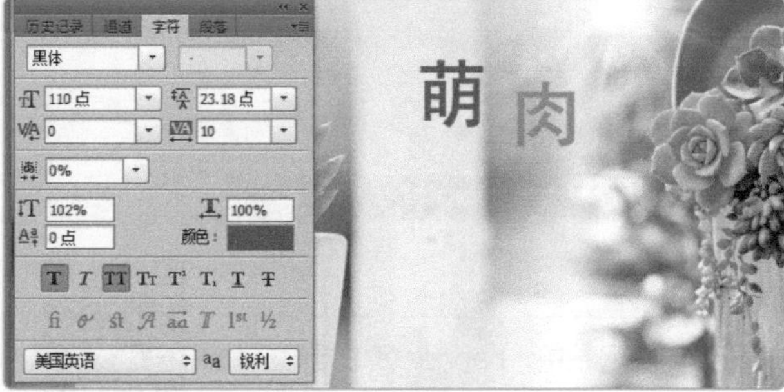

STEP 5 输入英文字体

在“萌、肉”文本的下方输入“SPRING FLESHY”，打开“字符”面板，设置“字体、字号、间距、颜色”分别为“Broadway、50 点、75、#515c52”。

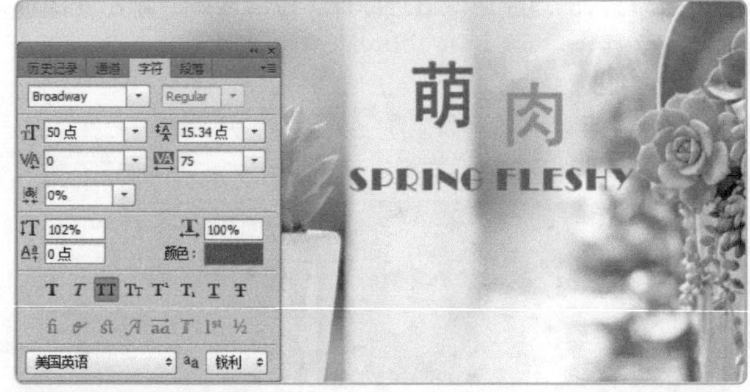

STEP 6 绘制形状

❶新建图层，在工具箱中选择钢笔工具；❷在“萌”的左侧绘制下图所示的形状；❸将前景色设置为“#87a026”，选择画笔工具；❹设置画笔大小为“5”；❺打开“路径”面板，单击○按钮，添加描边。

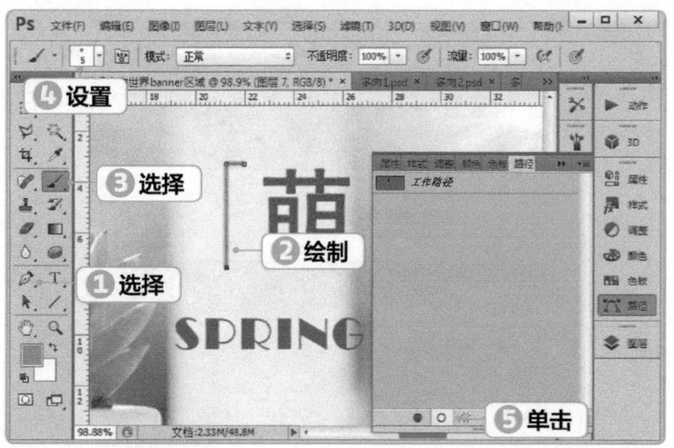

STEP 7 复制形状

按住【Alt】键不放复制形状，按【Ctrl+T】组合键变换图像，并在其上单击鼠标右键，在弹出的快捷菜单中选择“水平翻转”命令，并再次在其上单击鼠标右键，在弹出的快捷菜单中选择“垂直翻转”命令，使其翻转显示，并移动到“肉”文本的右侧。

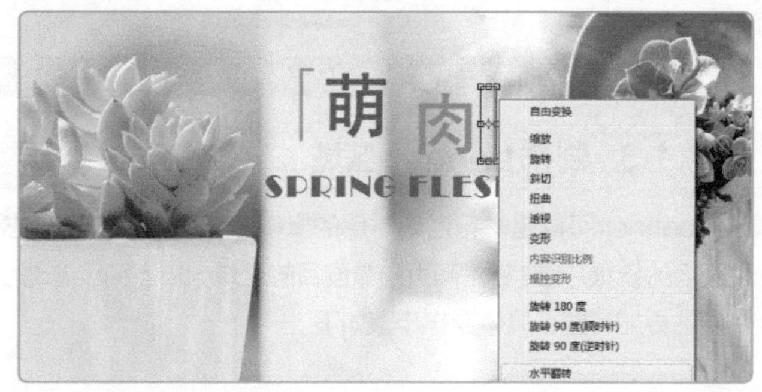

STEP 8 输入其他文字

在“萌”和“肉”字的中间输入下图所示的文字，并设置“&”的“字体、字号、颜色”分别为“Myriad Pro、35 点、#87a026”；完成后设置其他字体的“字体、字号、颜色”分别为“微软雅黑、8 点、#515c52”。

STEP 9 输入说明性文字

在英文字的下方输入下图所示文字，并设置“字体、字号、颜色”分别为“方正少儿简体、12 点、#566055”；完成后在文字的下方绘制直线。

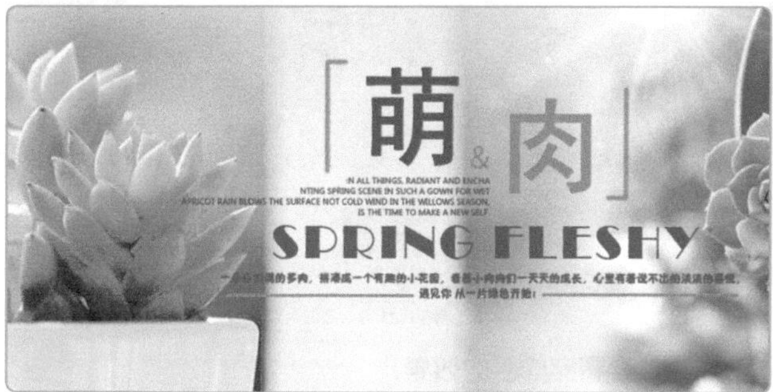

STEP 10 绘制矩形

❶在工具箱中选择矩形工具；❷在工具属性栏中设置填充为“#515c52”；❸在下方绘制 1360 像素 ×215 像素的矩形，并设置矩形的不透明度为“80%”。

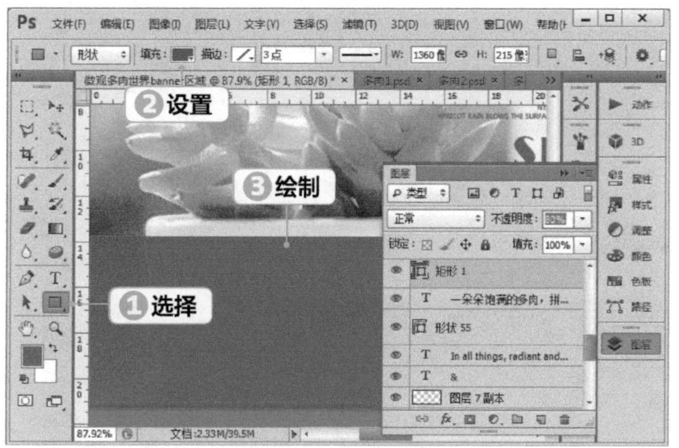

STEP 11 绘制 3 个矩形

❶在工具箱中选择矩形工具；❷在下方绘制 270 像素 ×200 像素的矩形，使用相同的方法绘制 3 个相同大小的矩形。

STEP 12 创建剪切蒙版

打开“多肉 3.jpg”图像文件，将其拖动到右侧矩形的上方，调整到适当的大小，并在其上单击鼠标右键，在弹出的快捷菜单中选择“创建剪贴蒙版”命令，创建剪贴蒙版。

STEP 13 创建其他剪贴蒙版

使用相同的方法，打开“多肉 4.jpg、多肉 5.jpg”图像文件，对另外两个矩形创建剪贴蒙版，并查看完成后的效果。

STEP 14 绘制形状

❶在工具箱中选择自定形状工具；❷在工具属性栏中设置形状颜色为“白色”；❸在“形状”栏右侧的下拉列表中选择“箭头”选项；❹在添加剪贴蒙版的图片的右侧绘制箭头。

STEP 15 再次绘制形状

使用相同的方法，在图片左侧再次绘制箭头形状，并查看绘制后的箭头效果。

STEP 16 输入文字

在箭头的左侧输入文字“新消息：8个月根插”，并设置“字体、字号、颜色”分别为“黑体、30点、白色”，查看添加后的效果。

STEP 17 查看完成后的效果

在“新消息”的文字下方，绘制白色的直线，保存图像并查看完成后的效果。

17.1.4 制作相关板块

在网页中不单单只有导航条和banner两个板块，在网页的底部还包括其他板块，如本例中的多肉店铺、多肉名片、多肉论坛、多肉新闻等，根据网页的不同其对应的板块也不相同。下面分别对这些板块的制作方法进行介绍，具体操作步骤如下。

微课：制作相关板块

素材：光盘\素材\第17章\多肉微观世界相关板块

效果：光盘\效果\第17章\多肉微观世界相关板块.psd

STEP 1 添加参考线

新建一个名称为“多肉微观世界相关板块”，像素大小为“1360×360”、分辨率为“150像素/英寸”的图像文件。拖出2条垂直参考线和4条水平参考线。

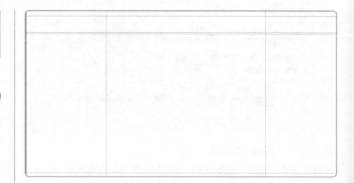

STEP 2 **绘制矩形选框**

新建图层，使用矩形选框工具在图像区域绘制两个矩形选区，将其填充为“#f8f8f8”，取消选区。

STEP 3 **输入“多肉新闻”文字**

①在工具箱中选择横排文字工具；②在上方的矩形左侧输入“多肉新闻”文本，右侧输入“更多 >>”文本；③在“字符”面板中设置“字体”为“微软雅黑”，再设置“字号”分别为“20 点”和“16 点”，“颜色”为“#515c52”。

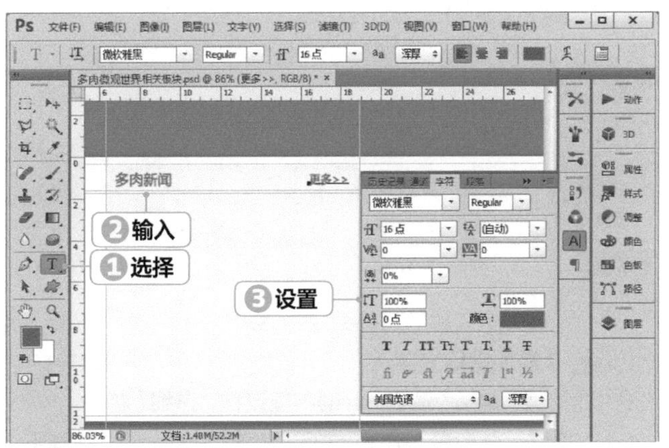

STEP 4 **添加“熊童子”素材**

打开“熊童子 .jpg”素材文件，将其移动到“多肉微观世界相关板块”图像中，按【Ctrl+T】组合键自由变换其大小到合适状态，查看完成后的效果。

STEP 5 **新建组**

在“图层”面板上单击 按钮，新建组，在组名称上双击鼠标，输入“多肉新闻”，并将对应的图层拖动到组中。使用相同的方法新建其他 3 个组，并进行名称的更改。

STEP 6 **绘制其他矩形**

在图像的右侧再次拖出 2 条垂直参考线。新建图层，使用矩形选框工具在图像区域绘制两个矩形选区，将其填充为“#f8f8f8”，并取消选区。

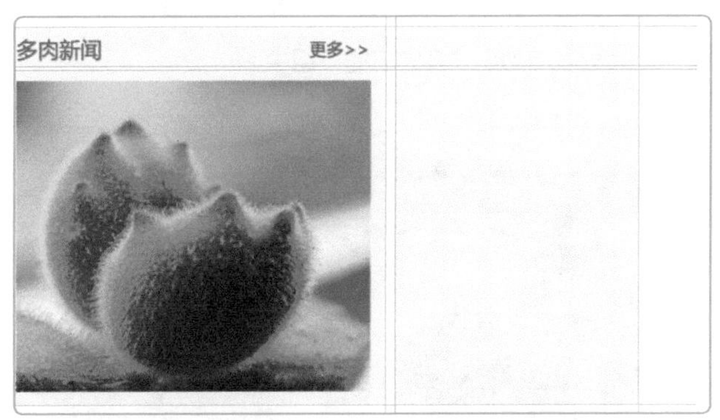

STEP 7 **绘制其他矩形**

①在该板块左侧输入“多肉店铺”文本，文本样式与“多肉新闻”相同；②在工具箱中选择自定形状工具；③在工具属性栏中设置样式为“拼贴 2”；④在文字右侧绘制图形，并通过自由变换命令调整形状的大小和位置。

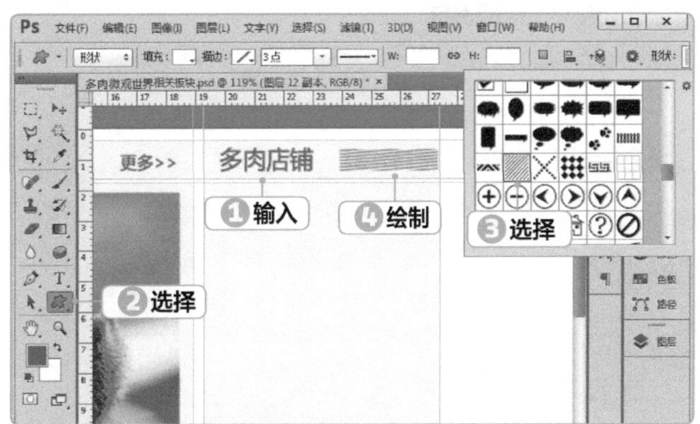

STEP 8 添加图片并输入文字

❶打开“多肉 6.jpg”素材图像，将其移动到“多肉微观世界相关板块”图像中，并调整大小到合适位置；❷使用横排文字工具输入“【星王子】8 个月根插　[进入店铺]”文本；❸在“字符”面板中设置“字体、字号、颜色”分别为“微软雅黑、12.5 点、#515c52”。

STEP 9 添加图片并复制图片

打开“多肉 7.jpg”素材图像，将其移动到输入文字的下方，调整大小到合适状态，复制图片上方的文字到图片的下方，将绘制的图层拖动到“多肉店铺”组中。

STEP 10 添加多肉论坛参考线

拖出 2 条垂直参考线和 4 条水平参考线。新建图层，使用矩形选框工具在图像区域绘制两个矩形选区，将其填充为“#f8f8f8”，取消选区。

STEP 11 复制图像并修改复制的文字

复制“多肉店铺”文本和右侧的底纹所在的图层，将其移动到合适的位置，然后修改文字为“多肉论坛”，自由变换底纹的宽度到合适位置。

STEP 12 绘制前进图像

使用自定形状工具，设置形状样式为“前进”，然后新建一个图层，绘制一个前进形状填充的图层。

STEP 13 添加论坛文字

在形状的右侧输入“熊童子叶插种植过程，详细【精品】……[2017.02]”，并设置“字体、字号、颜色”分别为“微软雅黑、14 点、#515c52”。

STEP 14 复制多个文字图层

通过复制图层的操作将前进图形和文字复制多个，然后调整到合适的位置。

STEP 15 修改复制的文字图层

复制底纹和板块标题所在的图层，将其移动到合适的位置，然后修改文字为“多肉名片”。

STEP 16 添加素材图像

打开“多肉 8.png”素材图像，将其移动到该板块中，调整大小到合适状态，然后对图片进行描边，颜色为“深灰色”，宽度为“1 像素”。

STEP 17 输入多肉名片文字

使用横排文字工具输入下图所示的文字，并在“字符”面板中设置“字体、字号、颜色”分别为“微软雅黑、15 点、#515c52”和“微软雅黑、10 点、#515c52”。

STEP 18 查看完成后的效果

选择【视图】/【清除参考线】命令，清除参考线，保存图像并查看完成后的效果。

17.1.5 制作尾页

网页尾页主要用于放置友情链接和站长邮箱等超链接，并且还会标出网站的版权编号等版权信息。本例将继续制作多肉尾页，在制作时先制作浏览页面，再在下方输入网站的版权编号等版权信息，具体操作步骤如下。

微课：制作尾页

素材：光盘 \ 素材 \ 第 17 章 \ 多肉微观世界尾页
效果：光盘 \ 效果 \ 第 17 章 \ 多肉微观世界尾页 .psd

STEP 1 绘制矩形框

❶新建一个名称为“多肉微观世界尾页”，像素大小为“1360×250”、分辨率为“72 像素 / 英寸”的图像文件。拖出 2 条垂直参考线；❷在工具箱中选择矩形工具；❸在工具属性栏中设置“填充颜色、描边颜色、粗细”分别为“白色、#5a645b、3 点”；❹沿着参考线绘制 1000 像素 ×130 像素的矩形。

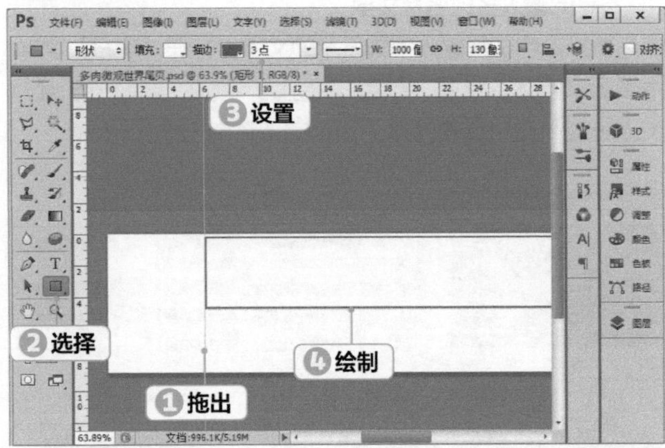

STEP 2 绘制矩形

使用相同的方法，在矩形框中绘制“140 像素 ×120 像素”的矩形，并设置填充色为“#5a645b”，按住【Alt】键不放进行拖动复制 4 个矩形，查看完成后的效果。

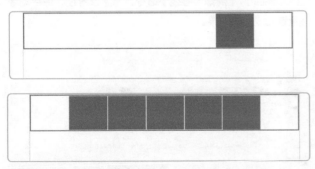

STEP 3 载入图片

打开“多肉 9.jpg”素材图像，将其拖动到右侧矩形框的上方，调整图像大小。在图片对应的图层上方单击鼠标右键，在弹出的快捷菜单中选择“创建剪贴蒙版”命令，创建蒙版。使用相同的方法打开“多肉 10.jpg~ 多肉 13.jpg”素材图像，将其拖动到矩形上方，调整大小并创建剪贴蒙版。

STEP 4 绘制箭头

❶在工具箱中选择自定形状工具；❷在工具属性栏中设置填充颜色为“#5a645b”；❸在“形状”下拉列表中选择“箭头 2”选项；❹在图像的右侧绘制箭头形状。

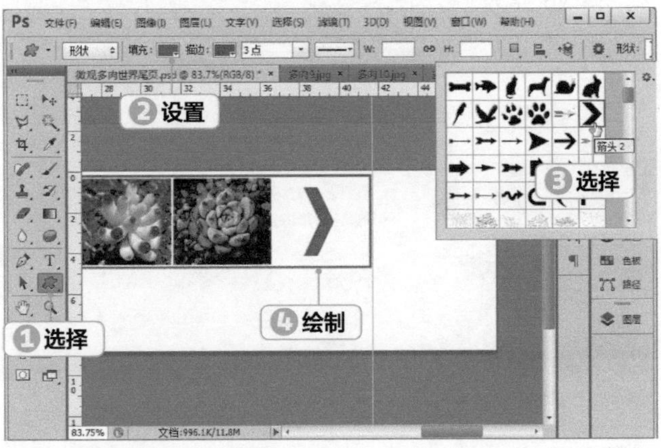

STEP 5 绘制下方底纹

复制一个箭头图形，然后将其水平翻转，并移动到左侧，使用矩形工具绘制一个矩形选框，新建图层，然后填充为“#e0e1e1”。

STEP 6 输入下方文字

❶使用横排文字工具输入相关的文字；❷在“字符”面板中设置“字体、字号、颜色”分别为“微软雅黑、18 点、#515c52”。

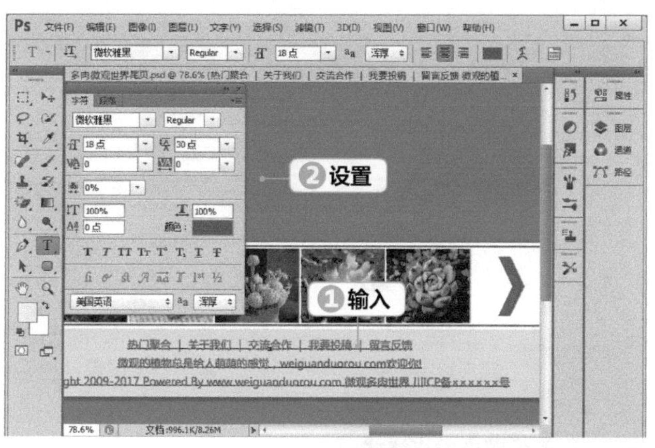

操作解谜

本网页文字重复的原因

在实际网页设计时，网页中每个板块的内容需要设计者在前期的素材收集时向客户收集，这里只是举例，因此文本等内容都采用了重复的内容。

STEP 7 保存图像

选择【视图】/【清除参考线】命令，清除参考线。按【Ctrl+S】组合键，保存图像查看完成后的效果。

17.2 制作“多肉”论坛页面

一个完整的网站包含多个页面，在众多页面中又分为多个级别的页面，如二级页面、三级页面、四级页面等。下面将制作论坛列表页面和论坛详细页面。其中论坛列表页面为二级页面，论坛详细页面为三级页面。下面分别对两种页面的制作方法进行介绍。

17.2.1 制作论坛列表页面

论坛列表页面为二级页面，在制作时，页头导航部分、banner 区域和尾页与首页部分相同，其主要的制作区域为页面中部，在制作时要注意各种底纹的制作方法，具体操作步骤如下。

微课：制作论坛列表页面

素材：光盘 \ 素材 \ 第 17 章 \ 多肉微观世界列表页面

效果：光盘 \ 效果 \ 第 17 章 \ 多肉微观世界列表页面 .psd

STEP 1 新建多肉微观世界列表页面

新建一个名称为“多肉微观世界列表页面”，像素大小为“1360×1700”、分辨率为“72 像素 / 英寸”的图像文件。在图像的两侧拖出 2 条垂直参考线。将“多肉微观世界导航条 .psd”“多肉微观世界 banner 区域 .psd”和“多肉微观世界尾页 .psd”图像拖动到该图像中，然后删除尾页中多余的图片，将添加的图层移动到新建的“首页”组中。

STEP 2 绘制红色矩形

❶在工具箱中选择矩形工具；❷在工具属性栏中设置填充颜色为红色；❸在导航栏的“多肉论坛”文本下方绘制红色的矩形；❹删除“| 多肉论坛 |”文字中的“|”，在“图层”面板中单击 fx 按钮，在打开的下拉列表中选择“斜面和浮雕”选项。

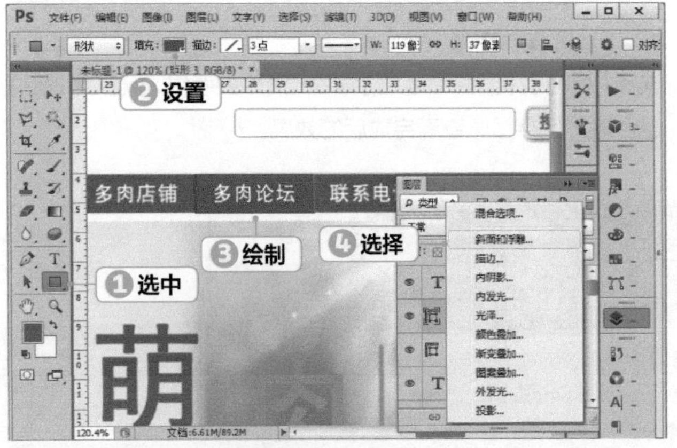

STEP 3 设置等高线参数

❶打开“图层样式”对话框，单击选中“等高线”复选框；❷设置“样式、方法、深度、大小、软化、角度、高度”分别为“内斜面、平滑、50%、3 像素、5 像素、120 度、30 度”；❸单击“确定”按钮。

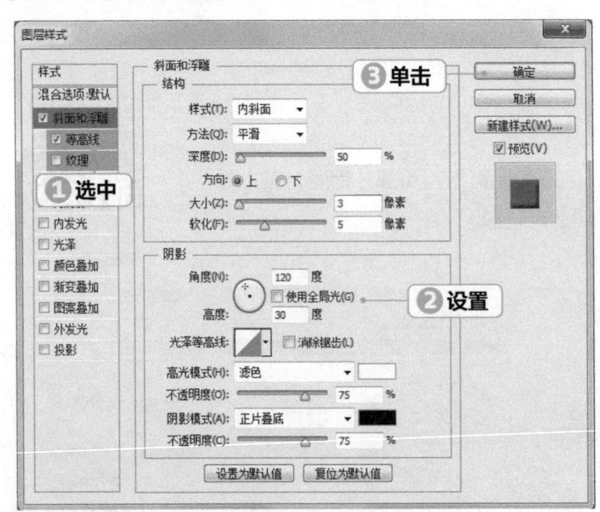

STEP 4 输入“你可能喜欢的”名字

❶新建图层在左侧绘制一个矩形选区并填充为“#f8f8f8”，制作底纹，然后输入文字“你可能喜欢的”；❷在“字符”面板中设置“字体、字号、颜色”分别为“微软雅黑、18 点、#515c52”。

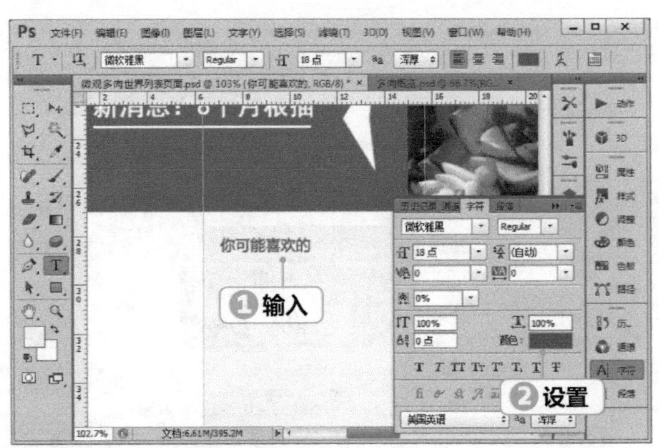

STEP 5 设置内发光样式

❶选择绘制并填充颜色后的矩形图层，打开“图层样式”对话框，单击选中“内发光”复选框；❷在右侧设置“混合模式、不透明度、颜色、大小”分别为“滤色、100、白色到透明渐变、6”；❸单击“确定”按钮。

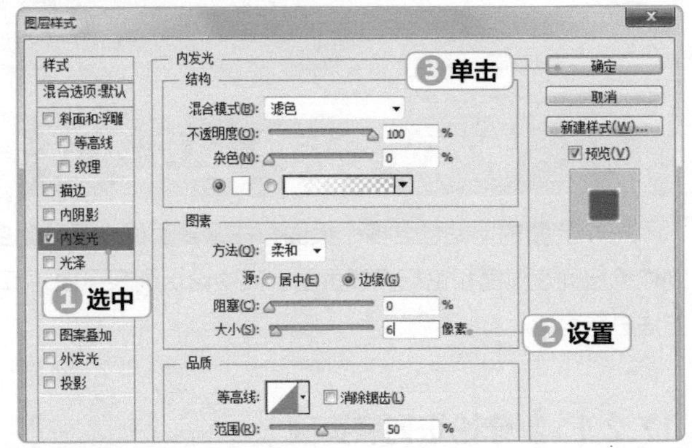

STEP 6 绘制矩形

❶在工具箱中选择矩形工具；❷在工具属性栏中设置填充颜色为“#e0e1e1”；❸在“你可能喜欢的”文字下方绘制大小为“100 像素 ×30 像素”的矩形；❹在“图层”面板中单击 fx 按钮，在打开的下拉列表中选择“颜色叠加”选项。

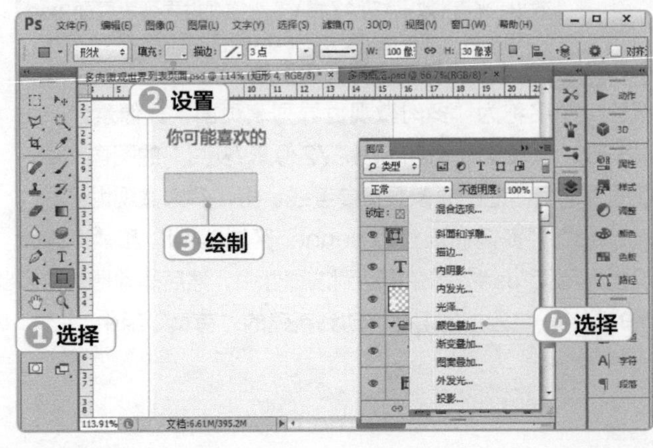

STEP 7 设置颜色叠加

打开“图层样式”对话框，在右侧设置“混合模式、颜色、不透明度”分别为“正常、#e0e1e1、100%”。

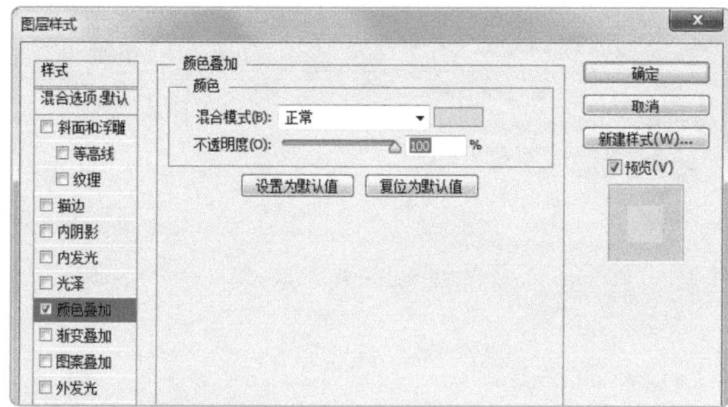

STEP 8 设置描边样式

❶在左侧列表中单击选中“描边”复选框；❷在右侧设置“大小、位置、混合模式、颜色”分别为“1 像素、内部、正常、#939595”。

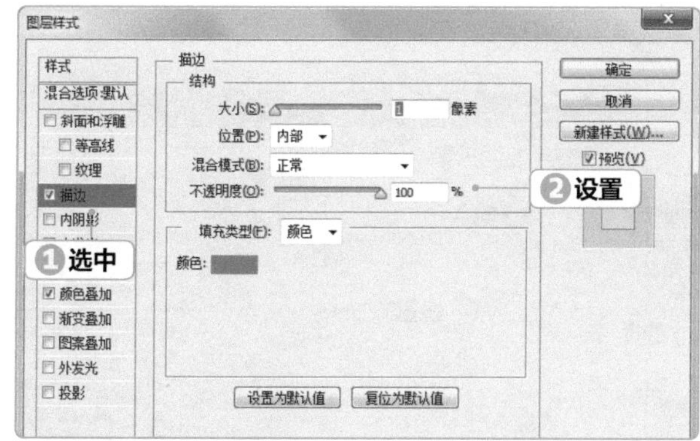

STEP 9 设置内发光样式

❶在左侧列表中单击选中“内发光”复选框；❷在右侧设置“混合模式、不透明度、颜色、方法、阻塞、大小”分别为“滤色、100%、白色到透明渐变、精确、40%、6 像素”；❸单击“确定”按钮。

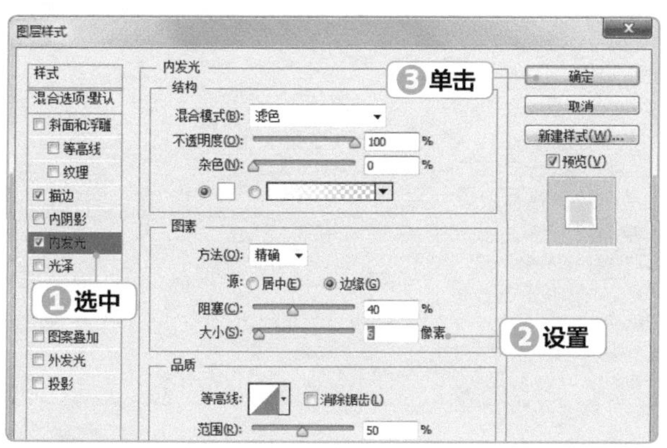

STEP 10 输入矩形框文字

❶在工具箱中选择横排文字工具；❷在图形上输入文字“熊童子”；❸在“字符”面板中设置“字体、字号、颜色”分别为“微软雅黑、18 点、#515c52”。

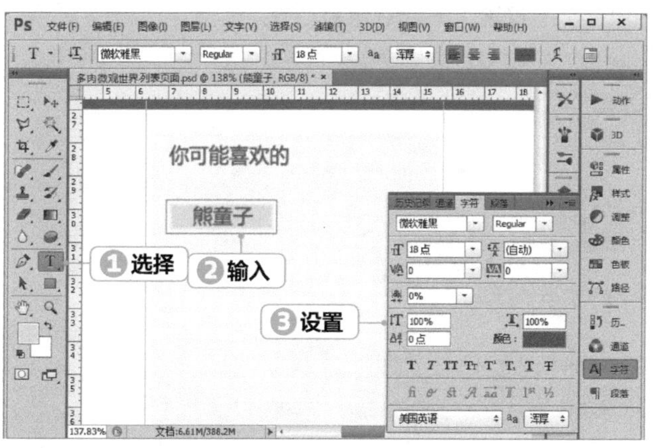

STEP 11 绘制其他矩形框文字

使用相同的方法制作多个标签按钮，并在其上输入文字，完成后查看效果。

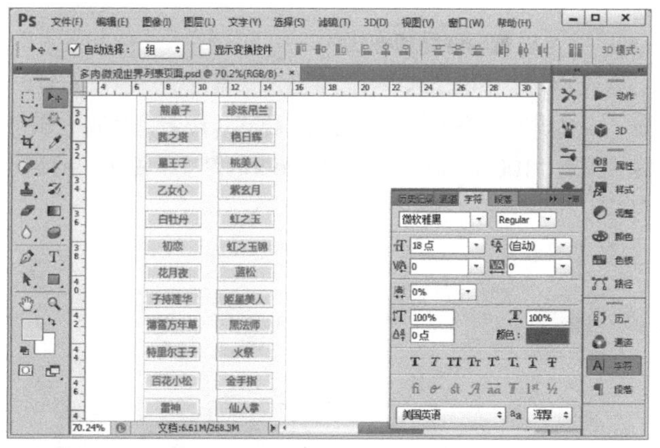

STEP 12 复制中间底纹

新建图层，在网站页面右侧绘制矩形选框，填充与左侧相同的底纹，然后复制该图层，通过自由变换调整大小。

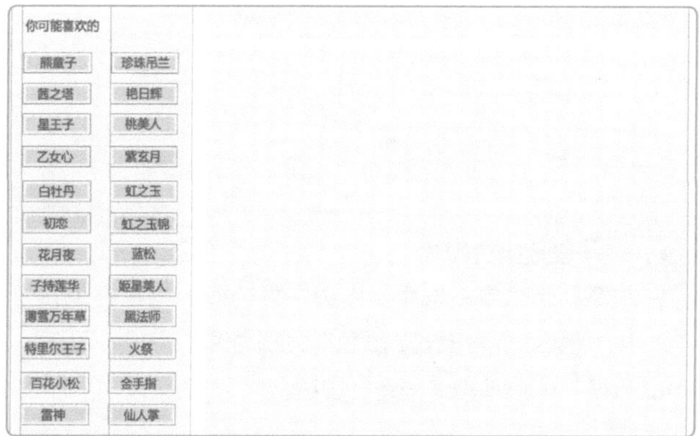

STEP 13 设置内阴影样式

❶打开“图层样式”对话框，在左侧列表中单击选中“内阴影”复选框；❷在右侧设置“混合模式、颜色、不透明度、角度、距离、阻塞、大小、杂色”分别为“正常、白色、40%、145 度、6 像素、0%、0 像素、0%”。

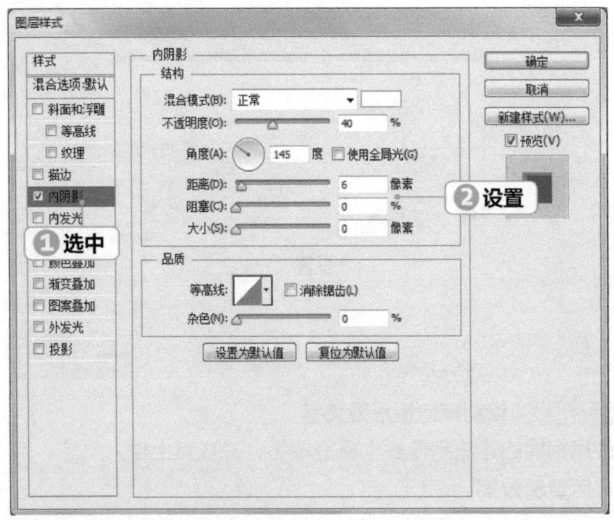

STEP 14 设置渐变叠加样式

❶在左侧列表中单击选中“渐变叠加”复选框；❷在右侧设置“混合模式、不透明度、渐变、样式、角度、缩放”分别为“正常、100%、#c3d0c1~#dce4da 渐变、线性、90 度、100%”。

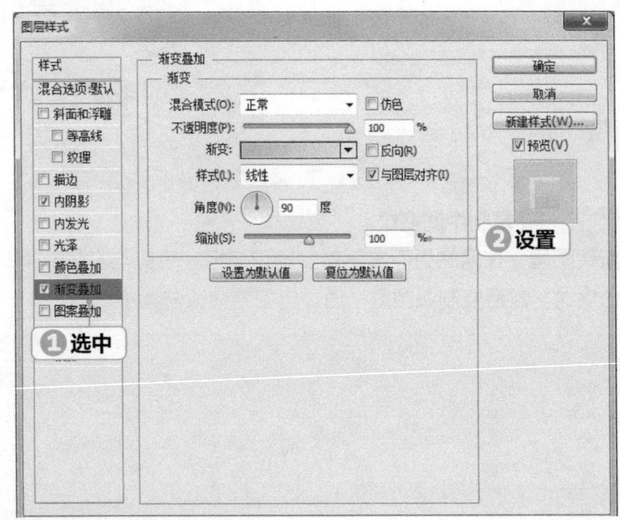

STEP 15 设置描边样式

❶在左侧列表中单击选中“描边”复选框；❷在右侧设置“大小、位置、混合模式、颜色”分别为“2、内部、正常、#acbba9”；❸单击“确定”按钮。

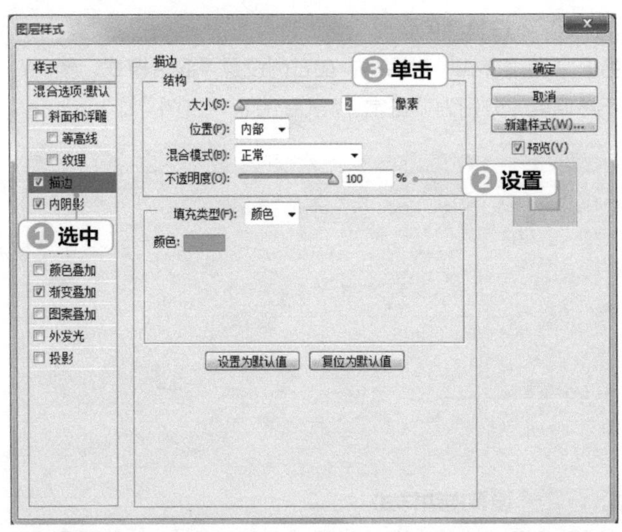

STEP 16 输入相关文字

❶在工具箱中选择横排文字工具；❷在绿色矩形框上输入文字；❸在“字符”面板中设置“字体、字号、颜色”分别为“微软雅黑、20 点、#515c52”。

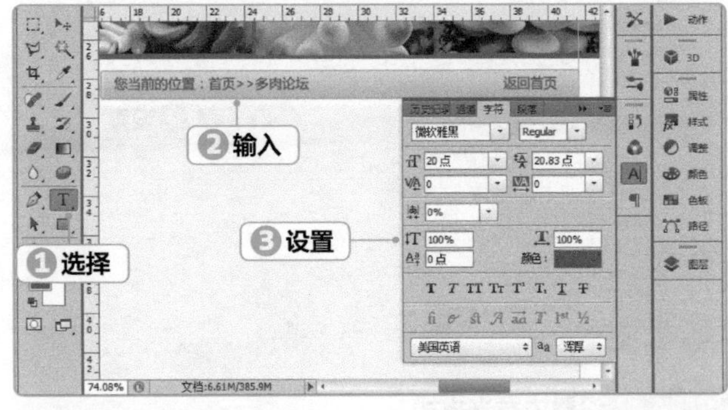

STEP 17 绘制白色矩形

新建图层，绘制矩形选区，填充为白色，然后选择移动工具，按住【Alt】键不放，将鼠标移动到白色矩形上，向下拖曳复制白色矩形，使用相同的方法将其复制多个。

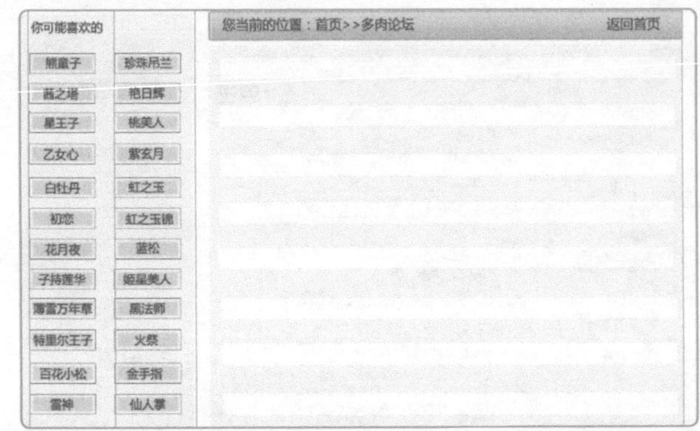

STEP 18 输入网页条文字

在“多肉微观世界相关板块”图像的多肉论坛板块将“前进”图形复制到该图像中，并调整好位置，然后输入相关的帖子标题文字，并在“字符”面板中设置“字体、字号、颜色”分别为“微软雅黑、15 点、#515c52”。

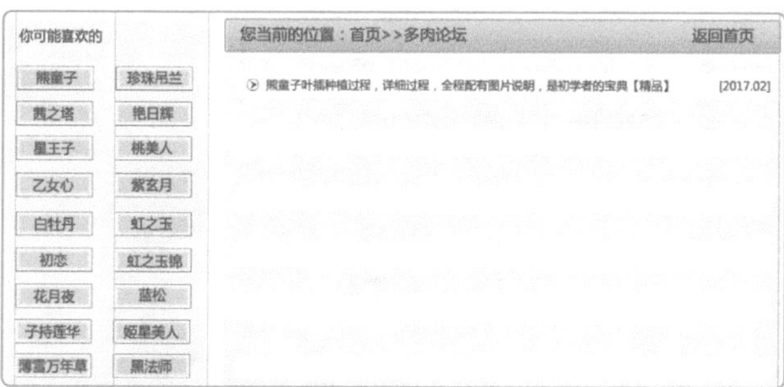

STEP 19 添加其他网页条文字

将“前进”图像和文字所在的图层复制多个，并分别排列条形框，查看添加文字后的效果。

STEP 20 设置矩形框内发光效果

新建一个图层，绘制一个矩形选区，填充为“#f8f8f8”，打开“图层样式”对话框，单击选中“内发光”复选框；❷在右侧设置“混合模式、不透明度、颜色、方法、阻塞、大小”分别为“正常、80%、白色到透明渐变、柔和、0%、6 像素”。

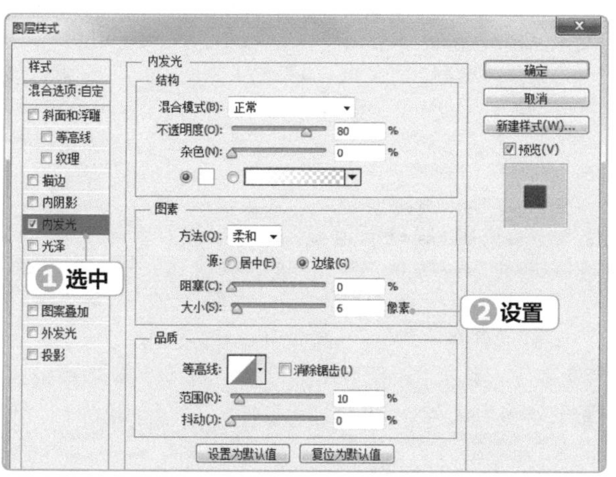

STEP 21 设置矩形框渐变叠加效果

❶在左侧列表中单击选中“渐变叠加”复选框；❷在右侧设置“混合模式、不透明度、渐变、样式、角度、缩放”分别为“正常、100%、#f0f1f3~#d1d6da、线性、-90 度、100%”。

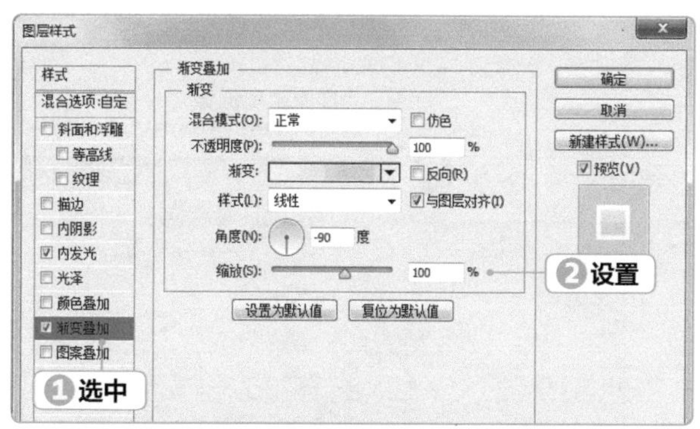

STEP 22 设置矩形框描边效果

❶在左侧列表中单击选中“描边”复选框；❷在右侧设置“大小、位置、混合模式、颜色”分别为“2、内部、正常、#9d9d9d”；❸单击“确定”按钮。

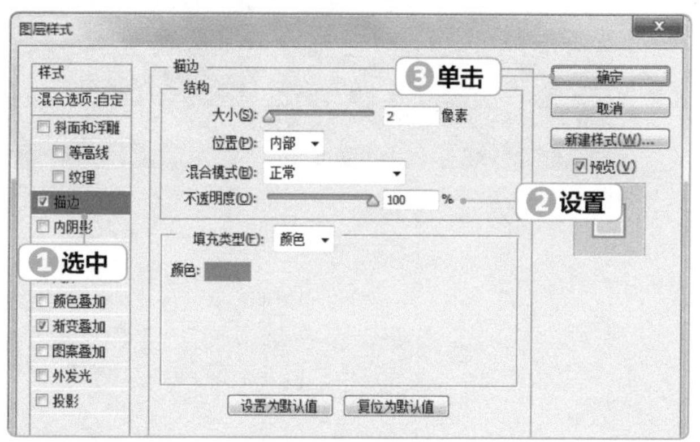

STEP 23 输入“上一页”文本

确认设置后在按钮上输入“上一页”文本，并在“字符”面板中设置“字体、字号、颜色”分别为“微软雅黑、18 点、#515c52”。

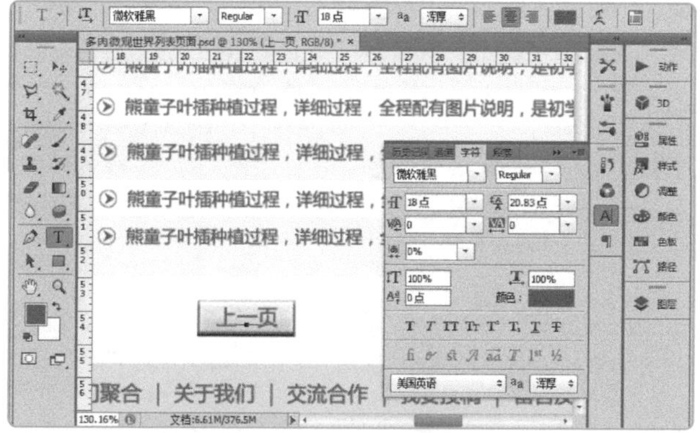

STEP 24 复制其他按钮并输入文字

将按钮和文字图层复制多个，并修改相关大小和文字，查看完成后的页码效果。

STEP 25 查看完成后的效果

将尾页的绘制底纹调整到与页面相同的宽度，选择【视图】/【清除参考线】命令，清除参考线，按【Ctrl+S】组合键，保存图像，完成二级页面的效果图制作，并查看完成后的效果。

17.2.2 制作论坛详细页面

通常一些大型的网页会专门设计三级网页，用于体现网页的整体层次感。在页面中单击二级页面的一个链接后，将打开对应的三级页面。本例将打开多肉论坛中的一个链接，进入论坛详细页面，具体操作步骤如下。

微课：制作论坛详细页面

素材：光盘\素材\第 17 章\多肉微观世界详细页面

效果：光盘\效果\第 17 章\多肉微观世界详细页面.psd

STEP 1 新建多肉微观世界详细页面

①将“多肉微观世界列表页面.psd”图像文件另存为“多肉微观世界详细页面.psd”图像文件，然后删除中间除页码按钮外的主要内容部分，选择【图像】/【画布大小】命令，打开“画布大小”对话框，在“新建大小”栏中设置“高度”为“2000 像素”；②在“定位”栏中设置定位为向下定位；③单击“确定”按钮，完成画布的扩展。

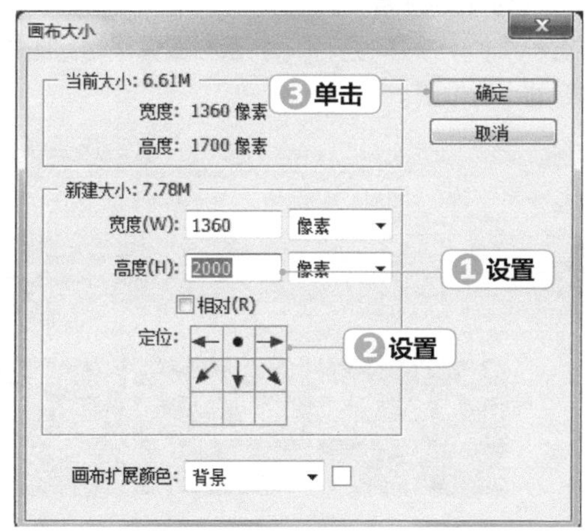

STEP 2 添加辅助线并绘制底纹

将下面的页尾板块拖动到页面的最下方，并使用前面的方法添加辅助线，然后在左侧绘制一个矩形选区并填充为“#f8f8f8”，制作底纹。

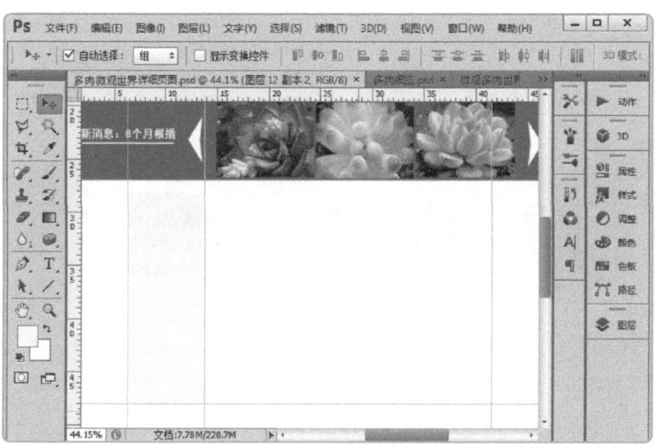

STEP 3 插入“熊童子”图片

打开“熊童子.png”图像文件，将其移动到绘制的灰色底纹区域，并按【Ctrl+T】组合键调整大小和位置。

STEP 4 绘制三角形

使用多边形套索工具在图片右上角绘制一个三角形选区，新建图层，填充为“#ebd3e9”，然后取消选区。

STEP 5 输入“楼主”文字

使用横排文字工具输入“楼主”文本，在“字符”面板中设置“字体、字号、颜色”分别为“微软雅黑、15 点、#c92469”，通过自由变换旋转文字到合适大小。

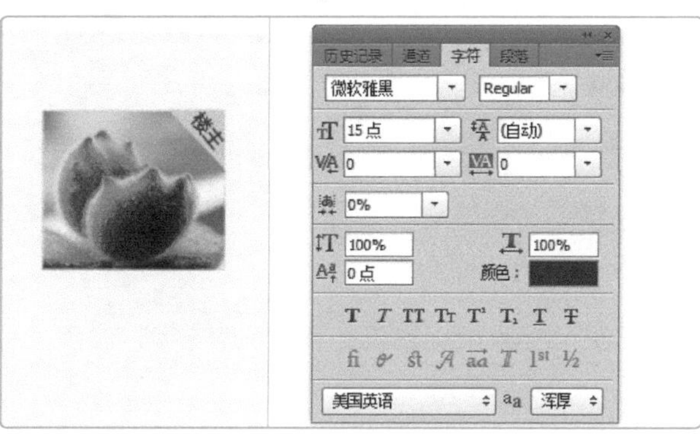

STEP 6 输入昵称文字

继续使用横排文字工具输入昵称，并在“字符”面板中设置“字体、字号、颜色”分别为“微软雅黑、15 点、#c92469”。

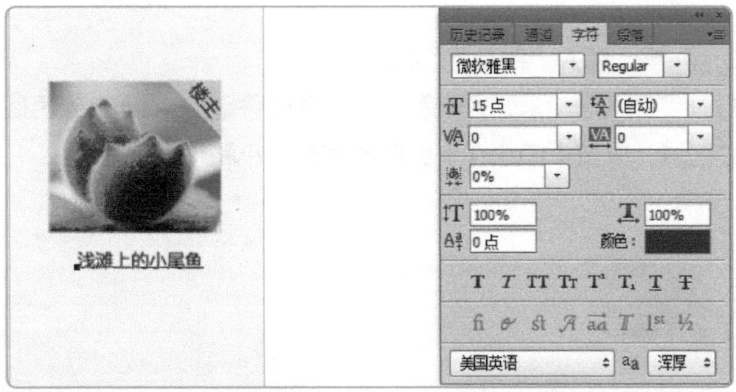

STEP 7 复制标题图层

在“楼主”的右侧继续绘制一个矩形选区并填充为“#f8f8f8”，制作底纹。打开“多肉微观世界列表页面 .psd”图像文件，将论坛标题所在的图层复制到该图像中，通过自由变换调整大小和位置。

STEP 8 输入标题文字

继续使用横排文字工具在标题栏上输入相关的标题文字，并在“字符”面板中设置“字体、字号、颜色”分别为“微软雅黑、19 点、#515c52”。

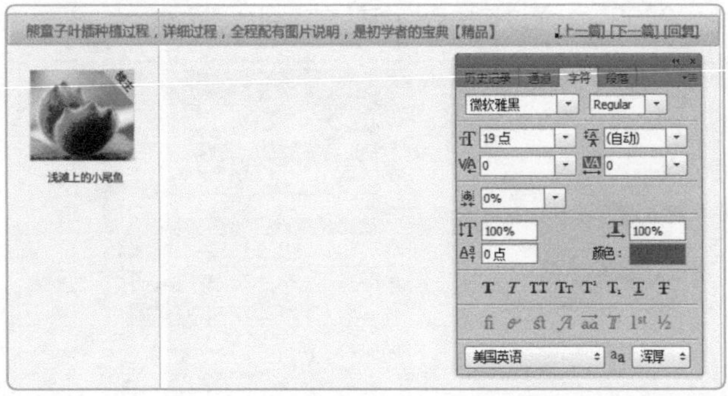

STEP 9 输入帖子文字

继续使用横排文字工具创建文字定界框，然后输入相关帖子文字，并在“字符”面板中设置“字体、字号、颜色”分别为“微软雅黑、16 点、#515c52”。

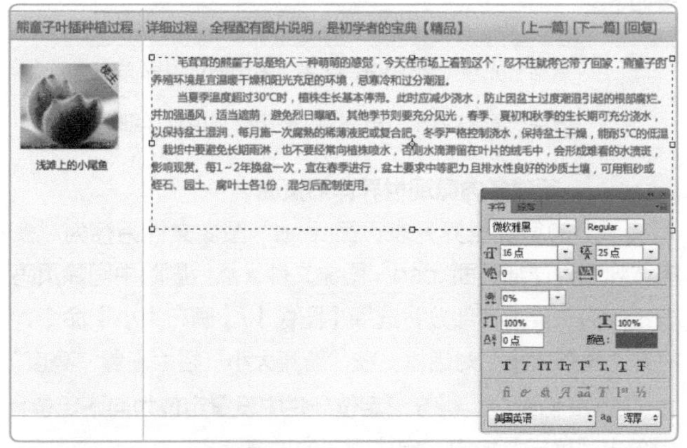

STEP 10 添加帖子图片

将“熊童子 1.jpg~ 熊童子 3.jpg”素材图像移动到图像中，调整图像到合适位置。

STEP 11 绘制橘红色矩形

❶在工具箱中选择矩形工具；❷在工具属性栏中设置填充颜色为“#f19149”；❸在中间图片的下方绘制“90 像素 × 30 像素”的橘红色矩形。

STEP 12 设置矩形描边

①打开“图层样式”对话框，在左侧列表中单击选中“描边”复选框；②在右侧设置“大小、位置、混合模式、颜色”分别为“1 像素、外部、正常、#f19149”。

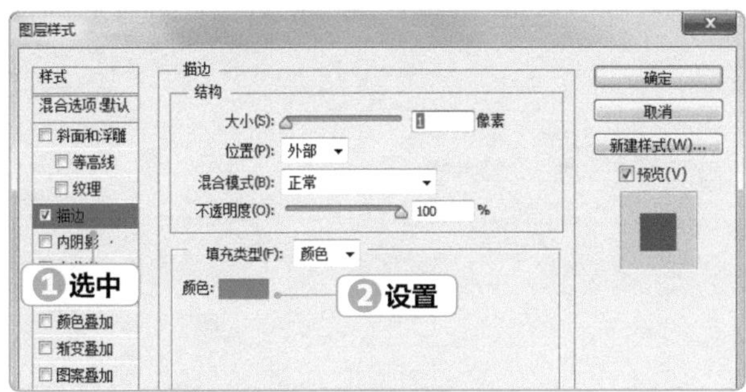

STEP 13 设置矩形内发光

①在左侧列表中单击选中“内发光”复选框；②在右侧设置“混合模式、不透明度、颜色、方法、阻塞、大小”分别为“正常、80%、白色到透明渐变、柔和、0%、5 像素”。

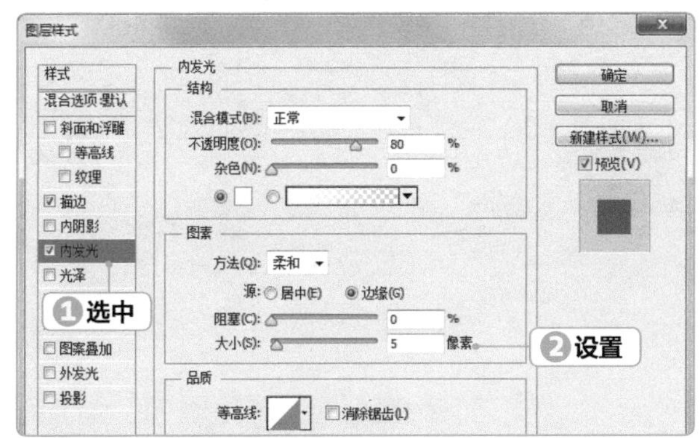

STEP 14 设置矩形投影参数

①在左侧列表中单击选中“投影”复选框；②设置投影的“混合模式、颜色、不透明度、角度、距离、扩展、大小”分别为“正片叠底、#f5caa9、61%、132 度、1 像素、15%、8 像素”；③单击“确定”按钮。

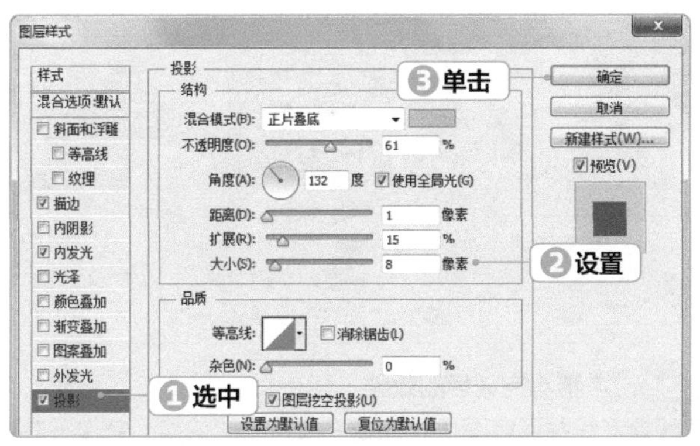

STEP 15 绘制灰色矩形

①在工具箱中选择矩形工具；②在工具属性栏中设置填充颜色为“#eeeeee”；③在中间图片的下方绘制“90 像素×30 像素”的灰色矩形。

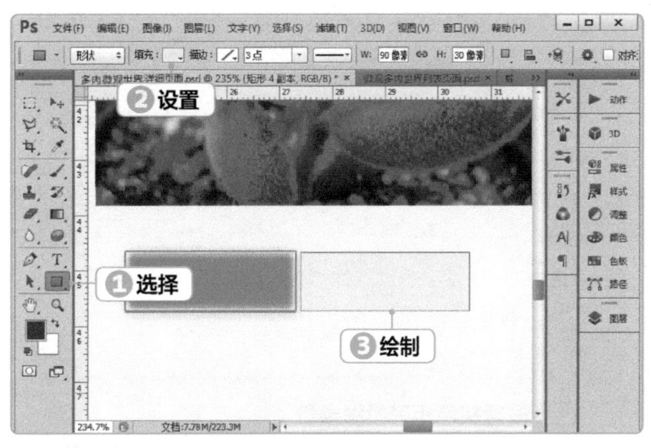

STEP 16 设置灰色矩形描边参数

①打开“图层样式”对话框，在左侧列表中单击选中“描边”复选框；②在右侧设置“大小、位置、混合模式、颜色”分别为“1 像素、外部、正常、#b7dff6”。

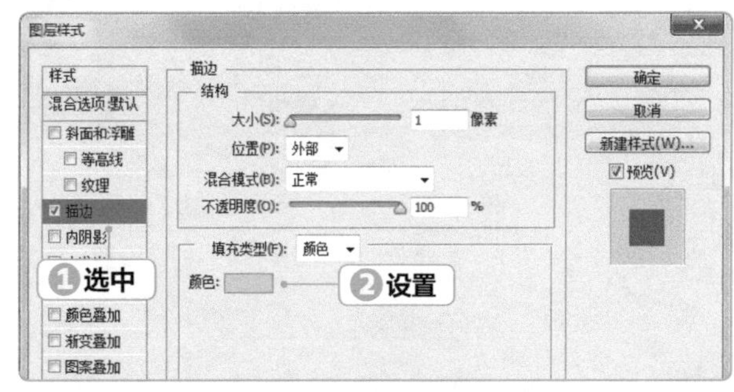

STEP 17 设置灰色矩形颜色叠加参数

①在左侧列表中单击选中“颜色叠加”复选框；②在右侧设置“混合模式、颜色、不透明度”分别为“正常、#e7eff4、100%”。

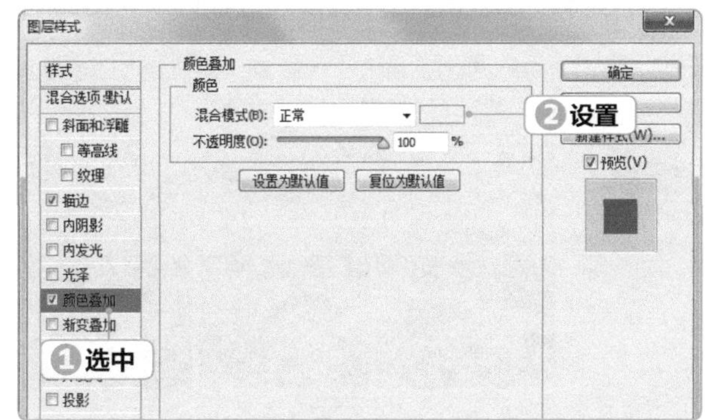

STEP 18 设置灰色矩形外发光参数

❶在左侧列表中单击选中“外发光”复选框；❷设置外发光的“混合模式、不透明度、颜色、方法、扩展、大小”分别为“正常、89%、白色到透明渐变、柔和、23%、3 像素”。

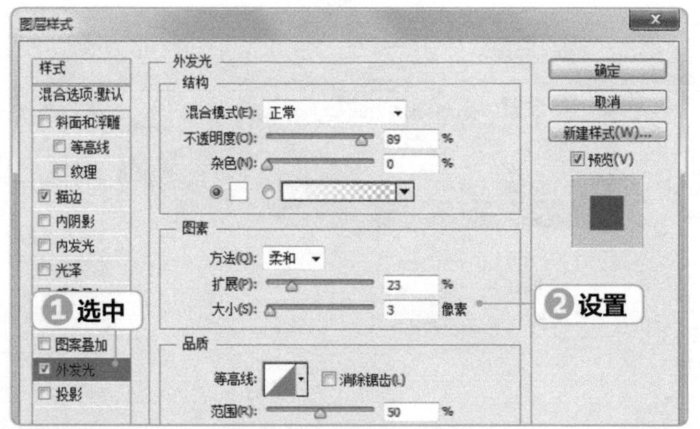

STEP 19 设置灰色矩形投影参数

❶在左侧列表中单击选中“投影”复选框；❷设置投影的“混合模式、颜色、不透明度、角度、距离、扩展、大小”分别为“正常、黑色、24%、132 度、4 像素、0%、6 像素”；❸单击“确定”按钮。

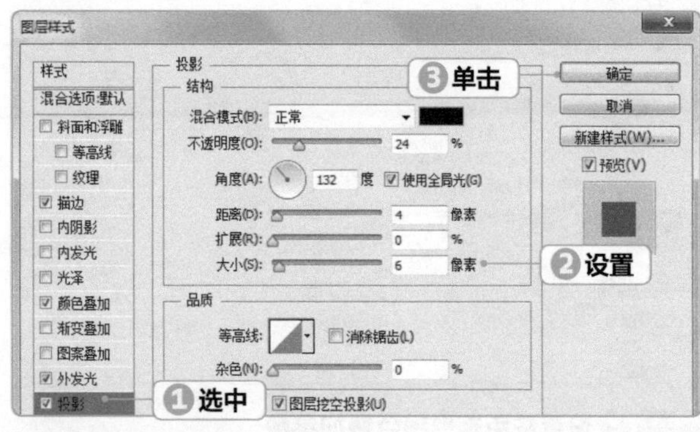

STEP 20 输入文字

使用横排文字工具，在矩形中输入文字，并在“字符”面板中设置“字体、字号”分别为“微软雅黑、18 点”。其中“送AT礼物”字体颜色为“白色”，“+分享”字体颜色为“#1d63f0”。

STEP 21 绘制分割线和底纹

选择直线工具，设置描边颜色为“#515c52”，在底纹的下方绘制直线，起到上下分隔的目的，然后左右两侧分别绘制矩形选区，并填充为“#f8f8f8”，制作底纹。

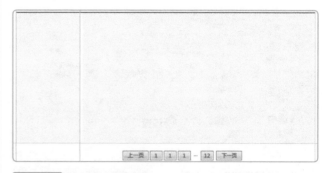

STEP 22 绘制分割线和底纹

使用相同的方法打开“星美人 .jpg”图像文件，将其移动到左侧灰色底纹区域，并按【Ctrl+T】组合键调整大小和位置。使用横排文字工具输入昵称，并在“字符”面板中设置“字体、字号、颜色”分别为“微软雅黑、15 点、#c92469”。

STEP 23 绘制分割线和底纹

使用前面相同的方法，在右侧的灰色底纹区域输入文字。将“星美人 1.jpg~ 星美人 3.jpg”素材图像移动到图像中，调整图像到合适位置，完成小板块的制作。

STEP 24 查看完成后的效果

清除参考线并保存图像，完成三级页面的效果图制作，并查看完成后的效果。

设为首页 | 收藏本站 | 登录 | 免费注册

搜索

首页 | 多肉新闻 | 多肉名片 | 多肉摄影 | 多肉店铺 | 多肉论坛 | 联系电话：400-1182-430

熊童子叶插种植过程，详细过程，全程配有图片说明，是初学者的宝典【精品】 [上一篇] [下一篇] [回复]

浅滩上的小尾鱼

毛茸茸的熊童子总是给人一种萌萌的感觉，今天在市场上看到这个，忍不住就将它带了回家，熊童子的养殖环境是宜温暖干燥和阳光充足的环境，忌寒冷和过分潮湿。

当夏季温度超过30℃时，植株生长基本停滞。此时应减少浇水，防止因盆土过度潮湿引起的根部腐烂。并加强通风，适当遮荫，避免烈日曝晒。其他季节则要充分见光，春季、夏初和秋季的生长期可充分浇水，以保持盆土湿润，每月施一次腐熟的稀薄液肥或复合肥。冬季严格控制浇水，保持盆土干燥，能耐5℃的低温

栽培中要避免长期雨淋，也不要经常向植株喷水，否则水滴滞留在叶片的绒毛中，会形成难看的水渍斑，影响观赏。每1～2年换盆一次，宜在春季进行，盆土要求中等肥力且排水性良好的沙质土壤，可用粗砂或蛭石、园土、腐叶土各1份，混匀后配制使用。

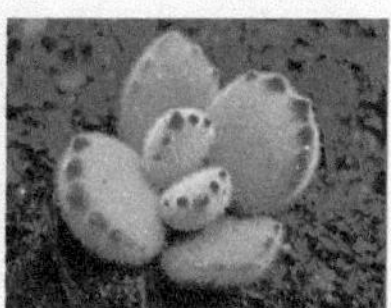

送AT礼物 + 分享

举报|来自iPhone客户端1楼2017-03-04 14:05

喜欢多肉的小沫沫

我也挺喜欢这种植物的，看我家的多肉植物。

举报|来自iPhone客户端2017-05-018 15:30

上一页 1 1 1 … 12 下一页

热门聚合 | 关于我们 | 交流合作 | 我要投稿 | 留言反馈

微观的植物总是给人萌萌的感觉，weiguanduorou.com欢迎你!

Copyright 2009-2018 Powered By www.weiguanduorou.com 微观多肉世界 川ICP备××××××号

17.3 制作“多肉”新闻页面

新闻页面属于二级页面中的一种，当在主图中选择“多肉新闻”超链接后，即可转移到多肉新闻页面。当在新闻页面中单击一个链接，将打开对应的三级页面，下面将分别制作新闻列表页面和多肉世界新闻详细页面。下面分别对两种页面的制作方法进行介绍。

17.3.1 制作新闻列表页面

新闻列表页面与前面讲解的多肉微观世界列表页面类似。本例在制作时可先将“多肉微观世界列表页面 .psd”图像文件另存为“多肉微观世界新闻列表页面 .psd”图像文件，再删除多余部分，并进行新闻列表页面的制作，具体操作步骤如下。

微课：制作新闻列表页面

素材：光盘 \ 素材 \ 第 17 章 \ 多肉微观世界新闻列表页面
效果：光盘 \ 效果 \ 第 17 章 \ 多肉微观世界新闻列表页面 .psd

STEP 1 删除文字和板块内容

将“多肉微观世界列表页面 .psd”图像文件另存为“多肉微观世界新闻列表页面 .psd”图像文件，然后删除中间文字和左侧板块中的内容，使用前面的方法添加辅助线，使用横排文字工具在标题栏上输入相关的标题文字，并在“字符”面板中设置“字体、字号、颜色”分别为“微软雅黑、19 点、#515c52”。

STEP 2 输入新闻标题文字

使用自定形状工具将“前进”图形绘制到中间矩形条的右侧，调整好位置，然后输入相关新闻的标题文字，并在“字符”面板中设置“字体、字号、颜色”分别为“微软雅黑、15 点、红色”，使用相同的方法，在下方的板块中输入其他红色文字。

STEP 3 输入新闻文字

继续在红色文字的下方输入相关的新闻文字，并在“字符”面板中设置“字体、字号、颜色”分别为“微软雅黑、15 点、#515c52”，使用相同的方法，在下方的板块中输入其他新闻文字。

STEP 4 绘制深绿色矩形

❶在工具箱中选择矩形工具；❷在工具属性栏中设置填充颜色为“#5a645b”；❸在左侧绘制“260 像素 ×40 像素”的深绿色矩形。

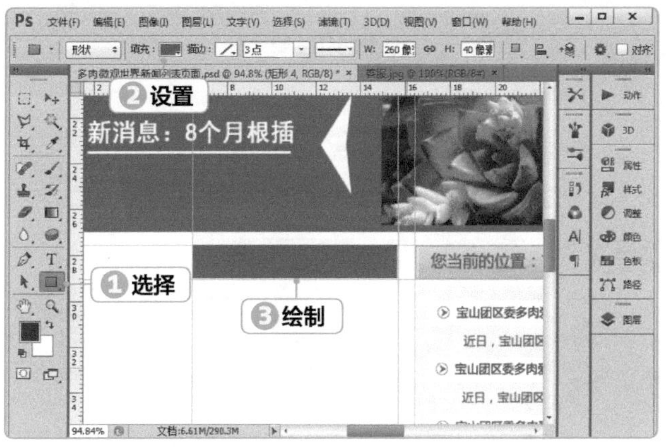

STEP 5 绘制两个矩形

❶在工具箱中选择矩形工具；❷在工具属性栏中设置填充颜色为“#c9c9c9”；❸在左侧的下方绘制“260 像素 ×210 像素”和“260 像素 ×450 像素”的深灰色矩形。

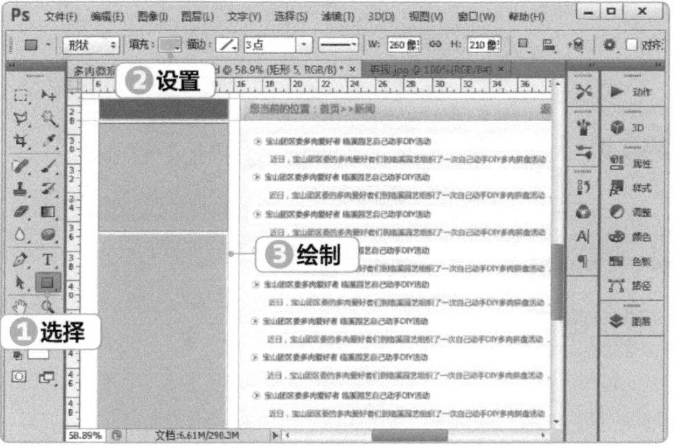

STEP 6 绘制形状并输入文字

❶在工具箱中选择自定形状工具；❷在工具属性栏中设置填充颜色和描边颜色为白色；❸在右侧的形状列表中选择“音量”选项；❹在矩形中绘制形状，并在右侧输入文字，调整字体的大小。

STEP 7 输入列表文字

❶在工具箱中选择横排文字工具；❷在“聚网观点”文字的下方输入文字，在“字符”面板中设置“字体、字号、颜色”分别为“微软雅黑、20 点、#5a645b”；❸选择直线工具在文字下方绘制直线。

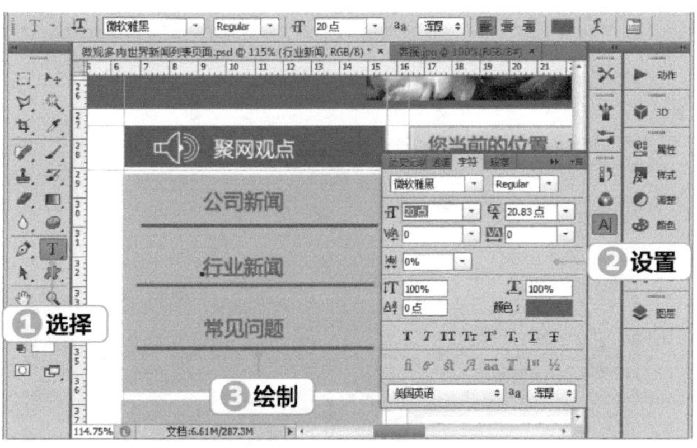

STEP 8 添加图片和输入文字

❶打开“客服 .jpg”图像文件，将其拖动到文字的下方，调整图像大小和位置；❷在图片的下方输入文字。

STEP 9 调整红色矩形框位置

在导航条中选择红色矩形，将其拖动到“多肉新闻”文字下方，删除“| 多肉新闻 |”文字中的“|”，并为“多肉论坛”添加“|”。

STEP 10 查看完成后的效果

清除参考线并保存图像，完成多肉微观世界新闻列表页面效果图的制作，查看完成后的效果。

17.3.2 制作多肉新闻详细页面

微课：制作多肉新闻详细页面

新闻详细页面与前面讲解的多肉微观世界论坛详细页面类似，只是包含的版面和内容有所区别，新闻详细页面的内容更加具有说明性，内容更加具体化。本例制作的新闻详情页主要是对春季养多肉需要注意的问题进行阐述，具体操作步骤如下。

素材：光盘\素材\第 17 章\多肉微观世界新闻详细页面

效果：光盘\效果\第 17 章\多肉微观世界新闻详细页面 .psd

STEP 1 删除文字和板块内容

将“多肉微观世界详细页面 .psd”图像文件另存为“多肉微观世界新闻详细页面 .psd”图像文件，然后删除中间文字和左侧板块中的内容，并将右侧的板块移动到左侧，使用前面的方法添加辅助线，使用横排文字工具在标题栏上输入相关的标题文字，并在“字符”面板中设置“字体、字号、颜色”分别为“微软雅黑、19 点、#515c52”。

STEP 2 输入新闻文字

在标题栏的下方输入下图所示文字，调整字体的大小，其中标题部分的字号为“24 号”，小标题部分的颜色为“红色”。

您当前的位置：首页>>新闻>>新闻动态 [上一篇] [下一篇] [回复]

春季养肉，我们应该注意的细节

春回大地，万物复苏，多肉植物也迎来了新一轮的生长旺盛期。此时我国大部分地区平均气温都已经高于10℃，日照时间也逐渐拉长，这也加速了根系和新芽的萌发。但是好景不长。对于许多多肉植物来说这个生长旺盛期十分短暂，因为随之而来的将是一个漫长而炎热的夏季休眠期。因此在这短短两个月左右的时间内打下良好的健康基础就显得尤为重要了。因此，对多肉植物来说，春天也不仅仅只是搔首弄姿的时节，而更应该是一个养分储备的时节......

多肉植物春季养护之大胆地浇水

如果说严寒的冬季和酷热的夏季你都是为了保险起见严格控水的话，那此刻就应该是放开手脚大胆给水的时候了。多肉植物虽说耐旱，但并不代表它不需要水分。恰恰相反，在生长期的多肉植物对水分的需求量是相当大的。此时它们根系开始迅速在地下生长蔓延开来，如饥似渴地探寻着养料和水分。对于胃口大开的它，做主人的当然不应该吝啬。而给水的频率则遵循“不干不浇，浇则浇透”的原则即可(待盆土接近干透后再行浇水，浇水直到盆底有水渗出)。更进阶的浇水方法则要参考一些更科学的多肉植物的浇水方法。

多肉植物春季养护之换盆

经过一段时间的生长，多肉植物植株地上部分的体积肯定已经成倍地增长了，此时地下根系也是已经铺满盆底的。很多时候当你将多肉植物整棵拔出时，根部已经长成了一个花盆的形状，土也几乎全部被“吃掉”。此时就需要更换更大容积的花盆以便给根部提供更多的呼吸和生长空间。花盆最好选择透气透水性较好的材质，例如陶器。并且底部一定要有开孔，因为没有底孔的花盆会让浇水最难于把握，也加大了养护风险。

STEP 3 添加图片

打开“多肉植物 1.jpg”和“多肉植物 2.jpg”素材图像，将其拖动到文字的下方，调整图像位置，让整个画面具有色彩感。

多肉植物春季养护之换盆

经过一段时间的生长，多肉植物植株地上部分的体积肯定已经成倍地增长了，此时地下根系也是已经铺满盆底的。很多时候当你将多肉植物整棵拔出时，根部已经长成了一个花盆的形状，土也几乎全部被“吃掉”。此时就需要更换更大容积的花盆以便给根部提供更多的呼吸和生长空间。花盆最好选择透气透水性较好的材质，例如陶器。并且底部一定要有开孔，因为没有底孔的花盆会让浇水最难于把握，也加大了养护风险。

STEP 4 绘制深色矩形条

在文字右侧的空白区域，绘制 3 个颜色为“#515c52”、大小为“215 像素 ×45 像素”的矩形，并拖动到适当的位置。

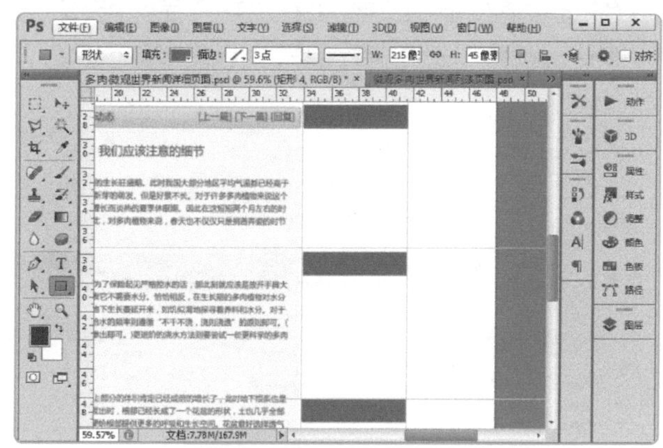

STEP 5 绘制浅灰色矩形

在深色矩形框的下方绘制 2 个颜色为“#d2d2d2”、大小为“215 像素 ×230 像素”的矩形，拖动到适当的位置，并设置不透明度为“60%”。再在下方的矩形块中，绘制 8 个大小为“216 像素 ×45 像素”的矩形，设置不透明度为“60%”，并分别拖动到第 3 个深色矩形的下方。

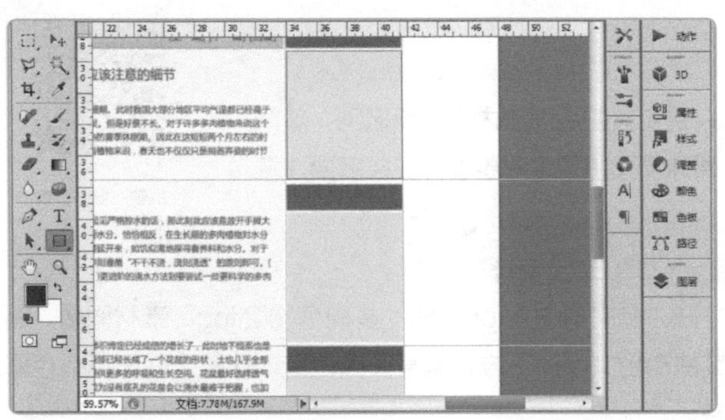

STEP 6 复制声音图标和文字

打开“多肉微观世界列表页面 .psd”图像文件，将其中的声音图标和右侧的文字拖动到绘制深色矩形中，修改文字，使其符合本板块的需要。

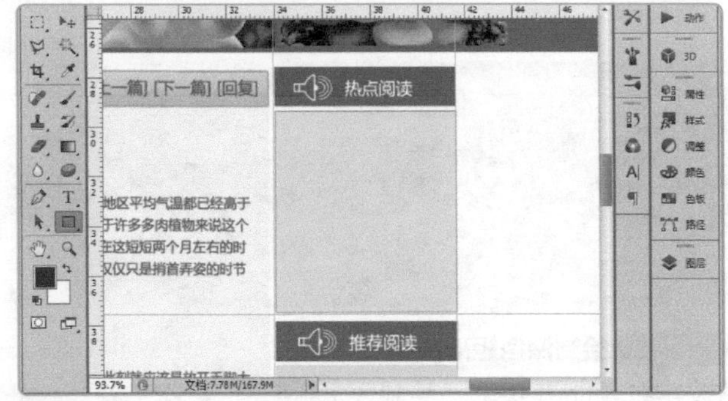

STEP 7 删除文字和板块内容

在灰色矩形中输入说明性文字，并在“字符”面板中设置“字体、字号、颜色”分别为“微软雅黑、16 点、#5a645b”。

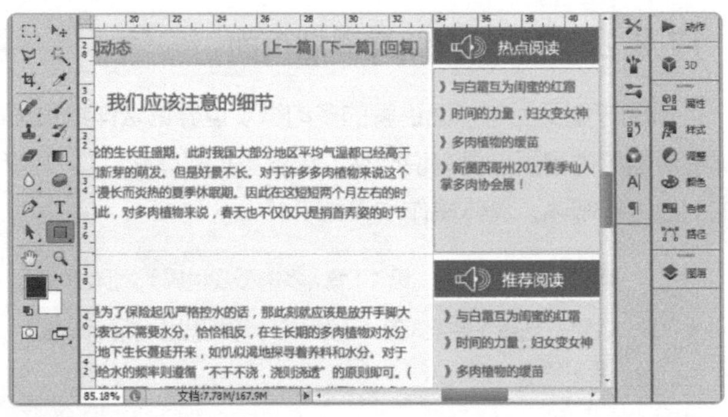

STEP 8 输入其他文字

使用相同的方法，分别对下方的小矩形输入不同类型的文字，用于罗列常用的内容。

STEP 9 查看完成后的效果

调整导航条中红色矩形的位置，清除参考线并保存图像，完成多肉微观世界新闻详细页面的制作，保存文件查看完成后的效果。

17.4 制作“多肉”登录页面

登录页面是一个单独的页面，它可以是二级页面也可以是三级页面，只需在首页中，单击“登录”超链接，即可进入登录页面，在该页面中包含账号、密码和“登录”按钮。在制作时先制作背景效果，再绘制登录框并添加对应的文字，具体操作步骤如下。

微课：制作“多肉”登录页面

素材：光盘 \ 素材 \ 第 17 章 \ 多肉微观世界登录页面
效果：光盘 \ 效果 \ 第 17 章 \ 多肉微观世界登录页面 .psd

STEP 1 输入文字

新建一个名称为“多肉微观世界登录页面”，大小为“1360 像素 ×750 像素”、分辨率为“72 像素 / 英寸”的图像文件，在图像的上方拖出 3 条水平参考线，在最上方输入文字，并在“字符”面板中设置“字体、字号、颜色”分别为“微软雅黑、18 点、#515c52”。使用直线工具在文字下方绘制一条直线。

收藏多肉微观世界　客户服务　您好！欢迎光临微观多肉世界！　[登录]　[注册]

STEP 2 添加 Logo

打开“多肉微观世界导航条 .psd”文件，将 Logo 和搜索文字拖动到直线的下方，调整 Logo 的摆放位置。

收藏多肉微观世界　客户服务　您好！欢迎光临微观多肉世界！　[登录]　[注册]
多肉微观世界
FLESHY MICROSCOPIC WORLD
搜索

STEP 3 绘制矩形

绘制颜色为“#515c52”、大小为“1370 像素 ×500 像素的矩形，将其拖动到 Logo 的下方，制作登录页面的主图。

STEP 4 添加素材

打开“多肉 2.psd”图像文件，将其拖动到绘制的矩形上方，按【Ctrl+T】组合键变形，并在其上单击鼠标右键，在弹出的快捷菜单中选择“水平翻转”命令。

STEP 5 添加剪贴蒙版

在“图层”面板中单击鼠标右键，在弹出的快捷菜单中选择“创建剪贴蒙版”命令，将图像置入到矩形中，使其形成一个整体。

STEP 6 制作登录窗口

在右侧的矩形中绘制颜色为白色、大小为“460 像素 ×390 像素”的矩形。打开“登录素材 .psd”图像文件，将其中的登录框拖动到白色矩形的中上方。

STEP 7 输入登录窗口文字

在登录窗口中输入文字，并设置“字体、字号、颜色”分别为“微软雅黑、20 点、黑色”，并从打开的“登录素材 .psd”图像文件中将复选框拖动到“自动登录”文字的左侧。

STEP 8 绘制黄色圆角矩形

使用圆角矩形工具在文字的下方绘制颜色为“#fdb900”大小为“375 像素 ×48 像素”的圆角矩形，选择【图层】/【图层样式】/【描边】命令，打开“图层样式”对话框。

STEP 9 设置圆角矩形描边

在右侧设置“大小、位置、混合模式、颜色”分别为“3 像素、外部、正常、#fda700”。

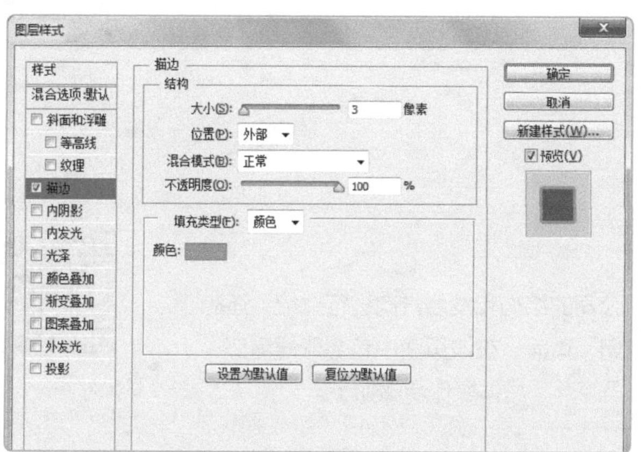

STEP 10 设置内阴影样式

①在左侧列表中单击选中“内阴影”复选框；②在右侧设置“混合模式、颜色、不透明度、角度、距离、阻塞、大小”分别为“正片叠底、#fda805、75%、-42 度、5 像素、25%、40 像素”。

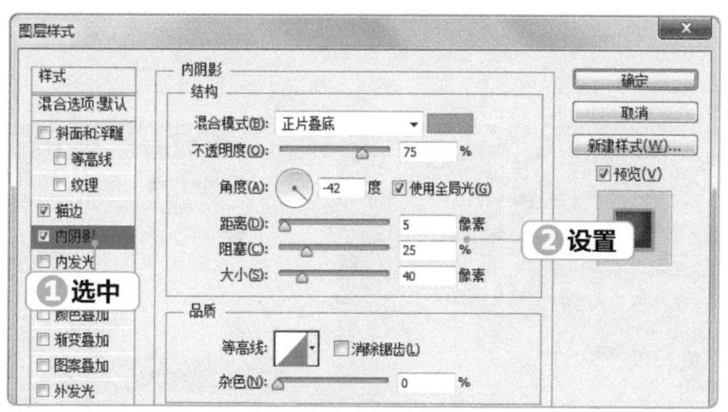

STEP 11 设置渐变叠加样式

①在左侧列表中单击选中“渐变叠加”复选框；②在右侧设置“混合模式、不透明度、渐变、样式、角度、缩放”分别为“正常、100%、#fd7815~#fdad00、线性、90 度、100%”。

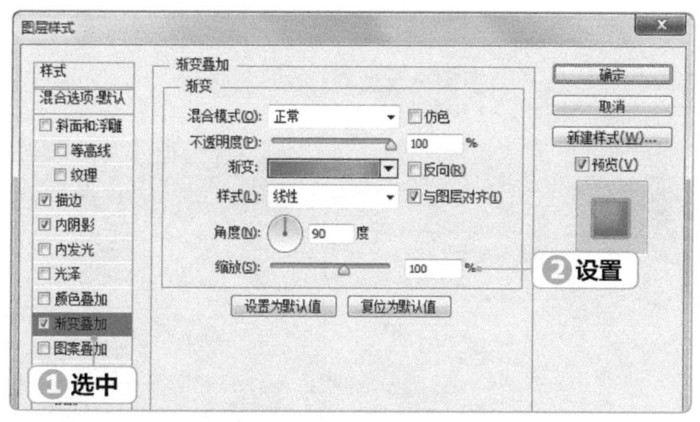

STEP 12 设置矩形投影参数

①在左侧列表中单击选中“投影”复选框；②设置投影的“混合模式、不透明度、角度、距离、扩展、大小”分别为“正片叠底、60%、-40 度、8 像素、0%、3 像素”；③单击“确定”按钮。

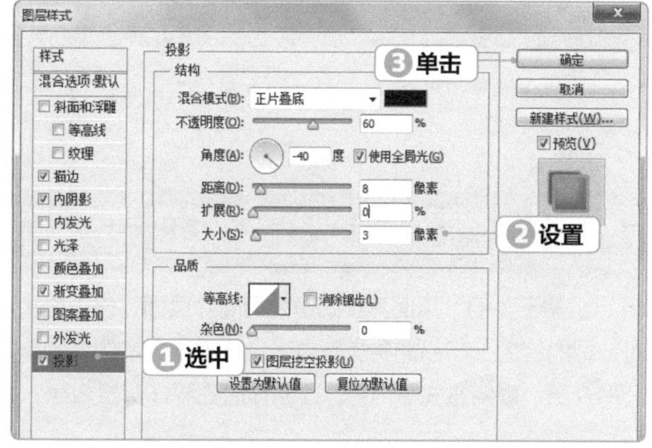

STEP 13 输入登录文字

查看制作的登录按钮效果，并在其上输入“登录”文字，设置字体为“微软雅黑、30 点、黑色”。使用相同的方法，在上方输入“用户登录”，并调整字体位置。

STEP 14 绘制矩形并输入文字

在页面的下方绘制颜色为“#eeeeee”、大小为“1370 像素 ×90 像素”的矩形，并在其上输入文字和竖线。

STEP 15 查看完成后的效果

清除参考线并保存图像，完成登录页面的制作，查看完成后的效果。

Chapter 17

17.5 制作“关于我们”页面

“关于我们”页面其实就是公司简介页面，该页面中不但要对公司的结构和发展方向进行介绍，还应对公司的特色、产品的种类等内容进行阐述。本例将制作“关于我们”页面，在该页面中包含账号窗口、公司介绍、联系方式等内容。在制作时先制作背景效果，并添加公司简介，具体操作步骤如下。

微课：制作“关于我们”页面

素材：光盘 \ 素材 \ 第 17 章 \ 多肉微观世界关于我们页面
效果：光盘 \ 效果 \ 第 17 章 \ 多肉微观世界关于我们页面 .psd

STEP 1 修改标题文字

将“多肉微观世界详细页面 .psd”图像文件另存为“多肉微观世界关于我们页面 .psd”图像文件，然后删除部分元素。使用前面的方法添加辅助线，调整标题栏矩形的长度，并使用横排文字工具在标题栏上输入相关的标题文字。

STEP 2 输入公司简介文本

在右侧的矩形中绘制颜色为“#eeeeee”、大小为“480 像素 ×990 像素”的矩形。并在上方输入下图所示的文字，设置字体和字号。

置：首页>>关于我们

关于微观世界

成都微观世界股份有限公司成立于1997年，总部位于四川省成都市，在职员工200余人，科技人员70余人。公司现为国内超大型多肉植物生产商，拥有国家种子种苗进出口资质，生产基地总面积2500余亩，温室大棚面积30万平方米，年产多肉植物1亿株，是集多肉植物培育、加盟连锁业务、花卉租摆、科技研发、农业休闲观光、种苗进出口、电子商务、绿化苗木等为一体的综合型农业产业化国家重点龙头企业。

公司坚持“创知名品牌，让绿色进万家”的质量方针，自推出专业提供绿色家庭、单位、公务活动场所的花卉摆放设计、租摆、植保等服务以来，由于在质量、服务上的领先地位和良好的企业形象，博得了广大用户的好评。公司现有常年租摆单位2500余家，家庭花卉租户6000余家。

成都微观世界工业园区为大家提供了一个“农业自助休闲”的好去处，接待国内外游客已达200余万人次，曾获得四川省省级休闲观光农业示范园，四川省农业两区现场会重要参观点，“四川十景”，四川省中小学质量教育社会实践基地等荣誉。2016年，微观世界推出“多肉多旅游购·微观世界花卉免费游”的休闲旅游创新模式，颠覆了观光园传统以销售门票为主要营收的经营方式。游客进园购买“多肉多旅游购”消费门票，既能免费畅玩万象花卉观光园，又能现场选购产品、体验组盆等活动，受到广大游客的热烈欢迎。

STEP 3 添加中间区域图片

打开“关于我们 1.jpg~ 关于我们 4.jpg”图像文件，将其拖动到中间区域，调整图像的大小和位置，使其与右侧的图像对称。

的位置：首页>>关于我们

关于微观世界

成都微观世界股份有限公司成立于1997年，总部位于四川省成都市，在职员工200余人，科技人员70余人。公司现为国内超大型多肉植物生产商，拥有国家种子种苗进出口资质，生产基地总面积2500余亩，温室大棚面积30万平方米，年产多肉植物1亿株，是集多肉植物培育、加盟连锁业务、花卉租摆、科技研发、农业休闲观光、种苗进出口、电子商务、绿化苗木等为一体的综合型农业产业化国家重点龙头企业。

公司坚持“创知名品牌，让绿色进万家”的质量方针，自推出专业提供绿色家庭、单位、公务活动场所的花卉摆放设计、租摆、植保等服务以来，由于在质量、服务上的领先地位和良好的企业形象，博得了广大用户的好评。公司现有常年租摆单位2500余家，家庭花卉租户6000余家。

成都微观世界工业园区为大家提供了一个“农业自助休闲”的好去处，接待国内外游客已达200余万人次，曾获得四川省省级休闲观光农业示范园，四川省农业两区现场会重要参观点，“四川十景”，四川省中小学质量教育社会实践基地等荣誉。2016年，微观世界推出“多肉多旅游购·微观世界花卉免费游”的休闲旅游创新模式，颠覆了观光园传统以销售门票为主要营收的经营方式。游客进园购买“多肉多旅游购”消费门票，既能免费畅玩万象花卉观光园，又能现场选购产品、体验组盆等活动，受到广大游客的热烈欢迎。

STEP 4 制作登录模块

在左侧绘制颜色为“#c9c9c9”、大小为“260 像素 ×190 像素”的矩形。打开“多肉微观世界登录页面 .psd”图像文件，将其中的登录窗口拖动到灰色矩形中，调整图像位置并修改文字。

STEP 5 制作公司首页模块

打开“多肉微观世界新闻列表页面 .psd”图像文件，将右侧的灰色板块区域拖动到登录模块的下方，调整图像位置并修改文字，查看调整后的效果。

STEP 6 添加箭头

①在工具箱中选择直线工具；②在工具属性栏中设置描边颜色为“#005752”；③单击⚙按钮，在打开的下拉列表中单击选中“起点”复选框；④在图像与文字的中间绘制上下两个箭头。

STEP 7 查看完成后的效果

清除参考线并保存图像，完成多肉微观世界“关于我们”页面的制作，查看完成后的效果。

公司首页

》集团简介

》董事长致辞

》企业理念

手机：159822xxxxxx

电话：400-1182-430

邮箱：xxxx@.wangy.cn

地址：成都xxxxx工业园区

，生产基地总面积2500余亩，温室大棚面积30万平方米，年产多肉植物1亿株，是集多肉植物培育、加盟连锁业务、花卉租摆、科技研发、农业休闲观光、种苗进出口、电子商务、绿化苗木等为一体的综合型农业产业化国家重点龙头企业。

公司坚持“创知名品牌，让绿色进万家”的质量方针，自推出专业提供绿色家庭、单位、公务活动场所的花卉摆放设计、租摆、植保等服务以来，由于在质量、服务上的领先地位和良好的企业形象，博得了广大用户的好评。公司现有常年租摆单位2500余家，家庭花卉租户6000余家。

成都微观世界工业园区为大家提供了一个“农业自助休闲”的好去处，接待国内外游客已达200余万人次，曾获得四川省省级休闲观光农业示范园，四川省农业两区现场会重要参观点，“四川十景”，四川省中小学质量教育社会实践基地等荣誉。2016年，微观世界推出“多肉多旅游购·微观世界花卉免费游”的休闲旅游创新模式，颠覆了观光园传统以销售门票为主要营收的经营方式。游客进园购买“多肉多旅游购”消费门票，既能免费畅玩万象花卉观光园，又能现场选购产品、体验组盆等活动，受到广大游客的热烈欢迎。

高手竞技场

制作音乐网页首页

新建图像文件，对音乐网页的首页进行编辑，要求如下。

- 使用图案填充工具填充一个深灰色并带有纹理的网页区域。
- 打开“音乐素材 .psd”图像文件，将其中的背景与人物等内容拖动到图像中，调整图像的大小和位置。
- 输入音乐文字，并设置字体的内阴影、渐变叠加、投影。
- 使用矩形工具绘制列表栏并使用黄橙渐变进行填充。
- 在下方的左侧区域绘制黑色区域，并在其上输入歌曲信息，在前方添加自定义形状。
- 在右侧板块中绘制黑色矩形，在其上添加歌手图片。
- 在歌手图片的右侧输入说明性文字，注意歌手名字的文字与下方的说明性文字颜色、大小不同。
- 在页面的最下方输入尾页文字，设置文字的字体样式。
- 调整每个区域的位置，完成后保存图像。

My MUSIC
powerful
首页
信息
歌曲
点歌
下载
Top 20 Music
合作歌手
蓝蝶嘎嘎
网络歌手，代表作《完美世界》，哗哗啦啦...
Copyrighted © by 2016-2017 companyname.com
All Rights Reserved

18 Chapter 第 18 章

淘宝美工应用

/ 本章导读

淘宝美工是网店页面编辑美化工作者的统称，在淘宝中需美化的页面主要是首页和详情页。本章将以制作婚纱的首页和详情页为例。婚纱店铺与其他服装类店铺不同，婚纱代表着一种结婚的幸福，因此在装修婚纱店铺时，可多运用代表幸福的花朵，璀璨的宝石，精致的场景，让顾客从店铺的装修中感受到结婚的喜悦。

18.1 制作婚纱店铺首页

有人说女人最美的时刻，就是结婚的那一瞬间，作为美丽的代表服饰“婚纱”就是美的演绎。本例制作的婚纱店铺首页不但需要将婚纱的美表现出来，而且要让意境升华。在制作首页时，需要了解本店铺的卖点，再通过色彩的对比让页面变得鲜活，让高贵从店铺装修中体现出来，最后通过模特展示图片，将产品的穿戴效果，传递给买家，从而促进购买。

18.1.1 制作婚纱店招

作为婚纱店铺，时尚与唯美是主题。在设计店招时，其主体主要是店名和 Logo 的制作，下面将先填充底纹，再制作收藏图片，并对店铺名称进行编写，最后制作导航条，具体操作步骤如下。

微课：制作婚纱店招

素材：光盘 \ 素材 \ 第 18 章 \ 婚纱店招 \

效果：光盘 \ 效果 \ 第 18 章 \ 婚纱店招 .psd

STEP 1 添加底纹和辅助线

新建大小为“1920 像素 ×150 像素”，分辨率为“72 像素 / 英寸”，名为“婚纱店招”的文件，打开“纹理背景 .jpg”文件，将其拖动到文件中，使其填满界面。并在两侧分别拖动两条距离两边 485 像素的辅助线，中间预留 950 像素。

STEP 2 添加星光素材

打开“星光 .psd”素材文件，将其中的白色莲花和白云拖动到文件中，调整其大小与位置。完成后在参考线的中间选择矩形工具，绘制直径为“100 像素 ×70 像素”的矩形，并填充为“#844a73”。

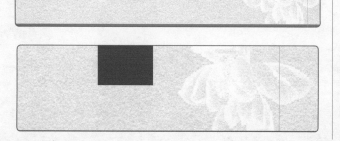

STEP 3 绘制邮票形状

❶在工具箱中选择自定形状工具；❷在工具属性栏的“形状”下拉列表框中选择“邮票 2”选项；❸在矩形的下方绘制大小为“105 像素 ×72 像素”的邮票形状，并移动到矩形下方。

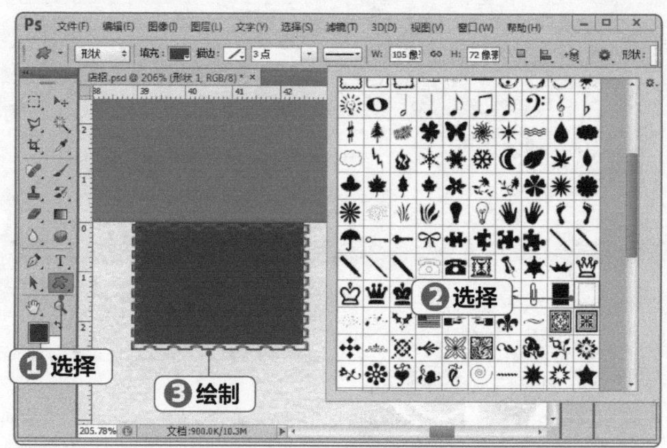

STEP 4 输入收藏文字

在工具箱中选择横排文字工具，在矩形上输入“藏”字，在“字符”面板中设置“字体、字号”分别为“幼圆、50 点”。在下方输入“收藏送豪礼”，设置字体为“微软雅黑”。

STEP 5 输入标题文本

选择横排文字工具，在左侧参考线右侧输入“Angel 墨韵”，并设置英文字体为“Heather Scrip”，中文字体为“方正隶二简体”，调整文字的大小。

STEP 6 完成 Logo 的制作

完成后在文字右侧，使用矩形工具绘制大小为“120 像素 × 20 像素”，颜色为“#844a73”的矩形，并在上方输入“婚纱礼服旗舰店”，在“字符”面板中设置“字体、字号”分别为“楷体、20 点”。完成后在工具箱中选择直线工具，在文字下方绘制一条直线，完成店铺 Logo 的制作。

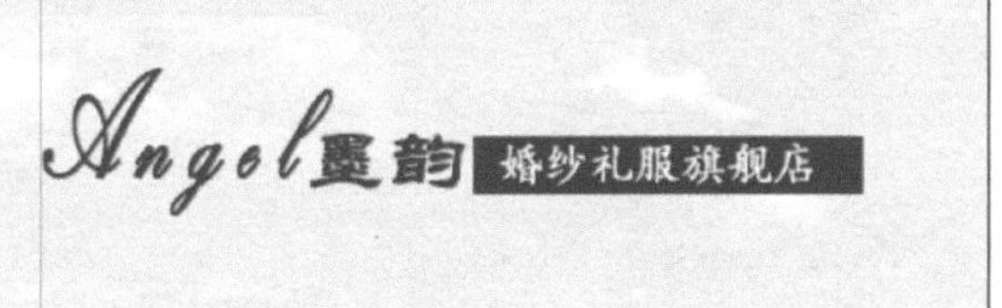

STEP 7 绘制导航条

在工具箱中选择矩形工具，绘制大小为“1920 像素 ×40 像素”，颜色为“黑色”的矩形，用作导航条。再次选择矩形工具，绘制颜色为“#d1c0a5”大小为“70 像素 ×40 像素”的矩形，并将其移动到店标的下方。

STEP 8 输入导航条文字

在导航条中输入文字“首页”“所有分类”“高级定制”“品牌故事”“店铺动态”“特价区”“联系我们”，并设置“字体、字号”分别为“黑体、18 点”。

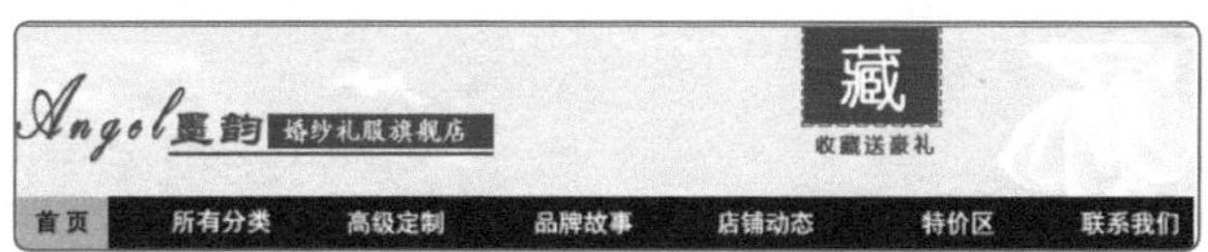

STEP 9 查看完成后的效果

在“图层”面板中单击按钮新建图层组，并将其命名为“店招”，完成后将店招的图层拖动到该文件夹中，完成店招的制作，保存图像查看完成后的效果。

18.1.2 制作婚纱海报

婚纱海报是首页制作的亮点，因为海报不但能完美展现婚纱，还能与周围的风景与人物相结合，让穿戴的效果得到实质性的展示。本例将在唯美的背景中添加描述性的文字，让海报变得更加完美，其具体操作步骤如下。

微课：制作婚纱海报

	素材：光盘 \ 素材 \ 第 18 章 \ 婚纱海报
	效果：光盘 \ 效果 \ 第 18 章 \ 婚纱海报 .psd

STEP 1 添加背景

新建大小为“1920 像素 ×920 像素”，分辨率为“72 像素/英寸”，名为“婚纱海报”的文件，打开“婚纱背景 .jpg”图像文件，将其拖动到“婚纱海报”中，使其全部填满，调整其位置。

STEP 2 绘制灰色矩形

❶在工具箱中选择矩形工具；❷在右侧绘制大小为“530像素 ×920 像素”，颜色为“#d2d2d2”的矩形；❸打开“图层”面板，设置不透明度为“30%”。

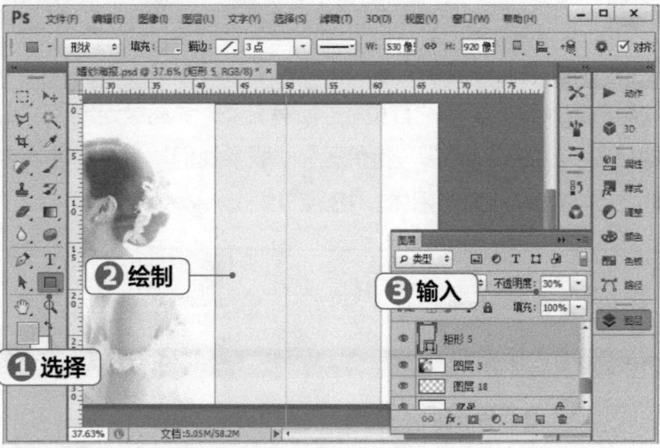

STEP 3 添加白色莲花素材

打开“星光 .psd”素材，将其中的白色莲花拖动到灰色矩形框的右下角和右上角，调整花瓣的位置，使其显示得更加自然。

STEP 4 输入海报文字

在矩形框的上方输入下图所示的文字，并设置字体为“宋体”，调整字体大小，完成后在“初夏新品”下方绘制一个黑色的矩形。

STEP 5 输入说明性文字

在文字下方继续输入解说的英文字母，并设置“字体、字号”分别为“BoltonItalic、23 点”。

STEP 6 输入推荐分类文字

完成后在下面绘制大小为“950 像素 ×30 像素”的矩形，并设置颜色为“黑色”。在黑色的矩形条上分别输入“Classification 推荐分类”和“MORE”，并设置“字体、字号”分别为“方正细圆简体、20 点”。

STEP 7 绘制箭头形状

❶在工具箱中选择自定形状工具；❷在工具属性栏的“形状”

下拉列表中选择“箭头 7”选项；❸在文本“MORE”右侧绘制箭头。

STEP 8 绘制推荐分类的矩形框

选择矩形工具，在黑色矩形的下方绘制大小为“230 像素 ×280 像素”的矩形，并设置颜色为“#d2d2d2”，完成后向右复制 3 个相同大小的矩形，调整中间的间隔区域。

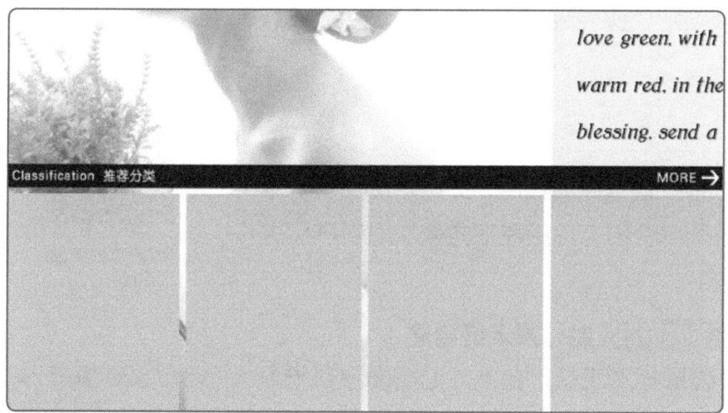

STEP 9 创建剪贴蒙版

打开“海报 1”图像文件，选择第一张图片所在的图层，将其移动到第一个矩形上，单击鼠标右键，在弹出的快捷菜单中选择“创建剪贴蒙版”命令，将其置于图形中。

STEP 10 对推荐分类的矩形框添加图片

使用相同的方法，打开“海报 2.jpg~ 海报 4.jpg”图像文件，对其他图片创建剪贴蒙版并应用到对应的矩形中，查看添加图像文件后的效果。

STEP 11 绘制浅灰色矩形框

在海报的下方使用矩形工具绘制大小为“230 像素 ×45 像素”的矩形，并设置“颜色、不透明度”分别为“#20242f、50%”。完成后将其移动第一个矩形框的下方，向右复制 3 个相同大小的矩形，并调整矩形的位置。

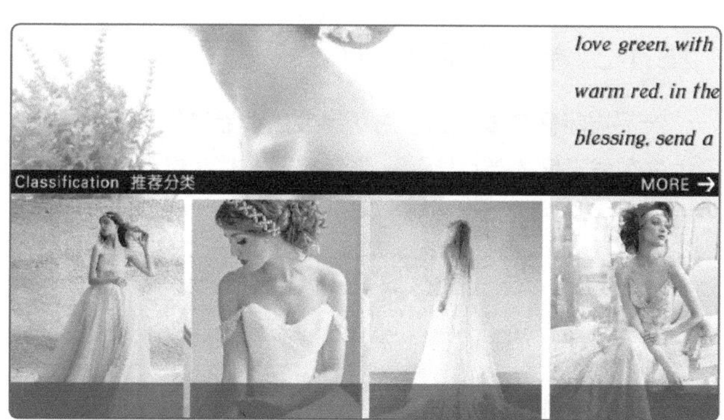

STEP 12 输入矩形条文字

在绘制的矩形条中分别输入下图所示的文字，并设置“字体、字体颜色、字号、行距”分别为“宋体、#f5f7ec、23 点、18 点”，完成后，调整文本的位置。

STEP 13 查看完成后的效果

选择【视图】/【清除参考线】命令，清除参考线，保存图像查看完成后的效果。

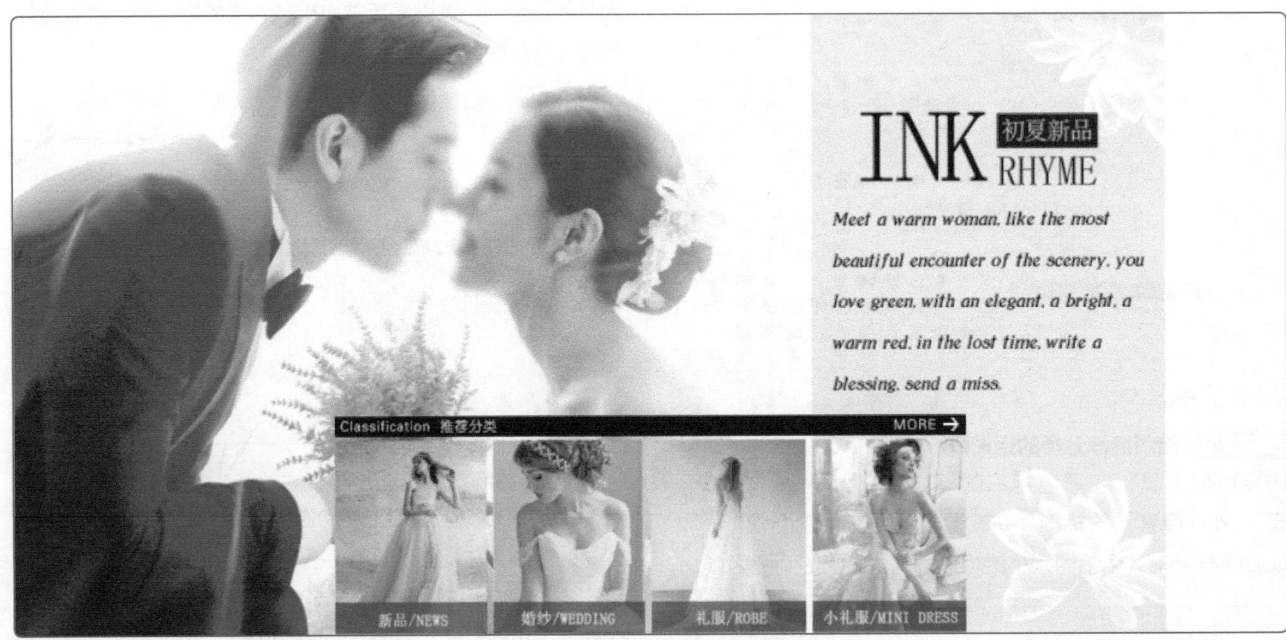

18.1.3 制作产品展示区

微课：制作产品展示区

产品展示区主要是为了对新品或热卖品进行统一的展示，让顾客在观看完海报后，即可了解产品。本例中先在展示区的首页制作一张焦点图，并对焦点图中的产品进行简单介绍，然后在下方依次对新产品进行展示。在制作时，主要分为婚纱和礼服两部分，具体操作步骤如下。

素材：光盘 \ 素材 \ 第 18 章 \ 产品展示区

效果：光盘 \ 效果 \ 第 18 章 \ 产品展示区 .psd

STEP 1 添加背景

新建大小为“1920 像素 ×3000 像素”，分辨率为“72 像素 / 英寸”，名为“产品展示区”的文件，添加参考线，添加“纹理背景 .jpg”素材文件，将其铺满画布。打开“星光 .psd”素材，将其中的白色莲花等图形，拖动到画布中，调整其位置。

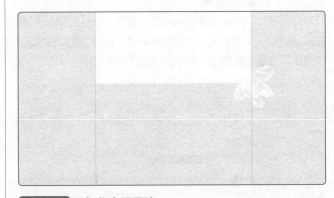

STEP 2 制作展示区背景

选择矩形工具，在上方沿着参考线绘制大小为“950 像素 × 420 像素”的矩形，并设置颜色为白色。

STEP 3 添加焦点图图片

打开“焦点图 1.jpg”文件，选择该图片，将其拖动到绘制的矩形上，在“图层”面板中单击鼠标右键，在弹出的快捷菜单中选择“创建剪贴蒙版”命令，将其置于图形中，调整图片位置，使其向右侧对齐。

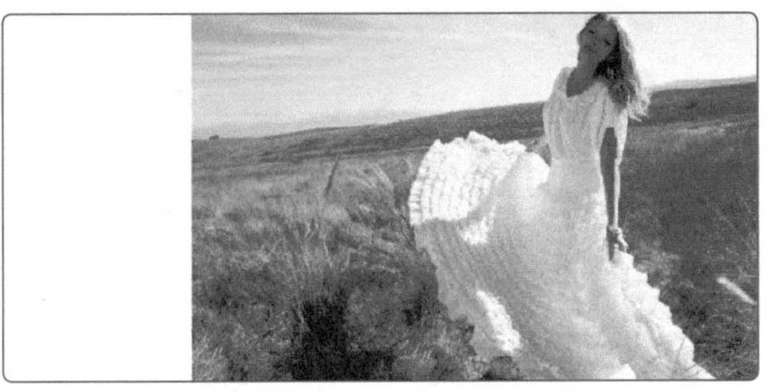

STEP 4 绘制矩形条

在矩形上方绘制大小为“950 像素 ×30 像素”的矩形，并设置颜色为“黑色”。在黑色的矩形条上分别输入“Wedding 清新田园”和“MORE”，设置“字体、字号”分别为“方正细圆简体、20 点”，选择自定形状工具，选择“箭头 7”样式，在文本“MORE”右侧绘制箭头。

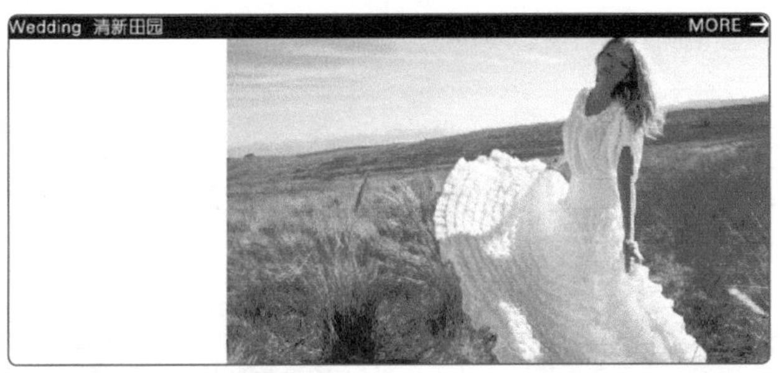

STEP 5 输入说明性文字

在焦点图左侧输入下图所示的文字，并设置字体为“宋体”，调整字体大小，完成后在“秋末田园风”文本下方绘制矩形，并设置填充颜色为“#886a38”，调整字体与矩形框的位置。

STEP 6 绘制矩形条并栅格化处理

❶绘制大小为“250 像素 ×5 像素”，颜色为“#886a38”的矩形，并将该矩形进行栅格化处理；❷完成后单击 fx 按钮，在打开的下拉列表中选择“渐变叠加”选项。

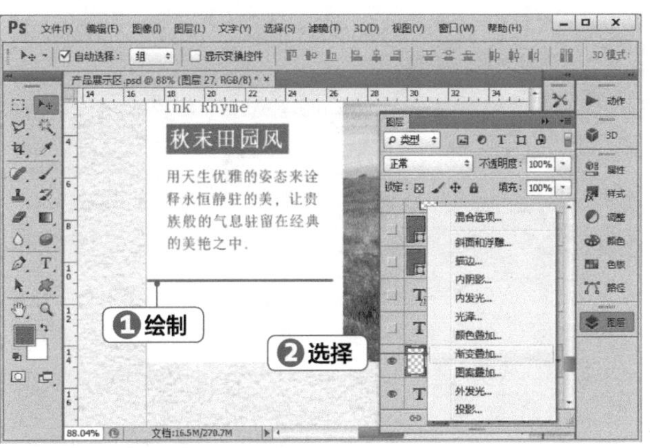

STEP 7 设置渐变叠加参数

❶打开“图层样式”对话框，在右侧设置“混合模式、不透明度、渐变、样式、角度、缩放”分别为“正常、100%、白色 ~#886a38、线性、0 度、100%”；❷单击“确定”按钮。

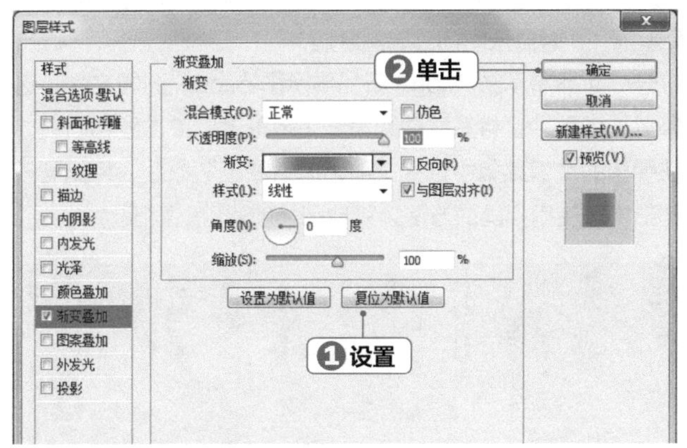

STEP 8 完成焦点图的制作

在渐变条的下方输入“促销价：￥1280”，并设置中文字体为“宋体”，设置数字的字体为“Fely”，完成后调整文字大小，完成焦点图的制作。

STEP 9 绘制 6 个相同大小的矩形

选择矩形工具，在焦点图的下方绘制颜色为“#886a38”、大小为“270 像素 ×400 像素”的矩形，并设置描边为“3”，完成后复制 5 个相同大小的矩形，并对这些矩形进行排列。

STEP 10 对展示图创建剪贴蒙版

打开“新品展示图 1.jpg~ 新品展示图 6.jpg”图像文件，选择第一张图片，将其移动到第一个矩形上，单击鼠标右键，在弹出的快捷菜单中选择“创建剪贴蒙版”命令，将其置于图形中，使用相同的方法为其他图片创建剪贴蒙版。

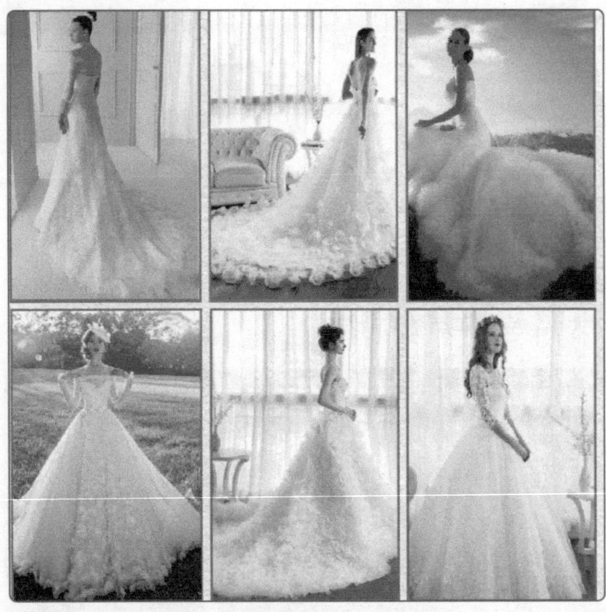

STEP 11 在展示图中绘制矩形

❶在工具箱中选择矩形工具，在一张图片的下方绘制大小为“270 像素 ×70 像素”的矩形，设置颜色为“#20242f”；❷在“图层”面板中设置不透明度为“50%”。

STEP 12 制作矩形条并添加价格

在矩形上方继续使用矩形工具绘制 3 个“5 像素 ×70 像素”的矩形，并填充对应的颜色，完成后在右侧的矩形条中输入促销文字，这里输入“促销价：￥788.00”，其字体与焦点图相同。

STEP 13 制作矩形条并添加价格

按住【shift】键不放选择矩形条与矩形条上的内容，按住【Alt】键对选择的矩形条进行复制，在展示图片的下方分别添加矩形条，并修改其中的价格。

绘制矩形的技巧

在制作多个矩形时，若矩形不是相同大小，又不知道确定尺寸时，可直接按【Ctrl+T】组合键，沿着参考线调整矩形使其符合需要。

Chapter 18

STEP 14 制作米字格框

选择直线工具，在矩形条右侧绘制粗细为“3 像素”的直线，并设置填充颜色为“#b5b5b5”，使用相同的方法继续绘制下图所示的米字框。

STEP 15 输入描述文字

在米字框的上方输入“精”并设置“字体、字号”分别为“金梅毛行書、100 号”，调整文字位置使其居中显示。完成后在其上方输入“每周精品”，设置“字体、字号”分别为“方正细圆简体、30 号”，加粗显示。完成后在其左侧输入“紧随国家潮流，引领中国婚纱时尚”，设置“字体、字号”分别为“宋体、26 点”，查看完成后的效果。

STEP 16 绘制矩形并置入剪贴蒙版图片

完成后使用矩形工具，绘制矩形，打开“焦点图 2.jpg”图像文件，选择该图片的图层，将其移动到绘制的矩形上，单击鼠标右键，在弹出的快捷菜单中选择“创建剪贴蒙版”命令，将其置于矩形中，调整图片位置。

STEP 17 绘制矩形条并输入文字

在矩形上方绘制大小为“950 像素 ×30 像素”的矩形，并设置颜色为“黑色”，在黑色的矩形条上分别输入“Robe 时尚中国风”和“MORE”，并设置字体为“方正细圆简体”，完成后在矩形右侧绘制箭头。

STEP 18 绘制矩形条并输入文字

在图片的右侧绘制“310 像素 ×390 像素”的矩形，并设置颜色为“黑色”，“不透明度”为“65%”，完成后在其上输入“Ink Rhyme”，设置“字体、字号”分别为“Heather Script Two、27 点”，加粗显示。

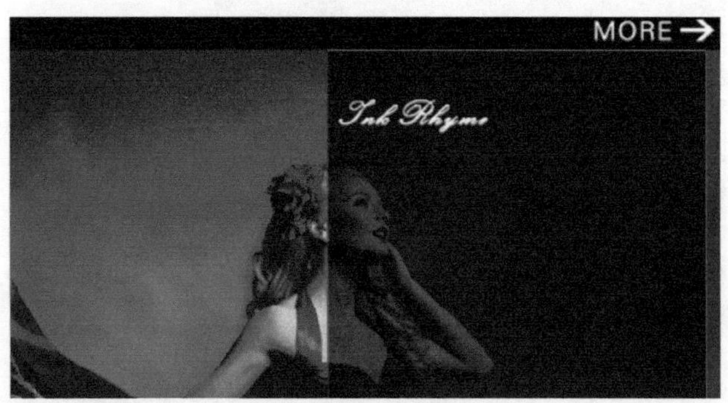

STEP 19 输入文字并选择“投影”选项

❶在英文下方继续输入“时尚、典雅中国红”，并设置“字体、字号”分别为“宋体、32 点”；❷单击“图层”面板下方的 fx 按钮，在打开的下拉列表中选择“投影”选项。

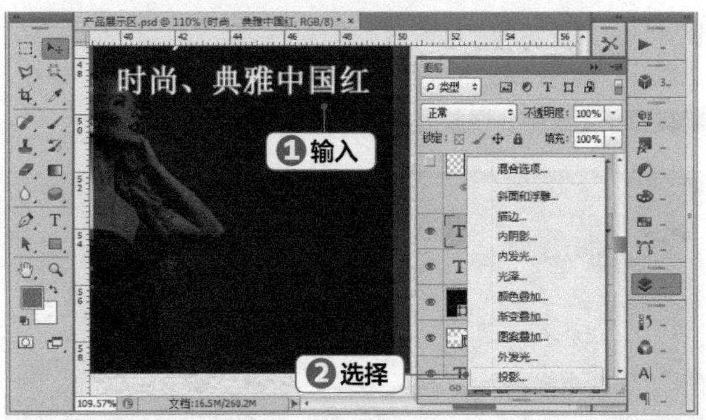

STEP 20 设置投影参数

打开“图层样式”对话框，设置投影的“混合模式、不透明度、角度、距离、扩展、大小”分别为“正片叠底、75%、120 度、4 像素、10%、10 像素”。

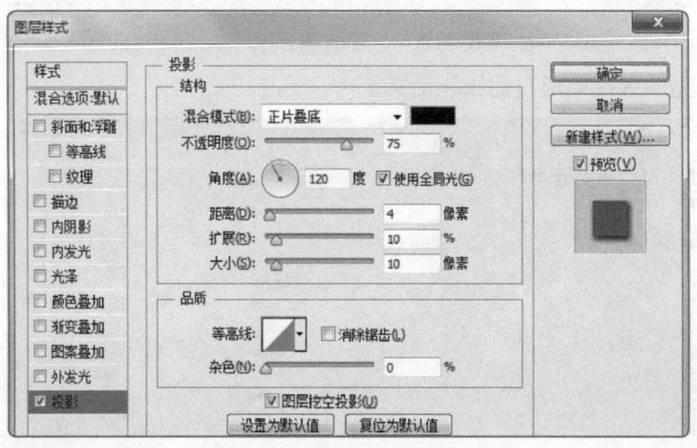

STEP 21 设置渐变叠加参数

❶在左侧列表中单击选中“渐变叠加”复选框；❷在右侧设置“混合模式、不透明度、渐变、样式、角度、缩放”分别为“正常、100%、黑白渐变、线性、90 度、100%”。

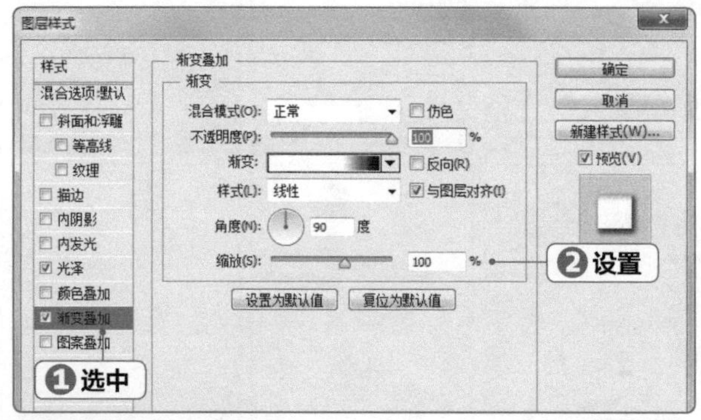

STEP 22 设置光泽参数

❶完成后单击选中“描边”复选框，设置“大小”分别为“1 像素”；❷单击选中“光泽”复选框；❸在右侧设置“混合模式、不透明度、角度、距离”分别为“颜色、10%、19 度、22 像素”；❹单击“确定”按钮。

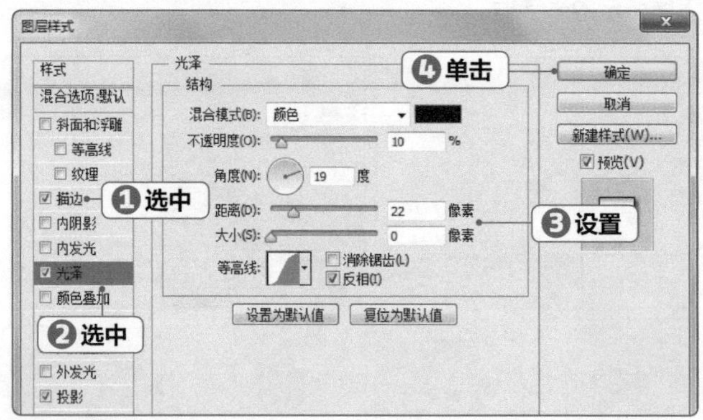

STEP 23 绘制矩形条

❶绘制大小为“290 像素 ×5 像素”，颜色为“#886a38”的矩形，并将该矩形栅格化处理；❷完成后单击 fx 按钮，在打开的下拉列表中选择“渐变叠加”选项。

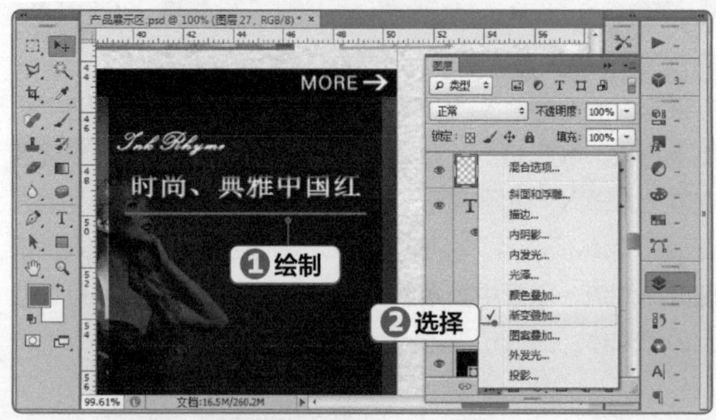

Chapter 18

STEP 24 **设置矩形条渐变叠加参数**

❶打开“图层样式”对话框，在右侧设置“混合模式、不透明度、渐变、样式、角度、缩放”分别为“正常、90%、黑白渐变、线性、0 度、100%”；❷单击“确定”按钮。

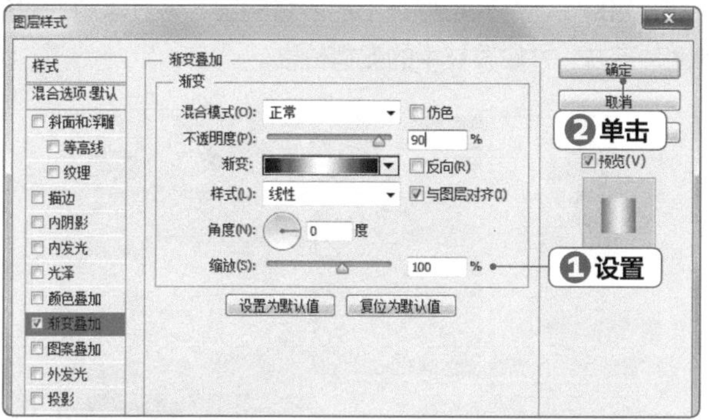

STEP 25 **输入文本**

❶继续输入下图所示文字；❷在“字符”面板中设置“字体、字号、间距、字距”分别为“叶根友特隶简体、20、30 点、75”，加粗显示文本。

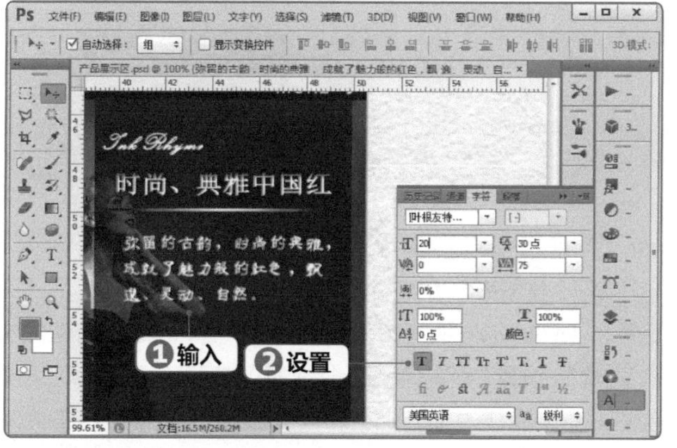

STEP 26 **绘制红色矩形**

在其下方绘制“190 像素 ×50 像素”的矩形，设置颜色为“#e8000”。

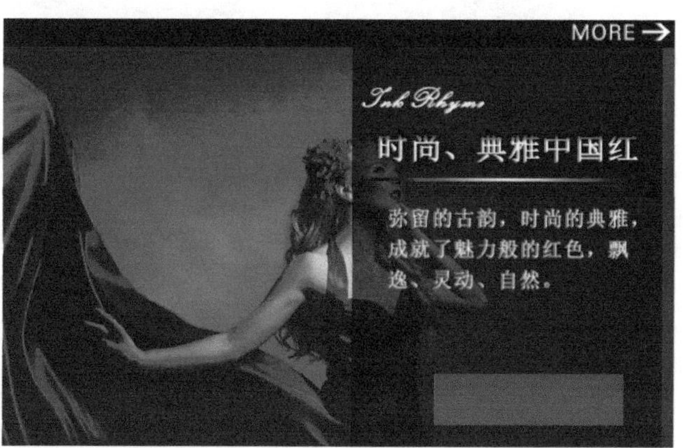

STEP 27 **输入促销价文字**

在红色矩形中输入“促销价：￥980”，设置“促销价”的“字体、字号”分别为“宋体、18”，再设置“￥980”的“字体、字号”分别为“Script MT Bold、36 点”，调整字体的大小，并为“￥980”添加投影效果。

STEP 28 **添加星光效果**

新建图层，在工具箱中选择画笔工具，在红色矩形的右上角添加星光效果，完成焦点图的制作。

STEP 29 **绘制并排列矩形**

在工具箱中选择矩形工具，在焦点图的下方绘制大小为“270 像素 ×400 像素”，颜色为“#313131”，描边为“3 像素”的矩形，完成后复制 3 个相同大小的矩形，并对这些矩形进行排列。

第 18 章 淘宝美工应用

STEP 30 绘制其他矩形

在矩形的右侧，绘制“390 像素 ×810 像素”的矩形。使用相同的方法，在其下方继续绘制“390 像素 ×440 像素”的矩形，并对矩形框进行排序。

STEP 31 置入礼服图片

打开“礼服展示图 1.jpg~ 礼服展示图 6.jpg”，选择第一张图片，将其移动到第一个矩形上，创建剪贴蒙版，并调整显示的位置。使用相同的方法，将其他图片置于矩形中。

STEP 32 绘制其他矩形条并输入促销信息

使用 STEP11~STEP13 的方法绘制矩形条，填充为“#20242f”颜色，完成后绘制 3 个矩形，并填充对应的颜色，再在右侧的矩形条中输入促销文字，这里输入“促销价：￥1580.00”，选择矩形条上的所有图层，将其复制到对应的图片下方，并修改其中的促销价格。

STEP 33 绘制米字框并输入“情”字

使用 STEP14 的方法，在左侧绘制米字框。完成后在其上方输入“情”，设置“字体、字号”分别为“金梅毛行書、100 点”，调整其大小使其居中显示，并将其移动到左侧的参考线左侧。

STEP 34 输入其他文字

完成后在其右侧输入“经典情怀”，设置“字体、字号”分别为“方正细圆简体、30点”，加粗显示文本。完成后在其右侧输入其他文字，并设置中文的“字体、字号”分别为“宋体、26号”，英文的“字体、字号”分别为“Vivaldi、27号”。

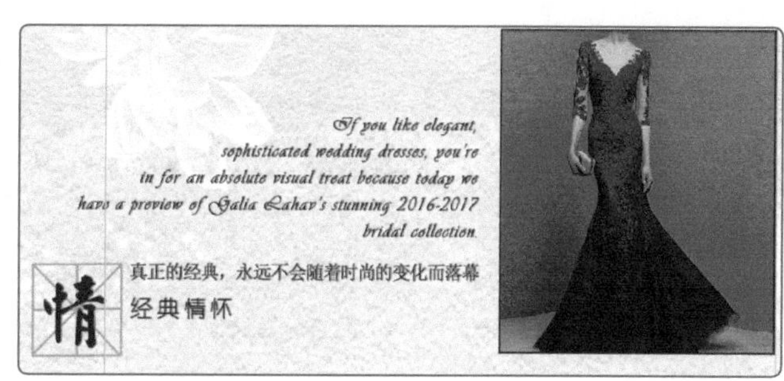

STEP 35 查看完成后的效果

选择【视图】/【清除参考线】命令，清除参考线，保存图像查看完成后的效果。

18.1.4 制作定制专区

微课：制作定制专区

因为每个人的体型不同，因此衣服尺寸也不同，店铺需提供婚纱定制功能，以满足客户的需要。同时，也可根据用户的需要，从现有的款式或已绘制好的款式中选择婚纱款式进行定制，本例设计的定制专区，主要是对款式进行展示，以帮助用户选择定制款式，具体操作步骤如下。

	素材：光盘\素材\第 18 章\定制专区
	效果：光盘\效果\第 18 章\定制专区 .psd

STEP 1 添加背景

新建大小为“1920 像素 ×1050 像素”，分辨率为“72 像素 / 英寸”，名为“定制专区”的文件，添加参考线，打开“纹理背景 .jpg”素材，将其填充满画布区域。打开“星光 .psd”素材，将其中的白色莲花等图形拖动到画布中，调整其位置。

STEP 2 添加米字框文字

在上方绘制“950 像素 ×30 像素”的黑色矩形，在黑色矩形框中输入“Customize 定制专区”和“MORE”，并添加箭头形状。完成后复制前面绘制的米字框，并在其中输入“想与做”。

STEP 3 输入其他文字

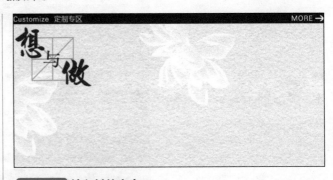

在文字的右侧输入下图所示的文字，设置中文“字体、字号”分别为“汉仪火柴体简、26 点”，再设置英文“字体、字号”分别为“Vivaldi、27 点”。

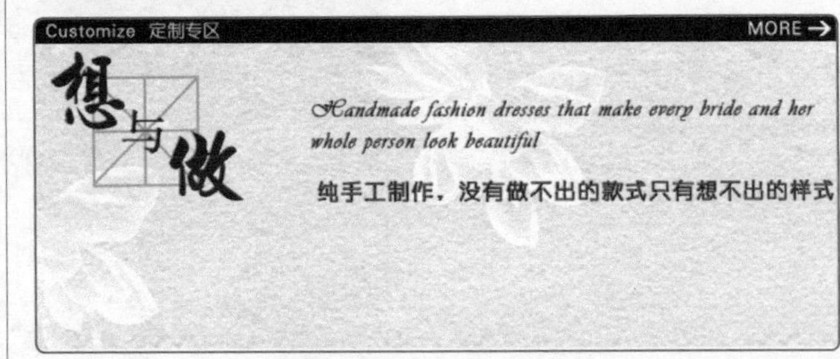

Chapter 18

STEP 4 绘制虚线

❶在工具箱中选择直线工具；❷在工具属性栏中设置“描边”为“10 点”，设置描边样式为“虚线”，粗细为“1 像素”；❸在文本下方绘制一条虚线。

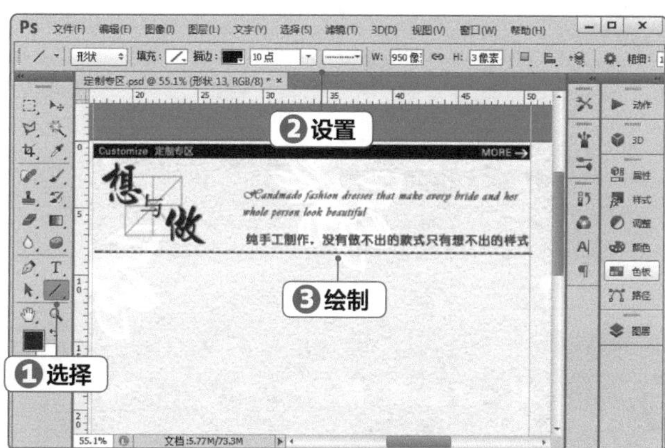

STEP 5 绘制矩形并排列

选择矩形工具，在虚线的下方绘制大小为“230 像素 ×350 像素”的矩形，完成后复制 7 个相同大小的矩形，并对这些矩形进行排列。

技巧秒杀

快速制作米字框的技巧

本例中米字框是一大亮点，但是其绘制方法却比较麻烦。此时可将其合并成一个图层，并将其另存到其他文件中，当需要时直接打开文件将其拖动到需要的图层中即可，这样不但节约时间，而且可以减少内存占用量。

STEP 6 绘制斜线

❶使用直线工具在中间部分绘制两条直线，并设置描边为“3 像素”，颜色为“#59493f”；❷继续使用直线工具在两条间绘制一条竖线，按【Ctrl+T】组合键，旋转绘制的竖线，使其倾斜显示。

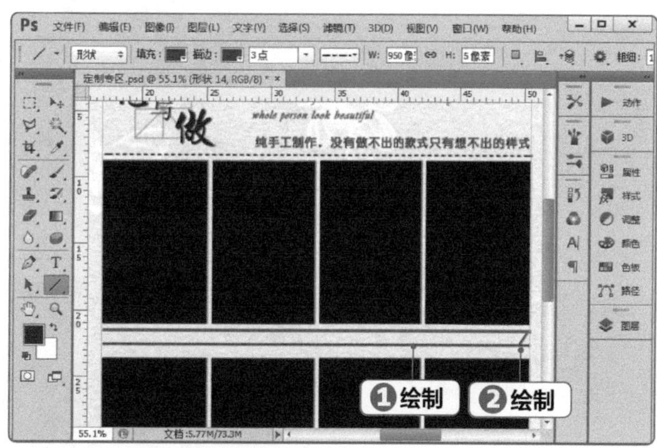

STEP 7 绘制斜线和虚线

完成后复制倾斜后的竖线，进行等距排列，然后使用 STEP 4 的方法绘制虚线，将其放于直线的下方。

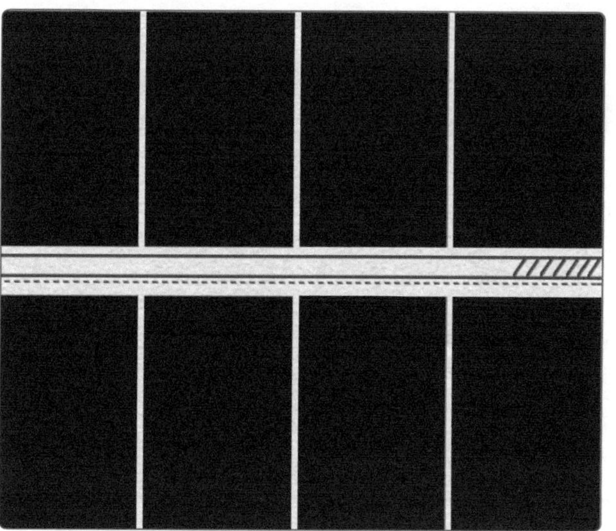

STEP 8 置入图片并查看完成后的效果

打开“定制图片 1.jpg~ 定制图片 8.jpg”图像文件，选择第一张图片，将其移动到第一个矩形上，创建剪贴蒙版，调整显示的位置，使用相同的方法，将其他图片置于矩形中。选择【视图】/【清除参考线】命令，清除参考线，保存图像查看完成后的效果。

18.1.5 制作页尾

微课：制作页尾

页尾是首页的结尾部分，该部分不是对产品的介绍，而是对产品的总结，起到承上启下的作用。本例中页尾是各种裙摆的链接，可让客户在浏览的最后，根据需要对不同裙摆样式的婚纱进行浏览；最后添加本店店铺的图片，让婚纱变得更加实体化，增加可信度。具体操作步骤如下。

素材：光盘 \ 素材 \ 第 18 章 \ 页尾

效果：光盘 \ 效果 \ 第 18 章 \ 页尾 .psd

STEP 1 添加素材

新建大小为“1920 像素 ×410 像素”，分辨率为“72 像素 / 英寸”，名为“页尾”的文件，按照前面的方法添加参考线和底纹，打开“款式分类 .jpg”文件将其拖动到扩展的画布中。

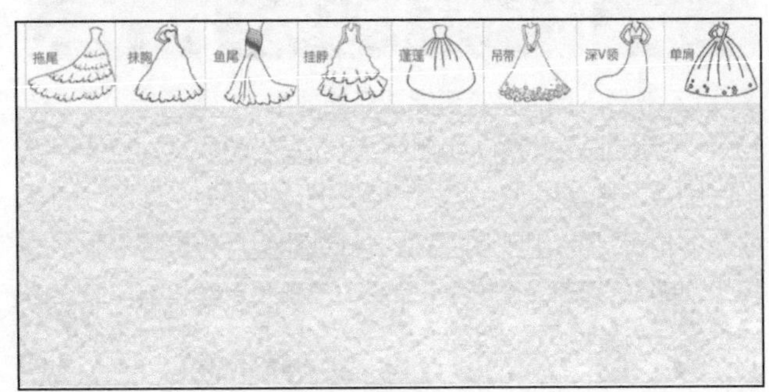

STEP 2 输入文字并添加素材

在款式分类的左侧输入文字“款式分类”和“Style classification”，并设置中文字体、字号分别为“方正细圆简体、20 点”，英文字体、字号分别为“Vivaldi、20 点”，完成后打开“店铺背景 .jpg”图像文件将其拖动到款式分类的下方。

STEP 3 查看页尾效果

在页尾绘制大小为“1920 像素 ×50 像素”的矩形，并设置颜色为黑色，在黑色的矩形条上输入“首页 | 所有分类 | 婚纱 | 礼服 | 高级定制服务 | 品牌故事 | 联系我们 | 买家秀 | 返回顶部”，并设置字体为“方正细圆简体、20 点”，调

整文字位置，选择【视图】/【清除参考线】命令，清除参考线，保存图像查看完成后的效果。

18.2 制作婚纱店铺详情页

详情页是淘宝美工中不可或缺的一部分，在制作详情页时，需要先制作焦点图，交代婚纱的卖点，以吸引买家继续逛下去；然后交代设计的理念与宝贝的详情信息，以展示宝贝的具体参数；其次制作宝贝的亮点与细节图，让宝贝的展现更加完美；最后使用模特和模特架的展示让宝贝效果得到升华，并告之制作方法，打消顾客最后的顾虑。

18.2.1 制作详情页婚纱焦点图

焦点图作为进入详情页的第一个板块，是制作的重点，本例中的焦点图不但体现了宝贝的公主风格，还将宝贝的卖点进行了描述，并通过婚纱的效果图，结合蒙版的使用，让效果体现得更加完美。具体操作步骤如下。

微课：制作详情页婚纱焦点图

素材：光盘\素材\第 18 章\婚纱焦点图

效果：光盘\效果\第 18 章\婚纱焦点图 .psd

STEP 1 新建文件

❶打开“新建”对话框，在其中输入新建大小为“750 像素 × 450 像素”，分辨率为“72 像素 / 英寸”，名为“婚纱焦点图”的文件；❷完成后单击“确定”按钮。

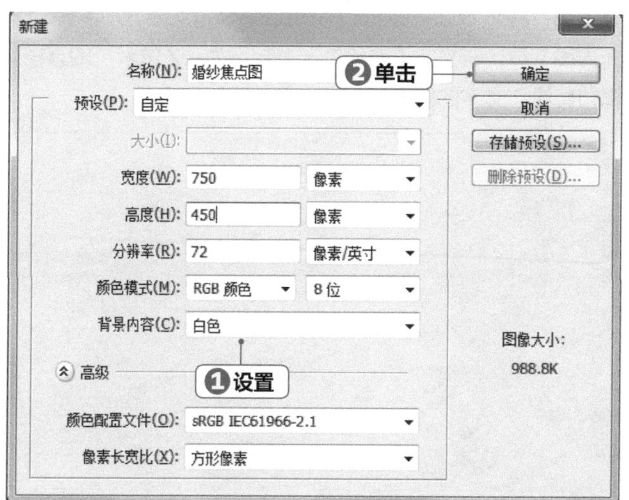

STEP 2 添加素材

打开“彩带 .jpg”文件，将其拖动到新建的图层中，使其全部填满，并设置其不透明度为“30%”；打开“焦点图 .jpg”图像文件，将其拖动到图层中。

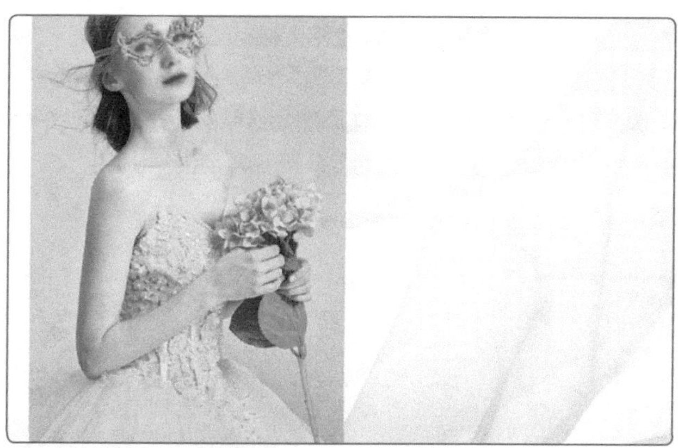

STEP 3 添加图层蒙版

❶在“图层”面板中单击按钮新建蒙版；❷在工具箱中选择画笔工具；❸将前景色设置为黑色，调整画笔的大小；❹在焦点图的两边进行涂抹，使图片的两边虚化。

STEP 4 锐化图像并绘制矩形

选择锐化工具，设置锐化的强度为“50%”，对人物的头发、身型、花朵进行锐化，使其更立体。并在其右侧绘制大小为“280 像素 ×450 像素”，颜色为“#a0a0a0”的矩形。

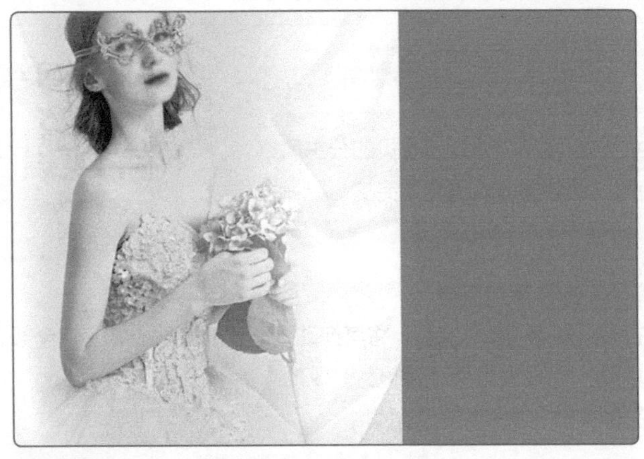

STEP 5 设置透明度并添加莲花素材

❶设置矩形的不透明度为“30%”；❷打开“星光 .psd”图像文件，将其中的莲花图样添加到绘制的矩形上方，并设置图层混合模式为“实色混合”，不透明度为“80%”。

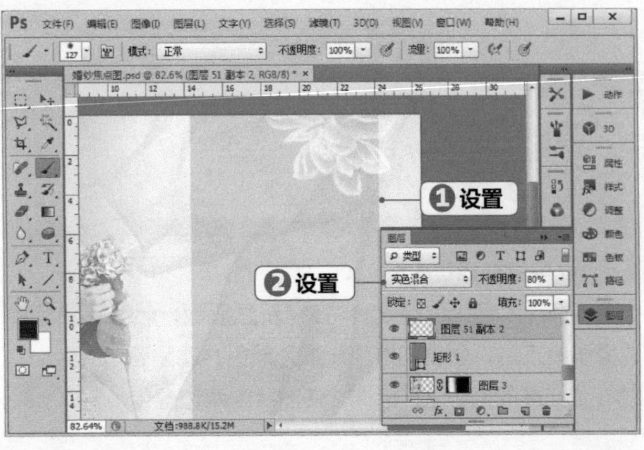

STEP 6 输入“f”文字

选择横排文字工具，在右侧矩形中输入“f”，并设置“字体、字号、颜色”分别为“Luna Bar、80 点、#81962c”，完成后按【Ctrl+T】组合键，将“f ”文字倾斜。

STEP 7 输入“ashion”文字

再在“f”下方输入“ashion”，并设置“字体、字号”分别为“Giddyup Std、36 点”，将其移动到“f ”文字的右侧。

STEP 8 输入“INK RHYME”文字

在“f”的右下角输入“INK RHYME”，设置“字体、字号”分别为“HelveticaInserat-Roman-SemiB、37 点”，选择直线工具，在文字下方绘制一条粗细为“2 像素”的直线，调整直线与文字的距离。

STEP 9 输入说明性文字

在横线的下方输入“花精灵时尚手工婚纱”，并设置“字体、字号、颜色”分别为“造字工房悦圆演示版、26点、黑色”，完成后在其下方输入“Flower Fairy fashion handmade ”，设置“字体、字号”分别为“Myriad Pro、18点”。

STEP 10 输入“震撼上市”文字

在下方输入“震撼上市”文字，并设置“字体、字号、颜色”分别为“方正综艺简体、43点、#81962c”。

STEP 11 绘制按钮

在文字的下方绘制“140像素 ×40像素”的矩形，并设置填充颜色为“黑色”，在其上输入“Now SHOP”，并设置“字体、字号、颜色”分别为“标楷体、27点、白色”。

STEP 12 图层样式

❶复制“Now SHOP”所在的图层，选择复制的图层，并将其移动到下方，打开“图层样式”对话框，单击选中“内阴影”复选框；❷在右侧设置“混合模式、不透明度、角度、距离、大小”分别为“正片叠底、75%、120度、10像素、6像素”；❸单击“确定”按钮。

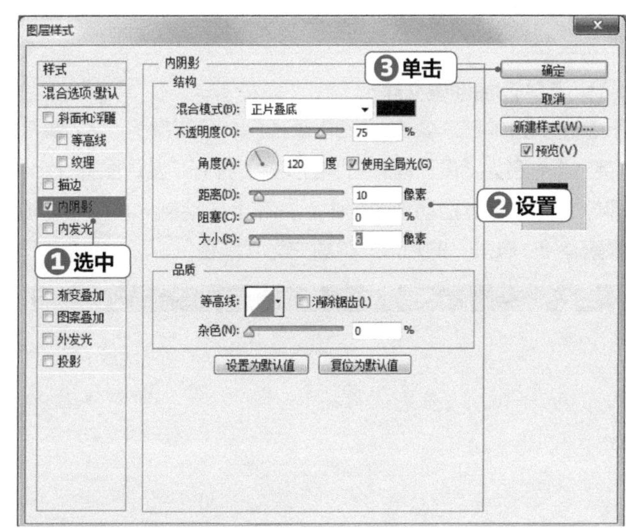

STEP 13 查看完成后的效果

完成后选择未被应用效果的文字图层，将其向上移动，添加立体效果，保存图像完成焦点图的制作效果。

操作解谜

认识焦点图

焦点图是详情页的开头，在制作时通过简单的婚纱效果图片，加上简洁的文字，让婚纱的促销信息和说明信息得到体现。

18.2.2 制作设计理念图

设计理念是设计师构思产品时所确立的主导思想，它不仅表达了设计师的设计感想，还赋予了产品文化内涵和风格特点。本例先通过添加设计图纸的样式，再添加设计师的设计理念，让品质、生活、绘制效果在简短的文字中显示，具体操作步骤如下。

微课：制作设计理念图

素材：光盘\素材\第 18 章\设计理念图
效果：光盘\效果\第 18 章\设计理念图 .psd

STEP 1 添加图像文件

新建大小为“750 像素 ×530 像素”，分辨率为“72 像素 / 英寸”，名为“设计理念图”的文件，打开“设计图样 .jpg”图像文件，将其拖动到图层中，并在上方绘制大小为“750 像素 ×30 像素”的矩形，并填充为“黑色”。

STEP 2 输入文字

在黑色矩形条中输入“Design concept”和“MORE”，设置“字体、大小”为“方正细圆简体、20 点”，完成后在其右侧使用自定形状工具绘制箭头。

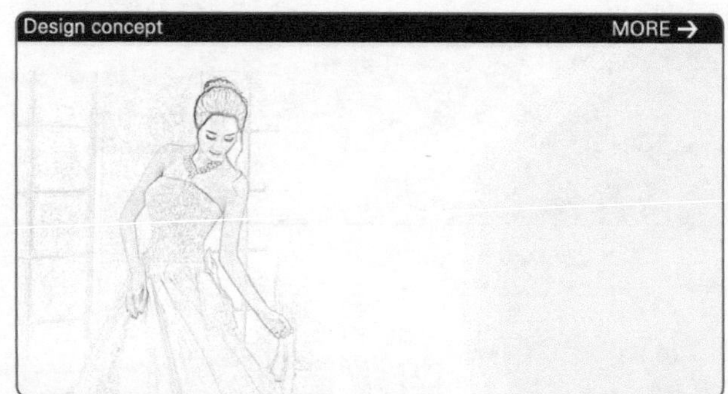

STEP 3 添加莲花图像

❶打开“星光 .psd”图像文件，将莲花图样添加到绘制的矩形下方；❷在“图层”面板中设置图层混合模式为“减去”，不透明度为“8%”。

STEP 4 输入设计理念文字

在右侧输入“设计理念”，设置“字体、字号、字距”分别为“文鼎习字体、40 点、100”，加粗显示文本，在其下方输入“Flower Fairy fashion handmade”，设置“字体、字号”分别为“Apple Chancery、20 点”。

STEP 5 绘制矩形并输入文字

完成后在下方绘制“280 像素 ×30 像素”，颜色为“黑色”的矩形，再在其上方输入文本“为品质 为原创 享生活 ...”，并设置“字体、字号、行距、字距”分别为“方正中等线简体、21 点、36 点、75”，完成后在其下方绘制直线。

STEP 6 **输入其他文字**

使用相同的方法继续输入下图所示的文字。设置"字体、字号"分别为"迷你简启体、18点"。在页面左侧输入"fashion"，设置"字体、字号"分别为"ALS Script、48点"，倾斜显示。

STEP 7 **查看完成后的效果**

完成后在其下方输入"花仙子"，设置"字体、字号"分别为"宋体、20点"，然后在下方绘制矩形条，并设置为黑白的渐变叠加方式，保存图像查看完成后的效果。

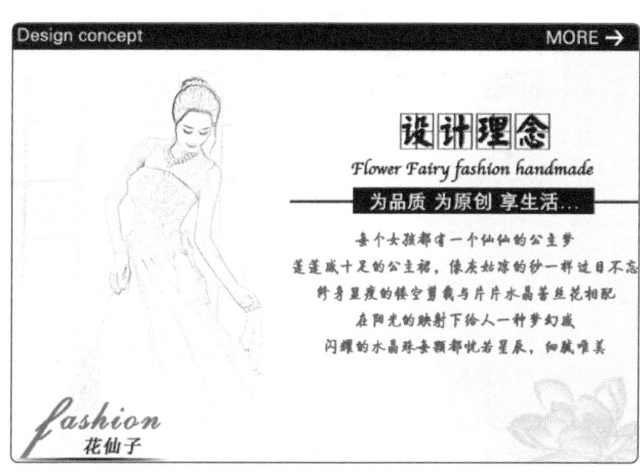

18.2.3 制作宝贝详情展示图

宝贝详情主要是对产品材质和型号进行介绍，要求不但要体现产品的信息，还要体现产品的特点。该特点需要包括3大指数，即厚度指数、柔软指数、修身指数，并通过文字和形状来简单地展示数据。具体操作步骤如下。

微课：制作宝贝详情展示图

	素材：光盘\素材\第18章\宝贝详情展示图
	效果：光盘\效果\第18章\宝贝详情展示图.psd

STEP 1 **绘制矩形并输入文字**

新建大小为"750像素×610像素"，分辨率为"72像素/英寸"，名为"宝贝详情展示图"的文件，绘制"750像素×30像素"、颜色为"黑色"的矩形，完成后在其左侧输入"宝贝详情"，设置"字体、大小"为"方正细圆简体、20点"，完成后在文字右侧使用自定形状工具绘制箭头。

STEP 2 **绘制矩形并置入图像**

在画布的左侧绘制"400像素×540像素"的矩形，打开"宝贝详情.jpg"图像文件，将其拖动到图层中，并使用"创建剪贴蒙版"命令将其置入到矩形中。

STEP 3 **绘制矩形并输入文字**

❶在图片右侧绘制"300像素×30像素"的矩形，并在上方输入文字"产品信息"，设置"字体、字号、字距"分别为"方

正黑体简体、19.5 点、50”；❷选择自定形状工具，单击⚙按钮，在打开的下拉列表中，选择“箭头”选项，在打开的列表框中选择“箭头 6”选项，在文字的左侧绘制箭头。

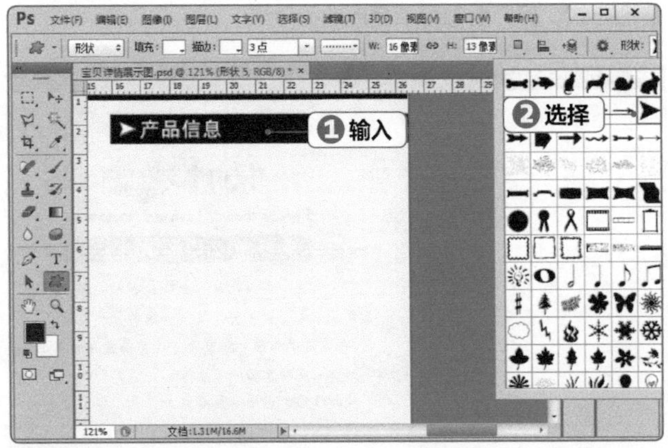

STEP 4 输入说明性文字

完成后在矩形的下方输入下图所示的文字，并设置“字体、字号”分别为“宋体、18 号”，设置冒号及冒号前的文字的颜色为“#a30005”。

STEP 5 绘制直线和矩形

在第一行文字的下方绘制粗细为“1 像素”的直线，使其衬于文字的下方。复制直线分别添加到剩余的每行文本下方，完成后复制“产品信息”栏中的矩形、三角形与文字，并将文字修改为“产品特点”。

STEP 6 输入文字并绘制矩形

❶在矩形的下方输入文字“厚度指数”，并设置“字体、字号、行距、字距”分别为“方正黑体简体、18 点、14 点、50”；❷完成后在其下方绘制“250 像素 ×20 像素”、颜色为“黑色”的矩形，并设置描边为“1 点”。

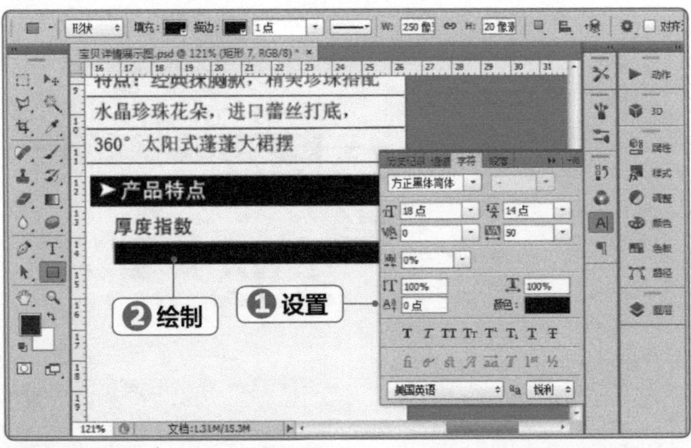

STEP 7 设置渐变叠加参数

❶打开“图层样式”对话框，在左侧列表中单击选中“渐变叠加”复选框；❷在右侧设置“混合模式、不透明度、渐变、样式、角度、缩放”分别为“正常、100%、黑白渐变、线性、-180 度、100%”；❸单击“确定”按钮。

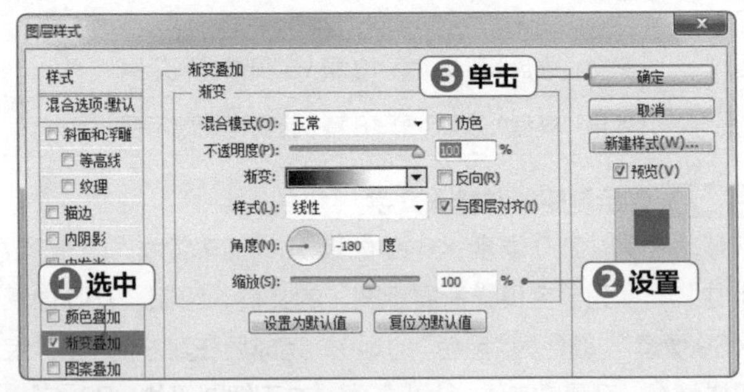

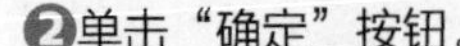

STEP 8 设置三角形阴影

❶在矩形的上方绘制三角形，打开“图层样式”对话框，在左侧列表中单击选中“投影”复选框，保持参数的默认值；❷单击“确定”按钮。

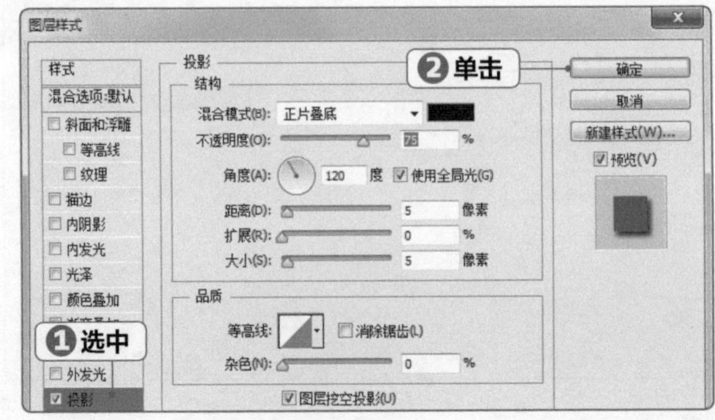

STEP 9 输入尺寸文字

在矩形的下方输入"很薄 薄 适中 稍厚"，设置"字体、字号、字距"分别为"微软雅黑、12.5 点、50"，调整字与字之间的距离。

STEP 10 查看完成后的效果

使用相同的方法，继续制作产品的其他特点，保存图像查看完成后的效果。

18.2.4 制作亮点与尺寸说明展示图

亮点主要是突出卖点，本例中的亮点以"靓点"谐音展示，突出婚纱的美，然后通过材质来体现美感，使用水晶、工艺和大裙摆 3 个亮点突出产品的品质。并在下方给出尺寸说明和洗涤说明，让用户从尺寸中了解顾客需要穿戴的尺寸和婚纱洗涤时应该注意的事项，让细节无处不在。具体操作步骤如下。

微课：制作亮点与尺寸说明展示图

	素材：光盘 \ 素材 \ 第 18 章 \ 亮点与尺寸说明展示图
	效果：光盘 \ 效果 \ 第 18 章 \ 亮点与尺寸说明展示图 .psd

STEP 1 绘制矩形并输入文字

新建大小为"750 像素 ×1100 像素"，分辨率为"72 像素 / 英寸"，名为"亮点与尺寸说明展示图"的文件，打开"图例素材 .psd"图像文件，将水钻图片拖动到文件中，并在其右下方输入下图所示文字，并设置"字体、字号"分别为"方正中倩简体、20 点"，完成后将"豪华公主风"设置为红色。

STEP 2 设置抢先看的标题

在图片的下方输入下图所示的文字，并设置英文字体为"ALS Script"，中文字体为"方正中倩简体"，调整文字的大小，并在"靓点 * 抢先看"下方绘制"250 像素 ×30 像素"的矩形，然后在文字的下方绘制黑白渐变的直线，使其渐变显示。

STEP 3 绘制 3 个相同大小的矩形

在标题的下方绘制"240 像素 ×250 像素"的矩形，设置描边为"1 像素"，完成后使用相同的方法再绘制 2 个相同大小的矩形。

STEP 4 置入图片并绘制矩形

打开“细节 1.jpg~ 细节 3.jpg”图像文件，使用“创建剪贴蒙版”命令将素材置入到矩形中。并在其下方绘制大小为“200 像素 ×30 像素”、颜色为“黑色”的矩形。

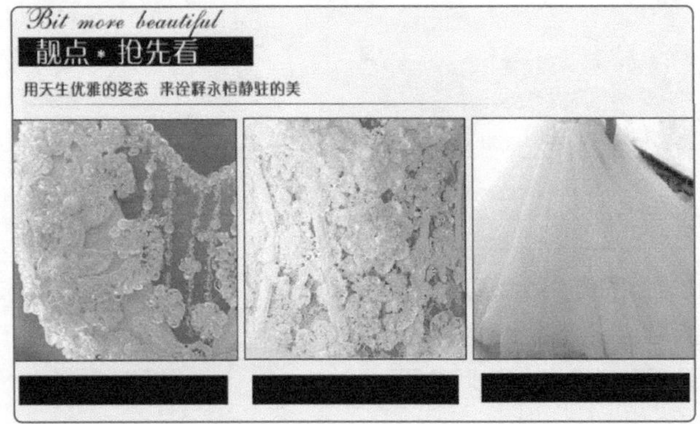

STEP 5 输入矩形框文字

打开“图例素材 .psd”素材文件，将其中的矩形框添加到绘制的矩形外侧，并在矩形中输入下图所示的文字，设置“字体、16 号、行距、间距”分别为“黑体、16 点、18 点、50”，加粗显示文本。

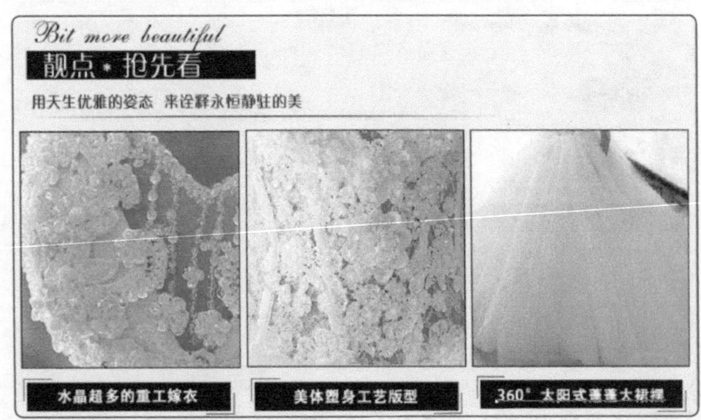

STEP 6 添加莲花图像并输入文字

打开“设计理念图 .pad”图像文件，将其中的莲花图像，拖动到图像中，调整图像位置。在中间位置输入“sixing specification”，设置字体为“ALS Script”，在文字下方添加渐变条。

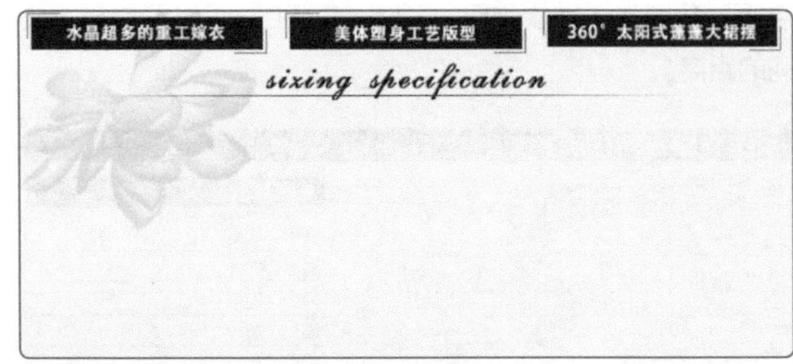

STEP 7 添加莲花图像并输入文字

在其下方绘制大小为“750 像素 ×30 像素”颜色为“黑色”的矩形，并在左侧输入“尺寸说明 Size That”，设置“字体、字号”分别为“黑体、22 点”。

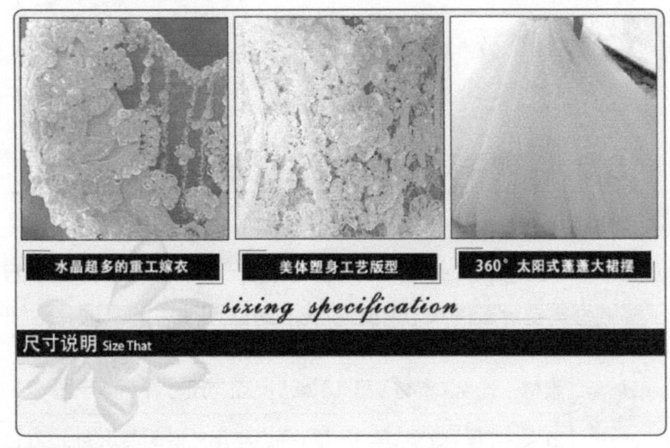

STEP 8 添加矩形文字

打开“图例素材 .psd”图像文件，将其中的格子拖动到图像中，并在空格区域输入下图所示的文字，设置“字体、字号、行距、字距”分别为“微软雅黑、14 点、27 点、100”，居中显示文本。

sixing specification

尺寸说明 Size That

尺寸	S	M	L	XL	XXL	XXXL
肩宽	37	38	39	40	41	42
胸围	86	90	94	98	102	106
衣长	53	54	54	55	56	56
拖尾长	58	59	60	61	61	61.5
腰围	76	80	84	88	92	96
臀围	\	\	\	\	\	\

STEP 9 输入温馨提示文字

输入下图所示的文字，并设置提示“字体、字号、颜色”为“微软雅黑、14 点、红色”，完成后在第一个提示信息下方，绘制线条渐变。

sixing specification

尺寸说明 Size That

尺寸	S	M	L	XL	XXL	XXXL
肩宽	37	38	39	40	41	42
胸围	86	90	94	98	102	106
衣长	53	54	54	55	56	56
拖尾长	58	59	60	61	61	61.5
腰围	76	80	84	88	92	96
臂围	\	\	\	\	\	\

温馨提示：尺码表数据位实测，误差在1cm左右。如无法确认请留言具体说明身高及体重！
因每人的骨架各异，最终确定码数需要亲自己决定

STEP 10 添加洗涤说明图片

添加“图例素材 .psd”文件中的洗涤说明图片，并使用直线工具在素材图片的中间区域，绘制虚线。完成后在左侧绘制“490 像素 ×200 像素”的矩形，在其中输入“洗涤说明”文字。

sixing specification

尺寸说明 Size That

尺寸	S	M	L	XL	XXL	XXXL
肩宽	37	38	39	40	41	42
胸围	86	90	94	98	102	106
衣长	53	54	54	55	56	56
拖尾长	58	59	60	61	61	61.5
腰围	76	80	84	88	92	96
臂围	\	\	\	\	\	\

温馨提示：尺码表数据位实测，误差在1cm左右。如无法确认请留言具体说明身高及体重！
因每人的骨架各异，最终确定码数需要亲自己决定

洗涤说明 | 可以手洗 WASHING WITH HAND | 不可机洗 DO NOT MACHINE WASH | 干洗 DRY CLEAN ONLY | 不可漂白 DO NOT BLEACH | 蒸汽熨烫 STEAM PRESSING | 不可拧干 DO NOT TWIST DRY | 悬挂晾干 HANG DRY

STEP 11 查看完成后的效果

使用 STEP 9 的方法，在洗涤说明下方继续输入温馨提示内容，保存图像查看完成后的效果。

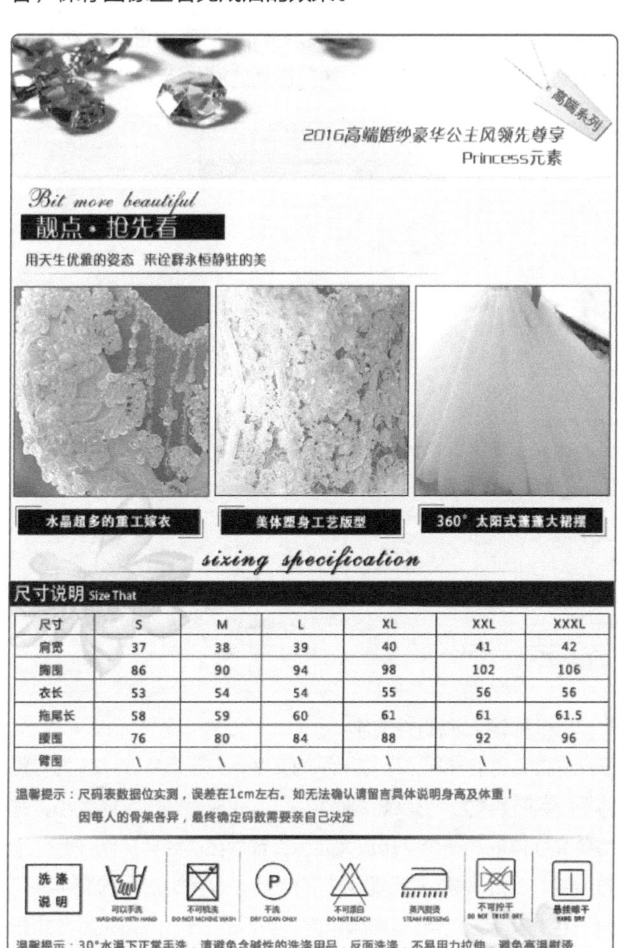

尺寸	S	M	L	XL	XXL	XXXL
肩宽	37	38	39	40	41	42
胸围	86	90	94	98	102	106
衣长	53	54	54	55	56	56
拖尾长	58	59	60	61	61	61.5
腰围	76	80	84	88	92	96
臂围	\	\	\	\	\	\

18.2.5 制作模特展示图

模特展示图主要为了展示模特的穿戴效果，在该展示图中不但展现了模特穿戴的细节效果，还包含了一定的文字，该文字用于说明模特的效果，不能盲目地编写，需要针对模特形体进行介绍。具体操作步骤如下。

微课：制作模特展示图

素材：光盘 \ 素材 \ 第 18 章 \ 模特展示图
效果：光盘 \ 效果 \ 第 18 章 \ 模特展示图 .psd

STEP 1 新建文件并输入文字

新建大小为“750 像素 ×2700 像素”，分辨率为“72 像素 / 英寸”，名为“模特展示图”的文件，使用前面相同的方法，输入“The details show”，在其下绘制渐变线条和矩形，并在矩形上方输入文字“模特展示”。

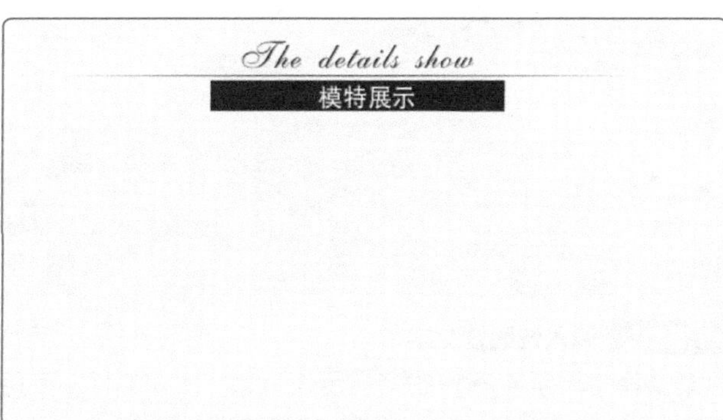

STEP 2 绘制矩形并输入文字

打开"模特展示 1.jpg~ 模特展示 3.jpg"素材图像，将素材添加到文件中，排列图片，并在右侧的图片下方绘制虚线。

STEP 3 输入说明性文字

在左侧图片的右侧输入下图所示的文字，并设置中文字体为"黑体"，英文字体为"Book Antiqua"；完成后调整字体大小，并将英文字体的第一个字母放大显示；最后在"经典抹胸设计"下方绘制"180 像素 ×25 像素"的矩形，设置矩形上的文字颜色为白色，其余文字与矩形颜色为"#886a38"；完成后在矩形的下方绘制直线，让矩形与英文分割。

STEP 4 输入说明性文字

打开"模特展示 4.jpg~ 模特展示 10.jpg"图像文件，使用 STEP2 和 STEP 3 的方法，将其制作为模特展示图效果，并在其中输入文字，保存图像查看完成后的最终效果。

18.2.6 制作实物静拍展示图

微课：制作实物静拍展示图

实物静拍通过橡胶模特对婚纱的真实效果进行展示，使购买者从真实的图片中了解穿戴效果。下面对实物静拍展示图的制作方法进行介绍。具体操作步骤如下。

素材：光盘 \ 素材 \ 第 18 章 \ 实物静拍展示图
效果：光盘 \ 效果 \ 第 18 章 \ 实物静拍展示图 .psd

STEP 1 制作页头文字

新建大小为“750 像素 ×800 像素”，分辨率为“72 像素 / 英寸”，名为“实物静拍展示图”的文件，使用前面相同的方法，输入“Real shot”，并在其下方绘制渐变线条和矩形(750 像素 ×30 像素)，在矩形上方输入文字“实物静拍”。

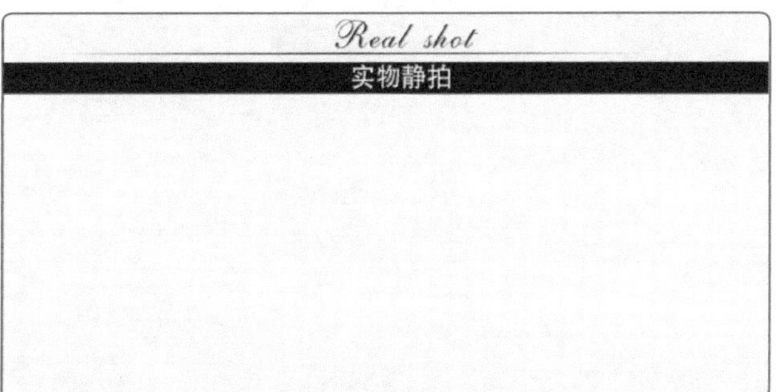

STEP 2 绘制实物静拍矩形框

使用矩形工具绘制“480 像素 ×700 像素、250 像素 ×350 像素、250 像素 ×350 像素”的矩形，并设置描边颜色为“白色”，粗细为“3 点”。

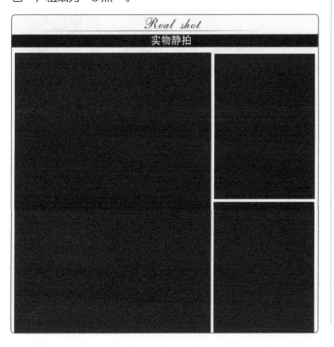

STEP 3 在矩形中载入图片

打开“实物静拍 1.jpg~ 实物静拍 3.jpg”素材将素材，分别放于对应矩形的上方，选择正面图片，在其上单击鼠标右键，在弹出的快捷菜单中选择“创建剪贴蒙版”命令，将图片载入到矩形中，使用相同的方法在矩形框中载入其他图片。

STEP 4 绘制实物静拍矩形框

❶继续选择矩形工具，绘制大小为“750 像素 ×150 像素”、颜色为“黑色”的矩形；❷在“图层”面板中设置不透明度为“30%”。

STEP 5 **查看设置图层样式后的效果**

完成后打开“图层样式”对话框，设置“投影”的距离为“14”，并设置“描边”的大小为“1 像素”，查看设置后的矩形效果。

STEP 6 **绘制中间矩形框**

完成后继续绘制矩形，并设置矩形大小为“600 像素 ×120 像素”，描边大小为“3 点”，查看完成后的效果。

STEP 7 **实物静拍展示图效果**

在矩形框中输入下图所示的文字，选择“花仙子”文本，设置“字体、字号”分别为“造字工房悦圆演示版、35 点”，并为其添加投影效果。选择“Ink rhyme”文本，设置“字体、字号”分别为“ALS Script、30 点”，为其添加投影效果。选择其他文字，设置“字体、字号”分别为“全新硬笔楷书简、25 点”，保存图像，完成实物静拍展示图的制作。

18.2.7 制作工艺展示图

微课：制作工艺展示图

工艺展示图用于对婚纱的工艺进行介绍，在制作时，将婚纱工艺的复杂性表现出来，并通过简单的文字抒写工艺的精湛和制作的不易，从而体现本产品的品质。在制作工艺展示图时，要注意文字的表现方式，具体操作步骤如下。

	素材：光盘 \ 素材 \ 第 18 章 \ 工艺展示图
	效果：光盘 \ 效果 \ 第 18 章 \ 工艺展示图 .psd

STEP 1 **制作工艺展示类目条**

新建大小为“750 像素 ×1450 像素”，分辨率为“72 像素 / 英寸”，名为“工艺展示图”的文件，使用前面的方法制作开头样式，并将其中的英文文字修改为“Manufacturing process”，中文文字修改为“制作工艺”，再使用矩形工具绘制“750 像素 ×1340 像素”矩形，并设置填充色为“#e5e5e5”。

STEP 2 绘制“井”字形直线

选择直线工具，绘制颜色为黑色，描边为“1 点”，粗细为“1 像素”的直线。完成后使用相同的方法在下方绘制其他直线，并进行下图所示的排列，使其呈现“井”字构图。

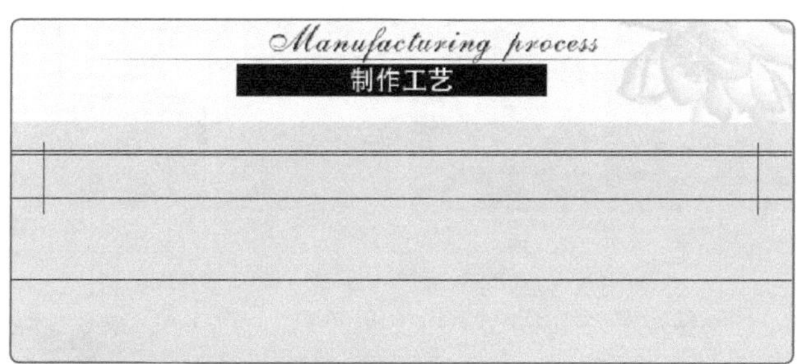

STEP 3 在线条中输入文字

在绘制的线条上方输入“墨韵”，并设置“字体、字号”分别为“文鼎习字体、35 点”，在右侧输入“原创设计　品牌定制”，设置“字体、字号”分别为“宋体、26 点”，在下方的矩形框输入“精湛 工艺”，设置“字体、字号”分别为“汉仪中黑简、40 点”，并设置右侧的“工艺”文本颜色为“#5e1400”，完成后使用直线在文字的中间位置隔开。

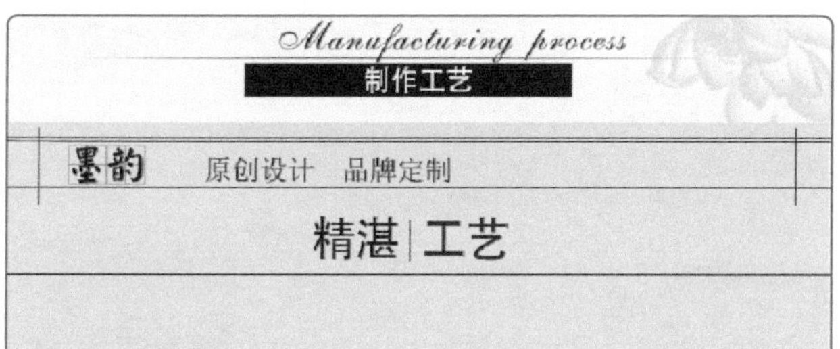

STEP 4 绘制线条

选择矩形工具，在文字的下方绘制“600 像素 ×580 像素”的矩形，取消填充色，并设置描边为“1 点”，完成后打开“工艺流程图 .jpg”图像文件，将其放于矩形的上方。

STEP 5 在线条中输入文字

在下方的矩形框中输入下图所示的文字，并设置“字体、字号”分别为“汉仪中黑简、20 点”。

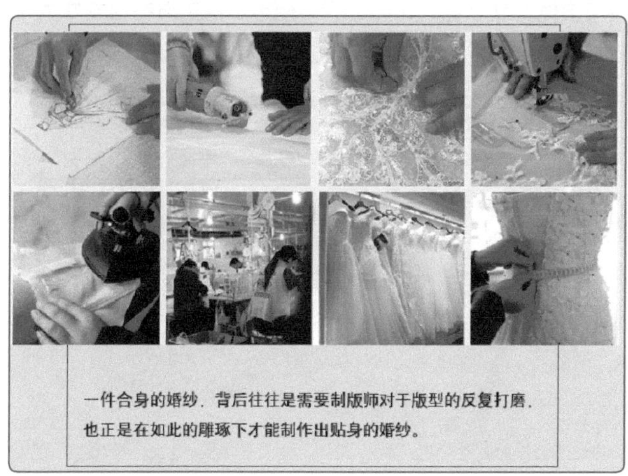

STEP 6 绘制椭圆

选择椭圆工具，在添加图片的下方中间线上绘制直径为“80 像素”的圆，并设置填充色为“#b5b5b5”，不透明度为“50%”。

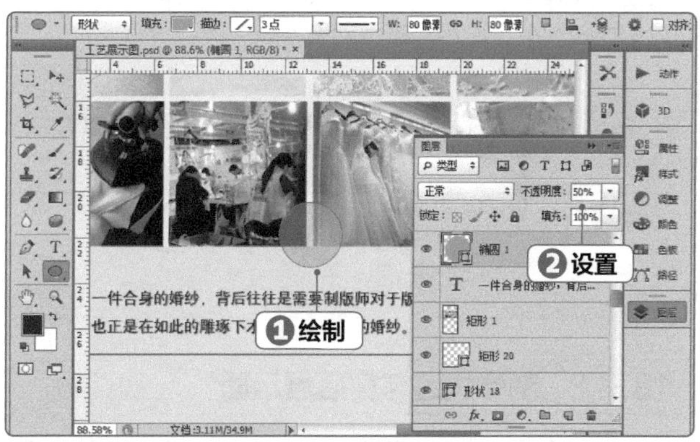

STEP 7 再次绘制椭圆并输入文字

继续在圆的上方绘制直径为“70 像素”的圆，并设置填充色为“#f2f2f2”，不透明度为“70%”，最后在其上输入文本“创意”，设置“字体、字号”分别为“全新硬笔行书简、30 点”。

STEP 8 插入图片并输入文字

打开“实景展示图.jpg”图像文件，将其拖动到文字下方，在图片的右上角输入“精”，并设置“字体、字号”分别为“文鼎习字体、100点”，完成后，使用矩形工具在该文字的下方绘制颜色为“#e5e5e5”的矩形。

STEP 9 工艺展示图效果

继续在图片的下方输入下图所示的文字，并按照STEP3的方法设置与修饰文本，将“邂逅简约，享受爱”文字设置为“迷你简北魏楷书”，再设置最下面文字的字体为“宋体”，调整字体的大小，保存图像完成本例的制作。

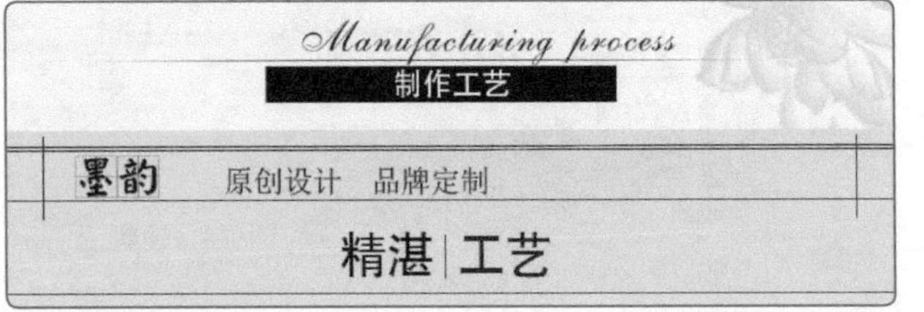

18.2.8 制作快递与售后展示图

微课：制作快递与售后展示图

快递信息是网店中必不可少的一部分，也是顾客比较担忧的部分，如果包装不合理，将有可能造成产品的损坏。因此在制作本展示图时，主要对包装的方法进行介绍，并通过3大保障，对售后进行体现。具体操作步骤如下。

素材：光盘\素材\第18章\快递与售后展示图
效果：光盘\效果\第18章\快递与售后展示图.psd

STEP 1 制作快递与售后开头样式

新建大小为“750像素×1450像素”，分辨率为“72像素/英寸”，名为“快递与售后展示图”的文件，使用前面的方法制作“快递与售后”的开头样式，并将其中的英文文字修改为“Express delivery and after sales”，中文文字修改为“快递和售后”，打开“快递素材.jpg”图像文件，将其置于文字下方。

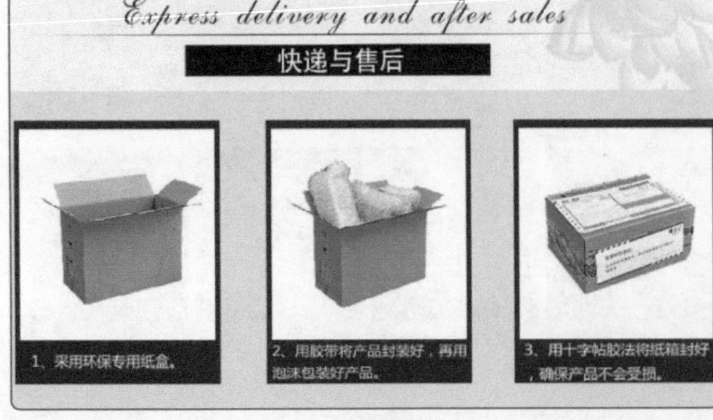

STEP 2 输入“我们的服务”文字

在下方输入“我们的服务承诺 /commitment”，并设置中文字体为“方正兰亭黑简体”，英文字体为“Apple Chancery”，调整字体大小，在下方绘制一条直线。继续输入下图所示的文字，并设置正文字体为“微软雅黑”，字号为“15 点”。

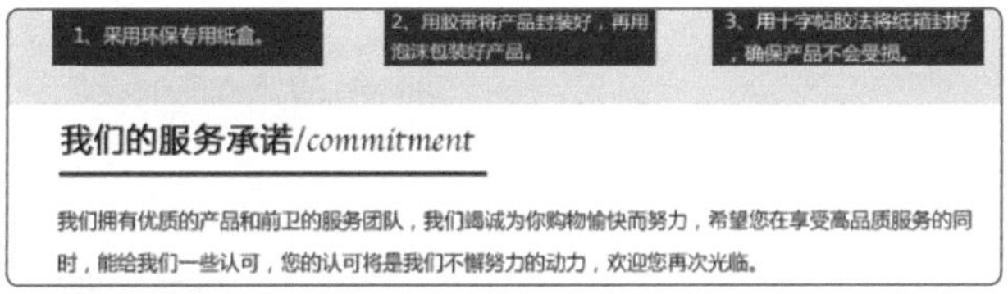

1、采用环保专用纸盒。
2、用胶带将产品封装好，再用泡沫包装好产品。
3、用十字帖胶法将纸箱封好，确保产品不会受损。

我们的服务承诺/commitment

我们拥有优质的产品和前卫的服务团队，我们竭诚为你购物愉快而努力，希望您在享受高品质服务的同时，能给我们一些认可，您的认可将是我们不懈努力的动力，欢迎您再次光临。

STEP 3 输入并设置其他文字

使用相同的方法继续输入下图所示的文字，选择标题类文字，将字体设置为“方正兰亭超细黑简体”，字号设置为“18 点”，完成后在其下方绘制矩形，并设置矩形的颜色为“#5e1400”。

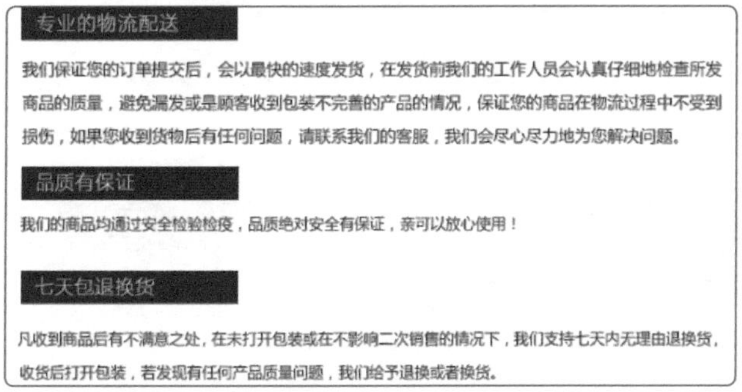

专业的物流配送

我们保证您的订单提交后，会以最快的速度发货，在发货前我们的工作人员会认真仔细地检查所发商品的质量，避免漏发或是顾客收到包装不完善的产品的情况，保证您的商品在物流过程中不受到损伤，如果您收到货物后有任何问题，请联系我们的客服，我们会尽心尽力地为您解决问题。

品质有保证

我们的商品均通过安全检验检疫，品质绝对安全有保证，亲可以放心使用！

七天包退换货

凡收到商品后有不满意之处，在未打开包装或在不影响二次销售的情况下，我们支持七天内无理由退换货，收货后打开包装，若发现有任何产品质量问题，我们给予退换或者换货。

STEP 4 查看完成后的效果

保存图像文件，完成快递与售后模块的制作，查看完成后的效果。

Express delivery and after sales

快递与售后

1、采用环保专用纸盒。

2、用胶带将产品封装好，再用泡沫包装好产品。

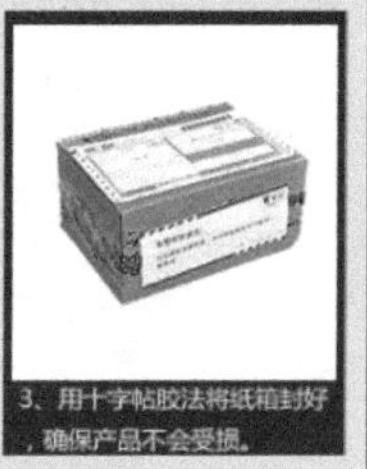

3、用十字帖胶法将纸箱封好，确保产品不会受损。

我们的服务承诺/commitment

我们拥有优质的产品和前卫的服务团队，我们竭诚为你购物愉快而努力，希望您在享受高品质服务的同时，能给我们一些认可，您的认可将是我们不懈努力的动力，欢迎您再次光临。

专业的物流配送

我们保证您的订单提交后，会以最快的速度发货，在发货前我们的工作人员会认真仔细地检查所发商品的质量，避免漏发或是顾客收到包装不完善的产品的情况，保证您的商品在物流过程中不受到损伤，如果您收到货物后有任何问题，请联系我们的客服，我们会尽心尽力地为您解决问题。

品质有保证

我们的商品均通过安全检验检疫，品质绝对安全有保证，亲可以放心使用！

七天包退换货

凡收到商品后有不满意之处，在未打开包装或在不影响二次销售的情况下，我们支持七天内无理由退换货，收货后打开包装，若发现有任何产品质量问题，我们给予退换或者换货。

高手竞技场

1. 制作棉袜详情页

本例将使用提供的素材制作棉袜详情页，要求如下。

- 添加素材，使用矩形工具和直线工具制作具有中国结样式的形状。
- 输入深色的文字，强调产品的信息，达到吸引顾客的目的。
- 使用“画布大小”对话框延长画布，以便于继续制作。
- 添加素材并使用矩形工具和横排文字工具制作卖点图。
- 使用“创建剪贴蒙版”命令将图片载入到图形中。
- 继续进行描述模块的制作，并使用矩形工具和套索工具对矩形进行三角形裁剪。
- 完成后对文本和素材图片进行处理。
- 保存图像文件，完成棉袜详情页的制作。

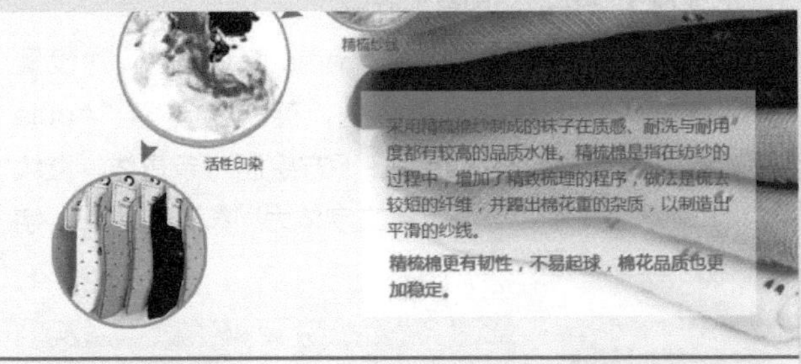

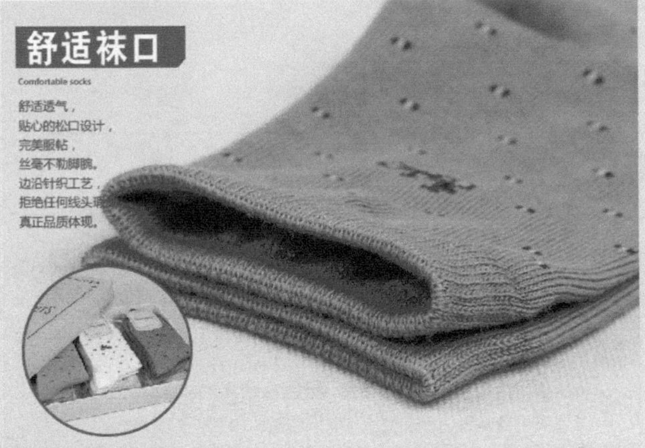

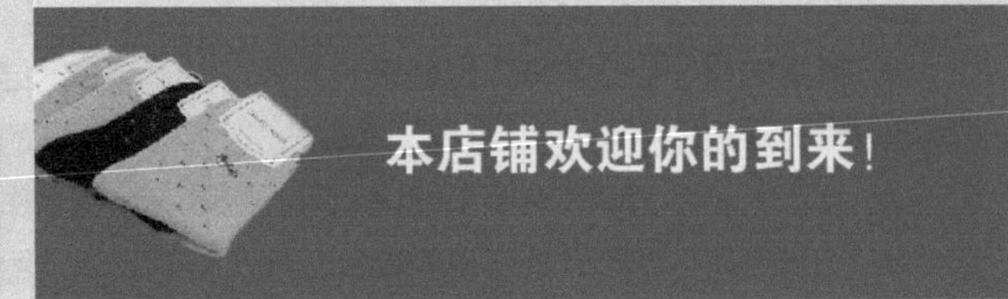

2. 制作女包详情页

本例将使用提供的素材制作女包详情页，要求如下。

- 渐变填充背景，然后通过添加素材，并制作投影，最后输入说明文字来设计详情页海报。
- 通过文字和直线工具来设计建议搭配模块的文案部分，然后添加相关的素材。
- 使用文字工具和矩形工具来设计商品亮点分析模块。
- 使用矩形工具和段落文字来设计商品参数模块。
- 通过添加素材、文字和直线标尺来设计实物对比参照模块。

- 添加相关素材和文案内容，利用画笔制作投影效果，设计商品展示模块。
- 绘制图形，添加素材和文案内容，并对其进行排版，制作商品细节展示图。
- 保存图像文件完成女包详情页的制作。

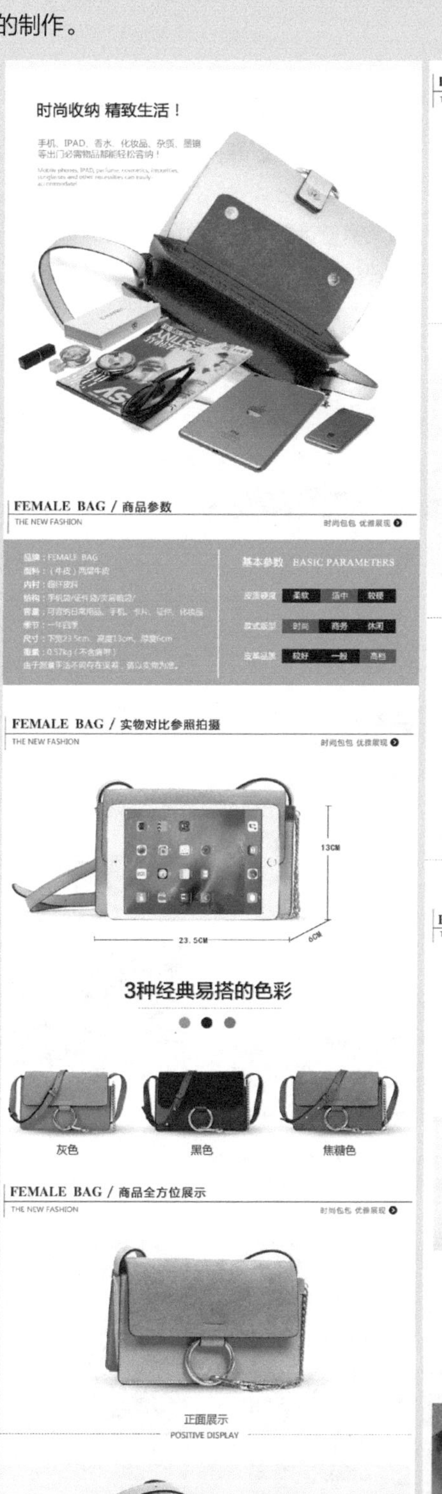

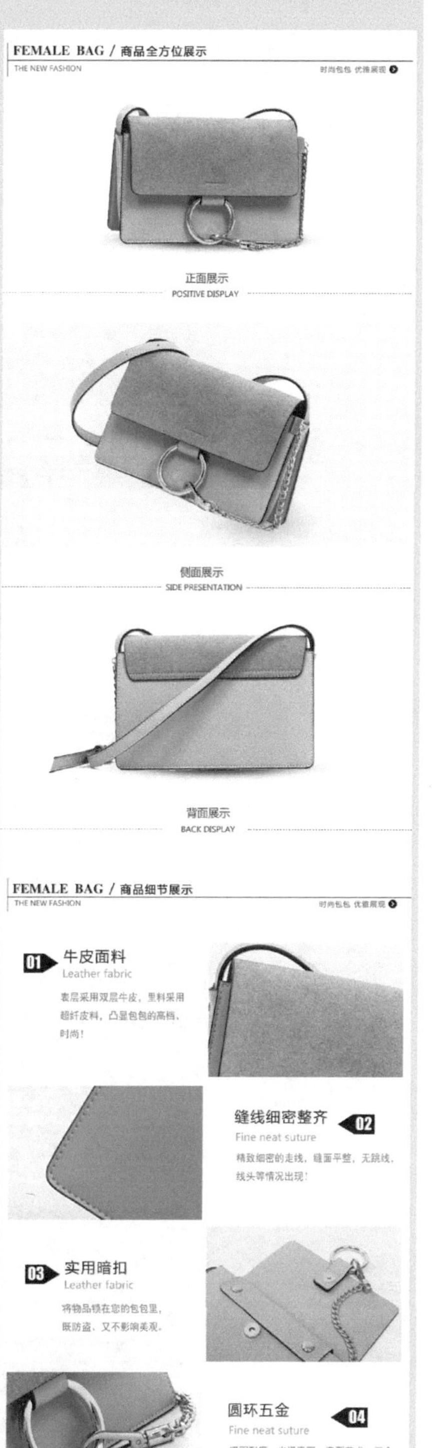

3. 制作无线端店铺首页

本例将制作无线店铺首页装修效果图，要求从精炼、主次分明、主题明确的角度对首页进行设计。由于制作的是具有民族特色的中国风美食店铺的首页，因此需应用一些具有民族特色的图纹、房子、灯笼元素，要求如下。

- 添加素材，制作手机端店铺店招。
- 采用上下结构制作美食焦点图，主要通过添加素材和文字来完成设计。
- 添加素材并使用文字工具和矩形工具来设计优惠券。
- 添加素材和文字，并对文字进行编辑，设计分类导航栏目。
- 添加素材和文字，并对素材图片和文字进行美化处理。
- 保存图像文件，完成无线店铺首页装修。

19 Chapter

第 19 章

UI 界面与 App 设计

/ 本章导读

UI即User Interface（用户界面）的简称，泛指用户的操作界面，UI设计主要指界面的样式设计。美观的界面，不仅让软件变得具有个性和品味，还要让软件的操作变得舒适、简单、自由，并充分体现软件的定位和特点。本章将对手机UI界面和手机上的美食App界面进行制作。

19.1 手机 UI 视觉设计

手机 UI 设计是对手机界面的整体设计。视觉效果良好，且具有良好体验的手机界面，无疑更能赢得消费者的青睐。手机 UI 设计是包括字体、颜色、布局、形状、动画等元素的设计与组合。下面以锁屏界面、应用界面与音乐播放界面的设计为例对手机 UI 视觉设计的方法进行介绍。

19.1.1 设计手机锁屏界面

微课：设计手机锁屏界面

锁屏界面是为了防止在不知情的情况下触摸手机，出现误操作的情况而设计的，常配合指纹解锁、手势或密码解锁界面来使用。下面将设计苹果手机的锁屏界面，具体操作步骤如下。

素材：光盘\素材\第 19 章\手机 UI 视觉效果设计

效果：光盘\效果\第 19 章\手机锁屏界面 .psd

STEP 1 打开素材并添加背景

❶打开“手机 .psd”素材文件，新建背景图层，填充颜色为“#373a4a”；❷创建“手机”图层组，将手机相关图层拖入该文件夹内。

STEP 2 添加手机壁纸

❶打开“手机壁纸 1.jpg”素材文件，将其拖动到“手机 .psd”素材文件中；❷按【Ctrl+T】组合键调整壁纸大小，使其覆盖手机屏幕。

STEP 3 描边屏幕

❶在工具箱中选择矩形工具，设置前景色为黑色，沿着手机屏幕绘制矩形，双击“矩形”图层，在打开的对话框中单击选中“描边”复选框；❷设置大小为“9 像素”；❸设置颜色为“黑色”；❹设置位置为“外部”；❺单击“确定”按钮。

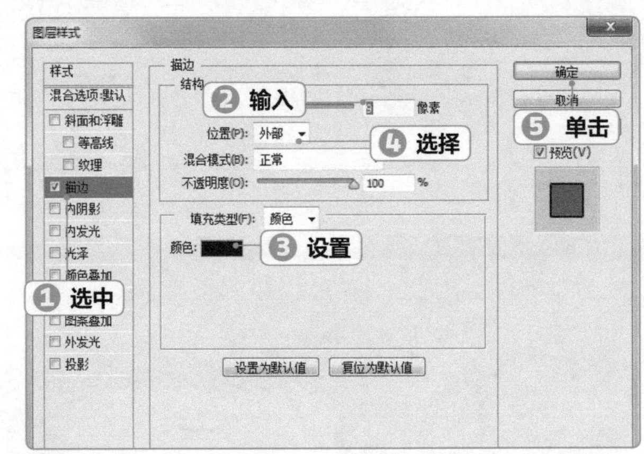

STEP 4 创建剪贴蒙版

❶在壁纸图层上单击鼠标右键，在弹出的快捷菜单中选择“创建剪贴蒙版”命令，将壁纸裁剪到屏幕中；❷使用矩形工具在屏幕顶端绘制黑色矩形，并使用相同的方法将其裁剪到屏幕矩形中。

STEP 5 绘制信号图标

❶设置前景色为“白色”，选择椭圆工具，按【Shift】键在屏幕右上角绘制白色圆形；❷按住【Alt】键向右拖动圆形，直接复制 4 个圆形到目标位置，制作成信号图标，注意各圆的间距要一致。

STEP 6 绘制螺纹圆形

❶在工具箱中选择自定形状工具，在“形状”下拉列表框右上角单击 按钮；❷在打开的下拉列表中选择“符号”选项；❸在替换后的列表框中选择螺纹圆形；❹按【Shift】键绘制螺纹圆形。

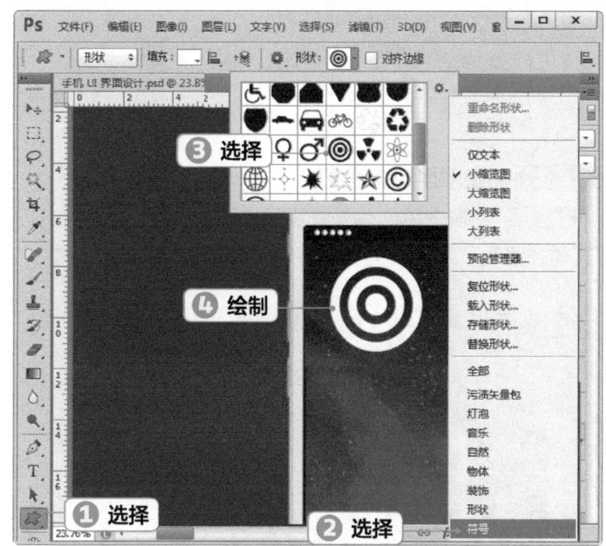

STEP 7 制作无线网络图标

❶在螺纹图层上单击鼠标右键，在弹出的快捷菜单中选择“栅格化图层”命令，将图形栅格化；❷在螺纹图像中心创建十字交叉的辅助线，再使用矩形选框工具框选多余的四分之三的图形，按【Delete】键将其删除。

STEP 8 旋转并缩放无线网络图标

❶选择“图层 3”图层，按【Ctrl+T】组合键进入变换状态；❷在工具属性栏中设置旋转角度为“45°”；❸缩小图形，并拖动到信号图标的右侧。

STEP 9 制作电池图标

❶选择横排文字工具，在工具属性栏设置“字体、字号”分别为“微软雅黑、9 点”，在黑色条中间输入“14:20”，在右侧输入电量“58%”；❷选择矩形工具绘制 3 个矩形并将其组合成电池图标，设置最大矩形的“描边”为“1 点”。

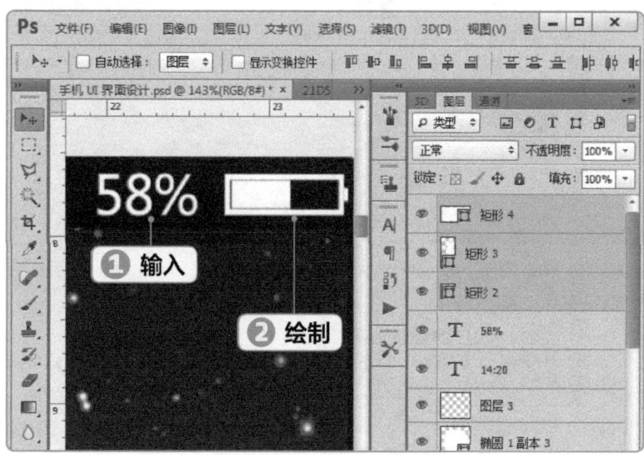

STEP 10 添加高光

❶选择钢笔工具，在工具属性栏中设置绘图模式为“形状”；❷设置填充为白色；❸在手机右侧绘制白色三角形；❹设置该图层的不透明度为“28%”。

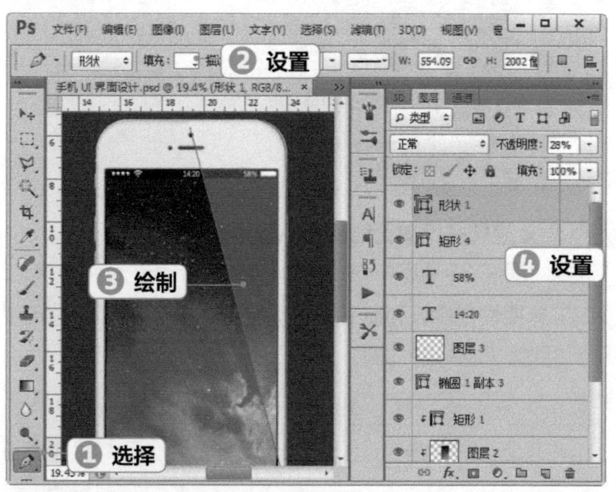

技巧秒杀

添加高光的常用方法

除了设置图形的不透明度，形成反光效果外，对于颜色较深的手机，还可在手机边缘设制高斯模糊以增加手机质感。

STEP 11 输入文本

❶选择横排文字工具，设置前景色为白色，设置字体为“方正兰亭细刊”；❷字形为“浑厚”；❸在图像编辑区中输入时间、年月日、星期与天气等用户重点关注的信息；❹调整文本的字号，完成后在“字符”面板中将“14:20”文本的文字间距设置为“50”。

STEP 12 绘制解锁图标

选择钢笔工具，拖动鼠标绘制解锁图标，并将其填充为白色。

STEP 13 绘制圆并输入文本

❶将解锁图标移至屏幕左下角，调整大小，绘制一个圆形用于解锁，设置圆的描边为“1 点”，描边颜色为“白色”；❷在锁的右侧输入“滑动解锁 »”，设置字体为“方正兰亭细刊”。

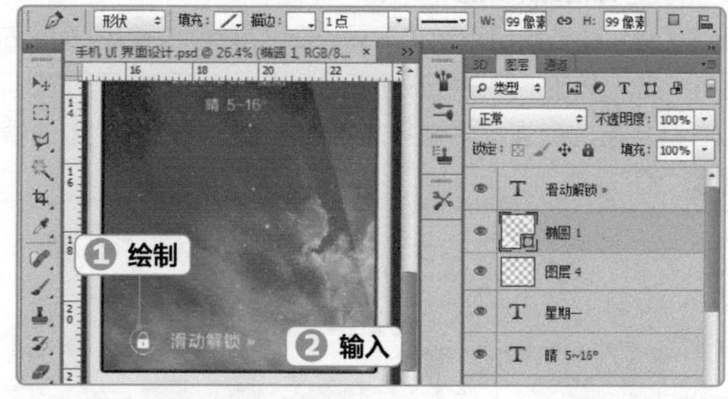

STEP 14 新建图层组管理图层

❶在“图层”面板中单击按钮新建图层组；❷双击图层名称，将其重命名为“锁屏界面”，将相关图层都拖动到该组中。

Chapter 19

19.1.2 设计手机应用界面

微课：设计手机应用界面

手机应用界面集合了各种系统与软件的 App，在制作时主要涉及应用图标的设计与排版。本例为了突出应用，使界面简洁，需要将背景进行虚化处理。具体操作步骤如下。

素材：光盘\素材\第 19 章\手机 .psd、手机壁纸 1.jpg
效果：光盘\效果\第 19 章\手机应用界面 .psd

STEP 1 复制与修改图层组

❶按【Ctrl+J】组合键复制“锁屏界面”图层组，更改复制图层组的名称为“应用界面”，展开图层组，删除多余的图层内容，只保留手机、壁纸与壁纸顶端的图层与文本；❷移动“锁屏界面”图层组到左侧。

STEP 2 为背景添加模糊效果

❶选择壁纸所在图层，选择【滤镜】/【模糊】/【高斯模糊】命令，打开“高斯模糊”对话框，设置模糊半径为“75”；❷单击“确定”按钮。

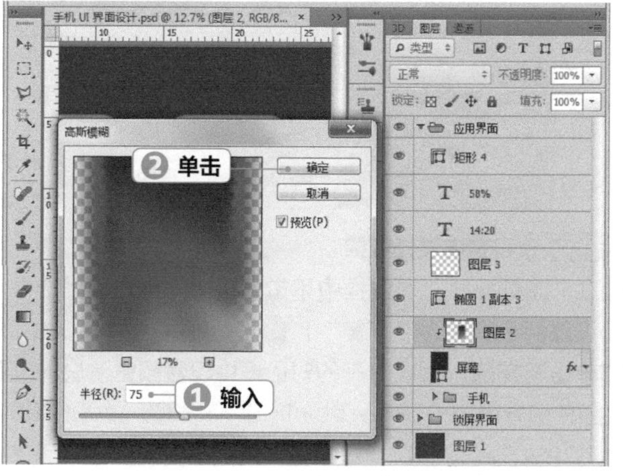

STEP 3 使用画笔添加光斑

❶选择画笔工具，设置画笔硬度为“100%”，设置不透明度为“50%”，设置画笔大小为“200”；❷打开“画笔”面板，单击选中“形状动态”复选框；❸设置“大小抖动”强度为“100%”，在面板底部查看设置的画笔效果；❹将前景色设置为白色，新建图层，在壁纸上单击绘制光斑，在绘制过程中可在画笔工具属性栏更改透明度，绘制不同透明度的光斑。

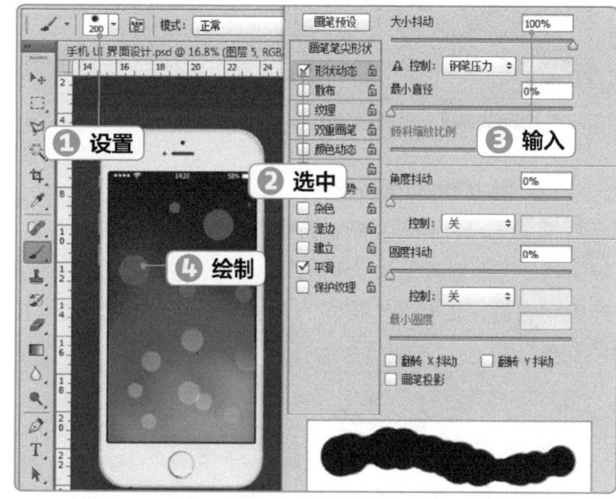

STEP 4 为光斑添加模糊效果

❶选择光斑所在图层；❷设置混合模式为“柔光”；❸选择【滤镜】/【模糊】/【高斯模糊】命令，打开“高斯模糊”对话框，设置模糊半径为“8 像素”；❹单击“确定”按钮。

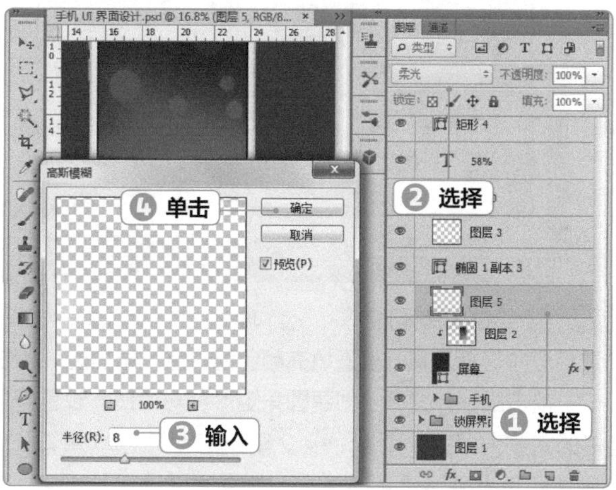

STEP 5 渐变填充选区

❶在壁纸图层上方新建图层；❷使用矩形选框工具绘制矩形选区，完成后在工具箱中选择渐变工具；❸在工具属性栏中单击渐变条，设置渐变颜色为“白色”到“#236b92”；❹单击■按钮；❺在矩形选区内垂直拖动鼠标创建线性渐变填充效果；❻设置图层的不透明度为“50%”。

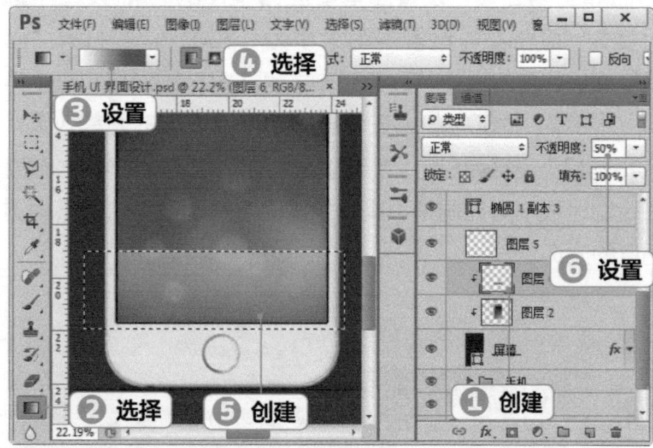

STEP 6 绘制应用页面按钮

❶选择椭圆工具，在渐变条上方绘制白色圆；❷在“图层”面板中将不透明度设置为“80%”；❸按住【Alt】键不放把圆拖曳到右侧，复制两个相同的圆，设置复制圆的不透明度为“30%”。

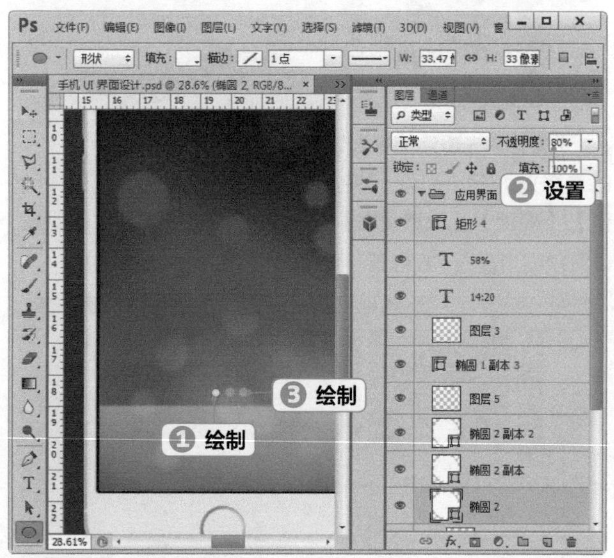

STEP 7 绘制圆角矩形

❶选择圆角矩形工具，设置填充颜色为白色，无描边；❷在画布中单击鼠标，打开“创建圆角矩形”对话框，设置圆角矩形的宽度为“200 像素；❸设置高度为“ 200 像素”；❹设置圆角半径为“40 像素”；❺单击“确定”按钮，返回图像编辑区，可使用鼠标单击手机中创建固定大小的圆角矩形。

技巧秒杀

绘制应用图标技巧

在绘制应用图标过程中，同一界面的应用图标的风格应尽量统一和有序排列，这样才能给用户良好的视觉体验，提高用户使用的舒适度。本例通过绘制相同大小与相同角度的圆角矩形，可统一界面中的图标风格，并用不同的图标颜色，提高界面色彩的丰富性，增强界面的美感。

STEP 8 添加渐变叠加效果

❶双击图层面板缩略图，打开“图层样式”对话框，单击选中“渐变叠加”复选框；❷单击渐变条，在打开的对话框中设置渐变颜色分别为“#b11df6”“#000390”“#02fcff”，查看渐变叠加效果。

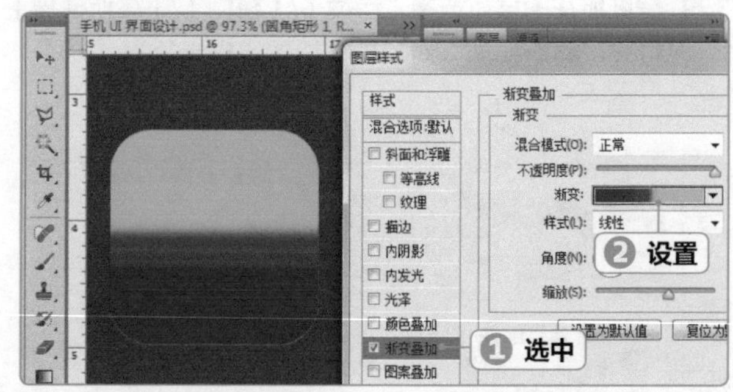

STEP 9 设置内发光效果

❶在“图层样式”对话框中单击选中“内发光”复选框；❷设置混合模式为“正常”；❸不透明度为“100%”；❹单击渐变条；❺在打开的对话框中设置颜色滑块的位置和颜色值分别为“28%、#b11df6”“33%、#000390”和“38%、#02fcff”；❻单击“确定”按钮。

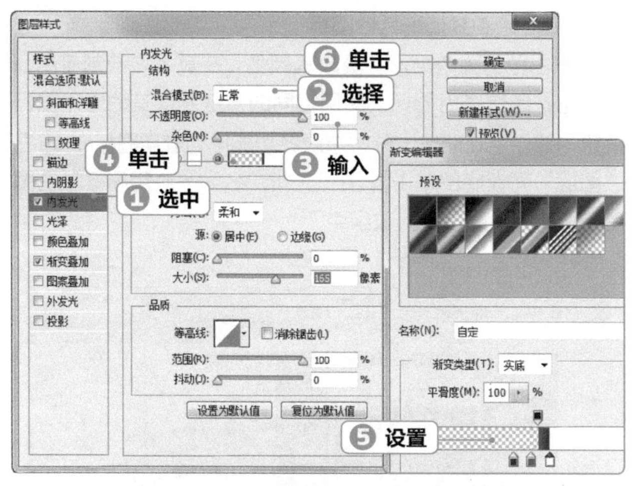

STEP 10 添加斜面与浮雕效果

❶在“图层样式”对话框中单击选中“斜面和浮雕”复选框；❷设置深度为“100%”；❸设置大小为“157 像素”；❹设置角度为“90 度”；❺设置高度为“80 度”；❻单击光泽等高线的等高线缩略图；❼打开“等高线编辑器”对话框，单击曲线添加控制点；❽设置输入值为“53%”；❾单击“确定”按钮。

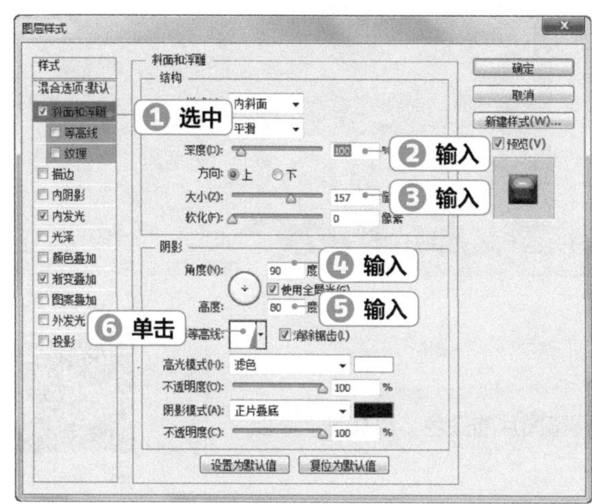

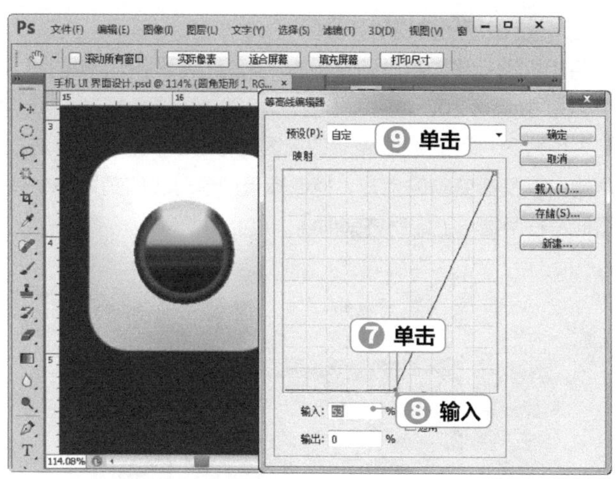

STEP 11 调整等高线效果

❶返回“图层样式”对话框，单击选中“等高线”复选框；❷单击等高线列表框中等高线缩略图；❸在打开的对话框中调整等高线的形状；❹单击“确定”按钮返回“图层样式”对话框；❺设置范围为“44%”；❻单击“确定”按钮，完成相机图标的制作。

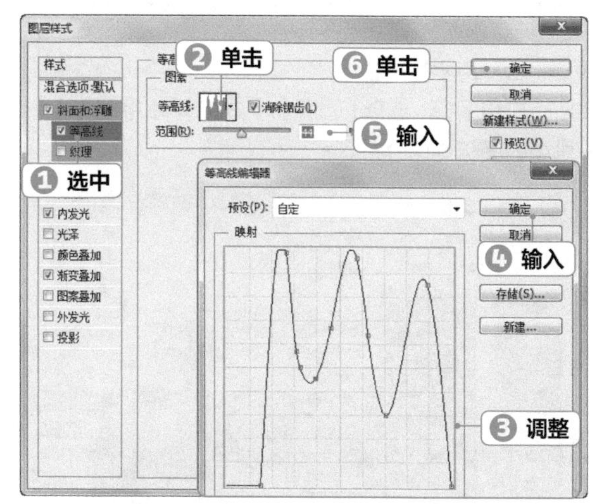

STEP 12 使用辅助线对齐图标

❶将相机图标移动到屏幕左下角；❷在相机图标右侧创建 3 个 200 像素 ×200 像素、半径为 40 像素的圆角矩形；❸绘制大小为 36 像素 ×36 像素的选区，将选区移动到屏幕左右两端，以及渐变条的上方，拖曳标尺创建对应的辅助线，使图标左右两端与上端对齐辅助线。

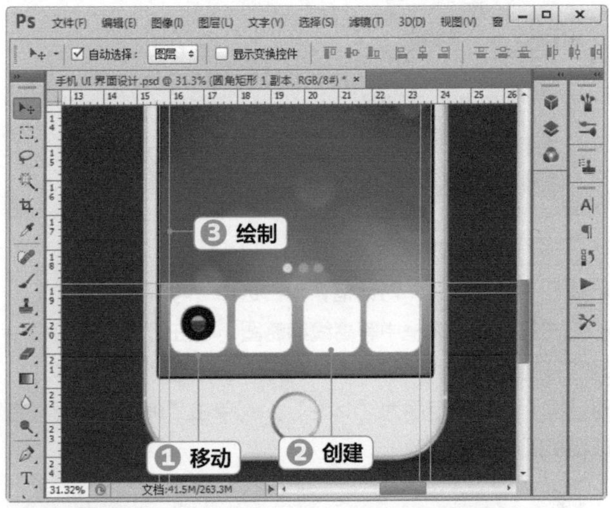

STEP 13 水平居中分布

选择所有应用图标，选择【图层】/【分布】/水平居中】命令，使一排中的图标均匀分布。

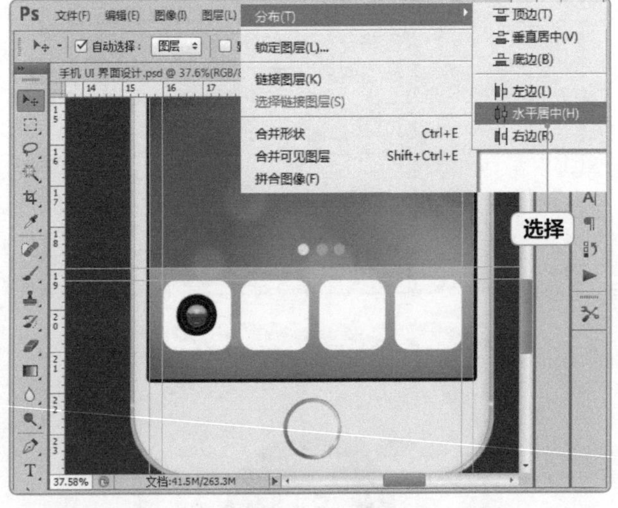

STEP 14 绘制并排列其他图标

❶编辑白色的圆角矩形，更改其颜色，在其上方绘制应用图标按钮，制作应用图标。使用相同的方法制作其他应用图标按钮，并使用辅助线、分布与对齐功能排列应用图标；❷在“图层”面板底部单击按钮，新建名为“应用图标”的图层组，将相关图层拖入该组中。

STEP 15 添加文本

❶选择横排文字工具，在属性栏中设置字体为“方正兰亭刊黑 -GBK”；❷字号为“9 点”；❸字形为“浑厚”；❹在应用图标正下方输入应用的名称，并使用辅助线辅助对齐的方式排列每排文字。

19.1.3 制作手机音乐播放界面

本例将制作色调、风格与前面一致的音乐播放界面，在制作时先调整图片的颜色，再在其上添加模糊效果，具体操作步骤如下。

微课：制作手机音乐播放界面

素材：光盘\素材\第 19 章\手机 UI 视觉效果设计
效果：光盘\效果\第 19 章\音乐播放界面 .psd

STEP 1 添加壁纸

❶继续复制“锁屏界面”图层组，更改组名为“音乐播放界面”，删除“音乐播放界面”多余的图层，移动到画布右侧的空白处，添加“手机壁纸 2.jpg”素材文件到图像中，移动图层到手机屏幕上方，调整大小覆盖手机屏幕；❷在壁纸图层上单击鼠标右键，在弹出的快捷菜单中选择“创建剪贴蒙版”命令，裁剪手机壁纸。

STEP 2 调整色阶

❶选择壁纸图层，按【Ctrl+L】组合键打开“色阶”对话框，将输出色阶起点值设置为“35”；❷单击“确定”按钮，将壁纸暗部提亮。

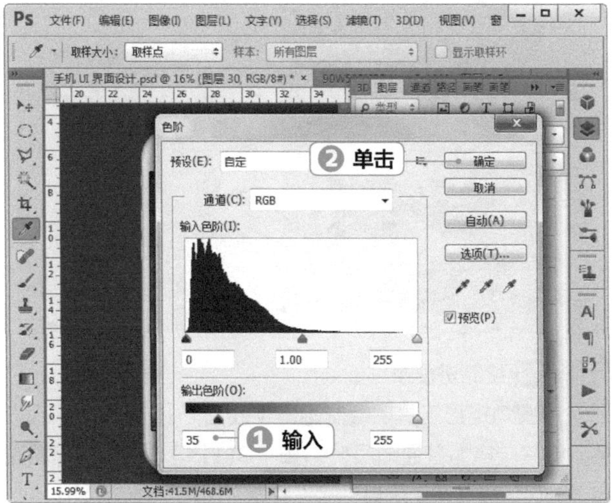

STEP 3 模糊背景

❶选择壁纸 2 所在图层，选择【滤镜】/【模糊】/【高斯模糊】命令，打开“高斯模糊”对话框，设置模糊半径为“30 像素”；❷单击“确定”按钮。

STEP 4 添加冷却滤镜

❶复制背景图层，选择复制的图层，选择【图像】/【调整】【照片滤镜】命令，打开“照片滤镜”对话框，选择滤镜为“冷却滤镜（80）”；❷单击“确定”按钮。

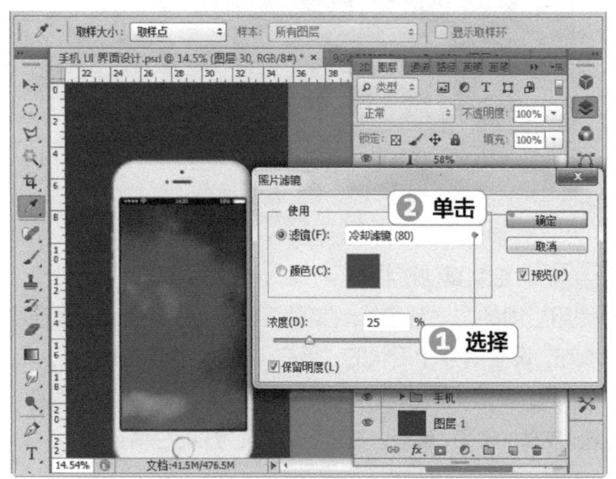

操作解谜

蓝色调图像制作

添加冷却滤镜的目的在于为图像蒙上一层蓝色，将图像处理成蓝色调图像，使之与前面的锁屏界面、应用界面的风格与颜色统一。

STEP 5 添加装饰底纹

❶添加“手机壁纸 3.jpg”素材文件到图像中，移动图层到

手机屏幕图层的上方，调整大小，将其移至手机屏幕下方，在壁纸图层上单击鼠标右键，在弹出的快捷菜单中选择“创建剪贴蒙版”命令，裁剪壁纸；❷在其下方绘制黑色矩形。

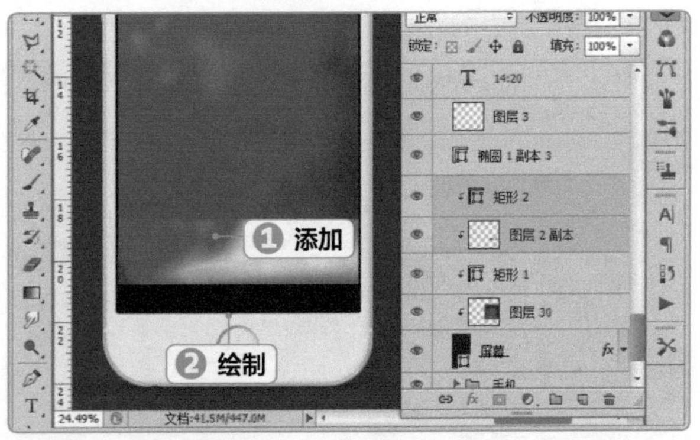

STEP 6 添加主页形状

❶选择自定形状工具，设置填充颜色为白色；❷在“形状”下拉列表框中选择“主页”形状；❸在画布中黑色矩形左侧绘制主页图标。

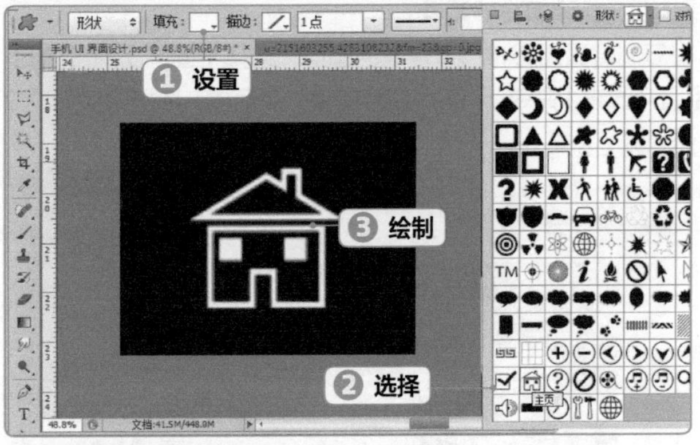

STEP 7 绘制其他形状

❶使用相同的方法继续绘制其他工具图标，注意心形需要取消填充，设置第 4 个形状的“填充、描边”为“白色、1 点”；❷选择横排文字工具，在中间的标注图形上输入文本“词”，设置“字体、字号、颜色、字形”分别为“方正兰亭刊黑 -GBK、14.5 点、黑色、浑厚”。

STEP 8 绘制播放按钮

❶新建“播放条”图层；❷选择多边形工具，设置边数为“3”，绘制 5 个三角形，调整大小、角度与位置，将两侧的前进与后退按钮填充为白色，将播放按钮填充为“#e7564b”。

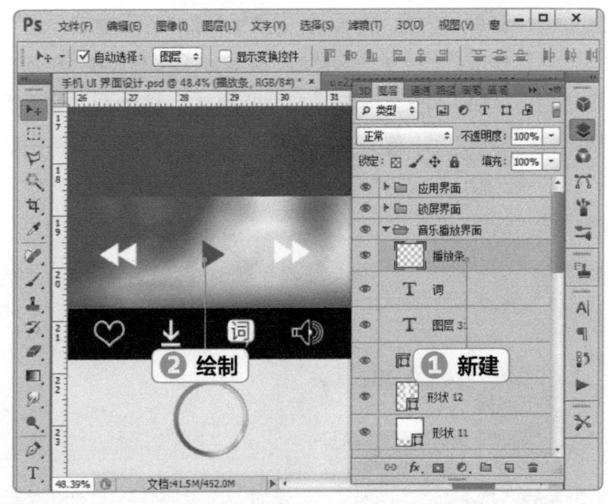

STEP 9 输入文本并添加图片

❶添加“行者.jpg”素材文件，按【Ctrl+J】组合键复制素材图层，调整大小与位置，双击“行者”所在图层，在打开的对话框中为其添加默认投影样式；❷选择横排文字工具，设置文本字体为“方正兰亭刊黑 -GBK”；❸设置第一排文本的字号为“14 点”，第二排文本的字号为“9 点”；❹设置字形为“浑厚”；❺在小图右侧输入歌名等信息。

STEP 10 绘制进度条

❶选择圆角矩形工具，绘制圆角半径为“10 像素”的矩形条，将其转换为普通图层；❷按【Ctrl】键单击图层缩略图载入选区，选择渐变工具；❸设置从“黑色”到“#d1d1d1”的渐变；❹设置渐变方式为“线性渐变”；❺在矩形条选区

中拖动鼠标创建渐变填充；❻选择左侧部分矩形条，将其填充为白色，并在两侧输入文本。

技巧秒杀

渐变填充的注意事项

形状工具绘制的图形需要先栅格化，再进行渐变填充。此外，创建选区后，才能对选区中的图形进行渐变填充，否则将填充整个图层。

STEP 11 绘制圆

❶选择椭圆工具，在工具属性栏中设置填充颜色为“白色”；❷按【Shift】键绘制圆。

STEP 12 输入文本

❶选择横排文字工具，设置字体为“方正兰亭刊黑 -GBK”；❷设置字号为“14 点”；❸设置字形为“浑厚”；❹在大图下方输入歌词。

STEP 13 设置渐变叠加效果

❶在“图层”面板中双击输入歌词的文本图层，打开“图层样式”对话框，单击选中“渐变叠加”复选框；❷单击渐变条，在打开的对话框中设置渐变色分别为“#939393”到“白色”；❸单击“确定”按钮，返回工作界面，保存文件完成音乐播放界面的制作。

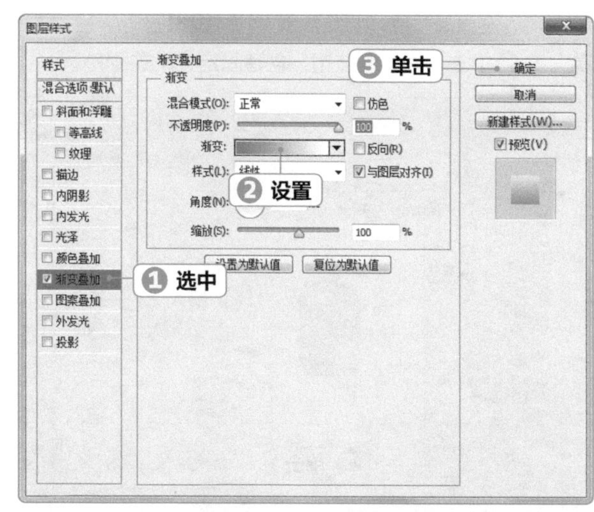

19.2 美食 App 页面设计

在移动应用中，美食 App 很常用。精美的美食 App 更能吸引用户的关注，提高用户的页面体验舒适度，勾起食欲，进而促成订单的生成。本例将制作美食 App 的引导页、首页、个人中心与登录页，以此介绍美食 App 页面的制作方法。

19.2.1 设计美食引导页

微课：设计美食引导页

打开美食应用软件后，将进入引导页，引导页放置了精美诱人的食物图片，并在其中搭配了强有力的文案，其目的是让用户喜欢上该美食，继而促成下单。下面将制作美食引导页，要求美食诱人、图片颜色明快亮丽，文字简洁美观。

素材：光盘 \ 素材 \ 第 19 章 \ 美食 App 页面
效果：光盘 \ 效果 \ 第 19 章 \ 美食引导页 .psd

STEP 1 新建文件并绘制圆角矩形

1新建 1080 像素 ×1920 像素的名为“美食引导页”的图像文件，选择圆角矩形工具，将前景色设置为“#343843”，单击图像编辑区，在打开的对话框中设置图形的宽度为“80 像素”；2设置高度为“120 像素”；3设置圆角半径为“25 像素”；4单击“确定”按钮，创建固定大小的圆角。

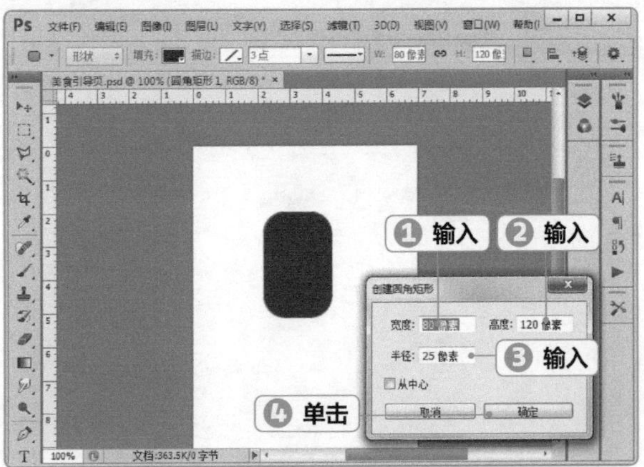

技巧秒杀

标志的绘制

标志是传达App形象的视觉符号，因此标志要具有易识别的特点。本例将以杯子为原型，将图案与美食App的名称添加到杯子上，形成美食App的标志。

STEP 2 栅格化并编辑形状

1在绘制的矩形图层上单击鼠标右键，在弹出的快捷菜单中选择“栅格化图层”命令，将形状图层转化为普通图层；2选择矩形图层，选择矩形选框工具，框选矩形的上半部分，按【Delete】键删除图形。

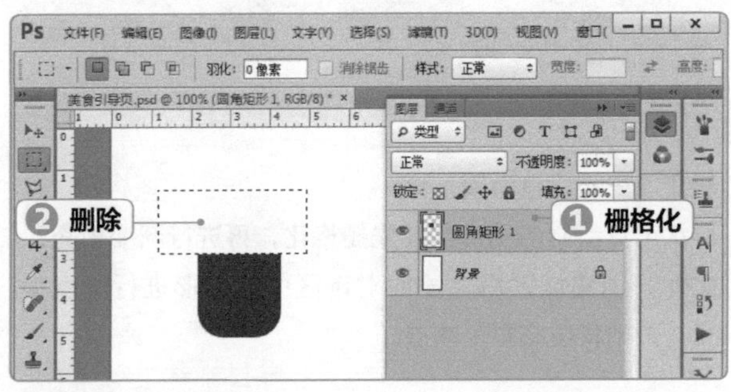

STEP 3 绘制圆角矩形

1选择圆角矩形工具，设置填充颜色为“#f44041”；2设置圆角半径值为“8 像素”；3拖动鼠标，在图形内部绘制红色圆角矩形。

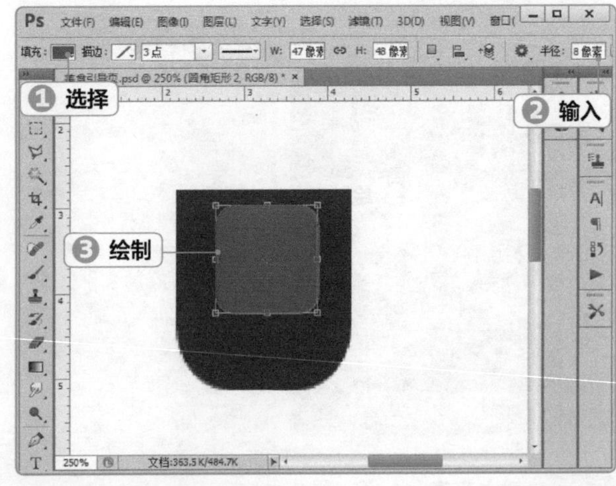

STEP 4 绘制图案

1选择自定形状工具，在工具属性栏中设置填充颜色为“#343843”；2在“形状”下拉列表框中选择“装饰”组中的“装饰 1”形状；3在红色矩形上绘制图案。

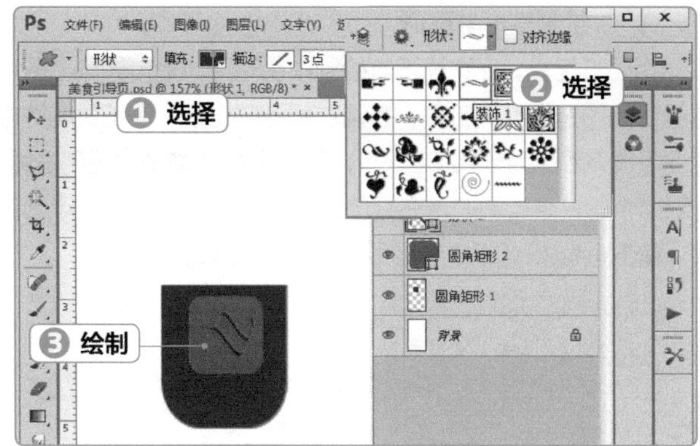

STEP 5 绘制图案

❶选择钢笔工具，设置绘图模式为“形状”；❷设置填充颜色为“#343843”；❸新建图层，拖动鼠标绘制烟雾袅袅的形状。

STEP 6 输入文本

❶设置前景色为白色，选择横排文字工具，在工具属性栏中设置字体为“方正兰亭细黑_GBK”；❷设置字号为“12点”；❸设置字形为“浑厚”；❹在红色矩形下方输入“食孜源”。

STEP 7 加深图标

❶选择红色矩形所在图层，单击鼠标右键，在弹出的快捷菜单中选择“栅格化图层”命令，栅格化图层，按住【Ctrl】键并单击图层缩略图载入选区；❷选择加深工具；❸设置画笔大小，涂抹形状底部加深图形颜色，形成更加立体化的效果。新建“标志”图层组，将相关图层移至该组中。

STEP 8 添加并编辑素材

添加“美食素材 1.jpg”素材文件，调整大小，使其宽度与页面一致。

STEP 9 绘制矩形并设置图层不透明度

❶选择矩形工具，将前景色设置为“#343843”，绘制矩形，覆盖美食图片；❷在“图层”面板中设置矩形图层的不透明度为“49%”。

STEP 10 添加素材并绘制形状

❶选择椭圆工具，按【Shift】键绘制圆；❷添加"美食 2.jpg"素材文件。

STEP 11 创建剪贴蒙版

❶在"美食 2"素材图层上单击鼠标右键，在弹出的快捷菜单中选择"创建剪贴蒙版"命令；❷移动美食图片到圆的下方，按【Crtl+T】组合键调整图片的大小与位置。

STEP 12 绘制矩形与圆形

❶选择矩形工具，在页面下方绘制白色矩形，遮挡圆凸出图片的部分；❷选择椭圆工具，在圆左侧绘制正圆，在工具属性栏中设置填充颜色为"#f28214"；❸按【Alt】键拖动圆到右侧，复制两个圆，更改圆的填充颜色为"白色"；❹选择三个圆图层，单击按钮链接 3 个图层，方便一起移动。

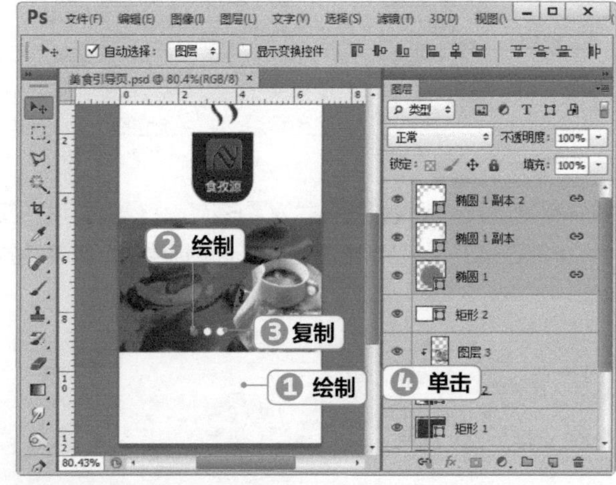

STEP 13 描边文本

❶选择横排文字工具，设置"字体、字号、颜色"分别为"方正剪纸简体、13.5 点、#f28214"，在其中输入"为爱吃的你寻找美食"；❷双击文本图层，打开"图层样式"对话框，单击选中"描边"复选框；❸设置描边大小为"4 像素"；❹设置填充类型为"颜色"，单击"确定"按钮。

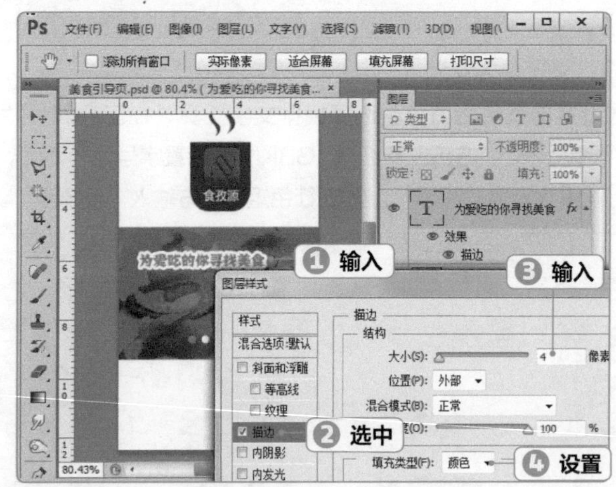

STEP 14 绘制圆角矩形

❶选择圆角矩形工具，设置填充颜色为"#f28214"，设置圆角半径值为"8 像素"；❷在页面底部拖动鼠标，绘制黄色圆角矩形。

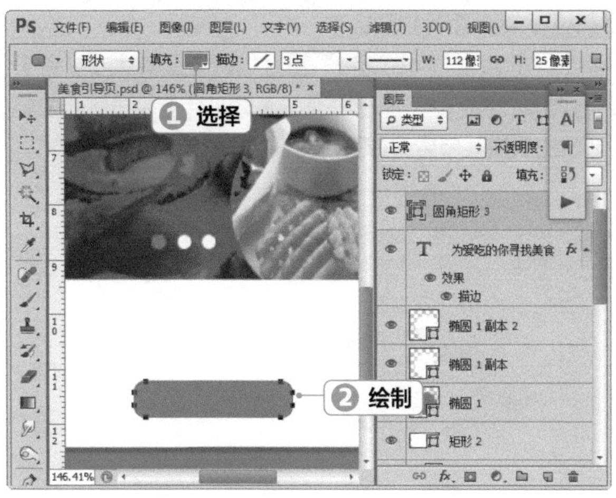

STEP 15 添加文本

选择横排文字工具，设置文本字体为“方正兰亭细黑_GBK”，输入相关文本，调整文本大小与颜色，完成引导页的制作。

19.2.2 设计美食首页

微课：设计美食首页

手机 App 首页一般包括页头、页中与页尾 3 部分。页头一般包括 App 名称以及常用的功能按钮；页中用于存放美食广告、美食产品等信息；页尾用于放置页面切换按钮。下面将制作美食首页两屏效果，要求美食诱人、分类明确、图片颜色明快亮丽，文字简洁美观。本例主要使用红色、白色和橙色作为主色调，对首页整体进行设计，并利用圆、圆角矩形、线条来装饰页面。具体操作步骤如下。

素材：光盘\素材\第 19 章\美食 App 页面

效果：光盘\效果\第 19 章\美食首页 1~2.psd

STEP 1 绘制菜单按钮

❶新建 1080 像素 ×1920 像素的名为“美食首页 1”图像文件，在距边 36 像素的位置处添加辅助线；❷选择直线工具，按【Shift】键绘制三条呈梯形分布的粗细为 3 像素的直线；❸选择椭圆工具，设置填充颜色为“#ff0000”，在线条右上角按住【Shift】键绘制圆。

STEP 2 输入文本并设置字间距

❶选择横排文字工具，设置“字体、字号、颜色”分别为“方正兰亭细黑_GBK、13.5 点、#f28214”，输入“食孜源”；❷打开“字符”面板，设置文字间距为“50”。

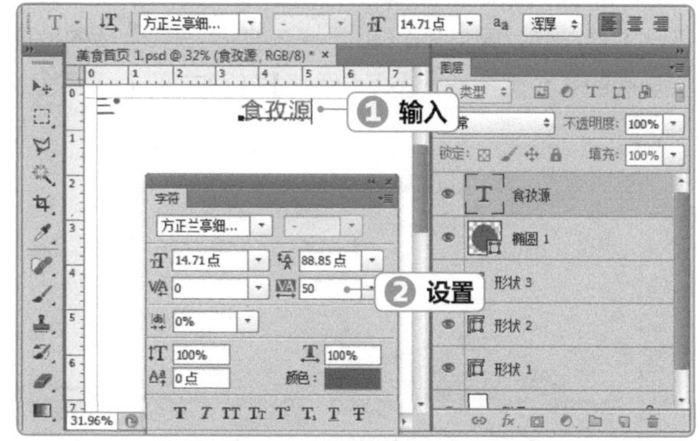

STEP 3 绘制搜索按钮与添加按钮

❶使用椭圆工具绘制圆，使用直线工具绘制线条，设置线条粗细为“3 像素”，圆的描边为“0.8 点”；❷单击链接按钮为搜索按钮与添加按钮的相关图形创建链接。

STEP 4 添加图片并绘制圆

❶添加“美食素材 3.jpg”图像文件；❷选择椭圆工具绘制圆，设置填充颜色为“#f28214”，按【Alt】键拖动圆到右侧，复制 3 个圆，更改圆的填充颜色为“白色”；❸选择 4 个圆图层，单击按钮链接 4 个图层。

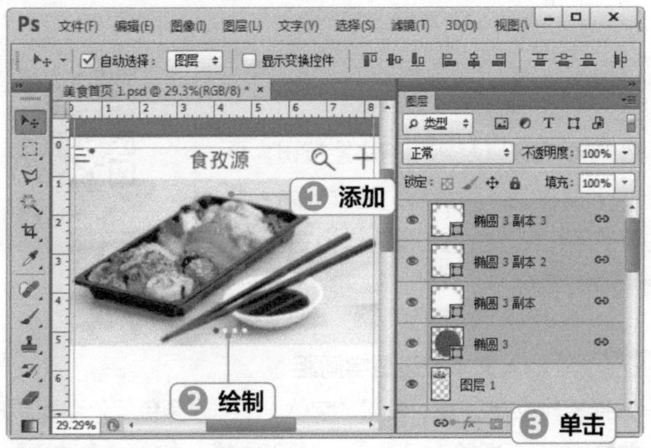

STEP 5 制作分类图标

❶使用椭圆工具绘制圆，设置填充颜色为“#f28214”，按【Alt】键拖动圆到右侧，复制 3 个圆；❷移动两边圆到合适的位置，选择当前的 4 个圆图层，选择【图层】/【分布】/【水平居中】命令。

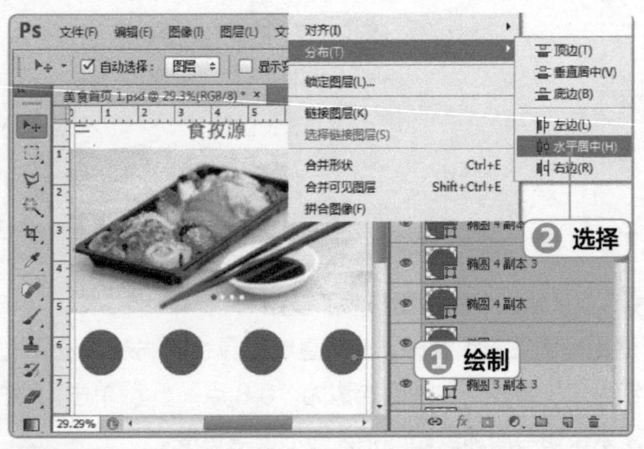

STEP 6 裁剪图片到图标中

❶添加“美食素材 4~7.jpg”图片，调整图片大小，并分别移动到对应的圆图层上方；❷在素材图片上单击鼠标右键，在弹出的快捷菜单中选择“创建剪贴蒙版”命令。

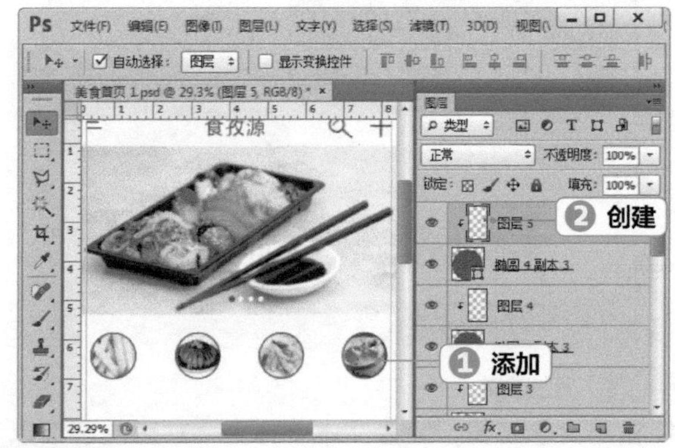

STEP 7 输入文本

❶选择横排文字工具，设置“字体、字号、颜色”分别为“方正兰亭细黑 _GBK、9.81 点、黑色”；❷完成后在圆的下方输入美食分类名称。

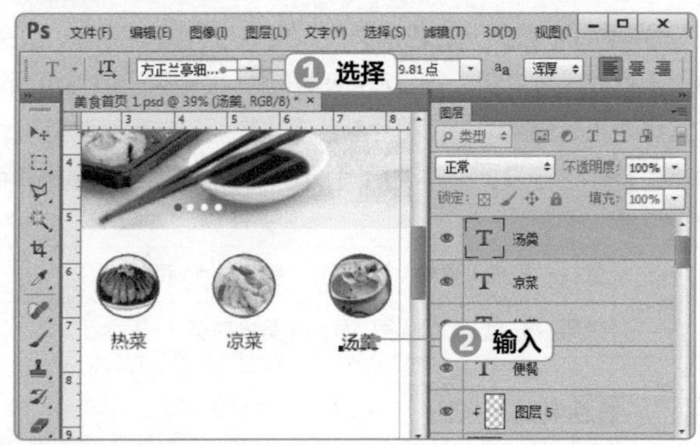

STEP 8 添加分类图案

❶选择椭圆工具在文字下方绘制颜色为“#bfbfbf”的圆，选择钢笔工具绘制“手”形状，并将其填充为白色；❷链接圆与手形状所在的图层。

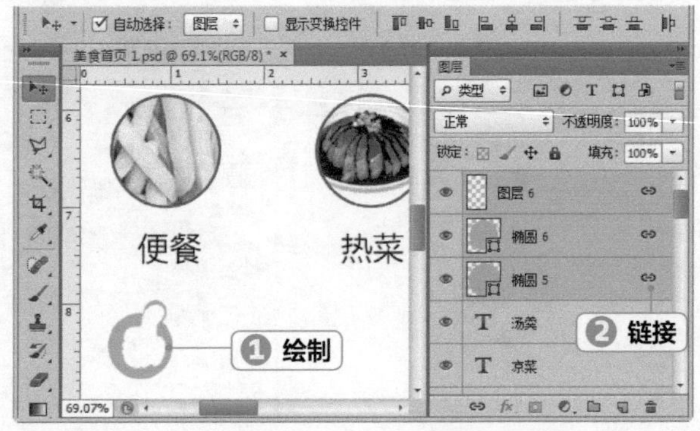

STEP 9 制作分类条

①选择横排文字工具，设置“字体、字号、颜色”分别为“方正兰亭细黑_GBK、11点、#f28214”，输入“美食推荐”；②使用直线工具绘制直线，设置填充颜色为“#f7f6f6”；③使用椭圆工具绘制圆，设置填充颜色为“#646464”。

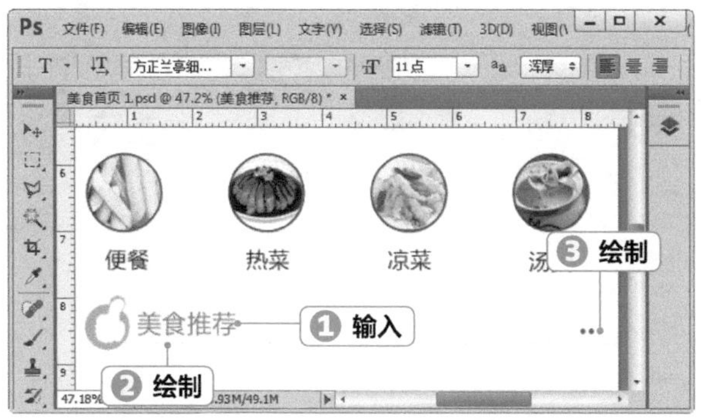

STEP 10 绘制矩形

①选择矩形工具，绘制灰色矩形，设置填充颜色为“#eeeeee”；②选择圆角矩形工具，在工具属性栏中设置圆角半径为“45像素”，在灰色矩形左侧绘制圆角矩形。

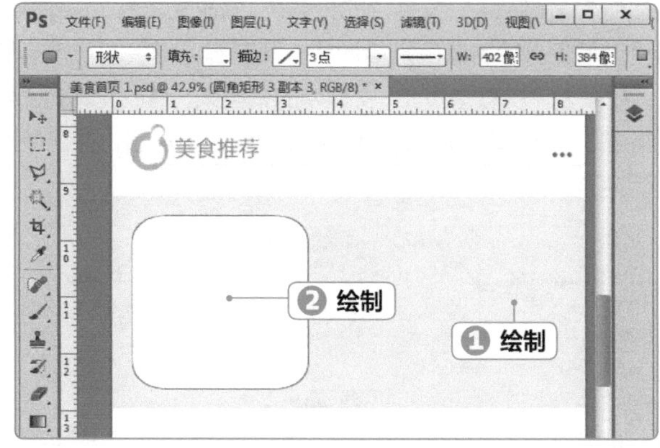

STEP 11 添加并裁剪图片

①添加“美食素材8.jpg”图片，调整图片大小，并移动到圆角矩形上，再将图片素材图层移动到对应的圆图层上方；②为图片素材图层创建剪贴蒙版。

STEP 12 添加并裁剪图片

①选择钢笔工具，将填充颜色设置为红色，绘制标签形状；②选择横排文字工具，输入文本，调整文本大小，按【Ctrl+T】组合键，拖动右上角的旋转图标，旋转文本，使其适应标签形状。

STEP 13 输入段落文本

①选择横排文字工具，输入文本，设置“蟹黄狮子头”的“字体、字号、字形、颜色”分别为“方正兰亭细黑_GBK、8.58点、加粗、黑色”，设置“扬州特产五亭桥牌”的“字体、字号、颜色”分别为“方正兰亭细黑_GBK、7.36点、#343843”；②拖动鼠标绘制文本框，输入配料信息，设置“字体、字号、颜色”分别为“方正兰亭细黑_GBK、6.13点、#797878”；③设置行高为“8点”。

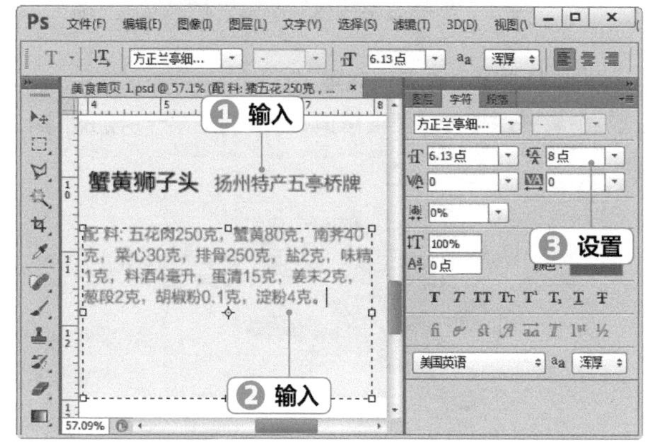

STEP 14 绘制自定图标

①选择自定形状工具，设置填充颜色为“#c9c9c9”；②在“形状”下拉列表框中选择需要的自定形状，在段落文本下方绘制“喜欢”“收藏”和“评论”图标；③使用横排文字工具，输入数据，设置“字体、字号、颜色”分别为“方正兰亭细黑_GBK、6点、#c9c9c9”。

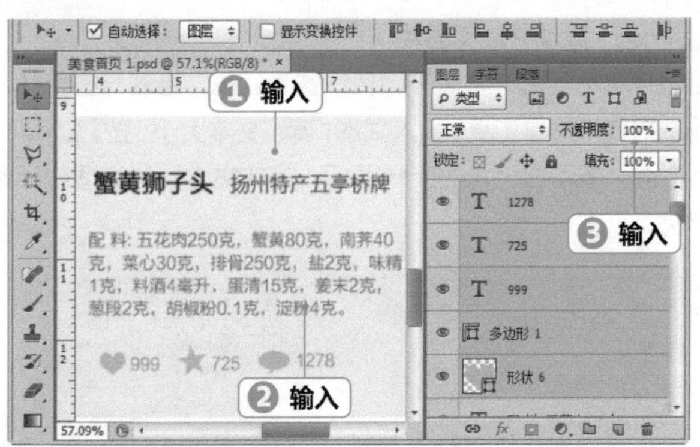

STEP 15 绘制图标

❶选择矩形工具，在页面底端绘制矩形，设置填充颜色为“#f28214”；❷选择钢笔工具，设置填充颜色为白色，设置绘图模式为“形状”，绘制“首页”“菜单”“发现”“分享”“我的”图标；❸选择横排文字工具，输入文本，设置“字体、字号、颜色”分别为“方正兰亭细黑_GBK、8.58点、白色”。

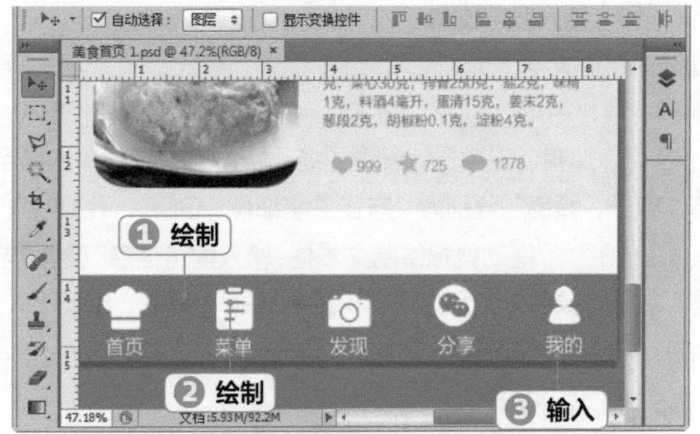

STEP 16 查看第1个首页效果

完成后查看并保存为“美食首页1”，完成第一屏的制作。

STEP 17 新建第2个首页

❶继续新建1080像素×1920像素的名为“美食首页2”的文件，复制“美食首页1”文件中的页头与页尾；❷选择矩形工具绘制页头与页中的分割区域，设置填充颜色为“#eeeeee”。

STEP 18 制作分类条

❶复制“美食首页1”文件中的分类条，修改文本为“热销榜”，选择钢笔工具绘制白色火焰形状，编辑圆，链接圆与火焰形状；❷复制“美食首页1”文件中的分类条，修改文本为“今日特惠”，选择钢笔工具绘制箭头形状，编辑圆，并链接圆与箭头形状。

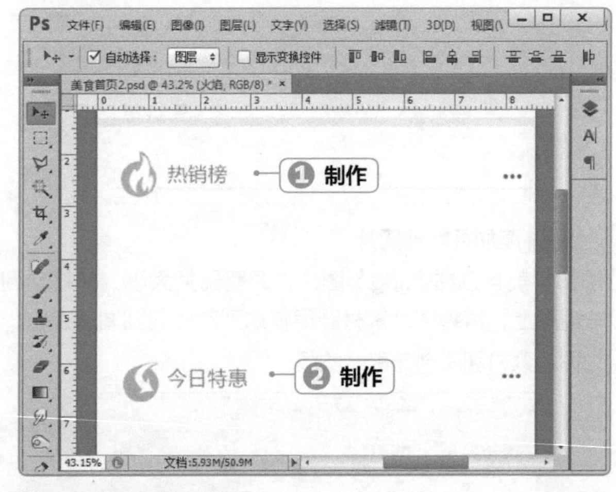

STEP 19 绘制圆角矩形

选择圆角矩形工具，设置圆角半径值为“45像素”，拖动鼠标，在图形内部绘制圆角矩形，按住【Alt】键不放拖动圆到右侧，复制两个圆角矩形，将3个圆角矩形水平居中分布。

STEP 20 将素材添加到圆角矩形中

❶添加“美食素材 9~11.jpg”图片，调整图片大小，将 3 幅图片分别移动到圆角矩形上；❷将图片对应的图层移动到对应的圆角矩形图层上方，在素材图片上单击鼠标右键，在弹出的快捷菜单中选择“创建剪贴蒙版”命令。

STEP 21 添加文字与素材

❶在“热销榜”栏中的图片上输入文本，设置“字体、字号、颜色”分别为“方正兰亭细黑 _GBK、8.58 点、白色”；在“今日特惠”栏中添加“美食素材 12~14.jpg”图片，调整图片大小，排列成两侧；❷在左边图片的下方绘制矩形，填充为“#eeeeee”，输入文本，设置字体为“方正兰亭细黑 _GBK”，加粗名称与价格文本，调整文本颜色与字号，完成首页 2 的制作。

STEP 22 查看第二屏首页效果

完成后查看并保存为“美食首页 2”，完成第二屏的制作。

19.2.3 设计个人中心页面

微课：设计个人中心页面

个人中心可以用于放置收藏的美食、评论、优惠券、红包等信息，方便用户进行管理。本例的个人中心主要包括个人信息设置、收藏、消息和评论，其具体操作步骤如下。

素材：光盘 \ 素材 \ 第 19 章 \ 美食 App 页面
效果：光盘 \ 效果 \ 第 19 章 \ 美食个人中心页面 .psd

STEP 1 绘制矩形并输入文本

❶新建 1080 像素 ×1920 像素的名为“美食个人中心页面”文件，选择矩形工具，在页面底部绘制矩形，设置填充颜色为“#f28214”；❷选择横排文字工具，设置“字体、字号、颜色”分别为“方正兰亭细黑 _GBK、14.7 点、白色”，在矩形中间位置输入“我”。

STEP 2 添加素材图片

添加“美食素材 15.jpg”图片，调整图片大小，并移动到矩形条下方。

STEP 3 模糊图片

❶选择“美食素材 15.jpg”图片所在图层，选择【滤镜】/【模糊】/【高斯模糊】命令，打开“高斯模糊”对话框，设置模糊半径为“120 像素”；❷单击“确定”按钮。

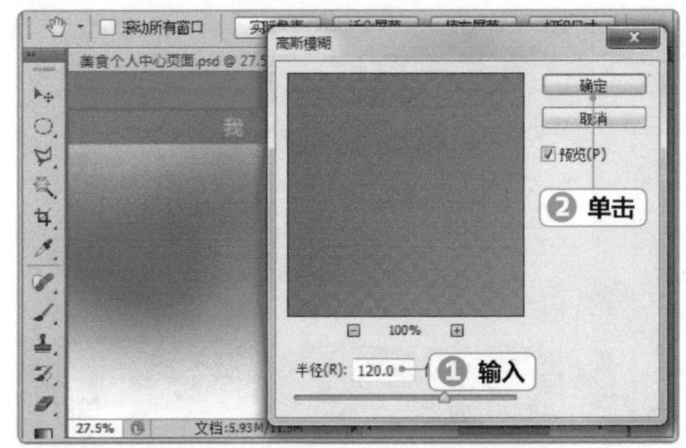

STEP 4 裁剪图片

❶使用椭圆工具绘制圆，设置描边为“1.5 点”，颜色为“白色”；❷添加“美食素材 16.jpg”图片，调整图片大小，分别移动到圆角矩形上方；❸为图片创建剪贴蒙版，将其裁剪到圆中。

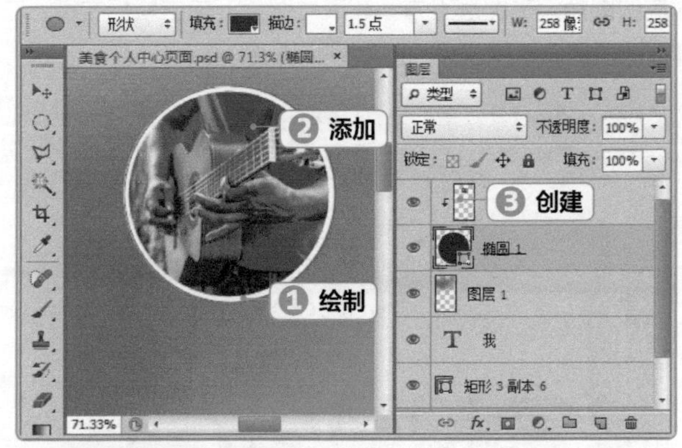

STEP 5 绘制圆角矩形并输入文本

❶选择圆角矩形工具，设置填充为“白色”，设置圆角半径值为“30 像素”，拖动鼠标绘制圆角矩形；❷在“图层”面板中设置图层不透明度为“34%”；❸选择横排文字工具，设置“字体、颜色”分别为“方正兰亭细黑 _GBK、白色”，在圆下方输入文本，调整文本大小。

STEP 6 绘制并分布线条

❶选择矩形选框工具，绘制高度为“150 像素”的固定选区；❷根据选区添加辅助线，形成网格；❸选择直线工具，在工具属性栏中设置填充颜色为“#bfbfbf”，设置粗细为“5 像素”，按【Shift】键绘制线条，按【Alt】键移动线条到下一行，并复制 3 条直线。

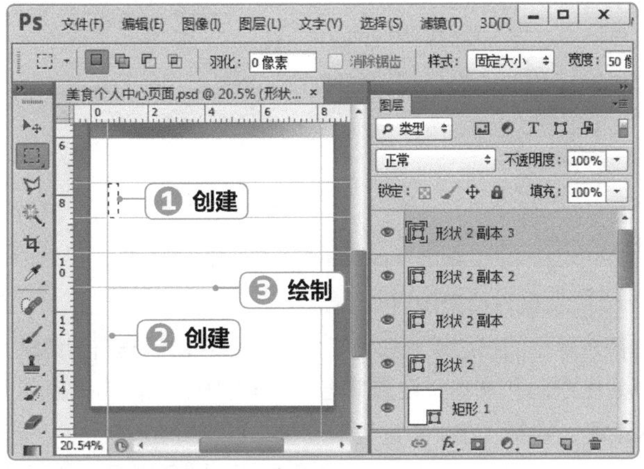

STEP 7 添加图标并输入文本

❶选择钢笔工具，将填充颜色设置为“#f28214”，在每行左侧绘制图标，调整图标的位置，选择所有图标图层，选择【图层】/【对齐】/【左边】命令，对齐图标；❷选择横排文字工具，设置“字体、字号、颜色”分别为“方正兰亭细黑 _GBK、11 点、黑色”，输入文本，并将文本左对齐。

STEP 8 制作“退出登录”按钮

❶选择矩形工具，设置填充颜色为“#e5e5e5”，拖动鼠标绘制与页面等宽的灰色矩形；❷选择横排文字工具，设置“字体、颜色、字号”分别为“方正兰亭细黑 _GBK、黑色、11 点”，在矩形中间输入文本；❸复制“首页”中的页尾部分到该文件中，保存文件，完成个人中心页面的制作。

STEP 9 查看效果

完成后保存为“美食个人中心页面”，查看完成后的效果。

19.2.4 设计登录页面

用户登录 App 界面是界面设计中很重要的环节，登录界面的好坏会直接影响用户的注册率和转化率。本例将根据前面的风格与颜色，制作美食 App 的登录界面，要求界面整洁、舒适。具体操作步骤如下。

微课：设计登录页面

素材：光盘 \ 素材 \ 第 19 章 \ 美食 App 页面

效果：光盘 \ 效果 \ 第 19 章 \ 美食登录页面 .psd

STEP 1 添加阴影

❶新建 1080 像素 ×1920 像素的名为“美食个人登录页面”的图像文件，将前面制作的标志添加到该文件中，调整大小，移动到页面中部偏上；❷选择画笔工具，设置前景色为“#343843”，在工具属性栏中设置画笔硬度为“0”，设置画笔大小为“257 像素”；❸在标志下方单击鼠标得到圆，按【Ctrl+T】组合键变换圆的高度。

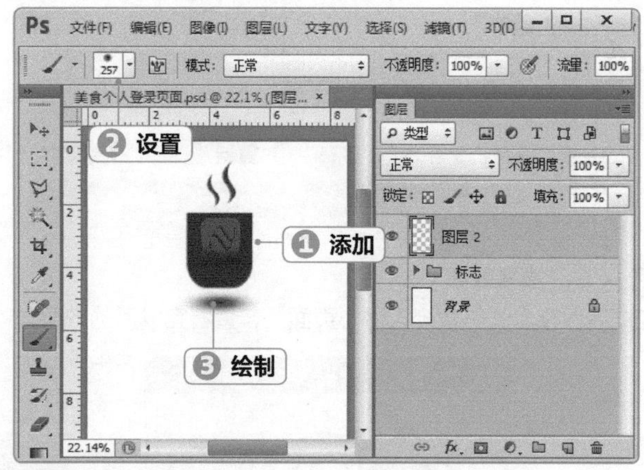

STEP 2 绘制矩形

❶选择矩形工具，设置填充为“#f28214”，拖动鼠标绘制高为“800 像素”、与页面等宽的黄色矩形；❷将填充色更改为白色，继续绘制 832 像素 ×137 像素的矩形，复制并垂直向下移动复制的矩形；❸在“图层”面板中将图层的不透明度设置为“75%”。

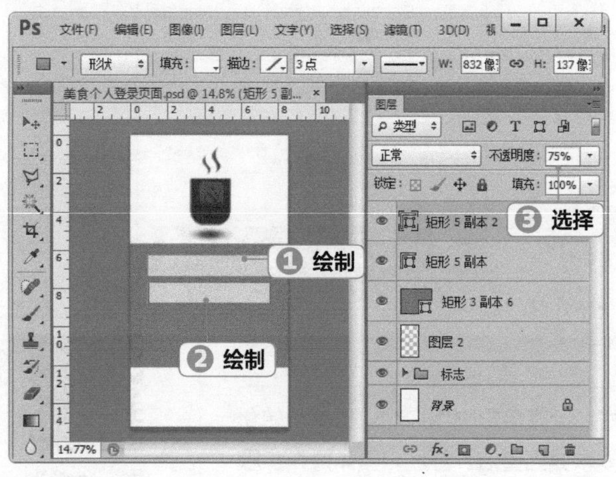

STEP 3 绘制图标

❶选择自定形状工具，将填充颜色设置为“白色”，绘制邮件图标；❷选择钢笔工具，将填充颜色设置为“白色”，绘制锁图标。

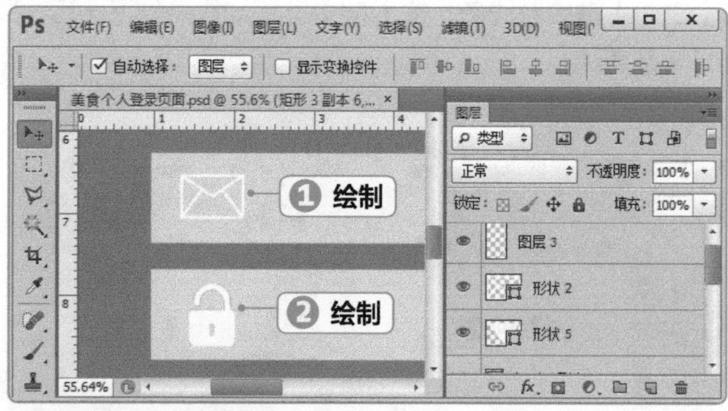

STEP 4 制作登录按钮

❶在账号框的右边绘制白色三角形；❷在密码框右下角输入“记住密码”文本，设置字号为“11.16pt”，选择自定形状工具，绘制“选中复选框”形状；❸选择圆角矩形工具，绘制大小为“832 像素 ×137 像素”，圆角半径为“30 像素”的白色圆角矩形；❹输入“登录”文本，设置“字体、字号、颜色”分别为“方正兰亭细黑 _GBK、14.7pt、#f28214”；❺在右下角输入“立即注册”文本，设置字号为“11.16pt”，在“字符”面板中单击T按钮添加下划线。

STEP 5 添加素材图片

❶选择横排文字工具，设置“字体、字号、颜色”分别为“方正兰亭细黑 _GBK、11 点、黑色”，在页面中部输入文本；❷选择直线工具，设置填充颜色为“#f28214”，在文本两边绘制粗细为“5 像素”的线条；❸使用钢笔工具绘制图标，并将 QQ、微信和支付宝图标的颜色分别填充为“#2598ce、#2bbf39、#ff0200”。

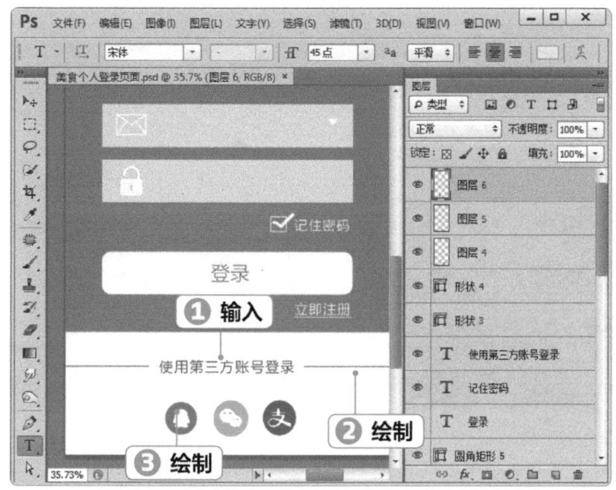

STEP 6 查看效果

完成后保存为“美食登录页面”，查看完成后的效果。

高手竞技场

1. 制作信息交流界面

下面将使用提供的图片制作信息交流的界面，在制作过程中，将涉及图标的绘制、文本的输入，以及图层样式的设置等知识。制作完成后的效果如右图所示。具体制作要求如下。

- 新建 640 像素 ×1136 像素的名为“信息交流界面”的文件。
- 绘制短信图标与按钮，填充相应的颜色。
- 绘制信息矩形条，添加投影样式。
- 添加头像图片，使用椭圆选框工具裁剪头像，添加白色边框。
- 添加信息交流文本，设置字体为“微软雅黑”。
- 添加风景图片，为其添加描边样式，复制与旋转图片，制作叠加效果。

2. 制作手机抽奖界面

下面将制作红色与蓝色调的手机抽奖界面，为了增强视觉感，需要注意文本字体、颜色与位置的选择，制作后的效果如下图所示。